U0249622

国家科学技术学术著作出版基金资助出版

现代数学基础丛书 152

有限群初步

徐明曜 著

科学出版社
北京

内 容 简 介

本书是在十多年前出版的《有限群导引》的基础上进行修改、补充、材料更新以及删减过时内容而形成的新的有限群教材. 全书共分 8 章. 第 1 章叙述群论最基本的概念，其中有些内容在群论课程的先修课“抽象代数”中已经学过，但相当部分内容是新的. 整个这一章是学习本书的基础，因此必须认真阅读，并且应该做其中大部分的习题. 从第 2 章起则是沿着两条主线进行：一条主线是群的作用；另一条主线是关于群的构造问题. 本书作者多年从事有限群的教学和研究工作，这本教材是他多年教学工作的总结.

本书可作为有限群研究方向的研究生的入门教材及参考书，也可作为数学专业硕士研究生的公共选修课教材. 认真研读过本书的读者即可在导师指导下开始阅读文献和学位论文写作的准备工作.

图书在版编目(CIP)数据

有限群初步/徐明曜著. —北京：科学出版社，2014.1
(现代数学基础丛书；152)
ISBN 978-7-03-039411-8

Ⅰ. 有… Ⅱ. ①徐… Ⅲ. ①有限群 Ⅳ. ①O152.1

中国版本图书馆 CIP 数据核字(2013) 第 309844 号

责任编辑：赵彦超 李静科／责任校对：钟 洋
责任印制：吴兆东／封面设计：陈 敬

科学出版社出版
北京东黄城根北街 16 号
邮政编码：100717
http://www.sciencep.com
北京虎彩文化传播有限公司 印刷
科学出版社发行 各地新华书店经销
*
2014 年 1 月第 一 版 开本: 720×1000 1/16
2022 年 1 月第五次印刷 印张: 24 1/2
字数: 470 000

定价: 118.00 元
(如有印装质量问题，我社负责调换)

《现代数学基础丛书》序

对于数学研究与培养青年数学人才而言，书籍与期刊起着特殊重要的作用．许多成就卓越的数学家在青年时代都曾钻研或参考过一些优秀书籍，从中汲取营养，获得教益．

20 世纪 70 年代后期，我国的数学研究与数学书刊的出版由于“文化大革命”的浩劫已经破坏与中断了 10 余年，而在这期间国际上数学研究却在迅猛地发展着．1978 年以后，我国青年学子重新获得了学习、钻研与深造的机会．当时他们的参考书籍大多还是 50 年代甚至更早期的著述．据此，科学出版社陆续推出了多套数学丛书，其中《纯粹数学与应用数学专著》丛书与《现代数学基础丛书》更为突出，前者出版约 40 卷，后者则逾 80 卷．它们质量甚高，影响颇大，对我国数学研究、交流与人才培养发挥了显著效用．

《现代数学基础丛书》的宗旨是面向大学数学专业的高年级学生、研究生以及青年学者，针对一些重要的数学领域与研究方向，作较系统的介绍．既注意该领域的基础知识，又反映其新发展，力求深入浅出，简明扼要，注重创新．

近年来，数学在各门科学、高新技术、经济、管理等方面取得了更加广泛与深入的应用，还形成了一些交叉学科．我们希望这套丛书的内容由基础数学拓展到应用数学、计算数学以及数学交叉学科的各个领域．

这套丛书得到了许多数学家长期的大力支持，编辑人员也为其付出了艰辛的劳动．它获得了广大读者的喜爱．我们诚挚地希望大家更加关心与支持它的发展，使它越办越好，为我国数学研究与教育水平的进一步提高做出贡献．

杨　乐

2003 年 8 月

前　言

拙作《有限群导引》上册出版至今已有 26 年, 下册问世也已过去 14 年. 承蒙读者的厚爱, 本书在国内有限群教学和科研上起了一点正面的作用, 这使笔者由衷地欣慰. 在这 26 年中, 我收到了很多读者来信, 有因该书售缺而索要图书的, 有就具体内容与作者商榷的, 有谈自己的学习感受的, 但更多的来信是指出书中的不足之处并提出了很好的修改意见. 另外, 自该书初版出版 26 年来, 有限群论又取得了长足的进步, 致使书中不少材料已经过时, 而新的进展又没能包括进来. 最近, 科学出版社的同仁建议在原书基础上作一次彻底的修改, 出一本适合今天的新书, 这也正是笔者的愿望. 于是我抓紧时间, 对全书的内容做了新的安排, 也充分考虑到使用本书的不同群体的需要, 经过近一年的努力, 最终完成了这本书的写作任务.

我首先对这本书的内容作一介绍.

本书共分 8 章. 第 1 章叙述群论最基本的概念, 其中很多内容 (特别是前五节) 在群论课程的先修课“抽象代数”中已经学过, 因此对这些内容一般不再给出证明. 但本章也补充了相当多的新材料, 它们对以后的学习非常重要. 这一章是学习本书的基础, 必须认真阅读, 并且要做大部分的习题. 第 2 章讲述群在集合上的作用, 介绍了置换表示、转移映射的概念及应用, 也介绍了置换群最基本的概念. 附带提一下, 笔者认为, 群的作用是群论的本质和灵魂, 学习本书者必须很好地体会和把握. 因此, 群作用的思想是贯穿全书的, 而群作用的对象也不一定只是集合, 而应该包括线性空间、组合结构、几何结构, 以至于群本身. 群在线性空间上的作用就是群表示论, 这在第 7 章中详细讲述, 而群在群上的作用则是最后一章, 即第 8 章的内容. 这两章除了介绍这两种作用的基本理论外, 还包括了它们经典的应用, 例如 Burnside p^aq^b 定理、Glauberman ZJ 定理等. 另外, 在以“更多的群例”为名的第 4 章中, 我们主要也是讲群的作用, 其中有群在有限几何和图上作用的两个例子, 也有群在内积空间上的作用 (典型群的介绍). 因此群作用是本书的一条主线. 另一条主线是关于群的构造问题. 大家知道, 代数的基本问题之一就是构造和分类问题. 本书的第 3 章简单介绍了群的构造理论, 包括 Jordan-Hölder 定理、Krull-Schmidt 定理、Schur-Zassenhaus 定理和群扩张理论等. 值得提出的是, 我们对 Schur-Zassenhaus 定理的证明没有使用群扩张理论, 这可以把需要冗长计算的枯燥的群扩张理论一节放在本章的最后. 为了加深对群构造理论的理解, 也为了介绍几族重要的有限单群, 我们在第 4 章中除了前面提到的继续讲群作用外, 还简单介绍了典型单群和最早发现的零散单群 ——Mathieu 群 M_{11} 和 M_{12}. 本书的第 5 章和第 6 章则介绍幂零群和可解群的基本理论. 由于有限单群分类被认为完成以后, 特别是自本世纪初以来, 有限 p-群异常地活跃, 我们在第 5 章加了几节关于 p-群的介绍. 而第 6 章根据很多同行的建议彻底重写了, 加上了关于群系以及 Carter 子群的内容. 在全书最后, 我们对需要在某个方面了解更多的读者给出了进一步阅读的书目. 而且, 夹杂在各章中, 还安排了六七节所谓“阅读材料”, 讲述了更多的知识. 但不读这些“阅读材料”, 并不影响对全书的理解.

下面, 我再对使用本书的教师提些建议.

本书可作为硕士研究生一个学期的公共选修课的教材. 教师可根据本人的兴趣和学生的代数基础选择第 1, 2, 3 章作为教材, 也可选第 1, 2, 4 章 (为多了解一些单群的例子)、第 1, 2, 7 章 (为讲表示论的基本知识) 作为教材. 如果学生基础较差, 可只选第 1, 2 章为教材. 这样的选修课大约用 48 课时, 每周 3 课时. 还可有一种选择是详讲第 1 章, 再把第 2, 3, 5, 6 章的前面几节做介绍性讲解, 这可使学生对有限群理论的全貌有比较清楚的概念. 至于习题, 可由教师选择半数左右、偏容易的题目.

更多的教师是用本书作为有限群研究方向的研究生的专业课教材, 为此可安排一年时间, 采取教师重点讲授, 学生组织讨论班自行讨论的办法. 建议第 1, 2, 3, 4 章要全学, 第 5, 6, 7, 8 章则根据学生具体的研究方向学习大部分或一部分. 习题要基本全做.

对于学习本书的研究生, 我想提几点忠告:

1. 知识面不要太窄, 对于有限群这样在整个数学中也是少有的内容十分丰富的研究领域, 本书选择的内容已经非常有限, 如不全学, 恐怕在进入研究论文阶段时会感到知识不足. 有些学生希望尽快进入论文阶段, 对于他们, 我建议在进入研究题目后, 仍应抽出一定时间研读本书未读过的部分.

2. 学习数学, 不是逻辑上弄懂就可以了, 从逻辑上弄懂到真正掌握还有很大的距离. 常言道“知其然要知其所以然”, 我更要说“知其所以然还要知其不得不然”. 把一个定理、一种方法变成自己的东西, 即所谓“学到手”, 其标准是看你会不会用. 这时, 习题是一个方便的检验办法. 因此习题要尽量多做, 而且不要看提示和答案, 憋上它几天, 实在不行再去看提示.

3. 为了学懂一点东西, 做到华罗庚先生所说的“书先要越读越厚, 然后要越读越薄”, 把书本上的东西变成自己的东西, 必须要反复, 而且要反复多遍. 要做到能把隐藏在逻辑推理背后的数学思想找出来 (这常常是作者没有说到的东西), 必须经过反复的思索和揣摩. 一旦把这些东西理解了, 再和有关的知识贯穿起来思考, 才能找到其数学思想的精髓, 而最后豁然开朗, 感到不过就是那么一点东西. 这就达到了华先生所谓的书越读越薄的境界.

4. 学数学要记忆! 有人讲, 学数学主要是理解, 理解了自然就记住了. 我的体会与此不同. 我觉得固然学数学主要是理解, 但理解了不一定就记住了, 必须经过记忆的功夫才能记住 (至少对常人来说是如此). 如果学了而记不住, 用时就想不到, 还等于没有变成自己的东西.

5. 注重初等技巧的训练. 在群论中, 大定理固然重要, 但容易记, 容易用, 而初等技巧则要靠长时间的磨练才能掌握. 因此, 对于初等方法和技巧的训练, 在本书写作中就特别注意. 比如, 本书相当多的内容就是为了介绍方法而写入的. 另外, 由于作者认为, 本书的读者都受过较充分的抽象代数的训练, 因而书中定理的证明常有意写得比较简短, 以给读者较多的思考余地, 这也是方法训练的一部分.

下面再对书中定义、定理、习题等的编号作一说明. 在课文中定理、定义、命题、引理等一起按顺序编号, 例如我们说命题 5.1.7, 指的是第 5 章第 1 节的第 7 个陈述, 它是一个命题. 它后面的第 8 个陈述是定理, 就叫定理 5.1.8. 但习题单独编号, 习题 1.1.1 是指第 1 章第 1 节的第 1 个习题, 等等.

最后, 我要感谢《有限群导引》(下册) 的作者李慧陵、李世荣、黄建华教授, 在本书的写作中, 笔者使用了他们在该书中写的一些材料或想法. 同时我还要感谢我的同事陈贵云、郭文彬、郭秀云、海进科、李慧陵、李天则、黎先华、李样明、刘伟俊、刘燕俊、钱国华、曲海鹏、申振才、施武杰、王燕鸣、徐竞、曾吉文、张勤海、张志让等人的帮助, 他们仔细阅读了全书的初稿, 并提出大量修改意见.

本书在正式出版前, 曾在北京交通大学试讲, 感谢该校选修此课的研究生提出的大量修改意见.

徐明曜

2013 年 8 月于北京大学

目　　录

《现代数学基础丛书》序
前言
第 1 章　群论的基本概念 ········· 1
1.1　群的定义 ········· 1
1.2　子群和陪集 ········· 4
1.3　共轭、正规子群和商群 ········· 8
1.4　同态和同构 ········· 12
1.5　直积 ········· 13
1.6　一些重要的群例 ········· 16
1.6.1　循环群 ········· 16
1.6.2　有限交换群 ········· 17
1.6.3　变换群、Cayley 定理 ········· 19
1.6.4　有限置换群 ········· 20
1.6.5　线性群 ········· 21
1.6.6　二面体群 ········· 22
1.7　自同构 ········· 25
1.7.1　自同构 ········· 26
1.7.2　全形 ········· 29
1.7.3　完全群 ········· 29
1.8　特征单群 ········· 32
1.9　Sylow 定理 ········· 35
1.10　换位子、可解群、p-群 ········· 38
1.11　自由群、生成元和关系 ········· 44
1.11.1　自由群 ········· 44
1.11.2　生成系及定义关系 ········· 45
第 2 章　群作用、置换表示、转移映射 ········· 48
2.1　群在集合上的作用 ········· 48
2.2　传递置换表示及其应用 ········· 51
2.3　转移和 Burnside 定理 ········· 57
2.4　置换群的基本概念 ········· 63

2.4.1　半正则群和正则群 ······ 65
2.4.2　非本原群和本原群 ······ 66
2.4.3　多重传递群 ······ 68
2.5　阅读材料 —— 正多面体及有限旋转群 ······ 70
2.5.1　正多面体的旋转变换群 ······ 71
2.5.2　三维欧氏空间的有限旋转群 ······ 75
第 3 章　群的构造理论初步 ······ 80
3.1　Jordan-Hölder 定理 ······ 81
3.2　Krull-Schmidt 定理 ······ 89
3.3　由“小群”构造“大群” ······ 95
3.3.1　群的半直积 ······ 96
3.3.2　中心积 ······ 97
3.3.3　亚循环群 ······ 98
3.3.4　圈积、对称群的 Sylow 子群 ······ 100
3.4　Schur-Zassenhaus 定理 ······ 104
3.5　群的扩张理论 ······ 111
3.6　$\mathcal{P}$ 临界群 ······ 118
3.7　MAGMA和 GAP 简介 ······ 123
第 4 章　更多的群例 ······ 125
4.1　$PSL(n, q)$ 的单性 ······ 125
4.2　七点平面和它的群 ······ 129
4.3　Petersen 图和它的群 ······ 132
4.4　最早发现的零散单群 ······ 136
4.5　域上的典型群简介 ······ 138
4.5.1　辛群 ······ 141
4.5.2　酉群 ······ 141
4.5.3　正交群 ······ 143
4.6　阅读材料 ——Burnside 问题 ······ 144
第 5 章　幂零群和 p-群 ······ 148
5.1　换位子 ······ 148
5.2　幂零群 ······ 152
5.3　Frattini 子群 ······ 156
5.4　内幂零群 ······ 158
5.5　p-群的初等结果 ······ 161
5.6　内交换 p-群、亚循环 p-群和极大类 p-群 ······ 168

5.7 p-群计数定理 …… 173
5.8 超特殊 p-群 …… 176
5.9 正规秩为 2 的 p-群 …… 178
5.10 阅读材料 —— 正则 p-群 …… 180
第 6 章 可解群 …… 192
6.1 π-Hall 子群 …… 192
6.2 Sylow 系和 Sylow 补系 …… 195
6.3 π-Hall 子群的共轭性问题 …… 196
6.4 Fitting 子群 …… 198
6.5 Carter 子群 …… 203
6.6 群系理论初步 …… 204
6.7 特殊可解群的构造 …… 207
6.7.1 超可解群 …… 207
6.7.2 所有 Sylow 子群皆循环的有限群 …… 210
6.7.3 Dedekind 群 …… 211
6.7.4 可分解群、可置换子群 …… 211
6.8 阅读材料 ——Frobenius 的一个定理 …… 213
第 7 章 有限群表示论初步 …… 216
7.1 群的表示 …… 216
7.2 群代数和模 …… 223
7.3 不可约模和完全可约模 …… 227
7.4 半单代数的构造 …… 230
7.5 特征标、类函数、正交关系 …… 235
7.6 诱导特征标 …… 246
7.7 有关代数整数的预备知识 …… 251
7.8 p^aq^b- 定理、Frobenius 定理 …… 255
第 8 章 群在群上的作用、ZJ-定理和 p-幂零群 …… 259
8.1 群在群上的作用 …… 260
8.2 π'-群在交换 π-群上的作用 …… 262
8.3 π'-群在 π-群上的作用 …… 267
8.4 关于 p-幂零性的 Frobenius 定理 …… 274
8.5 Glauberman ZJ-定理 …… 277
8.6 Glauberman-Thompson p-幂零准则 …… 282
8.7 Frobenius 群 …… 283
8.8 阅读材料 ——Grün 定理和 p-幂零群 …… 288

8.9　阅读材料 —— 内 p-幂零群和 Frobenius 定理的又一证明 ············ 293
8.10　阅读材料 ——Burnside p^aq^b-定理的群论证明 ············ 296
8.11　阅读材料 —— 广义 Fitting 子群 ············ 301
8.12　阅读材料 ——Brauer-Fowler 定理 ············ 304
8.13　阅读材料 —— 有限单群简介 ············ 307
附录　有限群常用结果集萃 ············ 313
1　和单群有关的结果 ············ 313
2　和抽象群有关的结果 ············ 317
3　和有限 p-群有关的结果 ············ 318
4　和置换群有关的结果 ············ 320
5　进一步阅读的书目 ············ 325
习题提示 ············ 330
参考文献 ············ 357
索引 ············ 364
《现代数学基础丛书》已出版书目 ············ 371

第 1 章　群论的基本概念

阅读提示: 本章是群论最基本的知识, 学习本书者应该仔细研读, 并做大部分习题.

本章是对抽象代数课程中已经学过的群论的基本概念进行复习和补充. 因此, 很多结果不再给出证明.

1.1　群的定义

定义 1.1.1　称非空集合 G 为一个群, 如果在 G 中定义了一个二元运算, 叫做乘法, 它满足

(1) 结合律: $(ab)c = a(bc),\ a, b, c \in G$;

(2) 存在单位元素: 存在 $1 \in G$, 使得对任意的 $a \in G$, 恒有

$$1a = a1 = a;$$

(3) 存在逆元素: 对任意的 $a \in G$, 存在 $a^{-1} \in G$, 使得

$$aa^{-1} = a^{-1}a = 1.$$

定义一个群有多种不同的方式. 例如, 上述条件 (2), (3) 可以分别减弱为

(2′) 存在左 (右) 单位元素: 存在 $1 \in G$, 使得对任意的 $a \in G$, 有 $1a = a$ $(a1 = a)$;

(3′) 存在左 (右) 逆元素: 对任意的 $a \in G$, 存在 $a^{-1} \in G$, 使得 $a^{-1}a = 1$ $(aa^{-1} = 1)$.

则条件 (1), (2′) 和 (3′) 亦可定义一个群. 又, 我们有

定义 1.1.2　称非空集合 G 为一个群, 如果在 G 中定义了一个二元运算, 叫做乘法. 它满足

(1) 结合律: $(ab)c = a(bc),\ a, b, c \in G$;

(4) 对任意的 $a, b \in G$, 存在 $x, y \in G$, 满足 $ax = b$ 和 $ya = b$.

更多的定义群的方法可以参看 [45].

定义 1.1.3　如果群 G 满足

(5) 交换律: $ab = ba,\ a, b \in G$, 则称 G 为交换群或 Abel 群.

在我们熟悉的基本数系, 即正整数系 $\mathbb{N}$、整数系 $\mathbb{Z}$、有理数系 $\mathbb{Q}$、实数系 $\mathbb{R}$ 和复数系 $\mathbb{C}$ 中就可以找到很多群的例子, 而且它们都是交换群.

例 1.1.4　$\mathbb{Z}$ 对加法成群 $(\mathbb{Z},+)$.

例 1.1.5　任一数域 $\mathbf{F}$ 对加法成群 $(\mathbf{F},+)$. 特别地, $(\mathbb{Q},+)$, $(\mathbb{R},+)$, $(\mathbb{C},+)$ 是群.

例 1.1.6　任一数域 $\mathbf{F}$ 的非零元素集合 $\mathbf{F}^{\#}$ 对乘法成群 $(\mathbf{F}^{\#},\cdot)$. 特别地, $(\mathbb{Q}^{\#},\cdot),(\mathbb{R}^{\#},\cdot),(\mathbb{C}^{\#},\cdot)$ 是群.

例 1.1.7　正有理数集 $\mathbb{Q}^{+}$ 和正实数集 $\mathbb{R}^{+}$ 对乘法成群 $(\mathbb{Q}^{+},\cdot)$, $(\mathbb{R}^{+},\cdot)$.

例 1.1.8　模为 1 的全体复数对乘法成群 $\mathbb{C}_1$.

例 1.1.9　设 n 为正整数, n 次单位根的全体对乘法组成群 U_n, 并且 $\bigcup\limits_{n=1}^{\infty} U_n = U$ 对乘法也成群. 容易证明, 由数组成的所有有限乘法群都是 U 的子群.

例 1.1.10　整数环 $\mathbb{Z}$ 关于理想 (n) 的同余类环 $\mathbb{Z}_n = \mathbb{Z}/(n)$ 对加法成群 $(\mathbb{Z}_n,+)$.

在抽象代数中我们还学过四元数体 $\mathbf{Q}=\mathbb{R}+i\mathbb{R}+j\mathbb{R}+k\mathbb{R}$.

例 1.1.11　四元数体的 8 个单位元素 $\{\pm1,\pm i,\pm j,\pm k\}$ 在四元数的乘法下封闭, 它们组成 8 阶**四元数群** Q_8. 这个群是非交换的.

例 1.1.12　设 $\mathbf{F}$ 是一个域, 则 $\mathbf{F}$ 上二阶满秩上三角矩阵集合

$$G=\left\{\begin{pmatrix} a & b \\ 0 & c\end{pmatrix}\middle| a,b,c\in\mathbf{F}, ac\neq 0\right\}$$

对矩阵乘法组成一个群.

例 1.1.13　上例中行列式为 1 的二阶上三角矩阵集合 H 以及主对角线元素为 1 的二阶上三角矩阵集合 K 对矩阵乘法都组成群:

$$H=\left\{\begin{pmatrix} a & b \\ 0 & a^{-1}\end{pmatrix}\middle| a,b\in\mathbf{F}, a\neq 0\right\},\quad K=\left\{\begin{pmatrix} 1 & b \\ 0 & 1\end{pmatrix}\middle| b\in\mathbf{F}\right\}.$$

请读者自行判断上面二例中的群 G,H,K 哪个是交换群, 哪个是非交换群.

在本书中, 我们还将接触到很多其他的群, 这将在后面陆续介绍.

现在回过来看群的定义. 由第 1 条公理即结合律可推出下面的**广义结合律**:

(1′) 广义结合律: 对于任意有限多个元素 $a_1, a_2, \cdots, a_n\in G$, 乘积 $a_1a_2\cdots a_n$ 的任何一种 "有意义的加括号方式"① 都得出相同的值, 因而上述乘积是有意义的.

① 因为群的乘法是二元运算, 根据定义, 只有两个元素的乘积才有意义, 多个元素的乘积必须通过逐步作两个元素的乘积来实现. 所谓 "有意义的加括号方式" 指的就是给定的一种确定的运算次序. 例如对乘积 $abcde$, 我们称 $((ab)c)(de)$, $((a(bc))d)e,\cdots$ 为 "有意义的加括号方式", 但 $((abc)d)e$, $(ab)(cd)e,\cdots$ 则不是.

由广义结合律, 有限多个群元素的乘积 $a_1a_2\cdots a_n$ 是有意义的, 不需要再具体指定乘法是依什么次序实施的. 而在交换群中, 连乘积 $a_1a_2\cdots a_n$ 中诸因子 $a_1,a_2,\cdots,a_n$ 的次序也可以任意调换, 其值是不变的.

又, 由广义结合律 (1′), 我们可以规定群 G 中元素 a 的整数次方幂如下: 设 n 为正整数, 则

$$a^n=\underbrace{aa\cdots a}_{n个},\ a^0=1,\ a^{-n}=(a^{-1})^n.$$

显然有

$$a^ma^n=a^{m+n},\quad (a^m)^n=a^{mn},\qquad m,n是整数.$$

又, 对于乘积的逆, 有下列法则:

命题 1.1.14 设 G 是群, $a_1,a_2,\cdots,a_n\in G$, 则

$$(a_1a_2\cdots a_n)^{-1}=a_n^{-1}\cdots a_2^{-1}a_1^{-1}.$$

有人称命题 1.1.14 为*穿–脱原理* (dressing-undressing principle), 这种叫法是很形象的, 就是先穿的衣服只能后脱下来.

下面对我们使用的符号做些说明: 我们用大写英文字母 $G,H,K,A,B,\cdots$ 表示群或集合, 小写英文字母 $a,b,c,\cdots$ 表示它的元素; 以 1 表示群的单位元素以及仅由单位元素组成的子群, 对二者不加区别, 读者可从上下文来判断 1 究竟代表单位元素还是单位子群, 以 $|G|$ 表示集合 G 的势. 如果 G 是群, 则 $|G|$ 叫群的阶. 又, 称 G 为有限群, 如果 $|G|$ 是有限数, 否则叫做无限群.

除了群中元素的乘积之外, 我们还可以如下定义群中子集的乘积: 设 G 是群, H,K 是 G 的子集, 规定 H,K 的乘积为

$$HK=\{hk\mid h\in H,k\in K\}.$$

如果 $K=\{a\}$, 仅由一个元素 a 组成, 则简记为 $H\{a\}=Ha$; 类似地, 有 aH 等. 我们还规定

$$H^{-1}=\{h^{-1}\mid h\in H\}.$$

很明显, 子集的乘法也满足结合律和广义结合律, 因而也可以定义子集 H 的正整数次幂 H^n:

$$H^n=\{h_1h_2\cdots h_n\mid h_i\in H\},$$

并且对子集的乘法也成立命题 1.1.14.

最后我们定义群中元素的阶.

定义 1.1.15 设 G 是群, $a \in G$. 能使 $a^n = 1$ 成立的最小的正整数 n 叫做元素 a 的阶, 记作 $o(a) = n$. 如果不存在这样的正整数 n, 我们就称 a 是无限阶元素, 记作 $o(a) = \infty$.

例如, 在例 1.1.4 中, 整数 0 在群 $(\mathbb{Z}, +)$ 中的阶是 1, 而其他整数的阶都是 ∞. 在例 1.1.11 中, 元素 $\pm i, \pm j, \pm k$ 的阶都是 4, 而元素 -1 的阶是 2, 元素 1 的阶是 1.

例 1.1.16 设 G 是群, $g \in G$, $o(g) = n$, 则 $o(g^m) = n/(m, n)$.

解 首先, $(g^m)^{n/(n,m)} = (g^n)^{m/(n,m)} = 1$, 得 $o(g^m) \leqslant n/(m, n)$. 又若 $o(g^m) = k$, 则 $(g^m)^k = 1$, $n|mk$. 令 $m = m_1(m, n)$, $n = n_1(m, n)$, 得 $n_1|m_1k$. 但 $(m_1, n_1) = 1$, 得 $n_1 \mid k$, 即 $n/(m, n) \leqslant o(g^m)$. 于是 $o(g^m) = n/(m, n)$. □

习 题

1.1.1. 设 G 是群, 则 G 中满足消去律

$$ac = bc \Longrightarrow a = b, \qquad \forall a, b \in G$$

和

$$ca = cb \Longrightarrow a = b, \qquad \forall a, b \in G.$$

举例说明只假定结合律和消去律不足以定义一个群. 但对有限非空集合 G 来说, 如果定义了一个满足结合律和消去律的二元运算, 那么 G 是一个群.

1.1.2. 设 G 是群, $a, b \in G$, 则 $o(a) = o(a^{-1})$, $o(ab) = o(ba)$.

1.1.3. 设 G 是群, $g_1, g_2 \in G$. 若 $o(g_1) = n_1$, $o(g_2) = n_2$, $(n_1, n_2) = 1$, 且 $g_1g_2 = g_2g_1$, 则 $o(g_1g_2) = n_1n_2$. 并举例说明如果 $g_1g_2 \neq g_2g_1$, 则无此结论.

1.1.4. 设 G 是群, $g \in G$. 若 $o(g) = n_1n_2$, $(n_1, n_2) = 1$, 则存在 $g_1, g_2 \in G$, 使 $g = g_1g_2 = g_2g_1$, 并且 $o(g_1) = n_1$, $o(g_2) = n_2$. 证明 g_1, g_2 被这些条件所唯一决定.

1.1.5. 设 $|G| = n$, $a_1, a_2, \cdots, a_n$ 是群 G 的 n 个元素, 不一定互不相同, 则存在整数 i, j, $1 \leqslant i \leqslant j \leqslant n$ 使 $a_ia_{i+1}\cdots a_j = 1$.

1.2 子群和陪集

定义 1.2.1 称群 G 的非空子集 H 为 G 的子群, 如果 $H^2 \subseteq H$, $H^{-1} \subseteq H$. 这时记作 $H \leqslant G$.

事实上, 易验证如果 H 是 G 的子群, 则必有 $H^2 = H$, $H^{-1} = H$, 并且 $1 \in H$. 显然, 任何群 G 都有二子群 G 和 1, 我们称 1 为 G 的平凡子群.

命题 1.2.2 设 G 是群, $H \subseteq G$, 则下列命题等价:

(1) $H \leqslant G$.

(2) 对任意的 $a, b \in H$, 恒有 $ab \in H$ 和 $a^{-1} \in H$.

(3) 对任意的 $a, b \in H$, 恒有 $ab^{-1} \in H$ (或 $a^{-1}b \in H$).

命题 1.2.3 设 G 是群, $H \subseteq G$, $|H|$ 是有限数, 则

$$H \leqslant G \iff H^2 \subseteq H.$$

若干个子群的交仍为子群, 即我们有

定理 1.2.4 设 G 是群. 若 $H_i \leqslant G, i \in I$, I 是某个指标集, 则 $\bigcap_{i \in I} H_i \leqslant G$.

一般来说若干子群的并不是子群, 例如可见习题 1.2.3. 但我们有下述概念:

定义 1.2.5 设 G 是群, $M \subseteq G$ (允许 $M = \varnothing$), 则称 G 的所有包含 M 的子群的交为由 M 生成的子群, 记作 $\langle M \rangle$.

容易看出, $\langle M \rangle = \{1, a_1 a_2 \cdots a_n \mid a_i \in M \cup M^{-1},\ n = 1, 2, \cdots\}$.

如果 $\langle M \rangle = G$, 我们称 M 为 G 的一个生成系, 或称 G 由 M 生成. 能由一个元素 a 生成的群 $G = \langle a \rangle$ 叫做循环群.可由有限多个元素生成的群叫做有限生成群. 有限群当然都是有限生成群.

下面的结论是十分重要的.

定理 1.2.6 设 G 是群, $H \leqslant G, K \leqslant G$, 则

$$HK \leqslant G \iff HK = KH.$$

证明 $\Rightarrow$: 由 $HK \leqslant G$ 有 $(HK)^{-1} = HK$, 即 $K^{-1}H^{-1} = HK$. 又由 $H \leqslant G$, $K \leqslant G$, 有 $H^{-1} = H$, $K^{-1} = K$, 于是 $KH = HK$.

$\Leftarrow$: 由 $HK = KH$ 可得 $(HK)^2 = HKHK = HHKK = HK$, $(HK)^{-1} = K^{-1}H^{-1} = KH = HK$, 由定义 1.2.1 即得 $HK \leqslant G$. □

下面我们研究子群的陪集.

定义 1.2.7 设 $H \leqslant G$, $a \in G$. 称形如 $aH(Ha)$ 的子集为 H 的一个左 (右) 陪集. 容易验证 $aH = bH \iff a^{-1}b \in H$. 类似地, 有 $Ha = Hb \iff ab^{-1} \in H$.

命题 1.2.8 设 $H \leqslant G, a, b \in G$, 则

(1) $|aH| = |bH|$;

(2) $aH \cap bH \neq \varnothing \Rightarrow aH = bH$.

于是, G 可表成 H 的互不相交的左陪集的并:

$$G = a_1 H \cup a_2 H \cup \cdots \cup a_n H,$$

元素 $\{a_1, a_2, \cdots, a_n\}$ 叫做 H 在 G 中的一个(左) 陪集代表系. H 的不同左陪集的个数 n (不一定有限) 叫做 H 在 G 中的指数, 记作 $|G : H|$.

同样的结论对于右陪集也成立, 并且 H 在 G 中的左、右陪集个数相等, 都是 $|G : H|$.

下面的定理对于有限群是基本的.

定理 1.2.9 (Lagrange)　*设 G 是有限群, $H \leqslant G$, 则 $|G| = |H||G:H|$.*

由此定理, 在有限群 G 中, 子群的阶是群阶的因子. 而且还可推出, G 中任一元素 a 的阶 $o(a)$ 也是 $|G|$ 的因子. 这因为 $o(a) = |\langle a\rangle|$, 而 $\langle a\rangle \leqslant G$.

定义 1.2.10　称群 G 为周期群, 如果 G 的每个元素都是有限阶的. 又如果 G 中所有元素的阶存在最小公倍数 m, 则称 m 为 G 的**方次数**, 记作 $\exp G = m$.

显然, 有限群是周期群, 存在方次数, 并且 $\exp G \mid |G|$.

定理 1.2.11　*设 G 是群. 如果 $\exp G = 2$, 则 G 是交换群.*

证明　对任意的 $a, b \in G$, 由 $1 = (ab)^2 = a^2b^2$ 得 $abab = aabb$, 左乘 a^{-1}, 右乘 b^{-1}, 即得 $ab = ba$. □

定理 1.2.12　*设 G 是群, H 和 K 是 G 的有限子群, 则*

$$|HK| = \frac{|H||K|}{|H \cap K|}.$$

证明　因为群 G 的子集 HK 是由形如 $Hk(k \in K)$ 的 H 的右陪集的并组成, 每个右陪集含有 $|H|$ 个元素, 故为证明上式只需证 HK 中含有 $|K : H \cap K|$ 个 H 的右陪集. 由

$$Hk_1 = Hk_2 \iff k_1k_2^{-1} \in H,$$

注意到 $k_1k_2^{-1} \in K$, 故

$$\begin{aligned} Hk_1 = Hk_2 &\iff k_1k_2^{-1} \in H \cap K \\ &\iff (H \cap K)k_1 = (H \cap K)k_2. \end{aligned}$$

因此 HK 中包含 H 的右陪集个数等于 $H \cap K$ 在 K 中的指数 $|K : H \cap K|$, 得证. □

命题 1.2.13　*设 G 是有限群, $H \leqslant G$, $K \leqslant G$, 则*

(1) $|\langle H, K\rangle : H| \geqslant |K : H \cap K|$;

(2) $|G : H \cap K| \leqslant |G : H||G : K|$;

(3) *若 $|G : H|$ 和 $|G : K|$ 互素, 则*

$$|G : H \cap K| = |G : H||G : K|,$$

并且此时有 $G = HK$.

证明　(1) 由上定理的证明中我们已经看到, 子集 HK 中包含 H 的右陪集个数 (姑且记作 $|HK : H|$) 等于 $|K : H \cap K|$. 因为 $\langle H, K\rangle \supseteq HK$, 自然有

$$|\langle H, K\rangle : H| \geqslant |HK : H| = |K : H \cap K|.$$

(2) 因为

$$|G:H\cap K|=|G:K||K:H\cap K|,$$

由 $|G:H|\geqslant|\langle H,K\rangle:H|$ 及 (1), 有 $|G:H|\geqslant|K:H\cap K|$, 于是有

$$|G:H\cap K|\leqslant|G:H||G:K|.$$

(3) 由 Lagrange 定理, $|G:H|$ 和 $|G:K|$ 都是 $|G:H\cap K|$ 的因子. 又因 $|G:H|$ 和 $|G:K|$ 互素, 有

$$|G:H||G:K|\ \big|\ |G:H\cap K|.$$

再由 (2) 即得

$$|G:H\cap K|=|G:H||G:K|.$$

但另一方面,

$$|G:H\cap K|=|G:K||K:H\cap K|=|G:K||HK:H|,$$

由此推出 $|G:H|=|HK:H|$, 于是 $G=HK$. □

习　　题

1.2.1. 设 $H\leqslant G$, $g\in G$. 若 $o(g)=n$, 且 $g^m\in H$, $(n,m)=1$, 则 $g\in H$.

1.2.2. 证明除平凡子群外无其他真子群的非平凡群必为素数阶循环群.

1.2.3. 设 $H\leqslant G$, $K\leqslant G$, 则 $H\cup K\leqslant G \iff H\leqslant K$ 或 $K\leqslant H$.

1.2.4. 设 $H\leqslant G$, $K\leqslant G$, $a,b\in G$. 若 $Ha=Kb$, 则 $H=K$.

1.2.5. 设 A,B,C 为 G 的子群, 并且 $A\leqslant C$, 则

$$AB\cap C=A(B\cap C).$$

注: 对于熟悉格的概念的读者, 上式即格中的Dedekind 模律, 因 AB 不一定是 G 的子群, 所以它不能看成是 G 的子群格中的等式. 但若 A,B,C 均为 G 的正规子群, 则上式即说明任一群的正规子群组成的格为模格.

1.2.6. 设 A,B,C 为群 G 的子群, 并且 $A\leqslant B$. 如果 $A\cap C=B\cap C$, $AC=BC$, 则必有 $A=B$.

1.2.7. 设 A,B,C 皆为 G 的子群. 若 $B\leqslant A$, 则

$$|A:B|\geqslant|(C\cap A):(C\cap B)|.$$

1.2.8. 设 H, K 是有限群 G 的子群 (不一定不同), 我们称形如 HaK, $a\in G$ 的子集为 G 关于子群 H 和 K 的一个**双陪集**.

(1) 对于双陪集成立

$$HaK \cap HbK \neq \varnothing \Rightarrow HaK = HbK.$$

于是, G 可表成互不相交的若干双陪集的并:

$$G = Ha_1K \cup Ha_2K \cup \cdots \cup Ha_sK.$$

(2) 任一双陪集 HaK 可表成若干 H 的右陪集 (或 K 的若干左陪集) 的并. 它包含 H 的右陪集的个数为 $|K : H^a \cap K|$, 而包含 K 的左陪集的个数为 $|H^a : H^a \cap K|$.

1.3 共轭、正规子群和商群

设 G 是群, $a, g \in G$, 我们规定

$$a^g = g^{-1}ag,$$

并称 a^g 为 a 在 g 之下的*共轭变形*. 对于 G 的子群或子集 H, 我们同样规定

$$H^g = g^{-1}Hg,$$

也叫做 H 在 g 下的共轭变形. 容易验证下面的结论:

命题 1.3.1 *共轭变形运算满足*

(1) $a^{gh} = (a^g)^h$;

(2) $(ab)^g = a^g b^g$;

(3) $(a^g)^{-1} = (a^{-1})^g$.

定义 1.3.2 称群 G 的元素 a, b(或子群或子集 H, K) 在 G 中*共轭*, 如果存在元素 $g \in G$, 使得 $a^g = b$ (或 $H^g = K$).

命题 1.3.3 *(在元素间、子群间或子集间的) 共轭关系是等价关系.*

于是, 群 G 的所有元素依共轭关系可分为若干互不相交的等价类 (叫做*共轭类*) $C_1 = \{1\}, C_2, \cdots, C_k$, 并且

$$G = C_1 \cup C_2 \cup \cdots \cup C_k.$$

由此又有

$$|G| = |C_1| + |C_2| + \cdots + |C_k|,$$

叫做 G 的*类方程*, 而 k 叫做 G 的*类数*. 共轭类 C_i 包含元素的个数 $|C_i|$ 叫做 C_i 的*长度*.

为了研究共轭类的长度, 我们规定

定义 1.3.4 设 G 是群, H 是 G 的子集, $g \in G$. 若 $H^g = H$, 则称元素 g *正规化* H, 而称 G 中所有正规化 H 的元素的集合

$$N_G(H) = \{g \in G \mid H^g = H\}$$

为 H 在 G 中的*正规化子*. 又若元素 g 满足对所有 $h \in H$ 恒有 $h^g = h$, 则称元素 g *中心化* H, 而称 G 中所有中心化 H 的元素的集合

$$C_G(H) = \{g \in G \mid h^g = h,\ \forall h \in H\}$$

为 H 在 G 中的*中心化子*.

规定 $Z(G) = C_G(G)$, 并称之为群 G 的*中心*.

易验证, 对于任意非空子集 H, $N_G(H)$ 和 $C_G(H)$ 都是 G 的子群, 并且若 $H \leqslant G$, 则 $H \leqslant N_G(H)$. 如果 H 是单元素集 $\{a\}$, 则 $N_G(H)$ 和 $C_G(H)$ 分别记作 $N_G(a)$ 和 $C_G(a)$, 这时有 $C_G(a) = N_G(a)$.

定理 1.3.5 *G 中元素 a 所属的共轭类 C 的长度 $|C| = |G : C_G(a)|$, 因此, $|C|$ 是 $|G|$ 的因子. 类似地, 子群 (或子集) H 的共轭子群 (或共轭子集) 的个数为 $|G : N_G(H)|$, 也是 $|G|$ 的因子.*

下面研究一种重要类型的子群 —— 正规子群.

定义 1.3.6 称群 G 的子群 N 为 G 的*正规子群*, 如果 $N^g \subseteq N, \forall g \in G$. 记作 $N \trianglelefteq G$.

命题 1.3.7 *设 G 是群, 则下列事项等价:*

(1) $N \trianglelefteq G$;

(2) $N^g = N$, $\forall g \in G$ *(因此正规子群也叫自共轭子群)*;

(3) $N_G(N) = G$;

(4) *若 $n \in N$, 则 n 所属的 G 的共轭元素类 $C(n) \subseteq N$, 即 N 由 G 的若干个完整的共轭类组成*;

(5) $Ng = gN$, $\forall g \in G$;

(6) *N 在 G 中的每个左陪集都是一个右陪集.*

根据 (6), N 的左、右陪集的集合是重合的, 因此, 对正规子群我们可只讲陪集, 而不区分左右.

显然, 交换群的所有子群皆为正规子群. 又, 任一群 G 都至少有两个正规子群: G 和 1, 叫做*平凡的*正规子群.

定义 1.3.8 只有平凡正规子群的群叫做*单群*.

因为交换群的每个子群都是正规子群, 由习题 1.2.2, 交换单群只有素数阶循环群. 而非交换单群则有十分复杂的情形. 事实上, 确定所有有限非交换单群多年来一直是有限群论的核心问题.

下面的事实是常用到的.

命题 1.3.9 设 $N_1, N_2, \cdots, N_s$ 是群 G 的正规子群, 则 $\bigcap_{i=1}^{s} N_i$ 和 $\langle N_1, N_2, \cdots, N_s\rangle$ 也是 G 的正规子群.

命题 1.3.10 设 $N \trianglelefteq G, H \leqslant G$, 则 $\langle N, H\rangle = NH = HN$.

定义 1.3.11 设 G 是群, $M \subseteq G$, 称

$$M^G = \langle m^g \mid m \in M, g \in G\rangle$$

为 M 在 G 中的正规闭包, M^G 是 G 的包含 M 的最小的正规子群.

下面设 $N \trianglelefteq G$. 我们研究 N 的所有陪集的集合 $\overline{G} = \{Ng \mid g \in G\}$. 定义 $\overline{G}$ 中的乘法为群子集的乘法, 即

$$(Ng)(Nh) = N(gN)h = N(Ng)h = N^2gh = Ngh, \tag{1.1}$$

则有

定理 1.3.12 $\overline{G}$ 对乘法 (1.1) 封闭, 并且成为一个群, 叫做 G 对 N 的商群, 记作 $\overline{G} = G/N$.

下面的两个例题中的事实是常用的.

例 1.3.13 设 G 是群, $M \trianglelefteq G$, $N \trianglelefteq G$, 且 $M \cap N = 1$, 则对任意的 $m \in M$, $n \in N$, 有 $mn = nm$.

证明 考虑元素

$$m^{-1}n^{-1}mn = (m^{-1}n^{-1}m)n = m^{-1}(n^{-1}mn).$$

由 $N \trianglelefteq G$, 有 $m^{-1}n^{-1}m \in N$; 而由 $M \trianglelefteq G$, 有 $n^{-1}mn \in M$. 于是 $(m^{-1}n^{-1}m)n \in N$, $m^{-1}(n^{-1}mn) \in M$, 即 $m^{-1}n^{-1}mn \in M \cap N$. 又由 $M \cap N = 1$ 得 $m^{-1}n^{-1}mn = 1$, 即 $mn = nm$. □

例 1.3.14 设 G 是有限群, $H < G$, 则 H 的所有共轭子集的并为 G 的真子集.

证明 设 $H_1 = H, H_2, \cdots, H_k$ 是与 H 共轭的全部子群. 由定理 1.3.5, $k = |G : N_G(H)|$. 因为 $N_G(H) \geqslant H$, 有

$$k = |G : N_G(H)| \leqslant |G : H|.$$

于是

$$\begin{aligned}\left|\bigcup_{i=1}^{k} H_i\right| &= 1 + \left|\bigcup_{i=1}^{k}(H_i - \{1\})\right| \\ &\leqslant 1 + k(|H| - 1) \\ &\leqslant 1 + |G:H|(|H| - 1) \\ &= |G| - |G:H| + 1.\end{aligned}$$

因为 $H < G$, 故 $|G:H| > 1$. 于是有

$$\left|\bigcup_{i=1}^{k} H_i\right| < |G|,$$

即 $\bigcup\limits_{i=1}^{k} H_i$ 是 G 的真子集. □

习 题

1.3.1. 若群 G 只有一个 2 阶元素 a, 则 $a \in Z(G)$.

1.3.2. 设 H 是群 G 的子群. 如果 $|G:H| = 2$, 则 $H \trianglelefteq G$.

1.3.3. 设 G 是有限群, A, B, C 是 G 的子群, 且 $A \trianglelefteq B$, 则 $A \cap C \trianglelefteq B \cap C$.

1.3.4. 设 G 是有限群, A, B, C 是 G 的子群, 且 $A \trianglelefteq B$, $C \trianglelefteq G$, 则 $AC \trianglelefteq BC$. 如果没有条件 $C \trianglelefteq G$, 是否还有 $AC \trianglelefteq BC$?

1.3.5. 设 G 是有限群, $N \trianglelefteq G$, $g \in G$. 若 $(o(g), |G/N|) = 1$, 则 $g \in N$.

1.3.6. 若 $H \leqslant Z(G)$, 则 $H \trianglelefteq G$. 又若 G/H 是循环群, 则 G 是交换群.

1.3.7. 若 $H \leqslant G$, $K \leqslant G$, 且 $|H| = |K|$, $(|H|, |G:H|) = 1$, 则

$$N_H(K) = N_K(H) = H \cap K.$$

1.3.8. 设 G 是有限群, $H \leqslant G$, $N \trianglelefteq G$.

(1) 若 $(|G:N|, |H|) = 1$, 则 $H \leqslant N$;

(2) 若 $(|G:H|, |N|) = 1$, 则 $N \leqslant H$.

1.3.9. 设 H 是群 G 的有限指数子群, 则 H 包含一个 G 的正规子群 N, 它在 G 中也有有限指数.

1.3.10. 设 G 是群, H 是 G 的有限指数子群, 且 $|G:H| = n$. 又设 $z \in Z(G)$, 则 $z^n \in H$.

1.3.11. 设 $H < G$, 且 $|G:N_G(H)| = 2$, 则对任意的 $x \in G$ 有 $HH^x = H^xH$.

1.3.12. 设 G 是有限交换群, p 是素数, 且 $p \mid |G|$. 证明 G 中含有 p 阶元素.

1.3.13. 在上题中, 去掉 G 交换的条件, 则结论仍然成立.

1.3.14. 设 G 是有限非交换单群, 则 G 可由任一共轭类 C 生成, 只要 $C \neq \{1\}$.

1.3.15. 设 G 是有限群, 它有 k 个共轭元素类, 则 G 的阶有依赖于 k 的上界.

1.4　同态和同构

我们假定读者已经熟知群的同态和同构的概念. 下面的简短说明只是为了固定符号的使用.

我们称映射 $\alpha: G \to H$ 为群 G 到 H 的一个同态映射, 如果

$$(ab)^\alpha = a^\alpha b^\alpha, \qquad \forall a, b \in G.$$

如果 α 是满 (单) 射, 则称为满 (单) 同态; 而如果 α 是双射, 即一一映射, 则称 α 为 G 到 H 的同构映射. 这时称群 G 和 H 同构, 记作 $G \cong H$.

群 G 到自身的同态及同构具有重要的意义, 我们称之为群 G 的自同态和自同构.在本书中, 我们以 $\mathrm{End}(G)$ 表示 G 的全体自同态组成的集合, 而以 $\mathrm{Aut}(G)$ 表示 G 的全体自同构组成的集合. 对于映射的乘法, $\mathrm{End}(G)$ 组成一个有单位元的半群, 而 $\mathrm{Aut}(G)$ 组成一个群, 叫做 G 的自同构群.

对于 $g \in G$, 由 $a^{\sigma(g)} = a^g$ 规定的映射 $\sigma(g): G \to G$ 是 G 的一个自同构, 叫做由 g 诱导出的 G 的内自同构, G 的全体内自同构集合 $\mathrm{Inn}(G)$ 是 $\mathrm{Aut}(G)$ 的一个子群, 并且映射 $\sigma: g \mapsto \sigma(g)$ 是 G 到 $\mathrm{Inn}(G)$ 的一个满同态.

设 $\alpha: G \to H$ 是群同态映射, 规定

$$\mathrm{Ker}\ \alpha = \{g \in G \mid g^\alpha = 1\}$$

叫做同态 α 的核,而

$$G^\alpha = \{g^\alpha \mid g \in G\}$$

叫做同态 α 的像集, 容易验证 $\mathrm{Ker}\ \alpha \trianglelefteq G$, 而 $G^\alpha \leqslant H$.

下面的定理是基本的.

定理 1.4.1 (同态基本定理)

(1) 设 $N \trianglelefteq G$, 则映射 $\nu: g \mapsto Ng$ 是 G 到 G/N 的同态映射, 满足 $\mathrm{Ker}\ \nu = N$, $G^\nu = G/N$. 这样的 ν 叫做 G 到 G/N 上的自然同态.

(2) 设 $\alpha: G \to H$ 是同态映射, 则 $\mathrm{Ker}\ \alpha \trianglelefteq G$, 且 $G^\alpha \cong G/\mathrm{Ker}\ \alpha$.

根据同态基本定理, 群的同态像从同构的意义上说就是群对正规子群的商群.

定理 1.4.2 (第一同构定理)　设 $N \trianglelefteq G$, $M \trianglelefteq G$, 且 $N \leqslant M$, 则 $M/N \trianglelefteq G/N$, 并且

$$(G/N)/(M/N) \cong G/M.$$

定理 1.4.3 (第二同构定理)　设 $H \leqslant G$, $K \trianglelefteq G$, 则 $(H \cap K) \trianglelefteq H$, 且 $HK/K \cong H/(H \cap K)$.

研究群的同态像对于群的构造问题是很重要的. 例如, 研究群 G 到域 K 上的 n 阶可逆矩阵群内的同态像, 即所谓 G 在域上的矩阵表示, 就形成了群论的 (甚至独立于群论的) 一个分支 —— 群表示论. 它在 19 世纪末和 20 世纪 40 年代得到了决定性的发展, 对于有限群的构造的研究起了十分重要的作用.

应用群的自同态和自同构的概念, 我们给出下面的定义.

定义 1.4.4 称群 G 的子群 H 为 G 的**特征子群**, 如果 $H^\alpha \subseteq H, \forall \alpha \in \mathrm{Aut}(G)$. 这时记作 $H \text{ char } G$.

定义 1.4.5 称群 G 的子群 H 为 G 的**全不变子群**, 如果 $H^\alpha \subseteq H$, $\forall \alpha \in \mathrm{End}(G)$.

类似地, 正规子群的定义 (定义 1.3.6) 也可以改述为

定义 1.4.6 称群 G 的子群 H 为 G 的**正规子群**, 如果 $H^\alpha \subseteq H, \forall \alpha \in \mathrm{Inn}(G)$.

由 $\mathrm{Inn}(G) \subseteq \mathrm{Aut}(G) \subseteq \mathrm{End}(G)$, 有

H 是 G 的全不变子群 $\Longrightarrow$ H 是 G 的特征子群 $\Longrightarrow$ H 是 G 的正规子群.

命题 1.4.7

(1) $K \text{ char } H$, $H \text{ char } G \Longrightarrow K \text{ char } G$;

(2) $K \text{ char } H$, $H \trianglelefteq G \Longrightarrow K \trianglelefteq G$.

证明 (1) 由 $H \text{ char } G$, 对于任意的 $\alpha \in \mathrm{Aut}(G)$ 有 $H^\alpha = H$, 而且 $\alpha|_H \in \mathrm{Aut}(H)$. 又因 $K \text{ char } H$, $K^{\alpha|_H} = K$, 于是 $K \text{ char } G$.

(2) 由 $H \trianglelefteq G$, 对于任意的 $g \in G$ 有 $H^g = H$, 且 g 在 H 上的作用相当于 H 的自同构 $\sigma(g)$. 于是 $K^g = K^{\sigma(G)} = K$, 得到 $K \trianglelefteq G$. □

但一般来说, $K \trianglelefteq H$ 和 $H \trianglelefteq G$ 不能推出 $K \trianglelefteq G$. 请读者举例说明之.

群 G 的平凡正规子群 G 和 1 显然都是 G 的特征子群和全不变子群. 又, 群 G 的中心 $Z(G)$ 是 G 的特征子群, 但不一定是全不变子群 (见下节末的习题 1.5.5).

习　题

1.4.1. 设 $H \trianglelefteq G$, $(|H|, |G/H|) = 1$, 则 $H \text{ char } G$.

1.4.2. 若 $\mathrm{Aut}(G) = 1$, 则 $G = 1$ 或 Z_2.

1.5 直　积

在抽象代数课程中, 我们已经熟悉两个群的直积的概念. 它是一种由较小的群构造大群的最简单方法. 设 G, H 是两个群, 则 G, H 的 (外) 直积

$$G \times H = \{(g, h) \mid g \in G, h \in G\},$$

其中乘法如下规定:

$$(g,h)(g',h')=(gg',hh'),\qquad g,g'\in G,h,h'\in H.$$

类似地, 可定义 n 个群 $G_1,\cdots,G_n$ 的 (外) 直积

$$G=G_1\times G_2\times\cdots\times G_n.$$

在上述 (外) 直积中, 对于 $i=1,2,\cdots,n$, 令

$$H_i=\{(1,\cdots,1,g_i,1,\cdots,1)\mid g_i\in G_i\},$$

其中 g_i 是第 i 个分量, 则显然有 $H_i\cong G_i$, 并且还成立下述事实:

1) $H_i\trianglelefteq G,\forall i$;

2) $G=\langle H_1,H_2,\cdots,H_n\rangle=H_1H_2\cdots H_n$;

3) 对 $i\neq j$, H_i 和 H_j 的元素可交换, 即对任意的 $h_i\in H_i$, $h_j\in H_j$, 恒有 $h_ih_j=h_jh_i$;

4) $H_i\cap(H_1\cdots H_{i-1}H_{i+1}\cdots H_n)=1,\forall i$;

5) G 的任意元素 h 可表为 $H_1,\cdots,H_n$ 中的元素的乘积, 而且表示方法是唯一的, 即若有

$$h=h_1\cdots h_n=h_1'\cdots h_n',\qquad h_1,h_1'\in H_1;\ \cdots;\ h_n,h_n'\in H_n,$$

则必有 $h_1=h_1',\cdots,h_n=h_n'$.

事实上, 在有限群中用得更多的是所谓*内直积*的概念.

我们称群 G 是子群 H,K 的 (内) 直积, 如果 $G=HK$ 并且映射 $(h,k)\mapsto hk$ 是 $H\times K\to G$ 的同构映射. 这时我们也记 $G=H\times K$, 即符号与外直积不加区别. 类似地, 可规定群 G 是 n 个子群 $G_1,\cdots,G_n$ 的 (内) 直积的意义.

容易验证, 外直积 $G=G_1\times\cdots\times G_n$ 也是前面规定的子群 $H_1,\cdots,H_n$ 的内直积, 即 $G=H_1\times\cdots\times H_n$, 而且对于内直积也成立上面的 1)~5). 更进一步, 我们有下面的

定理 1.5.1　群 G 是子群 $H_1,\cdots,H_n$ 的 (内) 直积的充要条件是

(1) $H_i\trianglelefteq G$, $i=1,2,\cdots,n$;

(2) $G=H_1H_2\cdots H_n$;

(3) $H_i\cap(H_1\cdots H_{i-1}H_{i+1}\cdots H_n)=1$, $i=1,2,\cdots,n$.

其中条件 (3) 还可减弱为

(3′) $H_i\cap(H_1\cdots H_{i-1})=1$, $i=2,3,\cdots,n$.

即条件 (1), (2), (3′) 也是 $G=H_1\times\cdots\times H_n$ 的充要条件, 而且我们还有

定理 1.5.1′ 群 G 是子群 $H_1, \cdots, H_n$ 的 (内) 直积的充要条件是

(1) $H_i \trianglelefteq G,\ i=1,2,\cdots,n$;

(2) $G = H_1H_2\cdots H_n$;

(4) G 的每个元素 h 表为 $H_1,\cdots,H_n$ 的元素的乘积的表示方法是唯一的, 即若

$$h = h_1h_2\cdots h_n = h_1'h_2'\cdots h_n', \qquad h_i, h_i' \in H_i,\ i=1,2,\cdots,n,$$

则 $h_i = h_i',\ i=1,2,\cdots,n$.

条件 (4) 还可减弱为 G 的单位元素 1 的表示法唯一, 即若

$$1 = h_1h_2\cdots h_n,\ h_i \in H_i, \qquad i=1,2,\cdots,n,$$

则 $h_1 = h_2 = \cdots = h_n = 1$.

下列关于商群直积的事实是常用的.

例 1.5.2 设 $M \trianglelefteq G,\ N \trianglelefteq G$, 则

$$G/(M\cap N) \lesssim (G/M)\times(G/N).$$

(符号 “$H \lesssim G$” 表示 “H 同构于 G 的某个子群.”)

证明 考虑群 G 到 $(G/M)\times(G/N)$ 内的映射 σ:

$$g^\sigma = (gM, gN), \qquad \forall g \in G.$$

易验证 σ 是 G 到 $(G/M)\times(G/N)$ 内的同态, 其同态核 $\mathrm{Ker}\,\sigma = M\cap N$. 于是由同态基本定理得

$$G/(M\cap N) \lesssim (G/M)\times(G/N).$$

□

习　题

1.5.1. 证明阶互素的二循环群的直积仍为循环群.

1.5.2. 证明群 A 的正规子群也是直积 $A\times B$ 的正规子群.

1.5.3. 证明 $Z(A\times B) = Z(A)\times Z(B)$.

1.5.4. 设 G 是非交换群, $P = G\times G$. 令 $D = \{(g,g) \mid g\in G\}$. 证明 $D \cong G$, 但 $D \ntrianglelefteq P$. (这样的子群 D 叫做直积 P 的对角子群.)

1.5.5. 设 $A = \langle a, b \mid a^3 = b^2 = 1, bab = a^2\rangle \cong S_3$, $B = \langle c \mid c^3 = 1\rangle \cong Z_3$, $G = A\times B$. 因为 $Z(A) = 1$, $Z(B) = B$, 有 $Z(G) = Z(A\times B) = B$. 证明 $Z(G)$ 不是群 G 的全不变子群.

1.5.6. 设 $G_1, \cdots, G_n$ 是有限群 G 的正规子群, 且 $G = \langle G_1, \cdots, G_n \rangle$. 若对任意的 $i \neq j$, $(|G_i|, |G_j|) = 1$, 则

(1) $G = G_1 \times \cdots \times G_n$;

(2) $\mathrm{Aut}(G) = \mathrm{Aut}(G_1) \times \cdots \times \mathrm{Aut}(G_n)$.

1.6 一些重要的群例

1.6.1 循环群

前面已经提到, 由一个元素生成的群叫做*循环群*. 设循环群 $G = \langle a \rangle$, a 是其生成元. 考虑映射 $\alpha : \mathbb{Z} \to G$, 满足 $i^\alpha = a^i, i \in \mathbb{Z}$. 易验证 α 是同态映射, 因而 $G \cong \mathbb{Z}/\mathrm{Ker}\,\alpha$, 而

$$\mathrm{Ker}\,\alpha = \begin{cases} \{0\}, & o(a) = \infty, \\ \{kn \mid k \in \mathbb{Z}\}, & o(a) = n, \end{cases}$$

故得

定理 1.6.1 *无限循环群与 $(\mathbb{Z}, +)$ 同构, 有限 n 阶循环群与 $(\mathbb{Z}_n, +)$ 同构. 由此推得同阶 (有限或无限) 循环群必互相同构.*

以下我们以 Z 表示无限循环群, Z_n 表示有限 n 阶循环群.

从抽象代数课程中我们已经熟知关于循环群的下列基本事实:

定理 1.6.2 *循环群的子群仍为循环群. 无限循环群 Z 的子群除 1 以外都是无限循环群, 且对每个 $s \in \mathbb{N}$, 对应有一个子群 $\langle a^s \rangle$. 有限 n 阶循环群 Z_n 的子群的阶是 n 的因子, 且对每个 $m \mid n$, 存在唯一的 m 阶子群 $\langle a^{n/m} \rangle$.*

循环群的子群都是全不变子群.

定理 1.6.3 *循环群的自同构群是交换群. 无限循环群 Z 只有两个自同构, $\mathrm{Aut}(Z) \cong Z_2$. 有限循环群 Z_n 有 $\varphi(n)$ 个自同构 (这里 φ 是 Euler 函数), $\mathrm{Aut}(Z_n)$ 同构于与 n 互素的 $\mathrm{mod}\, n$ 的同余类的乘法群.*

证明 设 a 是该循环群的生成元, 则它的每个自同构由 a 的像唯一确定. 假定 α, β 是循环群 $\langle a \rangle$ 的两个自同构, 有 $a^\alpha = a^i$, $a^\beta = a^j$, 则

$$a^{\alpha\beta} = (a^\alpha)^\beta = (a^i)^\beta = a^{ij}, \quad a^{\beta\alpha} = (a^\beta)^\alpha = (a^j)^\alpha = a^{ji},$$

故 $a^{\alpha\beta} = a^{\beta\alpha}$, 即 $\mathrm{Aut}(\langle a \rangle)$ 是交换群.

又, 对任意的 $\alpha \in \mathrm{Aut}(\langle a \rangle)$, 如果 $a^\alpha = a^i$, 则 $\langle a^i \rangle = \langle a \rangle$, 即 a^α 生成 $\langle a \rangle$. 反之, 若 $\langle a^i \rangle = \langle a \rangle$, 则有唯一的 $\alpha \in \mathrm{Aut}(\langle a \rangle)$ 使得 $a^\alpha = a^i$. 这就证明了映射 $a \mapsto a^i$ 是 $\langle a \rangle$ 的自同构 $\iff$ a^i 是 $\langle a \rangle$ 的生成元.

最后, 因为无限循环群 Z 只有两个生成元 a 和 a^{-1}, 而有限循环群 Z_n 有 $\varphi(n)$ 个生成元, 故得 $\mathrm{Aut}(Z) \cong Z_2$, 而 $\mathrm{Aut}(Z_n)$ 同构于与 n 互素的 $\bmod n$ 的同余类的乘法群. □

定理 1.6.4 *(1) 设 p 是奇素数, G 是阶为 p^n 的循环群, $n \geqslant 1$, 则 $\mathrm{Aut}(G) \cong Z_{p^{n-1}(p-1)}$.*

(2) 设 $p=2$, G 是阶为 2^n 的循环群, $n \geqslant 2$, 则 $\mathrm{Aut}(G) \cong Z_2 \times Z_{2^{n-2}}$.

证明 (1) 由初等数论, p^n 存在原根, 与 p^n 互素的 $\bmod p^n$ 的同余类的乘法群是 $\varphi(p^n)=p^{n-1}(p-1)$ 阶的循环群, 得证.

(2) 由初等数论, 如果 $n \geqslant 3$, 2^n 没有原根. 但与 2^n 互素的 $\bmod 2^n$ 的同余类的乘法群可由 -1 和 $5 \pmod{2^n}$ 生成, 前者生成 2 阶群, 后者生成 2^{n-2} 阶循环群, 得证. □

下面我们给出素数幂阶循环群的一个刻画, 首先我们给出下面的定义.

定义 1.6.5 称群 G 的子群 H 为 G 的*极大子群*, 记作 $H \lessdot G$, 如果 $H < G$, 并且由 $H \leqslant K \leqslant G$ 可推出 $H = K$ 或 $K = G$.

命题 1.6.6 *设 G 是有限群, 它的任意两个极大子群都在 G 中共轭, 则 G 为素数幂阶循环群.*

证明 任取 G 的极大子群 H, 由例 1.3.14,

$$\bigcup_{x\in G} H^x \subsetneqq G.$$

取 $a \in G - \bigcup_{x\in G} H^x$, 则必有 $G=\langle a\rangle$, 即 G 是循环群. 因若不然, 有 $\langle a\rangle < G$, 则存在 G 的极大子群 $M \geqslant \langle a\rangle$. 但由假设, M 与 H 共轭, 即对某个 $y \in G$ 有 $M = H^y$. 于是 $a \in \bigcup_{x\in G} H^x$, 与 a 的选择矛盾. 这样, 我们证明了 G 是循环群. 如果 G 不是素数幂阶的, 可设两个不同的素数 p, q 整除 $|G|$, 则 $\langle a^p\rangle$ 和 $\langle a^q\rangle$ 是两个不共轭的极大子群, 矛盾. □

1.6.2 有限交换群

在抽象代数课程中, 我们从模论的观点证明了有限生成交换群可分解为循环群的直积. 现在我们再对有限群的情形给这个定理一个群论证明. 为此, 先引进下述概念:

定义 1.6.7 设 p 是素数. 称群 G 的元素 a 为*p-元素*, 如果 $o(a)$ 是 p 的方幂; 而称 a 为*p'-元素*, 如果 $(o(a), p) = 1$.

由此定义, 单位元素 1 既是 p-元素, 又是 p'-元素. 而且一般说来, 群中也有很多元素既非 p-元素, 也非 p'-元素.

定义 1.6.8　称群 G 为p-群, 如果 G 的每个元素皆为 p-元素.

定义 1.6.9　称 p-群 S 为群 G 的Sylow p-子群, 如果 S 是 G 的极大 p-子群, 即不存在 G 的 p-子群 $S_1 > S$.

命题 1.6.10　*设 A 是有限交换群, 素数 $p \mid |A|$, 并且 $p^n \parallel |A|$, 即 $p^n \mid |A|$, 但 $p^{n+1} \nmid |A|$, 则 A 存在Sylow p-子群 S_p, 且 $|S_p| = p^n$, 特别地, 有限交换 p-群的阶是 p 的方幂.*

证明　令

$$S_p = \{a \in A \mid a\text{是 } p\text{-元素}\}.$$

因为在交换群中, p-元素的乘积和逆仍为 p-元素, 故由定义 1.6.9, S_p 是 A 的 Sylow p-子群. 再由习题 1.3.12, $|S_p|$ 是 p 的方幂. 设 $|S_p| = p^n$, 则因为 S_p 包含 A 的所有 p-元素, 故 $p^n \parallel |A|$. □

定理 1.6.11　*有限交换群 A 是它的Sylow p-子群 S_p 的直积,*

$$A = \bigtimes_p S_p \ .$$

这里 p 跑遍所有使 $S_p \neq 1$ 的素数集合, 而 "$\bigtimes$" 表直积符号.

证明　由命题 1.6.10, 对于素数 $p \mid |A|$, A 的 Sylow p-子群

$$S_p = \{a \in A \mid a\text{是 } p\text{-元素}\}.$$

又, 使 $S_p \neq 1$ 的素数 p 只能有有限多个 (因 A 是有限群), 并且因为交换群中 p'-元素的乘积仍为 p'-元素, 故

$$S_p \cap \prod_{q \neq p} S_q = 1.$$

因此, 据定理 1.5.1, 为证 A 是诸 S_p 的直积只需再证 A 可由诸 S_p 生成. 现设 $a \in A$, $o(a) = n = p_1^{\alpha_1} \cdots p_s^{\alpha_s}$. 由 $(n/p_1^{\alpha_1}, \cdots, n/p_s^{\alpha_s}) = 1$, 存在整数 $x_1, \cdots, x_s$ 使 $x_1 \cdot n/p_1^{\alpha_1} + \cdots + x_s \cdot n/p_s^{\alpha_s} = 1$. 于是 $a = a^1 = (a^{n/p_1^{\alpha_1}})^{x_1} \cdots (a^{n/p_s^{\alpha_s}})^{x_s}$, 其中 $a^{n/p_i^{\alpha_i}}$ 是 p_i-元素, 必属于 S_{p_i}, 于是也有 $(a^{n/p_i^{\alpha_i}})^{x_i} \in S_{p_i}$. □

至此, 我们可把注意力集中于有限交换 p-群. 我们有

命题 1.6.12　*设 A 是有限交换 p-群, 则 A 循环 $\iff$ A 中只有一个 p 阶子群.*

证明　$\Rightarrow$: 显然.

$\Leftarrow$: 用对 $|A|$ 的归纳法. 设 A 只有一个 p 阶子群 P. 考虑映射 $\eta : a \mapsto a^p, a \in A$, 易验证 η 是 A 的自同态, 而 $\mathrm{Ker}\ \eta = P$. 由同态定理有 $A/P \cong A^\eta$, 于是 $|A : A^\eta| = p$. 若 $A^\eta = 1$, 当然 A 循环; 而若 $A^\eta \neq 1$, 必有 $P \leqslant A^\eta$. 由归纳假设, A^η 循环. 设 $A^\eta = \langle b \rangle$, 再设 a 是在 η 之下 b 的任一原像, 即 $a^\eta = a^p = b$, 于是 $|\langle a \rangle : A^\eta| = p$. 又已证 $|A : A^\eta| = p$, 故 $A = \langle a \rangle$ 是循环群. □

引理 1.6.13 设 A 是有限非循环交换 p-群, a 是 A 中的一个最高阶元素, 则存在 $B \leqslant A$ 使 $A = \langle a \rangle \times B$.

证明 用对 $|A|$ 的归纳法. 由 A 非循环, 据命题 1.6.12, A 中至少含有两个 p 阶子群. 设 P 是不含于 $\langle a \rangle$ 的一个 p 阶子群. 作 $\overline{A} = A/P$, aP 仍为 $\overline{A}$ 之最高阶元素. 因为 $|\overline{A}| < |A|$, 故存在 $\overline{B} \leqslant \overline{A}$, 使 $\overline{A} = \langle a \rangle P/P \times \overline{B}$. 令 $\overline{B} = B/P$, 于是得 $B \geqslant P$, 且 $A = \langle a \rangle B$. 为完成证明只需证 $\langle a \rangle \cap B = 1$. 由 $\overline{A}$ 的上述直积分解知 $\langle a \rangle \cap B \leqslant P$, 故 $\langle a \rangle \cap B = P$ 或 1. 但因 $P \nleqslant \langle a \rangle$, 故只能有 $\langle a \rangle \cap B = 1$. 这时有 $A = \langle a \rangle \times B$, 得证. □

定理 1.6.14 有限交换 p-群 A 可以分解为循环子群的直积

$$A = \langle a_1 \rangle \times \cdots \times \langle a_s \rangle, \tag{1.2}$$

并且直因子的个数 s 以及诸直因子的阶 $p^{e_1}, \cdots, p^{e_s}$ (不妨设 $e_1 \geqslant \cdots \geqslant e_s$) 由 A 唯一确定, 叫做 A 的型不变量. 而元素 $\{a_1, \cdots, a_s\}$ 叫做 A 的一组基底.

证明 由引理 1.6.13 即得可分解性. 为证唯一性, 我们用归纳法并引进 A 的两个全不变子群

$$\Omega_1(A) = \{a \in A \mid a^p = 1\}, \quad \mho_1(A) = \{a^p \mid a \in A\}.$$

实际上, 它们分别为自同态 $\eta : a \mapsto a^p$ 的核和像集.

由 A 的分解式 (1.2) 易验证

$$\begin{aligned} \Omega_1(A) &= \langle a_1^{p^{e_1-1}} \rangle \times \cdots \times \langle a_s^{p^{e_s-1}} \rangle, \\ \mho_1(A) &= \langle a_1^p \rangle \times \cdots \times \langle a_s^p \rangle. \end{aligned}$$

由前式得 $|\Omega_1(A)| = p^s$. 因为 p^s 是由 A 唯一确定的子群 $\Omega_1(A)$ 的阶, 得 s 的不变性. 再由后式及归纳假设得 $a_1^p, \cdots, a_s^p$ 的阶 $p^{e_1-1}, \cdots, p^{e_s-1}$ 是被 $\mho_1(A)$, 从而也是被 A 唯一确定的, 因而 $p^{e_1}, \cdots, p^{e_s}$ 也被 A 唯一确定. □

由定理 1.6.11 和定理 1.6.14 很容易推出一般的有限交换群的分解定理, 即本节末习题 1.6.5. 那个定理经常更为有用.

1.6.3 变换群、Cayley 定理

群论的研究从变换群开始, 抽象群的概念也是从变换群的概念发展来的.

一个 (有限或无限) 集合 Ω 到自身上的一一映射叫做集合 Ω 的变换, 或称置换.

命题 1.6.15 集合 Ω 的全体变换依映射的乘法组成一个群 S_Ω.

我们称 S_Ω 的任一子群为集合 Ω 上的一个变换群.

定理 1.6.16 (Cayley) 任一群 G 都同构于一个变换群.

证明 作 G 的右正则表示 $R: g \mapsto R(g)$, 其中 $R(g)$ 是 G 上的变换: $x \mapsto xg$, $\forall x \in G$. 容易看出 R 是 G 到 S_G 内的同构映射. □

这个定理说明抽象群概念的外延从同构意义上说并不比变换群的外延大.

1.6.4 有限置换群

在上小节中, 如果 Ω 是有限集合, 我们一般称 Ω 上的变换为*置换*, 变换群为*置换群*.我们称 Ω 上的全体置换组成的群 S_Ω 为 Ω 上的对称群. 如果 $\Omega = \{1, 2, \cdots, n\}$, 常以 S_n 简记 S_Ω.

关于置换的下述初等事实是应该熟知的:

设 $\Omega = \{1, 2, \cdots, n\}$, $i_1, i_2, \cdots, i_s \in \Omega$, 我们以 $(i_1 i_2 \cdots i_s)$ 表示集合 Ω 的一个 s-轮换, 即把 i_1 变到 i_2, i_2 变到 $i_3, \cdots$, i_s 变到 i_1, 而把 Ω 中其余元素保持不变的置换, 并称 2-轮换为对换.有

命题 1.6.17 (1) Ω 的任一置换可表成互不相交的轮换的乘积, 且若不计次序, 分解式是唯一的;

(2) Ω 的任一置换可表成若干个对换的乘积, 且同一置换的不同分解式中对换个数的奇偶性是确定的. 分解式中对换个数为奇数的置换叫做奇置换, 反之叫偶置换.

命题 1.6.18

(1) $(i_1 i_2 \cdots i_s) = (i_1 i_2)(i_1 i_3) \cdots (i_1 i_s)$;

(2) 若 $\alpha \in S_n$, 则 $\alpha^{-1}(i_1 i_2 \cdots i_s)\alpha = (i_1^\alpha i_2^\alpha \cdots i_s^\alpha)$.

命题 1.6.19 S_n 的不同共轭类与 n 的不同分划之间可建立一一对应. 设 $n_1 + n_2 + \cdots + n_s = n$ 是 n 的一个分划, 其中 $n_1 \geqslant n_2 \geqslant \cdots \geqslant n_s$, 则所有具有形状 $(i_1 \cdots i_{n_1})(i_{n_1+1} \cdots i_{n_1+n_2}) \cdots (i_{n-n_s+1} \cdots i_n)$ 的轮换分解式的置换组成 S_n 的与上述分划对应的共轭类.

有限集合 Ω 的所有偶置换组成 S_Ω 的子群, 叫做 Ω 上的交错群, 记作 A_Ω. 当 $\Omega = \{1, 2, \cdots, n\}$ 时记作 A_n. 显然, $|S_n| = n!$, $|A_n| = \dfrac{1}{2}|S_n| = \dfrac{1}{2}n!$.

命题 1.6.20 设 $\alpha \in S_n$, 如果 α 的轮换分解式中有 n_1 个长为 l_1 的轮换, n_2 个长为 l_2 的轮换, $\cdots$, n_s 个长为 l_s 的轮换 (包括长为 1 的轮换), 则 $|C_{S_n}(\alpha)| = n_1! {l_1}^{n_1} n_2! {l_2}^{n_2} \cdots n_s! {l_s}^{n_s}$, 且 α 所在的共轭类的长为 $\dfrac{n!}{n_1! {l_1}^{n_1} n_2! {l_2}^{n_2} \cdots n_s! {l_s}^{n_s}}$.

证明 设 α 的轮换分解式为

$$
\begin{aligned}
\alpha = & (a_{11}^{(1)} \cdots a_{1l_1}^{(1)}) \cdots (a_{n_1 1}^{(1)} \cdots a_{n_1 l_1}^{(1)}) \\
& \cdot (a_{11}^{(2)} \cdots a_{1l_2}^{(2)}) \cdots (a_{n_2 1}^{(2)} \cdots a_{n_2 l_2}^{(2)}) \\
& \cdots \cdots (a_{11}^{(s)} \cdots a_{1l_s}^{(s)}) \cdots (a_{n_s 1}^{(s)} \cdots a_{n_s l_s}^{(s)}).
\end{aligned}
$$

如果 $\beta \in C_{S_n}(\alpha)$, 则

$$\begin{aligned}\alpha = \beta^{-1}\alpha\beta = &(a_{11}^{(1)\beta}\cdots a_{1l_1}^{(1)\beta})\cdots(a_{n_11}^{(1)\beta}\cdots a_{n_1l_1}^{(1)\beta})\\ &\cdot(a_{11}^{(2)\beta}\cdots a_{1l_2}^{(2)\beta})\cdots(a_{n_21}^{(2)\beta}\cdots a_{n_2l_2}^{(2)\beta})\\ &\cdot\cdots\cdot(a_{11}^{(s)\beta}\cdots a_{1l_s}^{(s)\beta})\cdots(a_{n_s1}^{(s)\beta}\cdots a_{n_sl_s}^{(s)\beta}).\end{aligned}$$

因为每一 k 轮换有 k 种不同写法, 又等长的轮换可以调换位置, 故满足 $\beta^{-1}\alpha\beta = \alpha$ 的 β 的选法应该有 $n_1!{l_1}^{n_1}n_2!{l_2}^{n_2}\cdots n_s!{l_s}^{n_s}$ 种, 此即为 $C_{S_n}(\alpha)$ 的阶.

由此又得α 所在的共轭类的长为 $\dfrac{n!}{n_1!{l_1}^{n_1}n_2!{l_2}^{n_2}\cdots n_s!{l_s}^{n_s}}$. □

定理 1.6.21 *若 $n \geqslant 5$, 则 A_n 是单群.*

证明 首先证明 A_n 可由所有 3-轮换生成. 设 $1 \neq \alpha \in A_n$, 因 α 是偶置换, 故 α 可表成偶数个对换的乘积, 但对任意两个不同的对换的乘积我们有

$$(ab)(ac) = (abc), \quad (ab)(cd) = (acb)(cbd),$$

其中不同的字母代表不同的元素. 这就证明了 α 可表成若干个 3-轮换的乘积.

下面证明 A_n 是单群. 为此, 设 $1 \neq N \trianglelefteq A_n$. 我们将说明 N 必含有一个 3-轮换, 于是由习题 1.6.16, 推知所有 3-轮换属于 N, 这样 $N = A_n$.

设 $1 \neq \alpha \in N$ 是 N 中变动文字个数最少的元素. 我们来证明 α 变动的文字数必为 3, 因此 α 为 3-轮换. 研究 α 的轮换分解式:

(1) α 不是二对换之积. 若否, 不妨设 $\alpha = (12)(34)$. 取 $\beta = (345)$ (因 $n \geqslant 5$), 则 $\beta^{-1}\alpha^{-1}\beta\alpha = (345) \in N$, 与 α 的选择相矛盾.

(2) α 不是更多个对换之积. 若否, 可设 $\alpha = (12)(34)(56)\cdots$, 取 $\beta = (123)$, 则 $\beta^{-1}\alpha^{-1}\beta\alpha = (13)(24)$. 由 (1) 知这不可能.

至此我们证得 α 的最长轮换因子的长度 $\geqslant 3$. 把最长轮换写在前面, 又若 α 不是 3-轮换, 则 α 的轮换分解式必有下列形状:

(i) $\alpha = (123)(45\cdots)\cdots$,

(ii) $\alpha = (1234\cdots)\cdots$.

由 α 是偶置换, 对 (i), α 变动的文字个数 $\geqslant 6$; 而对 (ii), α 变动文字数 $\geqslant 5$.

(3) 对 (i), 取 $\beta = (234)$, 则 $\beta^{-1}\alpha^{-1}\beta\alpha = (15324)$, 变动文字数 < 6, 与 α 的选择相矛盾, 而对 (ii), 取 $\beta = (132)$, 则 $\beta^{-1}\alpha^{-1}\beta\alpha = (143)$, 也与 α 的选择相矛盾. 因此, α 是 3-轮换. □

1.6.5 线性群

设 V 是域 $\mathbf{F}$ 上 n 维线性空间, 则 V 的所有可逆线性变换对乘法组成一个群, 它同构于 $\mathbf{F}$ 上全体 n 阶可逆方阵组成的乘法群. 这个群记作 $GL(n, \mathbf{F})$, 叫做域 $\mathbf{F}$ 上的 n 级**全线性群**. 这也是变换群的另一个重要的例子.

令 $SL(n,\mathbf{F})$ 为所有行列式为 1 的 n 阶方阵组成的集合, 则 $SL(n,\mathbf{F})$ 是 $GL(n,\mathbf{F})$ 的子群, 叫做 $\mathbf{F}$ 上的 n 级特殊线性群.

容易验证, $SL(n,\mathbf{F})\trianglelefteq GL(n,\mathbf{F})$, 并且

$$GL(n,\mathbf{F})/SL(n,\mathbf{F})\cong(\mathbf{F}^{\#},\cdot).$$

又, 由线性代数得知, $GL(n,\mathbf{F})$ 的中心 Z 由所有 n 阶非零纯量阵组成. 我们称

$$PGL(n,\mathbf{F})=GL(n,\mathbf{F})/Z$$

为 $\mathbf{F}$ 上 n 级射影线性群. 又

$$PSL(n,\mathbf{F})=SL(n,\mathbf{F})/(Z\cap SL(n,\mathbf{F}))$$

为 $\mathbf{F}$ 上 n 级特殊射影线性群.

假定 $\mathbf{F}=GF(q)$ 是包含 q 个元素的有限域, 则上述各群分别记作 $GL(n,q)$, $SL(n,q)$, $PGL(n,q)$, $PSL(n,q)$.

命题 1.6.22　(1) $|GL(n,q)|=(q^n-1)(q^n-q)\cdots(q^n-q^{n-1})$;

(2) $|SL(n,q)|=|PGL(n,q)|=|GL(n,q)|/(q-1)$;

(3) $|PSL(n,q)|=|SL(n,q)|/(n,q-1)$.

证明　设 $v_1,v_2,\cdots,v_n$ 是 $\mathbf{F}$ 上 n 维线性空间 V 的一组基. V 的可逆线性变换 α 把 $v_1,\cdots,v_n$ 仍变成 V 的一组基, 于是 $v_1^\alpha,v_2^\alpha,\cdots,v_n^\alpha$ 满足

$$v_1^\alpha\neq0,\ v_2^\alpha\notin\langle v_1^\alpha\rangle,\cdots,v_n^\alpha\notin\langle v_1^\alpha,\cdots,v_{n-1}^\alpha\rangle,$$

这就推出 (1).

为证明 (2), 只需注意到 $|\mathbf{F}^{\#}|=|Z|=q-1$, 由 $GL(n,q)/SL(n,q)\cong(\mathbf{F}^{\#},\cdot)$ 及 $PGL(n,q)$ 的定义立得结论.

而 (3) 等价于 $|Z\cap SL(n,q)|=(n,q-1)$. 由于 Z 由纯量阵组成, 上式左边是满足 $a^n=1,a\in\mathbf{F}$ 的 a 的个数, 由于 $(\mathbf{F}^{\#},\cdot)$ 是循环群 (有限域的乘法群是循环群), 由本节末习题 1.6.1 即得结论. □

1.6.6　二面体群

考虑平面上正 n 边形 $(n\geqslant3)$ 的全体对称的集合 D_{2n}. 它包含 n 个旋转和 n 个反射 (沿 n 条不同的对称轴). 从几何上很容易看出, D_{2n} 对于变换的乘法, 即变换的连续施加来说组成一个群, 叫做二面体群 D_{2n}, 它包含 $2n$ 个元素.

为了弄清它的构造, 我们以 a 表示绕这个正 n 边形的中心沿反时针方向旋转 $\dfrac{2\pi}{n}$ 的变换, 则 D_{2n} 中所有旋转都可以表成 a^i 的形式, $i=0,1,\cdots,n-1$. 它们组

成 D_{2n} 的一个 n 阶正规子群 $\langle a\rangle$. 再以 b 表示沿某一预先指定的对称轴 l 所作的反射变换, 于是有

$$a^n = 1, \quad b^2 = 1, \quad b^{-1}ab = a^{-1}. \tag{1.3}$$

最后一式表示先作反射 b, 接着旋转 $\dfrac{2\pi}{n}$, 然后再作反射 b, 其总的效果就相当于向反方向旋转 $\dfrac{2\pi}{n}$. 无论从几何上还是从群论中都容易看出,

$$D_{2n} = \langle a, b\rangle = \{b^j a^i \mid j = 0, 1; i = 0, 1, \cdots, n-1\}, \tag{1.4}$$

且 D_{2n} 中乘法依照规律:

$$b^j a^i \cdot b^s a^t = b^{j+s} a^{(-1)^s i + t}, \tag{1.5}$$

在计算时, b 的指数模 2 进行, 而 a 的指数模 n 进行. 于是, 二面体群 D_{2n} 由 a, b 生成且满足关系 (1.3). 我们把 (1.3) 叫做由 a, b 生成的群 D_{2n} 的**定义关系**. 事实上, 完全抛开几何的考虑, 光从定义关系就可以 (从同构的意义上说) 唯一地确定这个群. 因此, 定义关系是有限群论中一个十分重要的概念. 关于定义关系较详细的讨论见 6.7.3 小节.

下面我们就这个具体的群 D_{2n} 对定义关系再做进一步的说明, 希望帮助读者更好地理解.

我们说一个由 a, b 生成的群 G 的定义关系是 (1.3), 指的是 G 是由 a, b 生成满足 (1.3) 的"最大"的群. ("最大"是不严格的说法, 要严格, 还要用 1.11 节中自由群的概念.) 现在我们来看 D_{2n}. 首先, (1.4) 式给出了一个势为 $2n$ 的集合 D_{2n}, 而 (1.5) 式给出了在该集合上面定义的一个运算 (叫乘法), 用群的定义很容易验证这两式定义了一个 $2n$ 阶群 D_{2n}. 其次, 验证这个群确实满足 (1.3) 式中的关系 (事实上只需验证 (1.3) 式中的第三式, 从略). 这样, D_{2n} 确实是一个由 a, b 生成的满足关系 (1.3) 的 $2n$ 阶群. 如果它是"最大"的, 那么它就是由 a, b 生成的有定义关系 (1.3) 的群. 为证明这点, 我们来看群 G. 因为 G 由 a, b 生成满足 (1.3), G 中元素必可表成 $b^j a^i$ 的形式, 其中 $j = 0, 1$, $i = 0, 1, \cdots, n-1$. 这样 G 最多只能有 $2n$ 个元素, 而 D_{2n} 已有 $2n$ 个元素, 故 D_{2n} 只能是最大的. 这就 (不太严格地) 说明了 D_{2n} 是由 a, b 生成的有定义关系 (1.3) 的群.

我们还注意到, 二面体群 D_{2n} 可以由两个对合 (即 2 阶元素) 生成, 习题 1.6.25 告诉我们, 由两个对合生成的有限群也是二面体群.

下面, 我们再回过头来看看例 1.1.11, 即由 Hamilton 四元数的单位 $\pm 1, \pm i, \pm j$, $\pm k$ 在乘法下组成的 8 阶群 Q_8.

Q_8 中元素的乘法满足

$$i^2 = j^2 = k^2 = -1, \quad ij = k = -ji,$$

$$jk = i = -kj, \quad ki = j = -ik.$$

若令 $i = a, j = b$, 则 $Q_8 = \langle a, b \rangle$, 且满足

$$a^4 = 1, \quad b^2 = a^2, \quad b^{-1}ab = a^{-1}. \tag{1.6}$$

这是 Q_8 的定义关系.

显然, Q_8 是非交换群, 但它的每个子群都是正规子群 (见本节末习题 1.6.21). 具有这种性质的群叫 Hamilton 群, 这类群的构造可参看 6.7.3 小节.

下面的定义关系给出的群 Q_{4n} 是四元数群的推广, 叫做 $4n$ 阶的**广义四元数群**:

$$Q_{4n} = \langle a, b \rangle, \quad a^{2n} = 1, \quad b^2 = a^n, \quad b^{-1}ab = a^{-1}, \qquad n \geqslant 2.$$

在本小节的最后, 我们顺便给出下列概念.

定义 1.6.23　设 N 是群 G 的子群, 称 N 在 G 中**有补**, 如果存在 G 的子群 K 使 $G = NK$, 并且 $N \cap K = 1$. 这时 K 叫做 N 在 G 中的**补子群**. 由于 K 和 N 的地位是对称的, N 也是 K 在 G 中的补子群.

例如, 在由 (1.3) 确定的二面体群中, n 阶循环群 $\langle a \rangle$ 的补子群是 $\langle b \rangle$, 也是 $\langle ba^i \rangle, \forall i$. 而由 (1.6) 确定的四元数群中, 4 阶循环群 $\langle a \rangle$ 没有补子群, 试证明之.

习　题

1.6.1. 设 G 是 n 阶循环群, 则 G 中方程 $x^s = 1$ 恰有 (s, n) 个解.

1.6.2. 设 p 是素数, $G = \langle a \rangle$ 是 p^n 阶循环群, 则 G 的所有子群可排成下面的群列

$$1 < \langle a^{p^{n-1}} \rangle < \langle a^{p^{n-2}} \rangle < \cdots < \langle a \rangle = G.$$

于是 G 只有唯一的极大子群 $\langle a^p \rangle$. 反之, 极大子群唯一的有限群只有素数幂阶循环群.

1.6.3. 任一有限循环群都可分解为素数幂阶循环子群的直积, 但素数幂阶循环群不能分解为两个真子群的直积.

1.6.4. 设 $U \leqslant C \trianglelefteq G$, C 是循环群, 则 $U \trianglelefteq G$.

1.6.5. 证明任一有限交换群 G 均可表成下列形状

$$G = \langle a_1 \rangle \times \langle a_2 \rangle \times \cdots \times \langle a_s \rangle,$$

其中 $o(a_i) \mid o(a_{i+1})$, $i = 1, 2, \cdots, s-1$. 叙述并证明关于这种分解式的唯一性定理.

1.6.6. 设 G 是有限交换群, 则 G 中存在阶为 $\exp G$ 的元素.

1.6.7. 有限交换群 G 是循环群 $\iff |G| = \exp G$.

1.6.8. 证明有限交换群可由其所有最高阶元素生成.

1.6.9. 设 $A = \langle a \rangle \times \langle b \rangle$, $a^{p^3} = 1$, $b^p = 1$. 又设 $K = \langle a^p b \rangle$. 证明不可能选到 A 的一组基和 K 的一组基, 使得 K 的基元素是 A 的某个基元素的方幂.

1.6.10. 设交换 p-群 G 的型不变量为 (p^4, p^3), 问 G 包含多少个 p^2 阶子群?

1.6.11. 证明长为偶数的轮换是奇置换, 进一步说明怎样由轮换分解式来判别置换的奇偶性.

1.6.12. 证明置换的阶等于其轮换分解式中诸轮换长度的最小公倍数.

1.6.13. 证明 A_4 没有 6 阶子群, 从而 Lagrange 定理的逆不成立.

1.6.14. 证明

(1) $S_n = \langle (1\ 2), (1\ 3), \cdots, (1\ n) \rangle$;

(2) $S_n = \langle (1\ 2\ 3 \cdots\ n), (1\ 2) \rangle$;

(3) $A_n = \langle (1\ 2\ 3), (1\ 2\ 4), \cdots, (1\ 2\ n) \rangle$.

1.6.15. 找出 A_4 和 S_4 的全部子群, 并指出哪些是正规子群.

1.6.16. 设 $n \geqslant 5$, $N \trianglelefteq A_n$. 若 N 包含一个 3-轮换 $(a\ b\ c)$, 则 N 包含所有 3-轮换.

1.6.17. 设 $\alpha \in A_n$, 则 α 在 S_n 中所属的共轭类整个属于 A_n. 证明这个共轭类在 A_n 中至多分裂成两个 (长度相等的) A_n 的共轭类, 并且它分裂成两个共轭类的充分必要条件是 $C_{S_n}(\alpha) \subseteq A_n$, 或者等价地, $C_{S_n}(\alpha)$ 不含奇置换. 再证明 $C_{S_n}(\alpha)$ 不含奇置换的充分必要条件是在 α 的轮换分解式中诸轮换的长度皆为奇数且互不相等.

1.6.18. 找出 A_5, A_6, S_5, S_6 的全部共轭元素类.

1.6.19. 通过分析 A_5, A_6 中诸共轭类的长度证明它们是单群.

1.6.20. 证明循环群 $\langle (1\ 2\ \cdots\ n) \rangle$ 在对称群 S_n 中的中心化子等于自身. 这样的子群叫做自中心化的.

1.6.21. 证明四元数群 Q_8 的每个子群都是正规子群.

1.6.22. 验证四元数群 Q_8 同构于 $\mathbb{C}$ 上下列二阶矩阵在矩阵乘法之下组成的群 G.

$$G = \left\{ \pm \begin{pmatrix} 1 & 0 \\ 0 & 1 \end{pmatrix}, \pm \begin{pmatrix} 0 & -1 \\ 1 & 0 \end{pmatrix}, \pm \begin{pmatrix} i & 0 \\ 0 & -i \end{pmatrix}, \pm \begin{pmatrix} 0 & i \\ i & 0 \end{pmatrix} \right\}$$

1.6.23. 验证

$$G = \left\{ \begin{pmatrix} \eta^k & 0 \\ 0 & \eta^{-k} \end{pmatrix}, \begin{pmatrix} 0 & \eta^k \\ \eta^{-k} & 0 \end{pmatrix} \middle| \eta = e^{\frac{2k\pi}{n}},\ k = 0, 1, \cdots, n-1 \right\}$$

对矩阵乘法成群, 并且 $G \cong D_{2n}$.

1.6.24. 证明 $D_{2^{n+1}}$, $n \geqslant 2$ 的每个非循环真正规子群的指数皆为 2.

1.6.25. 有限群 G 是二面体群的充分必要条件是 G 可由两个 2 阶元素生成.

1.6.26. 在有限群 G 的每个共轭类中任取一元素, 它们的全体组成共轭类的代表集 C. 证明 G 可由 C 生成.

1.6.27. 设 u, v 是有限群 G 的两个对合. 证明 u, v 或者共轭, 或者存在对合 w 与 u, v 都交换.

1.7 自 同 构

前面已经讲到自同构群的概念, 本节继续讲述关于自同构的一些重要性质, 并将介绍全形和完全群的概念.

1.7.1 自同构

设 G 是群, $\mathrm{Aut}(G)$ 是其自同构群, $\mathrm{Inn}(G)$ 是其内自同构群. 和以前一样, 我们以 $\sigma(g)$ 表示由元素 g 诱导出的 G 的内自同构. 我们有

命题 1.7.1

$$\mathrm{Inn}(G) \cong G/Z(G).$$

证明 易验证, 映射 $g \mapsto \sigma(g)$, $\forall g \in G$ 是 G 到 $\mathrm{Inn}(G)$ 上的满同态, 其核为 $\{g \in G \mid \sigma(g) = 1\}$. 而 $\sigma(g) = 1$ 等价于对任意的 $x \in G$ 有 $g^{-1}xg = x$, 即 $g \in Z(G)$. 由同态基本定理即得结构. □

命题 1.7.2 设 $g \in G, \alpha \in \mathrm{Aut}(G)$, 则 $\alpha^{-1}\sigma(g)\alpha = \sigma(g^\alpha)$.

证明 因 α 是 G 的自同构, 故对任意的 $x \in G$, 存在 $y \in G$ 使 $y^\alpha = x$. 于是

$$\begin{aligned} x^{\alpha^{-1}\sigma(g)\alpha} &= (y^\alpha)^{\alpha^{-1}\sigma(g)\alpha} = y^{\sigma(g)\alpha} = (g^{-1}yg)^\alpha \\ &= (g^\alpha)^{-1}y^\alpha g^\alpha = (g^\alpha)^{-1}xg^\alpha = x^{\sigma(g^\alpha)}, \end{aligned}$$

所以 $\alpha^{-1}\sigma(g)\alpha = \sigma(g^\alpha)$. □

由命题 1.7.2 立得

定理 1.7.3 $\mathrm{Inn}(G) \trianglelefteq \mathrm{Aut}(G)$.

定义 1.7.4 我们称 $\mathrm{Aut}(G) \setminus \mathrm{Inn}(G)$ 中的元素为 G 的外自同构, 而称 $\mathrm{Aut}(G)/\mathrm{Inn}(G)$ 为 G 的外自同构群.

有下述著名的

Schreier 猜想: *设 G 是有限单群, 则 G 的外自同构群为可解群.*

由定理 1.6.3, 这个猜想对于有限交换单群, 即素数阶循环群来说当然是成立的, 并且人们已经对所有已知的非交换单群进行了验证. 现在单群分类问题已经解决, 于是这个猜想已经成为定理. 当然, 不用逐一检验的方法, 寻找它的一般性的证明目前仍是一件吸引人的工作.

关于自同构的下述结果是经常要用到的.

定理 1.7.5 *设 $N \trianglelefteq G, \alpha \in \mathrm{Aut}(G)$. 如果 $N^\alpha = N$, 则映射 $\bar{\alpha} : Ng \mapsto Ng^\alpha$ 是 G/N 的自同构, 叫做由 α 诱导出的 G/N 的自同构.*

(证明系直接验证, 从略.)

定理 1.7.6 *设 $N \trianglelefteq G, \alpha \in \mathrm{Aut}(G)$. 如果 $\alpha|_N = 1$, 且由 α 诱导的 G/N 的自同构 $\bar{\alpha} = 1$, 则 $\tau(g) = g^{-1}g^\alpha \in Z(N)$, $\forall g \in G$, 并且 τ 可看成 G/N 的函数, 即在 N 的每个陪集上, τ 的取值都相同.*

证明 设 $g \in G, n \in N$. 因 $N \trianglelefteq G$, 故 $gng^{-1} \in N$. 这样

$$gng^{-1} = (gng^{-1})^\alpha = g^\alpha n^\alpha (g^{-1})^\alpha = g^\alpha n (g^{-1})^\alpha.$$

于是 $g^{-1}g^{\alpha}n = ng^{-1}g^{\alpha}$. 又由 $g^{\alpha}N = gN$ 得 $g^{-1}g^{\alpha} \in N$, 故 $g^{-1}g^{\alpha} \in Z(N)$. 因为对任意的 $g \in G, n \in N$ 有

$$\tau(gn) = (gn)^{-1}(gn)^{\alpha} = n^{-1}g^{-1}g^{\alpha}n = g^{-1}g^{\alpha} = \tau(g),$$

故在 N 的每个陪集上, τ 的取值都相同. □

推论 1.7.7 设 G, N, α 同定理 1.7.6. 如果又有

$$(o(\alpha), |Z(N)|) = 1,$$

则 $\alpha = 1$.

证明 设 $\exp Z(N) = m$, 则对任意的 $g \in G$, 有

$$g^{\alpha^m} = g\tau(g)^m = g,$$

故 $\alpha^m = 1$. 因为 $\exp Z(N) \mid |Z(N)|$, 故 $\alpha^{|Z(N)|} = 1$. 于是 $o(\alpha) \mid |Z(N)|$. 但由 $(o(\alpha), |Z(N)|) = 1$, 只能有 $o(\alpha) = 1$, 即 $\alpha = 1$. □

这个推论经常用来研究 p-群的 p'- 自同构, 即其阶与 p 互素的自同构.

定理 1.7.8 设 $H \leqslant G$, 则 $N_G(H)/C_G(H)$ 同构于 $\mathrm{Aut}(H)$ 的一个子群. 这个事实常记作

$$N_G(H)/C_G(H) \lesssim \mathrm{Aut}(H).$$

证明 设 $g \in N_G(H)$, 则 $\sigma(g) : h \mapsto h^g$ 是 H 的自同构, 并且显然 $g \mapsto \sigma(g)$ 是 $N_G(H)$ 到 $\mathrm{Aut}(H)$ 内的同态, 其核为

$$\begin{aligned}\mathrm{Ker}\ \sigma &= \{g \in N_G(H) \mid h^g = h, \forall h \in H\} \\ &= C_{N_G(H)}(H) = C_G(H) \cap N_G(H).\end{aligned}$$

但明显的有 $C_G(H) \leqslant N_G(H)$, 故 $\mathrm{Ker}\ \sigma = C_G(H)$. 于是由同态基本定理

$$N_G(H)/C_G(H) \cong \sigma(N_G(H)) \leqslant \mathrm{Aut}(H).$$ □

这个定理虽然简单, 但十分有用. 在下一章中将会遇到它的若干应用. 为了简便, 人们常称这个定理为 "N/C 定理".

另外, 我们还注意到, 因为 $N_G(H)/C_G(H) \geqslant HC_G(H)/C_G(H)$, 后者同构于 H 的内自同构群 $\mathrm{Inn}(H)$, 故可认为 $N_G(H)/C_G(H)$ 包含 $\mathrm{Inn}(H)$. 于是我们也可写成

$$\mathrm{Inn}(H) \lesssim N_G(H)/C_G(H) \lesssim \mathrm{Aut}(H),$$

并称 $N_G(H)/C_G(H)$ 为 H 在 G 中的自同构导子 (automizer).

子群的自同构导子的性质常常对群的结构有很大的影响, 这点以后我们还将谈到.

下面我们给出几个求自同构群的例子.

例 1.7.9 设 $G=\langle a\rangle\times\langle b\rangle$, $o(a)=2^2$, $o(b)=2$. 求 $\mathrm{Aut}(G)$.

解 G 的定义关系是 $G=\langle a,b|a^{2^2}=b^2=1,ab=ba\rangle$. 容易看出 $\alpha\in\mathrm{Aut}(G)\iff a^\alpha$ 和 b^α 满足与 a 和 b 满足同样的关系, 并且 a^α 和 b^α 也生成 G. 特别地, $o(a^\alpha)=o(a)=4$, $o(b^\alpha)=o(b)=2$.

因为 G 中的 4 阶元有 $a^{\pm1}$, $a^{\pm1}b$, 共有 4 个; 而 2 阶元有 b,a^2b,a^2 共有 3 个. 因此, 为使 α 是自同构, a^α 可选任意的 4 阶元, 有 4 种选法; 而 b^α 可选任意的不在 $\langle a^\alpha\rangle$ 中的 2 阶元, 有 2 种选法. 这样, $|\mathrm{Aut}(G)|=4\cdot2=8$.

为决定 $\mathrm{Aut}(G)$ 的结构, 没有一般的方法可循. 常常是选择几个"典型"的自同构, 使得它们能生成自同构群, 再来分析它们之间的关系, 以决定自同构群的构造. 对于我们这个简单的例子, 给出下列两个自同构:

$$\alpha: a\mapsto ab,\quad b\mapsto a^2b,$$
$$\beta: a\mapsto a,\quad b\mapsto a^2b.$$

易验证这两个自同构满足关系 $\alpha^4=\beta^2=1,\beta^{-1}\alpha\beta=\alpha^{-1}$. 于是, 由二面体群的定义关系知 $\mathrm{Aut}(G)\cong D_8$. □

例 1.7.10 求 A_5 的自同构群.

解 令 $a=(123),b=(124),c=(125)$, 则 $A_5=\langle a,b,c\rangle$, 且 $(ab)^2=(bc)^2=1$. 设 $\mu\in\mathrm{Aut}(A_5)$, 则因 a^μ,b^μ,c^μ 仍为 3 阶元, 故仍为 3-轮换. 再由 $(a^\mu b^\mu)^2=(b^\mu c^\mu)^2=1$, 我们断言 a^μ,b^μ,c^μ 必有形状:

$$a^\mu=(ijk),b^\mu=(ijl),c^\mu=(ijm),$$

其中 i,j,k,l,m 为 1,2,3,4,5 的一个排列. 为看出这点, 我们研究 A_5 中两个 3-轮换的乘积的各种可能, 我们以不同字母表示不同文字:

假定两个 3-轮换中有两个公共文字: $(abc)(abd)=(ad)(bc)$, $(abc)(bad)=(bcd)$;

假定两个 3-轮换中有一个公共文字: $(abc)(ade)=(abcde)$.

从上面计算看出, 两个 3-轮换的乘积是 2 阶元的只可能是形如 (abc) 和 (abd) 的乘积, 故断言得证.

令

$$d=\begin{pmatrix}1&2&3&4&5\\ i&j&k&l&m\end{pmatrix},$$

则 $a^\mu=d^{-1}ad,b^\mu=d^{-1}bd,c^\mu=d^{-1}cd$.

又因 $A_5=\langle a,b,c\rangle$, 故 μ 在 A_5 上的作用相当于 d 在 A_5 上的共轭作用.

另一方面, S_5 的任一元素都在 A_5 上诱导出一个自同构, 并且因 $C_{S_5}(A_5)=1$, S_5 的不同元素诱导出的自同构也不相同. 于是得 $\mathrm{Aut}(A_5)\cong S_5$. □

1.7.2 全形

我们知道, 群 G 的自同构不一定都是内自同构. 因此提出下列问题: 是否存在一个群 $G^*\geqslant G$, 且 $G\trianglelefteq G^*$, 使得 G 的每个自同构都可由 G^* 的内自同构限制在 G 上得到? 这个问题的答案是肯定的. 所谓群的全形就是一个满足上述条件的扩群, 下面我们不加证明地给出全形的理论要点, 请有兴趣的读者自己把证明补足.

考虑 G 上全体一一变换组成的群 S_G. 以 $R:G\to S_G$ 表示 G 的右正则表示, 即 $x^{R(g)}=xg$, $\forall x,g\in G$. 以 $L:G\to S_G$ 表 G 的左正则表示, 即 $x^{L(g)}=g^{-1}x$, $\forall x,g\in G$, 则这两个映射的像集 $R(G)$ 和 $L(G)$ 都是 S_G 的子群. 容易验证, $g\mapsto R(g)$ 和 $g\mapsto L(g)$ 分别是 $G\to R(G)$ 和 $G\to L(G)$ 的同构.

定义 1.7.11 称 $\mathrm{Hol}(G)=N_{S_G}(R(G))$ 为 G 的全形.

定理 1.7.12 (1) $R(G)=C_{S_G}(L(G))$, $L(G)=C_{S_G}(R(G))$, 从而

$$L(G)\leqslant \mathrm{Hol}(G);$$

(2) $\mathrm{Hol}(G)$ 中保持 1 不变的元素组成的子群是 $\mathrm{Aut}(G)$, 于是

$$\mathrm{Hol}(G)=R(G)\mathrm{Aut}(G)\quad 且\quad R(G)\cap \mathrm{Aut}(G)=1.$$

如果我们把 G 和 $R(G)$ 等同看待, 那么 $\mathrm{Hol}(G)$ 就可作为上述问题中要找的群 G^*.

1.7.3 完全群

定义 1.7.13 称群 G 为完全群, 如果 $Z(G)=1$, 且 $\mathrm{Aut}(G)=\mathrm{Inn}(G)$.

例 1.7.14 对称群 S_3 是完全群.

证明 因为 $S_3=\langle a,b\rangle$, 有定义关系

$$a^3=1,\quad b^2=1,\quad b^{-1}ab=a^{-1},$$

故若 $\alpha\in\mathrm{Aut}(S_3)$, 则 a^α,b^α 必满足同一定义关系. 由 a,b 的阶推知, a^α 只能为 $a^{\pm1}$, b^α 只可能为 b 或 $ba^{\pm1}$. 又因为 α 可由 a^α, b^α 唯一确定, 于是 α 至多有六种选取方法. 这说明 $|\mathrm{Aut}(S_3)|\leqslant 6$. 但因 $Z(S_3)=1$, $\mathrm{Inn}(S_3)\cong S_3$, 于是 $|\mathrm{Inn}(S_3)|=|S_3|=6$, 故只能有 $\mathrm{Aut}(S_3)=\mathrm{Inn}(S_3)$. □

事实上, 我们能够证明, 对称群 S_n, 只要 $n\neq 6$ 都是完全群.

我们注意到, S_3 是 Z_3 的全形. 事实上, 任意素数阶循环群 Z_p $(p>2)$ 的全形都是完全群. 这类群和下面的定理 1.7.16 给出的群, 即有限非交换单群的自同构群就是两类最早找到的完全群. 下例给出的矩阵群就是 Z_p 的全形.

例 1.7.15 设 p 是奇素数. 令

$$G=\left\{\begin{pmatrix} x & 0 \\ y & 1 \end{pmatrix} \middle| x, y \in GF(p),\ x \neq 0\right\},$$

则 G 对于矩阵乘法构成一个完全群.

证明 设 r 是模 p 的原根. 又设

$$a=\begin{pmatrix} 1 & 0 \\ 1 & 1 \end{pmatrix}, \quad b=\begin{pmatrix} r & 0 \\ 0 & 1 \end{pmatrix}.$$

则容易验证 $G=\langle a,b\rangle$, 且有定义关系

$$a^p=1, \quad b^{p-1}=1, \quad b^{-1}ab=a^r.$$

因为 $\langle a\rangle \trianglelefteq G$, 且 $(|\langle a\rangle|, |G:\langle a\rangle|)=1$, 故 $\langle a\rangle$ char G (参看习题 1.4.1). 现在设 $\alpha \in \mathrm{Aut}(G)$, 则 α 被 a,b 的像 a^α, b^α 所唯一确定. 由于 $\langle a\rangle$ char G, 有 $a^\alpha=a^i$, $p\nmid i$. 我们设 $b^\alpha=b^ja^k$, 则由 $b^{-1}ab=a^r$, 用 α 作用两边就得到 $(b^\alpha)^{-1}a^\alpha b^\alpha=(a^\alpha)^r$, 即

$$(b^ja^k)^{-1}a^i(b^ja^k)=a^{ir}.$$

由计算得 $a^{ir^j}=a^{ir}$, $a^{ir(r^{j-1}-1)}=1$. 于是

$$ir(r^{j-1}-1)\equiv 0 \pmod p,$$

$$r^{j-1}\equiv 1 \pmod p.$$

由 r 是模 p 的原根, 有 $j-1\equiv 0 \pmod{p-1}$, $j\equiv 1 \pmod{p-1}$. 因此可设 $b^\alpha=ba^k$. 这样, a^α 最多有 $p-1$ 种可能性, 而 b^α 最多有 p 种可能性. 于是得 $|\mathrm{Aut}(G)|\leqslant p(p-1)$.

另一方面, 容易验证 $Z(G)=1$, 于是内自同构群 $\mathrm{Inn}(G)\cong G$, 推出 $|\mathrm{Inn}(G)|=|G|=p(p-1)$. 这就迫使 $\mathrm{Aut}(G)\cong \mathrm{Inn}(G)$. 于是 G 是完全群. □

定理 1.7.16 *设 G 是非交换单群, 则 $\mathrm{Aut}(G)$ 是完全群.*

证明 因 G 是非交换单群, 有 $Z(G)=1$, 由此 G 的内自同构映射 σ 是 G 到 $\mathrm{Inn}(G)$ 的同构. 记 $I=\mathrm{Inn}(G)$, $A=\mathrm{Aut}(G)$, 有 $I\trianglelefteq A$. 我们分下面几步证明定理.

(1) $C_A(I)=1$.

设 $\zeta\in C_A(I)$, 则 $\zeta^{-1}\sigma(g)\zeta=\sigma(g)$, $\forall g\in G$. 由命题 1.7.2 得 $\sigma(g^\zeta)=\sigma(g)$, $\forall g\in G$, 注意到 σ 是 G 到 I 上的同构, 就得到 $g^\zeta=g$, $\forall g\in G$, 于是 $\zeta=1$.

(2) 设 $a \in \mathrm{Aut}(A)$, 则 $I^a = I$.

如果 $I^a \neq I$, 由 $I^a \trianglelefteq A^a = A$, 故 $I \neq I^a \cap I \trianglelefteq I$. 由 I 是单群知 $I^a \cap I = 1$. 这时据定理 1.5.1, A 的子群 $\langle I^a, I\rangle = I^a \times I$, 于是 $I^a \leqslant C_A(I) = 1$, 矛盾.

(3) 设 $a \in \mathrm{Aut}(A)$, 证明 $a \in \mathrm{Inn}(A)$.

由 (2), $a|_I \in \mathrm{Aut}(I)$. 对于任意的 $\sigma(g) \in I$, 令 $\sigma(g)^a = \sigma(g^\alpha)$, 这样确定了 G 到自身的映射 α. 易验证 α 是一一映射 (略). 又由

$$\begin{aligned}\sigma((gh)^\alpha) &= \sigma(gh)^a = (\sigma(g)\sigma(h))^a = \sigma(g)^a\sigma(h)^a \\ &= \sigma(g^\alpha)\sigma(h^\alpha) = \sigma(g^\alpha h^\alpha),\end{aligned}$$

知 α 是 G 的自同构, 故 $\alpha \in A$. 以 $\Sigma(\alpha)$ 记由 α 诱导出的 A 的内自同构. 再令 $b = a\Sigma(\alpha)^{-1} \in \mathrm{Aut}(A)$, 我们来证明 $b = 1$, 从而 $a = \Sigma(\alpha) \in \mathrm{Inn}(A)$. 这只要证对任意的 $\eta \in A$, 有 $\eta^{a\Sigma(\alpha)^{-1}} = \eta$, 或者对任意的 $g \in G$, $\eta \in A$, 有 $g^{\eta^{a\Sigma(\alpha)^{-1}}} = g^\eta$. 而这又等价于 $\sigma(g^{\eta^{a\Sigma(\alpha)^{-1}}}) = \sigma(g^\eta)$. 因为据命题 1.7.2,

$$\begin{aligned}\sigma(g^{\eta^{a\Sigma(\alpha)^{-1}}}) &= (\eta^{a\Sigma(\alpha)^{-1}})^{-1}\sigma(g)(\eta^{a\Sigma(\alpha)^{-1}}) \\ &= (\alpha\eta^a\alpha^{-1})^{-1}\sigma(g)(\alpha\eta^a\alpha^{-1}) \\ &= \alpha(\eta^a)^{-1}(\alpha^{-1}\sigma(g)\alpha)\eta^a\alpha^{-1} \\ &= \alpha(\eta^{-1})^a\sigma(g^\alpha)\eta^a\alpha^{-1} \\ &= \alpha(\eta^{-1})^a\sigma(g)^a\eta^a\alpha^{-1} \\ &= \alpha(\eta^{-1}\sigma(g)\eta)^a\alpha^{-1} \\ &= \alpha\sigma(g^\eta)^a\alpha^{-1} \\ &= \alpha\sigma(g^{\eta\alpha})\alpha^{-1} \\ &= \sigma(g^{\eta\alpha\alpha^{-1}}) \\ &= \sigma(g^\eta),\end{aligned}$$

定理得证. □

由定理 1.7.16, 只要 G 是非交换单群, $\mathrm{Aut}(G) = \mathrm{Aut}(\mathrm{Aut}(G))$. Wielandt 证明了下列的所谓自同构塔定理: 只要有限群 G 满足 $Z(G) = 1$, 则

$$G \lesssim \mathrm{Aut}(G) \lesssim \mathrm{Aut}(\mathrm{Aut}(G)) \lesssim \cdots$$

必终止于某处, 即从某处开始, 后面的诸项都相等. 这样, 任一中心为 1 的群能嵌入于一个完全群.

1926 年, Miller 提出这样的问题: 是否存在奇数阶完全群? 1975 年 Dark 肯定地回答了这个问题, 见 [28].

习　题

1.7.1. 证明 $\mathrm{Aut}(D_8) \cong D_8$.

1.7.2. 证明 S_4 是完全群.

1.7.3. 举例说明不同构的群可能有同构的自同构群.

1.7.4. 找一有限群 G, 它有正规子群 H, 满足 $|\mathrm{Aut}(H)| > |\mathrm{Aut}(G)|$.

1.7.5. 设 $N \trianglelefteq G$, 并且 N 是完全群, 则 N 一定是 G 的直积因子, 即有 $M \leqslant G$, 使 $G = N \times M$.

1.7.6. 群 G 是交换群的充分必要条件是映射 $\alpha : g \mapsto g^{-1}$, $\forall g \in G$ 是 G 的自同构.

1.7.7. 设 G 是奇阶交换群, $\alpha \in \mathrm{Aut}(G)$, $\alpha^2 = 1$, 令

$$G_1 = \{g \in G \mid g^\alpha = g\},\ G_2 = \{g \in G \mid g^\alpha = g^{-1}\},$$

则 G_1, G_2 都是 G 的子群, 并且 $G = G_1 \times G_2$.

1.7.8. 在习题 1.7.7 中去掉 G 交换的条件, 则仍有 $G = G_1G_2$, $G_1 \cap G_2 = 1$, 并且 G 的每一元素 g 可唯一地表写成 G_1 的一个元素 g_1 和 G_2 的一个元素 g_2 之乘积.

1.7.9. 设 $H \leqslant G$, $\alpha \in \mathrm{Aut}(G)$, 满足 $(Hg)^\alpha = Hg$, $\forall g \in G$, 则

$$g^\alpha g^{-1} \in \bigcap_{x \in G} H^x, \qquad \forall g \in G.$$

1.7.10. 设 $\alpha \in \mathrm{Aut}(G)$, 满足 $g^{-1}g^\alpha \in Z(G)$, $\forall g \in G$, 则称 α 为 G 的中心自同构. 证明 G 的全体中心内自同构组成 $\mathrm{Aut}(G)$ 的子群, 并且和 $Z(G/Z(G))$ 同构.

1.7.11. 设 α 是有限群 G 的自同构, 满足

$$g^\alpha \neq g, \quad \forall g \in G \setminus \{1\}.$$

则称 α 为 G 的一个无不动点自同构. 证明这时必有 $G = \{x^{-1}x^\alpha \mid x \in G\}$.

1.7.12. 具有 2 阶无不动点自同构的有限群必为奇阶交换群.

1.7.13. 设 N 是群 G 的循环正规子群, 则 N 的任一元素与 G' 的任一元素可交换.

1.7.14. 设

$$G = \left\{ \begin{pmatrix} x & 0 \\ y & 1 \end{pmatrix} \middle| x, y \in Z_8, \text{且 } x \text{ 为可逆元} \right\}.$$

则 G 为 2^5 阶群, 并且映射

$$\alpha : \begin{pmatrix} x & 0 \\ y & 1 \end{pmatrix} \mapsto \begin{pmatrix} x & 0 \\ y + \frac{1}{2}(x^2 - 1) & 1 \end{pmatrix}$$

是 G 的一个外自同构, 但它把 G 的每个共轭类都变到自身.

1.8 特征单群

定义 1.8.1 称群 G 为特征单群, 如果 G 没有非平凡的特征子群.

定理 1.8.2 有限特征单群 G 是同构单群的直积.

证明 设 N 是 G 的任一极小正规子群, 即 G 的不等于 1 的正规子群的集合在包含关系之下的极小元素, 则对任一 $\alpha \in \mathrm{Aut}(G)$, N^α 显然也是 G 的极小正规子群. 假定 M 是形状为若干 N^α 直积的子群中的极大者. 可令

$$M = N_1 \times \cdots \times N_s,$$

其中 $N_i = N^{\alpha_i}$, $\alpha_i \in \mathrm{Aut}(G)$, $i = 1, 2, \cdots, s$. 这时显然有 $M \trianglelefteq G$. 我们断言, M 实际上包含任一 N^α, 对 $\alpha \in \mathrm{Aut}(G)$. 这因为若有某个 $N^\beta \not\leq M$, $\beta \in \mathrm{Aut}(G)$, 则因 $N^\beta \trianglelefteq G$, 推知 $N^\beta \cap M \trianglelefteq G$. 由 N^β 的极小性必有 $N^\beta \cap M = 1$, 于是 $\langle M, N^\beta \rangle = M \times N^\beta = N_1 \times \cdots \times N_s \times N^\beta$, 这与 M 的选取相矛盾. 这样我们证明了 $M = \langle N^\alpha \mid \alpha \in \mathrm{Aut}(G) \rangle$, 于是 M char G. 由 G 的特征单性, 又得到

$$G = M = N_1 \times \cdots \times N_s.$$

为完成定理的证明, 还需证 N_i 是单群. 若否, N_i 的任一非平凡正规子群也必为直积 $N_1 \times \cdots \times N_s = G$ 的正规子群 (参看习题 1.5.2), 这与 N_i 是 G 的极小正规子群相矛盾. □

推论 1.8.3 有限群 G 的极小正规子群 N 必为同构单群的直积.

证明 首先, N 必为特征单群. 因若有 K char N, 由 $N \trianglelefteq G$ 及命题 1.4.7(2) 得 $K \trianglelefteq G$. 再由 N 的极小性得 $K = N$ 或 $K = 1$. 这样, N 是特征单群. 根据定理 1.8.2, 即得 N 是同构单群的直积. □

另一方面, 我们也能证明, 定理 1.8.2 的逆命题也对, 即任意有限多个同构单群的直积也是特征单群. 我们将在下面的三个命题中证明这点.

首先, 我们知道交换单群只有素数阶循环群 Z_p. 我们称有限多个 Z_p 的直积为**初等交换 p-群**. 容易验证, 有限交换群 G 是初等交换 p-群的充分必要条件为 $\exp G = p$.

命题 1.8.4 设 G 是 p^n 阶初等交换 p-群, 则

(1) G 同构于 $GF(p)$ 上 n 维向量空间的加法群;

(2) G 的 p^m 阶 $(1 \leqslant m \leqslant n)$ 子群的个数

$$\begin{bmatrix} n \\ m \end{bmatrix}_p = \frac{(p^n - 1)(p^{n-1} - 1) \cdots (p^{n-m+1} - 1)}{(p^m - 1)(p^{m-1} - 1) \cdots (p - 1)}.$$

证明 (1) 复习一下, 令 $\mathbb{Z}_p = \mathbb{Z}/(p)$ 是整数环模理想 (p) 的剩余类环, 它对于加法和乘法组成一个包含 p 个元素的域, 这个域通常记作 $GF(p)$, 其元素记作 $\bar{0}, \bar{1}, \cdots, \overline{p-1}$. 为简单计算, 也常把它的元素记作 $0, 1, \cdots, p-1$, 但运算模 p 进行.

设 $\langle a\rangle$ 是 p 阶循环群, 则

$$G=\underbrace{\langle a\rangle\times\cdots\times\langle a\rangle}_{n\text{个}}=\{(a^{x_1},\cdots,a^{x_n})\bigm| x_i\in GF(p)\}.$$

又设

$$V=\{(x_1,\cdots,x_n)\bigm| x_i\in GF(p)\}$$

是 $GF(p)$ 上 n 维向量空间. 易验证映射

$$\sigma:(x_1,\cdots,x_n)\mapsto(a^{x_1},\cdots,a^{x_n})$$

是 $(V,+)$ 到 G 上的同构, 于是 $G\cong(V,+)$.

(2) 在 (1) 中的同构 σ 之下, G 的 p^m 阶子群与 V 的 m 维子空间之间有一个一一对应. 于是 G 的 p^m 阶子群的个数等于 V 的 m 维子空间的个数. 因为 V 中任意 m 个线性无关的向量生成一个 m 维子空间, 故 V 中 m 维子空间的个数等于在 V 中选取 m 个 (有序的) 线性无关向量的不同选取方法的个数除以 m 维空间中不同 (有序的) 基的选取方法的个数. 因此得到

$$\begin{aligned}\begin{bmatrix}n\\m\end{bmatrix}_p&=\frac{(p^n-1)(p^n-p)\cdots(p^n-p^{m-1})}{(p^m-1)(p^m-p)\cdots(p^m-p^{m-1})}\\&=\frac{(p^n-1)(p^{n-1}-1)\cdots(p^{n-m+1}-1)}{(p^m-1)(p^{m-1}-1)\cdots(p-1)}.\end{aligned}$$

□

命题 1.8.5　*初等交换 p-群 G 是特征单群.*

证明　根据命题 1.8.4(1), 若 $|G|=p^n$, 则 G 同构于 $GF(p)$ 上的 n 维向量空间的加法群. 这时, G 的自同构相当于 V 的满秩线性变换, 而 G 的特征子群则对应于 V 的这样的子空间, 它在 V 的所有满秩线性变换之下都映到自身. 显然, 这样的子空间只能是平凡子空间. 于是, G 的特征子群也只能是平凡子群, 即 G 是特征单群. □

命题 1.8.6　*设 $G=N_1\times N_2\times\cdots\times N_s$, 其中 $N_1,N_2,\cdots,N_s$ 是彼此同构的非交换单群, 则*

(1) G 的任一非单位正规子群 K 均有形状

$$N_{i_1}\times N_{i_2}\times\cdots\times N_{i_t},\qquad 1\leqslant i_1<i_2<\cdots<i_t\leqslant s;$$

(2) G 是特征单群.

证明 (1) 设 $g=g_1g_2\cdots g_s\in K$, 其中 $g_1\in N_1, g_2\in N_2,\cdots, g_s\in N_s$, 并且对某个 j 有 $g_j\neq 1$, 则 g 在 G 中的正规闭包 g^G 必包含 N_j 中的某一非单位元素. 这是因为对任意的 $x\in N_j$, g^G 包含元素

$$g^{-1}g^x=(g_1g_2\cdots g_s)^{-1}(g_1g_2\cdots g_s)^x=g_j^{-1}g_j^x.$$

因为 N_j 是非交换单群, $Z(N_j)=1$, 故至少存在一个 $x\in N_j$ 使 $h_j=g_j^{-1}g_j^x\neq 1$. 再由 N_j 是单群, 有 $h_j^{N_j}=N_j$, 于是 $K\geqslant g^G\geqslant N_j$. 概括起来说, 即如果 K 中有一元素 g, 使得它在直积分解中的第 j 个分量 $g_j\neq 1$, 则必有 $K\geqslant N_j$. 这就立即推出 K 必有形状 $N_{i_1}\times\cdots\times N_{i_t}$, 其中 N_{i_j} 在分解式中出现的充要条件是 K 中有一元素, 它的第 i_j 个分量 $\neq 1$.

(2) 用反证法. 设 G 有一非平凡特征子群 K, 则 K 首先是 G 的正规子群, 于是由 (1), K 是若干个直因子的乘积. 为简便计, 不妨设

$$K=N_1\times\cdots\times N_{t-1},\qquad 1<t\leqslant s.$$

由题设, 假定 α 是 N_1 到 N_t 上的同构, 则容易验证下述映射 β 是 G 的自同构: 若 $g=g_1g_2\cdots g_s$, 其中 $g_1\in N_1$, $g_2\in N_2,\cdots$, $g_s\in N_s$, 则规定

$$g^\beta=(g_1g_2\cdots g_s)^\beta=g_1^\alpha g_2\cdots g_{t-1}g_t^{\alpha^{-1}}g_{t+1}\cdots g_s.$$

但因 $K^\beta=N_tN_2\cdots N_{t-1}\neq K$, 故 K 不是特征子群. 矛盾. □

1.9 Sylow 定理

Sylow 定理无疑是有限群论的最重要定理之一, 它是在 1872 年由 Sylow 证明的, 见 [105].

在抽象代数课程中, 我们已经学过 Sylow 定理. 一般来说, 所谓 Sylow 定理是指下面的三个定理.

定理 1.9.1 *若 G 是有限群, p 是素数, 设 $p^n \,\|\, |G|$, 则 G 中必存在 p^n 阶子群 P, 且 P 是 G 的极大 p-子群, 即定义 1.6.9 意义下的 Sylow p-子群.*

证明 先证明 G 中 p^n 阶子群的存在性. 如果 G 是交换群, 由命题 1.6.10, 结论成立, 故可设 G 是非交换群. 用对 $|G|$ 的归纳法. 如果 G 有其阶恰被 p^n 整除的真子群, 则由归纳假设定理成立. 下面设 G 的所有真子群的阶都不能被 p^n 整除. 特别地, G 的每个非中心元 g 的中心化子的阶不能被 p^n 整除. 这推出, g 所在的共轭类长度可被 p 整除. 于是由类方程得, G 的中心 $Z(G)$ 的阶可被 p 整除. 因为 Sylow 子群对交换群是存在的 (命题 1.6.10), 取 $Z(G)$ 的一个 p 阶子群 N. 考虑

G/N. 有 $p^{n-1} \parallel |G/N|$. 由归纳假设, G/N 存在 p^{n-1} 阶子群 P/N. 于是 $|P| = p^n$, 定理前一部分得证.

再证明 P 就是定义 1.6.9 意义下的 Sylow p-子群, 即 G 的极大 p-子群. 这只需证明有限 p-群的阶必为 p 的方幂即可. 而这点就是刚证明了的事实和习题 1.3.13 的简单推论, 定理证毕. □

定理 1.9.2　*有限群 G 的任意两个 Sylow p-子群皆在 G 中共轭.*

证明　我们将证明一个更强的结论: 设 P 是 G 的一个 Sylow p-子群, Q 是 G 的任一 p-子群, 则必存在 $g \in G$ 使 $Q \leqslant P^g$.

考虑 G 关于子群 P, Q 的双陪集分解

$$G = Pg_1Q \cup Pg_2Q \cup \cdots \cup Pg_kQ.$$

由习题 1.2.8, 每个 Pg_iQ 中所包含的 P 的右陪集个数为 $|Q|/|P^{g_i} \cap Q|$, 故为 p 的方幂. 但因 $|G:P|$ 与 p 互素, 故至少存在一个 i 使 $|Q|/|P^{g_i} \cap Q| = 1$, 即 $|Q| = |P^{g_i} \cap Q|$, 于是 $Q \leqslant P^{g_i}$. 取 $g = g_i$, 即得所需之结论. □

定理 1.9.3　*有限群 G 中 Sylow p-子群的个数 n_p 是 $|G|$ 的因子, 并且 $n_p \equiv 1 \pmod p$.*

证明　设 P 是 G 的一个 Sylow p-子群, 则与 P 共轭的子群个数 $n_p = |G : N_G(P)|$. 于是 n_p 是 $|G|$ 的因子.

下面证明第二个结论. 如果 $n_p = 1$, 结论当然成立. 故可设 $n_p > 1$. 设 P, $P_1, \cdots, P_{n_p-1}$ 是 G 的全部 Sylow p-子群. 在集合 $\{P_1, \cdots, P_{n_p-1}\}$ 中建立一个等价关系: 规定 $P_i \sim P_j$, 如果存在 $g \in P$ 使得 $P_i^g = P_j$. (这确实是等价关系, 验证从略.) 考虑 P_i 所在的等价类 $\mathcal{C}$. 易见 $|\mathcal{C}| = |P : N_P(P_i)|$, 其中 $N_P(P_i) = \{g \in P \mid P_i^g = P_i\}$. 因为 $N_P(P_i)$ 是 P 的子群, 并且 $N_P(P_i) \neq P$, (若否, $N_P(P_i) = P$, 这意味着 P 正规化 P_i, 即 $P \leqslant N_G(P_i)$. 但由 Sylow 第二定理, Sylow p-子群的正规化子只能包含一个 Sylow p-子群, 矛盾.) 这样, $|P : N_P(P_i)|$ 是 p 的正方幂, 于是 $|\mathcal{C}|$ 是 p 的倍数. 同样的道理得知上述等价关系的每个等价类的长度都是 p 的倍数, 于是得到 $p \mid n_p - 1$, 定理得证. □

下面列出关于有限群的 Sylow p-子群的几个简单但十分有用的结论, 其证明请读者自行补足. 为了方便起见, 我们以 $\mathrm{Syl}_p(G)$ 表示有限群 G 的所有 Sylow p-子群的集合, 于是 $P \in \mathrm{Syl}_p(G)$ 就表示 P 是 G 的 Sylow p-子群. 又令 $n_p(G) = |\mathrm{Syl}_p(G)|$, 即 G 中 Sylow p-子群的个数. 在不致引起混淆的情况下, 常把 $n_p(G)$ 简记作 n_p.

命题 1.9.4　*设 G 是有限群, 则*

(1) *若 $P \in \mathrm{Syl}_p(G)$, $P \leqslant H \leqslant G$, 则 $P \in \mathrm{Syl}_p(H)$;*

(2) *若 $H \leqslant G$, $R \in \mathrm{Syl}_p(H)$, 则存在 $P \in \mathrm{Syl}_p(G)$ 使得 $R = P \cap H$;*

(3) 若 $P \in \mathrm{Syl}_p(G)$, B 是任一 p-子群, 并满足 $PB = BP$, 则 $B \leqslant P$. 特别地, 若 Q 是 G 的正规 p-子群, 则 Q 含于 G 的任一 Sylow p-子群之中;

(4) G 的所有 Sylow p-子群的交, 记作 $O_p(G)$, 是 G 的极大正规 p-子群, 它包含 G 的每个正规 p-子群, 并且 $O_p(G)$ char G;

(5) 若 $P \in \mathrm{Syl}_p(G)$, 且 $P \trianglelefteq G$, 则 $n_p(G) = 1$, 并且 P char G. 特别地, P 是 $N_G(P)$ 中唯一的 Sylow p-子群;

(6) 若 $N \trianglelefteq G$, $P \in \mathrm{Syl}_p(G)$, 则 $P \cap N \in \mathrm{Syl}_p(N)$, $PN/N \in \mathrm{Syl}_p(G/N)$;

(7) 若 $P \in \mathrm{Syl}_p(G)$, $\alpha \in \mathrm{End}(G)$, 则 $P^\alpha \in \mathrm{Syl}_p(G^\alpha)$.

下面再叙述几个与 Sylow 子群有关的结果, 它们在有限群中十分重要.

定理 1.9.5 (Frattini 论断) 设 $N \trianglelefteq G$, $P \in \mathrm{Syl}_p(N)$, 则 $G = N_G(P)N$.

证明 对任一 $g \in G$, 令 $P^g = P_i$, 则 $P_i \in \mathrm{Syl}_p(N)$. 故由 Sylow 第二定理, 存在 $n \in N$ 使得 $P^n = P_i$. 于是 $P^{gn^{-1}} = P$, $gn^{-1} \in N_G(P)$. 这样, $g = gn^{-1}n \in N_G(P)N$, 得 $G \subseteq N_G(P)N$. 显然有 $N_G(P)N \subseteq G$, 定理得证. □

命题 1.9.6 设 $P \in \mathrm{Syl}_p(G)$, $H \geqslant N_G(P)$, 则 $H = N_G(H)$.

证明 因为 $H \trianglelefteq N = N_G(H)$, 并且 P 也是 H 的 Sylow p-子群, 由定理 1.9.5, $N = H \cdot N_N(P) \leqslant H \cdot N_G(P) \leqslant H$, 于是有 $N = H$. □

这个命题告诉我们 Sylow 子群的正规化子 (以及包含该正规化子的子群) 是自正规化子群, 在有限群论中, 这是一类非常重要的自正规化子群.

为了介绍 Sylow 子群的正规化子的进一步性质, 我们引进下述概念.

定义 1.9.7 设 G 是有限群, $H \leqslant G$. 称 H 为 G 的类正规子群(pronormal subgroup), 记作 H pro G, 如果对任意的 $g \in G$, H 和 H^g 在 $\langle H, H^g\rangle$ 中共轭. 而称 H 为 G 的反正规子群(abnormal subgroup), 记作 H ab G, 如果对任意的 $g \in G$ 有 $g \in \langle H, H^g\rangle$.

由上述定义, 正规子群和反正规子群都是类正规子群. 另外, 由 Sylow 定理, 有限群的 Sylow 子群都是类正规的.

命题 1.9.8 设 H 是 G 的类正规子群, 则 $N_G(H)$ 是 G 的反正规子群. 特别地, 有限群的 Sylow 子群的正规化子都是反正规的.

证明 设 $g \notin N = N_G(H)$, 则 $H^g \neq H$. 由 H 的类正规性, 存在 $x \in \langle H, H^g\rangle$ 使得 $H^x = H^g$. 于是, $H^{gx^{-1}} = H$, 得 $gx^{-1} \in N \leqslant \langle N, N^g\rangle$. 又, $x \in \langle N, N^g\rangle$, 得到 $g \in \langle N, N^g\rangle$. □

命题 1.9.9 设 P 是 G 的任一 p-子群, $N \trianglelefteq G$ 且 $(|N|, p) = 1$, 则 $N_{G/N}(PN/N) = N_G(P)N/N$, 并且, $C_{G/N}(PN/N) = C_G(P)N/N$.

证明 只需证 $N_{G/N}(PN/N) \leqslant N_G(P)N/N$. 设 $xN \in N_{G/N}(PN/N)$, 即 $x^{-1}N(PN)xN = PN$, 得 $x^{-1}PxN \leqslant PN$. 因 $(|N|, p) = 1$, P 和 P^x 皆为 PN

的 Sylow p-子群, 故存在 $h\in P$, $n\in N$ 使 $P^x=P^{hn}=P^n$, 于是 $P^{xn^{-1}}=P$, $xn^{-1}\in N_G(P)$, $xN\subseteq N_G(P)N$. 最终得到 $xN\in N_G(P)N/N$.

对于中心化子的情形, 也只需证 $C_{G/N}(PN/N)\leqslant C_G(P)N/N$. 设 $xN\in C_{G/N}(PN/N)$. 首先我们断言, 可选取 xN 的陪集代表 y 使得 $y^{-1}Py=P$. 因为 xN 中心化 PN/N, $x^{-1}Px\leqslant PN$. 由 Sylow 定理, 存在 $g\in PN$ 使得 $x^{-1}Px=g^{-1}Pg$. 令 $g=bu$, 其中 $b\in P$, $u\in N$, 则 $x^{-1}Px=u^{-1}Pu$, 于是 $y:=xu^{-1}$ 正规化 P. 这证明了上述断言. 因 $yN=xN$ 中心化 PN/N, 对任意的 $a\in P$, 有 $y^{-1}aya^{-1}\in N$. 又由 y 正规化 P, 有 $y^{-1}aya^{-1}\in P$, 于是 $y^{-1}aya^{-1}\in N\cap P=1$. 由 a 的任意性, 有 $y\in C_G(P)$, 即 $yN=xN\in C_G(P)N/N$, 定理证毕. □

在上命题中, 关于中心化子的结果也可由定理 8.3.9 直接推出.

习 题

1.9.1. 验证 $GF(p)$ 上主对角线元素皆为 1 的 n 阶上三角矩阵全体组成 $GL(n,p)$ 的一个 Sylow p-子群.

1.9.2. 设 $|G|=p_1^{\alpha_1}\cdots p_s^{\alpha_s}$, $P_i\in \mathrm{Syl}_{p_i}(G)$, $i=1,2,\cdots,s$. 则

(1) $G=\langle P_1,\cdots,P_s\rangle$;

(2) 若又有 $P_i\trianglelefteq G$, $i=1,2,\cdots,s$, 则 $G=P_1\times\cdots\times P_s$.

1.9.3. 设 $K\trianglelefteq G$, 则 K 的每个 Sylow 子群在 G 中类正规.

1.9.4. 设 H 是 G 的类正规子群, 同时也是 G 的次正规子群, 则 $H\trianglelefteq G$. (称 H 为 G 的次正规子群, 如果存在群列 $H=H_0<H_1<\cdots<H_k=G$, 使得对任意的 i 有 $H_i\trianglelefteq H_{i+1}$.)

1.10 换位子、可解群、p-群

设 G 为任意群, $a,b\in G$. 我们规定

$$[a,b]=a^{-1}b^{-1}ab$$

叫做元素 a 和 b 的换位子. 再令

$$G'=\langle [a,b]\mid a,b\in G\rangle,$$

称其为 G 的换位子群或导群. 易验证

定理 1.10.1 G' 是 G 的全不变子群, 并且若 $N\trianglelefteq G$, 则 G/N 是交换群 $\Longleftrightarrow$ $N\geqslant G'$.

由此, G 是交换群 $\Longleftrightarrow G'=1$.

我们还可归纳地定义 G 的 n 阶换位子群:

$$G^{(0)}=G,\quad G^{(n)}=(G^{(n-1)})',\quad n\geqslant 1.$$

定义 1.10.2 称群 G 为可解群,如果存在正整数 n 使得 $G^{(n)}=1$.

引理 1.10.3 设 $N \trianglelefteq G$, $n \geqslant 0$, 则 $(G/N)^{(n)}=G^{(n)}N/N$.

定理 1.10.4 可解群的子群和商群仍为可解群.

下面关于可解群的一些简单的事实请读者自行证明.

命题 1.10.5 (1) 设 $N \trianglelefteq G$, N 和 G/N 均可解, 则 G 可解;

(2) 设 $M \trianglelefteq G$, $N \trianglelefteq G$, G/M 和 G/N 均可解, 则 $G/(M\cap N)$ 亦可解;

(3) 设 M,N 是 G 的可解正规子群, 则 MN 亦然. 由此得出有限群 G 的所有可解正规子群的积 $\mathrm{rad}(G)$ 仍为 G 的可解正规子群, 叫做 G 的根基 (radical). 而 $G/\mathrm{rad}(G)$ 不存在非单位的可解正规子群;

(4) 可解单群必为素数阶循环群.

下面应用 Sylow 定理给出可解性的几个充分条件.

定理 1.10.6 设 p,q 是素数, 则 pq 阶群 G 是可解群.

证明 不妨假定 $p<q$. 设 Q 是 G 的 Sylow q-子群, 则 $|Q|=q$, 且 Q 的共轭子群个数为 $kq+1$, 这时有 $kq+1 \mid p$. 由 $p<q$, 得 $k=0$, 于是 G 仅有一个 Sylow p-子群, 由第二 Sylow 定理, $Q \trianglelefteq G$. 又因 $|G/Q|=p$, $|Q|=q$, 知 G/Q 和 Q 均可解, 于是 G 可解. □

下面定理的证明要用到定理 1.10.15, 即有限 p-群是可解群.

定理 1.10.7 设 p,q 是素数, a 是正整数, 则 p^aq 阶群可解.

证明 用归纳法, 由定理 1.10.15 只需证明 G 中存在非平凡正规子群.

设 P 是 G 的 Sylow p-子群. 可假定 $P \ntrianglelefteq G$, 并设 $P=P_1,\cdots,P_s$ 是 G 的全部 Sylow p-子群. 由 $s \mid q$ 及 $s>1$ 推出 $s=q$. 下面分两种情形来讨论:

(i) 设对任意的 $i\neq j$, $P_i\cap P_j=1$. 于是 $\bigcup\limits_{i=1}^{q} P_i$ 包含 $(p^a-1)q+1$ 个元素. 此外还只剩下 $q-1$ 个元素. 因 G 中存在 q 子群, 故只能有一个 q 阶子群, 这样它必为正规子群.

(ii) 若有 $P_i\cap P_j>1$, 选 $i,j,i\neq j$, 使 $|P_i\cap P_j|$ 最大. 令 $P_i\cap P_j=D$. 因 $D<P_i$, 故 $D<N_{P_i}(D)=H_i\leqslant P_i$(这里用到了下面的定理 1.10.13). 又因 $D<P_j$, 有 $D<N_{P_j}(D)=H_j\leqslant P_j$. 这时有 $D\trianglelefteq\langle H_i,H_j\rangle=T$.

1) 设 T 是 p-子群, 则存在 G 的 Sylow p-子群 P_k 使 $T\leqslant P_k$. 由 $P_k\cap P_i\geqslant H_i>D$, $P_k\cap P_j\geqslant H_j>D$ 以及 D 的选择的极大性推得 $P_k=P_i$, $P_k=P_j$, 于是 $P_i=P_j$, 矛盾. 因此必有

2) $|T|=p^tq$. 令 Q 是 T 的 q 阶子群, 由定理 1.2.12, 比较阶易知 $G=QP_i$. 设 $N=D^G$, 则有 $N\trianglelefteq G$. 我们证明 N 必为 G 之真子群, 从而完成了证明. 这是因为对于任意的 $g\in G$, 可设 $g=xy$, 其中 $x\in Q$, $y\in P_i$, 所以 $D^g=D^{xy}=D^y\leqslant P_i$, 于是 $D^G\leqslant P_i<G$, 证毕. □

定理 1.10.8　*设素数 $p>q>r$, 则 pqr 阶群 G 是可解群.*

证明　设 G 中有 n_p 个 p 阶子群, n_q 个 q 阶子群和 n_r 个 r 阶子群. 注意到上述子群均为 G 的 Sylow 子群, 如果 n_p, n_q, n_r 均不为 1, 由 Sylow 定理, 必有 $n_p>p, n_q>q, n_r>r$, 以及 $n_p|qr$, $n_q|pr$, $n_r|pq$. 于是必有 $n_p=qr$, $n_q\geqslant p$, $n_r\geqslant q$. 因此,

G 中 p 阶元个数 $=n_p(p-1)=qr(p-1)=pqr-qr$,

G 中 q 阶元个数 $=n_q(q-1)\geqslant p(q-1)=pq-p$,

G 中 r 阶元个数 $=n_r(r-1)\geqslant q(r-1)=qr-q$.

于是有

$$\begin{aligned}|G|&\geqslant 1+pqr-qr+pq-p+qr-q\\&=|G|+(p-1)(q-1),\end{aligned}$$

矛盾. 故 n_p, n_q, n_r 中至少有一个是 1. 比如设 $n_p=1$. 这推出 p 阶子群 $P\trianglelefteq G$, 而 G/P 是 qr 阶群, 由定理 1.10.6, G/P 可解. 于是 G 亦可解. □

在有限群论中, 有两个十分著名的可解性准则. 第一个是下面的 Burnside 定理.

定理 1.10.9 (Burnside)　*设 p, q 是素数, a, b 是正整数, 则 p^aq^b 阶群必可解.*

这个定理常被称为 Burnside p^aq^b 定理. 我们将在第 7 章给它一个表示论的证明, 并在第 8 章的阅读材料里, 再给它一个纯粹群论的证明.

另一个著名的可解性判定定理是

定理 1.10.10 (Feit-Thompson)　*奇数阶群必可解.*

这个定理是 1963 年被 Feit 和 Thompson 证明的, 它的原始证明, 长达 255 页, 可见 [32]. 后来, Bender 和 Glauberman 在 1994 年给出长为 168 页的简化证明, 可见 [15]. 由于这个定理的证明如此复杂, 一般在初等群论中尽量避免使用它. 但下面我们应用这个定理来证明一个新的可解性判别准则.

定理 1.10.11　*设 $|G|=2n$, n 是奇数, 则 G 必可解.*

证明　由 Sylow 定理, G 中必存在 2 阶元素 u. 考虑 G 的右正则表示 $R(G)$. (见定理 1.6.16 的证明). u 所对应的右乘变换 $R(u)$ 也是 2 阶元, 故 $R(u)$ 为若干个互不相交的对换的乘积. 又由 $R(u)$ 的定义, 易知 $R(u)$ 无不动点, 因此 $R(u)$ 可表成 n 个对换的乘积. 于是 $R(u)$ 是奇置换, 即我们证明了 $R(G)$ 中含有奇置换. 这推出 $R(G)$ 中所有偶置换组成指数为 2 的正规子群 N, $|N|=n$ 是奇数. 由定理 1.10.10, N 可解. 又 $R(G)/N$ 是 2 阶群, 亦可解, 于是 $R(G)$ 可解. 而 $G\cong R(G)$, 这就得到 G 的可解性. □

下面我们继续定理 1.10.6 关于 pq 阶群的研究, 决定互不同构的 pq $(p\neq q)$ 阶群, 设 G 是 pq 阶群, 则由 Sylow 定理, G 有一个 p 阶子群 P 和一个 q 阶子群 Q.

如果 G 交换, 则由习题 1.5.1, $G \cong Z_{pq}$. 当然只有一种类型. 下面设 G 非交换, 我们有下面的定理.

定理 1.10.12 设 $p > q$ 是素数, G 是 pq 阶非交换群, 则 $q \mid p-1$, 群 G 是下列定义关系确定的群, 且在同构意义下唯一:

$$G = \langle a, b \mid a^p = b^q = 1, b^{-1}ab = a^r \rangle, \tag{1.7}$$

其中 r 满足 $r \not\equiv 1 (\text{mod } p), r^q \equiv 1 (\text{mod } p)$.

证明 由 Sylow 第三定理, G 的 Sylow p-子群个数为 1, 因此必正规. 设 $P = \langle a \rangle$ 是 G 的 Sylow p-子群. 又因 G 非交换, G 的 Sylow q-子群个数 $n_q > 1$, 故必为 p, 且 $n_q \equiv 1 \ (\text{mod } q)$. 于是有 $q \mid p-1$. 设 $Q = \langle b \rangle$ 是 G 的一个 Sylow p-子群. 显然 $a^p = b^q = 1$, 又因 $P \trianglelefteq G$, 存在正整数 r 使得 $b^{-1}ab = a^r$. 于是得 $a = b^{-q}ab^q = a^{r^q}$, $r^q \equiv 1 (\text{mod } p)$, 即 r 是 $\text{Aut}(\langle a \rangle) \cong Z_{p-1}$ 中的 q 阶元素. 故群 G 有关系 (1.7).

又, 容易验证关系 (1.7) 给出的群确为 pq 阶, 故 (1.7) 是群 G 的定义关系.

至此我们只需证明不同的满足 (1.7) 式的 r 值给出同构的群即可.

设

$$G_1 = \langle a_1, b_1 \mid a_1^p = b_1^q = 1, b_1^{-1}a_1b_1 = a_1^{r'} \rangle \tag{1.8}$$

是另一个 pq 阶群, r' 满足 $r'^q \equiv 1 (\text{mod } p)$, 来证明 $G \cong G_1$. 因为 r 和 r' 都是 $\text{Aut}(\langle a \rangle) \cong Z_{p-1}$ 中的 q 阶元素, 存在正整数 s 使得 $r' = r^s$. 请读者自己验证, $a_1 \mapsto a$, $b_1 \mapsto b^s$ 可扩展为 G_1 到 G 上的同构映射, 得证. □

由 (1.7) 式确定的 pq 阶群通常记作 F_{pq}, 叫做 pq 阶的 Frobenius 群. 关于 Frobenius 群的定义可见定义 7.8.4 和定义 8.7.1.

下面我们再介绍一个关于有限群的 p-子群正规化子的结果, 它对于 p-群的研究十分有用.

定理 1.10.13 设 G 是有限群, P 是 G 的 p-子群, 但不是 Sylow p-子群, 则 $P < N_G(P)$.

证明 考虑 G 对子群 P, P 的双陪集分解

$$G = \bigcup_{i=1}^{k} Px_iP.$$

每个 Px_iP 中含 P 的右陪集的个数为 $|P|/|P^{x_i} \cap P|$, 即 p 的方幂. 又因 $p \mid |G:P|$, 而 $P1P = P$ 仅含一个 P 的右陪集, 故至少还有 $x_i \notin P$, 使 Px_iP 仅含一个 P 的右陪集. 对于这个 x_i, 必有 $P^{x_i} \cap P = P$, 于是 $P^{x_i} = P$. 这就得出 $P < N_G(P)$. □

下面是关于有限 p-群的几个重要结果.

推论 1.10.14 *设 M 是有限 p-群 G 的极大子群, 则 $|G:M|=p$, 且 $M \trianglelefteq G$.*

证明 因 $M<G$, M 自然不是 G 的 Sylow p-子群. 由定理 1.10.13 得 $M< N_G(M)$. 又由 M 的极大性得 $N_G(M)=G$, 即 $M \trianglelefteq G$. 再考虑 G/M. 仍由 M 之极大性知 G/M 没有非平凡子群, 于是 G/M 是 p 阶循环群, $|G:M|=p$. □

定理 1.10.15 *有限 p-群 G 是可解群.*

证明 设 $|G|=p^n$. 用对 n 的归纳法. 当 $n=0$ 时结论显然成立. 现设结论对 $n-1$ 成立, 来考察 n 的情形. 任取 G 的极大子群 M, 由推论 1.10.14, $|M|=p^{n-1}$, 于是 M 是可解群. 又 G/M 为 p 阶循环群, 亦可解, 故由命题 1.10.5(1), 得 G 可解. □

定理 1.10.16 *设 G 是有限 p-群, $|G|=p^n>1$, 则 $Z(G)>1$.*

证明 考虑 G 的共轭类分解

$$G=C_1\cup C_2\cup\cdots\cup C_s,\quad C_1=\{1\},$$

和类方程

$$|G|=1+|C_2|+\cdots+|C_s|.$$

因为 $|C_i|=|G:C_G(x_i)|$, 其中 $x_i\in C_i$, 由 $|G|=p^n$ 推知 $|C_i|$ 是 p 的方幂. 又由 $|C_1|=1$ 推知至少还有某个 $|C_i|=1$, 于是 $Z(G)>1$. □

定理 1.10.17 *设 G 是有限 p-群, N 是 G 的 p 阶正规子群, 则 $N\leqslant Z(G)$.*

证明 由 N/C 定理,

$$G/C_G(N)=N_G(N)/C_G(N)\lesssim \mathrm{Aut}(N).$$

因 $\mathrm{Aut}(N)$ 是 $p-1$ 阶循环群, 而 $|G/C_G(N)|$ 是 p 的方幂, 故 $|G/C_G(N)|=1$, 即 $G=C_G(N)$, $N\leqslant Z(G)$. □

下面我们来决定所有阶 $\leqslant p^3$ 的 p-群, 这些结果在有限群论的研究中是必要的工具.

首先, p 阶群必为循环群, 只有一种类型. 而对 p^2 阶群, 有下面的

定理 1.10.18 *p^2 阶群 G 必为交换群.*

证明 若 G 中有 p^2 阶元素, 则 G 为 p^2 阶循环群. 若 G 中无 p^2 阶元素, 则它的每个非单位元都是 p 阶元. 根据定理 1.10.16, $Z(G)>1$. 取 $a\in Z(G)$, $a\neq 1$, 则 $\langle a\rangle$ 是 $Z(G)$ 中的 p 阶子群. 再取 $b\notin\langle a\rangle$, 则 $G=\langle a,b\rangle$. 由 $a\in Z(G)$, $ab=ba$, 故 G 为交换群. □

由此定理及定理 1.6.14, p^2 阶群有两种类型, 即型不变量为 (p^2) 和 (p,p) 的交换群.

现在来确定 p^3 阶群. 首先定理 1.6.14, p^3 阶交换群有三种类型, 其型不变量分别为 (p^3), (p^2,p) 和 (p,p,p). 下面研究非交换情形.

设 G 是 p^3 阶非交换群. 任取 p 阶正规子群 N, 则因 $|G/N|=p^2$, G/N 是交换群, 得 $N\geqslant G'$. 但 $G'\neq 1$, 则必有 $N=G'$, 并且 $G'\leqslant Z(G)$. 再注意到 G 中必无 p^3 阶元素, 我们可分下面两种情形:

(1) G 中有 p^2 阶元素 a. 这时 $\langle a\rangle$ 是 G 的极大子群. 因此 $\langle a\rangle\trianglelefteq G$. 因 $\langle a^p\rangle$ char $\langle a\rangle$, 故 $\langle a^p\rangle\trianglelefteq G$. 由前面的分析知 $G'=\langle a^p\rangle$. 在 $\langle a\rangle$ 外面任取一元 b_1, 再分两种情形:

(i) $o(b_1)=p$. 因为 $G=\langle a,b_1\rangle$, 换位子 $[a,b_1]\neq 1$, 但因 $G'=\langle a^p\rangle$, 故可设 $[a,b_1]=a^{kp}$, 这里 $p\nmid k$. 取 i 满足 $ik\equiv 1\pmod p$, 令 $b=b_1^i$, 则由习题 1.10.4 有 $[a,b]=[a,b_1^i]=[a,b_1]^i=a^{ikp}=a^p$, 于是 G 有关系

$$a^{p^2}=b^p=1,\quad b^{-1}ab=a^{1+p}.\tag{I}$$

(ii) $o(b_1)=p^2$. 因为 $b_1^p\in\langle a\rangle$, 比较阶可令 $b_1^p=a^{kp}$. 如果 $p\neq 2$, 则由习题 1.10.4 有

$$(b_1a^{-k})^p=b_1^pa^{-kp}[a^{-k},b_1]^{\binom{p}{2}}=1,$$

从而 $\langle a\rangle$ 外有 p 阶元 b_1a^{-k}, 因此化为情形 (i). 而如果 $p=2$, 则可能有 $b_1^2=a^2$, $[a,b_1]=a^2$. 这时以 b 代 b_1, 得 G 有下述关系:

$$a^4=1,\quad b^2=a^2,\quad b^{-1}ab=a^3.\tag{II}$$

(2) G 中无 p^2 阶元素. 区别 $p=2$ 和 $p\neq 2$ 两种情形.

若 $p=2$, 由 $\exp G=2$ 推出 G 交换, 即非交换群不会发生此种情形.

若 $p\neq 2$, 假定 $G/G'=\langle aG',bG'\rangle$, 于是 $G=\langle a,b,G'\rangle$. 但由 G 非交换, 必有 $[a,b]\neq 1$. 于是 $G'=\langle [a,b]\rangle$, 并且还有 $G=\langle a,b\rangle$. 令 $c=[a,b]$, 这时 G 有关系

$$a^p=b^p=c^p=1,\quad [a,b]=c,\quad [a,c]=[b,c]=1.\tag{II$'$}$$

应用 1.11 节的知识或 1.6.6 小节后面对二面体群定义关系的说明, 读者可自行验证以 (I), (II), (II$'$) 为定义关系的群确为 p^3 阶非交换群, 并且它们互不同构, 于是它们就是全部的 p^3 阶非交换群. 我们把这个结果写成下面的定理.

定理 1.10.19 设 G 是 p^3 阶群, 则 G 必为下列彼此互不同构的群之一:

(A) 交换群: 共三个, 其型不变量分别为 (p^3), (p^2,p) 和 (p,p,p).

(B) 非交换群:

(1) $p=2$

(I) $\langle a,b\mid a^4=b^2=1,\ b^{-1}ab=a^3\rangle$; (二面体群)

(II) $\langle a,b \mid a^4=1,\ b^2=a^2, b^{-1}ab=a^3\rangle$. (四元数群)

(2) $p\neq 2$

(I) $\langle a,b \mid a^{p^2}=b^p=1,\ b^{-1}ab=a^{1+p}\rangle$;

(II′) $\langle a,b,c \mid a^p=b^p=c^p=1,\ [a,b]=c,\ [a,c]=[b,c]=1\rangle$.

习 题

1.10.1. 设 $G=A\times B$, 则 $G'=A'\times B'$.

1.10.2. 证明域的乘法群的有限子群皆为循环群.

1.10.3. 设 G 是群, $a,b,c\in G$, 则有

(1) $[ab,c]=[a,c]^b[b,c]$;

(2) $[a,bc]=[a,c][a,b]^c$.

1.10.4. 设 G 是群, $a,b\in G$ 且 $[a,b]\in Z(G)$, 又设 n 是正整数, 则有

(1) $[a^n,b]=[a,b]^n$;

(2) $[a,b^n]=[a,b]^n$;

(3) $(ab)^n=a^nb^n[b,a]^{\binom{n}{2}}$.

1.10.5. 设 G 是有限 p-群, 则 G 的非正规子群的个数是 p 的倍数.

1.10.6. 设有限群 G 的 Sylow 2-子群循环, 则 G 是可解群 (假定 Feit-Thompson 定理).

1.10.7. 设 p 是 $|G|$ 的最小素因子. 若 $N\trianglelefteq G$ 且 $|N|=p$, 则 $N\leqslant Z(G)$.

1.10.8. 设 p 是 $|G|$ 的最小素因子, 且 $p\neq 2$. 若 $N\trianglelefteq G$, 且 $|N|=p^2$, 则 $|G:C_G(N)|\leqslant p$.

1.10.9. (Brodkey) 设有限群 G 的 Sylow p-子群是交换群, 且所有 Sylow p-子群之交为 1, 则必有两个 Sylow p-子群, 它们的交也为 1.

1.11 自由群、生成元和关系

1.11.1 自由群

给定集合 $X=\{x_1,\cdots,x_r\}$, 它的势 r 不一定有限或可数. 令 $X^{-1}=\{x_1^{-1},\cdots,x_r^{-1}\}$ 为另一集合, 并假定 $X\cap X^{-1}=\varnothing$. 再令 $S=X\cup X^{-1}$. 我们称有限序列 $w=a_1a_2\cdots a_n$ 为 X 上的字, 如果每个 $a_i\in S$. 并且规定空集也为字, 叫做空字. 规定两个字的乘积为它们的连写, 易验证所有 X 上的字的集合 W 对所规定的乘法成一有单位元半群, 空字是其单位元素.

称两个字 w_1 和 w_2(以及 w_2 和 w_1) 为邻接的, 如果它们有形状: $w_1=uv$, 而 $w_2=ux_ix_i^{-1}v$ 或 $ux_i^{-1}x_iv$, 其中 u,v 是 X 上的两个字, 而 $x_i\in X$. 又规定两个字 w_1 和 w_2 等价, 记作 $w_1\sim w_2$, 如果可找到有限多个字 $w_1=f_1, f_2,\cdots,f_{n-1}, f_n=w_2$, 使得对于 $i=1,2,\cdots,n-1$, f_i 和 f_{i+1} 是邻接的. 易验证 "∼" 是等价关

系, 并且若 $w_1 \sim w_1'$, $w_2 \sim w_2'$, 则 $w_1w_2 \sim w_1'w_2'$. 我们以 $[w]$ 记字 w 所在的等价类, 令 F 为所有等价类组成的集合, 规定等价类的乘法为

$$[w_1][w_2] = [w_1w_2], \tag{1.9}$$

使得 F 对此乘法成为一个群, 叫做 X 上的*自由群*. 请读者自行验证 F 确实满足群的公理.

自由群 F 由集合 X (叫做*自由生成系*) 的势唯一确定, 即由两个等势的集合 X_1, X_2 作为自由生成系所得到的自由群是同构的. 这个势叫做自由群 F 的*秩*. 以后秩为 r 的自由群记作 F_r.

定理 1.11.1 *任一可由 r 个元素生成的群都同构于 F_r 的商群.*

证明 设 $G = \langle a_1, \cdots, a_r \rangle$, 又设 r 秩自由群 F_r 的自由生成系为 $\{x_1, \cdots, x_r\}$. 规定映射 $\eta : [x_i] \mapsto a_i$, $i = 1, 2, \cdots, r$, 并把它扩展到 F_r 上. 易验证 η 是一同态映射, 于是

$$G \cong F_r/\text{Ker}\ \eta. \qquad \square$$

由这个定理可以看出 r 秩自由群在 r 元生成群中的地位.

下面我们不加证明地叙述自由群的一个重要定理, 其证明可见 [45].

定理 1.11.2 (Schreier) *自由群的子群仍为自由群. 假定 F_r 为秩为 r 的自由群, N 是 F_r 的有限指数子群, $|F_r : N| = n$, 则 $N \cong F_{1+n(r-1)}$.*

结合定理 1.11.1 和定理 1.11.2 可得下面的

推论 1.11.3 *设群 G 可由 r 个元素生成, $N \leqslant G$, 且 $|G : N| = n$, 则 N 可由 $1 + n(r-1)$ 个元素生成.*

1.11.2 生成系及定义关系

应用自由群的概念可对群的生成系和定义关系给出更清楚的解释.

设 $G = \langle a_1, \cdots, a_r \rangle$. 作自由群 $F_r = \langle x_1, \cdots, x_r \rangle$. 由定理 1.11.1, $G \cong F_r/K$, 其中 K 是 F_r 的某个正规子群. 设

$$f(x_1, \cdots, x_r) = x_{i_1}^{n_1} \cdots x_{i_s}^{n_s} \in K, \qquad i_1, \cdots, i_s \in \{1, 2, \cdots, r\},$$

则在 G 中成立

$$f(a_1, \cdots, a_r) = a_{i_1}^{n_1} \cdots a_{i_s}^{n_s} = 1,$$

我们称等式 $f(a_1, \cdots, a_r) = 1$ 为 G 中的一个*关系* (有时也称自由群 F_r 中的元素 $f(x_1, \cdots, x_r)$ 为 G 的一个关系).

我们又称由自由群 G 的关系组成的一个集合 $\{f_i(a_1,\cdots,a_r)=1 \mid i\in I\}$ 为 G 的一个定义关系组 (或称 $V=\{f_i(x_1,\cdots,x_r) \mid i\in I\}$ 为 G 的定义关系组), 如果 V 在 F_r 中的正规闭包 $V^{F_r}=K$.

上述定义说明, 由所给的生成系间的任何一组关系 V 都可唯一确定一个群, 以这组关系为定义关系组, 这个群同构于 F_r/V^{F_r}. 因此, 不存在所给的关系组互不相容的情形, 这是在很多初学群论的人中间经常发生的一种误解. 但是, 具体由给定的生成系和定义关系组来确定群, 哪怕只是确定群的阶, 一般都是十分困难的. 下面我们举几个简单的例子.

例 1.11.4　设 $G=\langle a\rangle$, 定义关系组为 $a^4=1$, $a^6=1$, 求 $|G|=$?

解　表面上看, 关系 $a^4=1$ 和 $a^6=1$ 是不相容的. 但由上述定义关系组的含意, 我们所求的群 G 应为秩为 1 的自由群, 即无限循环群 $F=\langle x\rangle$ 对于子群 $\langle x^4,x^6\rangle^F$ 的商群. 容易看出, $\langle x^4,x^6\rangle=\langle x^2\rangle$, 而因 F 交换, $\langle x^2\rangle$ 的正规闭包 $\langle x^2\rangle^F=\langle x^2\rangle$, 故

$$G\cong F/\langle x^2\rangle\cong Z_2.$$

于是 $|G|=2$. □

例 1.11.5　设 $G=\langle a,b\rangle$, 定义关系组为 $a^2=b^2=(ab)^n=1$, 则 $G\cong D_{2n}$.

解　因为 $G=\langle a,b\rangle=\langle ab,b\rangle$, 而

$$b^{-1}(ab)b=b^{-1}a^{-1}=(ab)^{-1}\in\langle ab\rangle,$$

所以 $\langle ab\rangle\trianglelefteq G$. 于是 $G=\langle ab,b\rangle=\langle ab\rangle\cdot\langle b\rangle$, G 中每个元素都可表成 $(ab)^ib^j$ 的形状, 其中 $i=0,1,\cdots,n-1$; $j=0,1$. 由此得出 $|G|\leqslant 2n$. 另一方面, $2n$ 阶二面体群 $D_{2n}=\langle x,y \mid x^n=y^2=1, y^{-1}xy=x^{-1}\rangle$ 对于另一组生成系 xy^{-1}, y 有关系 $(xy^{-1})^2=y^2=(xy^{-1}\cdot y)^n=1$, 于是 D_{2n} 应为 G 的同态像. 但已有 $|G|\leqslant|D_{2n}|$, 故只能有 $|G|=2n$ 且 $G\cong D_{2n}$. □

例 1.11.6　设 $G=\langle a,b\rangle$, 定义关系组为 $a^3=b^2=(ab)^3=1$, 则 $G\cong A_4$.

解　由 $a^3=1$ 和 $b^2=1$, G 中元素均可表成 a^i, 或 $a^iba^{\pm1}b\cdots ba^j$ 之形状, 其中 $i,j=0,\pm1$. 又由 $(ab)^3=1$ 得 $ababab=1$, 由此推出 $bab=(aba)^{-1}=a^{-1}ba^{-1}$ 和 $aba=(bab)^{-1}=ba^{-1}b$. 二式可统一写成 $ba^{\pm1}b=a^{\mp1}ba^{\mp1}$. 应用这个关系式可将 $a^iba^{\pm1}b\cdots ba^j$ 化成只含一个 b 的形状, 即化成 a^iba^j 的形状, 于是

$$G=\{a^i, a^iba^j \mid i,j=0,\pm1\}.$$

这样, $|G|\leqslant 3+3\times3=12$. 另一方面, 在交错群 A_4 中, 令 $x=(123)$, $y=(12)(34)$, 则 $xy=(243)$, 因此有关系 $x^3=y^2=(xy)^3=1$. 又显然有 $A_4=\langle x,y\rangle$, 于是 A_4 应为 G 的同态像. 但因 $|A_4|=12$, $|G|\leqslant12$, 这就迫使 $|G|=12$ 且 $G\cong A_4$. □

例 1.11.7 设 $G=\langle x,y\rangle$, 定义关系组为 $xy^2=y^3x, yx^3=x^2y$, 求 $|G|$.

解 由关系 $xy^2=y^3x$ 得

$$xy^2x^{-1}=y^3. \tag{1.10}$$

而由关系 $yx^3=x^2y$ 得

$$y^{-1}x^2y=x^3. \tag{1.11}$$

据 (1.10)

$$x^2y^4x^{-2}=x(xy^2x^{-1})^2x^{-1}=xy^6x^{-1}=(xy^2x^{-1})^3=y^9. \tag{1.12}$$

于是 $y^{-1}x^2y^4x^{-2}y=y^{-1}y^9y=y^9$, 即

$$y^{-1}x^2y\cdot y^4\cdot y^{-1}x^{-2}y=y^9.$$

再据 (1.11) 式, 上式变为

$$x^3y^4x^{-3}=y^9.$$

再由 (1.12) 式, 得

$$x^2y^4x^{-2}=x^3y^4x^{-3}.$$

于是 $xy^4x^{-1}=y^4$. 但由 (1.10), $xy^4x^{-1}=(xy^2x^{-1})^2=y^6$, 这就推出 $y^4=y^6$, $y^2=1$. 再用 (1.10) 式, 又得 $y^3=xy^2x^{-1}=1$, 于是得到 $y=1$. 代入 (1.11) 式, 即得 $x^3=x^2$, 于是 $x=1$. 这样 $G=\langle x,y\rangle=1$, $|G|=1$. □

习　题

1.11.1. 设 $G=\langle a,b\rangle$, 定义关系组为 $a^3=b^3=(ab)^2=1$. 证明 $G\cong A_4$.

1.11.2. 设 $G=\langle a,b\rangle$, 定义关系组为 $a^4=b^2=(ab)^3=1$. 证明 $G\cong S_4$.

1.11.3. 设 $G=\langle a,b\rangle$, 定义关系组为 $a^5=b^2=(ab)^3=1$. 证明 $G\cong A_5$.

1.11.4. 设 $G=\langle a_1,a_2,\cdots,a_{n-1}\rangle$, 定义关系组为 $a_i^2=1$, $(a_ia_{i+1})^3=1$, $(a_ia_j)^2=1$, 其中 $i,j=1,2,\cdots,n-1$, 但 $j-i>1$, 则 $G\cong S_n$.

1.11.5. 证明有限生成群的有限指数子群仍为有限生成群.

1.11.6. 设 F 是秩 r 的自由群, G,H 是群, 再设 $\alpha:F\to G$ 是同态, $\beta:H\to G$ 是满同态, 则存在同态 $\gamma:F\to H$ 使得 $\alpha=\gamma\beta$. (本习题的结论常称为是自由群的万有性质或自由群的投射性质.)

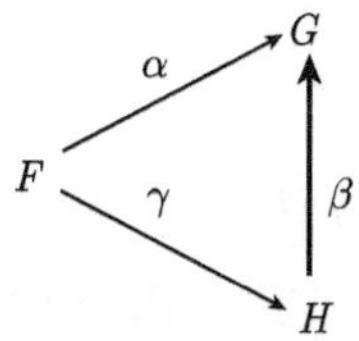

第2章　群作用、置换表示、转移映射

阅读提示： 本章讲述群在集合上的作用，前三节是必须读的. 2.4 节讲置换群的基本概念，也是群论的基本知识. 而阅读材料 2.5 节与本书其他部分无关，无兴趣者可以略去.

本章首先引进群在集合上作用的概念，应用群作用的思想研究群的置换表示以及群到子群的转移映射，证明了重要的 Burnside 定理，同时给出了大量的应用它们判定有限群是否可解的例题. 再以后，在 2.4 节我们介绍了置换群的最基本的概念，如传递性、本原性、多重传递性等. 本章最后一节的阅读材料中，我们确定了所有的有限旋转群.

我们认为，为掌握初等有限群论的证明方法和技巧，必须深刻理解并熟练运用群在集合上作用的观点，并且学会应用 Sylow 定理和置换表示 (包括转移映射) 这些具有基本意义的结果和方法. 读者不仅应该彻底弄清本章中讲述的基本定理和结果，而且应该仔细研究分散在各节中的大量的由浅入深的例题，特别是关于群的可解性和非单性的例题. 只有这样，读者才能逐步掌握初等有限群论的基本方法，并且积累足够多的技巧，为今后进一步学习打下牢固的基础. 另一方面，通过研究这些例题，也使我们看到初等方法的局限性. 于是又自然而然地要求建立新的、更强有力的方法. 这就是群表示论、局部分析方法以及几何的和组合的方法，它们在本书的第 4 章和最后两章中将有初步的介绍.

2.1　群在集合上的作用

定义 2.1.1　设 $\Omega=\{\alpha,\beta,\gamma,\cdots\}$ 是一个非空集合，其元素称作点. S_Ω 表示 Ω 上的对称群. 所谓群 G 在 Ω 上的一个*作用* φ 指的是 G 到 S_Ω 内的一个同态，即对每个元素 $x\in G$，对应 Ω 上的一个变换 $\varphi(x):\alpha\mapsto\alpha^x$，并且满足

$$(\alpha^x)^y=\alpha^{xy},\qquad x,y\in G,\alpha\in\Omega;$$

或者

$$\varphi(xy)=\varphi(x)\varphi(y),\qquad x,y\in G.$$

如果 $\operatorname{Ker}\varphi=1$，则称 G*忠实地*作用在 Ω 上，这时可把 G 看作 Ω 上的变换群. 而如果 $\operatorname{Ker}\varphi=G$，则称 G*平凡地*作用在 Ω 上.

命题 2.1.2 设群 G 作用在集合 Ω 上, 则对每个 $\alpha \in \Omega$,

$$G_\alpha = \{x \in G \mid \alpha^x = \alpha\}$$

是 G 的子群, 叫做点 α 的稳定子群. 并且对任意的 $y \in G$, 有 $G_{\alpha^y} = y^{-1}G_\alpha y$.

证明 设 $x, y \in G_\alpha$, 则 $\alpha^x = \alpha$, $\alpha^y = \alpha$. 于是 $\alpha^{x^{-1}} = \alpha$, $\alpha^{xy} = \alpha^y = \alpha$, 即 $x^{-1} \in G_\alpha$, $xy \in G_\alpha$, 所以 $G_\alpha \leqslant G$.

又, $x \in G_{\alpha^y} \iff (\alpha^y)^x = \alpha^y \iff \alpha^{yxy^{-1}} = \alpha \iff yxy^{-1} \in G_\alpha \iff x \in y^{-1}G_\alpha y$, 于是 $G_{\alpha^y} = y^{-1}G_\alpha y$. □

定义 2.1.3 设群 G 作用于集合 Ω 上, 称二元素 $\alpha, \beta \in \Omega$ 为等价的, 记作 $\alpha \sim \beta$, 如果存在 $x \in G$, 使 $\alpha^x = \beta$. 易验证关系 "$\sim$" 是 Ω 上的等价关系. Ω 对 "$\sim$" 的一个等价类叫做 G 在 Ω 上的一个轨道 (传递集). 一个轨道所包含的元素个数叫做该轨道的长.

对于 $\alpha \in \Omega$, 令

$$\alpha^G = \{\alpha^x \mid x \in G\},$$

则 α^G 是 G 的包含点 α 的轨道.

定义 2.1.4 如果 G 在 Ω 上只有一个轨道, 即 Ω 本身, 则称 G 在 Ω 上的作用是传递的. 这时也称 G 所对应的 Ω 上的变换群是传递的.

定理 2.1.5 设有限群 G 作用在有限集合 Ω 上, $\alpha \in \Omega$, 则

$$|\alpha^G| = |G : G_\alpha|.$$

特别地, 轨道 α^G 的长是 $|G|$ 的因子.

证明 对任意的 $g \in G$, 规定 $f(g) = \alpha^g$, 则 f 是 G 到 α^G 上的满射. 因为对任意的 $g, h \in G$, 有

$$\begin{aligned} f(g) = f(h) &\iff \alpha^g = \alpha^h \iff \alpha^{gh^{-1}} = \alpha \\ &\iff gh^{-1} \in G_\alpha \iff G_\alpha g = G_\alpha h. \end{aligned}$$

于是轨道 α^G 中不同点的个数恰为 G_α 在 G 中的右陪集个数, 即

$$|\alpha^G| = |G : G_\alpha|.$$ □

这个定理虽然简单, 但它是群作用的最基本的结果, 必须做到能熟练运用.

下面举几个群作用的例子, 除了应根据定义检验其确为群作用之外, 还应弄清它的稳定子群和轨道, 以及定理 2.1.5 在其中的涵义. 这些例子虽然简单, 但都是群作用的基本例子, 并且在今后经常要用到.

例 2.1.6　设 G 是群. 取 $\Omega = G$. G 在 Ω 上的作用为 $\varphi(x): g \mapsto x^{-1}gx$, $\forall x, g \in G$. 这时作用的核 $\operatorname{Ker}\varphi = Z(G)$, 即群 G 的中心, 而对于 Ω 中的一点 g, 稳定子群 $G_g = C_G(g)$, 作用的轨道即群 G 的共轭元素类. 由任意二轨道之交为空集得诸共轭元素类互不相交. 这就得到群的类方程

$$|G| = \sum_i |C_i|,$$

其中 C_i 跑遍 G 的一切共轭元素类. 又, 定理 2.1.5 就给出了定理 1.3.5 的前半部分.

例 2.1.7　设 G 是群. 取 $\Omega = 2^G$, 即 G 的所有子集所组成的集合. G 在 Ω 上的作用仍为共轭变换, 即 $\varphi(x): H \mapsto x^{-1}Hx$, $\forall H \in 2^G$, $\forall x \in G$. 这时, 作用的核 $\operatorname{Ker}\varphi$ 仍为群的中心 $Z(G)$, 而点 H 的稳定子群为 H 在 G 中的正规化子 $N_G(H)$. 定理 2.1.5 在这种情形下就变成了定理 1.3.5 的后半部分.

例 2.1.8　设 G 是群, $H \leqslant G$. 取 $\Omega = \{Hg \mid g \in G\}$ 为 H 的全体右陪集的集合. 我们如下规定 G 在 Ω 上的一个作用 P:

$$P(x): Hg \mapsto Hgx, \quad \forall Hg \in \Omega.$$

这时作用 P 的核 $\operatorname{Ker} P = \bigcap_{g\in G} g^{-1}Hg$, 即包含在 H 中的 G 的极大正规子群. 这个子群叫做H 在 G 中的核, 记作 H_G 或 $\operatorname{Core}_G(H)$. 又, 任一点 Hg 的稳定子群 $G_{Hg} = g^{-1}Hg$, 特别地, $G_H = H$. 还应注意, 这个作用是传递作用, 即 G 在 Ω 上只有一个轨道, 即 Ω 本身. 对于这个例子, 在本章 2.2 节还要详细地研究.

定理 2.1.9 (Frattini 论断)　设 G 传递作用在 Ω 上, 并且 G 包含一个子群 N, 则 N 在 Ω 上的作用传递当且仅当

$$G = G_\alpha N, \quad \forall \alpha \in \Omega.$$

证明　$\Longrightarrow$: 任取 $g \in G$, 并设 $\alpha^g = \beta$. 由 N 在 Ω 上传递, 存在 $n \in N$ 使 $\alpha^n = \beta$. 于是 $\alpha^{gn^{-1}} = \alpha$, 即 $gn^{-1} \in G_\alpha$. 由此得

$$g = (gn^{-1})n \in G_\alpha N.$$

$\Longleftarrow$: 任给 $\alpha, \beta \in \Omega$, 因 G 在 Ω 上作用传递, 存在 $g \in G$ 使得 $\alpha^g = \beta$. 因为 $G = G_\alpha N$, 存在 $h \in G_\alpha$, $n \in N$ 使得 $g = hn$. 于是 $\alpha^{hn} = \alpha^n = \beta$, 即 N 在 Ω 上的作用传递. □

习　题

2.1.1. 设 G 是群, α, β 是 G 的自同态. 规定

$$\varphi(g): x \mapsto (g^{-1})^\beta x g^\alpha,$$

则 φ 是 G 在 G 上的一个作用.

2.1.2. 设 G 作用在 Ω 上, $H \leqslant G$, Σ 是 H 的轨道, 则对任意的 $x \in G$, Σ^x 是 $x^{-1}Hx$ 的轨道.

2.1.3. 设 G 在 Ω 上的作用是传递的, $N \trianglelefteq G$, 则 N 在 Ω 上所有轨道的长都相等.

2.1.4. 若交换群 G 忠实而传递地作用在 Ω 上, 则 $G_\alpha = 1$, $\forall \alpha \in \Omega$. 特别地, 有 $|G| = |\Omega|$.

2.1.5. 设有限群 G 忠实地作用在 Ω 上, A 是 G 的交换子群, 它在 Ω 上的作用传递, 则 $C_G(A) = A$.

2.1.6. 设 G 作用在 Ω 上, G 在 Ω 上的轨道个数为 t. 对于 $x \in G$, 令 x 的不动点集为

$$\mathrm{fix}_\Omega(x) = \{\alpha \in \Omega \mid \alpha^x = \alpha\}.$$

再令 $f_x = |\mathrm{fix}_\Omega(x)|$. 则 $t|G| = \sum\limits_{x \in G} f_x$. 特别地, 若 G 在 Ω 上传递, 则有 $|G| = \sum\limits_{x \in G} f_x$, 且当 $|\Omega| > 1$ 时, G 中必有正则元素, 即没有不动点的元素.

2.1.7. 设有限群 G 传递地作用在 Ω 上, $\alpha \in \Omega$, 则 $N_G(G_\alpha)$ 也传递地作用在 $\Gamma = \{\beta \in \Omega | \beta^{G_\alpha} = \beta\}$ 上.

2.2 传递置换表示及其应用

所谓群的置换表示指的是群到置换群中的同态. 如果同态像是传递置换群, 则称为传递置换表示. 例 2.1.8 给出了有限群 G 的传递置换表示的例子, 即对任一子群 $H \leqslant G$, 取 Ω 为 H 的所有右陪集的集合, 作用 P 取右乘变换. 我们称 P 为 G *在子群 H 上的置换表示*,并简记成

$$P(g) = \begin{pmatrix} Hx \\ Hxg \end{pmatrix}, \qquad g \in G.$$

该表示的核 $\mathrm{Ker}\ P = H_G$ 为子群 H 在 G 中的核. 因此有 $P(G) \cong G/H_G$.

下面我们要证明, 事实上这个例子就穷尽了全部的传递置换表示. 为此先引进

定义 2.2.1 设置换群 $G_1 \leqslant S_{\Omega_1}$, $G_2 \leqslant S_{\Omega_2}$. 若存在一一映射 $\mu : \Omega_1 \to \Omega_2$ 和一一映射 $\sigma : G_1 \to G_2$, 使

$$\mu g_1^\sigma = g_1 \mu, \qquad \forall g_1 \in G_1,$$

则称 G_1 和 G_2 *置换同构*.

注意, 在此定义中给出的映射 σ 一定是群 G_1 到 G_2 的同构, 这因为

$$(g_1 g_1')^\sigma = \mu^{-1} g_1 g_1' \mu = \mu^{-1} g_1 \mu \mu^{-1} g_1' \mu = g_1^\sigma g_1'^\sigma, \qquad \forall g_1, g_1' \in G.$$

(这里, μ^{-1} 是 μ 的逆映射, 它是 Ω_2 到 Ω_1 的一一映射.)

定理 2.2.2 *设 φ 是有限群 G 在 Ω 上的传递作用, 则存在子群 $H \leqslant G$, 使得 $\varphi(G)$ 与 G 在 H 上的置换表示 $P(G)$ 置换同构.*

证明 任取 $\alpha \in \Omega$, 令 $H = G_\alpha$. 对于 Ω 中任一元素 β, 由 $\varphi(G)$ 传递, 存在 $g_\beta \in G$ 使 $\alpha^{g_\beta} = \beta$, 则

$$G = \bigcup_{\beta \in \Omega} Hg_\beta,$$

并且若 $\beta \neq \gamma$, 则 $Hg_\beta \neq Hg_\gamma$. 这样得到 Ω 到 $\{Hg \mid g \in G\}$ 的一一映射 $\mu : \beta \mapsto Hg_\beta$, 从而 $(\alpha^g)^\mu = Hg$, $\forall g \in G$. 再令 $\sigma : \varphi(g) \mapsto P(g) = \begin{pmatrix} Hx \\ Hxg \end{pmatrix}$, 易验证 σ 也是一一映射 (验证略). 并且对任意的 $\beta \in \Omega$, 有

$$\beta^{\mu\varphi(g)^\sigma} = \beta^{\mu P(g)} = Hg_\beta g,$$
$$\beta^{\varphi(g)\mu} = (\alpha^{g_\beta})^{\varphi(g)\mu} = (\alpha^{g_\beta g})^\mu = Hg_\beta g,$$

因此 $\mu\varphi(g)^\sigma = \varphi(g)\mu$. 这就得到 $\varphi(G)$ 与 $P(G)$ 置换同构. □

以下我们再引进同一群 G 的两个置换表示等价的概念.

定义 2.2.3 设 $\varphi_1 : G \to S_{\Omega_1}$ 和 $\varphi_2 : G \to S_{\Omega_2}$ 是群 G 的两个置换表示. 若存在一一映射 $\mu : \Omega_1 \to \Omega_2$ 使 $\mu\varphi_2(g) = \varphi_1(g)\mu$, $\forall g \in G$, 则称此二置换表示等价.

定理 2.2.4 设 G 是群, $H, K \leqslant G$. 再设 P_1, P_2 分别是 G 在 H, K 上的置换表示:

$$P_1(g) = \begin{pmatrix} Hx \\ Hxg \end{pmatrix},\ P_2(g) = \begin{pmatrix} Kx \\ Kxg \end{pmatrix}, \qquad \forall g \in G.$$

则 P_1, P_2 等价 $\iff$ H, K 在 G 中共轭.

证明 $\Leftarrow$: 设 H, K 共轭, $K = H^y$, $y \in G$. 令

$$\mu : Hx \mapsto Ky^{-1}x, \ \ x \in G,$$

则易验证 μ 是 $\Omega_1 = \{Hx \mid x \in G\}$ 到 $\Omega_2 = \{Kx \mid x \in G\}$ 上的一一映射, 并且由

$$(Hx)^{\mu P_2(g)} = Ky^{-1}xg = (Hxg)^\mu = (Hx)^{P_1(g)\mu},$$

得到 $\mu P_2(g) = P_1(g)\mu$, $\forall g \in G$. 于是 P_1, P_2 等价.

$\Rightarrow$: 设 P_1, P_2 等价. 假定 μ 是定义 2.2.3 中要求的 $\Omega_1 = \{Hx \mid x \in G\}$ 到 $\Omega_2 = \{Kx \mid x \in G\}$ 的一一映射, 并设在 μ 之下 Hx 对应到 Ky. 由 P_1, P_2 的等价性, 点 Hx 在 $P_1(G)$ 中的稳定子群 $\{g \in G \mid (Hx)^{P_1(g)} = Hx\}$ 等于点 Ky 在 $P_2(G)$ 中的稳定子群 $\{g \in G \mid (Ky)^{P_2(g)} = Ky\}$ (自己用等价性的定义验证), 即 $x^{-1}Hx = y^{-1}Ky$. 于是得 H, K 的共轭性. □

下面的定理给出两个忠实的置换表示置换同构的充分必要条件.

定理 2.2.5 设 P_1, P_2 分别是 G 在子群 H 和 K 上的置换表示, 并且都是忠实的, 则 $P_1(G)$ 和 $P_2(G)$ 置换同构的充要条件是存在 $\alpha \in \mathrm{Aut}(G)$ 使 $H^\alpha = K$.

证明 若存在 $\alpha\in\mathrm{Aut}(G)$ 使 $H^\alpha=K$, 令 $\mu:Hx\mapsto(Hx)^\alpha=Kx^\alpha$, 则 μ 是 $\Omega_1=\{Hx\mid x\in G\}$ 到 $\Omega_2=\{Kx\mid x\in G\}$ 上的一一映射. 令 $\sigma:P_1(g)\mapsto P_2(g^\alpha)$, 则 $(Hx)^{\mu P_1(g)^\sigma}=(Hx)^{\mu P_2(g^\alpha)}=(Kx^\alpha)^{P_2(g^\alpha)}=Kx^\alpha g^\alpha=(Hxg)^\alpha=(Hx)^{P_1(g)\mu}$, 即 $\mu P_1(g)^\sigma=P_1(g)\mu$, 故 $P_1(G)$ 和 $P_2(G)$ 置换同构.

反过来, 若 $P_1(G)$ 和 $P_2(G)$ 置换同构, 则有 $\{Hx\mid x\in G\}$ 到 $\{Kx\mid x\in G\}$ 上的一一映射 μ 以及 $P_1(G)$ 到 $P_2(G)$ 上的同构映射 σ 满足 $\mu P_1(g)^\sigma=P_1(g)\mu$. 设 $\sigma:P_1(g)\mapsto P_2(g^\beta)$, 则由表示是忠实的, 映射 β 是 G 到自身的一一映射. 易验证 β 又保持运算, 得 $\beta\in\mathrm{Aut}(G)$. 再假定 μ 把 H 映到 Ky. 于是对置换表示 P_1, 点 H 的稳定子群是 H; 而对置换表示 P_2, 点 Ky 的稳定子群是 $y^{-1}Ky$. 由 $P_1(G)$ 和 $P_2(G)$ 置换同构, 应有 $H^\beta=y^{-1}Ky$, 由此即得所需之结论. □

注意, 在上定理中, 只在证明必要性时应用了置换表示的忠实性, 而充分性的证明并不需要表示的忠实性. 因此, 如果不假定表示的忠实性, 存在 G 的自同构把 H 映到 K, 也可得到二表示的置换同构性. 另一方面, 如果二置换表示是置换同构的, 但表示不是忠实的, 也不一定存在 G 的自同构把 H 映到 K. 下面我们举两个例子来说明这点. 先举个平凡的例子. 假定群 G 有两个不同构的正规子群 H 和 K, 但 G 对它们的商群同构: $G/H\cong G/K$, 则 G 在 H 和 K 上的置换表示的像都是同构于其商群的正则置换群 (正则置换群的定义见 2.4.1 小节), 因此是置换同构的, 但不存在 G 的自同构把 H 变到 K. 具体的例子: 设 $G=Z_{12}\times Z_2$, $H\cong Z_4$, $K\cong Z_2^2$, 则二子群不同构, 但对它们的商群都同构于 Z_6. 于是 G 在 H 和 K 上的置换表示的像都是同构于 Z_6 的正则群, 当然是置换同构的. 再举个稍微复杂的例子. 设 $G=\langle a,b\mid a^8=b^2=1,a^b=a^3\rangle$ (定理 5.5.14 中引进的 16 阶半二面体群), $H=\langle a^4,b\rangle$, $K=\langle ba\rangle$, 则 $\mathrm{Core}(H)\cong\mathrm{Core}(K)\cong Z_2$. 于是 G 在 H 和 K 上的置换表示的像都同构于 S_4 中的 8 阶子群, 即 S_4 的 Sylow 2-子群. 它们当然是置换同构的, 但不存在 G 的自同构把 H 变到 K. 有兴趣的读者也可直接写出 H 和 K 在 G 中的 4 个陪集, 计算两个置换表示的像, 来验证它们是置换同构的.

再有, P_1 和 P_2 等价实际上是要求 $P_1(g)\mapsto P_2(g)$ 是定义 2.2.1 中的映射 σ, 即如果把 Ω_1 和 Ω_2 等同看待, 可认为 $P_1(G)=P_2(G)$ 是同一个置换群. 这时 G 中任一元素 g 在 P_1 和 P_2 之下的像是置换群 $P_1(G)=P_2(G)$ 的同一元素. 但对于置换同构的置换表示, 映射 σ 并无此限制. 看下面的例子.

例 2.2.6 设 $G=\langle a,b\mid a^4=b^2=1,bab=a^{-1}\rangle\cong D_8$ 是 8 阶二面体群. 令 $H_1=\{1,b\}$, $H_2=\{1,ba\}$, $H_3=\{1,ba^2\}$ 是 G 的三个子群. 再令 P_1, P_2, P_3 分别是 G 在子群 H_1, H_2, H_3 上的传递置换表示, 即作用的集合分别是子群 H_1, H_2, H_3 的右陪集 $\Omega_i=\{H_ig\mid g\in G\}$ $(i=1,2,3)$, 而作用取右乘变换. 因为 $H_{iG}=1$, 故三个表示都是忠实的, 其像可以看成是 S_4 的 8 阶子群, 即 S_4 的 Sylow 2-子群. 这样, 这三个像集合作为置换群是置换同构的. 但下面我们将看出, 它们不全是等价的置

换表示. 为此, 我们需要明确算出这三个表示:

对表示 P_1, 作用集合 $\Omega_1=\{H_1,H_1a,H_1a^2,H_1a^3\}$, 而

$$P_1(a)=\begin{pmatrix} H_1 & H_1a & H_1a^2 & H_1a^3 \\ H_1a & H_1a^2 & H_1a^3 & H_1 \end{pmatrix},$$

$$P_1(b)=\begin{pmatrix} H_1 & H_1a & H_1a^2 & H_1a^3 \\ H_1b & H_1ab & H_1a^2b & H_1a^3b \end{pmatrix}$$

$$=\begin{pmatrix} H_1 & H_1a & H_1a^2 & H_1a^3 \\ H_1 & H_1a^3 & H_1a^2 & H_1a \end{pmatrix}.$$

若以 $1,2,3,4$ 分别表示陪集 H_1,H_1a,H_1a^2,H_1a^3, 则 $P_1(a)=(1\,2\,3\,4)$, $P_1(b)=(2\,4)$.

同样地, 对表示 P_2, P_3, 作用集合是 $\Omega_2=\{H_2,H_2a,H_2a^2,H_2a^3\}$ 和 $\Omega_3=\{H_3,H_3a,H_3a^2,H_3a^3\}$, 而

$$P_2(a)=\begin{pmatrix} H_2 & H_2a & H_2a^2 & H_2a^3 \\ H_2a & H_2a^2 & H_2a^3 & H_2 \end{pmatrix},$$

$$P_2(b)=\begin{pmatrix} H_2 & H_2a & H_2a^2 & H_2a^3 \\ H_2b & H_2ab & H_2a^2b & H_2a^3b \end{pmatrix}$$

$$=\begin{pmatrix} H_2 & H_2a & H_2a^2 & H_2a^3 \\ H_2a^3 & H_2a^2 & H_2a & H_2 \end{pmatrix},$$

$$P_3(a)=\begin{pmatrix} H_3 & H_3a & H_3a^2 & H_3a^3 \\ H_3a & H_3a^2 & H_3a^3 & H_3 \end{pmatrix},$$

$$P_3(b)=\begin{pmatrix} H_3 & H_3a & H_3a^2 & H_3a^3 \\ H_3b & H_3ab & H_3a^2b & H_3a^3b \end{pmatrix}$$

$$=\begin{pmatrix} H_3 & H_3a & H_3a^2 & H_3a^3 \\ H_3a^2 & H_3a & H_3 & H_3a^3 \end{pmatrix}.$$

若以 $1',2',3',4'$ 分别表示陪集 H_2,H_2a,H_2a^2,H_2a^3, 则 $P_2(a)=(1'\,2'\,3'\,4')$, $P_2(b)=(1'\,4')(2'\,3')$.

而以 $1'',2'',3'',4''$ 分别表示陪集 H_3,H_3a,H_3a^2,H_3a^3, 则 $P_3(a)=(1''\,2''\,3''\,4'')$, $P_3(b)=(1''\,3'')$.

现在我们可以看出, 表示 P_1 和 P_2 不是等价的表示. 这是因为在 P_1 之下, b 映到对换 $(2\,4)$, 它有两个不动点; 而在 P_2 之下, b 映到元素 $(1'\,4')(2'\,3')$, 它没有不动点.

但表示 P_1 和 P_3 却是等价的, 请读者自行验证.

就置换表示对抽象群的应用而言, 下列命题是十分重要的.

命题 2.2.7 设 $H\leqslant G$, $|G:H|=n$, 则 $|G/H_G|$ 是 $(n!,|G|)$ 的因子.

证明 考虑 G 在 H 上的置换表示 P, 有

$$G/\text{Ker } P = G/H_G \cong P(G) \lesssim S_n,$$

由此即得所需之结论. □

下面举几个应用置换表示的例子.

命题 2.2.8 设 G 是有限群, p 是 $|G|$ 的最小素因子. 又设 $H \leqslant G$, 且 $|G:H| = p$, 则 $H \trianglelefteq G$.

证明 由命题 2.2.7, $|G/H_G| \mid (p!, |G|) = p$. 这就迫使 $H_G = H$, 即 $H \trianglelefteq G$. □

定理 2.2.9 60 阶单群必同构于 A_5.

证明 考虑 60 阶单群 G 的传递置换表示. 由于 G 是单群, 每个置换表示都是忠实的. 因此 G 不能有到 $S_n, n \leqslant 4$ 中的置换表示. 这说明 G 中不存在指数 $\leqslant 4$ 的子群.

下面证明 G 中存在指数为 5, 即 12 阶的子群. 根据 Sylow 第三定理, G 中 Sylow 2-子群的个数 $n_2 = 3, 5$ 或 15. 因为 n_2 是 Sylow 2-子群的正规化子的指数, 前面已证 G 中无指数为 3 的子群, 故 n_2 只能为 5 或 15. 若 $n_2 = 5$, 则 G 中已有指数为 5 的子群. 若 $n_2 = 15$, 又假定 G 的任意两个 Sylow 2-子群之交均为 1, 则 G 的 2-元素共有 $1 + 3 \times 15 = 46$ 个. 而由 Sylow 定理, G 的 Sylow5-子群的个数 $n_5 = 6$, 非单位的 5-元素个数为 $4 \times 6 = 24$. 于是 2-元素与 5-元素总数已超过群阶, 故不可能. 这说明必有 G 的两个 Sylow 2-子群之交为 2 阶群 A. 考虑 A 的中心化子 $C_G(A)$. 它已含有两个 Sylow 2-子群, 故其阶 > 4, 并且是 4 的倍数. 但前面已证 G 中没有指数 $\leqslant 4$ 的子群, 于是推出 $|C_G(A)| = 12$.

设 H 是 G 的任一 12 阶子群, 则 G 在 H 上的置换表示使 G 同构于 S_5 的 60 阶子群. 但 S_5 中只有一个 60 阶子群, 即 A_5, 故得 $G \cong A_5$. □

例 2.2.10 144 阶群 G 不可能为单群.

证明 因 $144 = 2^4 \cdot 3^2$, 由 Sylow 定理, $n_3(G) = 4$ 或 16, 设 $P \in \text{Syl}_3(G)$. 若 $n_3 = 4$, 则 $|G : N_G(P)| = 4$. 若令 $N_G(P)$ 的核为 C, 考虑 G 在 $N_G(P)$ 上的传递置换表示, 可得 $G/C \lesssim S_4$, 即 C 为 G 的非平凡正规子群, G 非单. 而若 $n_3 = 16$, 再分两种情形: (1) 假定任意两个 Sylow 3-子群之交为 1, 则 G 的 3-元素个数为 $16 \times (9-1) + 1 = 129$ 个. 这推出 G 中 2-元素个数至多为 $144 - 129 + 1 = 16$ 个. 但 G 中有 16 阶子群, 即 Sylow 2-子群, 这就说明 Sylow 2-子群必唯一, 它是 G 的非平凡正规子群. (2) 存在两个 Sylow 3-子群, 其交为 $D > 1$. 这时必有 $|D| = 3$. 令 $H = N_G(D)$, 则 H 至少包含 G 的两个 Sylow 3-子群, 即 $n_3(H) > 1$. 但由 Sylow 定理, 有 $n_3(H) \geqslant 4$, $|H| = n_3(H)|N_H(P)| \geqslant 4 \cdot 3^2$, 于是 $|G : H| \leqslant 4$. 若 $H = G$, 则 $D \trianglelefteq G$, D 是 G 的非平凡正规子群; 而若 $H < G$, 则由命题 2.2.7, $|G/H_G| \mid 4!$, 于是 H_G 是 G 的非平凡正规子群. □

为了研究下一个例子, 我们需要关于 Sylow 子群个数的一个更为精细的结果, 即本节末的习题 2.2.2. 在这里我们仅对习题中 $d = 2$ 的情形来叙述并证明这个结果.

命题 2.2.11 *设 G 的 Sylow p-子群的个数 $n_p(G) \not\equiv 1 \pmod{p^2}$, 则必存在 G 的二 Sylow p-子群 P_1, P_2 使得 $|P_1 : P_1 \cap P_2| = p$.*

证明 用反证法. 假定结论不真, 即对任二个 Sylow p-子群 P_i, P_j, 均有 $|P_i : P_i \cap P_j| \geqslant p^2$. 再设 $P_0, P_1, \cdots, P_s$ 为 G 之全部不同的 Sylow p-子群. 考虑 P_0 依共轭变换在集合 $\Omega = \{P_1, \cdots, P_s\}$ 上的作用. 因为对任意的 $x \in P_0$, $i \geqslant 1$, $P_i^x \neq P_0$, 故这确为 P_0 在 Ω 上的作用. 又, Ω 中任一点 P_i 的稳定子群为 $N_G(P_i) \cap P_0$. 我们要证 $N_i = N_G(P_i) \cap P_0 = P_i \cap P_0$. 显然只需证 $N_i \leqslant P_i \cap P_0$. 因 N_i 正规化 P_i, 故 $N_iP_i = P_iN_i$. 由命题 1.9.4(3), 得 $N_i \leqslant P_i$, 当然有 $N_i \leqslant P_i \cap P_0$. 现在应用定理 2.1.5, 包含点 P_i 的轨道的长为 $|P_0 : N_i| = |P_0 : P_i \cap P_0| \geqslant p^2$, 于是 P_0 在 Ω 上作用的每个轨道长皆为 p^2 的倍数, 这就推出 $n_p(G) = s + 1 \equiv 1 \pmod{p^2}$, 与假设矛盾. □

例 2.2.12 不存在 $432 = 2^4 \cdot 3^3$ 阶单群.

证明 由 Sylow 定理, 432 阶群 G 的 Sylow 3-子群个数 $n_3 = 4$ 或 16. 若 $n_3 = 4$, 则 G 有指数为 4 的子群. 由命题 2.2.7, 知 G 非单群. 而若 $n_3 = 16$, 则因 $16 \not\equiv 1 \pmod{3^2}$, 知必存在 G 的两个 Sylow 3-子群 P_1, P_2 使 $|P_1 : P_1 \cap P_2| = 3$. 于是由定理 1.10.13, $N_G(P_1 \cap P_2) \geqslant P_i$, $i = 1, 2$. 这推出 $|N_G(P_1 \cap P_2)| \geqslant 4 \cdot 3^3$. 于是, 或者 $P_1 \cap P_2 \trianglelefteq G$, 或者 G 中存在指数 $\leqslant 4$ 的真子群. 无论哪种情形都推出 G 非单群. □

例 2.2.13 Sylow 2-子群和 Sylow 3-子群都不正规的 24 阶群 G 必同构于 S_4.

证明 因 G 的 Sylow 3-子群不正规, 有 $n_3(G) = 4$. 设 N 是 G 的一个 Sylow 3-子群 P 的正规化子, 则 $|N| = 6$. 考虑 G 在 N 的陪集上的置换表示 φ, 则像集合 $\varphi(G)$ 是 S_4 的传递子群, 于是 $|\varphi(G)| = 4, 8, 12$, 或者 24. 若 $|\varphi(G)| = 4$ 或 8, 则 N 的核 K 是 G 的 6 或 3 阶正规子群. 这推出 G 的 Sylow 3-子群正规, 矛盾. 若 $|\varphi(G)| = 12$, 则 N 的核 K 是 G 的 2 阶正规子群, 且 $\varphi(G) \cong A_4$. 因 A_4 的 Sylow 2-子群正规, 故 G 的 Sylow 2-子群正规, 矛盾. 于是 $|\varphi(G)| = 24$, $G \cong S_4$. □

为了讲述群的置换表示的进一步应用, 我们在本节末尾先来研究一下置换表示中元素和子群的不动点的性质, 然后在下节末尾结合 Burnside 定理的应用再讲几个例题.

命题 2.2.14 *设 G 是有限群, $P \in \mathrm{Syl}_p(G)$, $N = N_G(P)$, $\Omega = \{Ng \mid g \in G\}$. 再设 φ 是 G 在子群 N 上的置换表示, 则 $\varphi(P)$ 在 Ω 上只有一个不动点 N.*

证明 因为 $NP = N$, 故 N 是 $\varphi(P)$ 的不动点. 若 $\varphi(P)$ 又有不动点 Nx, $x \notin N$, 则由 $Nx = NxP$ 推出 $N = N(xPx^{-1})$, 于是 $xPx^{-1} \leqslant N$. 但 N 中只有一

个 Sylow p-子群 P, 故 $xPx^{-1} = P$, 由此得 $x \in N_G(P) = N$, 矛盾. □

上述命题的一个特殊情形是下面的

推论 2.2.15 设 G 是有限群, $P \in \mathrm{Syl}_p(G)$, $|P| = p$, $N = N_G(P)$. 又设 φ 是 G 在 N 上的置换表示, $1 \neq x \in P$, 则 $\varphi(x)$ 的轮换分解式由一个 1- 轮换和若干个 p-轮换组成.

命题 2.2.16 设 G, P, N, φ 同推论 2.2.15, 又设 k 是 $\varphi(P)$ 的轨道数, $x \in N_G(P) - C_G(P)$, 则 $\varphi(x)$ 的不动点数至多为 k.

证明 若否, 则至少有 $\varphi(x)$ 的两个不动点 Na, Nb 属于 $\varphi(P)$ 的同一轨道. 因为 N 是 $\varphi(P)$ 的不动点, 它们都不能是 N. 于是有 $Nax = Na$, $Nbx = Nb$, $ab^{-1} \notin N$, 并且存在 $1 \neq y \in P$ 使 $Nay = Nb$. 这推出 $Na(yxy^{-1}x^{-1}) = Na$, 即 Na 是 $\varphi(yxy^{-1}x^{-1})$ 的不动点. 又因 $x \in N_G(P)$, $y \in P$, 则 $yxy^{-1}x^{-1} \in P$. 于是 N 也是 $\varphi(yxy^{-1}x^{-1})$ 的不动点. 由命题 2.2.14, $\varphi(P)$ 只有一个不动点 N. 再由 $|P| = p$, 若 $yxy^{-1}x^{-1} \neq 1$, 则 $\varphi(yxy^{-1}x^{-1})$ 也只有一个不动点 N, 这就迫使 $yxy^{-1}x^{-1} = 1$, 即 $x \in C_G(y) = C_G(P)$, 与 x 的选择矛盾. □

习 题

2.2.1. 设 G 是有限群, $H \leqslant G$, $x \in H$, 以 $C(x)$ 表 x 所在的共轭元素类. 令 $f(x) = |C(x) \cap H|$. 再设 φ 是 G 在 Ω 上的置换表示, 这里 $\Omega = \{Hg \mid g \in G\}$, 以 $\mathrm{fix}_\Omega(x)$ 表 $\varphi(x)$ 在 Ω 上的不动点集, 则有

$$|C(x)| = \frac{|G:H| f(x)}{|\mathrm{fix}_\Omega(x)|}.$$

2.2.2. 设 $P_1, \cdots, P_n$ 是有限群 G 全部的 Sylow p-子群. 若对任意的 $i \neq j$ 总有 $|P_i : P_i \cap P_j| \geqslant p^d$, 则 $n \equiv 1 \pmod{p^d}$.

2.2.3. 证明 $2^3 p^n$ 阶群 G 可解, 其中 $p > 2$ 是素数.

2.2.4. 证明 $\mathrm{Aut}(Q_8) \cong S_4$. (提示: 分析 Q_8 可能的自同构, 再应用例 2.2.13, 或应用习题 1.11.2 中 S_4 的定义关系.)

2.2.5. 找出 S_4 的所有互不等价的置换表示.

2.3 转移和 Burnside 定理

设 G 是有限群, $H \leqslant G$. 令

$$G = \bigcup_{i=1}^{n} Hx_i$$

是右陪集分解式. 我们以 P 记 G 在 H 上的置换表示. 设 $g \in G$, 则 $P(g) = \begin{pmatrix} Hx_i \\ Hx_ig \end{pmatrix}$. 假定

$$Hx_ig = Hx_{i^{\tau(g)}}, \qquad i = 1, 2, \cdots, n,$$

则 $\tau(g)$ 是集合 $\{1, 2, \cdots, n\}$ 的一个置换, 而 τ 可看成是 G 到对称群 S_n 内的同态映射. 现在令 $x_ig = h_i(g)x_{i^{\tau(g)}}$, $h_i(g) \in H$, 则

$$h_i(g) = x_igx_{i^{\tau(g)}}^{-1} \in H.$$

定义 2.3.1 所谓 G 到 H 内的**转移**指的是 G 到 H/H' 内的映射 $V_{G\to H}$, 满足

$$V_{G\to H}(g) = \prod_{i=1}^{n} h_i(g)H', \qquad g \in G.$$

注意, 由这个定义, 为了确定映射 $V_{G\to H}$, 先需取定 H 在 G 中的一组右陪集代表系 $\{x_i\}$.

命题 2.3.2

(1) $V_{G\to H}$ 是 G 到 H/H' 内的同态;

(2) $V_{G\to H}$ 不依赖于 H 的陪集代表的选取;

(3) 设 $K \leqslant H \leqslant G$, $g \in G$. 如果 $V_{G\to H}(g) = hH'$, 那么 $V_{G\to K}(g) = V_{H\to K}(h)$.

证明 (1) 若 $g_1, g_2 \in G$, 则

$$\begin{aligned}
V_{G\to H}(g_1g_2) &= \prod_{i=1}^{n} h_i(g_1g_2)H' \\
&= \prod_{i=1}^{n} x_ig_1g_2x_{i^{\tau(g_1g_2)}}^{-1}H' \\
&= \prod_{i=1}^{n} x_ig_1x_{i^{\tau(g_1)}}^{-1}x_{i^{\tau(g_1)}}g_2x_{i^{\tau(g_1)\tau(g_2)}}^{-1}H' \\
&= \prod_{i=1}^{n} x_ig_1x_{i^{\tau(g_1)}}^{-1}H' \prod_{i=1}^{n} x_{i^{\tau(g_1)}}g_2x_{i^{\tau(g_1)\tau(g_2)}}^{-1}H' \\
&= \prod_{i=1}^{n} h_i(g_1)H' \prod_{i=1}^{n} h_{i^{\tau(g_1)}}(g_2)H' \\
&= V_{G\to H}(g_1) \cdot V_{G\to H}(g_2),
\end{aligned}$$

故 $V_{G\to H}$ 是同态.

(2) 再取一组陪集代表 $\{y_i\}$, 其中 $y_i \in Hx_i$. 这时有 $G = \bigcup\limits_{i=1}^{n} Hy_i$. 令 $y_i = t_ix_i$, $t_i \in H$. 对于 $g \in G$, 再令 $y_ig = k_i(g)y_{i^{\tau(g)}}$, $k_i(g) \in H$. 于是 $k_i(g) = y_igy_{i^{\tau(g)}}^{-1}$. 用这组陪集代表得到的转移映射暂记为 $\tilde{V}_{G\to H}$, 则有

$$\begin{aligned}\tilde{V}_{G\to H}(g) &= \prod_{i=1}^{n} k_i(g)H' = \prod_{i=1}^{n} y_i g y_{i^{\tau(g)}}^{-1} H' \\ &= \prod_{i=1}^{n} t_i x_i g x_{i^{\tau(g)}}^{-1} t_{i^{\tau(g)}}^{-1} H' \\ &= \prod_{i=1}^{n} t_i H' \prod_{i=1}^{n} h_i(g)H' \prod_{i=1}^{n} t_{i^{\tau(g)}}^{-1} H' \\ &= \prod_{i=1}^{n} h_i(g)H' \\ &= V_{G\to H}(g).\end{aligned}$$

于是 $\tilde{V}_{G\to H} = V_{G\to H}$, 即转移映射不依赖于陪集代表的选取.

(3) 设 $G = \bigcup\limits_{i=1}^{n} Hx_i$ 和 $H = \bigcup\limits_{j=1}^{m} Ky_j$ 分别为 G 对于 H 和 H 对于 K 的右陪集分解式, 则 $G = \bigcup\limits_{i,j} Ky_j x_i$ 是 G 对 K 的右陪集分解.

对于任意的 $h \in H$, 设 $y_j h = k_j(h) y_{j^{\sigma(h)}}$, 其中 $k_j(h) \in K$, σ 是由 H 在 K 上的置换表示得到的 H 到 S_m 中的同态. 于是有

$$\begin{aligned}y_j x_i g &= y_j h_i(g) x_{i^{\tau(g)}} \\ &= k_j(h_i(g)) y_{j^{\sigma(h_i(g))}} x_{i^{\tau(g)}}.\end{aligned}$$

现在令 $V_{G\to H}(g) = hH'$, 于是 $hH' = \prod_{i=1}^{n} h_i(g)H'$, 由此推出

$$\prod_{i=1}^{n} h_i(g) = hh',$$

其中 $h' \in H'$. 由计算可得

$$\begin{aligned}V_{G\to K}(g) &= \prod_{i=1}^{n}\prod_{j=1}^{m} k_j(h_i(g))K' \\ &= \prod_{i=1}^{n} V_{H\to K}(h_i(g)) \\ &= V_{H\to K}\left(\prod_{i=1}^{n} h_i(g)\right) \\ &= V_{H\to K}(hh') \\ &= V_{H\to K}(h)\cdot V_{H\to K}(h') \\ &= V_{H\to K}(h).\end{aligned}$$

最后一步是因为 K/K' 是交换群, 同态 $V_{H\to K}$ 的核包含 H', 于是 $V_{H\to K}(h')=K'$. □

因为映射 $V_{G\to H}$ 不依赖于 H 的陪集代表系的选取, 在计算 $V_{G\to H}(g)$ 时, 为了使表达式简单, 可如下选 H 的陪集代表: 把 $P(g)$ 写成不相交轮换的乘积, 可设其轮换分解式为

$$P(g)=\prod_{i=1}^{t}(Hx_i,Hx_ig,\cdots,Hx_ig^{f_i-1}),$$

即 $P(g)$ 可表示成 t 个轮换的乘积, 诸轮换的长度分别为 $f_1,f_2,\cdots,f_t$, 有 $\sum\limits_{i=1}^{t}f_i=|G:H|$. 并且因 $Hx_ig^{f_i}=Hx_i$, 有 $x_ig^{f_i}x_i^{-1}\in H$; 但当 $f<f_i$ 时, $x_ig^fx_i^{-1}\notin H$. 我们就把 $x_i,x_ig,\cdots,x_ig^{f_i-1}$, $i=1,2,\cdots,t$ 取作陪集代表. 利用这组代表元计算转移映射有

$$\begin{aligned}V_{G\to H}(g)&=\prod_{i=1}^{t}x_i\cdot g(x_ig)^{-1}\cdot x_ig\cdot g(x_ig^2)^{-1}\cdots x_ig^{f_i-1}\cdot gx_i^{-1}H'\\&=\prod_{i=1}^{t}x_ig^{f_i}x_i^{-1}H'.\end{aligned}\tag{2.1}$$

应用转移映射的最典型的例子之一是下面的 Burnside 定理. 为叙述这个定理, 我们先引进下面的概念.

定义 2.3.3　设 G 是有限群, $P\in \mathrm{Syl}_p(G)$. 如果 G 有正规子群 N, 满足 $N\cap P=1$, $NP=G$, 则称 G 为*p-幂零群*, 而称 N 为 G 的*正规 p-补*.

显然, 正规子群 N 是 G 的正规 p-补的充要条件为 $|N|=|G||P|^{-1}$, 其中 $P\in \mathrm{Syl}_p(G)$, 而且 N 也是 P 在定义 1.6.23 意义下的补子群.

定理 2.3.4 (Burnside)　*设 G 是有限群, $P\in\mathrm{Syl}_p(G)$. 若 $N_G(P)=C_G(P)$, 则 G 为 p-幂零群.*

证明　因为 $C_G(P)=N_G(P)\geqslant P$, 知 P 为交换群. 考虑转移映射 $V_{G\to P}$. 若能证明 $V_{G\to P}(G)=P$, 则由同态基本定理知 Ker $V_{G\to P}$ 就是 G 的正规 p-补, 于是 G 是 p-幂零群.

事实上我们可以证明 $V_{G\to P}(P)=P$. 设 $1\neq g\in P$. 由 (2.1) 式, 并注意到 $P'=1$, 有

$$V_{G\to P}(g)=\prod_{i=1}^{t}x_ig^{f_i}x_i^{-1}.$$

因为 g^{f_i} 和 $x_ig^{f_i}x_i^{-1}$ 均属于 P, 由 P 的交换性有 $C_G(g^{f_i})\geqslant P$, $C_G(x_ig^{f_i}x_i^{-1})\geqslant P$. 由后式又推出 $x_iC_G(g^{f_i})x_i^{-1}\geqslant P$, 即 $C_G(g^{f_i})\geqslant x_i^{-1}Px_i$. 这样, 在 $C_G(g^{f_i})$ 中有两个

(不一定不同的) G 的 Sylow p-子群 P 和 $x_i^{-1}Px_i$. 据 Sylow 定理, 存在 $u \in C_G(g^{f^i})$ 使 $u^{-1}Pu = x_i^{-1}Px_i$. 于是 $x_iu^{-1} \in N_G(P) = C_G(P) \leqslant C_G(g^{f_i})$, 故 $x_i \in C_G(g^{f_i})$, 即 $x_ig^{f_i}x_i^{-1} = g^{f_i}$. 这样

$$V_{G\to P}(g) = \prod_{i=1}^{t} x_ig^{f_i}x_i^{-1} = \prod_{i=1}^{t} g^{f_i} = g^{|G:P|}.$$

因为 $(p, |G:P|) = 1$, 由 $g \neq 1$ 得到 $V_{G\to P}(g) \neq 1$. 这说明 $V_{G\to P}$ 限制在 P 上是 P 到 P 的单射. 由 P 有限, 当然也是满射, 因此有 $V_{G\to P}(P) = P$. □

关于转移和 p-幂零群的进一步研究可见第 8 章. 下面我们给出 Burnside 定理的若干应用.

定理 2.3.5 设 p 是 $|G|$ 的最小素因子, $P \in \mathrm{Syl}_p(G)$, 且 P 循环, 则 G 有正规 p-补.

证明 由 N/C 定理, $N_G(P)/C_G(P) \lesssim \mathrm{Aut}(P)$. 设 $|P| = p^n$, 由 P 循环, 有 $|\mathrm{Aut}(P)| = \varphi(p^n) = p^{n-1}(p-1)$. 但因 $P \leqslant C_G(P)$ 有 $p \nmid |N_G(P)/C_G(P)|$. 根据 p 的最小性, 必有 $|N_G(P)/C_G(P)| = 1$, 即 $N_G(P) = C_G(P)$. 应用 Burnside 定理, 即得 G 的 p-幂零性. □

推论 2.3.6 设有限群 G 的所有 Sylow 子群均为循环群, 则 G 是可解群.

证明 设 $|G| = p_1^{\alpha_1}\cdots p_s^{\alpha^s}$, 其中 $p_1 < \cdots < p_s$. 用对 s 的归纳法, 由定理 2.3.5, G 有正规 p_1-补 N, 满足 $G/N \cong P_1 \in \mathrm{Syl}_{p_1}(G)$. 于是 $|N| = p_2^{\alpha_2}\cdots p_s^{\alpha_s}$, 且 N 的 Sylow 子群也都循环. 由归纳假设, 得 N 的可解性. 又由 P_1 可解, 得 G 可解. □

定理 2.3.7 设 G 是有限非交换单群, p 是 $|G|$ 的最小素因子, 则 $p^3 \mid |G|$ 或 $12 \mid |G|$.

证明 设 $p^3 \nmid |G|$, 则由定理 2.3.5 及 G 的单性, 必有 $p^2 \parallel |G|$ 且 G 的 Sylow p-子群 P 为 (p,p) 型初等交换 p-群. 这时有 $|\mathrm{Aut}(P)| = (p^2-1)(p^2-p) = (p-1)^2p(p+1)$. 令 $A = N_G(P)/C_G(P)$, 由 N/C 定理, $A \lesssim \mathrm{Aut}(P)$. 又由 P 交换, 有 $C_G(P) \geqslant P$, 于是 $p \nmid |A|$. 再由 p 的最小性, 有 $|A| \mid (p+1)$. 假定 $|A| = 1$, 即 $N_G(P) = C_G(P)$, 由 Burnside 定理得 G p-幂零, 矛盾于 G 的单性, 故 $|A| > p$. 只能有 $|A| = p+1$, 于是必有 $p = 2$, $|A| = 3$, 因此 $4 \cdot 3 = 12 \mid |G|$. □

下面的简单事实在确定一个群的非单性时十分有用.

定理 2.3.8 设 G 是有限非交换单群, $|G| = pm$, p 是素数, 且 $(p,m) = 1$, 又设 $P \in \mathrm{Syl}_p(G)$, 则 $C_G(P) < N_G(P) < G$, 且 $|N_G(P)/C_G(P)| \mid (p-1)$.

证明 由 G 是单群, $P \ntrianglelefteq G$, 有 $N_G(P) < G$. 又由 G 非 p-幂零及 Burnside 定理, 有 $C_G(P) < N_G(P)$. 最后由 $N_G(P)/C_G(P) \lesssim \mathrm{Aut}(P)$, 以及 $|\mathrm{Aut}(P)| = p-1$, 有 $|N_G(P)/C_G(P)| \mid (p-1)$. □

下面再举几个应用 Burnside 定理来证明群的非单性的例子.

例 2.3.9　$3^3\cdot 5\cdot 7$ 阶群 G 必非单群.

证明　设 G 是单群, $P\in \mathrm{Syl}_5(G)$. 由定理 2.3.8 有 $|N_G(P)/C_G(P)|$ 整除 $(5-1)=4$, 因 $(4,|G|)=1$, 必有 $|N_G(P)/C_G(P)|=1$. 应用 Burnside 定理, 得 G p-幂零, 矛盾于 G 的单性. □

例 2.3.10　$2^2\cdot 3^2\cdot 11$ 阶群 G 必可解.

证明　由 Sylow 定理, 若 G 的 Sylow 11-子群 P 不正规, 则 $n_{11}(G)=12$, 于是 $|N_G(P)|=3\cdot 11=33$. 又由 N/C 定理, $N_G(P)/C_G(P)\lesssim \mathrm{Aut}(P)$. 因 $|\mathrm{Aut}(P)|=10$, $(33,10)=1$, 故 $|N_G(P)/C_G(P)|=1$, 即 $N_G(P)=C_G(P)$. 应用 Burnside 定理, G 有正规 11-补. 这说明 G 或有 11 阶正规子群, 或有 36 阶正规子群. 再由 11 阶和 36 阶群的可解性即得 G 的可解性. □

定理 2.3.11　设 $|G|=p^2q^n$, $p<q$ 是素数, 则 G 可解.

证明　设 G 的 Sylow q-子群 $Q\ntrianglelefteq G$, 则 $n_q(G)=p^2$, 且 $q\mid p^2-1=(p-1)(p+1)$. 由 $p<q$, 只能有 $p=2$, $q=3$, 于是 $|G:Q|=4$. 考虑 G 在 Q 上的置换表示, 推得 $G/Q_G\lesssim S_4$, 于是 G/Q_G 可解. 又 Q_G 是 q-群, 亦可解, 故得 G 的可解性. □

例 2.3.12　$2^3\cdot 3^3\cdot 5=1080$ 阶群 G 非单.

证明　设 G 是单群. 由 $6!<1080$, 应用命题 2.2.7, 推知 G 中不存在指数 $\leqslant 6$ 的子群. 由 Sylow 定理, G 中 Sylow 5-子群的个数 $n_5(G)=6,36$ 或 216. 若 $n_5(G)=6$, 则 G 中有指数为 6 的子群; 若 $n_5(G)=216$, 则有 $N_G(P)=C_G(P)=P$, 其中 $P\in \mathrm{Syl}_5(G)$. 应用 Burnside 定理, G 有正规 5-补, 与 G 是单群矛盾. 故只能有 $n_5(G)=36$. 这时, $|N_G(P))|=30$. 又由 $N_G(P)/C_G(P)\lesssim \mathrm{Aut}(P)\cong Z_4$, $N_G(P)\neq C_G(P)$, 必有 $|C_G(P)|=15$. 易证 15 阶群必为循环群, 这样 $C_G(P)$ 循环. 设 H 是 $C_G(P)$ 中的 3 阶子群, 则由 H char $C_G(P)$, $C_G(P)\trianglelefteq N_G(P)$, 有 $H\trianglelefteq N_G(P)$. 再考虑 H 的正规化子 $N_G(H)$. 由定理 1.10.13, 有 $3^2\mid |N_G(H)|$. 但因 $3^2\nmid |N_G(P)|$, 必有 $N_G(P)<N_G(H)$. 于是, 在 $N_G(H)$ 中的 Sylow 5-子群的个数 $=|N_G(H):N_G(P)|>1$. 据 Sylow 定理, 这个数或为 6, 或为 36. 若其为 36, 有 $N_G(H)=G$, 于是 $H\trianglelefteq G$; 而若其为 6, 则 $|G:N_G(H)|=6$, 与 G 中无指数 $\leqslant 6$ 的子群相矛盾. □

下面几个例题除了应用 Burnside 定理之外, 还要应用群的置换表示.

例 2.3.13　180 阶群 G 非单.

证明　设 G 是单群. 因 $180=2^2\cdot 3^2\cdot 5$, 由 Sylow 定理, $n_5(G)=6$ 或 36. 若 $n_5(G)=36$, 则 $N_G(P)=C_G(P)=P$, 其中 $P\in \mathrm{Syl}_5(G)$. 由 Burnside 定理, G 有正规 5-补, 与 G 的单性矛盾, 于是必有 $n_5(G)=6$, 这时 $|N_G(P)|=30$. 由定理 2.3.8, $C_G(P)<N_G(P)$, 并且 $|N_G(P)/C_G(P)|\mid 4$, 于是必有 $|C_G(P)|=15$. 因 15 阶群皆循环, 故 G 中有 15 阶元素. 考虑 G 在 $N_G(P)$ 上的置换表示, 由 G 的单性, 该表示是忠实的, 于是 $G\lesssim S_6$. 但容易看出 S_6 中无 15 阶元, 矛盾. □

例 2.3.14　$420 = 2^2 \cdot 3 \cdot 5 \cdot 7$ 阶群 G 非单.

证明　设 G 是单群. 由 Sylow 定理, $n_7(G) = 15$. 设 $P \in \mathrm{Syl}_7(G)$, 则 $|N_G(P)| = 28$. 由 Burnside 定理, 有 $C_G(P) < N_G(P)$. 又由 N/C 定理, $|N_G(P)/C_G(P)|$ 整除 $7 - 1 = 6$, 于是必有 $|C_G(P)| = 14$. 这时 $C_G(P)$ 是 14 阶循环群. 取 14 阶元 $x \in C_G(P)$, 则 $x^2 \in P$, $o(x^2) = 7$. 考虑 G 在 $N_G(P)$ 上的忠实置换表示 φ, 则由推论 2.2.15, $\varphi(x^2)$ 是两个 7-轮换的乘积. 因 $\varphi(x^2) = \varphi(x)^2$, 故 $\varphi(x)$ 只能为一个 14-轮换. 这样 $\varphi(G)$ 中有奇置换 $\varphi(x)$. 因此 $\varphi(G)$ 中所有偶置换组成 $\varphi(G)$ 的指数为 2 的正规子群, 与 $\varphi(G)$ 的单性矛盾. □

例 2.3.15　$264 = 2^3 \cdot 3 \cdot 11$ 阶群 G 非单.

证明　设 G 是单群. 由 Sylow 定理, $n_{11}(G) = 12$. 设 $P \in \mathrm{Syl}_{11}(G)$, 则 $|N_G(P)| = 22$, 由 Burnside 定理, $C_G(P) < N_G(P)$. 但因 $C_G(P) \geqslant P$, 故 $C_G(P) = P$. 取 $x \in N_G(P) - C_G(P)$. 考虑 G 在 $N_G(P)$ 上的忠实传递置换表示 φ. 由命题 2.2.14, $\varphi(P)$ 只有一个不动点, 于是 $\varphi(P)$ 有两个轨道. 再由命题 2.2.16, $\varphi(x)$ 的不动点数 $\leqslant 2$. 另一方面, 因 $C_G(P) = P$, 知 $N_G(P)$ 非交换, 于是 $N_G(P)$ 中的 Sylow 2-子群个数为 11, 即 $N_G(P)$ 中有 11 个 2 阶元, 这说明在 $N_G(P) - C_G(P)$ 中的元素皆为 2 阶元, 于是 $o(x) = 2$, $o(\varphi(x)) = 2$. 又因 $\varphi(x)$ 至多有两个不动点, 以及 $x \in N_G(P)$, 又得到 $\varphi(x)$ 至少有一个不动点, 就推出 $\varphi(x)$ 是五个对换的乘积, 因而是奇置换. 和上例相同, $\varphi(G)$ 中有指数为 2 的正规子群, 矛盾于 G 的单性. □

习　　题

2.3.1. 设 $|G| = p^2q^2$, 证明 G 中存在正规 Sylow 子群.

2.3.2. 设 $|G| = p^2q^3$, 且 $p < q$, 证明 G 中存在正规 Sylow 子群. 但若 $p > q$, 则此结论不真.

2.3.3. 设 $|G| \leqslant 200$, 且 $|G| \neq 60, 120, 168, 180$, 则 G 可解.

2.3.4. 存在 $60, 120, 168, 180$ 阶非可解群, 但不存在 120, 180 阶单群.

2.3.5. 证明 $5 \cdot 7 \cdot 13$ 阶群必为循环群.

2.3.6. 设 p 是素数, G 是有限群, $p^2 \mid |G|$, 则 $p \mid |\mathrm{Aut}(G)|$.

2.3.7. 证明 1008 阶群 G 非单.

2.3.8. 设 $|G| = p^2qr$, 其中 p, q, r 为不同素数, 则 G 可解或 $G \cong A_5$.

2.4　置换群的基本概念

从历史上看, 人们对群的研究是从置换群开始的. 在 Galois 研究高次方程根式求解问题时就是研究由方程的根组成的置换群的性质. 一直到 19 世纪 70 年代才有了抽象群的概念, 可见置换群研究的悠久历史. 近年来, 置换群的研究日趋活跃, 随着有限单群分类工作的完成, 一些重要的问题获得了解决. 置换群的理论取得了长足的进步.

本节中, 我们介绍置换群的一些基本概念, 它们在今后的讨论中也十分有用. 我们主要参考 Wielandt 的一本较老的书 [121], 有兴趣的读者可以参看较新的教科书 [16], [24], [30], 以及两篇组织得很好的综述文章 [23] 和 [89].

在 1.6.4 小节中我们已经介绍了置换群的概念. 再重复一下, 设 Ω 是一个非空集合, 称对称群 S_Ω 的子群为Ω **上的置换群**. 由于我们在本节中只考虑有限置换群, 故下面恒假定 Ω 是有限集合. 还常假定 $\Omega=\{1,2,\cdots,n\}$. 为简便计, 以后称 Ω 中元素为点. 设 G 是 Ω 上的置换群, 即 $G\leqslant S_\Omega$. 对于 $i\in\Omega, g\in G, i$ 在 g 之下的像记作 i^g. 而对于 $\Delta\subseteq\Omega$, 规定

$$\Delta^g=\{\delta^g \mid \delta\in\Delta\}.$$

在 2.1 节中, 我们还在 Ω 上规定了一个等价关系 "$\sim$":

$$i\sim j \iff \text{存在 } g\in G \text{ 使 } i^g=j,$$

并称关系 "$\sim$" 的等价类为 G 在 Ω 上的**轨道**. 明显地, 如果 $i\in\Omega$, 则

$$i^G=\{i^g \mid g\in G\}$$

是 G 的一个轨道. 又, 若 G 在 Ω 上只有一个轨道, 即 Ω 本身, 则称 G 为 Ω 上的**传递群**, 否则称 G 为 Ω 上的**非传递群**. 我们还定义了点 i 的稳定子群 G_i, 并证明了 $|G_i||i^G|=|G|$(定理 2.1.5). 下面我们给稳定子群的概念一个推广.

定义 2.4.1 设 $G\leqslant S_\Omega, \Delta\subseteq\Omega$. 规定

$$G_{(\Delta)}=\{g\in G \mid \delta^g=\delta,\ \forall\delta\in\Delta\},$$

称其为 G 对 Δ 的**点型稳定子群**. 如果 $\Delta=\{i\}$ 或 $\{i,j\}$, 常记 $G_{(\Delta)}$ 为 G_i, G_{ij} 等, 有时也记 $G_{(\Delta)}$ 为 G_Δ.

又规定

$$G_{\{\Delta\}}=\{g\in G \mid \Delta^g=\Delta\},$$

称其为 G 对集合 Δ 的**集型稳定子群**.

显然, 我们有下面的

命题 2.4.2 $G_{(\Delta)}\trianglelefteq G_{\{\Delta\}}$.

下面的命题推广了 2.1.2.

命题 2.4.3 *设 $G\leqslant S_\Omega$.*

(1) 若 $\Delta\subseteq\Omega$ 是 G 的轨道, $s\in S_\Omega$, 则 Δ^s 是 $s^{-1}Gs$ 的轨道.

(2) 若 $\Delta\subseteq\Omega, g\in G$, 则 $g^{-1}G_{(\Delta)}g=G_{(\Delta^g)}, g^{-1}G_{\{\Delta\}}g=G_{\{\Delta^g\}}$.

进一步, 我们给出下列定义.

定义 2.4.4 设 G 为 Ω 上的非传递群, Δ 是 G 的一个轨道, $g \in G$. 以 g^Δ 记 g 在 Δ 上诱导的置换. 令

$$G^\Delta = \{g^\Delta \mid g \in G\}.$$

称 G^Δ 为 G 在 Δ 上的*传递成分*.

明显地, 映射 $g \mapsto g^\Delta$ 是 G 到 G^Δ 上的同态, 其核为 $G_{(\Delta)}$. 于是我们有 $G^\Delta \cong G/G_{(\Delta)}$. 如果这个同态的核是单位子群, 则称传递成分 G^Δ 是忠实的.

定义 2.4.5 设 $G \leqslant S_\Omega$, $i \in \Omega$. 称 i 为 G 在 Ω 上的*不动点*, 如果 $i^g = i$, $\forall g \in G$. 这时 $\{i\}$ 是 G 的一个长为 1 的轨道.

我们以 $\mathrm{fix}_\Omega(G)$ 表 G 在 Ω 上全体不动点的集合.

类似地, 对于 $g \in G$, 我们规定 $\langle g\rangle$ 的不动点为 g 的不动点, 并以 $\mathrm{fix}_\Omega(g)$ 表示 g 的全体不动点的集合.

定义 2.4.6 设 $G \leqslant S_\Omega$. 称 $|\Omega| - |\mathrm{fix}_\Omega(G)|$ 为 G 的*级或次数*. G 的级是被 G 实际变动的文字个数, 记作 $\deg G$.

类似地, 对 $g \in G$, 规定 $\deg g = \deg\langle g\rangle$, 叫做元素 g 的*级或次数*. 而

$$\min\{\deg g \mid g \in G, g \neq 1\}$$

叫做 G 的*最小级或最小次数*.

2.4.1 半正则群和正则群

定义 2.4.7 设 $G \leqslant S_\Omega$. 若对任意的 $i \in \Omega$, 恒有 $G_i = 1$, 则称 G 为*半正则的*; 如果半正则群 G 又在 Ω 上传递, 则称 G 为*正则群*.

显然, G 在 Ω 上半正则 $\iff$ G 的最小次数为 $|\Omega| = |G|$. 又, 抽象群 G 的右正则表示是 G 上的正则置换群.

命题 2.4.8 *Ω 上半正则群 G 的所有轨道长都是 $|G|$. 由此, Ω 上传递群 G 正则 $\iff$ $|\Omega| = |G|$.*

证明 对任意的 $i \in \Omega$. 由 $|G_i||i^G| = |G|$ 及 $G_i = 1$ 得 $|i^G| = |G|$. □

为证明下列命题, 我们回忆一下, 设 G 是任意群, 对于 $g \in G$, 规定 G 到 G 上的映射

$$R(g) : x \mapsto xg, \qquad \forall x \in G$$

和

$$L(g) : x \mapsto g^{-1}x, \qquad \forall x \in G.$$

则映射 $g \mapsto R(g)$, $\forall g \in G$ 和映射 $g \mapsto L(g)$, $\forall g \in G$ 都是 G 到 S_G 内的同构映射, 分别叫做 G 的右正则表示和左正则表示, 并且 $R(G)$ 在 S_G 中的中心化子恰为 $L(G)$, 即 $C_{S_G}(R(G)) = L(G)$(同样也有 $C_{S_G}(L(G)) = R(G)$, 见习题 2.4.1).

命题 2.4.9 设 $G \leqslant S_\Omega$, $C = C_{S_\Omega}(G)$, 则 G 半正则 $\iff$ C 在 Ω 上传递.

证明 $\Longleftarrow$: 设 $i, j \in \Omega$. 由 C 传递, 存在 $x \in C$ 使 $i^x = j$. 于是 $G_i = x^{-1}G_ix = G_{i^x} = G_j$. 由 j 的任意性, 得到 $G_i = 1$. 又由 i 的任意性, 得 G 的半正则性.

$\Longrightarrow$: 先设 G 是正则的, 则 G 置换同构于 G 的右正则表示 $R(G)$, 而 $R(G)$ 在 S_G 中的中心化子是 $L(G)$, 即 G 的左正则表示. 由此即得 C 在 Ω 上传递.

再设 G 在 Ω 上有 k 个轨道, $k > 1$, 其轨道为 $\Omega_1, \cdots, \Omega_k$, 则 G 在每个轨道 Ω_i 上的传递成分是正则的, 并置换同构于 G 的右正则表示. 于是, 若等同 Ω_i 与集合 $\Delta_i = \{x^{(i)} \mid x \in G\}$, 则 G 可看成集合 $\Delta = \bigcup\limits_{i=1}^{k} \Delta_i$ 上的置换群, 且对任意的 $g \in G$, g 在 Δ 上的作用为 $g : x^{(i)} \mapsto (xg)^{(i)}, \forall i$.

现在设 σ 是 $\{1, \cdots, k\}$ 的任一置换, $g \in G$. 定义 Δ 的置换

$$L(\sigma, g) : x^{(i)} \mapsto (g^{-1}x)^{(i^\sigma)}, \qquad \forall i,$$

则 $L(\sigma, g) \in C_{S_\Delta}(G)$. 因为 $C \geqslant \{L(\sigma, g) \mid g \in G, \sigma \in S_k\}$, 由此得 C 的传递性. □

命题 2.4.10 设 $G \leqslant S_\Omega$, G 传递. 令 $C = C_{S_\Omega}(G)$, 则 C 半正则. 但其逆不真.

证明 由命题 2.4.9, 因 $G \leqslant C_{S_\Omega}(C)$ 立得 C 半正则.

反过来, 若 $C = C_{S_\Omega}(G)$ 半正则, G 不一定传递. 例如, 令 $\Omega_1 = \{1, 2, 3\}$, $\Omega_2 = \{4, 5, 6\}$, $\Omega = \Omega_1 \cup \Omega_2$. 令 $G = S_{\Omega_1} \times S_{\Omega_2}$, 则 G 非传递, 但 $C = C_{S_\Omega}(G) = 1$, 当然半正则. □

命题 2.4.11 设 $G \leqslant S_\Omega$, G 交换, 且在 Ω 上传递, 则 G 正则, 并且 $C_{S_\Omega}(G) = G$.

证明 首先, $C = C_{S_\Omega}(G) \geqslant G$, G 又在 Ω 上传递, 由命题 2.4.9, G 半正则, 又由 G 的传递性得 G 正则. 用同样的推理得 C 也在 Ω 上正则, 这样

$$|C| = |\Omega| = |G|.$$

因为 $C \geqslant G$, 即得 $C = G$. □

2.4.2 非本原群和本原群

定义 2.4.12 设 $G \leqslant S_\Omega$, $\Delta \subseteq \Omega$. 若对任意的 $g \in G$, 或者 $\Delta^g = \Delta$, 或者 $\Delta^g \cap \Delta = \varnothing$, 则称 Δ 为 G 的一个块 (block).

显然, Ω, $\varnothing$ 以及单点子集 $\{i\}$ 都是 G 的块, 它们叫做*平凡块*.

定义 2.4.13 设 G 是 Ω 上的传递置换群. 如果 G 存在一个非平凡块 Δ, 则称 G 为*非本原群*, 此时称 Δ 为 G 的一个*非本原集*.

定义 2.4.14 设 G 是 Ω 上的传递置换群. 如果 G 不是非本原群, 则称 G 为 Ω 上*本原群*.

命题 2.4.15 设 $G \leqslant S_\Omega$, G 传递但非本原. 并设 Δ 为一非本原集. 令 $H = G_{\{\Delta\}} = \{g \in G \mid \Delta^g = \Delta\}$, 则子群 H 在 Δ 上传递. 设 $G = \bigcup_{r\in R} Hr$ 是 G 对 H 的右陪集分解, 则

(1) $\Omega = \bigcup_{r\in R} \Delta^r$, 且对 $r \neq r'$ 有 $\Delta^r \cap \Delta^{r'} = \varnothing$;

(2) $|\Delta| \mid |\Omega|$.

证明 对任意的 $i, j \in \Delta$, 由 G 传递, 存在 $g \in G$ 使 $i^g = j$. 这时 $j \in \Delta \cap \Delta^g$, 故 $\Delta \cap \Delta^g \neq \varnothing$. 由 Δ 是块, 得 $\Delta = \Delta^g$, 于是 $g \in H$, 遂得 H 在 Δ 上的传递性.

下面设 $G = \bigcup_{r\in R} Hr$ 是 G 对 H 的右陪集分解.

(1) 设 $i \in \Delta$, $j \in \Omega$. 由 G 之传递性, 有 $g \in G$ 使 $j = i^g \in \Delta^g$. 令 $g = hr$, 其中 $h \in H$, $r \in R$. 于是 $j \in \Delta^{hr} = \Delta^r$, 因此 $\Omega = \bigcup_{r\in R} \Delta^r$.

又若 $\Delta^r \cap \Delta^{r'} \neq \varnothing$, 则 $\Delta^{rr'^{-1}} \cap \Delta \neq \varnothing$. 由 Δ 是非本原集, 有 $\Delta = \Delta^{rr'^{-1}}$. 于是 $rr'^{-1} \in H$, $Hr = Hr'$. 由 R 是 H 的陪集的完全代表系, 有 $r = r'$.

(2) 由 $|\Delta| = |\Delta^r|$ 和 (1) 立得. □

(1) 中所给出的 $\{\Delta^r \mid r \in R\}$ 称为 G 的完全非本原系. (1) 断言 $\Omega = \bigcup_{r\in R} \Delta^r$ 是一个无交并. 通常我们把 Ω 的这种表示成子集无交并的分解称为 Ω 的一个分划. 分划 $\Omega = \Delta_1 \cup \cdots \cup \Delta_k$ 称为平凡的, 若 $k = 1$ 或每个 Δ_i 为单元集. 说分划 $\Omega = \Delta_1 \cup \cdots \cup \Delta_k$ 是在传递群 G ($\leqslant S_\Omega$) 下不变, 或 G-不变的, 若对每个 $g \in G$ 和每个 i, 有一个 j 使 $\Delta_i^g = \Delta_j$, 其中 $1 \leqslant i, j \leqslant k$. 明显地, Ω 上传递置换群 G 是非本原的当且仅当 Ω 有一个 G- 不变的非平凡分划.

推论 2.4.16 素数级传递群必为本原群.

定理 2.4.17 若传递群 G 具有非传递正规子群 $N \neq 1$, 则 G 非本原.

证明 设 Δ 是 N 的一个轨道. 由 N 非传递, 有 $\Delta \subsetneqq \Omega$. 因为 $N \lhd G$, 则对任意的 $g \in G$, Δ^g 是 $g^{-1}Ng = N$ 的轨道. 又根据 G 的传递性, $\{\Delta^g \mid g \in G\}$ 是 N 的全部轨道. 于是对任意的 $g \in G$, 或者 $\Delta = \Delta^g$, 或者 $\Delta \cap \Delta^g = \varnothing$, 这样, Δ 是 G 的块. 再由 $N \neq 1$, 有 $|\Delta| \neq 1$, 故 Δ 是 G 的非平凡块. 于是 G 非本原. □

定理 2.4.18 本原群的每个非平凡正规子群必为传递群.

这实际上是定理 2.4.17 的另一说法.

定理 2.4.19 设 $i \in \Omega$. 则 Ω 上传递群 G 非本原 $\Longleftrightarrow$ 点稳定子群 G_i 不是 G 的极大子群.

证明 $\Longrightarrow$: 设 G 非本原, Δ 为 G 的包含 i 的一个非本原集. 令 $H = G_{\{\Delta\}}$. 由 $\{i\} \subsetneqq \Delta \subsetneqq \Omega$ 及 G 的传递性得 $G_i < H < G$. 于是 G_i 不是 G 的极大子群.

$\Longleftarrow$: 若有 H 满足 $G_i < H < G$, 则令 $\Delta = i^H$, 有 $\{i\} \subsetneqq \Delta \subsetneqq \Omega$. 只需再证明 Δ 是 G 的块: 设对某个 $g \in G$ 有 $\Delta \cap \Delta^g \neq \varnothing$. 令 $j \in \Delta \cap \Delta^g$, 可设 $j = i^{h_1} = i^{h_2 g}$, 其中 $h_1, h_2 \in H$. 于是 $i = i^{h_2 g h_1^{-1}}$, $h_2 g h_1^{-1} \in G_i < H$, 这推出 $g \in h_2^{-1} H h_1 = H$. 故 $\Delta^g = \Delta$. □

这个结果可改述为

定理 2.4.20 *Ω 上传递群 G 是本原的 $\iff$ 对于 $i \in \Omega$, G_i 是 G 的极大子群.*

例 2.4.21 设 G 为 n 级本原群, $n > 2$ 且 n 为偶数, 则 $4 \mid |G|$.

证明 因为 n 为偶数, $|G|$ 亦为偶数. 若 $4 \nmid |G|$, 则由定理 1.10.11 的证明, G 有 $|G|/2$ 阶正规子群 N. 由 G 的本原性得 N 传递. 又, $|N|$ 为奇数, 与 N 的级数 (即 G 的级数) 为偶数矛盾. □

为了研究下一个例子, 我们先证明一个引理.

引理 2.4.22 *设 G 是 Ω 上的传递置换群, Δ 是 G 的一个块, 并且 $\alpha \in \Delta$, 则 Δ 是若干完整的 G_α 轨道的并.*

证明 设 Γ 是一个 G_α 轨道, $\gamma \in \Gamma \cap \Delta$. 再设 δ 是 Γ 的任一元素, 我们要证明 $\delta \in \Delta$. 因为 $\delta \in \Gamma$, 存在 $g \in G_\alpha$ 使得 $\gamma^g = \delta$. 而 $\alpha^g = \alpha$, 故 $\Delta^g = \Delta$. 于是 $\delta \in \Delta$. □

例 2.4.23 设 $n \geqslant 5$, n 级对称群 S_Ω 在 Ω 的全体无序二元子集组成的集合 Σ 上的作用是忠实作用, 这把 S_Ω 表示成 Σ 上的置换群. 用 G 表示这个群. 证明 G 是 Σ 上的本原置换群.

证明 设 $\Omega = \{1, 2, \cdots, n\}$, 则 $|\Sigma| = \dfrac{n(n-1)}{2}$. 给定 $\alpha = \{1, 2\}$, 则 α 在 S_Ω 中的稳定子群 $\cong Z_2 \times S_{n-2}$. 取集合

$$\Gamma_1 = \{\{i, j\} \mid |\{i, j\} \cap \{1, 2\}| = 1\},$$

$$\Gamma_2 = \{\{i, j\} \mid \{i, j\} \cap \{1, 2\} = \varnothing\}.$$

容易看出, Γ_1, Γ_2 为 G_α 的轨道, 其长度分别为 $|\Gamma_1| = 2(n-2)$ 和 $|\Gamma_2| = \dfrac{(n-2)(n-3)}{2}$. 显然 $\{\alpha\}, \Gamma_1, \Gamma_2$ 是 G_α 的全部轨道. 由引理 2.4.22, G 的仅有的块是平凡的, 故 G 是 Σ 上的本原群. □

2.4.3 多重传递群

本节对传递性和本原性做若干重要的推广.

定义 2.4.24 设 $G \leqslant S_\Omega$, 正整数 $k \leqslant |\Omega|$. 称 G 为*k重传递的* (或*k-传递的*), 如果对 Ω 的任意两个 k 元有序子集 $(i_1, \cdots, i_k)$ 和 $(j_1, \cdots, j_k)$ 存在元素 $g \in G$ 使 $i_s^g = j_s$, $s = 1, 2, \cdots, k$.

命题 2.4.25 设 G 是 Ω 上传递群, $k>1$, $i\in\Omega$, 则 G 在 Ω 上 k-传递 $\Longleftrightarrow$ 稳定子群 G_i 在 $\Omega-\{i\}$ 上 $(k-1)$-传递.

证明 $\Longrightarrow$: 对 $\Omega-\{i\}$ 的任意两个 $k-1$ 元有序子集 $(i_2,\cdots,i_k)$ 和 $(j_2,\cdots,j_k)$, 在 G 中把 $(i,i_2,\cdots,i_k)$ 变到 $(i,j_2,\cdots,j_k)$ 的元素 $g\in G_i$ 自然满足把 $(i_2,\cdots,i_k)$ 变到 $(j_2,\cdots,j_k)$.

$\Longleftarrow$: 任给 Ω 的二 k 元有序子集 $(i_1,\cdots,i_k)$ 和 $(j_1,\cdots,j_k)$. 因为 G 在 Ω 上传递, 故存在 $h\in G$ 使 $i_1^h=j_1$. 令 $i_2^h=j_2',\cdots,i_k^h=j_k'$. 由 G_{j_1} 在 $\Omega-\{j_1\}$ 上的 $(k-1)$-传递性, 存在 $l\in G_{j_1}$ 使 $(j_2')^l=j_2,\cdots,(j_k')^l=j_k$. 于是令 $g=hl$ 就有 $i_1^g=j_1, i_2^g=j_2,\cdots,i_k^g=j_k$. □

命题 2.4.26 设 $|\Omega|=n$, G 在 Ω 上 k-传递, 则 $n(n-1)\cdots(n-k+1)\,\big|\,|G|$

证明 对 k 做归纳法. 当 $k=1$ 时, 由 $|G|=|i^G||G_i|=|\Omega||G_i|=n|G_i|$ 得 $n\,\big|\,|G|$. 对于 $k>1$, 由归纳假设及命题 2.4.25, 有 $(n-1)\cdots(n-k+1)\,\big|\,|G_i|$, 于是得 $n(n-1)\cdots(n-k+1)\,\big|\,|G|$. □

多重传递群最常见的例子是 n 级对称群 S_n 和交错群 A_n. S_n 是 n 重传递的, 而 A_n 是 $n-2$ 重传递的.

命题 2.4.27 Ω 上的二重传递群 G 必为本原群.

证明 用反证法. 设 G 非本原且 Δ 为一非本原集, 则存在整数 i,j,k 使 $i,j\in\Delta$, $i\neq j$ 且 $k\notin\Delta$. 考虑群 G_i, 它应在 $\Omega-\{i\}$ 上传递. 但因对任意的 $g\in G_i$ 有 $\Delta\cap\Delta^g\neq\varnothing$, 故 $\Delta=\Delta^g$, 于是 $\Delta^{G_i}=\Delta$. 这说明不存在 G_i 的元素把 j 变到 k, 与 G_i 在 $\Omega-\{i\}$ 上传递相矛盾. □

定理 2.4.28 设 G 在 $\Omega=\{1,2,\cdots,n\}$ 上传递, G_1 是 1 的稳定子群. 又设

$$G=\bigcup_{i=1}^{t}G_1g_iG_1$$

是 G 关于子群 G_1,G_1 的双陪集分解, 其中 $g_1\in G_1$. 则

(1) $\Delta_i=\{1^g\,\big|\,g\in G_1g_iG_1\}$, $i=1,2,\cdots,t$ 是 G_1 在 Ω 上的全部轨道;

(2) G 2-重传递 $\Longleftrightarrow$ 对任意的 $g\notin G_1$ 成立 $G_1\cup G_1gG_1=G$.

证明 (1) 因为$\Delta_i=1^{G_1g_iG_1}=(1^{g_i})^{G_1}$, 故 Δ_i 是 G_1 的轨道. 又由 G 的传递性, 有 $\bigcup\limits_{i=1}^{t}\Delta_i=\Omega$. 最后只需证明诸$\Delta_i$ 互不相同即可. 假定 $\Delta_i=\Delta_j$, 即 $1^{G_1g_iG_1}=1^{G_1g_jG_1}$. 于是有 $1^{g_ih}=1^{g_j}$, $h\in G_1$, 即 $g_ihg_j^{-1}\in G_1$. 这又得到 $g_i\in G_1g_jG_1$, $G_1g_iG_1=G_1g_jG_1$, 即 $i=j$.

(2) G 2- 重传递 $\Longleftrightarrow$ G_1 在 $\Omega-\{1\}$ 上传递, 即 G_1 有两个轨道 $\{1\}$ 和 $\Omega-\{1\}$. 由 (1), 这等价于 $G=G_1\cup G_1gG_1$, 对任一 $g\notin G_1$ 成立. □

习　题

2.4.1. 设 G 是有限群, $R(G)$, $L(G)$ 分别是 G 的右、左正则表示的像集合, 则 $C_{S_G}(R(G)) = L(G)$ 且 $C_{S_G}(L(G)) = R(G)$.

2.4.2. 设 G 是有限交换群, $R(G)$ 是 G 的右正则表示的像集合, 则 $R(G)$ 在 S_G 中是自中心化的 (自中心化子群的定义可参看习题 1.6.20).

2.4.3. 设 G 是有限群, H 是 G 的无核子群, 即 $\mathrm{Core}_G(H) = 1$, 且 $|G : H| = n$. 设 A 是 G 的 n 阶交换子群. 如果 $AH = G$, 则 A 是自中心化子群. 去掉 H 无核的条件, 结论是否还正确?

2.4.4. 设 G 为 n 级本原群, 且 G 的 Sylow 2-子群循环, 则 n 必为奇数.

2.4.5. 设 G 是 Ω 上传递置换群, $|\Omega| = p^n$, p 是素数, 则 G 的 Sylow p-子群 P 也在 Ω 上传递.

2.5　阅读材料 —— 正多面体及有限旋转群

群论是研究对称的学科. 正因为如此, 它在物理、化学、生物、晶体学等诸多学科中有着重要的应用.

在本节中我们讲群论在几何上的一个应用. 有兴趣的读者还可参看 [131], 尽管讲述方法不尽相同.

在 1.6.6 小节中我们讲述了二面体群, 我们把它作为欧氏平面上的正多边形的对称群, 即把该正多边形还变到自身上的三维欧氏空间的所有旋转变换所组成的群. 现在我们将研究三维欧氏空间中的正多面体的对称群, 并且进一步我们还要确定三维欧氏空间的旋转变换群的所有有限子群.

我们把三维欧氏空间理解为实数域上定义了距离函数的三维向量空间, 记做 $\mathbb{R}^3$. 取一个直角坐标系, 设 O 为坐标原点, 则空间中的每个点 P 等同于向量 $\overrightarrow{OP}$. 设点 P 的坐标是 (x, y, z), 我们以 p 表示向量 $(x\ y\ z)$, 即我们把点 P 和向量 p 等同看待.

欧氏空间 $\mathbb{R}^3$ 到自身的一个变换 α 叫做*保距变换*, 如果 α 保持任意两点之间的距离不变; 而 α 叫做*正交变换*, 如果它是保距变换, 并且还保持坐标原点不动. 正交变换一定是线性变换.

从几何学中我们知道: 假定 α 是正交变换. 设 α 在所取定的直角坐标系之下的矩阵是 M_α, 则 M_α 是 3×3 实矩阵, 满足

$$p^\alpha = (x\ y\ z)M_\alpha.$$

因为 α 是正交变换, M_α 的行列式 $\det(M_\alpha) = \pm 1$. 如果 $\det(M_\alpha) = 1$, 则 α 是绕原点的旋转.

全体正交变换组成一个群, 叫做实三维**正交变换群**, 记做 $O_3(\mathbb{R})$, 或者简记做 $\mathbb{O}_3$. 其中行列式为 1 的正交变换即旋转变换的全体组成 $\mathbb{O}_3$ 的指数为 2 的正规子群, 记做 $\mathbb{O}_3^+$.

一个旋转变换由两个要素所决定, 即旋转轴和旋转角度. 旋转轴是过坐标原点的直线, 在旋转轴取定了正方向之后, 旋转角度依逆时针方向计.

在下一小节中, 我们将确定正多面体的旋转变换群. (注意, 我们只考虑旋转变换, 而没有考虑所有的正交变换.)

2.5.1 正多面体的旋转变换群

从古希腊时代, 人们就已经知道只有五种正多面体, 即正四面体、正六面体、正八面体、正十二面体和正二十面体 (见图 2.1). 我们首先复习一下在中学立体几何课程中学过的关于正多面体的基本事实.

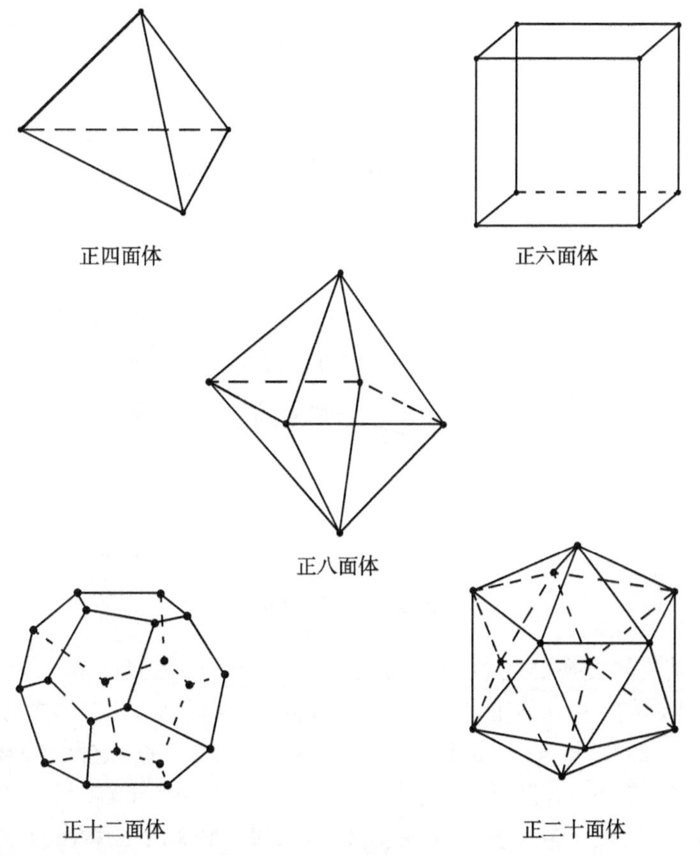

图 2.1 正多面体

1. 正多面体的诸面是全等的正多边形, 正六面体的面是正方形, 正十二面体的面是正五边形, 而其他三种正多面体的面是正三角形.

2. 正多面体的诸多面角也彼此全等.

3. 每个正多面体都内接于一个球. 如果它的两个顶点的连线经过球心, 则称这两个顶点是*互相对极*的顶点.

4. 以一个正多面体诸面的中点作为顶点, 相邻二面中点连线作为边得到的多面体叫做原正多面体的*对偶*, 它也是正多面体. 容易看出, 正四面体自对偶, 正六面体与正八面体互为对偶, 正十二面体与正二十面体互为对偶.

5. 正多面体的一个旋转变换如果保持三个顶点不动, 则它是恒等变换.

我们首先来确定每个正多面体的旋转变换群. 明显地, 互为对偶的正多面体的旋转变换群是同构的. 因此只需确定正四面体、正六面体和正十二面体的旋转变换群就可以了.

先看正四面体, 见图 2.2.

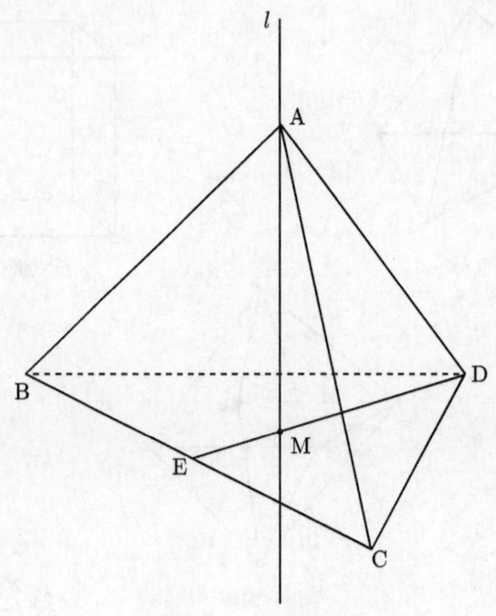

图 2.2　正四面体

我们设其旋转变换群是 G. 首先我们证明 G 在该正四面体的顶点集合 $\{A, B, C, D\}$ 上是传递的. 从几何上可以看到, 以过点 A 和正 $\triangle BCD$ 的中心 M 的直线为轴旋转角度 $2\pi/3$ 和 $4\pi/3$ 的旋转变换轮换 B, C, D 三点, 这两个旋转和恒等变换一起组成 G 的一个 3 阶子群, 它是 G 关于点 A 的稳定子群, 记作 G_A. 同样地, G 关于点 B 的稳定子群 G_B 也轮换 A, C, D 三点. 由此已经看出, G 在顶点集合 $\{A, B, C, D\}$ 上是传递的. 于是由命题 2.1.5, $|G| = 4 \cdot |G_A| = 12$. 另一方面, 每个旋

转变换都对应于顶点集合 $\{A, B, C, D\}$ 的一个置换, 而且, 不同的旋转变换对应的置换显然不同 (因为每个非平凡的旋转变换只保持旋转轴上的点不动). 这样, G 同构于 S_4 的一个 12 阶子群. 众所周知, S_4 只有一个 12 阶子群, 即 A_4, 故 $G \cong A_4$.

再看正六面体, 见图 2.3.

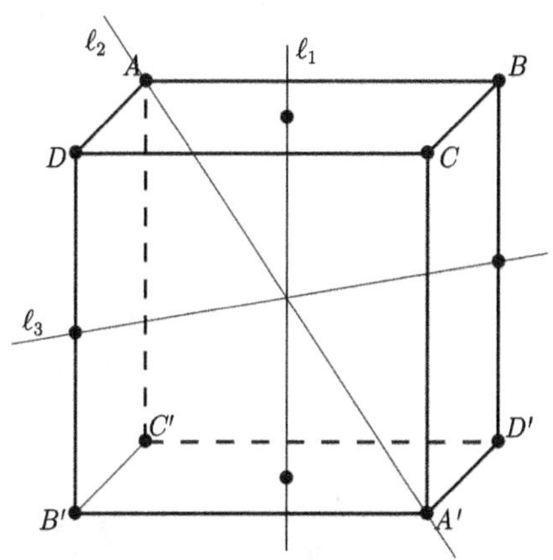

图 2.3 正六面体

我们设其旋转变换群是 G. 与前面讨论的正四面体的情况相同, 我们可以证明 G 在该正六面体的顶点集合上是传递的 (证明留给读者作为习题). 取定一点 A (见图 2.3). G 关于点 A 的稳定子群 G_A 是 3 阶循环群, 由以过 A, A' 的直线 ℓ_2 为轴旋转角度为 $2\pi/3$ 的旋转变换生成. 由命题 2.1.5, $|G| = 8 \cdot |G_A| = 24$.

下面考虑 G 在正六面体的四条主对角线 AA', BB', CC' 和 DD' 上的作用. 它把 G 同态地映到 S_4 的一个子群. 我们断言同态核必为 1, 由 $|G| = 24$, 即得到 $G \cong S_4$. 用反证法, 假定同态核不为 1, 则有一非平凡旋转 α 把至少一条主对角线的两个端点互变, 譬如把 AA' 互变. 由于正交变换保持距离, α 也必把与 A 相邻的两点 B 和 D 分别变到 B' 和 D'. 只考虑 A, A', B, B' 四点. α 的旋转轴必为与该四点所在平面垂直并过球心的直线. 但从几何上看, 旋转 α 显然不能把 D, D' 互变, 这是一个矛盾.

最后看正十二面体, 见图 2.4.

正十二面体有十二个面, 每个面都是正五边形. 设想画出这 12 个正五边形的所有对角线, 每个面上有 5 条, 共 60 条. 任取正十二面体的一条边 PQ, 有两个面以它为邻边. 每个面上有一条对角线与该边平行, 因此这两条对角线也互相平行. 设这两条对角线为 AD 和 BC. 连接 AB 和 CD. 由于连线也是其他面中的对角线, 长度相等, 并与原来的两条对角线垂直. 于是我们得到了一个由对角线组成的正方形 $ABCD$. 再考虑与 P, Q 对极的两点 P' 和 Q' 连成的边, 同法可得到一个由对角

线组成的正方形 $A'B'C'D'$, 并且这个正方形与先前得到的正方形 $ABCD$ 平行. 在这两个正方形的顶点之间再连四条边 AC', BD', CA' 和 DB', 就得到一个边长都相等的六面体. 因为在构作此六面体时选的两边 PQ 和 $P'Q'$ 的中点连线是该正十二面体的旋转角度为 π 的旋转变换的旋转轴, 这推出在这两个正方形之间的四条连线都与这两个正方形垂直, 因此得到的六面体是正立方体. 容易看出这个正立方体的 12 条边分属正十二面体的 12 个面.

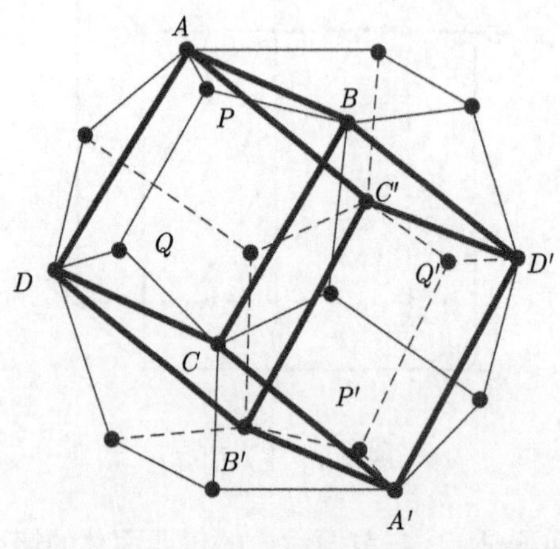

图 2.4 正十二面体

进一步, 从 60 条对角线中的每一条出发, 用上法都可以得到一个正立方体, 因此至少有五个这样的正立方体. 我们断言, 每条对角线只能属于一个正立方体, 因此恰有五个这样的正立方体. 为说明这点, 只需注意同一正立方体的任意两边或平行或垂直, 而同一个面上的两条不同的对角线既不平行也不垂直即可.

下面考虑正十二面体的旋转群 G. 与前相同, 容易证明 G 在该正十二面体的顶点集合上是传递的. 取定一个顶点, 以它和其对极点连线为轴的非平凡旋转有两个, 于是保持该顶点不动的稳定子群是 3 阶的. 这样, $|G| = 3 \cdot 20 = 60$. 考虑 G 在上述五个正立方体上的作用, 则 G 同态地映到 S_5 的子群. 设 K 是同态核, 我们断言 $|K| = 1$. 为证明这点, 我们要再次应用属于同一正六面体的边或平行或垂直的事实. 因为 G 中有三类旋转变换, 其旋转轴分别过正十二面体的对极点连线, 对面中点连线和对边中点连线. 第一种旋转把邻近极点由面的对角线组成的正三角形的三条边互变. 而这三条边既不平行, 也不垂直, 因此分属不同的正六面体, 故这类旋转不属于 K. 第二种旋转把与旋转轴平行的正五边形的五条对角线互变, 这五条对角线既不平行, 也不垂直, 因此分属不同的正六面体, 故这类旋转也不属于 K. 对于第三种旋转, 从几何上也容易看出它可以把某条对角线变到与它既不平行也不垂直的另一对角线, 因此也不在 K 中. 但这里我们宁愿用群论的方法来证明这点. 由

前面已经证明的, 假定 $K \neq 1$, 则 $|K| = 2$ 或者 4. 如果 $|K| = 2$, 则 $K \leqslant Z(G)$. 于是 G 将有 10 阶元素和 6 阶元素, 这是不可能的. 而如果 $|K| = 4$, 则 G/K 是 15 阶群, 由 Sylow 定理, 它的 5 阶子群 $H/K \trianglelefteq G/K$, 于是 $H \trianglelefteq G$. 再用 Sylow 定理, H 中 5 阶子群唯一, 因而 G 中 5 阶子群也唯一, 这样, G 中只有 4 个 5 阶非平凡旋转, 与实际情况矛盾.

到此我们已经证明了 $K = 1$. 于是 G 同构于 S_5 的 60 阶子群. 因为 S_5 只有一个 60 阶子群, 即 A_5, 这就得到了 $G \cong A_5$.

2.5.2 三维欧氏空间的有限旋转群

$\mathbb{O}_3^+$ 的有限子群叫做三维欧氏空间的有限**旋转群**. 设 G 是有限 n 阶旋转群, $n \geqslant 2$. 为了研究有限旋转群, 我们先给出下面的概念. 对于每个非平凡的旋转 α, 如果其旋转轴是 ℓ_α, 我们称 ℓ_α 与单位球的两个交点为 α 的**极点**; 同一旋转轴的两个极点叫做**互为对极的**; 而 G 中所有旋转变换的极点组成的集合叫做 G 的**极点集合**, 记作 $\mathcal{P}$.

再来证明一个简单的事实: G 中任一旋转变换 α 把极点仍然变为极点. 设 α 把极点 P 变到点 Q, 即 $P^\alpha = Q$. 如果 P 是旋转 σ 的极点, 则 $P^\sigma = P$. 于是有 $Q^{\alpha^{-1}\sigma\alpha} = (P^\alpha)^{\alpha^{-1}\sigma\alpha} = P^{\alpha\alpha^{-1}\sigma\alpha} = P^{\sigma\alpha} = P^\alpha = Q$, 这说明 Q 是旋转 $\alpha^{-1}\sigma\alpha$ 的极点, 得证.

考虑 G 在极点集合 $\mathcal{P}$ 上作用的轨道, 假定一共有 k 个. 设第 i 个轨道 $\mathcal{O}_i$ 包含极点 P_i, 它是旋转 α_i 的极点, 其稳定子群 H_i 的阶是 h_i, 于是 $|\mathcal{O}_i| = n/h_i = c_i$. 因为 H_i 中的每个非单位元素都是以 P_i 为极点的旋转, 故 H_i 为 h_i 阶循环群. 因此, 以 P_i 为极点的旋转共有 $h_i - 1$ 个. 由于属于同一轨道的极点具有互相共轭的稳定子群, 它们的阶相等, 因此, 以 $\mathcal{O}_i$ 中其他点为极点的非平凡旋转也有 $h_i - 1$ 个. 这样, G 的极点总数 (出现多次的要重复计算) 为

$$\sum_{i=1}^{k}(h_i - 1)c_i = nk - \sum_{i=1}^{k} c_i.$$

另一方面, G 有 $n-1$ 个非平凡旋转, 故有 $2(n-1)$ 个极点. 这样, 我们有

$$2(n-1) = nk - \sum_{i=1}^{k} c_i. \tag{2.2}$$

因为极点是非平凡旋转变换的不动点, 任一极点稳定子群的阶至少为 2. 这说明 $1 \leqslant c_i \leqslant n/2$. 又由 $n \geqslant 2$, 容易看出 $2 \leqslant k \leqslant 3$. 如果 $k = 2$, 则 $c_1 = c_2 = 1$. 如果 $k = 3$, 我们把 (2.2) 式改写为

$$1 + \frac{2}{n} = \frac{1}{h_1} + \frac{1}{h_2} + \frac{1}{h_3}, \tag{2.3}$$

并不妨设 $h_1 \leqslant h_2 \leqslant h_3$. 如果 $h_1 \geqslant 3$, 则 (2.3) 式右边最大为 1, 因此不能成立. 由此得 $h_1 = 2$. 再由 (2.3) 式得到

$$\frac{1}{2} + \frac{2}{n} = \frac{1}{h_2} + \frac{1}{h_3} \leqslant \frac{2}{h_2},$$

于是 $h_2 \leqslant 3$. 如果 $h_2 = 2$, 则 $h_3 = n/2$ 并且 n 是偶数. 如果 $h_2 = 3$, 则

$$\frac{1}{6} + \frac{2}{n} = \frac{1}{h_3}.$$

由计算得到三种情况: (1) $h_3 = 3, n = 12$; (2) $h_3 = 4, n = 24$; (3) $h_3 = 5, n = 60$.

下面我们分几种情况来确定所有可能的有限旋转群 G.

首先设 $k = 2$. 这时有 $c_1 = c_2 = 1$. 于是 G 只有两个极点, 并且每个旋转都以它们作为极点. 显然, G 为 n 阶循环群.

再设 $k = 3, h_1 = h_2 = 2, h_3 = n/2, n = 2m$ 是偶数. 因为 $\mathcal{O}_3$ 只包含两个极点, 譬如 P, Q, 则它们必为对极的. 这是因为以 P 为极点的旋转把 $\mathcal{O}_3$ 保持不动, 因此也把 Q 保持不动. 于是 PQ 是直径. 因为 P 的稳定子群 H_3 的阶 $h_3 = n/2 = m$, 故 H_3 为 m 阶循环群, 其生成元是旋转角为 $2\pi/m$ 的旋转变换 α. 再考虑 H_3 之外的旋转变换. 因为它们所对应的极点都在 $\mathcal{O}_1$ 和 $\mathcal{O}_2$ 中, 而这些极点的稳定子群均为 2 阶, 于是这些旋转变换都是 2 阶的. 这就得到 G 是 $2m$ 阶二面体群 D_{2m}.

下面考虑 $k = 3, h_1 = 2, h_2 = 3$ 的情形. 见图 2.5.

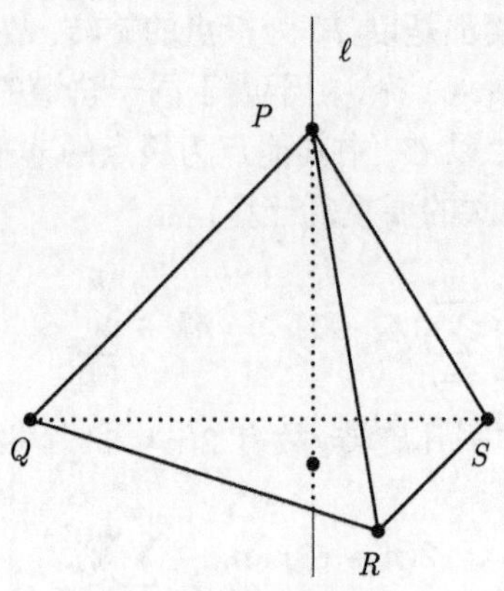

图 2.5　正四面体

先设 $h_3 = 3, n = 12$. 这时 $\mathcal{O}_3$ 中有四点, 设为 A, B, C, D. 任取一点 A, 再取一个与 A 不对极的点 B(事实上, $\mathcal{O}_3$ 中的每个点都不与 A 对极). 因为 H_3 是 3 阶循环群, 它在 $\{B, C, D\}$ 上的作用是传递的. 这推出点 B, C, D 组成正三角形. 再从 B 点着眼, 同样的推理得到点 A, C, D 也组成正三角形. 于是 A, B, C, D 组成正四

面体. 因为 G 中每个元素都把 $\mathcal{O}_3$ 变到自身, G 同态地映到正四面体 $ABCD$ 的对称群的子群上. 又因为每个非平凡旋转只不动单位球上的两点, 故同态核为 1. 于是 G 同构于正四面体 $ABCD$ 的对称群 A_4 的子群. 最后, 因为 $|G| = 12$, 与 A_4 的阶相同, 故 $G \cong A_4$.

再设 $h_3 = 4, n = 24$. 见图 2.6. 首先我们注意一个显然的事实: 如果一个极点和它的对极点分属两个不同的轨道, 则第二个轨道恰由第一个轨道中所有点的对极点所组成, 因此两个轨道的长相等. 从反面说就得到, 如果旋转群 G 在极点集合上的的轨道长度互不相同, 则每个点都与它的对极点同属一个轨道. 在现在考虑的情况里, G 有三个轨道, 其长度分别为 12, 8 和 6. 因此每个点和它的对极点都在同一轨道中.

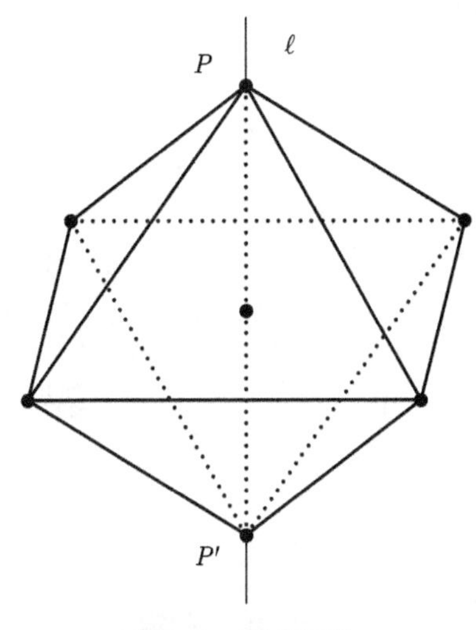

图 2.6 正八面体

考虑轨道 $\mathcal{O}_3$, 其长度为 6. 取两个互为对极的点 P 和 Q. 因为其稳定子群 H_3 是 4 阶循环群, 与前面相同的推理得知 $\mathcal{O}_3$ 中除 P, Q 外的四点组成一个垂直于 PQ 的正方形. 又因为这四个点是两两互为对极的, 此正方形的中心即单位球心 O. 于是 $\mathcal{O}_3$ 中六点组成正八面体, G 是该正八面体的对称群的子群. 因为 $|G| = 24$, 与正八面体的对称群即 S_4 的阶相同, 故 $G \cong S_4$.

最后设 $h_3 = 5, n = 60$. 见图 2.7. 因为 G 有三个轨道, 其长度分别为 30, 20 和 12.

与前种情况相同, 每个点和它的对极点在同一轨道中. 考虑轨道 $\mathcal{O}_3$, 其长度为 12. 在其中取两个互为对极的点 P 和 P', 设此二点所在的直线为 ℓ. 令 $\mathcal{M} = \mathcal{O}_3 \setminus \{P, P'\}$. 取点 $Q \in \mathcal{M}$ 使得距离 $\|PQ\|$ 尽可能短. 因为点 P 的稳定子群 H_3 是 5 阶循环群, 它在 $\mathcal{M}$ 上有两个轨道. 这两个轨道组成两个正五边形 $QRSTU$ 和

$Q'R'S'T'U'$, 且 ℓ 垂直于它们并过它们的中心 (见图 2.7). 我们断言这两个正五边形不在同一平面上. 若否, 该平面将过球心, 且集合 $\mathcal{N} = \mathcal{O}_3 \setminus \{Q, Q'\}$ 将不能形成两个正五边形, 矛盾于 G 在 $\mathcal{O}_3$ 上的传递性. 这说明距离 $\|PQ'\| > \|PQ\|$. 因此恰存在五个极点, 譬如 Q, R, S, T, U, 它们与 P 的距离为 $\|PQ\|$. 联结任意两个其间距离等于 $\|PQ\|$ 的极点, 得到一个凸多面体. 因为每个极点联结五个另外的极点, 该多面体的边数为 $12 \cdot 5/2 = 30$. 由 Euler 公式, 该多面体的面数为 $30 + 2 - 12 = 20$. 由此得到每个面都是三角形. 由 G 在 $\mathcal{O}_3$ 上的传递性, 以及每个极点的点稳定子在与其相邻的五个极点上的传递性, 得到 G 在边集合上的传递性. 于是每个面都是正三角形, 且该多面体是正二十面体. 因此, G 是正二十面体对称群, 即 A_5 的同态象. 与前面情形 ($h_3 = 3$, $n = 12$) 类似的推理得到故同态核为 1. 于是 G 同构于正二十面体对称群 A_5 的子群. 因为 $|G| = 60$, 与 A_5 的阶相同, 故 $G \cong A_5$.

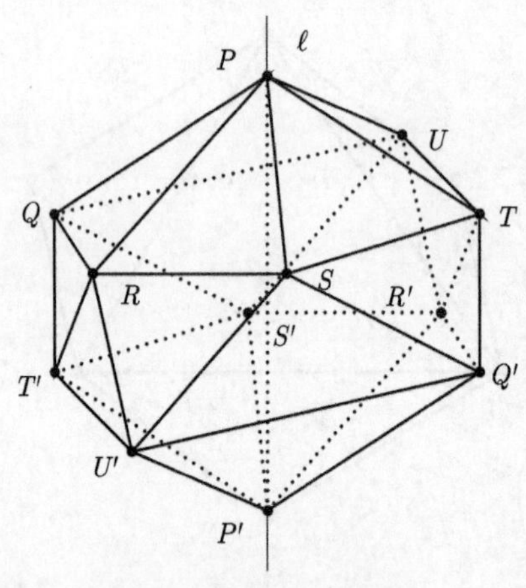

图 2.7　正二十面体

应用本节的结果我们还可给空间正多面体的一个分类.

首先我们给出凸多面体是正多面体的一个等价条件. 称正多面体的点边对 (P, e) 为该正多面体的一个**旗**, 如果顶点 P 是边 e 的端点. 首先我们不加证明地给出下面的定理, 证明可参看 [43].

定理 2.5.1　一个凸多面体是正多面体, 当且仅当它的旋转变换群在其所有旗组成的集合上的作用是传递的.

应用上述定理, 我们来证明正多面体的分类定理.

定理 2.5.2　三维欧氏空间中只有五种正多面体, 即正四面体、正六面体、正八面体、正十二面体和正二十面体.

证明　给定正多面体 $\mathcal{T}$. 不失普遍性可假定它内接于单位球. 考虑 $\mathcal{T}$ 的旋转变换群 G. 因为 G 在 $\mathcal{T}$ 的旗集合上是传递的, G 中有旋转变换把任一给定的顶点

P 保持不动, 并把以 P 为顶点的多面角的诸棱循环地变. 这说明以过点 P 的直径为轴存在非平凡的旋转, 即 P 是一个极点. 应用 P 的任意性, 正多面体 $\mathcal{T}$ 的所有顶点都是极点, 并且是其旋转变换群在极点集合上作用的一个轨道. 这样我们只需考查有限旋转群在极点集合上的每个轨道能否构成正多面体的顶点集合就可以了.

现在分别考查所有可能的有限旋转群. 明显地, 有限循环群和二面体群的极点轨道不能构成正多面体. 下面, 我们来逐一分析另外三个群 A_4, S_4 和 A_5.

对于 A_4, 有 3 个极点的轨道. 在 2.5.2 小节的分析中, 已经证明了轨道 $\mathcal{O}_3$ 中的四个顶点组成正四面体. 同样地, 轨道 $\mathcal{O}_2$ 也有 4 个极点, 它们也组成正四面体. 而轨道 $\mathcal{O}_1$ 中有 6 个极点, 分为互相对极的三对, 易见它们对应的旋转轴两两垂直, 于是这 6 个点组成一个正八面体的顶点.

对于 S_4, 也有三个极点的轨道. 在 2.5.2 小节的分析中, 已经证明了轨道 $\mathcal{O}_3$ 中的 6 个顶点组成正八面体. 第二个极点轨道 $\mathcal{O}_2$ 有 8 个极点, 分为互相对极的 4 对. 因为它们对应的旋转是前述正八面体的旋转, 故 4 个旋转的旋转轴分过正八面体的 4 组对面的中点. 而这 8 个中点是与该正八面体对偶的正多面体, 即正六面体的顶点, 单位球心 O 到这 8 个点的距离相等, 于是单位球上的这 8 个极点也是正六面体的顶点. 这样, 我们又得到了正六面体. 最后看轨道 $\mathcal{O}_1$, 它有 12 个极点, 由它们得到的多面体与适当连结正六面体 (或正八面体) 各边中点得到的多面体相似. 它不是正多面体, 因为它的面有正方形和正三角形两种. 它是所谓的阿基米德多面体中的一个, 见图 2.8 中左面的图, 它的英文名称是 cuboctahedron.

对于 A_5, 也有 3 个极点的轨道. 在 2.5.2 小节的分析中, 已经证明了轨道 $\mathcal{O}_3$ 中的 12 个顶点组成正二十面体. 第二个极点轨道 $\mathcal{O}_2$ 有 20 个极点, 分为互相对极的 10 对. 应用与 S_4 的情况相同的推理, 这 20 个极点组成与正二十面体对偶的正十二面体的顶点, 细节从略. 而轨道 $\mathcal{O}_1$ 中的 30 个极点可以构成一个其面既有正五边形也有正三角形的多面体, 它不是正多面体. 它也是阿基米德多面体中的一个, 见图 2.8 中右面的图, 它的英文名称是 icosidodecahedron.

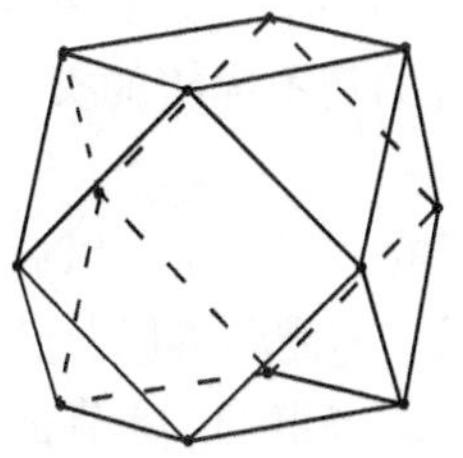
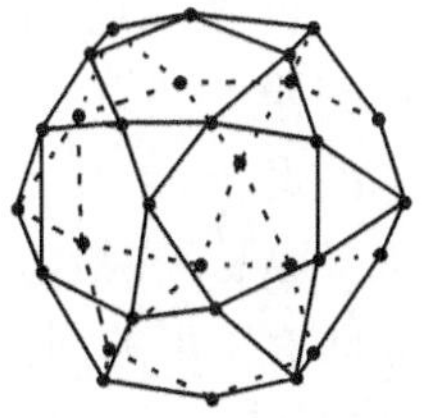

图 2.8 cuboctahedron 和 icosidodecahedron

综上所述, 在三维欧氏空间中只存在正四面体、正六面体、正八面体、正十二面体和正二十面体等 5 种正多面体. □

第 3 章　群的构造理论初步

阅读提示: 本章讲述群的构造理论的初步知识. 3.1 节的 Jordan-Hölder 定理和 3.2 节的 Krull-Schmidt 定理在有限群论中是基本的, 必须认真阅读. 3.3 节讲述由“小群”构造“大群”的方法, 我们介绍了半直积和圈积等. 在 3.4 节讲述 Schur-Zassenhaus 定理时我们给出了不依赖于 Schreier 群扩张理论的证明, 这样就把计算繁琐而冗长的扩张理论放在它的后面, 但它仍保留了最初等的叙述方式. 鉴于计算群论的飞速发展, 在本章的最后一节简单介绍了两个重要的代数计算的软件包MAGMA和GAP.

在学习了有限群几个最基本的定理和若干初等方法之后, 我们转而研究有限群的构造理论.

代数学的基本问题之一就是确定由某些公理定义的代数系究竟有多少互不同构的类型, 即所谓同构分类问题. 对于很多代数系来说, 这个问题已经得到解决. 例如 Wedderburn 环的构造定理, Frobenius 关于实数域上有限维可除代数的分类定理, Cartan 关于复数域上单 Lie 代数的分类定理等. 最简单的, 在学习线性代数时我们知道, 任意域上给定维数的线性空间都彼此同构, 这实际上就是域上有限维线性空间的同构分类定理. 它告诉我们, 从同构的意义上来说, 任意域上给定维数 n 的线性空间只有一个. 又比如, 定理 1.6.1 给出了有限和无限循环群的同构分类定理; 而 1.6.2 小节则解决了有限交换群的同构分类问题, 即证明了每个有限交换群都可分解为若干有限循环群的直积, 并且其基元素的阶被该群唯一确定. 根据在那节中给出的一系列定理我们可以很容易地写出任意给定 n 阶的有限交换群的全部互不同构的类型. 再比如, 在 1.10 节末尾, 应用定理 1.10.18 和定理 1.10.19, 我们对任一素数 p 确定了所有阶至多为 p^3 阶的 p-群的互不同构的类型. 这些都可作为解决同构分类问题成功的例子.

基于同样的想法, Cayley 在给出了抽象群的公理化定义以后, 于 1878 年明确地提出了对于一般的 n 阶有限群的同构分类问题. 和循环群以及交换群的情形迥然不同, 人们发现这个问题是惊人的复杂和困难.《有限群导引》前言中已经提到经过数百名数学家数十年的艰苦努力, 今天我们已经解决了有限单群的同构分类问题. 但距离解决 Cayley 提出的一般有限群的分类还十分遥远. 尽管如此, 近百年来, 我们总算得到了若干具有基本意义的有限群的构造定理, 诸如 Jordan-Hölder 定理、直积分解定理、Schur-Zassenhaus 定理以及 Schreier 群扩张理论等. 它们为解决有限群的同构分类问题指出了方向并勾画了粗糙的轮廓. 本章的目的就是来讲述这些定理, 它们不仅对同构分类问题而且对有限群的整个理论来说都具有基本的意义. 附带地, 我们也来讲述几种由较小的群构造较大的群的方法. 在第 1 章中已经讲过的直积是最简单的一种, 本章中还要介绍半直积 (3.3.1 小节) 和圈积 (3.3.4 小节). 最后, 在 3.7 节中我们简单介绍了两个重要的代数计算的软件包MAGMA和GAP.

3.1 Jordan-Hölder 定理

在开始抽象的讲述和颇为枯燥的逻辑推导之前, 我们先来介绍一下 Jordan-Hölder 定理的基本想法.

设 G 是有限群. 若 G 有非平凡正规子群 N, 则可做商群 G/N. 从某种意义上来说, 我们可把 G 看成是由两个较小的群 N 和 G/N 合成的 (若用本章 3.5 节的术语, G 是 N 被 G/N 的扩张). 假若 N 或 G/N 还有非平凡正规子群, 这种 "分解" 还可以继续下去. 因为 G 是有限群, 这个过程总可以进行到底, 即我们可以找到 G 的一个子群列:

$$G = G_0 > G_1 > G_2 > \cdots > G_{r-1} > G_r = 1,$$

其中 $G_i \trianglelefteq G_{i-1}, i = 1, 2, \cdots, r$, 并且商群 G_{i-1}/G_i 都没有非平凡正规子群, 也就是说都是单群. 因此我们可以认为, G 是由诸单群 $G_{i-1}/G_i, i = 1, 2, \cdots, r$, 合成的. Hölder 就把这样的群列叫做群 G 的*合成群列*, 而把诸单群 G_{i-1}/G_i 叫做 G 的*合成因子*.

这时自然发生一个问题: 群 G 的合成群列是否唯一? 如果不唯一, 又有哪些东西能被群 G 所唯一决定? Jordan-Hölder 定理就回答了这个问题. 它告诉我们, 尽管有限群 G 可以有不同的合成群列, 但它们的长度是唯一确定的, 并且 (从同构的意义上来说) 诸合成因子, 若不计次序, 也被群 G 所唯一决定. 这很类似于正整数的素因子分解唯一性定理, 即算术基本定理. 只要我们把群类比正整数, 单群类比素数, 合成群列类比正整数的一个素因子分解式. 我们知道, 算术基本定理对算术来说具有基本的意义, 因此可以想见 Jordan-Hölder 定理对有限群的重要意义.

类似于合成群列, 我们还可定义群 G 的*主群列*:

$$G = H_0 > H_1 > H_2 > \cdots > H_{s-1} > H_s = 1.$$

它满足: 每个子群 H_i 都是 G 的正规子群 (不仅是 H_{i-1} 的正规子群), 而在 H_{i-1} 和 H_i 之间不能再插入 G 的另一正规子群. 亦即对 $i = 1, 2, \cdots, s$, H_{i-1}/H_i 是 G/H_i 的极小正规子群. 对于主群列, 我们仍可提出上述对合成群列提出的唯一性问题, Jordan-Hölder 定理对它给出了类似合成群列的肯定的回答.

为了给合成群列和主群列一个统一的处理, 并得出更广的结论, 我们先引进算子群的概念.

定义 3.1.1

(1) 设 G 是群, Ω 是一个集合. 对任一 $\alpha\in\Omega$, 指定一个群 G 的自同态: $g\mapsto g^{\alpha}$, $\forall g\in G$, 则称 G 为具有算子集 Ω 的算子群, 或称 G 为一个 Ω-群.

不改变问题的实质, 我们还可改换成另一种说法: 令 Ω 为 $\mathrm{End}(G)$ 的任一子集, 称 (G,Ω) 为一个 Ω-群.

(2) G 的子群 H 叫做*可容许的*(或 Ω-子群), 如果 $H^{\alpha}\leqslant H, \forall\alpha\in\Omega$.

(3) 设 N 是 G 的可容许的正规子群 (或正规 Ω-子群), 则在商群 G/N 中规定

$$(gN)^{\alpha}=g^{\alpha}N,\qquad g\in G,\quad \alpha\in\Omega,$$

可使 G/N 成一 Ω-群. (请读者自行验证.)

(4) 给定两个 Ω-群 G_1, G_2, 称同态映射 ε: $G_1\to G_2$ 为算子同态 (或 Ω-同态), 如果

$$g^{\alpha\varepsilon}=g^{\varepsilon\alpha},\qquad \forall\alpha\in\Omega, g\in G_1.$$

仿此可定义算子同构 (或 Ω-同构).

(5) 称 Ω-群 G 为*不可约的*, 如果 G 没有非平凡的正规 Ω-子群.

容易验证, Ω-群 G 的若干 Ω-子群的交仍为 G 之 Ω-子群; 而由 Ω-子群生成的子群亦为 G 之 Ω-子群.

对于任一给定之抽象群 G, 若取 $\Omega=\mathrm{Inn}(G)$ 使 G 为一 Ω-群, 则 G 的 Ω-子群即为通常的正规子群; 而若取 $\Omega=\mathrm{Aut}(G)$, 则 Ω-子群为通常的特征子群; 若取 $\Omega=\mathrm{End}(G)$, 则 Ω-子群为通常的全不变子群. 这样, 子群、正规子群、特征子群和全不变子群的概念都可统一在 Ω-子群之中 (注意, 亦可取 $\Omega=\varnothing$, 这时 Ω-群即为一般的抽象群, 而 Ω-子群即为通常之子群).

请读者自行验证在第 1 章中讲过的群的同态及同构定理对于 Ω-群也同样成立, 只要在其中把群、子群、同态、同构相应换成 Ω-群、Ω-子群、Ω-同态、Ω-同构即可.

定义 3.1.2 设 G 是 Ω-群. 称群列

$$G=G_0\geqslant G_1\geqslant G_2\geqslant\cdots\geqslant G_r=1 \tag{3.1}$$

为 G 的一个*次正规 Ω-群列*, 如果对于 $i=1,2,\cdots,r$, G_i 是 G 的 Ω-子群, 且 $G_i\trianglelefteq G_{i-1}$.

在次正规 Ω-群列 (3.1) 中, 相邻两项的商群, 即 G_{i-1}/G_i, $i=1,2,\cdots,r$, 叫做群列 (3.1) 的*因子群*.

我们又称 G 的次正规 Ω-群列 (3.1) 为 G 的一个*合成 Ω-群列*, 如果对于 $i=1,2,\cdots,r$, G_i 是 G_{i-1} 的真子群, 并且诸因子群 G_{i-1}/G_i 都是不可约 Ω-群.

若取 $\Omega=\varnothing$, 上述定义就给出了抽象群的次正规群列和合成群列的概念. 而若取 $\Omega=\mathrm{Inn}(G)$, 则称 Ω-群 G 的次正规 Ω-群列为抽象群 G 的**正规群列**或**不变群列**, 而 Ω-群 G 的合成 Ω-群列为 抽象群 G 的**主群列**, 这与本章开头时给出的主群列定义是一致的. 明显地, 对于主群列, 每个主因子 G_{i-1}/G_i 都是特征单群. 自然我们还可取 $\Omega=\mathrm{Aut}(G)$ 来给出抽象群的特征群列的概念, 但目前研究得还不多, 这里不再叙述.

引理 3.1.3 (Zassenhaus) 设 $H_1\trianglelefteq H\leqslant G$, $K_1\trianglelefteq K\leqslant G$, 则有

$$H_1(H\cap K)/H_1(H\cap K_1)\cong K_1(H\cap K)/K_1(H_1\cap K).$$

如果上式中出现的群均为 Ω-群, 则上述同构可为 Ω-同构.

证明 由 $K_1\trianglelefteq K$, 有 $H\cap K_1\trianglelefteq H\cap K$ (见习题 1.3.3). 又因 $H_1\trianglelefteq H$, 由习题 1.3.4 得

$$H_1(H\cap K_1)\trianglelefteq H_1(H\cap K).$$

据第二同构定理, 有

$$\begin{aligned}H_1(H\cap K)/H_1(H\cap K_1)&=H_1(H\cap K_1)(H\cap K)/H_1(H\cap K_1)\\&\cong(H\cap K)/(H_1(H\cap K_1))\cap(H\cap K).\end{aligned}$$

因 $H\cap K_1\leqslant H\cap K$, 由习题 1.2.5, 有

$$\begin{aligned}H_1(H\cap K_1)\cap(H\cap K)&=(H\cap K_1)(H_1\cap(H\cap K))\\&=(H\cap K_1)(H_1\cap K).\end{aligned}$$

代入上式得

$$H_1(H\cap K)/H_1(H\cap K_1)\cong(H\cap K)/(H\cap K_1)(H_1\cap K).$$

同理

$$K_1(H\cap K)/K_1(H_1\cap K)\cong H\cap K/(H_1\cap K)(H\cap K_1),$$

故得结论.

又因同态定理及第一、第二同构定理对 Ω-群都成立, 故此引理对 Ω-群亦成立. 此引理中各群间的关系可见下面的示意图. □

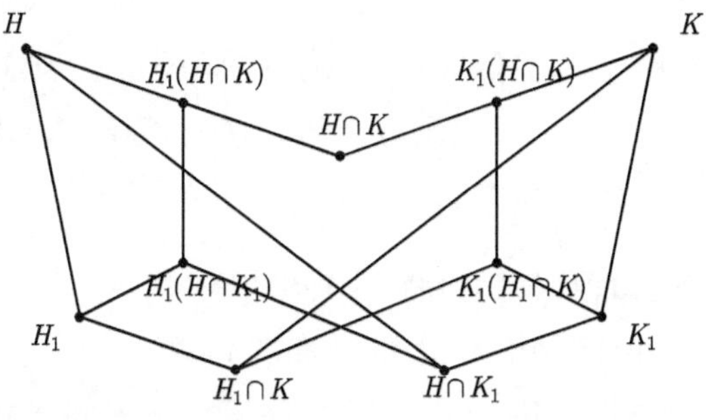

定义 3.1.4 (1) 设 Ω-群 G 有两个次正规 Ω-群列. 如果第一个次正规 Ω-群列中的各项都在第二个次正规 Ω-群列中出现, 则称第二个次正规 Ω-群列为第一个次正规 Ω-群列的*加细*.

(2) Ω-群 G 的两个次正规 Ω-群列称为是*同构的*, 如果它们有相同的长度, 并且在适当编序下, 诸因子群是对应同构的.

定理 3.1.5 (Schreier 加细定理) *设*

$$G = G_0 \geqslant G_1 \geqslant \cdots \geqslant G_r = 1$$

和

$$G = H_0 \geqslant H_1 \geqslant \cdots \geqslant H_s = 1$$

是 Ω-群 G 的两个次正规 Ω-群列, 则它们有同构的加细.

证明 令

$$G_{ij} = G_i(G_{i-1} \cap H_j), \quad H_{ij} = H_j(G_i \cap H_{j-1}).$$

则在上述二群列中插入

$$G_{i-1} = G_{i0} \geqslant G_{i1} \geqslant \cdots \geqslant G_{is} = G_i, \quad i = 1, 2, \cdots, r$$

和

$$H_{j-1} = H_{0j} \geqslant H_{1j} \geqslant \cdots \geqslant H_{rj} = H_j, \quad j = 1, 2, \cdots, s.$$

因为 G_{ij} 和 H_{ij} 仍为 G 的 Ω-子群, 并且由 $H_j \trianglelefteq H_{j-1}$, 有

$$G_{i-1} \cap H_j \trianglelefteq G_{i-1} \cap H_{j-1},$$

即

$$G_{ij} = G_i(G_{i-1} \cap H_j) \trianglelefteq G_i(G_{i-1} \cap H_{j-1}) = G_{i,j-1}.$$

同理有 $H_{ij} \trianglelefteq H_{i-1,j}$. 于是上面作出的两个加细群列确为 G 的次正规 Ω-群列.

我们要证明它们还是同构的. 首先, 它们有相同的长度 rs, 又由引理 3.1.3,

$$\begin{aligned} G_{i,j-1}/G_{ij} &= G_i(G_{i-1} \cap H_{j-1})/G_i(G_{i-1} \cap H_j) \\ &\cong H_j(G_{i-1} \cap H_{j-1})/H_j(G_i \cap H_{j-1}) \\ &= H_{i-1,j}/H_{ij}, \end{aligned}$$

即此二加细了的正规 Ω-群列是同构的. 定理得证. □

定理 3.1.6 (Jordan-Hölder) *设 G 是有限 Ω-群*

$$G = G_0 > G_1 > \cdots > G_r = 1$$

和

$$G = H_0 > H_1 > \cdots > H_s = 1$$

是 G 的任意两个合成 Ω-群列 (注意, 有限群必存在合成群列!), 则它们是同构的.

合成 Ω-群列的诸因子群叫做 G 的 Ω-合成因子.

证明 和上定理相同, 作此二群列的加细, 即插入子群 G_{ij} 和 H_{ij}. 由于原群列已是合成 Ω-群列. 故此加细实际上只是增添一些重复项而已. 据上定理, 加细后的二群列是同构的. 由此推知去掉重复项后仍然同构, 即得所需之结论. □

令 $\Omega = \varnothing$ 和 $\mathrm{Inn}(G)$, 由上定理即得到关于抽象群的合成群列和主群列的相应定理.

注 3.1.7 对于无限 Ω-群 G, 合成 Ω-群列的存在是有条件的. 这些条件即所谓无限群的有限性条件. 常见的有以下几种:

(1) 关于 Ω-子群的升链条件: 对于由 G 的 Ω-子群组成的上升群列 (升链)

$$H_1 \leqslant H_2 \leqslant H_3 \leqslant \cdots,$$

总可找到正整数 k 使 $H_k = H_{k+1} = \cdots$.

(2) 关于 Ω-子群的降链条件: 对于由 G 的 Ω-子群组成的下降群列 (降链)

$$G_1 \geqslant G_2 \geqslant G_3 \geqslant \cdots,$$

总可找到正整数 k 使 $G_k = G_{k+1} = \cdots$.

(3) 关于 Ω-子群的极大条件: 对于由 G 的 Ω-子群组成的任一非空集合 $\mathcal{S}$, 总存在极大元素 $M \in \mathcal{S}$, 即 M 满足: 由 $H \in \mathcal{S}$ 和 $M \leqslant H$ 可推出 $H = M$.

(4) 关于 Ω-子群的极小条件: 对于由 G 的 Ω-子群组成的任一非空集合 $\mathcal{S}$, 总存在极小元素 $M \in \mathcal{S}$, 即 M 满足: 由 $H \in \mathcal{S}$ 和 $M \geqslant H$ 可推出 $H = M$.

容易证明, 升链条件 (1) 和极大条件 (3) 是等价的, 降链条件 (2) 和极小条件 (4) 的等价的.

对于无限 Ω-群 G 来说, G 存在合成 Ω-群列的充要条件是 G 满足关于 Ω-子群的两个链条件 (请读者自行证明). 并且在这个前提之下, Jordan-Hölder 定理仍然成立, 证明亦可不做改动.

有了 Jordan-Hölder 定理, 我们可以给有限可解群一个新的刻画. 这在以后经常要用到.

定理 3.1.8 设 G 为有限群, 则下述两条均为 G 可解之充要条件:

(1) G 的合成因子皆为素数阶循环群;

(2) G 的主因子皆为素数幂阶的初等交换群.

证明　(1) ⇐: 设 G 有合成群列

$$G = G_0 > G_1 > \cdots > G_r = 1,$$

其中 G_{i-1}/G_i 是素数阶循环群, $i = 1, 2, \cdots, r$. 这时可用归纳法证明对任意的 i 都有 $G^{(i)} \leqslant G_i$, 于是 $G^{(r)} = 1$, G 可解.

⇒: 由 G 可解, 知每个合成因子 G_{i-1}/G_i 亦可解. 又由合成因子必为单群, 故必为素数阶循环群.

(2) 由 (1) 及定理 1.8.2 立得. □

下面我们对有限群的主因子再做一些介绍, 它们在以后将会用到. 先给出一个等价的定义.

定义 3.1.9　设 G 是群, $H, K \trianglelefteq G$ 且 $K < H$. 称 H/K 为 G 的一个*主因子*, 如果 H/K 是 G/K 的极小正规子群. 称 H/K 为 G 的一个 p-主因子, 如果素数 p 又整除 $|H/K|$.

令 $C_G(H/K) = \{g \in G \mid [g, h] \in K, \ \forall h \in H\}$, 并称之为主因子 H/K 在 G 中的中心化子.

定义 3.1.10　设 G 是群, H/K 为 G 的一个主因子. 设 $x \in G$, 如下规定 H/K 到 H/K 的映射 σ_x: $Kh \mapsto Kx^{-1}hx$, 则 σ_x 是 H/K 的自同构 (自行验证), 叫做由元素 x 诱导出来的自同构.

由 G 的全体元素诱导出的自同构组成 $\mathrm{Aut}(H/K)$ 的一个子群 $\mathrm{Aut}_G(H/K)$, 叫做 H/K 的由 G 诱导出来的自同构群.

命题 3.1.11　$\mathrm{Aut}_G(H/K) \cong G/C_G(H/K)$.

(读者自行证明.)

在本节的以下部分将介绍次正规子群的概念, 并证明它的两个最基本的性质.

定义 3.1.12　设 G 是群, $H \leqslant G$. 称 H 为 G 的*次正规子群*, 并记作 $H \lhd\lhd G$, 如果 H 在 G 的某个次正规群列中出现.

显然, G 的正规子群都是次正规子群. 但由子群的正规性没有传递性, 即由 $K \trianglelefteq H$ 和 $H \trianglelefteq G$ 一般不能推出 $K \trianglelefteq G$, G 的次正规子群不一定都是正规子群.

定理 3.1.13　*设 G 是群, $H \lhd\lhd G$, $K \lhd\lhd G$, 则 $H \cap K \lhd\lhd G$.*

证明　因为 $H \lhd\lhd G$, $K \lhd\lhd G$, 可设 G 有次正规群列

$$G = H_0 \geqslant H_1 \geqslant \cdots \geqslant H_r = H \geqslant \cdots \geqslant 1$$

和

$$G = K_0 \geqslant K_1 \geqslant \cdots \geqslant K_s = K \geqslant \cdots \geqslant 1.$$

由 $H_i \trianglelefteq H_{i-1}$, $i = 1, 2, \cdots, r$, 有 $K \cap H_i \trianglelefteq K \cap H_{i-1}$. 于是 K 有次正规群列

$$K = K \cap H_0 \geqslant K \cap H_1 \geqslant \cdots \geqslant K \cap H_r = K \cap H \geqslant \cdots \geqslant 1.$$

这得到 $K\cap H \lhd\lhd K$. 又, 显然次正规性具有传递性, 故由 $K\lhd\lhd G$ 和 $K\cap H\lhd\lhd K$ 可得 $K\cap H\lhd\lhd G$. □

定理 3.1.14 *设 G 是有限群, $H\lhd\lhd G$, $K\lhd\lhd G$, 则 $\langle H,K\rangle\lhd\lhd G$.*

为证明这个定理, 我们先引进下面的定义.

定义 3.1.15 设 G 是有限群, $H\lhd\lhd G$. 由 Schreier 加细定理, H 必在 G 的某个合成群列中出现. 又由 Jordan-Hölder 定理, H 在 G 的任一合成群列中出现的项数是一定的, 譬如说是第 l 项 (注意, G 本身算第 0 项), 则我们记 $l=l_G(H)$, 称为 *H 关于 G 的合成长度*.

因为 $1\lhd\lhd G$, 1 关于 G 的合成长度 $l_G(1)$ 常简记作 l_G, 叫做 *G 的合成长度*, 即群 G 的所有合成群列有公共的长度. 如果 $H\lhd\lhd G$, 显然有 $l_G=l_G(H)+l_H$.

我们有下面的引理.

引理 3.1.16 *设 G 是有限群, $H\lhd\lhd G$, $K\lhd\lhd G$, 且 $H<K$, 则 $l_G(H)>l_G(K)$.*

证明 为证明引理, 只需证 H 和 K 可以同时出现在 G 的某个次正规群列中, 从而也同时出现在 G 的某个合成群列中. 设

$$G=H_0\geqslant H_1\geqslant\cdots\geqslant H_r=H\geqslant\cdots\geqslant 1$$

和

$$G=K_0\geqslant K_1\geqslant\cdots\geqslant K_s=K\geqslant\cdots\geqslant 1$$

是 G 的分别包含 H 和 K 的两个次正规群列, 则

$$K=K\cap H_0\geqslant K\cap H_1\geqslant\cdots\geqslant K\cap H_r=H\geqslant\cdots\geqslant 1$$

是 K 的次正规群列, 因而

$$\begin{aligned}G=K_0\geqslant K_1\geqslant\cdots\geqslant K_s=K=K\cap H_0\geqslant K\cap H_1\\ \geqslant\cdots\geqslant K\cap H_r=H\geqslant\cdots\geqslant 1\end{aligned}$$

就是满足条件的 G 的次正规群列. □

引理 3.1.17 *设 G 是群, $H\trianglelefteq G$, $K\lhd\lhd G$, 则 $\langle H,K\rangle=HK\lhd\lhd G$.*

证明 首先, 若 $A\trianglelefteq B\leqslant G$, $H\trianglelefteq G$, 则 $AH\trianglelefteq BH$. 这是因为对任意的 $b\in B$, $h\in H$, 有

$$(AH)^b=A^bH^b=AH,\quad (AH)^h=AH\ (\text{因为 } AH\geqslant H).$$

(或参看习题 1.3.4.)

现在设

$$G=K_0\geqslant K_1\geqslant\cdots\geqslant K_s=K\geqslant\cdots\geqslant 1$$

是 G 的次正规群列. 因为 $K_i \trianglelefteq K_{i-1}, i=1,2,\cdots,s$, 故

$$G = K_0H \geqslant K_1H \geqslant \cdots \geqslant K_sH = HK \geqslant H \geqslant 1$$

也是 G 的次正规群列. 引理得证. □

定理 3.1.14 的证明 设 $l_G(H)=r, l_G(K)=s$, 并设

$$G = H_0 > H_1 > \cdots > H_r = H > \cdots > 1$$

和

$$G = K_0 > K_1 > \cdots > K_s = K > \cdots > 1$$

是 G 的两个分别包含 H 和 K 的合成群列. 由对称性, 不妨设 $r \geqslant s$. 用对 $r+s$ 的归纳法. 当 $r+s \leqslant 2$ 时结论是明显的. 由归纳假设, 可令 $M = \langle H_r, K_{s-1}\rangle \lhd\lhd G$. 如果 M 是 G 的真子群, 则由引理 3.1.16, $l_M(H) < r, l_M(K) < s$, 再由归纳假设, 有 $\langle H, K\rangle \lhd\lhd M$, 自然也有 $\langle H, K\rangle \lhd\lhd G$. 故可设 $M = G$. 假若 $K \trianglelefteq G$, 由引理 3.1.17 可得 $\langle H, K\rangle \lhd\lhd G$. 故又可设 $K \ntrianglelefteq G$, 这时必有 $h \in H$ 使 $K^h \neq K$. 考虑 G 的次正规子群

$$G = K_0 > K_1 > \cdots > K_{s-1} > K_s = K > \cdots > 1$$

和

$$G = K_0 > K_1^h = K_1 > \cdots > K_{s-1}^h > K_s^h = K^h > \cdots > 1,$$

应用归纳假设于 K_1, 注意到 $r \geqslant s$, 可得 $\langle K, K^h\rangle \lhd\lhd K_1$, 自然也有 $\langle K, K^h\rangle \lhd\lhd G$. 又因 $\langle K, K^h\rangle > K$, 由引理 3.1.16, 有 $l_G(\langle K, K^h\rangle) < l_G(K) = s$. 于是归纳假设又给出 $\langle H, K, K^h\rangle \lhd\lhd G$. 而 $\langle H, K, K^h\rangle = \langle H, K\rangle$, 定理得证. □

注 3.1.18 (1) 定理 3.1.14 不仅对有限群成立, 而且对每个存在合成群列的群都成立. 证明可不加改动.

(2) 但一般来说, 定理 3.1.14 对无限群不真. Zassenhaus 举出了一个反例, 可见 [130].

关于有限群的次正规子群还有很多有趣的性质, 可参看 6.7.4 小节.

习 题

下面前 5 题是关于无限 Ω-群的有限性条件的, 读者也可先把它们略去.

3.1.1. 证明任一 Ω-群关于 Ω-子群的升链条件和极大条件等价, 而降链条件和极小条件等价.

3.1.2. 抽象群 G 满足关于子群的极大条件的充要条件为 G 的每个子群都是有限生成的. 这个结论对于 Ω-群成立吗?

3.1.3. 如果 Ω-群 G 满足关于 Ω-子群的极大 (或极小) 条件, 则 G 的每个 Ω-子群和 Ω-商群也满足同一条件.

3.1.4. 设 N 是 Ω-群 G 的正规 Ω-子群, 并且 N 和 G/N 都满足关于 Ω-子群的极大 (或极小) 条件, 则 G 也满足同一条件.

3.1.5. 设群 G 满足关于正规子群的极大条件. 若 $N \trianglelefteq G$, 且 $G \cong G/N$, 则 $N=1$.

3.1.6. 设 H 是有限群 G 的 Hall 子群, 且 $H \lhd \lhd G$, 则 $H \trianglelefteq G$.

3.1.7. 设 G 是有限群, $A \lhd \lhd G$, $B \lhd \lhd G$, 且 $(|A|,|B|)=1$, 则 $\langle A,B\rangle = A\times B$.

3.1.8. 在上题中, 用 A,B 无公共合成因子的条件去代替条件 $(|A|,|B|)=1$, 结论仍然成立.

3.1.9. 举有限群的例子说明, 群的合成群列并不一定都是由某个主群列加细而得来的.

3.1.10. 设群 G 只有两个合成因子, 且都同构于 A_5, 则 $G \cong A_5 \times A_5$.

3.2 Krull-Schmidt 定理

本节的主要目的是对有限群来证明 Krull-Schmidt 直积分解唯一性定理 (定理 3.2.14). 首先, 我们继续讲述 Ω-群的理论.

本节中恒假定 G 是 Ω-群, 并仍以 $\mathrm{End}(G)$ 表示 G 的全体自同态组成的集合.

定义 3.2.1 称 $\mu \in \mathrm{End}(G)$ 为 G 的**正规自同态**, 如果 μ 与 G 的所有内自同构可交换.

命题 3.2.2 *设 μ 是群 G 的正规自同态, 则 $G^\mu \trianglelefteq G$, 并且对任意的 $g\in G$ 有 $g^\mu g^{-1} \in C_G(G^\mu)$.*

证明 对任意的 $g,h\in G$, 我们以 $\sigma(g)$ 表由 g 诱导出的 G 的内自同构, 由 μ 是正规自同态, 便有

$$g^{-1}h^\mu g = h^{\mu\sigma(g)} = h^{\sigma(g)\mu} \in G^\mu,$$

由此即得 $G^\mu \trianglelefteq G$. 又因

$$\begin{aligned} g^\mu g^{-1}\cdot h^\mu (g^\mu g^{-1})^{-1} &= g^\mu h^{\mu\sigma(g)}(g^{-1})^\mu = g^\mu h^{\sigma(g)\mu}(g^{-1})^\mu \\ &= (gh^{\sigma(g)}g^{-1})^\mu = h^\mu, \end{aligned}$$

并由 h 的任意性得 $g^\mu g^{-1} \in C_G(G^\mu)$. □

定义 3.2.3 称 $\mu \in \mathrm{End}(G)$ 为 Ω-群 G 的 **Ω-自同态**, 如果 μ 与 Ω 中每个自同态可交换.

G 的全体 Ω-自同态的集合记作 $\mathrm{End}_\Omega(G)$.

我们以 1 记 G 到自身的恒等映射, 而以 0 记把 G 的每个元素映到单位元素上的自同态. 显然, 1 和 0 都是 G 的 Ω-自同态.

命题 3.2.4 *设 $\mu \in \mathrm{End}_\Omega(G)$, 则 G^μ 和 $\mathrm{Ker}\,\mu$ 都是 G 的 Ω-子群. 又若 μ 是正规 Ω-自同态, 则 G^μ 和 $\mathrm{Ker}\,\mu$ 都是 G 的正规 Ω-子群.*

证明 对于任意的 $\alpha\in\Omega$, 因为

$$(G^\mu)^\alpha = G^{\mu\alpha} = G^{\alpha\mu} \leqslant G^\mu,$$

故 G^μ 是 G 的 Ω-子群. 又对任意的 $x \in \operatorname{Ker}\mu$, 有 $x^\mu = 1$. 于是 $(x^\alpha)^\mu = x^{\alpha\mu} = x^{\mu\alpha} = 1^\alpha = 1$, 即 $x^\alpha \in \operatorname{Ker}\mu$. 这说明 $\operatorname{Ker}\mu$ 是 G 的 Ω-子群. $\operatorname{Ker}\mu$ 作为 μ 的核, 当然是 G 的正规子群. 最后, 若 μ 是正规自同态, 由命题 3.2.2, $G^\mu \trianglelefteq G$. 定理得证. □

关于正规 Ω-自同态最重要的结果是下面的两个定理.

定理 3.2.5 (Schur) 设 G 是不可约 Ω-群, μ 是 G 的正规 Ω-自同态. 若 $\mu \neq 0$, 则 μ 是 G 的 Ω-自同构, 并且 μ^{-1} 亦然.

证明 因为 μ 是 G 的正规 Ω-自同态, 由命题 3.2.4, G^μ 是 G 的正规 Ω-子群. 再由 G 的不可约性及 $\mu \neq 0$ 得 $G^\mu = G$. 另一方面, $\operatorname{Ker}\mu$ 也是 G 的正规 Ω-子群, 再用 $\mu \neq 0$, 得 $\operatorname{Ker}\mu \neq G$, 于是 $\operatorname{Ker}\mu = 1$. 这样 μ 是 G 到自身上的一一映射, 即 μ 是 G 的自同构.

因为 μ 是 G 的自同构, 当然 μ^{-1} 亦然. 为完成证明, 还要证 μ^{-1} 是正规 Ω-自同态, 即 μ^{-1} 与每个 $\alpha \in \Omega$ 以及每个内自同构 $\sigma(g)$ 可交换. 这只需在等式

$$\mu\alpha = \alpha\mu$$

及

$$\mu\sigma(g) = \sigma(g)\mu$$

的两端同时左乘并右乘 μ^{-1} 即可得到

$$\alpha\mu^{-1} = \mu^{-1}\alpha$$

及

$$\sigma(g)\mu^{-1} = \mu^{-1}\sigma(g).$$

定理得证. □

定理 3.2.6 (Fitting) 设 G 是 Ω-群, 满足关于正规 Ω-子群的两个链条件. 如果 μ 是正规 Ω-自同态, 则对充分大的正整数 k 有

$$G = G^{\mu^k} \times \operatorname{Ker}\mu^k.$$

证明 容易看出, 对任意正整数 m, μ^m 也是 G 正规 Ω-自同态. 考虑 G 的正规 Ω-群列

$$G \geqslant G^\mu \geqslant G^{\mu^2} \geqslant \cdots,$$

根据降链条件, 存在正整数 m 使

$$G^{\mu^m} = G^{\mu^{m+1}} = \cdots.$$

再考虑正规 Ω-群列

$$1 \leqslant \operatorname{Ker}\mu \leqslant \operatorname{Ker}\mu^2 \leqslant \cdots,$$

根据升链条件, 存在正整数 n 使

$$\mathrm{Ker}\ \mu^n = \mathrm{Ker}\ \mu^{n+1} = \cdots .$$

取 $k = \max(m, n)$, 则有

$$\mathrm{Ker}\ \mu^k = \mathrm{Ker}\ \mu^{k+1} = \cdots$$

和

$$G^{\mu^k} = G^{\mu^{k+1}} = \cdots .$$

我们证明这时必有 $G = G^{\mu^k} \times \mathrm{Ker}\ \mu^k$.

首先, G^{μ^k} 和 $\mathrm{Ker}\ \mu^k$ 都是 G 的正规 Ω-子群. 为完成证明还只需证 $G^{\mu^k} \cap \mathrm{Ker}\ \mu^k = 1$ 和 $G = G^{\mu^k} \cdot \mathrm{Ker}\ \mu^k$. 设 $g \in G^{\mu^k} \cap \mathrm{Ker}\ \mu^k$, 则有 $g^{\mu^k} = 1$, 并且存在 $h \in G$ 使 $h^{\mu^k} = g$. 于是 $h^{\mu^{2k}} = 1$. 这样 $h \in \mathrm{Ker}\ \mu^{2k} = \mathrm{Ker}\ \mu^k$, 由此又得 $h^{\mu^k} = 1$, 即 $g = 1$. 这证明了 $G^{\mu^k} \cap \mathrm{Ker}\ \mu^k = 1$. 再设 $g \in G$, 则 $g^{\mu^k} \in G^{\mu^k} = G^{\mu^{2k}}$. 于是存在 $h \in G$ 使 $g^{\mu^k} = h^{\mu^{2k}} = (h^{\mu^k})^{\mu^k}$. 这时有 $(gh^{-\mu^k})^{\mu^k} = 1$, 于是 $gh^{-\mu^k} \in \mathrm{Ker}\ \mu^k$. 这样, $g = (gh^{-\mu^k})h^{\mu^k} \in \mathrm{Ker}\ \mu^k \cdot G^{\mu^k}$, 即 $G = G^{\mu^k} \cdot \mathrm{Ker}\ \mu^k$, 定理得证. □

定义 3.2.7 称 Ω-群 G 为不可分解的, 如果 G 不能表成两个非平凡 Ω-子群的直积.

推论 3.2.8 设 G 是不可分解 Ω-群, 满足关于正规 Ω-子群的两个链条件. 若 μ 是 G 的正规 Ω-自同态, 则或者 μ 为自同构, 或者 $\mu^k = 0$, 对某正整数 k 成立.

证明 由定理 3.2.6, 对某正整数 k 有

$$G = G^{\mu^k} \times \mathrm{Ker}\ \mu^k.$$

因为 G 不可分解, 或者 $G^{\mu^k} = 1$, 或者 $\mathrm{Ker}\ \mu^k = 1$. 这就推出或者 $\mu^k = 0$, 或者 $\mathrm{Ker}\ \mu = 1$. 如果出现后者又有 $G^{\mu^k} = G$, 于是有 $G^\mu = G$, 即 μ 是自同构. □

定义 3.2.9 设 G 为群, $\mu, \nu \in \mathrm{End}(G)$. 称 μ, ν 为可加的, 并记 $\mu + \nu = \varepsilon$, 如果如下定义的映射 ε 仍为 G 之自同态:

$$\varepsilon : g \mapsto g^\mu g^\nu, \qquad \forall g \in G.$$

命题 3.2.10 设 $\mu, \nu \in \mathrm{End}(G)$, 则 μ, ν 可加的充要条件为 G^μ 与 G^ν 元素间可交换.

证明

$$\begin{aligned} \mu, \nu\text{可加} &\iff \varepsilon = \mu + \nu \text{ 是 } G \text{ 的自同态} \\ &\iff (gh)^{\mu+\nu} = g^{\mu+\nu} h^{\mu+\nu}, \qquad \forall g, h \in G \\ &\iff (gh)^\mu (gh)^\nu = g^\mu g^\nu h^\mu h^\nu, \qquad \forall g, h \in G \\ &\iff h^\mu g^\nu = g^\nu h^\mu, \qquad \forall g, h \in G. \end{aligned}$$

□

容易验证, 若 G 为 Ω-群, $\mu,\nu\in\mathrm{End}_\Omega(G)$, 且 μ,ν 可加, 则 $\mu+\nu\in\mathrm{End}_\Omega(G)$. 又若 μ,ν 为正规 Ω-自同态, 则 $\mu+\nu$ 亦为正规 Ω-自同态.

命题 3.2.11 设 G 是不可分解的 Ω-群, 满足关于正规 Ω-子群的两个链条件. 若 μ,ν 是 G 的可加的正规 Ω-自同态, 且 $\varepsilon=\mu+\nu$ 是 G 的自同构, 则 μ,ν 中至少有一个是 G 的自同构.

证明 令 $\mu'=\mu\varepsilon^{-1},\nu'=\nu\varepsilon^{-1}$. 因为 μ,ν 可加, 由命题 3.2.10 有

$$h^\mu g^\nu=g^\nu h^\mu,\qquad \forall g,h\in G.$$

用 ε^{-1} 作用于上式两端, 得到

$$h^{\mu'}g^{\nu'}=g^{\nu'}h^{\mu'},\qquad \forall g,h\in G,$$

即 μ',ν' 亦可加. 并且容易验证 μ',ν' 仍为 G 的正规 Ω-自同态, 且满足 $\mu'+\nu'=1$. 于是有

$$\mu'\nu'=\mu'(1-\mu')=(1-\mu')\mu'=\nu'\mu',$$

其中映射 $1-\mu'$ 规定为

$$g^{1-\mu'}=g(g^{-1})^{\mu'}=g(g^{\mu'})^{-1},\qquad \forall g\in G.$$

假定 μ',ν' 都不是 G 的自同构, 由推论 3.2.8, 对充分大的正整数 k 有 $\mu'^k=0$, $\nu'^k=0$. 于是

$$1=(\mu'+\nu')^{2k}=\sum_{j=0}^{2k}\binom{2k}{j}\mu'^{2k-j}\nu'^j=0,$$

矛盾. 故 μ',ν' 中至少有一个, 譬如 μ' 是自同构, 于是 $\mu=\mu'\varepsilon$ 也是 G 的自同构.□

应用归纳法易得到

命题 3.2.11′ 设 G 是不可分解 Ω-群, 满足关于正规 Ω-子群的两个链条件. 若 $\mu_1,\mu_2,\cdots,\mu_s$ 是 G 的两两可加的正规 Ω-自同态, 且 $\varepsilon=\mu_1+\mu_2+\cdots+\mu_s$ 是 G 的自同构, 则存在一个 $\mu_i, 1\leqslant i\leqslant s$ 是 G 的自同构.

(证明从略.)

下面考虑有限 Ω-群的直积分解. 我们先证明

引理 3.2.12 设 G 是 Ω-群, $G_1,\cdots,G_n$ 是 G 的 Ω-子群, 并且 $G=G_1\times\cdots\times G_n$. 对于每个 $i=1,2,\cdots,n$, 如下定义 G 的射影 π_i: 若 $g=g_1\cdots g_n$, 其中 $g_1\in G_1,\cdots,g_n\in G_n$, 则规定 $g^{\pi_i}=g_i$. 我们有 $\pi_i\in\mathrm{End}_\Omega(G), i=1,2,\cdots,n$, 是 G 的两两可加的正规 Ω-自同态, 并且成立

$$\begin{aligned}&\pi_1+\cdots+\pi_n=1;\\&\pi_i^2=\pi_i,\qquad i=1,2,\cdots,n;\\&\pi_i\pi_j=0,\qquad i,j=1,2,\cdots,n,\ \text{且}\,i\neq j.\end{aligned}$$

证明 设 $g=g_1\cdots g_n, h=h_1\cdots h_n$, 其中 $g_i, h_i\in G_i$, $i=1,2,\cdots,n$, 则

$$gh=g_1\cdots g_nh_1\cdots h_n=g_1h_1\cdots g_nh_n.$$

所以

$$(gh)^{\pi_i}=g_ih_i=g^{\pi_i}h^{\pi_i},$$

即 π_i 是自同态. 又设 $\alpha\in\Omega$, 因 $G_i^\alpha\leqslant G_i$, 有

$$G^{\alpha\pi_i}=(G^\alpha)^{\pi_i}=(G_1^\alpha\cdots G_n^\alpha)^{\pi_i}=G_i^\alpha=G^{\pi_i\alpha},$$

故 $\pi_i\in\mathrm{End}_\Omega(G)$.

又因对 $i\neq j$, $G^{\pi_i}=G_i$ 和 $G^{\pi_j}=G_j$ 元素之间可交换, 由命题 3.2.10 得 π_i,π_j 可加.

最后, 等式 $\pi_1+\cdots+\pi_n=1$, $\pi_i^2=\pi_i$, $\pi_i\pi_j=0(i\neq j)$ 属直接验证, 显然成立. 引理得证. □

因为在直积分解式中出现的子群皆为正规子群, 故可假定 Ω 包含 G 的全部内自同构. 这样 Ω-子群就都是正规子群, Ω-自同态也都是正规自同态. 这可使叙述得到简化. 因此在本节的以下部分, 我们恒作这样的假定.

引理 3.2.13 设 G,H 是 Ω-群. 如果 π 是 G 到 H 的 Ω-同态, μ 是 H 到 G 的 Ω-同态, 且 $\pi\mu$ 是 G 的自同构, 则 $H=G^\pi\times\mathrm{Ker}\ \mu$.

证明 首先, G^π 和 $\mathrm{Ker}\ \mu$ 都是 H 的 Ω-子群, 且因为我们假定 Ω 包含 H 的全体内自同构, 它们也都是 H 的正规子群. 因此为完成证明只需证 $G^\pi\cap\mathrm{Ker}\ \mu=1$ 和 $H=G^\pi\cdot\mathrm{Ker}\ \mu$.

设 $h\in G^\pi\cap\mathrm{Ker}\ \mu$, 则对某个 $g\in G$, 有 $h=g^\pi$, 同时又有 $h^\mu=g^{\pi\mu}=1$. 因为 $\pi\mu$ 是 G 的自同构, 得 $g=1$, 于是 $h=1$. 这证明了 $G^\pi\cap\mathrm{Ker}\ \mu=1$.

又对任一 $h\in H$, 有 $h^\mu\in G$. 因 $\pi\mu$ 是 G 的自同构, 存在 $g\in G$ 使 $g^{\pi\mu}=h^\mu$, 故 $(hg^{-\pi})^\mu=1$, 即 $hg^{-\pi}\in\mathrm{Ker}\ \mu$. 于是由

$$h=hg^{-\pi}\cdot g^\pi\in\mathrm{Ker}\ \mu\cdot G^\pi,$$

得 $H=G^\pi\cdot\mathrm{Ker}\ \mu$. 至此已得 $H=G^\pi\times\mathrm{Ker}\ \mu$. □

定理 3.2.14 (Krull-Schmidt) 设 G 是有限 Ω-群, 则 G 可分解为有限个不可分解的 Ω-子群的直积

$$G=G_1\times\cdots\times G_r.$$

又若 $G=H_1\times\cdots\times H_s$ 也是 G 的不可分解 Ω-子群的直积分解式, 则有 $r=s$, 并且对诸 H_i 适当编序后有 Ω-同构 $G_i\cong H_i$, $i=1,2,\cdots,r$.

证明　因 G 是有限群, 可分解性是显然的. 故只需证唯一性. 对 r 用归纳法. 当 $r=1$, 这时 G 不可分解, 结论显然成立. 下面设 $r>1$. 假定 $\pi_1,\cdots,\pi_r$ 和 $\mu_1,\cdots,\mu_s$ 是对应于二分解式的射影. 有

$$1=\pi_1+\cdots+\pi_r=\mu_1+\cdots+\mu_s;$$

$$\pi_i^2=\pi_i,\ \mu_i^2=\mu_i;\ \pi_i\pi_j=\mu_i\mu_j=0,\qquad i\neq j.$$

由此推出

$$\pi_1=(\mu_1+\cdots+\mu_s)\pi_1=\mu_1\pi_1+\cdots+\mu_s\pi_1.$$

把上述映射限制在 G_1 上, 因 π_1 是 G_1 的自同构, 由命题 3.2.11, $\mu_1\pi_1,\cdots,\mu_s\pi_1$ 中至少有一个是 G_1 的自同构. 不妨设 $\mu_1\pi_1$ 是 G_1 的自同构. 考虑映射

$$G_1\xrightarrow{\mu_1}H_1\xrightarrow{\pi_1}G_1,$$

由引理 3.2.13, $H_1=G_1^{\mu_1}\times\operatorname{Ker}\pi_1$. 又因 μ_1 必为单射, π_1 为满射, 有 $G_1^{\mu_1}\neq 1$, $\operatorname{Ker}\pi_1\neq H_1$. 据 H_1 的不可分解性, 得 $G_1^{\mu_1}=H_1$, $\operatorname{Ker}\pi_1=1$. 这样 μ_1 是 G_1 到 H_1 的 Ω-同构, π_1 是 H_1 到 G_1 的 Ω-同构.

现在我们再证明 $\overline{G}=H_1(G_2\times\cdots\times G_r)$ 也是直积, 这只需证单位元素 1 的表法唯一. 令

$$1=h_1g_2\cdots g_r,\qquad h_1\in H_1,g_2\in G_2,\cdots,g_r\in G_r,$$

以 π_1 作用在上式两端得 $h_1^{\pi_1}=1$. 因 π_1 是 H_1 到 G_1 的同构, 故得 $h_1=1$. 于是又有 $g_2\cdots g_r=1$, 从而得到 $g_2=1,\cdots,g_r=1$. 这样

$$\overline{G}=H_1\times G_2\times\cdots\times G_r.$$

因为 $\overline{G}\leqslant G$, 比较阶即得 $G=H_1\times G_2\times\cdots\times G_r$. 于是

$$G/H_1\cong G_2\times\cdots\times G_r.$$

又因 $G=H_1\times H_2\times\cdots\times H_s$, 有

$$G/H_1\cong H_2\times\cdots\times H_s.$$

所以

$$G_2\times\cdots\times G_r\cong H_2\times\cdots\times H_s.$$

设 α 是上述同构的一个同构映射, 则有

$$G_2^\alpha\times\cdots\times G_r^\alpha=H_2\times\cdots\times H_s.$$

于是由归纳假设即得 $r=s$, 并对诸 H_i 适当编序后有 $G_2^\alpha\cong H_2,\cdots,G_r^\alpha\cong H_r$. 而因 $G_i^\alpha\cong G_i$, 故得 $G_i\cong H_i$, $i=2,3,\cdots,r$. 定理证毕. □

注 3.2.15 定理 3.2.14 对关于正规 Ω-子群满足两个链条件的无限 Ω-群亦成立, 证明只有两处需要改动: 一处是需用两个链条件推出 G 可分解为有限多个不可分解的 Ω-子群的直积, 请读者自行证明. 另一处是要证 $\overline{G}=G$(比较阶的方法对无限群已行不通), 这可如下进行: 令

$$\rho=\pi_1\mu_1+\pi_2+\cdots+\pi_r,$$

则 ρ 是 G 到 $\overline{G}$ 的映射. 由 $H_1\times G_2\times\cdots\times G_r$ 是直积可推出 $\pi_1\mu_1,\pi_2,\cdots,\pi_r$ 两两可加, 于是 $\rho\in\mathrm{End}_\Omega(G)$. 并且易证 ρ 是单同态, 于是 ρ 是 G 到 $\overline{G}$ 上的同构. 考虑

$$G\geqslant G^\rho\geqslant G^{\rho^2}\geqslant\cdots,$$

由降链条件存在 k 使 $G^{\rho^k}=G^{\rho^{k+1}}=\cdots$, 故对 $g\in G$, 可找到 $\bar{g}\in G$ 使 $g^{\rho^k}=\bar{g}^{\rho^{k+1}}$. 从而推出 $(g\bar{g}^{-\rho})^{\rho^k}=1$. 由 ρ 是单射, $g\bar{g}^{-\rho}=1$, 这样就得到 $g=\bar{g}^\rho$, 故 $G^\rho=G$, 于是 ρ 又是满射, 即 $G=\overline{G}$.

习 题

3.2.1. 设 V 是复数域 $\mathbb{C}$ 上 n 维向量空间, 则 V 的加法群可以看成是以 $\mathbb{C}$ 为算子集合的算子群. 任一线性变换 μ 可看作 V 的 $\mathbb{C}$-同态. 试用这个例子解释 Fitting 定理 (定理 3.2.6).

3.2.2. 接上题, 设 λ 是 μ 的一个特征根, 1 是 V 的恒等变换. 令 $\beta=\lambda\cdot 1-\mu$, 则 β 亦为 V 的 $\mathbb{C}$-自同态. 由 Fitting 定理, 存在正整数 k 使

$$V=\mathrm{Ker}\ \beta^k\oplus V^{\beta^k}.$$

证明 $\mathrm{Ker}\ \beta^k$ 是 V 中对应于特征根 λ 的全体根向量组成的子空间, 即属于 λ 的根子空间. 从而推出 V 可分解为属于 μ 的不同特征值的根子空间的直和.

3.2.3. 应用习题 3.2.2 和 Krull-Schmidt 定理证明复数域上矩阵的 Jordan 标准型的分解定理.

3.2.4. 设 G 是有限 p-群, $Z(G)$ 是循环群, 则 G 为不可分解群.

3.3 由"小群"构造"大群"

在本节中我们将介绍几种由较小的群构造较大的群的方法. 最简单的是 §1.5 中讲述的群的直积, 对此读者已经非常熟悉. 下面我们再来介绍群的半直积、循环群的循环扩张 (亚循环群) 以及群的圈积.

3.3.1　群的半直积

定义 3.3.1　设 N, F 为两个抽象群, $\alpha : F \to \mathrm{Aut}(N)$ 是同态映射, 则N 和 F 关于 α 的半直积 $G = N \rtimes_{\alpha} F$ 规定为

$$G = F \times N = \{(x, a) \mid x \in F, a \in N\},$$

运算为

$$(x,a)(y,b) = (xy, a^{\alpha(y)}b); \tag{3.2}$$

或者

$$G = N \times F = \{(a, x) \mid a \in N, x \in F\},$$

运算为

$$(a,x)(b,y) = (ab^{\alpha(x)^{-1}}, xy).$$

读者可直接验证如上规定的半直积确实成群, 并且两种形式规定的半直积是同构的 (因此我们在符号上不加区别, 都用 G 表示). 若把 F, N 分别与 $\{(x,1) \mid x \in F\}$, $\{(1,a) \mid a \in N\}$ (或者 $\{(1,x) \mid x \in F\}$, $\{(a,1) \mid a \in N\}$) 等同看待, 则 $G = NF = FN$, 且 $N \cap F = 1$, 即 F 是 N 在 G 中的补子群, N 也是 F 在 G 中的补子群. 反过来, 如果一个有限群 G 有一个正规子群 N 和一个子群 F 满足 $G = NF = FN$ 和 $N \cap F = 1$, 则 G 同构于 N 和 F 的半直积, 这时也称 G 是 N 和 F 的半直积.

对于半直积 $G = N \rtimes_{\alpha} F$, 若取 $\alpha = 0$, 即对每个 $x \in F$, $\alpha(x)$ 都是 N 的恒等映射, 则 G 就变成 N 和 F 的直积.

例 3.3.2　设 N 是 4 阶循环群, F 是 2 阶循环群. 求 N 和 F 的不同于直积的半直积.

解　设 $N = \langle a \rangle$ 是 4 阶循环群, $F = \langle b \rangle$ 是 2 阶循环群, 则 $\mathrm{Aut}(N) \cong Z_2$, 其仅有的 2 阶自同构是 $\eta : a \mapsto a^{-1}$. 规定 F 到 $\mathrm{Aut}(N)$ 的同态 α: $b \mapsto \eta$, 则 b 在 $N = \langle a \rangle$ 上的作用相当于 N 的 2 阶自同构. 故半直积 G 有定义关系

$$G = \langle a, b \mid a^4 = b^2 = 1, b^{-1}ab = a^{-1} \rangle,$$

即 G 是 8 阶二面体群. □

给定 N 和 F, 映射 $\alpha : F \to \mathrm{Aut}(N)$ 和 $\beta : F \to \mathrm{Aut}(N)$ 是两个 F 到 $\mathrm{Aut}(N)$ 的同态映射, 则得到的半直积 $G = N \rtimes_{\alpha} F$ 和 $H = N \rtimes_{\beta} F$ 一般来说是不同构的. 但我们有下面的命题.

命题 3.3.3　如果存在 $\eta \in \mathrm{Aut}(N)$ 使对每个 $x \in F$ 有 $\beta(x) = \eta^{-1}\alpha(x)\eta$, 则 $G \cong H$.

证明 G 和 H 作为集合来说是一样的, 都是 F 和 N 的积集 $F\times N=\{(x,a)\mid x\in F, a\in N\}$, 但运算的定义 (3.2) 式则依赖于不同的 α 和 β. 把群 G 中的元素 (x,a) 对应到群 H 中的元素 (x,a^η), 显然这是 G 到 H 的一一映射. 因为在 H 中,

$$(x,a^\eta)(y,b^\eta)=(xy,(a^\eta)^{\beta(y)}b^\eta)=(xy,(a^\eta)^{\eta^{-1}\alpha(y)\eta}b^\eta)=(xy,(a^{\alpha(y)}b)^\eta),$$

故这个映射是群 G 到群 H 的同构. □

例 3.3.4 设 N 是 8 阶二面体群, F 是 2 阶循环群. 求 N 和 F 的半直积.

解 设 $N=\langle a,b\mid a^4=b^2=1, b^{-1}ab=a^{-1}\rangle\cong D_8$, $F=\langle c\mid c^2=1\rangle$. 由习题 1.7.1, $\mathrm{Aut}(N)\cong D_8$, 且有 5 个 2 阶元. 它们是: $\alpha: a\mapsto a, b\mapsto ba^2$, $\beta_0: a\mapsto a^{-1}, b\mapsto b$, $\beta_1: a\mapsto a^{-1}, b\mapsto ba$, $\beta_2: a\mapsto a^{-1}, b\mapsto ba^2$ 和 $\beta_3: a\mapsto a^{-1}, b\mapsto ba^3$. 其中 $\alpha\in Z(\mathrm{Aut}(N))$, 而 β_0 和 β_2 共轭, β_1 和 β_3 共轭. 由命题 3.3.3, c 在 N 上的作用相当于自同构 β_0 和 β_2 的两个半直积同构, 而相当于自同构 β_1 和 β_3 的两个半直积同构. 因此, 除直积 $N\times F$ 外, 可得下列三个群:

$$G_1=N\rtimes_\alpha F=\langle a,b,c|a^4=b^2=c^2=1, a^b=a^{-1}, a^c=a, b^c=ba^2\rangle,$$

$$G_2=N\rtimes_{\beta_0} F=\langle a,b,c|a^4=b^2=c^2=1, a^b=a^{-1}, a^c=a^{-1}, b^c=b\rangle,$$

和

$$G_3=N\rtimes_{\beta_1} F=\langle a,b,c|a^4=b^2=c^2=1, a^b=a^{-1}, a^c=a^{-1}, b^c=ba\rangle.$$

计算三群的中心, 得 $Z(G_1)=\langle ac\rangle\cong Z_4$, $Z(G_2)=\langle a^2,bc\rangle\cong Z_2^2$, $Z(G_3)=\langle a^2\rangle\cong Z_2$, 故三群不同构 (计算细节从略). 我们还可以看出 $G_2=N\times\langle bc\rangle$ 同构于 N 和 F 的直积; 而 $G_3=\langle bc\rangle\rtimes\langle b\rangle\cong D_{16}$. 总结一下, 除直积外, 只有 G_1 和 G_2 两个群. □

3.3.2 中心积

定义 3.3.5 设 G 是群, A, B 是 G 的子群, $K=A\cap B$. 称 G 为 A 和 B 的关联 K 的中心积, 记作 $G=A*_K B$, 如果 $G=AB$, 且 A 与 B 间元素可交换.

由此定义, 显然 A 和 B 均为 G 的正规子群, 且 $K\leqslant Z(G)$. 特别地, 如果 $K=1$, G 就变成了 A 和 B 的直积. 因此, 直积也是中心积的特例. 如果 K 恰好为 A 和 B 之一的中心, 而又包含于另一个的中心, 我们常简记 $G=A*_K B$ 为 $G=A*B$.

例 3.3.6 $D_8*Z_4\cong Q_8*Z_4$.

证明 设 $Q_8=\langle a,b\rangle$, $Z_4=\langle x\rangle$, $G=Q_8*Z_4=\langle a,b,x\rangle$, 则有 $a^2=b^2=x^2$, $a^b=a^{-1}$. 令 $c=ax$, $d=bx$, 则 $c^2=d^2=1$, $cd=axbx=ab^3=ba$ 是 4 阶元, 且 $\langle c,d\rangle\cong D_8$, $Z(\langle c,d\rangle)=(cd)^2=x^2$. 所以 $G=\langle c,d\rangle*\langle x\rangle\cong D_8*Z_4$. □

注意, 在使用符号 $A*B$ 时要十分小心. 假如 $K=Z(A)$, 而 $Z(B)$ 中只有唯一的子群同构于 K, 则 $A*B$ 是无歧义的. 否则, 符号 $A*B$ 也是有歧义的. (为什

么?) 但在本书中, 我们使用符号 $A*B$ 时, 如无特殊说明, 都假定 $A\cap B$ 是 A, B 中一个的中心, 而在另一个的中心中是唯一确定的.

中心积在分类超特殊 p-群时是非常重要的工具, 而超特殊 p-群在有限单群的研究中十分有用 (超特殊 p-群是这样的有限非交换 p-群 G, 满足 $\Phi(G)=G'=Z(G)$ 是 p 阶循环群). 下面我们证明在分类超特殊 p-群时要用到的两个结果. 而超特殊 p-群的完全分类将在第 5 章 5.8 节中讲述.

引理 3.3.7　$Q_8*Q_8\cong D_8*D_8$.

证明　设 $G=\langle a_1,b_1\rangle*\langle a_2,b_2\rangle\cong Q_8*Q_8$, 则易验证 b_1a_2 和 a_1b_2 均为 2 阶元, 且 $G=\langle a_1,b_1a_2\rangle\langle a_2,a_1b_2\rangle$. 又, 易验证 $[a_1,a_2]=[a_1,a_1b_2]=[b_1a_2,a_2]=[b_1a_2,a_1b_2]=1$, 故 $G=\langle a_1,b_1a_2\rangle*\langle a_2,a_1b_2\rangle$. 但 $[a_1,b_1a_2]\neq 1$, $[a_2,a_1b_2]\neq 1$, 于是子群 $\langle a_1,b_1a_2\rangle$ 和 $\langle a_2,a_1b_2\rangle$ 均同构于 D_8, 引理证毕. □

下面假设 $p>2$. 我们用 M 和 N 分别表示方次数为 p^2 和 p 的 p^3 阶非交换群 (关于 p^3 阶群的分类可见定理 1.10.19).

引理 3.3.8　$M*M\cong M*N$.

证明　设 $G=\langle a_1,b_1\rangle*\langle a_2,b_2\rangle\cong M*M$, 其中 $o(a_i)=p^2$, $o(b_i)=p$, $a_i^{b_i}=a_i^{1+p}$, $i=1,2$. 于是有 $a_1^p\in Z(G)$, $a_2^p\in Z(G)$. 用 a_2 的适当方幂代替 a_2, 可令 $a_1^p=a_2^p$. 令 $x_2=a_2a_1^{-1}$, 则 $x_2^p=(a_2a_1^{-1})^p=1$. 易验证 $H:=\langle b_2,x_2\rangle\cong N$, 且 $G=\langle a_1,b_1\rangle*H\cong M*N$. □

3.3.3　亚循环群

本小节讲述由两个循环群得到的所谓亚循环群. 具体定义如下:

定义 3.3.9　称 G 为*亚循环群*, 如果 G 有循环正规子群 N, 使商群 G/N 也是循环群.

若使用群扩张理论 (将在 3.5 节中讲述) 的术语, 亚循环群就是循环群被循环群的扩张.

下面的 Hölder 定理决定了有限亚循环群的构造.

定理 3.3.10　*设 $n,m\geqslant 2$ 为正整数, G 是 n 阶循环群 N 被 m 阶循环群 F 的扩张, 则 G 有如下定义关系:*

$$G=\langle a,b\rangle,\quad a^n=1,\quad b^m=a^t,\quad b^{-1}ab=a^r, \tag{3.3}$$

其中参数 n,m,t,r 满足关系式

$$r^m\equiv 1 \pmod n,\quad t(r-1)\equiv 0 \pmod n. \tag{3.4}$$

反之, 对每组满足 (3.4) 式的参数 n,m,t,r, (3.3) 式都确定一个 n 阶循环群被 m 阶循环群的扩张.

证明 设 G 是一个这样的扩张, $N=\langle a\rangle$, $a^n=1$. 因为 G/N 是 m 阶群, 有 $b^m=a^t$, 其中 $G/N=\langle bN\rangle$. 又因 $N\trianglelefteq G$, 可设 $b^{-1}ab=a^r$. 这样 G 有形如 (3.3) 式的定义关系. 因为 b^m 与 a 可交换, $a=b^{-m}ab^m=a^{r^m}$, 推出 $r^m\equiv 1 \pmod n$. 又因为 b 与 a^t 可交换,$a^t=b^{-1}a^tb=a^{tr}$, 推出 $t(r-1)\equiv 0 \pmod n$. 故 (3.4) 式成立.

反过来, (3.3) 和 (3.4) 式的确给出一个 nm 阶的亚循环群. 因为这时可设 $G=\{b^ja^i \mid 0\leqslant j\leqslant m-1, 0\leqslant i\leqslant n-1\}$. 并规定

$$b^ja^i\cdot b^ka^s=b^{j+k}a^{ir^k+s}.$$

可以验证 G 对于上述乘法成群, 并且 $N=\{a^i \mid 0\leqslant i\leqslant n-1\}$ 是 G 的正规子群, 且 $G/N\cong Z_m$. (请读者自行验证, 细节从略.) □

关于亚循环群的同构分类问题, 作者仅知 Basmaji 有一文章, 称已经解决同构问题, 见 [13]. 但 King 称该文的主要定理是错误的, 见 [69], 因此才先来分类亚循环 p-群.

最后, 我们举一个例子来说明前述理论如何用来解决比较简单的群的同构分类问题.

例 3.3.11 决定所有的 12 阶群.

解 首先, 由交换群分解定理, 12 阶交换群只有两种类型, 即 $Z_3\times Z_4$ 和 $Z_3\times Z_2\times Z_2$, 故以下可假定该群 G 非交换. 这时 G 的 Sylow 2-子群和 Sylow 3-子群不能都在 G 中正规.

(1) 若 G 的 Sylow 3-子群 H 非正规, 则显然 H 的核 $H_G=1$, 于是 G 在 H 上的置换表示是 G 的忠实表示. 因为 $|G:H|=4$, 有 $G\lesssim S_4$. 容易证明 S_4 中只有一个 12 阶子群 A_4(请读者自证). 于是有 $G\cong A_4$.

(2) 若 G 的 Sylow 3-子群 H 在 G 中正规, 则 G 的 Sylow 2-子群 S 不正规. 此时 $G=H\rtimes S$. 对子群 H 应用 N/C 定理, 有

$$G/C_G(H)\lesssim \mathrm{Aut}(H)\cong Z_2.$$

由 G 非交换, 只能有 $G/C_G(H)\cong Z_2$. 这时 $|C_G(H)|=6$, 必有 $C_G(H)\cong Z_6$. 故 G 为 Z_6 被 Z_2 的扩张. 由定理 3.3.10, G 有定义关系:

$$u^6=1,\quad v^2=u^t,\quad v^{-1}uv=u^r,$$

$$r\not\equiv 1 \pmod 6,\quad r^2\equiv 1 \pmod 6,\quad t(r-1)\equiv 0 \pmod 6.$$

由上述同余式可解得 $r\equiv -1$, $t\equiv 3$ 或 $0 \pmod 6$. 这分别对应于 G 为 12 阶二面体群 D_{12} 和 12 阶广义四元数群 (广义四元数群的定义见 1.6.6 小节). 又因为前者无 4 阶元, 后者有 4 阶元, 这两个群不会同构.

总结一下, 12 阶群有以下 5 种互不同构的类型:

(I) 交换群:

(1) $G \cong Z_3 \times Z_4$;

(2) $G \cong Z_6 \times Z_2$;

(II) 非交换群:

(3) $G \cong A_4$;

(4) $G = \langle u, v\rangle,\ u^6 = 1, v^2 = 1, v^{-1}uv = u^{-1}$;

(5) $G = \langle u, v\rangle,\ u^6 = 1, v^2 = u^3, v^{-1}uv = u^{-1}$. □

3.3.4 圈积、对称群的 Sylow 子群

定义 3.3.12 设 G 是群, H 是有限集合 Ω 上的置换群. 为简便计, 令 $\Omega = \{1, 2, \cdots, n\}$. 再设 N 是 G 的n 次直接幂, 即 n 个 G 的 (外) 直积:

$$N = \underbrace{G \times \cdots \times G}_{n\text{个}}.$$

对于任意的 $h \in H$, 容易验证如下规定的映射 $\alpha(h)$ 是 N 的一个自同构:

$$(g_1, \cdots, g_n)^{\alpha(h)} = (g_{1^{h^{-1}}}, \cdots, g_{n^{h^{-1}}}), \qquad g_i \in G,\ i = 1, 2, \cdots, n,$$

并且满足 $\alpha(hh') = \alpha(h)\alpha(h'),\ \forall h, h' \in H$. 这样 $\alpha : H \to \mathrm{Aut}(N)$ 是同态.① 据定义 3.3.1, 作 N 和 H 关于 α 的半直积 $N \rtimes_\alpha H$, 叫做 G 和 H 的圈积, 记作 $G \wr H$. 如果明确写出, 即

$$G \wr H = \{(g_1, \cdots, g_n; h) \mid g_i \in G, h \in H\},$$

其中乘法如下规定:

$$(g_1, \cdots, g_n; h)(g'_1, \cdots, g'_n; h') = (g_1 g'_{1^h}, \cdots, g_n g'_{n^h}; hh').$$

根据这个定义, 一个抽象群 G 和一个有限置换群 H 的圈积 $G \wr H$ 是一个抽象群. 又显然有

命题 3.3.13 *若 G 也是有限群, 则*

$$|G \wr H| = |G|^n |H|.$$

① 为真正弄清圈积的构造, 请读者务必仔细验证并搞清 α 为什么是 H 到 $\mathrm{Aut}(N)$ 内的同态. 注意, 如果对任意的 $h \in H$, 如下规定映射 $\beta(h)$:

$$(g_1, \cdots, g_n)^{\beta(h)} = (g_{1^h}, \cdots, g_{n^h}), \qquad g_i \in G,\ i = 1, 2, \cdots, n,$$

则 $\beta(h)$ 亦为 N 的自同构. 但 β 却不是 H 到 $\mathrm{Aut}(N)$ 内的同态, 而是反同态, 即满足

$$\beta(hh') = \beta(h')\beta(h), \qquad \forall h, h' \in H.$$

注 3.3.14 容易验证, 在圈积 $G \wr H$ 中,

$$\tilde{G} = \{(g, 1, \cdots, 1; 1) \mid g \in G\}$$

和

$$\tilde{H} = \{(1, 1, \cdots, 1; h) \mid h \in H\}$$

分别为 $G \wr H$ 的同构于 G 和 H 的子群. 如果把 $G, \tilde{G}$ 以及 $H, \tilde{H}$ 等同看待, 可认为 G, H 都是 $G \wr H$ 的子群, 并且有 $G \wr H = \langle G, H \rangle$. (证明留给读者作为习题.)

注 3.3.15 如果在定义 3.3.12 中, 又假定 G 是有限集合 Δ 上的置换群, 则可依下述方式把圈积 $G \wr H$ 看作 $\Delta \times \Omega$ 上的置换群: 对于 $\delta \in \Delta$, $i \in \Omega$, 规定

$$(\delta, i)^{(g_1, \cdots, g_n; h)} = (\delta^{g_i}, i^h).$$

这时我们有圈积的结合律:

命题 3.3.16 设 G, H, K 分别为集合 Δ, Ω, Γ 上的置换群, 则 $(G \wr H) \wr K$ 和 $G \wr (H \wr K)$ 分别可看作集合 $(\Delta \times \Omega) \times \Gamma$ 和 $\Delta \times (\Omega \times \Gamma)$ 上的置换群. 且若把 $(\Delta \times \Omega) \times \Gamma$ 和 $\Delta \times (\Omega \times \Gamma)$ 等同看待, 都看成是 $\Delta \times \Omega \times \Gamma$, 则有

$$(G \wr H) \wr K = G \wr (H \wr K).$$

证明 由注 3.3.15 得命题的前半部分. 为证命题的后半部分, 不失普遍性可设 $\Delta = \{1, 2, \cdots, m\}$, $\Omega = \{1, 2, \cdots, n\}$, $\Gamma = \{1, 2, \cdots, s\}$. 对于 $(G \wr H) \wr K$ 中的任意元素

$$x = (g_{11}, \cdots, g_{n1}; h_1; g_{12}, \cdots, g_{n2}; h_2; \cdots; g_{1s}, \cdots, g_{ns}; h_s; k),$$

其中 $g_{ir} \in G, h_r \in H, k \in K$; $i = 1, 2, \cdots, n; r = 1, 2, \cdots, s$. 相应地, 在 $G \wr (H \wr K)$ 中有元素

$$y = (g_{11}, \cdots, g_{n1}, g_{12}, \cdots, g_{n2}, \cdots, g_{1s}, \cdots, g_{ns}; h_1, \cdots, h_s; k),$$

反之亦然. 由直接验证知, x 和 y 作为 $\Delta \times \Omega \times \Gamma$ 上的置换是相等的. 这因为, 对于 $\Delta \times \Omega \times \Gamma$ 的任意元素 (δ, i, r), $\delta \in \Delta$, $i \in \Omega$, $r \in \Gamma$, 有

$$\begin{aligned}
(\delta, i, r)^x &= ((\delta, i)^{(g_{1r}, \cdots, g_{nr}; h_r)}, r^k) \\
&= (\delta^{g_{ir}}, i^{h_r}, r^k), \\
(\delta, i, r)^y &= (\delta^{g_{ir}}, (i, r)^{(h_1, \cdots, h_r; k)}) \\
&= (\delta^{g_{ir}}, i^{h_r}, r^k).
\end{aligned}$$

于是 $(\delta,i,r)^x=(\delta,i,r)^y$, $\forall\delta\in\Delta, i\in\Omega, r\in\Gamma$, 即 $x=y$. 于是得

$$(G\wr H)\wr K=G\wr(H\wr K).\qquad\square$$

下面我们讨论对称群 S_n 的 Sylow p-子群. 设 $P\in \mathrm{Syl}_p(S_n)$, 则 $|P|=|S_n|_p=(n!)_p$. 令 $|P|=p^{s(n)}$, 则由初等数论知

$$s(n)=\left[\frac{n}{p}\right]+\left[\frac{n}{p^2}\right]+\cdots,$$

其中 $[a]$ 表示实数 a 的整数部分. 现在令

$$n=a_rp^r+a_{r-1}p^{r-1}+\cdots+a_1p+a_0,$$

其中 $0\leqslant a_i\leqslant p-1$, $i=0,1,\cdots,r$, 且 $a_r\neq 0$. 则容易验证

$$s(n)=a_rs(p^r)+a_{r-1}s(p^{r-1})+\cdots+a_1s(p)+a_0s(1).$$

这样, 欲求 S_n 的 Sylow p-子群, 只要把 n 个文字如下分组, 使得有 a_r 组每组包含 p^r 个文字, a_{r-1} 组每组包含 p^{r-1} 个文字, $\cdots, a_1$ 组每组包含 p 个文字, a_0 组每组包含 1 个文字. 如果对于每一组, 譬如含 p^i 个文字的, 我们能求出作用在它们上的一个 $p^{s(p^i)}$ 阶子群, 即作用在它们上面的对称群的 Sylow p-子群. 那么, 我们把所有这些子群 (均看成是作用在全部 n 个文字上的) 作直积即得到 S_n 的一个 $p^{s(n)}$ 阶子群, 它就是 S_n 的一个 Sylow p-子群. 用这种办法, 我们把问题化归为 n 是 p 的方幂的情形. 而下面的定理又解决了这个问题.

定理 3.3.17 设 Z_p 是 $\Omega=\{1,2,\cdots,p\}$ 上的 p 阶循环置换群, 则

$$P=\underbrace{Z_p\wr Z_p\wr\cdots\wr Z_p}_{r\text{个}}$$

看作 p^r 个文字的集合 $\Gamma=\underbrace{\Omega\times\Omega\times\cdots\times\Omega}_{r\text{个}}$ 上的置换群, 其阶为 $p^{s(p^r)}$, 因此是 S_Γ 的 Sylow p-子群.

证明 由命题 3.3.16, 置换群的圈积成立结合律, 故 $P=Z_p\wr Z_p\wr\cdots\wr Z_p$ 是有意义的, 并可看作是 Γ 上的置换群. 由命题 3.3.13, 计算得

$$|P|=p^{p^{r-1}+p^{r-2}+\cdots+1}=p^{s(p^r)}.$$

因为 S_Γ 的 Sylow p-子群的阶应为 $p^{s(p^r)}$, 与 $|P|$ 相等, 故 $P\in\mathrm{Syl}_p(S_\Gamma)$. $\square$

至此我们已经弄清对称群的 Sylow p-子群的构造, 下面再给一个具体的例子.

例 3.3.18 设 p 是素数, $\Delta=\{1,2,\cdots,p^2\}$. 试写出 S_Δ 的 Sylow p-子群的生成元.

解 令 $\Omega=\{1,2,\cdots,p\}$, 则 $Z_p=\langle a\rangle$, $a=(1\ 2\cdots\ p)$ 是 S_Ω 的 Sylow p-子群. 再令 $\Gamma=\Omega\times\Omega$. 由定理 3.3.17, $P=Z_p\wr Z_p$ 是 S_Γ 的 Sylow p-子群. 据注 3.3.14, $P=\langle x,y\rangle$, 其中 $x=(a,1,\cdots,1;1)$, $y=(1,1,\cdots,1;a)$. 具体写出 x 和 y 在 Γ 上的作用如下: 对 $i,j=1,2,\cdots,p$, 有

$$(i,j)^x=\begin{cases}(i^a,j), & j=1\\ (i,j), & j\neq 1,\end{cases}$$

$$(i,j)^y=(i,j^a).$$

因映射 $(i,j)\mapsto i+pj-p$ 是 Γ 到 Δ 上的一一映射, 易看出若把 x,y 看成是 Δ 上的置换应有下列形状的轮换分解式:

$$\begin{aligned}x&=(1\ 2\ \cdots\ p),\\ y&=(1\ 1+p\ \cdots\ 1+p^2-p)(2\ 2+p\ \cdots\ 2+p^2-p)\cdots(p\ 2p\ \cdots\ p^2).\end{aligned}$$ □

习　题

3.3.1. 求 Z_2^2 和 Z_2 的半直积.

3.3.2. 设素数 $p>2$, M 是 p^3 阶亚循环群, N 是 p^3 阶方次数为 p 的非交换群. 证明 $M*Z_{p^2}\cong N*Z_{p^2}$.

3.3.3. 设素数 $p>2$, n 是正整数. 分类 $2p^n$ 阶亚循环群, 它有 p^n 阶循环正规子群.

3.3.4. 确定 $4p$ 阶群的不同构的类型, 其中 p 是素数.

3.3.5. 写出所有阶 $\leqslant 30$ 的有限群 (16 阶和 24 阶群除外).

3.3.6. 证明不存在群 G 使 $G/Z(G)$ 同构于广义四元数群 Q_{4m}. 这里 $Q_{4m}=\langle x,y\rangle$, 有定义关系:

$$x^{2m}=1,\quad y^2=x^m,\quad y^{-1}xy=x^{-1}.$$

3.3.7. 设 G,H 都是抽象有限群. 以 $R(H)$ 表 H 的右正则表示, 它是一个置换群. 记

$$G\wr_r H=G\wr R(H),$$

称其为 G 和 H 的**正则圈积**.

设 G,H,K 为三个有限群, 均非平凡, 则正则圈积不成立结合律, 即一般没有

$$(G\wr_r H)\wr_r K=G\wr_r(H\wr_r K).$$

3.3.8. 设 G 是群, H 是集合 Ω 上的置换群, 且 $G_1 \leqslant G, H_1 \leqslant H$, 则存在 $G_1 \wr H_1$ 到 $G \wr H$ 内的单同态. 如果 H 是抽象有限群, 则也存在正则圈积 $G_1 \wr_r H_1$ 到 $G \wr_r H$ 内的单同态.

3.3.9. 设 G 是有限群, H 是有限集合 Ω 上的置换群. 又设 $G_p \in \mathrm{Syl}_p(G)$, $H_p \in \mathrm{Syl}_p(H)$. 则 $G_p \wr H_p \in \mathrm{Syl}_p(G \wr H)$.

3.3.10. 写出对称群 S_{27} 的 Sylow 3-子群 P 的生成元.

3.3.11. 接上题, 证明 P 可由三个 3 阶元素生成, 但 P 中存在 27 阶元素.

3.3.12. 设 G 是群, 0 是一个符号, $0 \notin G$. 再设 n 是正整数, 称元素在 $G \cup \{0\}$ 中的 n 级方阵为**单项矩阵**, 如果它的每行每列都恰有一个元素不为 0. 以 $M_n(G)$ 表所有 G 上 n 级单项矩阵的集合, 并规定 0 与 G 中元素的加法、乘法运算如下:

$$0 \cdot x = x \cdot 0 = 0,\ 0 + x = x + 0 = x, \qquad \forall x \in G.$$

则 $M_n(G)$ 在通常矩阵乘法之下组成一个群, 叫做 G 上的 n 级单项矩阵群. 证明

$$M_n(G) \cong G \wr S_n.$$

3.4 Schur-Zassenhaus 定理

有限群的 Sylow 子群的一个重要推广是所谓 Hall 子群. 为引进这个概念, 我们先规定一些符号.

我们常以 π 表示一个由素数组成的集合, 而以 π' 表示 π 在全体素数集合中的补集. 称群的元素 x 为一个 π-元素 (或 π'-元素), 如果 x 的阶 $o(x)$ 的素因子分解式中仅出现 π 中 (或 π' 中) 的素数. 设 N 是正整数, 我们以 N_π 表示能整除 N 并且素因子全在 π 中的最大整数. 当 $\pi = \{p\}$ 时, 我们记 N_π 为 N_p. 称群 G 为一个 π-群, 如果 $|G|_\pi = |G|$.

定义 3.4.1 设 π 是一个素数集合. 称 G 的子群 H 为 G 的一个**π-Hall 子群**, 如果 $|H| = |G|_\pi$. 而称 H 为 G 的 Hall 子群, 如果对某个素数集合 π 来说, H 是 G 的 π-Hall 子群.

等价地, H 是 G 的 Hall 子群, 如果 $(|H|, |G:H|) = 1$.

由这个定义, Sylow p-子群也是 Hall 子群, 它对应的素数集合 $\pi = \{p\}$.

命题 3.4.2 *设 H 是 G 的 π-Hall 子群, $N \trianglelefteq G$, 则 HN/N 是 G/N 的 π-Hall 子群. 若又有 $H \trianglelefteq G, U \leqslant G$, 则 $U \cap H$ 是 U 的正规 π-Hall 子群.*

证明 因 $HN/N \cong H/H \cap N$, 故 $|HN/N| \mid |H|$. 又因 $|G/N : HN/N| = |G : HN|$ 可整除 $|G : H|$, 于是由 $(|H|, |G : H|) = 1$ 得 $(|G/N : HN/N|, |HN/N|) = 1$, 故 HN/N 是 G/N 的 Hall 子群. 又因 $|HN/N|_\pi = |H/H{\cap}N|_\pi = |H/H{\cap}N| = |HN/N|$, 故 HN/N 是 π-群, 所以是 G/N 的 π-Hall 子群.

再假定 $H \trianglelefteq G$, 有 $HU/H \cong U/U\cap H$, 而 $|HU/H|$ 可整除 $|G/H|$, $|U\cap H|$ 可整除 $|H|$, 由 $(|H|,|G/H|)=1$ 得 $(|U/U\cap H|,|U\cap H|)=1$, 故 $U\cap H$ 是 U 的 π-Hall 子群. □

类似于 Sylow 定理, 我们要考虑 π-Hall 子群的存在性和共轭性等问题. 下面的 Schur-Zassenhaus 定理虽然只在一个特殊情形下回答了这个问题, 但它对研究这个问题具有基本的意义. 后面在第 6 章中, 我们还将继续讨论有限群的 π-Hall 子群.

定理 3.4.3 (Schur-Zassenhaus) 设 N 是 G 的正规 Hall 子群, 则

(1) N 在 G 中有补;

(2) 若 N 或 G/N 可解, H 和 H_1 是 N 在 G 中的两个补群, 则存在 $u\in N$ 使 $H^u=H_1$.

注意, 因 $(|N|,|G/N|)=1$, 故 $|N|$ 和 $|G/N|$ 中至少有一个是奇数. 而由 Feit-Thompson 定理, 奇数阶群必可解, 于是 (2) 中的可解性条件恒满足.

为证明这个定理, 我们将首先考虑当 N 是交换群的情况, 这时我们需要下面的概念.

定义 3.4.4 设 G 是有限群, A 是 G 的交换正规子群. 称映射 $\delta: G\to A$ 是 G 到 A 的一个交叉同态, 或称导映射, 如果对任意的 $g,h\in G$,

$$(gh)^\delta=(g^\delta)^h h^\delta.$$

有限群 G 的零同态当然也是 G 到任何交换正规子群 A 的 (平凡的) 交叉同态. 又, 由习题 1.10.3(1), 对任意的 $g,h\in G$, $a\in A$, 有 $[gh,a]=[g,a]^h[h,a]$. 这说明 $\delta_a: g\mapsto a^{-g}a=[g,a]$ 是 G 到 A 的交叉同态, 叫做由元素 a 诱导出的主交叉同态.

引理 3.4.5 若 δ 是 G 到其交换正规子群 A 的交叉同态, 则

(1) $1^\delta=1$.

(2) $(g^{-1})^\delta=(g^\delta)^{-g^{-1}}$.

(3) $\mathrm{Ker}\,\delta=\{g\in G \mid g^\delta=1\}$ 是 G 的子群.

证明 (1) $1^\delta=(1\cdot 1)^\delta=(1^\delta)^1(1^\delta)=(1^\delta)^2$, 因此 $1^\delta=1$.

(2) $1=1^\delta=(gg^{-1})^\delta=(g^\delta)^{g^{-1}}(g^{-1})^\delta$, 于是 $(g^{-1})^\delta=(g^\delta)^{-g^{-1}}$.

(3) 由 (1) 可知 $1\in \mathrm{Ker}\,\delta$. 若 $x,y\in \mathrm{Ker}\,\delta$, 则 $x^\delta=1=y^\delta$, 用 (2) 可得 $(x^{-1}y)^\delta=((x^{-1})^\delta)^y y^\delta=(x^\delta)^{-x^{-1}y}(y^\delta)=1$. 因此 $x^{-1}y\in \mathrm{Ker}\,\delta$, 这就得到 $\mathrm{Ker}\,\delta$ 是 G 的子群. □

要注意, 与同态核不同, $\mathrm{Ker}\,\delta$ 不一定是 G 的正规子群.

取 A 在 G 中的一个陪集代表系 $X=\{x_1,x_2,\cdots,x_n\}$, 其中 $n=|G:A|$. 于是有 $G=\bigcup\limits_{i=1}^{n}Ax_i$. 下面我们应用 X 定义一个 G 到 A 的交叉同态 δ_X.

对于任意的 $g \in G$, 令 $x_i g = x_{i^\sigma} a_i$, 其中 $a_i \in A$, σ 是由 g 决定的集合 $\Omega = \{1, 2, \cdots, n\}$ 到其自身的置换 (因为 $G = Gg = \bigcup\limits_{i=1}^{n} Ax_i g = \bigcup\limits_{i=1}^{n} Ax_i$, 故 σ 为 Ω 的满射, 因此是 Ω 的置换). 规定 $g^{\delta_X} = \prod\limits_{i=1}^{n} a_i$. 我们有

引理 3.4.6 映射 δ_X 是群 G 到 A 上的交叉同态, 且若 $a \in A$, 则 $a^{\delta_X} = a^n$.

证明 取 $g, h \in G$, 假设 $x_i g = x_{i^\sigma} a_i$, $x_i h = x_{i^\tau} b_i$, 其中 $a_i, b_i \in A$, 且 $\sigma, \tau \in S_n$, 则 $x_i gh = x_{i^\sigma} a_i h = x_{i^\sigma} h \cdot h^{-1} a_i h = x_{i^{\sigma\tau}} b_{i^\sigma} a_i^h$. 这样我们有

$$(gh)^{\delta_X} = \prod_{1 \leqslant i \leqslant n} b_{i^\sigma} \cdot a_i^h = \left(\prod_i a_i\right)^h \left(\prod_i b_i\right),$$

利用 A 的交换性及 σ 是置换可知 $(gh)^{\delta_X} = (g^{\delta_X})^h (h^{\delta_X})$, 因此 δ_X 是交叉同态.

若 $a \in A$, 设 $x_i a = x_i^\sigma a_i$, 则有 $\sigma = 1$ 且 $a_i = a$ 对每一个 i 都成立. 这样就有 $a^{\delta_X} = a^n$. □

引理 3.4.7 若再假定 $|A|$ 和 $n = |G : A|$ 互素, 则有

(1) $\operatorname{Ker} \delta_X$ 是 A 在 G 中的补群.

(2) 任一 A 在 G 中的补群都可表示成 A 在 G 中的一个陪集代表系 X 所对应的 $\operatorname{Ker} \delta_X$.

(3) 对应于陪集代表系的交叉同态的核在 G 中共轭.

证明 简记 $\operatorname{Ker} \delta_X$ 为 K_X.

(1) 先证 $A \cap K_X = 1$. 设 $a \in A \cap K_X$, 则 $a^n = a^{\delta_X} = 1$. 因 $o(a)$ 和 $n = |G : A|$ 互素, $o(a)$ 同时整除 n 和 $|A|$, 得 $a = 1$.

再证 $G = K_X A$. 对 $g \in G$, 设 $g^{\delta_X} = a \in A$. 由 $o(a)$ 与 n 互素, 存在 $b \in A$ 使得 $b^n = a$. 由引理 3.4.6, $b^{\delta_X} = b^n = a$. 于是 $(gb^{-1})^{\delta_X} = b g^{\delta_X} b^{-1} (b^{-1})^{\delta_X} = b^{-1} a b b^{-n} = 1$, 因此 $gb^{-1} \in K_X$. 这样, $g \in K_X b \subseteq K_X A$. 这就证明了 $G = K_X A$.

(2) 如果 C 是 A 在 G 中的补群, 则有 $G = CA$, $C \cap A = 1$. 特别地, C 是 A 在 G 中的一个陪集代表系. 因此 δ_C, K_C 都有定义, 下面我们证明 $C = K_C$.

设 $C = \{c_1, c_2, \cdots, c_n\}$. 若 $c \in C$, 由 C 是一个群可得 $c_i c = c_{i^\gamma} \cdot 1$, 其中 $\gamma \in S_n$. 因此 $c^{\delta_C} = 1^n = 1, c \in K_C$. 由 c 的任意性, 有 $C \leqslant K_C$. (1) 中已经证明, 任一 δ_X 型交叉同态的核都是 A 在 G 中的补群, 于是 K_C 是 A 在 G 中的补群. 比较阶即得 $K_C = C$.

(3) 令 $Y = \{y_1, y_2, \cdots, y_n\}$ 是 A 在 G 中的另一个陪集代表系, 将 Y 进行排序, 使得对任意的 i, y_i 和 x_i 属于 A 的同一陪集, 即存在 $c_i \in A$ 使得 $x_i = y_i c_i$. 取 c 满足 $c^n = \prod\limits_{1 \leqslant i \leqslant n} c_i$, 即 c 是 $C := \{c_1, \cdots, c_n\}$ 中 n 个元素的平均值. 我们断言

$g^{\delta_Y} = (c^{-1}gc)^{\delta_X}$ 对任意的 $g \in G$ 成立. 由此, 得到 $K_X = (K_Y)^c$, 即 K_X, K_Y 共轭. 这是因为

$$g \in K_Y \iff g^{\delta_Y} = 1 \iff g^{c\delta_X} = 1 \iff g^c \in K_X.$$

下面, 我们就来证明对任意的 $g \in G$ 有 $g^{\delta_Y} = (c^{-1}gc)^{\delta_X}$. 注意,

$$y_i g = x_i c_i^{-1} g = x_i g \cdot g^{-1} c_i^{-1} g = x_{i^\sigma} a_i \cdot c_i^{-g} = y_{i^\sigma}(c_{i^\sigma} a_i c_i^{-g}).$$

因此

$$\begin{aligned} g^{\delta_Y} &= \prod_i (c_{i^\sigma} a_i c_i^{-g}) = (\prod_i c_i)^{-g} (\prod_i a_i)(\prod_i c_i), \\ &= (c^{-n})^g (g^{\delta_X}) c^n \\ &= ((c^{-1})^{\delta_X})^g (g^{\delta_X})(c^{\delta_X}) \\ &= ((c^{-1})^{\delta_X})^{gc} (g^{\delta_X})^c (c^{\delta_X}) \\ &= ((c^{-1})^{\delta_X})^{gc} (gc)^{\delta_X} \\ &= (c^{-1}gc)^{\delta_X}. \end{aligned}$$

□

我们可把引理 3.4.7 改写成下列引理:

引理 3.4.8 *在定理 3.4.3 中补充假定 N 是交换群, 则该定理成立.*

定理 3.4.3 的证明: 亦分为下面两步:

(1) 证 N 在 G 中补群的存在性:

设 $|N| = n$, 用对 n 的归纳法. 当 $n = 1$ 时显然, 故设 $n > 1$. 假定素数 $p \mid n$, 则 G 的每个 Sylow p-子群皆在 N 中. 设 P 是 G 的一个 Sylow p-子群, 当然它也是 N 的 Sylow p-子群. 令 $N_p = N_G(P)$. 由 Frattini 论断, $G = N_p N$. 于是有

$$G/N = N_p N/N \cong N_p/N_p \cap N \cong (N_p/P) \,/\, (N_p \cap N/P).$$

因为 $|N_p \cap N/P| \mid |N|$, 故在 N_p/P 中, $N_p \cap N/P$ 的阶与其指数互素, 即 $N_p \cap N/P$ 是 N_p/P 的正规 Hall 子群. 又显然 $|N_p \cap N/P| < |N|$, 由归纳假设, $N_p \cap N/P$ 在 N_p/P 中有补 U/P, 且 $|U/P| = |G/N|$.

再令 $Z = Z(P)$, 有 $Z \neq 1$ 并且 Z char P. 于是 $Z \trianglelefteq U$. 考虑 U/Z, 它有正规 Hall 子群 P/Z. 显然 $|P/Z| < |N|$, 又由归纳假设, P/Z 在 U/Z 中有补 V/Z, 且 $|V/Z| = |U/P| = |G/N|$. 此时因 Z 是交换群, 由引理 3.4.8, Z 在 V 中有补 H, 并且 $|H| = |G/N|$, 于是 H 也是 N 在 G 中的补群.

(2) 设 H, H_1 是 N 在 G 中的两个补群, 证明存在 $u \in N$ 使 $H^u = H_1$. 分两种情形:

(i) 假定 N 是可解群: 设 N 的导列长为 k. 若 $k=1$, N 是交换群. 由引理 3.4.8, 结论成立. 故可设 $k>1$. 用对 k 的归纳法. 因 N 的导群 $N' \trianglelefteq G$, 考虑 G/N'. 这时 N/N' 是 G/N' 的正规 Hall 子群, HN'/N' 和 H_1N'/N' 是 N/N' 的两个补群. 再因 N/N' 交换, 由引理 3.4.8, 存在 $x \in N$ 使 $H^xN' = H_1N'$. 考虑 H_1N', 有 H_1 和 H^x 是 N' 在其中的两个补群. 而 N' 的导列长为 $k-1(<k)$, 故由归纳假设, 存在 $y \in N'$ 使 $H^{xy} = H_1$. 令 $u = xy$, 有 $u \in N$, 并且 $H^u = H_1$.

(ii) 假定 G/N 是可解群: 因 $H \cong G/N \cong H_1$, 知 N 的所有补群均同构. 设 H 的主群列长度为 l, 对 l 用归纳法.

当 $l=1$ 时, H 是初等交换 p-群 (实际上是 p 阶循环群). 因 H, H_1 都是 G 的 Sylow p-子群, 存在 $g \in G$ 使 $H^g = H_1$. 又因 $G = HN$, 故 $g = hu$, 其中 $h \in H$, $u \in N$. 于是 $H^g = H^{hu} = H^u = H_1$.

设 $l>1$, 令 T 是 H 的一个极小正规子群. 由 H 可解, 对于某个素数 p, T 必为初等交换 p-群. 这时有 $TN \trianglelefteq HN = G$. 令 $T_1 = H_1 \cap TN$, 有 $T_1 \trianglelefteq H_1$, 并且有

$$T_1N = (H_1 \cap TN)N = H_1N \cap TN = TN.$$

因 T 和 T_1 是 N 在 TN 中的补群, 并且都是 TN 的 Sylow p-子群, 与前面相同, 可证明存在 $x \in N$ 使 $T_1 = T^x$. 这样 H^x 和 H_1 均包含 T_1 作为其正规子群. 于是有 $M = N_G(T_1) \geqslant H^x$, $M \geqslant H_1$. 根据命题 3.4.2, $N \cap M$ 是 M 的正规 Hall 子群. 由此得 $(N \cap M)T_1/T_1 \trianglelefteq M/T_1$, 并且有补群 H_1/T_1 和 H^x/T_1. 由 H_1/T_1 的主群列长度 $<l$, 推出存在 $y \in N \cap M$ 使 $H^{xy} = H_1$. 令 $u = xy$, 则有 $u \in N$, 并且 $H^u = H_1$. 定理证毕. □

又, 对于 N 是交换群的情形, Gaschütz 曾把定理 3.4.3 推广为

定理 3.4.9　*设 G 是有限群, $N \trianglelefteq G$, N 交换. 又 $N \leqslant M \leqslant G$, $(|N|, |G:M|) = 1$. 则有*

(1) 若 N 在 M 中有补, 则 N 在 G 中也有补;

(2) 若 N 在 M 中有补, 且所有这样的补全在 M 中共轭, 则所有 N 在 G 中的补也在 G 中共轭.

由此定理还可推出下面的

推论 3.4.10　*设 N 是 G 的交换正规子群, 则 N 在 G 中有补的充要条件为对于 G 的每个 Sylow 子群 S, $S \cap N$ 在 S 中也有补.*

定理 3.4.9 的证明使用了群的上同调方法, 这在本书中不拟介绍. 有兴趣的读者可参看 [60].

在本节最后, 我们再介绍两个与补群有关的结果, 它们在今后的讨论中也会有用. 但由于它们的证明用到幂零群的基本知识, 可在学完 5.2 节后阅读.

定理 3.4.11 (Hall) 设 G 是有限群, $N \trianglelefteq G$, 且 G/N 是 π-群, 则存在 π-子群 $H \leqslant G$ 使得 $G = HN$, 且 $H \cap N$ 是幂零群.

证明 取 H 是满足 $HN = G$ 的最小阶子群, 令 $K = H \cap N$. 由第二同构定理有 $K \trianglelefteq H$. 任取 K 的 Sylow p-子群 P, 由定理 1.9.5, 有 $H = N_H(P)K$. 因为 $HN = G$, 有 $N_H(P)KN = G$, $N_H(P)N = G$. 由 H 的选取的最小性, 有 $N_H(P) = H$, 即 $P \trianglelefteq H$, 当然更有 $P \trianglelefteq K$. 由 p 的任意性及定理 5.2.7 得 K 幂零.

下面证明 H 是 π-群. 对于每个 $p \in \pi$, 取 K 的一个 Sylow p-子群, 令 R 是它们的乘积, 则 K/R 是 π'-群. 因为 $H/K = H/H \cap N \cong HN/N = G/N$ 是 π-群. 由 Schur-Zassenhaus 定理, K/R 在 H/R 中有补 M/R (是 π-群), 而 R 在 M 中有补 S(是 π-群). 于是 $SR = M$, $MK = H$, 得到 $SRK = SK = H$. 又得到 $SKN = SN = G$. 由 H 选取的最小性, 得 $S = H$. 这就得到 H 是 π-群. □

定理 3.4.12 (Gaschütz) 设 G 是有限可解群, M 是 G 的一个极小正规子群. 设 H_1 和 H_2 是 M 在 G 中的补群. 如果 $H_1 \cap C_G(M) = H_2 \cap C_G(M)$, 则 H_1 和 H_2 在 G 中共轭.

证明 首先, 作为可解群的极小正规子群, 对于某个素数 p, M 是初等交换 p-群. 分两种情形讨论:

(1) $C_G(M) = M$: 可设 $M \neq G$. 取 G/M 的极小正规子群 N/M. 则对于某个素数 q, N/M 是 q- 群. 我们断言 $p \neq q$. 如若不然, $p = q$, 则 N 是 p-群. 令 $Z = Z(N)$. 则 $1 \neq Z \trianglelefteq G$, 于是或者 $M \cap Z = 1$, 或者 $Z \geqslant M$. 若后者发生, 则 $N \leqslant C_G(M) = M$, 矛盾, 故必有 $M \cap Z = 1$. 而因 Z 和 M 元素可交换, $Z \leqslant C_G(M) = M$, 矛盾. 这就证明了 $p \neq q$. 由模律 (习题 1.2.5), $N = N \cap H_iM = (N \cap H_i)M$. 又, 显然 $(N \cap H_i) \cap M = 1$. 由 Sylow 定理, 存在 $g \in G$ 使得 $(N \cap H_1)^g = N \cap H_2$.

令 $L_i = N_G(H_i \cap N)$. 因 $N \trianglelefteq G$, $H_i \cap N \trianglelefteq H_i$, 即 $H_i \leqslant L_i$. 再应用模律, $L_i = L_i \cap H_iM = H_i(L_i \cap M)$. 因 M 正规于 G, $L_i \cap M \trianglelefteq L_i$. 又因 M 交换, $L_i \cap M \trianglelefteq M$, 推出 $L_i \cap M \trianglelefteq L_iM \geqslant H_iM = G$. 于是 $L_i \cap M = M$ 或 $L_i \cap M = 1$. 若前者发生, 则 M 正规化 $H_i \cap N$, 于是 $[M, H_i \cap N] \leqslant H_i \cap N \cap M = 1$. 这样, $H_i \cap N \leqslant C_G(M) = M$, 得到 $N = (H_i \cap N)M = M$, 矛盾. 故 $L_i \cap M = 1$, 得 $L_i = H_i$. 这样,

$$H_1^g = L_1^g = (N_G(H_1 \cap N))^g = N_G(H_2 \cap N) = L_2 = H_2.$$

(2) $C_G(M) \neq M$: 令 $C = C_G(M) \cap H_i$, $\overline{G} = G/C$. 则有

(i) $\overline{M} = CM/C$ 是 $\overline{G}$ 的极小正规子群: 如果 $\overline{Y} \trianglelefteq \overline{G}$ 满足 $\bar{1} < \overline{Y} \leqslant \overline{M}$, 则它们的原像满足 $Y \trianglelefteq G$ 且 $C < Y \leqslant MC$, 应用模律, $Y = C(Y \cap M)$. 又, $Y \cap M \neq 1$. 于是, 由 M 是极小正规子群有 $Y \cap M = M$, $Y = CM$, 即 $\overline{Y} = \overline{M}$, $\overline{M}$ 是 $\overline{G}$ 的极小正规子群.

(ii) $\overline{H}_i$ 是 $\overline{M}$ 在 $\overline{G}$ 中的补群: 由 $H_iM = G$ 得 $\overline{H}_i\overline{M} = \overline{G}$. 又, $\overline{H}_i \cap \overline{M} = (H_i/C) \cap (CM/C) = (H_i \cap CM)/C$. 应用模律, $H_i \cap CM = (H_i \cap M)C = C$, 即 $\overline{H}_i \cap \overline{M} = C/C = 1$.

(iii) $C_{\overline{G}}(\overline{M}) = \overline{M}$: 由 $\overline{M}$ 交换有 $\overline{M} \leqslant C_{\overline{G}}(\overline{M})$. 设 $x \in G$ 使得 $\bar{x} \in C_{\overline{G}}(\overline{M})$, 则 $[x, M] \leqslant C$. 因为 $M \trianglelefteq G$, 又有 $[x, M] \leqslant M$. 由 $C \cap M = 1$ 得 $[x, M] = 1$, 即 $x \in C_G(M)$. 再次应用模律, $C_G(M) = C_G(M) \cap H_1M = (H_1 \cap C_G(M))M = CM$, 推出 $x \in CM$, 即 $\bar{x} \in \overline{M}$. 因此, $C_{\overline{G}}(\overline{M}) = \overline{M}$.

由 (1) 中已经证明的, (i)~(iii) 可推出存在 $g \in G$ 使得 $\overline{H}_1^{\bar{g}} = \overline{H}_2$, 于是 $H_1^g = (H_1C)^g = H_2C = H_2$. 定理证毕. □

关于 3 个以人名命名的重要定理的历史的注记

(1) Jordan-Hölder 定理: Jordan, 1838~1922; Hölder, 1859~1937. Jordan 在 1870 年证明了群的任意两个合成群列的长度相等, 而 Hölder 在 1899 年证明了任意两个合成群列中的诸合成因子在适当调换次序后可建立一一对应使得相对应的合成因子彼此同构. 而 Schreier (1901~1929) 在 1928 年证明了任意两个次正规群列有同构的加细, 这能推出 Jordan-Hölder 定理. 最后, Zassenhaus (1912~1992) 证明了所谓"Zassenhaus 同构定理", 也有人叫第三同构定理, 简化了 Schreier 加细定理的证明.

(2) Krull-Schmidt 定理: Wolfgang Krull, 1899~1971; Otto Schmidt, 1891~1956. Krull-Schmidt 定理的历史比较复杂. 对有限群情形这个定理最早是由 Joseph Wedderburn (1882~1948) 在 1909 年证明的, 而且他还指出交换群的情形是 Miller (1863~1951) 先证明的. Robert Erich Remak (1888~1942) 在 1911 年他的学位论文中仍处理有限群的情形, 他也得到了 Wedderburn 的结果, 并且证明了存在群的中心自同构把一个分解式的诸直积因子映到另一分解式的的诸直积因子 (中心自同构的定义见 1.7.10). 换句话说, 他证明了有限群的中心自同构群在所有分解为不可分解因子的直积分解式的集合上的作用是传递的. Otto Schmidt 简化了 Remak 的主要定理的证明 (见"Sur les produits directs", Bull SMF. 1913, 41: 161~164). Krull 在 1925 年把这个定理推广到有两个链条件的交换算子群上. Ore (1899~1968) 统一给出了这个定理在各个范畴下 (有限群、交换算子群、环和代数等) 的证明.

在文献上这个定理常叫做 Remak-Schmidt 定理、Krull-Schmidt-Azumaya 定理、Krull-Azumaya 定理、Krull-Schmidt-Remak 定理、Krull-Remak 定理、Krull-Schmidt 定理等. 目前 Krull-Schmidt 定理使用得最多.

(3) Schur-Zassenhaus 定理: Schur, 1875~1941; Zassenhaus, 1912~1992. Schur 在 1930 年证明了正规 Hall 子群有补, 而 Zassenhaus 在 1937 年证明了补的共轭性.

习 题

3.4.1. 在定理 3.4.3 中, 设 H 是 N 的任一补群. 又设 $K \leqslant G$ 且 $(|K|, |N|) = 1$, 则存在 $n \in N$ 使 $n^{-1}Kn \leqslant H$.

3.4.2. 设 G 是有限群, $M \leqslant N$ 是 G 的两个正规子群, 满足 M 和 G/N 是 π-群, 而 N/M 是 π'-群. 证明 G 的极大 π-子群 (和极大 π'-子群) 都共轭.

3.4.3. 设 G 是有限群, N 是 G 的正规子群. 设 $p \neq q$ 是二素数, 满足 $p \mid |N|$ 和 $p \nmid |G/N|$, 且 $q \nmid |N|$ 和 $q \mid |G/N|$. 证明 G 的极大 $\{p, q\}$-子群都共轭.

3.4.4. 设 P 是 G 的一个 Sylow p-子群, A 是 P 的极大交换正规子群. 则

$$C_G(A) = A \times O_{p'}(C_G(A)).$$

3.4.5. 设 G 是有限群, A 是 G 的交换正规子群, 且设 X 是 A 在 G 中任一陪集代表系. 以 $\mathcal{K}(G, A)$ 表示当 X 跑遍所有陪集代表系时, 子群 $\mathrm{Ker}\ \delta_X$ 的集合. 对于下面具体的 G 和 A 计算 $\mathcal{K}(G, A)$.

(1) $G = \langle a, b \mid a^4 = b^2 = 1, a^b = a^{-1} \rangle$, $A = \langle a \rangle$.

(2) G 同上, $A = \langle a^2, b \rangle$.

(3) G 同上, $A = \langle a^2 \rangle$.

(4) $G = \langle a, b, c \mid a^4 = b^4 = c^2 = [a, b] = 1, a^c = b \rangle$ $(G \cong Z_4 \wr Z_2)$, $A = \langle a, b \rangle$.

3.5 群的扩张理论

由 Jordan-Hölder 定理, 确定有限群构造的问题可分为两个问题：第一, 确定所有的有限单群, 它们是构造有限群的材料; 第二, 已知有限群的诸合成因子, 来构造该群. 这两个问题都很困难. 第一个问题多年来一直是有限群论工作者主攻的课题, 最近才获得解决. 而对第二个问题的研究虽然已得到不少有意义的结果, 但离彻底解决还为时尚远. 本节要讲述的 Schreier 群扩张理论是从原则上给出了由两个群构造一个大群的方法, 但具体实现则十分困难.

定义 3.5.1 称群 G 为群 N 被群 F 的扩张, 如果 N 是 G 的正规子群, 并且 $G/N \cong F$.

下面的叙述十分冗长的定理就是 Schreier 对群扩张问题的回答. 它实质上是把寻找已知群 N 被 F 的扩张的问题转化为寻找由 N, F 可以确定的满足一定条件的扩张函数的问题.

定理 3.5.2 (Schreier) 给定抽象群 N 和 F.

(1) 设群 G 是 N 被 F 的一个扩张, 并取定 σ 为 F 到 G/N 上的一个同构映射.

对于 $x\in F$, 令 $\bar{x}$ 是 x^σ 作为 N 的左陪集中的任一指定的代表元, 但规定取 $\bar{1}=1$.[①] 这时得到 G 关于 N 的陪集分解

$$G=N\cup\bar{x}N\cup\bar{y}N\cup\cdots\cup\bar{z}N,\qquad x,y,\cdots,z\in F. \tag{3.5}$$

因为 $\bar{x}\cdot\bar{y}\in(xy)^\sigma=\overline{xy}N$, 故可令

$$\bar{x}\cdot\bar{y}=\overline{xy}f(x,y),\ 其中 f(x,y)\in N.$$

这确定了一个二元函数 $f:F\times F\to N$. 又因 $N\trianglelefteq G$, 对任意的 $x\in F$, 映射

$$\alpha(x):a\mapsto\bar{x}^{-1}a\bar{x},\qquad a\in N$$

是 N 的自同构. 这又确定了一个单值映射 $\alpha:F\to\mathrm{Aut}(N)$. 这两个函数 f 和 α 叫做由扩张 G 及陪集代表系 $\{1,\bar{x},\bar{y},\cdots,\bar{z}\}$ 得到的扩张函数, 它们满足下列关系: 对任意的 $x,y,z\in F$ 有

$$\left.\begin{array}{l}f(xy,z)f(x,y)^{\alpha(z)}=f(x,yz)f(y,z),\\ f(1,1)=1,\\ \alpha(x)\alpha(y)=\alpha(xy)f(x,y).\end{array}\right\} \tag{3.6}$$

(2) 设给定了满足 (3.6) 式的函数 $f:F\times F\to N$ 和 $\alpha:F\to\mathrm{Aut}(N)$. 考虑下列符号组成的集合

$$G=\{\bar{x}a\mid x\in F,a\in N\}.$$

规定 G 中的乘法为

$$\bar{x}a\cdot\bar{y}b=\overline{xy}f(x,y)a^{\alpha(y)}b. \tag{3.7}$$

则 G 对此乘法组成一群. 若把 $\bar{1}a$ 和 a 等同看待, N 可看成是 G 的子群, 它是正规子群, 并且 $G/N\cong F$. 于是, G 是 N 被 F 的扩张. 这样得到的群 G 叫做由 N,F 以及函数 f,α 得到的扩张, 记作 $G=\mathrm{Ext}(N,F;f,\alpha)$. 这时若再把 $\bar{x}1$ 和 $\bar{x}$ 等同看待, 则 G 有形如 (3.5) 式的陪集分解, 且 $\{1,\bar{x},\bar{y},\cdots,\bar{z}\}$ 是其陪集代表系. 由此陪集代表系按 (1) 中的方法得到的扩张函数即为给定的函数 f 和 α.

证明 (1) 由

$$\begin{aligned}(\bar{x}\bar{y})\bar{z}&=\overline{xy}f(x,y)\bar{z}=\overline{xy}\ \bar{z}(\bar{z}^{-1}f(x,y)\bar{z})\\&=\overline{xyz}f(xy,z)f(x,y)^{\alpha(z)},\\ \bar{x}(\bar{y}\bar{z})&=\bar{x}\ \overline{yz}f(y,z)=\overline{xyz}f(x,yz)f(y,z),\end{aligned}$$

① 为符号简便计, 我们对 F 中的 1 和 N 中的 1 不加区别, 并且对 N 中元素 $f(x,y)$ 和由它诱导出的 N 的内自同构亦不加区别. 应注意区分.

及

$$(\bar{x}\bar{y})\bar{z}=\bar{x}(\bar{y}\bar{z}),$$

得

$$f(xy,z)f(x,y)^{\alpha(z)}=f(x,yz)f(y,z).$$

又因取 $\bar{1}=1$, 由 $\bar{1}\bar{1}=\bar{1}f(1,1)$ 得 $f(1,1)=1$.

对于 $a\in N$, 由

$$\begin{aligned}a^{\alpha(x)\alpha(y)}&=\bar{y}^{-1}\bar{x}^{-1}a\bar{x}\bar{y}\\&=f(x,y)^{-1}\overline{xy}^{-1}a\overline{xy}f(x,y)\\&=a^{\alpha(xy)f(x,y)},\end{aligned}$$

得

$$\alpha(x)\alpha(y)=\alpha(xy)f(x,y).$$

于是 (3.6) 式成立.

(2) 显然 (3.7) 式规定了集合 G 中的一个二元运算. 为证明 G 是群, 需逐条检验群的公理. 首先, 由 (3.7) 式有

$$\begin{aligned}(\bar{x}a\bar{y}b)\bar{z}c&=\overline{xy}f(x,y)a^{\alpha(y)}b\bar{z}c\\&=\overline{xyz}f(xy,z)(f(x,y)a^{\alpha(y)}b)^{\alpha(z)}c\\&=\overline{xyz}f(xy,z)f(x,y)^{\alpha(z)}a^{\alpha(y)\alpha(z)}b^{\alpha(z)}c,\\\bar{x}a(\bar{y}b\bar{z}c)&=\bar{x}a\overline{yz}f(y,z)b^{\alpha(z)}c\\&=\overline{xyz}f(x,yz)a^{\alpha(yz)}f(y,z)b^{\alpha(z)}c\\&=\overline{xyz}f(x,yz)f(y,z)a^{\alpha(yz)f(y,z)}b^{\alpha(z)}c.\end{aligned}$$

再由 (3.6) 式得 $(\bar{x}a\bar{y}b)\bar{z}c=\bar{x}a(\bar{y}b\bar{z}c)$, 于是成立结合律.

又, 在 (3.6) 式中令 $x=y=1$, 得

$$f(1,z)f(1,1)^{\alpha(z)}=f(1,z)f(1,z),$$

$$\alpha(1)\alpha(1)=\alpha(1)f(1,1),$$

注意到 $f(1,1)=1$, 于是有

$$f(1,z)=1,\quad \alpha(1)=1. \tag{3.8}$$

应用 (3.8) 式, 由计算得

$$\bar{1}1\cdot\bar{x}a=\bar{x}f(1,x)1^{\alpha(x)}a=\bar{x}\cdot 1\cdot 1\cdot a=\bar{x}a,$$

推知 $\bar{1}1$ 是 G 的左单位元. 又对任意的 $\bar{x}a \in G$,

$$\begin{aligned}\overline{x^{-1}}(f(x^{-1},x)^{-1}a^{-1})^{\alpha(x)^{-1}} \cdot \bar{x}a &= \overline{x^{-1}x}f(x^{-1},x)(f(x^{-1},x)^{-1}a^{-1})^{\alpha(x)^{-1}\alpha(x)}a \\ &= \bar{1}f(x^{-1},x)f(x^{-1},x)^{-1}a^{-1}a = \bar{1}1,\end{aligned}$$

于是 $\bar{x}a$ 有左逆元 $\overline{x^{-1}}(f(x^{-1},x)^{-1}a^{-1})^{\alpha(x)^{-1}}$. 至此, G 对乘法 (3.7) 已成为一群.

再由 (3.8) 式计算得

$$\bar{1}a \cdot \bar{1}b = \bar{1}f(1,1)a^{\alpha(1)}b = \bar{1}ab,$$

故映射 $a \mapsto \bar{1}a$ 是 N 到 $\{\bar{1}a \mid a \in N\} \leqslant G$ 的同构. 我们若把 a 和 $\bar{1}a$ 等同看待, 就有 $N \leqslant G$. 为证明 $N \trianglelefteq G$, 我们计算

$$(\bar{x}b)^{-1}\bar{1}a(\bar{x}b).$$

据 (3.7) 式得

$$\begin{aligned}(\bar{x}b)^{-1}\bar{1}a(\bar{x}b) &= \overline{x^{-1}}(f(x^{-1},x)^{-1}b^{-1})^{\alpha(x)^{-1}}\bar{x}f(1,x)a^{\alpha(x)}b \\ &= \overline{x^{-1}}(f(x^{-1},x)^{-1}b^{-1})^{\alpha(x)^{-1}}\bar{x}a^{\alpha(x)}b \\ &= \bar{1}f(x^{-1},x)(f(x^{-1},x)^{-1}b^{-1})^{\alpha(x)^{-1}\alpha(x)}a^{\alpha(x)}b \\ &= \bar{1}f(x^{-1},x)f(x^{-1},x)^{-1}b^{-1}a^{\alpha(x)}b \\ &= \bar{1}b^{-1}a^{\alpha(x)}b \in N,\end{aligned}$$

故 $N \trianglelefteq G$. 最后因

$$\bar{x}1 \cdot \bar{1}a = \bar{x}1^{\alpha(1)}a = \bar{x}a,$$

故若把 $\bar{x}$ 和 $\bar{x}1$ 等同起来, 则 $\bar{x}a$ 可看成是 $\bar{x}$ 和 a 的乘积, 于是 G 有和 (3.5) 式相同的陪集分解式. 明显地, 映射 $x \mapsto \bar{x}N$ 是 F 到 G/N 的同构. 这时因为

$$\begin{aligned}\bar{x} \cdot \bar{y} &= \bar{x}1 \cdot \bar{y}1 = \overline{xy}f(x,y)1^{\alpha(y)}1 = \overline{xy}f(x,y), \\ \bar{x}^{-1}a\bar{x} &= \overline{x^{-1}}(f(x^{-1},x)^{-1})^{\alpha(x)^{-1}}a\bar{x}1 \\ &= \bar{1}f(x^{-1},x)(f(x^{-1},x)^{-1})^{\alpha(x)^{-1}\alpha(x)}a^{\alpha(x)} \cdot 1 \\ &= a^{\alpha(x)},\end{aligned}$$

故由陪集代表系 $\{1, \bar{x}, \bar{y}, \cdots, \bar{z}\}$ 按 (1) 中的方法所得到的扩张函数即预先给定的 f 和 α. 定理证毕. □

现在我们停下来看看这个定理对群扩张问题解决的程度. 它回答了哪些问题, 又对哪些问题没有作出回答.

首先, 对于任意给定的群 N 和 F, N 被 F 的扩张总是存在的. 这是因为函数 $f(x,y)=1$, $\alpha(x)=1$ 总满足 (3.6) 式, 而这时对应的扩张 $G=N\times F$ 是 N 和 F 的直积.

既然存在性不成问题, 下面的问题就是要问怎样把它们都找出来? 并且从同构的意义上来说, 究竟有多少个扩张? 定理 3.5.2 对第一个问题的回答是, 只要能把满足 (3.6) 式的所有可能的函数对 f,α 都找出来, 所有的扩张也就无一遗漏地都找了出来. 但显然找满足条件的扩张函数的问题是十分困难而繁复的. 定理对第二个问题完全没作回答. 明显地, 不同的扩张函数是能给出同构的扩张的. 但寻找给出同构扩张的两对扩张函数应满足的条件则是十分困难的问题, 这就是所谓 "同构问题", 目前人们对它基本上来说还束手无策.(当然, 也解决了一些极简单的情形, 如循环群被循环群的扩张等.) 由于这个问题异常困难, 在本节中我们不想涉及这个问题. 尽管为了研究可裂扩张的需要, 我们引进扩张函数等价的概念, 并对 N 被 F 的两个扩张 N- 同构的条件作些讨论.

现在设 G 是 N 被 F 的一个给定的扩张, $\sigma: F\to G/N$ 是一给定的同构映射. 由定理 3.5.2 知, 取定 N 的一组陪集代表 $\{\bar{x}\mid x\in F\}$ 我们可得到满足 (3.6) 式的一对扩张函数 $f(x,y)$ 和 $\alpha(x)$. 如果我们更换一组陪集代表 $\{\tilde{x}\mid x\in F\}$, 得到的扩张函数也要改变, 譬如变为 $f_1(x,y)$ 和 $\alpha_1(x)$. 假定两组陪集代表之间的关系是

$$\tilde{x}=\bar{x}\varphi(x),\ \text{其中 } \varphi(x)\in N,$$

这样我们得到一个函数 $\varphi: F\to N$. 因为也要求 $\tilde{1}=1$, 故 $\varphi(1)=1$. 由直接计算易得 f,α 和 f_1,α_1 的关系为

$$\left.\begin{aligned}&f_1(x,y)=\varphi(xy)^{-1}f(x,y)\varphi(x)^{\alpha(y)}\varphi(y),\\&\alpha_1(x)=\alpha(x)\varphi(x),\end{aligned}\right\}\tag{3.9}$$

计算从略. 由上述讨论我们可以给出下面的

定义 3.5.3 称 N 被 F 的两个扩张 $G=\mathrm{Ext}(N,F;f,\alpha)$ 和 $G_1=\mathrm{Ext}(N,F;f_1,\alpha_1)$ 为等价的, 如果存在函数 $\varphi: F\to N$, 能使 $\varphi(1)=1$ 且 f,α,f_1,α_1 满足条件 (3.9). 我们也称这样的两对扩张函数 f,α 和 f_1,α_1 为等价的扩张函数.

定理 3.5.4 两个 N 被 F 的扩张 $G=\mathrm{Ext}(N,F;f,\alpha)$ 和 $G_1=\mathrm{Ext}(N,F;f_1,\alpha_1)$ 等价, 则 G 和 G_1 必 N- 同构, 即存在同构 $\eta: G\to G_1$ 使 η 在 N 上的限制 $\eta|_N$ 为 N 的恒等同构.

证明 因为 $G=\mathrm{Ext}(N,F;f,\alpha)$, $G_1=\mathrm{Ext}(N,F;f_1,\alpha_1)$, 可令 $G=\{\bar{x}a\mid x\in F,a\in N\}$, $G_1=\{\tilde{x}a\mid x\in F,a\in N\}$, 并且其中乘法运算为

$$\bar{x}a\bar{y}b=\overline{xy}f(x,y)a^{\alpha(y)}b,$$

$$\tilde{x}a\tilde{y}b=\widetilde{xy}f_1(x,y)a^{\alpha_1(y)}b.$$

又因 G, G_1 等价, 故存在 $\varphi: F \to N$ 使 $\varphi(1)=1$ 且成立 (3.9) 式. 现在我们如下规定 G_1 到 G 的映射 η:

$$\eta: \tilde{x}a \mapsto \bar{x}\varphi(x)a, \qquad \forall x \in F, a \in N.$$

我们要来证明 η 是 G_1 到 G 的 N- 同构. 首先由定义有 $\tilde{x}\varphi(x)^{-1}a$ 映到 $\bar{x}a$, 故 η 是满射; 又若 $\bar{x}\varphi(x)a=1$, 则 $x=1$, $\varphi(x)a=1$, 而因 $\varphi(1)=1$, 又有 $a=1$, 即 $\mathrm{Ker}\,\eta=\tilde{1}1=1$, 故 η 又是单射, 于是只要再验证 η 保持运算, 就得 η 是同构. 这可如下看出:

$$\begin{aligned}\eta(\tilde{x}a\tilde{y}b) &= \eta(\widetilde{xy}f_1(x,y)a^{\alpha_1(y)}b)\\ &= \overline{xy}\varphi(xy)f_1(x,y)a^{\alpha_1(y)}b\\ &= \overline{xy}f(x,y)\varphi(x)^{\alpha(y)}\varphi(y)a^{\alpha(y)\varphi(y)}b \text{ (用 (3.9) 式)}\\ &= \overline{xy}f(x,y)\varphi(x)^{\alpha(y)}a^{\alpha(y)}\varphi(y)b\\ &= \overline{xy}f(x,y)(\varphi(x)a)^{\alpha(y)}\varphi(y)b\\ &= \bar{x}\varphi(x)a\cdot\bar{y}\varphi(y)b\\ &= \eta(\tilde{x}a)\eta(\tilde{y}b).\end{aligned}$$

最后, 因 $\eta(\tilde{1}a)=\bar{1}\varphi(1)a=\bar{1}a$, 知 $\eta|_N=1_N$. 定理证毕. □

这个定理给出了 N 被 F 的两个扩张 N- 同构的充分条件. 事实上, 两个扩张 N- 同构的充要条件也不难得到, 因为它和以下的叙述无关, 我们不在这里讲述了. 有兴趣的读者可参看其他讲扩张理论的群论教科书, 或者作为练习自己推导一下. 但应注意 N-同构和同构这两个概念是不同的. 容易找到例子说明两个扩张不 N-同构, 但作为抽象群是同构的.

下面我们来看一类特殊的扩张 —— 可裂扩张.

设 $G=\mathrm{Ext}(N,F;f,\alpha)$. 假定 N 在 G 中有补 $\tilde{F}$, 则显然有 $\tilde{F}\cong F$. 若取 $\tilde{F}$ 的元素作为 N 在 G 中的一个陪集代表系, 并设 $x\mapsto\tilde{x}$ 是 F 到 $\tilde{F}$ 的同构映射, 则由 $\{\tilde{x}\}$ 得到的扩张函数 f_1, α_1 应满足

$$f_1(x,y)=1, \qquad \forall x, y \in F.$$

并且 α_1 是 F 到 $\mathrm{Aut}(N)$ 的同态. 反过来容易证明, 如果扩张 $G=\mathrm{Ext}(N,F;f,\alpha)$ 与 $G_1=\mathrm{Ext}(N,F;f_1,\alpha_1)$ 等价, 且 $f_1(x,y)=1$, α_1 是同态, 则 N 在 G 中必有补. 这是因为这时存在函数 $\varphi: F\to N$ 满足 $\varphi(1)=1$, 且 (3.9) 式成立, 于是有

$$\begin{aligned}\bar{x}\varphi(x)\bar{y}\varphi(y) &= \overline{xy}f(x,y)\varphi(x)^{\alpha(y)}\varphi(y)\\ &= \overline{xy}\varphi(xy)[\varphi(xy)^{-1}f(x,y)\varphi(x)^{\alpha(y)}\varphi(y)]\\ &= \overline{xy}\varphi(xy)f_1(x,y)\\ &= \overline{xy}\varphi(xy),\end{aligned}$$

故 $\{\bar{x}\varphi(x) \mid x \in F\}$ 为一与 F 同构的子群 $\tilde{F}$. 又

$$\tilde{F} \cap N = \{\bar{1}\varphi(1)\} = 1,$$

故 $\tilde{F}$ 是 N 在 G 中的补. 于是我们可给出下面的定义和定理.

定义 3.5.5 称扩张 $G = \mathrm{Ext}(N, F; f, \alpha)$ 为可裂的, 如果它等价于 $\mathrm{Ext}(N, F; f_1, \alpha_1)$, 其中 $f_1(x, y) = 1$, $\forall x, y \in F$, 且 α_1 是 F 到 $\mathrm{Aut}(N)$ 的同态.

定理 3.5.6 下列事项等价:

(1) 扩张 $G = \mathrm{Ext}(N, F; f, \alpha)$ 可裂;

(2) N 在 G 中有补;

(3) 存在函数 $\varphi : F \to N$, $\varphi(1) = 1$, 并使

$$f(x, y) = \varphi(xy)\varphi(y)^{-1}\varphi(x)^{-\alpha(y)}, \qquad \forall x, y \in F.$$

由定义 3.3.1, 在这种情况下, G 就是 N 和 F 关于同态 α_1 的半直积.

下面我们再来看群扩张的另外两种特殊情形, 它们对研究有限群的构造也十分有用.

首先, 如果 N 是交换群, 则由 (3.6) 式, 由 N 被 F 的任意扩张得到的扩张函数中的 α 恒满足

$$\alpha(x)\alpha(y) = \alpha(xy), \qquad \forall x, y \in F,$$

即 α 是 F 到 $\mathrm{Aut}(N)$ 内的同态. 这是因为由 N 的任意元素诱导出的 N 的自同构显然均为恒等自同构.

对于这种情形, 更多的代数工具可以应用. 比如, 利用扩张函数 f (有些作者叫做因子集 (factor sets)) 定义的二次上同调群对扩张理论的研究起着重要的作用. 限于本书的篇幅, 就不在这里叙述了. 读者可参看 [99] 中第 178~188 页.

另一种特情形是群 N 的有限循环扩张, 即当 F 为有限循环群时 N 被 F 的扩张. 设 F 为 m 阶循环群, 由 s 生成:

$$F = \langle s \rangle = \{1, s, \cdots, s^{m-1}\}.$$

仍设 G 为 N 被 F 的扩张. 假定在同构 $\sigma : F \to G/N$ 之下 s 的像为 $\bar{s}N$, $\bar{s}$ 是陪集 $\bar{s}N$ 中任一选定的代表元, 则 G 对 N 的陪集分解式可设为

$$G = N \cup \bar{s}N \cup \bar{s}^2N \cup \cdots \cup \bar{s}^{m-1}N, \tag{3.5$'$}$$

并有 $\bar{s}^m \in N$. 令 $\bar{s}^m = a$, 则扩张函数 f 有形状

$$f(s^i, s^j) = \begin{cases} 1, & i + j < m, \\ a, & i + j \geqslant m. \end{cases} \tag{3.10}$$

又设 $\alpha(s)=\tau\in\mathrm{Aut}(N)$, 则函数 α 有形状

$$\alpha(s^i)=\tau^i, \qquad i=0,1,\cdots,m-1. \tag{3.11}$$

由 (3.6) 式可得到

$$a^\tau=a,\ \tau^m=a. \tag{3.6$'$}$$

这只要在 (3.6) 式中令 $x=s$, $y=s^{m-1}$, $z=s$ 即可得到上式.

反过来, 如果给了满足 (3.6′) 式的 $a\in N$ 和 $\tau\in\mathrm{Aut}(N)$, 则由 (3.10) 及 (3.11) 规定的扩张函数 f,α 就满足 (3.6) 式 (验证从略), 于是也就确定一个 N 被 m 阶循环群 F 的扩张. 这样我们得到下面的

定理 3.5.7 *设 N 是群, $F=\langle s\rangle$ 是 m 阶循环群. 又设 $a\in N$, $\tau\in\mathrm{Aut}(N)$, a 与 τ 满足 (3.6′) 式. 则由 (3.10) 及 (3.11) 式确定的 f 和 α 满足 (3.6) 式. 因而可得一 N 被 F 的扩张 G(简称 N 的 m 次循环扩张), 记作 $G=\mathrm{Ext}(N,m;a,\tau)$. 并且 N 的所有 m 次循环扩张均可由适当的、满足 (3.6′) 式的 a,τ 依上法得到.*

这个定理给出了确定群 N 的所有循环扩张的方法. 但对于不同的 a,τ 确定的扩张何时同构的问题并没有回答.

又, 如果 N 也是循环群, N 的循环扩张就是亚循环群, 这和定义 3.3.9 是一致的. 因此, 更精确地说, 亚循环群就是循环群被循环群的扩张.

习 题

3.5.1. 用群扩张理论证明引理 3.4.8.

3.6 $\mathcal{P}$ 临界群

本节介绍研究有限群论的一种有效方法, 即通过研究 $\mathcal{P}$ 临界群的性质和结构来研究具有性质 $\mathcal{P}$ 的群. 在编写本节时, 作者参考了陈重穆教授的两篇文章, 见 [25],[26].

我们以 $\mathcal{P}$ 表示任一群性质, 比如可解、交换、循环等等. 称群 G 为 $\mathcal{P}$ 群, 如果 G 具有性质 $\mathcal{P}$.

定义 3.6.1 设 $\mathcal{P}$ 是任一群性质, 称 $\mathcal{P}$ 是*子群遗传的*, 如果由任一群 G 是 $\mathcal{P}$ 群可推出 G 的任一子群 H 也是 $\mathcal{P}$ 群; 而称 $\mathcal{P}$ 是*商群遗传的*, 如果由任一群 G 是 $\mathcal{P}$ 群可推出 G 的任一商群 G/N 也是 $\mathcal{P}$ 群.

前面提到的群的可解性、交换性和循环性都是子群遗传和商群遗传的.

我们称群 G 的任一子群的商群为 G 的一个*截段*. 于是若 $\mathcal{P}$ 同时为子群遗传和商群遗传的, 则由 G 是 $\mathcal{P}$ 群可推出 G 的任一截段也是 $\mathcal{P}$ 群.

当然有很多群性质既非子群遗传也非商群遗传. 例如以 $\mathcal{P}$ 代表有限群的阶可被某指定的素数 p 整除的性质, 则 $\mathcal{P}$ 显然既非子群遗传也非商群遗传, 因为单位元群是任一群的子群和商群, 但它的阶不能被 p 整除. 也有些性质是子群遗传的但非商群遗传, 或者是商群遗传但非子群遗传, 请读者自己举些例子来说明.

在研究群性质 $\mathcal{P}$ 时, 特别是为建立 $\mathcal{P}$ 群的充分条件, 下面的几种所谓 $\mathcal{P}$ 临界群的概念将起着重要的作用.

定义 3.6.2 设 $\mathcal{P}$ 为一子群遗传的群性质, 群 G 不是 $\mathcal{P}$ 群, 但 G 的每个真子群皆为 $\mathcal{P}$ 群, 则称 G 为一个*内 $\mathcal{P}$ 群*.

定义 3.6.3 设 $\mathcal{P}$ 为一商群遗传的群性质, 群 G 不是 $\mathcal{P}$ 群, 但 G 的每个真商群皆为 $\mathcal{P}$ 群, 则称 G 为一个*外 $\mathcal{P}$ 群*.

定义 3.6.4 设 $\mathcal{P}$ 为一子群遗传同时又商群遗传的群性质, 群 G 不是 $\mathcal{P}$ 群, 但 G 的每个真子群和每个真商群皆为 $\mathcal{P}$ 群, 则称 G 为一个*极小非 $\mathcal{P}$ 群*.

应该注意, 在多数群论文献中使用的术语和我们这里的不太一样. 他们一般只用 “极小非 $\mathcal{P}$ 群” 的术语, 多数情形下指的是 “内 $\mathcal{P}$ 群”, 有时也用来代表 “极小非 $\mathcal{P}$ 群”, 请读者在阅读文献时加以注意.

下面我们举几个简单的例子来说明 $\mathcal{P}$ 临界群的概念在研究群性质 $\mathcal{P}$ 时的作用. 在本书的以后各章, 还将多次应用这个概念.

首先看一个如何用内交换群来研究群的交换性的例子. 对于内交换群的性质和构造早在 1903 年就已经得到, 可见 [88].

定理 3.6.5 *有限内交换群 G 必为可解群.*

证明 先证 G 必含有非平凡正规子群. 用反证法, 设结论不真, 则 G 必为非交换单群. 我们来导出矛盾.

(1) 若 $M \lessdot G$, 则 $N_G(M) = M$. 于是与 M 共轭的子群个数为 $|G : M|$. 事实上 $M \lessdot G$, G 非交换, 必有 $M \neq 1$. 于是 $N_G(M) < G$. 又因 $N_G(M) \geqslant M$, 由 M 的极大性即得 $N_G(M) = M$.

(2) 若 $M_1 \lessdot G, M_2 \lessdot G, M_1 \neq M_2$, 则 $M_1 \cap M_2 = 1$. 事实上由定理条件, M_1, M_2 皆为交换群. 因为交换群的子群皆正规, 有 $M_1 \cap M_2 \trianglelefteq M_1$, $M_1 \cap M_2 \trianglelefteq M_2$. 由此得 $M_1 \cap M_2 \trianglelefteq \langle M_1, M_2 \rangle$. 而因 M_1, M_2 是不同的极大子群, 当然有 $\langle M_1, M_2 \rangle = G$, 于是 $M_1 \cap M_2 \trianglelefteq G$. 最后由 G 是单群, 即得 $M_1 \cap M_2 = 1$.

(3) 导出矛盾: 由 G 非循环, 据命题 1.6.6, G 中必存在两个不共轭的极大子群 M_1, M_2. 我们设

$$|M_1| = m_1, \quad |G : M_1| = n_1, \quad |M_2| = m_2, \quad |G : M_2| = n_2.$$

由 (1) 和 (2) 有

$$\left|\bigcup_{g\in G}(M_1^g-\{1\})\right|=n_1(m_1-1)=|G|-n_1$$
$$=|G|-\frac{|G|}{m_1}.$$

同理有

$$\left|\bigcup_{g\in G}(M_2^g-\{1\})\right|=n_2(m_2-1)=|G|-n_2$$
$$=|G|-\frac{|G|}{m_2}.$$

再由 (2),

$$\left(\bigcup_{g\in G}(M_1^g-\{1\})\right)\bigcap\left(\bigcup_{g\in G}(M_2^g-\{1\})\right)=\varnothing.$$

故

$$|G|-1\geqslant\left|\bigcup_{g\in G}(M_1^g-\{1\})\right|+\left|\bigcup_{g\in G}(M_2^g-\{1\})\right|$$
$$=2|G|-\frac{|G|}{m_1}-\frac{|G|}{m_2}.$$

于是有

$$|G|\leqslant\frac{|G|}{m_1}+\frac{|G|}{m_2}-1.$$

但 $m_1\geqslant 2, m_2\geqslant 2$, 故

$$|G|\leqslant\frac{|G|}{m_1}+\frac{|G|}{m_2}-1\leqslant\frac{|G|}{2}+\frac{|G|}{2}-1=|G|-1,$$

矛盾.

下面我们来证明 G 是可解的. 取 G 的极小正规子群 N, 则商群 G/N 亦为内交换群. 用对群的阶的归纳法, 可设 G/N 为可解群. 又, N 作为内交换群的子群应为交换群, 当然也是可解群. 于是得 G 可解. □

下面应用定理 3.6.5 证明下面的 Zassenhaus 定理.

定理 3.6.6 (Zassenhaus)　*设 G 是有限群, 对于它的每个交换子群 A 恒有 $C_G(A)=N_G(A)$, 则 G 本身交换.*

证明　首先, 易验证定理条件是子群遗传的. 于是, 若定理不真, 极小反例 G 必为内交换群. 由定理 3.6.5, G 可解. 取 G 的极大正规子群 N, 得 N 交换, 且 $|G:N|$ 为素数. 由 G 非交换, 得 $C_G(N)=N$, 但 $N_G(N)=G$, 矛盾. □

上述定理的证明只应用了内交换群的可解性, 就变得十分简单. 但在 1952 年 Zassenhaus 第一次证明此定理时还很复杂, 尽管在 1903 年就已经知道了内交换群的构造.

应用 $\mathcal{P}$ 临界群来研究群性质 $\mathcal{P}$, 首先需要对 $\mathcal{P}$ 临界群的构造有尽可能多的了解, 最好是能把它们完全定出. 一般来说, $\mathcal{P}$ 临界群的构造相对于 $\mathcal{P}$ 群来说都是十分局限的. 下面的定理给出了内循环群的一个完全分类.

定理 3.6.7 设 G 是有限内循环群, 则 G 只有下列三种互不同构的类型:

(1) $G \cong Z_p \times Z_p$;

(2) G 为 8 阶四元数群;

(3) $G = \langle a, b\rangle$, 有如下的定义关系:

$$a^p = 1, \quad b^{q^m} = 1, \quad b^{-1}ab = a^r, \tag{3.12}$$

其中 p, q 为互异素数, m, r 为正整数, 且 $r \not\equiv 1 \pmod p$, $r^q \equiv 1 \pmod p$.

证明 首先设 G 是交换群. 若 G 的所有 Sylow 子群皆循环, 则 G 本身循环. 因此由 G 是内循环群可推出对某个素数 p, G 必为 p-群. 又由交换群分解定理 1.6.14, 由 G 非循环推知 G 有 (p, p) 型子群 H. 但 G 为内循环群, 故必有 $G = H$, 即 $G \cong Z_p \times Z_p$ 为 (1) 型群.

再假定 G 非交换, 则 G 必为内交换群. 由定理 3.6.5, G 可解. 取 G 的极大正规子群 N, 则 N 循环, 且 $|G:N| = q$ 为素数. 我们证明 $|N|$ 必为素数方幂, 譬如 $|N| = p^n$. 若否, 设 $q, p_1, \cdots, p_s$ 是 $|G|$ 的全部不同的素因子, $s \geqslant 2$, 则 N 必包含 G 的某个 Sylow p_i- 子群 P_i, $i = 1, 2, \cdots, s$. 并且因 P_i 是循环正规子群 N 的子群, 必有 $P_i \trianglelefteq G$. 再令 $Q \in \mathrm{Syl}_q(G)$, 则有 $\langle P_i, Q\rangle = P_iQ < G$, 于是 P_iQ 循环. 特别地, P_i 的生成元与 Q 的生成元可交换. 但因 $G = P_1 \cdots P_s \cdot Q$, 则得 G 交换, 矛盾. 因此 G 至多含两个不同素因子. 下面分两种情形予以讨论.

(i) G 是 p-群: 这时 G 有循环极大子群 N. 设 $N = \langle a_1\rangle$, $a_1^{p^n} = 1$, 则由 G 非交换有 $n \geqslant 2$. 考虑商群 $G/\langle a_1^{p^2}\rangle = \overline{G}$. 易验证 $\overline{G}$ 仍为内循环群, 且 $|\overline{G}| = p^3$. (为说明 $\overline{G}$ 仍为内循环群, 还需证 $\overline{G}$ 非循环. 用反证法, 假定 $\overline{G} = \langle \bar{a}\rangle$ 循环. 则不妨设 $\bar{a}$ 的原像 a 满足 $a^{p^3} = a_1^{p^2}$, 于是易见 $o(a) = po(a_1)$, 这推出 $G = \langle a\rangle$ 是循环群, 矛盾.) 根据 p^3 阶群的完全分类 (定理 1.10.19), 仅有的 p^3 阶内循环群为 8 阶四元数群, 故必有 $p = 2$, 且 $G = \langle a_1, b\rangle$, 有关系

$$a_1^{2^n} = 1, \quad b^2 = a_1^{2+4i}, \quad b^{-1}a_1b = a_1^{-1+4j},$$

其中 i, j 为适当的正整数. 令 $a = a_1^{1+2i}$, 则 a 仍为 N 的生成元. 以 a 代替 a_1, 则 $G = \langle a, b\rangle$, 有关系

$$a^{2^n} = 1, \quad b^2 = a^2, \quad b^{-1}ab = a^{-1+4j}.$$

因为

$$a^2 = b^2 = b^{-1}b^2b = b^{-1}a^2b = (b^{-1}ab)^2 = a^{-2+8j},$$

得 $a^{4(1-2j)} = 1$. 因 $1-2j$ 是奇数, 故得 $a^4 = 1$, 即 $n = 2$. 于是 G 本身也必为四元数群, 即 G 为 (2) 型群.

(ii) G 不是 p-群: 由前面的分析, 可设 $|G| = p^n q^m$, 且 G 的 Sylow p-子群 $P \trianglelefteq G$, 但 G 的 Sylow p-子群 $Q \ntrianglelefteq G$, P, Q 皆为循环群. 于是可令 $G = \langle a, b\rangle$, 有关系

$$a^{p^n} = 1, \quad b^{q^m} = 1, \quad b^{-1}ab = a^r,$$

其中 r 为适当的正整数. 因 G 非交换, 故 $r \not\equiv 1 \pmod{p^n}$. 又因 b^q 与 a 生成 G 的真子群, 从而 b^q 与 a 可交换, 故 $r^q \equiv 1 \pmod{p^n}$. 同理, b 与 a^p 可交换, 又得 $a^p = b^{-1}a^pb = a^{rp}$, 于是 $r \equiv 1 \pmod{p^{n-1}}$. 这时我们断言必有 $n = 1$, 因此 G 为 (3) 型群. 若否, 可令 $r = 1 + kp^{n-1}$, $(k, p) = 1$. 于是有

$$r^q = (1 + kp^{n-1})^q \equiv 1 + kqp^{n-1} \pmod{p^n},$$

与 $r^q \equiv 1 \pmod{p^n}$ 矛盾.

反过来, 请读者自行验证 (1)~(3) 型群确为内循环群. 定理证毕. □

下面我们应用这个定理, 给出有限群是循环群的一个充分条件.

定理 3.6.8　设 G 是 n 阶群, $(n, \varphi(n)) = 1$, 则 G 循环.

证明　因为 G 的任一子群的阶 m 是 n 的因子, 故亦有 $(m, \varphi(m)) = 1$, 于是定理的条件是子群遗传的. 若定理不真, 则其极小反例 G 为内循环群. 由条件 $(n, \varphi(n)) = 1$ 可推出 n 无平方因子, 于是 G 只能是定理 3.6.7 中的 (3) 型群, 且其中的 $m = 1$. 因 G 非交换, 由 Sylow 定理, q 阶子群个数 $n_q = p$, 且 $p \equiv 1 \pmod q$, 故 $(n, \varphi(n)) = (pq, (p-1)(q-1)) = q \neq 1$, 矛盾. □

仿照这个定理的证明可得下面的十分有用的一般原则:

定理 3.6.9　设 $\mathcal{P}, \mathcal{P}_1$ 都是子群遗传的群性质, 且内 $\mathcal{P}$ 群均无性质 $\mathcal{P}_1$, 则 $\mathcal{P}_1$ 为 $\mathcal{P}$ 群的一个充分条件.

(证明从略).

类似的原则还有:

定理 3.6.10　设 $\mathcal{P}, \mathcal{P}_1$ 都是商群遗传的群性质, 且外 $\mathcal{P}$ 群均无性质 $\mathcal{P}_1$, 则 $\mathcal{P}_1$ 为 $\mathcal{P}$ 群的一个充分条件.

定理 3.6.11　设 $\mathcal{P}, \mathcal{P}_1$ 都是子群遗传并且商群遗传的群性质, 且极小非 $\mathcal{P}$ 群均无性质 $\mathcal{P}_1$, 则 $\mathcal{P}_1$ 为 $\mathcal{P}$ 群的一个充分条件.

这些原则说明了研究 $\mathcal{P}$ 临界群的重要性, 它们在今后将要多次用到.

前面只举了内 $\mathcal{P}$ 群的例子, 对于外 $\mathcal{P}$ 群的研究比较困难, 故目前结果尚少. 即使是对外循环群和外交换群, 也都有十分复杂的构造. 首先, 它们都没有可解性. 事

实上, 任一非交换单群均为外循环群和外交换群. 因此, 在研究外 $\mathcal{P}$ 群时, 往往假定群的可解性, 即只决定可解的外 $\mathcal{P}$ 群. 但即使如此, 这方面的结果也不多, 至于极小非 $\mathcal{P}$ 群, 则往往是最容易确定的. 限于篇幅, 也不在这里举例. 以后大家将会看到, 所有这些 $\mathcal{P}$ 临界群的结果和方法在可解群和幂零群的理论中起着重要的作用.

习　　题

3.6.1. 设有限群 G 的每个极大子群皆正规, 且为单群, 则 G 是交换群, 并且 $|G| = p^2$ 或 pq, 其中 p, q 是素数.

3.6.2. 继续定理 3.6.8, 证明若 n 不满足 $(n, \varphi(n)) = 1$, 则存在 n 阶非循环群.

3.6.3. 设 G 是有限群. 若对每个素数 p, 方程 $x^p = 1$ 在 G 中有不多于 p 个解, 而且 $x^4 = 1$ 在 G 中不多于 4 个解, 证明 G 是循环群.

3.6.4. 设 G 为内交换群. 证明

(1) $|G|$ 至多可被二不同的素因子整除;

(2) 若 $|G|$ 恰被二不同的素因子整除, 譬如 p 和 q, 则 G 的 Sylow 子群中恰有一个是正规的, 譬如 Sylow p-子群 P. 而 Sylow p-子群必不正规, 并且为循环群.

3.6.5. 确定所有的极小非循环群.

3.7 MAGMA和 GAP 简介

在本章的最后, 我们离开这一章的主要课题, 来介绍一下计算群论的两个大型软件包MAGMA和GAP. 目前这两个软件包在群论研究者中间已经非常普及, 我国也在 2011 年暑假在山西师范大学举办了这两个软件包的讲习班. 由北京大学、山西师范大学、广西大学、国家自然科学基金委员会的专家主讲, 参加者都表示得益不浅.

自从人类进入计算机时代, 应用计算机来解决数学的计算及理论问题就一直是数学家的愿望和追求, 在群论领域也是如此. 早年的努力不再回顾, 进入 20 世纪 60 年代中期, 特别是到了 20 世纪 70 年代, 随着计算机摆脱了电子管和晶体管时代, 两个研究团体 —— 分别由澳大利亚悉尼大学的 John Cannon 和德国亚琛工业大学 (Rheinisch-Westfälische Technische Hochschule) 的 Joachim Neubüser 领导 —— 开始了计算群论软件的开发. 悉尼大学的研究团体, 先是用 Fortran 编写了软件包 CAYLEY, 1993 年发展成为MAGMA, 也改用 C 语言来编写; 亚琛工业大学, 先开发出 CAS, 主要计算有限群的特征标, 后来在 1986 年开发出GAP (Groups, Algorithms and Programming 的缩写). 截止到 2012 年 5 月, MAGMA发布了 V2.18-7 版本, 而GAP则发布了 4.5.4 版. 如果要得到GAP, 可以到其官方网站上免费下载, 网址是: http://www.gap-system.org/ , 而要得到MAGMA, 还必须向澳大利亚 Sydney 大学花钱购买.

大约在 20 世纪 80 年代末和 20 世纪 90 年代初, 这两个研究团体之间的联系与交流日益频繁, 人员往来也逐渐增多. 目前, 这两个大型软件包已能基本实现资源共享.

MAGMA和GAP这两个软件包的功能已经非常强大. 应用它们不仅可以进行通常的群论计算, 比如求给定群的子群、正规子群、特征标表等, 而且还储存了一个相当大的群库, 包含阶小于 2000 的群 (除掉 1024 阶群)、级至多为 2500 的本原置换群、[27] 中的所有单群、阶至多为 p^6 的 p-群、阶至多为 2^9 的 2-群等. 光 2^9 的 2-群就有 10, 494, 213 种互不同构的群. 另外, 这两个软件包也都提供了编程语言, 用作比较复杂的群论计算.

笔者觉得, 每个群论工作者都应该学会MAGMA和GAP中至少一个的基本使用方法, 因为它们对群论的研究实在是非常有用. 哪怕只是为了寻找例子, 或者应用群库中的群的信息来检验你在研究工作中碰到的问题或猜想.

如果你对这两个软件包还不熟悉, 入门的办法是先从说明书中学习最简单的命令以及最基本的使用方法. 而且安装软件后还有方便的在线帮助. 由于它们的说明书都很长, 有四、五千页, 除了最基本的命令外, 最好采取边学边用的办法, 这样能得到事半功倍的效果.

另外, 我们推荐 Holt 等编写的 “Handbook of Computational Group Theory”, 见 [58]. 这本书介绍了计算群论的发展历史、现状, 以及目前已有的主要算法, 对于软件包中包含的群库也做了介绍.

第 4 章　更多的群例

阅读提示: 本章的目的是通过更多的群例说明群论的本质在于研究群作用. 4.1 节考察 $PSL(n,q)$ 在射影几何 $PG(n-1,q)$ 上的作用, 证明了 $PSL(n,q)$ 是单群. 4.2 节则研究 168 阶单群在七点平面上的作用, 证明了 168 阶单群的唯一性. 4.3 节通过研究 S_5 和 A_5 在 Petersen 图上的作用, 说明群作用对图的对称性有着至关重要的意义. 4.4 节介绍两个最早发现的零散单群 M_{11} 和 M_{12}. 最后一节则给出了 5 族典型单群. 由于全章是介绍性的, 哪一节都可以继续深入研究下去, 故不安排习题.

4.1　$PSL(n,q)$ 的单性

在 1.6.5 小节中我们已经给出线性群的概念, 本节中我们讲述域上的特殊射影线性群的单性.

首先简单复习一下特殊射影线性群的定义. 设 $\mathbf{F}$ 是一个域, $V=V(n,\mathbf{F})$ 是域 $\mathbf{F}$ 上的 n 维线性空间, $GL(n,\mathbf{F})$ 是 V 的非退化线性变换的集合. 它在线性变换的乘法下组成一个群, 叫做域 $\mathbf{F}$ 上的 n 级**一般线性群**或 n 级**全线性群**. 它同构于 $\mathbf{F}$ 上全体 n 阶可逆方阵组成的乘法群. 这个群也记做 $GL(n,\mathbf{F})$.

令 $SL(n,\mathbf{F})$ 为所有行列式为 1 的线性变换 (或所有行列式为 1 的 n 阶方阵) 组成的集合, 则 $SL(n,\mathbf{F})$ 是 $GL(n,\mathbf{F})$ 的正规子群, 叫做 $\mathbf{F}$ 上的 n 级**特殊线性群**.

又, 由线性代数知, $GL(n,\mathbf{F})$ 的中心 Z 由所有 n 阶非零纯量阵组成. 我们称

$$PGL(n,\mathbf{F})=GL(n,\mathbf{F})/Z$$

为 $\mathbf{F}$ 上 n 级**射影线性群**. 又称

$$PSL(n,\mathbf{F})=SL(n,\mathbf{F})/(Z\cap SL(n,\mathbf{F}))$$

为 $\mathbf{F}$ 上 n 级**特殊射影线性群**.

这样的名字是由几何上得来的. 我们有下面的定义.

定义 4.1.1　设 $V=V(n,\mathbf{F})$ 是域 $\mathbf{F}$ 上的 n 维线性空间, 令 $PG(n-1,\mathbf{F})$ 是由 V 的所有一维子空间组成的集合，叫做域 $\mathbf{F}$ 上的 $n-1$ 维射影几何, 记作 $PG(n-1,\mathbf{F})$. 特别地, 当 $n=3$ 时, $PG(2,\mathbf{F})$ 叫做 $\mathbf{F}$ 上的射影平面.

考虑 $GL(n,\mathbf{F})$ (或 $SL(n,\mathbf{F})$) 在 $PG(n-1,\mathbf{F})$ 上的诱导作用，则其核为 Z (或 $Z\cap SL(n,\mathbf{F})$)，即 $PGL(n,\mathbf{F})$ 和 $PSL(n,\mathbf{F})$ 在 $PG(n-1,\mathbf{F})$ 上的作用是忠实的.

下面我们将给出 $PSL(n,\mathbf{F})$ 是单群的证明, 当 $\mathbf{F}=GF(p^r)$ 时, 就得到了一族有限单群. 我们也采用几何的方法.

定义 4.1.2 设 $V=V(n,\mathbf{F})$ 是域 $\mathbf{F}$ 上的 n 维向量空间, $GL(n,\mathbf{F})$ 是域 $\mathbf{F}$ 上的 n 级一般线性群. 我们称 $\tau\in GL(n,\mathbf{F})$ 为 V 的一个具有方向向量 $\boldsymbol{d}\in V^{\#}=V-\{\boldsymbol{0}\}$ 的**平延**(transvection), 如果 $\boldsymbol{d}^\tau=\boldsymbol{d}$, $\boldsymbol{v}^\tau-\boldsymbol{v}\in\langle\boldsymbol{d}\rangle$, $\forall\,\boldsymbol{v}\in V$, 这里 $\langle\boldsymbol{d}\rangle$ 表由 $\boldsymbol{d}$ 张成的一维子空间.

注意方向向量并不唯一确定. 事实上, 若 $\tau\neq 1$, 一维子空间 $\langle\boldsymbol{d}\rangle$ 被 τ 唯一确定; 而对 $\tau=1$, 任意非零向量都可以看做 τ 的方向向量.

命题 4.1.3 *设 τ 是 V 的具有方向向量 $\boldsymbol{d}$ 的平延, 则存在 V 的 $n-1$ 维子空间, 即超平面 H 包含 $\boldsymbol{d}$, 使 $\tau|_H=1$.*

证明 如果 $\tau=1$, 结论是显然的. 如果 $\tau\neq 1$, 令 $\boldsymbol{v}^\tau-\boldsymbol{v}=f(\boldsymbol{v})\boldsymbol{d}$, $\forall\,\boldsymbol{v}\in V$, 则得到一函数 $f:V\to\mathbf{F}$. 易验证 f 是 V 上的非零线性型. 于是 $H=\{\boldsymbol{v}\in V\mid f(\boldsymbol{v})=0\}$ 是 V 的一个超平面, 并满足命题的要求. □

由此, 每个平延可记成 $\tau=\tau(f,\boldsymbol{d})$, 满足

$$\boldsymbol{v}^{\tau(f,\boldsymbol{d})}=\boldsymbol{v}+f(\boldsymbol{v})\boldsymbol{d}. \tag{4.1}$$

反之, 任意给定一个非零向量 $\boldsymbol{d}$ 和一个线性型 $f(\boldsymbol{v})$, 满足 $f(\boldsymbol{d})=0$, 则 (4.1) 式就唯一确定一个具有方向向量 $\boldsymbol{d}$ 的平延 $\tau(f,\boldsymbol{d})$. 注意, 若 $\tau=1$, 则对于任意的 $\boldsymbol{d}\neq\boldsymbol{0}$ 和零线性型 $f=0$, 有 $\tau=\tau(f,\boldsymbol{d})$. 下面是关于平延的运算公式.

命题 4.1.4 (1) $\tau(f_1,\boldsymbol{d})\tau(f_2,\boldsymbol{d})=\tau(f_1+f_2,\boldsymbol{d})$;

(2) $\tau(f,\boldsymbol{d}_1)\tau(f,\boldsymbol{d}_2)=\tau(f,\boldsymbol{d}_1+\boldsymbol{d}_2)$;

(3) *若 $\alpha\in GL(n,\mathbf{F})$, 则 $\alpha^{-1}\tau(f,\boldsymbol{d})\alpha=\tau(f',\boldsymbol{d}')$, 其中 $\boldsymbol{d}'=\boldsymbol{d}^\alpha$, 而 f' 由下式确定: $f'(\boldsymbol{v})=f(\boldsymbol{v}^{\alpha^{-1}})$, $\forall\,\boldsymbol{v}\in V$.*

证明 (1) 对任意的 $\boldsymbol{v}\in V$, $\boldsymbol{v}^{\tau(f_1,\boldsymbol{d})\tau(f_2,\boldsymbol{d})}=(\boldsymbol{v}+f_1(\boldsymbol{v})\boldsymbol{d})^{\tau(f_2,\boldsymbol{d})}=\boldsymbol{v}^{\tau(f_2,\boldsymbol{d})}+f_1(\boldsymbol{v})\boldsymbol{d}^{\tau(f_2,\boldsymbol{d})}=\boldsymbol{v}+f_2(\boldsymbol{v})\boldsymbol{d}+f_1(\boldsymbol{v})\boldsymbol{d}+\boldsymbol{0}=\boldsymbol{v}+(f_1+f_2)(\boldsymbol{v})\boldsymbol{d}$, 故得结论.

(2) 仿照 (1) 直接计算, 略.

(3) 对任意的 $\boldsymbol{v}\in V$, $\boldsymbol{v}^{\alpha^{-1}\tau(f,\boldsymbol{d})\alpha}=(\boldsymbol{v}^{\alpha^{-1}}+f(\boldsymbol{v}^{\alpha^{-1}})\boldsymbol{d})^\alpha=\boldsymbol{v}+f(\boldsymbol{v}^{\alpha^{-1}})\boldsymbol{d}^\alpha$. 由此即得结论. □

命题 4.1.5 *任一平延 $\tau(f,\boldsymbol{d})\in SL(n,\mathbf{F})$.*

证明 可设 $\tau\neq 1$. 取超平面 $H=\{\boldsymbol{v}\in V|f(\boldsymbol{v})=0\}$ 的一组基 $\boldsymbol{d}=\boldsymbol{e}_1,\boldsymbol{e}_2,\cdots,\boldsymbol{e}_{n-1}$. 再取向量 $\boldsymbol{e}_n\notin H$, 设 $f(\boldsymbol{e}_n)=c$. 则 $\tau(f,\boldsymbol{d})$ 的矩阵的主对角线元素均为 1, $(1,n)$-元素为 c, 而其他位置的元素皆为 0. 因此它的行列式为 1. □

以下我们以 T 表示 $GL(n,\mathbf{F})$ 中所有平延的集合, 并令 $T^{\#}=T-\{1\}$. 又以 $T(\boldsymbol{d})$ 表示所有以 $\boldsymbol{d}$ 为方向向量的平延的集合 (注意, $T(\boldsymbol{d})$ 包含 1) , 则有

命题 4.1.6 (1) $T^{\#}$ 中元素在 $GL(n,\mathbf{F})$ 中组成一个完全共轭类, 且若 $n \geqslant 3$, $T^{\#}$ 在 $SL(n,\mathbf{F})$ 中亦组成完全共轭类;

(2) $T(\boldsymbol{d})$ 是 $SL(n,\mathbf{F})$ 的保持 $\boldsymbol{d}$ 不变的子群 M 的交换正规子群;

(3) 对于 $\boldsymbol{d},\boldsymbol{d}' \in V^{\#}$, 子群 $T(\boldsymbol{d})$ 和 $T(\boldsymbol{d}')$ 在 $SL(n,\mathbf{F})$ 中共轭.

证明 (1) 在 $T^{\#}$ 中任取两个平延 $\tau = \tau(f,\boldsymbol{d})$ 和 $\tau' = \tau(f',\boldsymbol{d}')$. 令二者对应的超平面分别为 H 和 H'. 在 H 和 H' 中各取一组基 $\boldsymbol{d} = \boldsymbol{e}_1,\boldsymbol{e}_2,\cdots,\boldsymbol{e}_{n-1}$ 和 $\boldsymbol{d}' = \boldsymbol{e}_1',\boldsymbol{e}_2',\cdots,\boldsymbol{e}_{n-1}'$. 又取 $\boldsymbol{e}_n \notin H$ 和 $\boldsymbol{e}_n' \notin H'$, 满足 $f(\boldsymbol{e}_n) = f'(\boldsymbol{e}_n') = 1$, 这样得到空间 V 的两组基 $\boldsymbol{e}_1,\cdots,\boldsymbol{e}_n$ 和 $\boldsymbol{e}_1',\cdots,\boldsymbol{e}_n'$. 令 $\alpha \in GL(n,\mathbf{F})$ 使 $\boldsymbol{e}_i^{\alpha} = \boldsymbol{e}_i', i = 1,\cdots,n$. 则由命题 4.1.4(3), $\alpha^{-1}\tau(f,\boldsymbol{d})\alpha = \tau(\bar{f},\bar{\boldsymbol{d}})$, 其中 $\bar{\boldsymbol{d}} = \boldsymbol{d}^{\alpha} = \boldsymbol{d}'$, $\bar{f}(\boldsymbol{v}) = f(\boldsymbol{v}^{\alpha^{-1}})$. 于是 $\bar{f}(\boldsymbol{e}_i') = \bar{f}(\boldsymbol{e}_i^{\alpha}) = f(\boldsymbol{e}_i) = f'(\boldsymbol{e}_i'),\forall\ i$. 这推出 $\bar{f} = f'$, 即得到 τ 与 τ' 在 $GL(n,\mathbf{F})$ 中的共轭性. 而如果 $n \geqslant 3$, 可取 α 满足 $\boldsymbol{e}_i^{\alpha} = \boldsymbol{e}_i', i \neq 2$, 而令 $\boldsymbol{e}_2^{\alpha} = \lambda\boldsymbol{e}_2', \lambda \in \mathbf{F}$. 适当选取 λ, 可使 α 的行列式为 1, 即 τ 和 τ' 在 $SL(n,\mathbf{F})$ 中亦共轭.

(2) 由命题 4.1.4(1) 知 $T(\boldsymbol{d})$ 是 $SL(n,\mathbf{F})$ 的交换子群, 显然有 $T(\boldsymbol{d}) \leqslant M$. 设 $\alpha \in M$, $\tau(f,\boldsymbol{d}) \in T(\boldsymbol{d})$, 则由 4.1.4(3) 有 $\alpha^{-1}\tau(f,\boldsymbol{d})\alpha = \tau(f',\boldsymbol{d}^{\alpha}) = \tau(f',\boldsymbol{d}) \in T(\boldsymbol{d})$, 故 $T(\boldsymbol{d}) \trianglelefteq M$.

(3) 对任意的 $\boldsymbol{d},\boldsymbol{d}' \in V^{\#}$, 总存在 $\alpha \in SL(n,\mathbf{F})$ 使 $\boldsymbol{d}^{\alpha} = \lambda\boldsymbol{d}', \lambda \in \mathbf{F}^{\times}$. 这样, $\alpha^{-1}T(\boldsymbol{d})\alpha \leqslant T(\lambda\boldsymbol{d}') = T(\boldsymbol{d}')$. 同理也可证明 $\alpha T(\boldsymbol{d}')\alpha^{-1} \leqslant T(\boldsymbol{d})$, 于是 $T(\boldsymbol{d}') = \alpha^{-1}T(\boldsymbol{d})\alpha$, 由此即得 $T(\boldsymbol{d})$ 和 $T(\boldsymbol{d}')$ 的共轭性. □

定理 4.1.7 $SL(n,\mathbf{F}) = \langle T\rangle$.

证明 我们必须证明任一 $\alpha \in SL(n,\mathbf{F})$ 都可表示成有限个平延的乘积. 为此用对 $n = \dim V$ 的归纳法. 当 $n = 1$ 时, 有 $T = SL(n,\mathbf{F}) = 1$, 结论真确. 设 $n \geqslant 2$, $\alpha \in SL(n,\mathbf{F})$. 分下面三种情形予以讨论.

(i) 存在 $\boldsymbol{y} \in V, \boldsymbol{y} \neq \boldsymbol{0}$, 使 $\boldsymbol{y}^{\alpha} = \boldsymbol{y}$. 令 $Y = \langle\boldsymbol{y}\rangle, \overline{V} = V/Y$, 则 α 在 $\overline{V}$ 上的诱导变换 $\overline{\alpha}$ 仍属于 $SL(n-1,\mathbf{F})$, 即 $\overline{V}$ 上的特殊线性群. 于是由归纳假设, $\overline{\alpha}$ 可表成 $\overline{V}$ 的若干平延的积 $\overline{\alpha} = \sigma_1\sigma_2\cdots\sigma_k$. 对于每一个 σ_i, 设其对应的方向向量为 $\overline{\boldsymbol{d}} \neq \overline{\boldsymbol{0}}$, 线性型为 $\overline{f}$. 取 $\boldsymbol{d}$ 为 $\overline{\boldsymbol{d}}$ 作为 Y 的陪集的一个代表元, 令

$$f(\boldsymbol{v}) = \begin{cases} 0, & \boldsymbol{v} \in Y, \\ \overline{f}(\overline{\boldsymbol{v}}), & \boldsymbol{v} \notin Y. \end{cases}$$

容易验证 $f(\boldsymbol{v})$ 是 V 的线性型. 再设 $\tau_i = \tau(f,\boldsymbol{d})$. 它是 V 的平延, 并且 τ_i 在 $\overline{V}$ 上的诱导变换为 σ_i (验证从略) 现在令 $\beta = \tau_1\tau_2\cdots\tau_k$. 有 $\overline{\boldsymbol{v}}^{\overline{\alpha}} = \overline{\boldsymbol{v}}^{\overline{\beta}},\forall \boldsymbol{v} \in V$, 于是 $\overline{\boldsymbol{v}^{\alpha}} = \overline{\boldsymbol{v}^{\beta}},\forall\ \boldsymbol{v} \in V$. 这样, $\boldsymbol{v}^{\alpha} - \boldsymbol{v}^{\beta} = \lambda\boldsymbol{y}, \lambda \in \mathbf{F}$. 再以 α^{-1} 作用于上式, 得 $\boldsymbol{v} - \boldsymbol{v}^{\beta\alpha^{-1}} = \lambda\boldsymbol{y}^{\alpha^{-1}} = \lambda\boldsymbol{y}$, 或写成 $\boldsymbol{v}^{\beta\alpha^{-1}} = \boldsymbol{v} + (-\lambda)\boldsymbol{y}$. 这说明 $\beta\alpha^{-1}$ 是 V 的一个平延. 令 $\tau = \beta\alpha^{-1}$, 则 $\alpha = \tau^{-1}\beta = \tau^{-1}\tau_1\cdots\tau_k$ 是平延的乘积.

(ii) 存在 $\boldsymbol{y} \in V$ 使 $\boldsymbol{y}^{\alpha}$ 和 $\boldsymbol{y}$ 线性无关. 这时 $\boldsymbol{y} - \boldsymbol{y}^{\alpha}$ 和 $\boldsymbol{y}^{\alpha}$ 亦线性无关. 于是

可取 V 上线性函数 t 使 $t(\boldsymbol{y}-\boldsymbol{y}^\alpha)=0$ 而 $t(\boldsymbol{y}^\alpha)=1$. 令 τ 是平延 $\tau(t,\boldsymbol{y}-\boldsymbol{y}^\alpha)$, 则 $\boldsymbol{y}^{\alpha\tau}=\boldsymbol{y}^\alpha+t(\boldsymbol{y}^\alpha)(\boldsymbol{y}-\boldsymbol{y}^\alpha)=\boldsymbol{y}$, 即 $\alpha\tau$ 固定 $\boldsymbol{y}$. 由情形 (i), $\alpha\tau$ 可表成若干平延之积, 自然 α 亦有同样的表示.

(iii) 存在 $\boldsymbol{y}\in V, \boldsymbol{y}\neq\boldsymbol{0}$, 满足 $\boldsymbol{y}^\alpha$ 与 $\boldsymbol{y}$ 不相等但线性相关. 任取 $\boldsymbol{z}\in V$ 使 $\boldsymbol{z}$ 和 $\boldsymbol{y}$ 线性无关. 取 V 的线性型 s 满足 $s(\boldsymbol{y}^\alpha)=1$, $s(\mathbf{z})=0$. 令 $\tau=\tau(s,\boldsymbol{z})$, 则 $\boldsymbol{y}^{\alpha\tau}=\boldsymbol{y}^\alpha+s(\boldsymbol{y}^\alpha)\boldsymbol{z}=\boldsymbol{y}^\alpha+\boldsymbol{z}$, 于是 $\boldsymbol{y}^{\alpha\tau}$ 与 $\boldsymbol{y}$ 线性无关. 由情形 (ii), $\alpha\tau$, 因此 α 可表成若干平延的乘积. □

定理 4.1.8 若 $n\geqslant 3$, 或 $n=2$ 但 $|\mathbf{F}|>3$, 则 $GL(n,\mathbf{F})'=SL(n,\mathbf{F})'=SL(n,\mathbf{F})$.

证明 因为 $GL(n,\mathbf{F})/SL(n,\mathbf{F})\cong\mathbf{F}^\times$ 是交换群, 故

$$SL(n,\mathbf{F})'\leqslant GL(n,\mathbf{F})'\leqslant SL(n,\mathbf{F}).$$

于是只需证明 $SL(n,\mathbf{F})'=SL(n,\mathbf{F})$. 由定理 4.1.7, 又只需证明任一平延 $\tau\in SL(n,\mathbf{F})'$.

假定 $n\geqslant 3$. 设 $\tau=\tau(f,\boldsymbol{d})\in T(\boldsymbol{d})$. 这时总可找到平延 $\sigma\in T(\boldsymbol{d}),\sigma\neq 1,\sigma\neq\tau^{-1}$. 于是 $1\neq\tau\sigma\in T(\boldsymbol{d})$. 据定理 4.1.6(1), 存在 $\beta\in SL(n,\mathbf{F})$ 使 $\beta^{-1}\sigma\beta=\tau\sigma$. 于是 $\tau=\beta^{-1}\sigma\beta\sigma^{-1}\in SL(n,\mathbf{F})'$.

假定 $n=2$, 考虑矩阵表示. 由恒等式

$$\begin{pmatrix}a & 0\\ 0 & a^{-1}\end{pmatrix}^{-1}\begin{pmatrix}1 & 0\\ b & 1\end{pmatrix}^{-1}\begin{pmatrix}a & 0\\ 0 & a^{-1}\end{pmatrix}\begin{pmatrix}1 & 0\\ b & 1\end{pmatrix}=\begin{pmatrix}1 & 0\\ -b(a^2-1) & 1\end{pmatrix}$$

在任意域上都成立, 假定 τ 是 $SL(2,\mathbf{F})$ 中的平延, 有矩阵 $\begin{pmatrix}1 & 0\\ c & 1\end{pmatrix}$, 则只要 $|\mathbf{F}|>3$, 总可选到 $a\in\mathbf{F}$ 使 $a^2\neq 1$, 然后再选 $b\in\mathbf{F}$ 使 $c=-b(a^2-1)$. 故任一平延 τ 都可表成 $SL(2,\mathbf{F})$ 中元素的换位子. □

注意, 因 $|SL(2,2)|=6$, $|SL(2,3)|=12$, 此二群均系可解群, 故定理 4.1.8 对 $n=2$ 并且 $|\mathbf{F}|\leqslant 3$ 的情形不真.

下面证明本节的主要定理. 首先需要下面的命题和引理.

命题 4.1.9 设 $n\geqslant 2$. 则 $PSL(n,\mathbf{F})$ 作为 $PG(n-1,\mathbf{F})$ 上的置换群是二重传递的.

证明 任取 $PG(n-1,\mathbf{F})$ 中两对不同的点 $\langle\boldsymbol{v}_1\rangle,\langle\boldsymbol{v}_2\rangle$ 和 $\langle\boldsymbol{v}_1'\rangle,\langle\boldsymbol{v}_2'\rangle$, 其中 $\boldsymbol{v}_i,\boldsymbol{v}_i'\in V=V(n,\mathbf{F})$. 于是有 $\boldsymbol{v}_1$ 和 $\boldsymbol{v}_2$ (以及 $\boldsymbol{v}_1'$ 和 $\boldsymbol{v}_2'$) 线性无关, 这时自然可取 $\alpha\in SL(n,\mathbf{F})$ 使

$$\boldsymbol{v}_1^\alpha=\boldsymbol{v}_1',\ \boldsymbol{v}_2^\alpha=\lambda\boldsymbol{v}_2',\qquad \lambda\in\mathbf{F}^\times.$$

(对于 $n\geqslant 3$, 还可取到 α 使 $\lambda=1$.) 则 α 作为 $PG(n-1,\mathbf{F})$ 的变换即把 $\langle\boldsymbol{v}_1\rangle,\langle\boldsymbol{v}_2\rangle$ 变到 $\langle\boldsymbol{v}_1'\rangle,\langle\boldsymbol{v}_2'\rangle$. □

引理 4.1.10 设 G 是 Ω 上本原置换群, 满足 $G'=G$, 并且对 $\alpha\in\Omega$, G_α 有可解正规子群 H 使 H 在 G 中的正规闭包 $H^G=G$, 则 G 是单群.

证明 假定 $1\neq N\trianglelefteq G$, 则由 G 的本原性, N 在 Ω 上传递, 于是 $G=NG_\alpha$, 又由 $H\trianglelefteq G_\alpha$, 有 $HN\trianglelefteq NG_\alpha$. 而 $G=\langle H^g|g\in G\rangle=\langle H^{xn}|x\in G_\alpha,n\in N\rangle=\langle H^n|n\in N\rangle\leqslant NH$, 得到 $G=NH$. 再由 H 可解, 存在正整数 k 使 $H^{(k)}=1$. 另一方面, 由 $G=G'$ 推出 $G^{(k)}=G$. 下面再用对 k 的归纳法证明 $G=(NH)^{(k)}\leqslant NH^{(k)}$, 这时要用到 5.1 中的换位子公式, 譬如习题 5.1.2. 对于 $k=2$, 由习题 5.1.2 有 $(NH)^{(2)}=[NH,NH]\leqslant N[H,H]=NH^{(2)}$, 结论正确. 假若结论对 $k-1$ 已经成立, 即 $(NH)^{(k-1)}\leqslant NH^{(k-1)}$, 则 $(NH)^{(k)}=[(NH)^{(k-1)},(NH)^{(k-1)}]\leqslant[NH^{(k-1)},NH^{(k-1)}]$, 再应用习题 5.1.2 有 $[NH^{(k-1)},NH^{(k-1)}]\leqslant N[H^{(k-1)},H^{(k-1)}]=NH^{(k)}$, 结论得证. 最后因 $H^{(k)}\leqslant G^{(k)}=1$, 得到 $N=G$. □

主要定理的证明使用 Iwasawa 的方法, 可见 [65].

定理 4.1.11 除 $PSL(2,2)$ 和 $PSL(2,3)$ 外, $PSL(n,\mathbf{F})$ 是单群.

证明 (Iwasawa) 把 $G=PSL(n,\mathbf{F})$ 看成射影空间 $\mathcal{P}=PG(n-1,\mathbf{F})$ 上的置换群, 由命题 4.1.9, G 在 $\mathcal{P}$ 上是双传递的, 自然也是本原的, 而且除掉 $n=2,|\mathbf{F}|\leqslant 3$ 的情形, 又有

$$\begin{aligned}G'&=PSL(n,\mathbf{F})'=(SL(n,\mathbf{F})/(Z\cap SL(n,\mathbf{F})))'\\&=SL(n,\mathbf{F})'(Z\cap SL(n,\mathbf{F}))/(Z\cap SL(n,\mathbf{F}))\\&=SL(n,\mathbf{F})/(Z\cap SL(n,\mathbf{F}))\\&=PSL(n,\mathbf{F})=G.\end{aligned}$$

任取 $\langle \boldsymbol{d}\rangle\in\mathcal{P}$, 把 $T(\boldsymbol{d})$ 看成 $\mathcal{P}$ 上的变换群是 $\langle \boldsymbol{d}\rangle$ 的稳定子群 $G_{\langle \boldsymbol{d}\rangle}$ 的子群. 注意, 因 $T(\boldsymbol{d})$ 不包含非恒等数乘变换, 故 $T(\boldsymbol{d})$ 中不同元素也是 $\mathcal{P}$ 上不同的变换, 又 $SL(n,\mathbf{F})$ 中保持 $\boldsymbol{d}$ 不变的子群 M 可看做 $\mathcal{P}$ 的变换群即 $G_{\langle \boldsymbol{d}\rangle}$(验证从略). 故由定理 4.1.6(2) 知 $T(\boldsymbol{d})$ 是 $G_{\langle \boldsymbol{d}\rangle}$ 的交换正规子群. 最后由 $T(\boldsymbol{d})^{SL(n,\mathbf{F})}=\langle T\rangle=SL(n,\mathbf{F})$, 都看做 $\mathcal{P}$ 上的变换群, 亦有 $T(\boldsymbol{d})^{PSL(n,\mathbf{F})}=\langle T\rangle=PSL(n,\mathbf{F})=G$, 应用引理 4.1.10, 即得 G 是单群. □

4.2 七点平面和它的群

我们在解析几何 (或高等几何) 中知道, 实欧几里得平面加上无穷远直线就成为实射影平面. 它的一个主要性质是任意两条直线有唯一的交点, 因为两条平行线交于一个无穷远点. 这个性质与“任意两点确定唯一的一条直线”相对偶. 保留这个性质, 我们可把实射影平面的概念推广到一般的“射影平面”. 我们给出下面的

定义.

定义 4.2.1　称一对集合 $\{P, L\}$ 为一个射影平面, 如果 P 是非空集合, 它的元素叫做 (射影) 点, 而 L 是一族 P 的子集合, 它的元素叫做 (射影) 直线, 满足下列公理:

(1) 任意两点在唯一的一条直线上;

(2) 任意两条直线有唯一的交点;

(3) P 中存在四个点, 使得其中任意三点都不共线.

由这个定义, 不仅实射影平面是射影平面, 而且它还给出无数种新的射影平面. 即使我们假定 P 是有限集合, 也能得出射影平面的例子. 这样的射影平面叫做有限射影平面. 最小的射影平面只有七个点, 见下面的图 4.1.

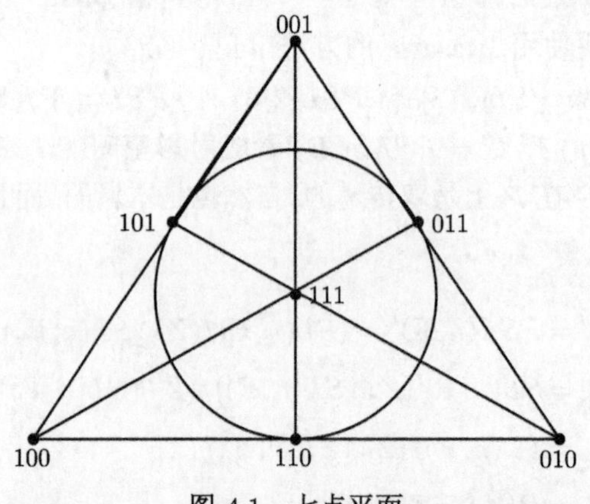

图 4.1　七点平面

根据定义 4.1.1, 七点平面是有限域 $GF(2)$ 上的射影平面. 考虑 $GF(2)$ 上的 3 维向量空间 V. 它有 7 个 1 维子空间, 用其中唯一的非零向量的坐标来表示, 即图中的点; 而它的 2 维子空间是线, 图中的 7 条线 (包括园形的线) 即表示这些 2 维子空间, 每条线上的 3 个点即该 2 维子空间中的 3 个非零向量. 可以很容易地验证这个七点平面满足定义 4.2.1 中抽象射影平面的 3 条公理.

用任意有限域 $GF(q)$ 都可构造出相应的射影平面, 它的点数和线数都是 $q^2 + q + 1$. 而且确实存在不能用有限域的 3 维空间构造出来的有限射影平面, 但这超出了我们的研究范围. 有兴趣的读者可参看关于有限几何的书, 譬如 Hughes 和 Piper 的专著 [59].

下面我们来考察与七点平面相关联的群. 我们称射影平面 $\{P, L\}$ 的点集合 P 的一个置换 σ 为该平面的一个*共线变换* (也有人叫*直射变换*), 如果 σ 把线仍变到线. 容易证明, 在由域上的 3 维向量空间构造的射影平面中, 共线变换都可由该空间的线性变换诱导出来 (严格地说, 是半线性变换, 但在我们的例子里, 线性变换就

够了. 如果不知道“半线性变换”的概念, 可参看有关线性代数的书). 而在七点平面的情形, 三点属于同一条线当且仅当其中任意两点的坐标之和 (mod 2 进行) 等于第三点的坐标. 这就等价于共线变换就是线性变换. 这样, 所有共线变换组成的集合就是全线性群 $GL(3,2)$. 因为 $GF(2)$ 只有一个非零元素 1, 故 $GL(3,2)=SL(3,2)\cong PSL(3,2)$. 根据定理 4.1.11, $GL(3,2)$ 是单群. 又, 由命题 1.6.22, $|GL(3,2)|=(2^3-1)(2^3-2)(2^3-4)=168$, 即 $GL(3,2)$ 是 168 阶非交换单群.

在 2.2 中我们提到一个群的两个置换表示可以是置换同构但不是置换等价的. 我们举了例 2.2.6 来说明. 现在我们应用七点平面的共线变换群给出一个更好的例子. 设 $G=GL(3,2)$ 是 $PG(2,2)=\{P,L\}$ 的共线变换群, 则 G 是 P 上的置换群. 任取一点 $x\in P$ 和一条线 $l\in L$. 考虑稳定子群 G_x 和 G_l. 它们是 G 在 P 上和在 L 上的置换表示的稳定子群, 因此都是 24 阶群, 但 G_x 保持一点不动, 而 G_l 保持一线不动, 而没有不动点. 这说明二子群 G_x 和 G_l 不共轭, 由定理 2.2.4, G 在 P 上的表示 (即 G 本身) 和 G 在 L 上的表示不等价.

由命题 1.6.22, $|PGL(2,7)|=(7^2-1)(7^2-7)/(7-1)=336$, 而 $|PSL(2,7)|=|PGL(2,7)|/(2,7-1)=336/2=168$. 又由定理 4.1.11, $PSL(2,7)$ 也是 168 阶非交换单群. 那么, 这两个群是否同构呢? 下面的定理通过证明任一 168 阶单群都同构于 $PSL(2,7)$ 来说明在同构的意义下只有一个 168 阶单群. 首先, 我们对 $PSL(2,7)$ 做以下的说明: 它是由 $GF(7)$ 上 2 维向量空间的线性变换诱导出来的 1 维射影几何, 即射影直线 $PG(1,7)$ 的共线变换群. 为方便, $PG(1,7)$ 的元素常写为 $GF(7)\cup\{\infty\}$, 即 $PG(1,7)=\{\infty,0,1,2,3,4,5,6\}$. 而共线变换即线性分式变换, 具体地, 即变换 $x\mapsto\dfrac{a_1x+b_1}{a_2x+b_2}$, 其中 $x\in PG(1,7)$, $a_i,b_i\in GF(7)$, 且 a_1, a_2 不全为 0, 若 $a_i=0$ 则 $b_i\neq 0$.

定理 4.2.2 设 G 是 168 阶单群, 则 $G\cong PSL(2,7)$.

证明 因 $168=8\cdot 3\cdot 7$, G 的 Sylow 7-子群 P 循环, 可设 $P=\langle u\rangle$. 由 Sylow 定理及 G 的单性, G 有 8 个 Sylow 7-子群. 令 $N=N_G(P)$, 则 $|G:N|=8$, $|N|=21$. 于是 G 在 N 上的置换表示把 G 映到对称群 S_8 中. 不妨设 G 作用的 8 个文字是 $PG(1,7)$ 的元素, 即 $\{\infty,0,1,2,3,4,5,6\}$. 而 P 不动一个点, u 轮换另外 7 个点. 适当重新编号, 可设 P 不动 ∞, 而 $u=(0\ 1\ 2\ 3\ 4\ 5\ 6)$. 如把 $\{0,1,2,3,4,5,6\}$ 看成域 $GF(7)$ 的元素, u 在 $PG(1,7)$ 上的作用相当于线性分式变换 $x\mapsto x+1$. (注意, $\infty+1=\infty$.)

再考虑 G 的 Sylow 3-子群. 由 Sylow 定理及 G 的单性, G 有 7 或 28 个 Sylow 3-子群, 设 $Q=\langle v\rangle$ 是其中的一个. 先假定 G 有 7 个 Sylow 3-子群, 为推出矛盾我们来看上段中的 21 阶子群 N. 因为 $G\lesssim S_8$, N 不可能是循环子群, 这推得 N 是非交换群. 由 21 阶群的构造, 它必有 7 个 3 阶子群. 于是 G 的所有 7 个 Sylow 3-子

群都在 N 中, 它们生成的子群 N 将是 G 的正规子群, 与 G 的单性矛盾, 故 G 有 28 个 Sylow 3-子群, 得 $|G:N_G(Q)|=28$, $|N_G(Q)|=6$. 记 $M:=N_G(Q)$. 若 M 交换, 则 $M=C_G(Q)$. 应用 Burnside 定理 (定理 2.3.4), G 将是 3- 幂零的, 与 G 的单性矛盾, 故 $M\cong D_6$. 不失普遍性, 我们不妨设 $Q\leqslant N$, 从而 Q (以及 v) 正规化 P. 因为 $o(v)=3$, 又不失普遍性, 可设 $v=(\infty)(0)(1\ 2\ 4)(3\ 6\ 5)$, 则 v 相当于线性分式变换 $x\mapsto 2x$.

再考虑 M 中的 2 阶元素, 设 w 是其中之一. 由 M 是二面体群, 有 $v^w=v^{-1}$. 首先注意, 因为点稳定子群是 21 阶 (奇数阶) 的, w 作为 2 阶元必在 $PG(1,7)$ 上无不动点, 因此可表成 4 个对换的乘积. 通过类似的分析, 其中必有一个 2 阶元可表成 $w=(\infty\ 0)(1\ 3)(2\ 5)(4\ 6)$ (具体分析从略). 它相当于线性分式变换 $x\mapsto 3/x$.

至此, 我们已经把 3 个元素 u,v,w 表成 $PG(1,7)$ 上的线性分式变换, 则它们生成的群中的每个元素也都可表成线性分式变换. 但 $\langle u,v,w\rangle$ 至少有 $7\cdot 3\cdot 2=42$ 阶, 因 G 是单群, 必有 $G=\langle u,v,w\rangle$. 这就说明 G 可看成 $PG(1,7)$ 上的线性分式变换群的子群. 而 $PG(1,7)$ 上的所有线性分式变换群 $PGL(2,7)$ 有 336 阶, 则 G 是 $PGL(2,7)$ 的指数为 2 的子群, 由此即得 $G\cong PSL(2,7)$. □

4.3　Petersen 图和它的群

先简要介绍图的概念.

定义 4.3.1　称一对集合 V 和 E 为一个图 X, 记作 $X=(V,E)$, 如果 V 是一个非空有限集, 其元素叫做图 X 的*顶点*, 而 E 是 V 的二元子集组成的集合 $V^{\{2\}}$ 的一个子集 (可以为空集), 其元素叫做图 X 的*边*. 如果 $\{v_1,v_2\}$ 是一条边, 则称顶点 v_1 和 v_2 相邻接.

我们所谓的“图”只是图论学者研究的“无向简单图”.

下面的图 4.2 和图 4.3 表示的是著名的 Petersen 图.

从定义 4.3.1 看, 图只是一对集合, 无需把它画出来. 但如果把它画出来, 也只需要表出点的邻接关系, 至于各个点画在何处是无关紧要的. 这样画出的图就叫做抽象的图的图示. 图 4.2 和图 4.3 是同一个图, 即 Petersen 图的图示, 从中可以看出 Petersen 图有 10 个顶点, 15 条边. 我们虽然画了两个图, 但它们是同一个图的图示, 这只要看各点的邻接关系就可看出, 请读者自己检验一下. 我们画两个图示, 一是因为这两个图示是 Petersen 图的两种最典型的画法, 二是想从中说明画的图示是很难反映出图的对称性质的. 明显地, 这两个图示反映 Petersen 图的很不同的对称性质. 要严格刻画图的对称性, 只有使用图的自同构群.

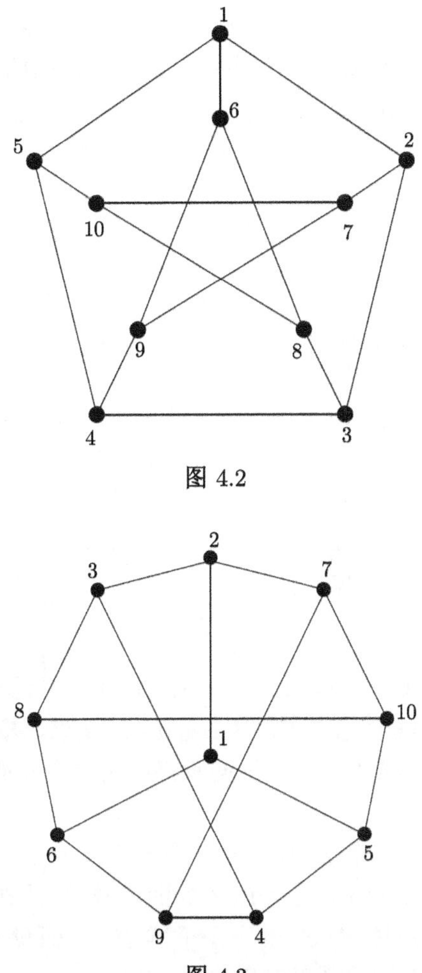

图 4.2

图 4.3

定义 4.3.2 设 $X=(V,E)$ 是一个 (无向简单) 图, φ 是 V 到 V 上的一一映射, 满足对于所有的 $u,v\in V$,

$$(u,v)\in E \iff (u^{\varphi},v^{\varphi})\in E,$$

则称 φ 为图 X 的一个**自同构**.

图 X 的所有自同构在映射乘法之下组成一个群, 叫做图 X 的**自同构群**, 记作 $\mathrm{Aut}(X)$.

从图 4.2 中可以看出置换 $(1\ 2\ 3\ 4\ 5)(6\ 7\ 8\ 9\ 10)$ 是自同构 (顺时针方向旋转 $2\pi/5$), 置换 $(2\,5)(7\,10)(8\,9)(3\,4)$ 也是自同构 (以 1, 6 所在的直线为轴的反射). 而从图 4.3 中可以看出 $(2\,6\,5)(3\,9\,10)(8\,4\,7)$ 是自同构 (对应于旋转), $(3\,7)(8\,10)(6\,5)(9\,4)$ 也是自同构 (对应于反射). 那么 Petersen 图到底有多少个自同构? 它的自同构群

是什么? 显然, 只有解决了这些问题, 我们才能对 Petersen 图的对称性有比较准确的了解和把握. 为了弄清这点, 我们再给 Petersen 图的顶点一个新的标号, 见图 4.4.

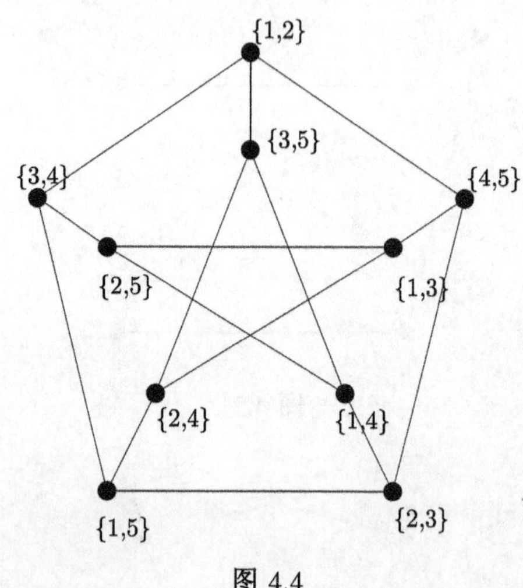

图 4.4

在图中我们用 5 元集合 $\Omega=\{1,2,3,4,5\}$ 的 10 个二元子集来标定 Petersen 图的 10 个顶点, 这个顶点集合记作 V. 容易看出, 二顶点邻接 (即连边) 当且仅当这两个顶点作为二元子集是不相交的. 下面我们应用这个性质来研究 Petersen 图的自同构群.

首先, 对任一置换 $\alpha\in S_5$, α 诱导出 V 的一个置换 α_V, 则由上述性质, α_V 是 Petersen 图 X 的自同构, 即 $\alpha_V\in \mathrm{Aut}(X)$. 而这样的自同构有 $|S_\Omega|=|S_5|=120$ 个, 它们组成 $\mathrm{Aut}(X)$ 的同构于 S_5 的一个子群 H. 下面我们要证明 $\mathrm{Aut}(X)=H$, 但在此之前我们先来研究图的若干对称性质.

定义 4.3.3　设 $X=(V,E)$ 是图, $G=\mathrm{Aut}(X)$ 是 X 的自同构群. 如果 G 是 V 上的传递置换群, 则称图 X 是*点传递图*. 如果 G 在边集合 E 上诱导的置换群是传递置换群, 则称图 X 是*边传递图*.

因为 H 是 S_5 诱导出来的, 容易看出 H 在 V 和 E 上都是传递的, 因此 Petersen 图是点传递图, 也是边传递图.

定义 4.3.4　设 $X=(V,E)$ 是图, s 是一个正整数. 称 X 中 $s+1$ 个顶点的有序序列 $(v_0v_1\cdots v_s)$ 为一个*s-弧*, 如果 $\{v_i,v_{i+1}\}\in E$, $0\leqslant i\leqslant s-1$, 并且对 $s\geqslant 2$ 有 $v_i\neq v_{i+2}$, $0\leqslant i\leqslant s-2$.

如果 $\mathrm{Aut}(X)$ 在 X 的所有 s-弧上是传递的, 则称 X 为*s-弧传递图*. 特别地, 若 $s=1$, 则称 1-弧为*弧*, 而称 1-弧传递图 X 为*弧传递图*.

最后, 如果 X 是 s-弧传递的, 但不是 $(s+1)$-弧传递的, 则称 X 为*s-传递图*.

定理 4.3.5 Petersen 图 $X=(V,E)$ 是 3-传递图, 并且 $\mathrm{Aut}(X)=H$.

证明 我们分以下步骤来证明这个定理.

(1) 先证明 H 在 X 上的作用是弧传递的. 由定义 4.3.4, Petersen 图 X 的一个弧就是一条有向边. 由上述的特殊标号, 一个弧涉及 Ω 的 4 个不同的点, 譬如弧 $(\{a,b\},\{c,d\})$ 涉及四点 $a,b,c,d\in\Omega$. 设又一条弧是 $(\{a',b'\},\{c',d'\})$, 其中 a',b',c',d' 互不相同. 因为 S_Ω 是 5-传递群, 存在 $\alpha\in S_\Omega$ 使得 $a^\alpha=a'$, $b^\alpha=b'$, $c^\alpha=c'$, $d^\alpha=d'$. 则 α 诱导出的 X 的自同构就把弧 $(\{a,b\},\{c,d\})$ 变到弧 $(\{a',b'\},\{c',d'\})$.

(2) 称图的顶点 v 为一条 s-弧 $W=(v_0v_1\cdots v_s)$ 的前行点, 如果 v 与 v_s 相邻. 这时 s-弧 $W_1=(v_1\cdots v_sv)$ 也叫做 W 的前行 s-弧. 对于 Petersen 图而言, 每条 s-弧都有两个前行点和两个前行 s-弧. 现在我们要证明, 如果已知 H 在 Petersen 图上是 s-弧传递的, 而且 s-弧 W 的稳定子群 M 不动 W 的两个前行点, 则 H 在所有 s-弧的集合上作用是正则的. 这是因为 M 不动 W 的两个前行点, 就不动 W 的两个前行 s-弧 (其中之一是 W_1). 由 H 的 s-弧传递性, 所有 s-弧的稳定子群是共轭的, 特别地, W 和 W_1 的稳定子群共轭, 但 M 包含于 W_1 的稳定子群之中, 这就推出这两个稳定子群相等. 同理, M 又不动 W_1 的前行 s-弧, 等等. 依此类推, M 将不动图的所有点, 即 $M=1$, 换句话说就是 H 在所有 s-弧的集合上作用是正则的.

(3) 明显地, 在 Petersen 图中, 由一点出发的 1-弧有 3 个, 2-弧有 6 个, 3-弧有 12 个, 4-弧有 24 个, 等等. 那么由 (2) 就可推出 H 在 X 上是 3-弧传递的. (因为 H 的点稳定子群有 12 阶, 它应在所有由该点出发的 3-弧集合上是正则的.)

(4) 为证明 X 是 3-传递图, 只需证明 X 不是 4-弧传递的. 这由 X 的图示很容易看出. 譬如图 4.2, 顶点的有序序列 (1 2 3 4 5) 和 (1 2 3 4 9) 是两个 4-弧, 第一个首尾两点相邻接, 而第二个首尾两点不相邻接. 当然, 它们不能由图自同构互变.

(5) $\mathrm{Aut}(X)=H$. 若否, $\mathrm{Aut}(X)>H$, 则 $\mathrm{Aut}(X)$ 在 3-弧集合上不是正则的, 于是 X 至少是 4-弧传递的, 矛盾. □

Petersen 图还有很多有趣的对称性质, 我们再介绍一种. 先介绍几个概念.

定义 4.3.6 (简单无向) 图 X 中不同点组成的序列 $(v_0v_1\cdots v_n)$ 叫做**路**, 如果 $\{v_i,v_{i+1}\}\in E$, $0\leqslant i\leqslant n-1$. 路中包含的边的个数叫做路的长.

称图 X 称为**连通图**, 如果它的任意两个顶点都有一条路相连.

对于 $u,v\in V$, 连接 u 和 v 的路的长的最小值叫做 u 和 v 的**距离**, 记作 $d(u,v)$. 如果 u,v 之间无路相连接, 则记 $d(u,v)=\infty$. 这样, 在图中就定义了一个二元函数, 叫做图 X 的距离函数. 如果 X 是连通图, 则称 $\max_{u,v\in V}d(u,v)$ 为图 X 的**直径**, 记做 $d(X)$.

称连通图 X 为**距离传递图**, 如果对 X 的任意两对顶点 u_1,v_1 和 u_2,v_2, 满足 $d(u_1,v_1)=d(u_2,v_2)$, 则有 $\alpha\in\mathrm{Aut}(X)$ 使得 $u_1^\alpha=u_2$, $v_1^\alpha=v_2$.

由上述定义, Petersen 图 X 是连通图, $d(X)=2$. 并且 X 是距离传递图, (请读者自己验证.)

关于 Petersen 图的自同构群 H, 也有很有趣的性质. 根据例 2.4.23, H 是 10 级本原置换群, 而且不是 2-重传递群. (图的自同构群是 2-重传递的当且仅当图中任意二点或都连边, 即图是完全图, 或都不连边, 即图是空图.) 在置换群的研究历史上, 试图确定 $2p$ 级本原群花了半个多世纪, 直到单群分类完成后才最终决定, 见 [81], 而且最终的结论是: 仅当 $p=5$ 时, 才存在 $2p$ 级本原但不 2- 重传递群, 它们就是 Petersen 图的自同构群以及它的一个 60 阶子群 (同构于 A_5).

4.4　最早发现的零散单群

19 世纪六七十年代, Mathieu 发现了 5 个多重传递群: M_{11}, M_{12}, M_{22}, M_{23}, M_{24}. 它们的重要性在于, 一方面, 其中 M_{11}, M_{12}, M_{23}, M_{24} 是除去 A_n, $n\geqslant 6$, S_n, $n\geqslant 4$ 以外仅有的 4 重或 4 重以上的传递群; 另一方面, 这 4 个群, 以及 M_{22} 是最早发现的 "零散单群". 人们对这 5 个群进行了充分的研究. 本节介绍 M_{11}, M_{12} 这两个小 Mathieu 群的最基本的理论.

定义 4.4.1　设 H 为集合 Ω 上的置换群. $*$ 为 Ω 外的一个符号. 令 $\Omega^*=\{*\}\cup\Omega$. 若 G 是 Ω^* 上的传递群, 且 $*$ 在 G 中的稳定子群正好是 H(它也看成 Ω^* 上的置换群), 则称 G 为 H 的*传递扩张*.

显然, 若 G 是事先给定的 Ω^* 上的传递群, 那么 G 是 G_* 的传递扩张. 反过来, 若 H 已给定, 在什么条件下它有传递扩张以及如何构造出来, 是一个不容易解决的问题. 但在某些特殊情况, 我们可以得到传递扩张.

定理 4.4.2　*设 H 为 Ω 上一个 2 重传递群, $\alpha\in\Omega$, $\Omega^*=\{*\}\cup\Omega$. 再设 S_{Ω^*} 中有元素 x, H 中有元素 y 满足下列条件:*

(1) $x=(*,\alpha)\cdots$ 为 2 阶元;

(2) 若记 $K=H_\alpha$, 则 x 正规化 K, 即 $K^x=K$;

(3) $y\notin K$, 且有 $h_1,h_2\in H$, 使 $xyx=h_1xh_2$.

则 $G=\langle x,H\rangle$ 为 H 的一个传递扩张. 反过来, 若 H 有传递扩张 G, 则存在满足条件 (1), (2), (3) 的 x 和 y, 且 $G=\langle x,H\rangle$.

证明　首先设满足 (1), (2), (3) 的 x, y 存在, 定义集合

$$G=H\cup HxH,$$

我们证明 G 对乘法封闭. 设 $g_1,g_2\in G$. 若 g_1,g_2 之一在 H 内, 则 $g_1g_2\in G$. 今设 g_1,g_2 都在 HxH 内, 于是有 $a,b,c,d\in H$, 使 $g_1=axb$, $g_2=cxd$. 因而 $g_1g_2=ax(bc)xd$, $bc\in H$. 但 H 在 Ω 上 2 重传递, 因此 $H=K\cup KyK$. 故 $bc\in K$

或 $bc \in KyK$. 若 $bc \in K$, 由于条件 (2) 成立, $xbcx \in K \leqslant H$, 故 $g_1g_2 \in H$. 若 $bc \in KyK$, 则有 $k_1, k_2 \in K$, 使 $bc = k_1yk_2$. 于是 $g_1g_2 = axk_1yk_2xd = ak_1^x \cdot xyxk_2^x d$. 由条件 (3), $xyx = h_1xh_2$, $h_1, h_2 \in H$. 而由条件 (2), $k_1^x, k_2^x \in K \subseteq H$. 于是 $g_1g_2 = (ak_1^x h_1)x(h_2k_2^x d) \in HxH$. 故 G 对乘法封闭, 因而 G 为一个群. 由于 H 以 $*$ 为不动点, 而 $*$ 在 HxH 中每个元素下的像都在 Ω 内, 所以 $G_* = H$, $G = \langle x, H\rangle$ 是显然的.

反过来, 若 G 为 H 的传递扩张, 则 G 在 Ω^* 上 3 重传递. 因而 G 中有一个 2 阶元 x 交换 $*$ 和 α. 又此时 $K = G_{*\alpha}$, 而 $x \in G_{\{*,\alpha\}}$, 所以 x 正规化 K. G 的 3 重传递性使 $G = H \cup HxH$. 因此当 $y \in H$ 但 $\alpha^y \neq \alpha$ 时 $xyx \notin H$ 故 $xyx \in HxH$. 这说明有 $h_1, h_2 \in H$, 使 $yxy = h_1yh_2$. 定理的最后一个结论显然成立. □

利用这个定理我们可以构造出 M_{11} 和 M_{12} 来.

取 $\Omega = \{1, 2, \cdots, 12\}$, 并取

$$
\begin{aligned}
u &= (1\ 2\ 3)(4\ 5\ 6)(7\ 8\ 9),\\
a &= (2\ 4\ 3\ 7)(5\ 6\ 9\ 8),\\
b &= (2\ 5\ 3\ 9)(4\ 8\ 7\ 6),\\
x &= (1\ 10)(4\ 5)(6\ 8)(7\ 9),\\
y &= (10\ 11)(4\ 7)(5\ 8)(6\ 9),\\
z &= (11\ 12)(4\ 9)(5\ 7)(6\ 8).
\end{aligned}
$$

定理 4.4.3 令 $G = \langle u, a, b, x, y, z\rangle$, 则 G 的阶为 $12 \cdot 11 \cdot 10 \cdot 9 \cdot 8$, 且 G 为 Ω 上 5 重传递群.

证明 令 $K = \langle u, a, b\rangle$, $L = \langle u, a, b, x\rangle$, $H = \langle u, a, b, x, y\rangle$.

首先 $v = u^a = (1\ 4\ 7)(2\ 5\ 8)(3\ 6\ 9)$, 所以 $\langle u, v\rangle$ 为 9 阶初等交换群. 容易验证, $a^4 = 1$, $a^2 = b^2$, $b^{-1}ab = a^{-1}$, 故 $\langle a, b\rangle$ 为一个四元数群. 它在 $\{2, 3, \cdots, 9\}$ 上传递. 而 $u^a = v$, $v^a = u^{-1}$, $u^b = uv$, $v^b = uv^2$, 所以 $\langle u, v\rangle$ 被 $\langle a, b\rangle$ 正规化. 于是 $K = \langle u, v, a, b\rangle$ 为 72 阶群, 且 K 在 $\{1, 2, \cdots, 9\}$ 上为 2 重传递群. 而 $\langle a, b\rangle$ 为点 1 在 K 中的稳定子群.

我们证明 L 为 K 的传递扩张. 首先 x 为 2 阶元, 它交换 "1" 和 "10". 因 $a^x = b$, $b^x = a$, 故 x 正规化 $\langle a, b\rangle$. u 在 K 内但 $1^u \neq 1$, 且 $xux = ua^2xu$, 其中 $ua^2, u \in K$, 这说明此处的 K, x, u 满足定理 4.4.2 中关于 H, x, y 的条件 1), 2), 3), 所以 $L = \langle x, K\rangle$ 为 K 的传递扩张. L 为 $\{1, 2, \cdots, 10\}$ 上的 3 重传递群, $|L| = 10 \cdot 9 \cdot 8$.

同样办法可以证明 H 为 L 的传递扩张, 因而 H 为 $\{1, 2, \cdots, 11\}$ 上的 4 重传递群, 且 $|H| = 11 \cdot 10 \cdot 9 \cdot 8$, 而 G 为 H 的传递扩张, 为 Ω 上的 5 重传递群,

$|G| = 12 \cdot 11 \cdot 10 \cdot 9 \cdot 8$. 请读者自己补上这些证明. □

上述定理中的 H, G 分别记作 M_{11}, M_{12}.

定理 4.4.4　M_{11} 和 M_{12} 都是单群.

证明　仍使用定理 4.4.3 中符号, 于是 $H = M_{11}, G = M_{12}$.

先证 H 为单群. 设 $1 \neq N$ 为 H 的正规子群, 由于 H 为 $\{1, 2, \cdots, 11\}$ 上的本原群, 故 N 在 $\{1, 2, \cdots, 11\}$ 上传递. 因此 $11 \mid |N|$. 于是 H 有一个 Sylow 11-子群在 N 内, 因而 H 的所有 Sylow 11-子群都在 N 内. 设 H 中有 n_{11} 个 Sylow 11-子群, 则 $n_{11} \equiv 1 (\bmod 11)$. 另一方面, 设 P 为 H 的一个 Sylow 11-子群, 则由命题 2.4.11, $C_H(P) = P$. 因而 $N_H(P)/P$ 同构于 $\mathrm{Aut}(P)$ 的一个子群, 故 $|N_H(P)| \leqslant 11 \cdot 10$. 因而 $n_{11} \geqslant 9 \cdot 8$. 这推出 $n_{11} = 144$. 因此 $|N| \equiv 0 (\bmod 11 \cdot 144)$. $N \neq H$ 时必有 $|N| = 11 \cdot 144$. 此时 P 在 N 内的正规化子就是 P 本身. 依 Burnside 定理 (定理 2.3.4), P 在 N 内有正规补群, 后者作为 N 的特征子群应为 H 的正规子群, 但其阶与 11 互素, 这与 H 的正规子群在 $\{1, 2, \cdots, 11\}$ 上传递的事实矛盾, 故 $N = H$, H 为单群.

G 在 Ω 上为 5 重传递群. 设 $1 \neq N$ 为 G 的正规子群. 若 N 在 Ω 上正则, 则 $|N| = 12$. 但 N 作为 G 的极小正规子群, 其阶应为素数方幂, 所以 N 在 Ω 上非正则. 取 $\alpha = 12 \in \Omega$, 则 $1 \neq N_\alpha \lhd G_\alpha = H$. 由 H 的单性知 $N_\alpha = H$, 进而 $N = G$. 这就证明了 G 的单性. □

4.5　域上的典型群简介

典型群作用的对象和线性群的不同点在于, 后者是普通的线性空间, 而前者是内积空间, 即线性空间再加上一个内积函数.

定义 4.5.1　设 $V = V(n, \mathbf{F})$ 是域 $\mathbf{F}$ 上的 n 维向量空间, σ 为域 $\mathbf{F}$ 的至多 2 阶的自同构. 我们称函数 $f: V \times V \to \mathbf{F}$ 为 V 上的一个与 σ 关联的**半双线性映射**, 如果满足

(1) $f(\boldsymbol{u}+\boldsymbol{w}, \boldsymbol{v}) = f(\boldsymbol{u}, \boldsymbol{v}) + f(\boldsymbol{w}, \boldsymbol{v}),\ f(\boldsymbol{u}, \boldsymbol{v}+\boldsymbol{w}) = f(\boldsymbol{u}, \boldsymbol{v}) + f(\boldsymbol{u}, \boldsymbol{w})$;

(2) $f(a\boldsymbol{u}, \boldsymbol{v}) = af(\boldsymbol{u}, \boldsymbol{v}),\quad f(\boldsymbol{u}, a\boldsymbol{v}) = a^\sigma f(\boldsymbol{u}, \boldsymbol{v})$.

如果 $\sigma = 1$, 则称半双线性映射 f 为**双线性映射**.

为简便起见, $f(\boldsymbol{u}, \boldsymbol{v})$ 常简记作 $(\boldsymbol{u}, \boldsymbol{v})$.

内积函数首先是一个半双线性映射, 并且还要附加其他条件. 下面我们来定义三种不同的内积函数, 从而得到三种不同的内积空间.

定义 4.5.2　设 $V = V(n, \mathbf{F})$ 是域 $\mathbf{F}$ 上的 n 维向量空间, σ 为域 $\mathbf{F}$ 的至多 2 阶的自同构. 在 V 上定义了一个与 σ 关联的半双线性映射 f.

(1) 如果 $\sigma=1$, 即 f 是双线性映射, 并且满足对任意的 $\boldsymbol{u}\in V$ 成立 $f(\boldsymbol{u},\boldsymbol{u})=0$ (这时 f 叫做斜对称的双线性映射), 则称 f 为 V 上的一个**斜对称内积**, 而称 V 为一个**辛空间**.

注意, 若 $\operatorname{char}\mathbf{F}\neq 2$, $f(\boldsymbol{u},\boldsymbol{u})=0$, $\forall\ \boldsymbol{u}\in V$ 等价于条件 $f(\boldsymbol{u},\boldsymbol{v})=-f(\boldsymbol{v},\boldsymbol{u})$, $\forall\ \boldsymbol{u},\boldsymbol{v}\in V$.

(2) 如果 f 是双线性映射, 并且满足对任意的 $\boldsymbol{u},\boldsymbol{v}\in V$ 有 $f(\boldsymbol{u},\boldsymbol{v})=f(\boldsymbol{v},\boldsymbol{u})$ (这时 f 叫做对称的双线性映射), 则称 f 为 V 上的一个**对称内积**, 而称 V 为一个**正交空间**. 在域的特征 $\operatorname{char}\mathbf{F}=2$ 时, 我们还规定 $f(\boldsymbol{u},\boldsymbol{u})=0, \forall\boldsymbol{u}\in V$.

(3) 如果 f 是与 σ 关联的半双线性映射, 并且满足对任意的 $\boldsymbol{u},\boldsymbol{v}\in V$, 有 $f(\boldsymbol{u},\boldsymbol{v})=f(\boldsymbol{v},\boldsymbol{u})^{\sigma}$ (这时 f 叫做 Hermite 对称的半双线性映射), 则称 f 为一个**Hermite 内积**, 而称 V 为一个**酉空间**.

我们将在下面的三小节中继续研究这三种内积空间和与它们相关联的群.

下面再对三种内积做一般性的、统一的讨论, 得出的结论将适用于每一种情况.

首先, 给定 V 的一组基 $\boldsymbol{u}_1,\boldsymbol{u}_2,\cdots,\boldsymbol{u}_n$, 则由 f 的半双线性性, f 可由基元素上的取值唯一确定, 即由下列矩阵 (叫做半双线性函数 f 的**度量矩阵**) 完全决定:

$$M=M(f)=(m_{ij}),\quad 其中\quad m_{ij}=f(\boldsymbol{u}_i,\boldsymbol{u}_j),\ \forall i,j=1,2,\cdots,n.$$

再有, 由定义 4.5.2 容易看出, 下面的 (4.2) 式对于任何内积空间成立:

$$对于\ \boldsymbol{u},\boldsymbol{v}\in V,\quad (\boldsymbol{u},\boldsymbol{v})=0\iff(\boldsymbol{v},\boldsymbol{u})=0. \tag{4.2}$$

我们称满足 (4.2) 中条件的向量对 $\{\boldsymbol{u},\boldsymbol{v}\}$ 为互相垂直的, 记做 $\boldsymbol{u}\perp\boldsymbol{v}$. 又, V 的子空间 U 和 W 称为互相垂直的, 如果对任意的 $\boldsymbol{u}\in U,\boldsymbol{w}\in W$, 有 $(\boldsymbol{u},\boldsymbol{w})=0$.

若 U 和 W 互相垂直, 且 $U\cap W=\{\mathbf{0}\}$, 则记 $U+W=U\perp W$, 称为 U 和 W 的正交和. 又称 $U^{\perp}=\{\boldsymbol{v}\in V\mid(\boldsymbol{u},\boldsymbol{v})=0,\ \forall\boldsymbol{u}\in U\}$ 为与 U 正交的子空间.

若 $U=\langle\boldsymbol{u}\rangle$, 则 $U^{\perp}$ 也记做 $\boldsymbol{u}^{\perp}$. 而 $V^{\perp}$ 记做 $R(V)$, 叫做 V 的**根基**. 我们说 f, 同时也称 V 非退化, 若 $R(V)=\{\mathbf{0}\}$.

由线性代数可证明下面的命题.

命题 4.5.3 设 U 是内积空间 V 的子空间, 则

(1) $\dim U^{\perp}\geqslant\dim V-\dim U$;

(2) 若 V 非退化, 则如下规定的映射 $\varepsilon:V\to V^*$ 是一一的和线性的: $\boldsymbol{v}^{\varepsilon}(\boldsymbol{w})=(\boldsymbol{v},\boldsymbol{w}),\forall\ \boldsymbol{v},\boldsymbol{w}\in V$. 这里 V^* 表 V 的对偶空间, 它是 V 的全体线性型组成的空间;

(3) 若 V 非退化, 则 $\dim U^{\perp}=\dim V-\dim U$;

(4) 若 U 非退化, 则 $V=U\perp U^{\perp}$.

证明 (1) 设 $\boldsymbol{u}_1,\cdots,\boldsymbol{u}_k$ 是 U 的一组 $\mathbf{F}$ 基, 并扩充成 V 的 $\mathbf{F}$ 基 $\boldsymbol{u}_1,\cdots,\boldsymbol{u}_k$, $\boldsymbol{u}_{k+1},\cdots,\boldsymbol{u}_n$, 则向量 $\boldsymbol{v}=\sum\limits_{i=1}^{n}x_i\boldsymbol{u}_i\in U^{\perp}\Leftrightarrow(\boldsymbol{v},\boldsymbol{u}_1)=0,\cdots,(\boldsymbol{v},\boldsymbol{u}_k)=0$, 即 $x_1,\cdots,x_n$ 满足

$$\begin{cases}x_1(\boldsymbol{u}_1,\boldsymbol{u}_1)+x_2(\boldsymbol{u}_2,\boldsymbol{u}_1)+\cdots+x_n(\boldsymbol{u}_n,\boldsymbol{u}_1)=0,\\ x_1(\boldsymbol{u}_1,\boldsymbol{u}_2)+x_2(\boldsymbol{u}_2,\boldsymbol{u}_2)+\cdots+x_n(\boldsymbol{u}_n,\boldsymbol{u}_2)=0,\\ \qquad\cdots\cdots\\ x_1(\boldsymbol{u}_1,\boldsymbol{u}_k)+x_2(\boldsymbol{u}_2,\boldsymbol{u}_k)+\cdots+x_n(\boldsymbol{u}_n,\boldsymbol{u}_k)=0.\end{cases}\tag{4.3}$$

由线性方程组的理论, 有方程组 (4.3) 的解空间的维数 $\geqslant n-k$, 即 $\dim U^{\perp}\geqslant\dim V-\dim U$.

(2) ε 是线性的验证从略. 为验证 ε 是一一的, 由 $\dim V=\dim V^*$, 只需证明 $\operatorname{Ker}\varepsilon=\{\mathbf{0}\}$. 设 $\boldsymbol{v}\in\operatorname{Ker}\varepsilon$, 则 $\boldsymbol{v}^{\varepsilon}(\boldsymbol{w})=(\boldsymbol{v},\boldsymbol{w})=0,\forall\,\boldsymbol{w}\in V$, 即 $\boldsymbol{v}\in R(V)$. 而由 V 非退化, $R(V)=\{\mathbf{0}\}$, 于是得 $\boldsymbol{v}=\mathbf{0}$.

(3) 由 V 非退化, 即 $R(V)=\mathbf{0}$, 得方程组

$$(x_1,\cdots,x_n)\begin{pmatrix}(\boldsymbol{u}_1,\boldsymbol{u}_1)&\cdots&(\boldsymbol{u}_1,\boldsymbol{u}_n)\\ \vdots&&\vdots\\ (\boldsymbol{u}_n,\boldsymbol{u}_1)&\cdots&(\boldsymbol{u}_n,\boldsymbol{u}_n)\end{pmatrix}=(0,\cdots,0)$$

只有零解. 于是它的系数矩阵, 即度量矩阵, 是满秩的. 特别地, 推出它的前 k 行线性无关, 即 (1) 中方程组 (4.3) 的秩为 k, 于是有 $\dim U^{\perp}=\dim V-\dim U$.

(4) 首先, 由 U 非退化, 得 $\{\mathbf{0}\}=R(U)=U\cap U^{\perp}$, 故 $U+U^{\perp}$ 是直和. 但因 $\dim U^{\perp}+\dim U\geqslant\dim V$, 必有 $V=U+U^{\perp}$. □

设 V 为内积空间. 向量 $\boldsymbol{v}\in V$ 称为**迷向的**, 若 $f(\boldsymbol{v},\boldsymbol{v})=0$. 由定义可知, 若 f 为辛型, 则 V 中所有的向量都是迷向的. 若 $\operatorname{char}\mathbf{F}=2$, 且 f 为正交型, V 中所有向量也都是迷向的. 设 U 为 V 的子空间. U 称为**全迷向的**, 若 $U\subseteq U^{\perp}$, 即 $f(\boldsymbol{u},\boldsymbol{v})=0$, $\forall\boldsymbol{u},\boldsymbol{v}\in U$.

命题 4.5.4 *令 V 为 n 维非退化内积空间, U 为 V 的子空间, 则*

(1) $(U^{\perp})^{\perp}=U$;

(2) 若 U 为全迷向的, 则 U 在 $U^{\perp}$ 中的补非退化;

(3) 若 U 全迷向, 则 $\dim(U)\leqslant n/2$.

证明 (1) 由定义显然 $(U^{\perp})^{\perp}\supseteq U$, 相反的包含关系由命题 4.5.3(3) 得到.

(2) 令 $U^{\perp}=U\oplus H$($U\oplus H$ 表示 U 和 H 作为子空间的直和), 若 $R(H)\neq\{\mathbf{0}\}$, 则 $R(H)\subseteq(U\oplus H)^{\perp}=(U^{\perp})^{\perp}=U$, 矛盾. 故 $R(H)=\{\mathbf{0}\}$, 即 H 非退化.

(3) 由 $\dim U^{\perp}=\dim V-\dim U$ 和 $U^{\perp}\supseteq U$ 立得. □

4.5.1 辛群

定义 4.5.5 设 V 为一辛空间. 称 $X=\{\boldsymbol{u},\boldsymbol{v}\}$ 为 V 中的一个双曲元偶, 如果 $(\boldsymbol{u},\boldsymbol{v})=1$. 这时称 $\langle\boldsymbol{u},\boldsymbol{v}\rangle$ 为 V 中一个双曲平面. 如果

$$V=\langle\boldsymbol{v}_1,\boldsymbol{v}_2\rangle\perp\cdots\perp\langle\boldsymbol{v}_{2m-1},\boldsymbol{v}_{2m}\rangle,$$

其中 $\{\boldsymbol{v}_{2i-1},\boldsymbol{v}_{2i}\}$ 为 V 中的双曲元偶, 则称 $B=\{\boldsymbol{v}_1,\cdots,\boldsymbol{v}_{2m}\}$ 是 V 的一组双曲基, 这时 V 可表为双曲平面之直和.

定理 4.5.6 设 V 是域 $\mathbf{F}$ 上的非退化辛空间, 则 $\dim V=2m$, 且 V 是 m 个双曲平面的正交和. 若不计同构, V 被其维数 $2m$ 唯一确定.

证明 设 $\dim V=n$, 由 V 非退化, 则 $n>1$. 任取 $\boldsymbol{u}\in V$, 由命题 4.5.3(3), 有 $\dim\boldsymbol{u}^{\perp}=n-1$. 于是有 $\boldsymbol{v}\in V$ 满足 $(\boldsymbol{u},\boldsymbol{v})=1$. 这样, $\langle\boldsymbol{u},\boldsymbol{v}\rangle$ 是一个双曲平面, 且 $V=\langle\boldsymbol{u},\boldsymbol{v}\rangle\perp\langle\boldsymbol{u},\boldsymbol{v}\rangle^{\perp}$. 这推出 $\dim\langle\boldsymbol{u},\boldsymbol{v}\rangle^{\perp}=n-2$. 记 $V_1=\langle\boldsymbol{u},\boldsymbol{v}\rangle^{\perp}$. 则易见 $R(V_1)=\{\boldsymbol{0}\}$, 即 V_1 也是非退化的. 用对 n 的归纳法, 即可设 $\dim V_1$ 为偶数, 且为若干个双曲平面的正交和. 于是 V 亦然. □

称非退化辛空间 (V,f) 到自身上的非退化线性变换 α 为一个保度量变换, 若成立 $f(\boldsymbol{u}^{\alpha},\boldsymbol{v}^{\alpha})=f(\boldsymbol{u},\boldsymbol{v}),\forall\boldsymbol{u},\boldsymbol{v}\in V$. 辛空间 V 上全体保度量变换构成一个群, 叫做空间 V 的保度量变换群, 以 $O(V,f)$ 表示. 由于所有 $\mathbf{F}$ 上的 n 维辛空间都等价, 此群亦可记做 $Sp(n,\mathbf{F})$, 叫做域 $\mathbf{F}$ 上的 n 维辛群. 再令 Z 为 $Sp(n,\mathbf{F})$ 的中心, 称 $PSp(n,\mathbf{F})=Sp(n,\mathbf{F})/Z$ 为 $\mathbf{F}$ 上的 n 维射影辛群.

我们不加证明地叙述下面的定理.

定理 4.5.7 设 $n\geqslant 2$. 只要 $(n,q)\neq(2,2),(2,3)$ 和 $(4,2)$, 域 $GF(q)$ 上的 n 维射影辛群 $PSp(n,q)$ 是有限单群. (若 $\mathbf{F}$ 是无限域, $PSp(n,\mathbf{F})$ 也是单群.)

4.5.2 酉群

从本小节起我们只考虑 $\mathbf{F}$ 是有限域的情况. 首先我们证明关于有限域的一个引理.

引理 4.5.8 设 $\mathbf{F}=GF(q^n)$, 它是 $GF(q)$ 的扩域. 如下定义范数映射 $\mathrm{N}:\mathbf{F}\to GF(q)$ 和迹映射 $\mathrm{tr}:\mathbf{F}\to GF(q)$:

$$\mathrm{N}(x)=\prod_{i=0}^{n-1}x^{q^i},\qquad\forall\,x\in\mathbf{F}^{\times},$$

$$\mathrm{tr}(x)=\sum_{i=0}^{n-1}x^{q^i},\qquad\forall\,x\in\mathbf{F},$$

则 N 和 tr 分别是 $\mathbf{F}$ 的乘法群和加法群到 $GF(q)$ 的乘法群和加法群上的满同态.

证明　因为 $GF(q)$ 中元素都是方程 $x^q = x$ 的根, 而这个方程在 $\mathbf{F}$ 中最多有 q 个根, 故 $(\mathrm{N}(x))^q = \mathrm{N}(x)$, $(\mathrm{tr}(x))^q = \mathrm{tr}(x)$, 即 $\mathrm{N}(x), \mathrm{tr}(x) \in GF(q), \forall\, x \in \mathbf{F}$. 又, 容易看出 N 和 tr 分别是两个域的乘法群和加法群之间的同态.

因 $\mathrm{N}(x) = x^{1+q+\cdots+q^{n-1}} = x^{(q^n-1)/(q-1)}$, 所以同态 N 的核最多是 $(q^n-1)/(q-1)$ 阶的, 而因此 N 的像最少是 $q-1$ 阶的. 这说明 N 是满的.

又, 项式 $\sum\limits_{i=0}^{n-1} x^{q^i}$, 在 $\mathbf{F}$ 中最多有 q^{n-1} 个零点, 所以存在 $x \in \mathbf{F}$ 使 $\mathrm{tr}(x) \neq 0$. 易见 $\mathrm{tr}(ax) = a\mathrm{tr}(x)$, $\forall\, a \in GF(q)$. 所以 tr 亦是满的. □

事实上, 我们所考虑的域仅限于 $GF(q^2)$, 恒以 $\mathbf{F}$ 记这个域, 并令 $\mathbf{F}_0 = GF(q)$. 我们知道, $\mathbf{F}$ 恰有一个 2 阶自同构 $x \to x^q$, 以 σ 记这个自同构. $\mathbf{F}$ 中被 σ 保持不变的元素的全体恰好就是 $\mathbf{F}_0$. 又, $\mathrm{N}(x) = x \cdot x^\sigma, \mathrm{tr}(x) = x + x^\sigma, \forall x \in \mathbf{F}$.

称酉空间 V 中的基 $B = \{\boldsymbol{v}_i \mid 1 \leqslant i \leqslant n\}$ 为 V 的一组*正交基*, 若其中所有的 $\boldsymbol{v}_i$ 都是非迷向的且两两互相正交. 若还成立 $(\boldsymbol{v}_i, \boldsymbol{v}_i) = 1$, 则 B 称为 V 的一组*标准正交基*.

下面的命题说明给定维数的酉空间是唯一确定的.

命题 4.5.9　*假定 V 为有限域 $GF(q^2)$ 上非退化 n 维酉空间, $n \geqslant 2$, 则 V 有标准正交基. 由此推出, 从等价意义上说, 只有一个给定维数的酉空间.*

证明　首先证明 V 中必有非迷向向量. 假定对所有的非零向量 $\boldsymbol{v}$ 都有 $(\boldsymbol{v}, \boldsymbol{v}) = 0$. 因为 V 非退化, 可取到二线性无关向量 $\boldsymbol{u}$, $\boldsymbol{v}$ 满足 $(\boldsymbol{u}, \boldsymbol{v}) = 1$. 再取 $b \in \mathbf{F}$ 使 $\mathrm{tr}(b) \neq 0$. (后者的存在性由引理 4.5.8 保证.) 则 $(\boldsymbol{v}+b\boldsymbol{u}, \boldsymbol{v}+b\boldsymbol{u}) = b+b^\sigma = \mathrm{tr}(b) \neq 0$, 即 $\boldsymbol{v}+b\boldsymbol{u}$ 为非迷向向量.

再证 V 中有正交基, 用归纳法. 先取 V 中一非迷向向量 $\boldsymbol{v}_1$, 则 $V = \langle \boldsymbol{v}_1 \rangle \perp \boldsymbol{v}_1^\perp$. 显然 $\boldsymbol{v}_1^\perp$ 非退化. 由归纳假定, $\boldsymbol{v}_1^\perp$ 中有正交基 $\{\boldsymbol{v}_2, \cdots, \boldsymbol{v}_n\}$, 从而 $\{\boldsymbol{v}_1, \boldsymbol{v}_2, \cdots, \boldsymbol{v}_n\}$ 为 V 的一组正交基.

最后证每个基向量都可以标准化, 即使 $(\boldsymbol{v}_i, \boldsymbol{v}_i) = 1$. 若 $(\boldsymbol{v}_i, \boldsymbol{v}_i) = a \neq 1$. 由定义 4.5.2(3), 有 $a \in GF(q)$. 由于范数映射为 $GF(q^2)$ 到 $GF(q)$ 上的满射, 故可选到 $b_i \in GF(q^2)$, 使得 $(b_i\boldsymbol{v}_i, b_i\boldsymbol{v}_i) = b_i b_i^\sigma a = 1$. □

现在我们假定 (V, f) 是域 $GF(q^2)$ 上的 n 维非退化酉空间, σ 是域 $GF(q^2)$ 上的 2 阶自同构, 而 $GF(q)$ 是域 $GF(q^2)$ 中被 σ 不动的子域. 则保度量变换群 $O(V, f)$ 叫做 $GF(q^2)$ 上的 n 维一般酉群, 记做 $GU(V)$. 由于所有 $GF(q^2)$ 上的 n 维酉空间都等价, 此群亦可记做 $GU(n, q)$. 而 $SU(n, q) = SL(n, \mathbf{F}) \cap GU(n, q)$ 叫做 $GF(q^2)$ 上的 n 维特殊酉群. 再令 Z 为 $GU(n, q)$ 的中心, 称 $PGU(n, q) = GU(n, q)/Z$ 为 $GF(q^2)$ 上的 n 维一般射影酉群; 而称 $PSU(n, q) = SU(n, q)/(Z \cap SU(n, q))$ 为 $GF(q^2)$ 上的 n 维特殊射影酉群.

我们不加证明地叙述下面的定理.

定理 4.5.10 设 $n \geqslant 2$. 只要 $(n,q) \neq (2,2)$, $(2,3)$ 和 $(3,2)$, 域 $GF(q^2)$ 上的 n 维特殊射影酉群 $PSU(n,q)$ 是单群.

4.5.3 正交群

在定义 4.5.2(2) 中, 我们定义了域 $\mathbf{F}$ 上的正交空间和对称内积 f, 在进一步研究正交空间时, 我们还要如下定义一个与对称内积 f 相伴的**二次型**$Q: V \to \mathbf{F}$ 满足对任意的 $\boldsymbol{u}, \boldsymbol{v} \in V$, 成立:

(i) $Q(a\boldsymbol{u}) = a^2Q(\boldsymbol{u})$, $\forall a \in \mathbf{F}$;

(ii) $Q(\boldsymbol{u}+\boldsymbol{v}) = Q(\boldsymbol{u}) + Q(\boldsymbol{v}) + cf(\boldsymbol{u},\boldsymbol{v})$, 其中 $c=2$, 若 $\operatorname{char}\mathbf{F} \neq 2$; $c=1$, 若 $\operatorname{char}\mathbf{F}=2$.

在域的特征 $\operatorname{char}\mathbf{F} \neq 2$ 时, f 和与它相伴的二次型 Q 互相唯一确定. 而在域的特征 $\operatorname{char}\mathbf{F} = 2$ 时, 与 f 相伴的二次型可以有很多, 但 f 是由给定的二次型唯一确定的, 这是因为 $f(\boldsymbol{u},\boldsymbol{v}) = (Q(\boldsymbol{u}+\boldsymbol{v}) - Q(\boldsymbol{u}) - Q(\boldsymbol{v}))/c$. 因此, 在我们研究正交空间时常常使用与 f 相伴的二次型 Q, 而 f 只起辅助的作用.

在 V 为正交空间时, 向量 $\boldsymbol{v} \in V$ 说是**奇异的**, 若 $Q(\boldsymbol{v}) = 0$ (易知这时 $\boldsymbol{v}$ 必然是迷向的); V 的子空间 U 说是**全奇异的**, 若 U 是全迷向的, 且 U 的每个元是奇异的. 我们称正交空间 V 中极大全奇异子空间的维数叫做 V 的**Witt 指数**.

正交空间的分类比辛空间和酉空间复杂, 即使是 2 维非退化正交空间, 它可能有奇异向量, 也可能没有. 前者是双曲平面, 后者叫做**定的正交空间**. 与其相关的二次型 Q 也叫做**定的二次型**.

命题 4.5.11 在等价的意义下, 域 $\mathbf{F}$ 上 2 维正交空间 V 上定二次型 Q 是唯一确定的. 进而, 在 V 中有基 $X = \{\boldsymbol{v}, \boldsymbol{u}\}$, 使

(1) 若 $\operatorname{char}\mathbf{F} \neq 2$, 则 $(\boldsymbol{v},\boldsymbol{u}) = 0$, $Q(\boldsymbol{v}) = 1$, $Q(\boldsymbol{u}) = -k$, k 为 $\mathbf{F}^{\times}$ 中的非平方元.

(2) 若 $\operatorname{char}\mathbf{F} = 2$, 则 $(\boldsymbol{v},\boldsymbol{u}) = 1$, $Q(\boldsymbol{v}) = 1$, $Q(\boldsymbol{u}) = b$, 且 $P(t) = t^2+t+b$ 为 $\mathbf{F}$ 上不可约多项式.

这个命题的证明用到较多的域的知识, 我们省略了. 有兴趣的读者可参看其他关于典型群的书. 为了进一步研究正交空间, 我们需要下面的命题.

下面我们给出正交空间的分类定理, 它的证明也略去了.

命题 4.5.12 令 (V,Q) 为正交空间, f 为与 Q 相连带的对称双线性型, 则有

(1) 若 $\dim V = n = 2m+1$, 则 $\operatorname{char}\mathbf{F} \neq 2$. V 中有基 $\{\boldsymbol{v}_i \mid 1 \leqslant i \leqslant n\}$ 能使 V 中超平面 $H = \langle \boldsymbol{v}_i \mid 1 \leqslant i \leqslant 2m \rangle$ 为双曲空间, $H^{\perp} = \langle \boldsymbol{v}_n \rangle$, 其中 $Q(\boldsymbol{v}_n) = 1$ 或 k, k 为 $\mathbf{F}^{\times}$ 中非平方元.

(2) 若 $\dim V = n = 2m$, 则或者 V 为双曲空间, 或者 V 中有基 $X = \{\boldsymbol{v}_i \mid 1 \leqslant i \leqslant n\}$, 能使 $W = \langle \boldsymbol{v}_i \mid 1 \leqslant i \leqslant n-2 \rangle$ 为双曲空间, 且 $W^{\perp} = \langle \boldsymbol{v}_{n-1}, \boldsymbol{v}_n \rangle$ 为 2 维定

正交空间.

还要注意在上述命题 (1) 中得到的两个二次型是不等价的, 但可以证明它们的保度量变换群是同构的.

设 (V, Q) 是非退化正交空间, 其中 Q 为与 V 上正交型 f 相伴的二次型, 则保度量变换群 $O(V, f)$ 叫做 V 上的 n 维一般正交群, 记做 $O(V)$. 而 $SO(V) = SL(V) \cap O(V)$ 叫做 V 上的特殊正交群. 令 $\Omega(V)$ 为 $O(V)$ 的导群, 再令 Z 为 $O(V)$ 的中心, 称 $PO(V) = O(V)/Z$ 为 V 上的一般射影正交群; 而称 $PSO(V) = SO(V)/(Z \cap SO(V))$ 为 V 上的特殊射影正交群. 因为存在不等价的同维正交空间, 故正交群不能写做 $O(n, \mathbf{F})$, $SO(n, \mathbf{F})$ 等.

在有限域的情况, 如果 V 的维数 $n = 2m + 1$ 为奇数, 仅当 q 为奇数时存在两个互不等价的正交型. 它们对应的保度量变换群是唯一的, 我们以 $O(2m+1, q)$, $SO(2m+1, q)$ 和 $\Omega(2m+1, q)$ 表示 $O(V)$, $SO(V)$ 和 $\Omega(V)$. 如果 V 的维数 $n = 2m$ 为偶数, 则也有两个不等价的二次型, 分别记为 Q^+ 和 Q^-, 其对应空间的 Witt 指数分别为 $m-1$ 和 m. 我们以 $O^{\pm}(2m, q)$, $SO^{\pm}(2m, q)$ 和 $\Omega^{\pm}(2m, q)$ 分别表示保度量变换群 $O(V)$, $SO(V)$ 和 $\Omega(V)$. 这些群模掉其中心为相应的射影正交群.

在结束本节时我们不加证明地叙述下面的定理.

定理 4.5.13

(1) *若 q 为奇数, $m \geqslant 2$, $P\Omega(2m+1, q)$ 是单群.*

(2) *若 $m \geqslant 3$, $P\Omega^{\pm}(2m, q)$ 是单群.*

加上上节讲过的 $PSL(n, q)$, 一共给出了 6 族有限单群, 这些单群今天被称为 Lie 型单群. 尽管还有另外 10 族 Lie 型有限单群, 以上这 6 族有限单群在某种意义上构成了有限单群的主体.

4.6　阅读材料 ——Burnside 问题

在 1902 年发表的著名论文 [22] 中, Burnside 写道:

在离散群论中一个尚未确定的问题是, 是否存在这样的无限群, 但它的每个元素都是有限阶的? 这个问题的一个特殊情况可以叙述为:

设 $A_1, A_2, \cdots, A_m$ 是无关元素的有限集合, 并设它们满足条件

$$S^n = 1,$$

其中 n 是给定的正整数, 而 S 表示可由前面 m 个给定的元素 A 生成的元素.

问这样定义的群是否能为有限群, 如果能, 它的阶是多少?

这是群论中最著名的问题之一 —— Burnside 问题的原始陈述, 其中第一段是该问题的最一般形式, 用现代术语, 就是问:

一个有限生成群的每个元素都是有限阶的, 问它能否是无限群?

Golod 在 1964 年构造了一族有限生成的无限 p 群, 从而肯定地回答了这个问题, 见 [34].

在今天, 所谓 "Burnside 问题" 指的是上面叙述的问题的特殊形式, 应用现代术语可叙述为:

设 F_m 是秩为 m 的自由群, 设 N 是由 $\{g^n \mid g \in F_m\}$ 生成的 F_m 的子群. 设 $B(m,n) = F_m/N$. 问 $B(m,n)$ 是否为有限群?

其中 $B(m,n)$ 叫做方次数为 n 的 m 元生成的 Burnside 群. 当 $m=1$ 或 $n=2$, 上述问题的答案显然是肯定的. 而对 $n=3$, Burnside 本人证明 $B(m,3)$ 是有限群. 对于 $n=4$ 和 $n=6$, Sanov 和 M. Hall 分别在 1940 年和 1958 年给出了肯定的答案, 见 [44],[100]. 事实上, 上面叙述的情形就是迄今为止人们知道的关于 Burnside 问题全部肯定的答案.

另一方面, Novikov 在 1959 年宣称, 他已经证明了, 只要 $n \geqslant 72$, $B(m,n)$ 都是无限群, 见 [90]. 但是他的证明却迟迟不发表. 直到 1968 年, Novikov 和 Adjan 才发表了一个新定理的证明, 即对于奇数 $n \geqslant 4381$, Burnside 问题的答案是否定的, 见 [92],[93],[94]. 之后, 在 1975 年 Adjan 改进了这个结果[1], 他证明了对奇数 $n \geqslant 665$, $B(2,n)$ 是无限群. 在 1992 年, Ivanov 又证明了对于充分大的偶数 n, 譬如 $n \geqslant 2^{48}$, $B(m,n)$ 是无限群[64]. 但是, 至今我们仍不知道 $B(2,5)$ 和 $B(2,8)$ 是否是有限群 (可参看 [40],[46]).

Burnside 问题的另一变种是所谓的 "局限 Burnside 问题", 尽管 Burnside 本人并没有明确提出这个问题. 设 M 是 $B(m,n)$ 中所有有限指数子群的交, 再设 $R(m,n) = B(m,n)/M$. 局限 Burnside 问题就是问:

是否对任意的 m 和 n, $R(m,n)$ 是有限群?

容易看出这个问题等价于下面的问题:

对于 m 元生成, 方次数为 n 的有限群的阶是否有一上界?

对这个问题, Higman 和 Kostrikin 分别对 $n=5$ 和 $n=p$ 的情形证明了答案是肯定的 (m 任意), 见 [57], [72]. 在解决这个问题的过程中, 最关键的步骤之一是 Hall 和 Higman 作出的[55]. 他们应用 Schreier 猜想和单群的某些性质把这个问题化归为方次数为素数方幂的情况. 精确地说, 对任意的 m 和固定的 n, 如果 Schreier 猜想 (有限单群的外自同构可解) 是正确的, 并且方次数整除 n 的有限单群只有有限多个, 则 $R(m,n)$ 对所有的 m 是有限群, 只要对每个整除 n 的素数幂因子 q 和任意的 m, $R(m,q)$ 是有限群. 现在, 有限单群的分类已经完成, 他们所依赖的关于单群的结果都被证明是正确的. 这样, 局限 Burnside 问题就只剩下方次数为素数方幂的情况了.

对于方次数为素数方幂的情况, 本质上说, 是有限 p 群的问题. 因为 $R(m,p^e)$ 是有限群等价于由 m 元生成、方次数为 p^e 的有限 p 群的阶或者幂零类 (定义见下章) 是否有一个上界. 这种情况是被 Zelmanov 解决的. 他在 1989 年宣布, 并在 1990 年和 1991 年证明了他的结果, 见 [132],[133],[134]. Zelmanov 主要使用的是 Lie 环和 Lie 代数的方法. 在方次数为素数的情形, 与下中心群列相关联的 Lie 代数 $L(G)$ 满足 $(p-1)$ 次 Engel 条件. 应用这个事实, 证明了 $L(G)$ 的局部幂零性. 但是对于方次数为素数方幂的情况, 类似的 Engel 条件一般并不成立. 然而 Zelmanov 利用某些类似的性质, 巧妙地完成了证明. 具体地说, 设 G 的方次数为 p^k, 则 $L(G)$ 满足下列两个性质: (1) $L(G)/pL(G)$ 满足 Higman 的线性化恒等式 E_{p^k-1}, 即对任意的 $a_1,\cdots,a_{p^k-1}\in L(G)$, $L(G)\displaystyle\sum_{\alpha\in S_{p^k-1}}\mathrm{ad}(a_{\alpha(1)})\cdots\mathrm{ad}(a_{\alpha(p^k-1)})\subseteq pL(G)$. (2) 在 $L(G)$ 中考虑, gG_1 $(g\in G)$ 的每个换位子 ρ 有 $\mathrm{ad}(\rho)^{kp^k-1}=0$. 他的证明具有高度的技巧性, 而且出奇地简短. 他充分利用了 1990 年发表的 Zelmanov-Kostrikin 关于三明治代数的定理, 见 [135]. 我们不再给出更多的细节, 有兴趣的读者可阅读他的原始论文.

局限 Burnside 问题解决之后, 人们自然要问, $R(m,p^e)$ 的阶究竟是多少? 对于这个问题, 目前所知甚少. 除了平凡情况 $p^e=2$ 之外, 对于一般的 m, 已经知道 $|B(m,p^e)|$ 的准确值的只有下列情况: 若 $p^e=3$, 则 $|B(m,3)|=3^{m+\binom{m}{2}+\binom{m}{3}}$, 见 [76]; 若 $p^e=2^2$, 则下列值已知: $|B(2,4)|=2^{12}$ (见 [22], [115]), $|B(3,4)|=2^{69}$ (见 [14]), $|B(4,4)|=2^{422}$ (见 [3]). 对于一般的 m, Mann 在 1982 年给出了 $|B(m,4)|$ 的估值, 见 [87]. 他证明了

$$\frac{1}{2}4^m\leqslant\log_2|B(m,4)|\leqslant\frac{1}{2}(4+2\sqrt{2})^m.$$

(注意, 对于 $n\leqslant 4$, $B(m,n)=R(m,n)$.)

在这个方向上, 我们还应提出 Hall 在 1958 年证明了 $|B(m,6)|=|R(m,6)|=2^a3^{b+\binom{b}{2}+\binom{b}{3}}$, 其中 $a=1+(m-1)3^{m+\binom{m}{2}+\binom{m}{3}}$, 而 $b=1+(m-1)2^m$.

对于不知道 $B(m,n)$ 是否为有限群的情形, $R(m,n)$ 的阶的准确值我们目前仅知道 $|R(2,5)|=5^{34}$(见 [56]) 和 $|R(2,7)|=7^{20416}$(见 [95]).

除了 $R(m,n)$ 的阶的准确值之外, 我们也知道关于 $R(m,p^e)$ 和 $R(m,n)$ 的阶的上界的一些结果, 例如可见 [117], [118], [119]. 举个例子, 在 [118] 中他们证明了如果 $m>1$ 并且 G 是方次数为 n 的 m 元生成有限群, 则有

$$|G|\leqslant m^{m^{\cdot^{\cdot^{\cdot^{m}}}}},$$

其中 m 的个数是 n^{n^n}. 这个上界实在是太大了. 然而, Newman 的一个初等但很巧

妙的推理说明这个上界并不像初看时那样不切实际.

作为寻找 $|R(m,p^e)|$ 的上界的一个部分, 某些作者致力于确定所谓亚交换 Burnside 群的阶和幂零类. 定义

$$\overline{B}(m,p^e)=B(m,p^e)/(B(m,p^e))''=R(m,p^e)/(R(m,p^e))'',$$

称其为方次数为 p^e, m 元生成的亚交换 Burnside 群. Bachmuth, Heilbronn 和 Mochizuki[11] 在 1968 年证明了如果 $m\leqslant p+1$, 则

$$c(\overline{B}(m,p^e))\leqslant\begin{cases}ep^{e-1}(p-1), & 若\ m=2,\\ ep^{e-1}(p-1)+1, & 若\ m>2.\end{cases}$$

而 Gupta, Newman 和 Tobin 证明了如果 $e\geqslant 2$ 且 $m\geqslant(p+2)(e-1)$, 则

$$c(\overline{B}(m,p^e))\leqslant m(p^{e-1}-1)+(p-2)p^{e-1}+1,$$

并且这个上界是最好的 (见 [41],[91]).

第 5 章　幂零群和 p-群

阅读提示: 本章叙述有限幂零群和 p-群的基本理论. 其中 5.1 节讲述的换位子运算公式在幂零群的研究中十分重要, 应该在全章的学习中逐步学会它们的应用. 5.2 节~5.4 节 (幂零群的基本知识) 和 5.5 节~5.7 节 (p-群的基本知识) 是本章的主要内容. 最后两节虽然也是 p-群的重要知识, 但主要在与单群有关的研究中使用. 例如, 最后一节的结果就多次应用在奇数阶群可解的证明中.

5.1　换　位　子

设 G 是群, 在 1.10 节中我们定义了 G 中元素 a, b 的换位子 $[a, b]$, 本节将较详细地研究换位子的性质.

定义 5.1.1　设 G 是群, $a_1, \cdots, a_n \in G$, $n \geqslant 2$. 我们如下递归地定义 $a_1, \cdots, a_n$ 的简单换位子 $[a_1, a_2, \cdots, a_n]$: 当 $n = 2$ 时,

$$[a_1, a_2] = a_1^{-1}a_2^{-1}a_1a_2;$$

而当 $n > 2$,

$$[a_1, a_2, \cdots, a_n] = [[a_1, a_2, \cdots, a_{n-1}], a_n].$$

下面是常用的换位子公式.

命题 5.1.2　设 G 是群, $a, b, c \in G$, 则

(1) $a^b = a[a, b]$;

(2) $[a, b]^c = [a^c, b^c]$;

(3) $[a, b]^{-1} = [b, a] = [a, b^{-1}]^b = [a^{-1}, b]^a$;

(4) $[ab, c] = [a, c]^b[b, c] = [a, c][a, c, b][b, c]$;

(5) $[a, bc] = [a, c][a, b]^c = [a, c][a, b][a, b, c]$;

(6) (Witt 公式) $[a, b^{-1}, c]^b[b, c^{-1}, a]^c[c, a^{-1}, b]^a = 1$;

(7) $[a, b, c^a][c, a, b^c][b, c, a^b] = 1$.

证明　(1)~(3) 由定义直接验证.

(4) $[ab, c] = (ab)^{-1}c^{-1}abc = (c^{-1})^{ab}c = (a^{-1}c^{-1}a)^bc^b(c^{-1})^bc = (a^{-1}c^{-1}ac)^b[b, c] = [a, c]^b[b, c] = [a, c][a, c, b][b, c]$.

(5) $[a,bc]=[bc,a]^{-1}=([b,a]^c[c,a])^{-1}=[a,c][a,b]^c=[a,c][a,b]\cdot[a,b,c]$.

(6) 令 $u=aca^{-1}ba$. 轮换 a,b,c 三字母, 又令 $v=bab^{-1}cb$, $w=cbc^{-1}ac$, 则有

$$\begin{aligned}[a,b^{-1},c]^b &= b^{-1}[a,b^{-1}]^{-1}c^{-1}[a,b^{-1}]cb\\ &= b^{-1}ba^{-1}b^{-1}ac^{-1}a^{-1}bab^{-1}cb\\ &= (aca^{-1}ba)^{-1}(bab^{-1}cb)=u^{-1}v.\end{aligned}$$

同理有

$$[b,c^{-1},a]^c=v^{-1}w,\qquad [c,a^{-1},b]^a=w^{-1}u.$$

于是

$$[a,b^{-1},c]^b[b,c^{-1},a]^c[c,a^{-1},b]^a=u^{-1}vv^{-1}ww^{-1}u=1.$$

(7) 首先有

$$[a,b^{-1},c]^b=[[a,b^{-1}]^b,c^b]=[b,a,c^b].$$

同理又有

$$[b,c^{-1},a]^c=[c,b,a^c],\qquad [c,a^{-1},b]^a=[a,c,b^a].$$

于是由 Witt 公式有

$$[b,a,c^b][c,b,a^c][a,c,b^a]=1.$$

再互换 a,b 两个字母即得 (7) 式. □

定义 5.1.3 设 G 是群, A,B 是 G 的子群, 则规定 A,B 的换位子群

$$[A,B]=\langle [a,b]\mid a\in A, b\in B\rangle.$$

若 $A_1,\cdots,A_n$ 都是 G 的子群, $n>2$, 同样规定

$$[A_1,\cdots,A_n]=\langle [a_1,\cdots,a_n]\mid a_i\in A_i\rangle.$$

命题 5.1.4 设 $A,B\leqslant G$, 则

(1) $[A,B]=[B,A]$;

(2) $[A,B]\trianglelefteq\langle A,B\rangle$;

(3) 若 $A_1\leqslant A$, $B_1\leqslant B$, 则 $[A_1,B_1]\leqslant[A,B]$;

(4) $[A,B]^\mu=[A^\mu,B^\mu]$, 其中 $\mu\in\mathrm{End}(G)$;

(5) $[A,B]\leqslant A\iff B\leqslant N_G(A)$;

(6) 若 A,B 都是 G 的正规 (或特征, 或全不变) 子群, 则 $[A,B]$ 亦然, 并且 $[A,B]\leqslant A\cap B$.

证明 (1) 设 $a\in A,b\in B$. 因为 $[a,b]=[b,a]^{-1}\in[B,A]$, 得 $[A,B]\leqslant[B,A]$. 类似地, 有 $[B,A]\leqslant[A,B]$. 于是得 $[A,B]=[B,A]$.

(2) 设 $a,a_1\in A,b,b_1\in B$. 则由命题 5.1.2 中 (4), (5) 两式有

$$[a,b]^{b_1}=[a,b_1]^{-1}[a,bb_1]\in[A,B],$$
$$[a,b]^{a_1}=[aa_1,b][a_1,b]^{-1}\in[A,B],$$

于是得 $[A,B]\trianglelefteq\langle A,B\rangle$.

(3) 显然.

(4) 由 $[a,b]^\mu=[a^\mu,b^\mu]$, $\mu\in\mathrm{End}(G)$, 立得结论.

(5) 由 $[a,b]=a^{-1}b^{-1}ab\in A\iff b^{-1}ab\in A$ 立得 $[A,B]\leqslant A\iff b^{-1}Ab\subseteq A,\ \forall b\in B\iff B\leqslant N_G(A)$.

(6) 由 (4) 立得前一结论; 而由 (5), 因 A,B 正规, 即得 $[A,B]\leqslant A\cap B$. □

命题 5.1.5 (P. Hall 三子群引理) 设 A,B,C 是群 G 的子群, $N\trianglelefteq G$. 若 $[B,C,A]\leqslant N$, $[C,A,B]\leqslant N$, 则 $[A,B,C]\leqslant N$.

证明 对任意的 $a\in A,b\in B,c\in C$, 由 Witt 公式 (命题 5.1.2(6)) 得

$$[a,b^{-1},c]^b=[c,a^{-1},b]^{-a}[b,c^{-1},a]^{-c}.$$

因为 $N\trianglelefteq G$, $[B,C,A]\leqslant N$, $[C,A,B]\leqslant N$, 上式右端属于 N, 于是得 $[a,b^{-1},c]^b\in N$, 从而 $[a,b^{-1},c]\in N$. 以 b^{-1} 代替 b, 即得 $[a,b,c]\in N$, 所以 $[A,B,C]\leqslant N$. □

注意, 和定义 5.1.3 不同, 有人把 $[A,B,C]$ 规定作 $[[A,B],C]$, 这时三子群引理依然成立.

定义 5.1.6 设 G 是群, n 是正整数. 如下定义子群 G_n: 规定 $G_1=G$; 而当 $n>1$ 时, 规定 $G_n=[\underbrace{G,G,\cdots,G}_{n\text{个}}]$.

因为 $[g_1,g_2,\cdots,g_n]=[[g_1,g_2],g_3,\cdots,g_n]\in G_{n-1}$, 所以有 $G_n\leqslant G_{n-1}$. 又, 明显地, G_n 是 G 的全不变子群.

我们称群列

$$G=G_1\geqslant G_2\geqslant G_3\geqslant\cdots\geqslant G_n\geqslant\cdots$$

为群 G 的下中心群列.

命题 5.1.7 设 n 是正整数, 则 $[G_n,G]=G_{n+1}$.

证明 因为 $[g_1,\cdots,g_n,g_{n+1}]=[[g_1,\cdots,g_n],g_{n+1}]$, 有 $G_{n+1}\leqslant[G_n,G]$. 为证明 $[G_n,G]\leqslant G_{n+1}$, 我们先证明 $[[g_1,\cdots,g_n]^{-1},g_{n+1}]\in G_{n+1}$. 由命题 5.1.2(3), 有 $[a^{-1},b]=[a,b]^{-a^{-1}}$, 因此,

$$[[g_1,\cdots,g_n]^{-1},g_{n+1}]=[g_1,\cdots,g_n,g_{n+1}]^{-[g_1,\cdots,g_n]^{-1}}\in G_{n+1}.$$

由定义, $[G_n, G]$ 可由 $[c_1c_2\cdots c_s, g_{n+1}]$ 形状的元素生成, 其中 $c_i = [g_1, \cdots, g_n]$ 或 $[g_1, \cdots, g_n]^{-1}$. 我们用对 s 的归纳法证明

$$[c_1c_2\cdots c_s, g_{n+1}] \in G_{n+1}.$$

因 $s = 1$ 的情形已证, 故设 $s > 1$. 由命题 5.1.2(4),

$$[c_1c_2\cdots c_s, g_{n+1}] = [c_1c_2\cdots c_{s-1}, g_{n+1}]^{c_s}[c_s, g_{n+1}],$$

注意到 $G_{n+1} \trianglelefteq G$, 用归纳假设即得 $[c_1c_2\cdots c_s, g_{n+1}] \in G_{n+1}$. 于是 $G_{n+1} = [G_n, G]$. □

定理 5.1.8 设 G 是群, $G = \langle M \rangle$, 则

(1) $G_n = \langle [x_1, \cdots, x_n]^g \mid x_i \in M, g \in G \rangle$;

(2) $G_n = \langle [x_1, \cdots, x_n], G_{n+1} \mid x_i \in M \rangle$;

特别地有, 若 $G = \langle a, b \rangle$, 则

(3) $G_2 = G' = \langle [a, b]^g \mid g \in G \rangle$;

(4) $G_2 = G' = \langle [a, b], G_3 \rangle$, 于是 G'/G_3 循环.

证明 (1) 显然有 $[x_1, \cdots, x_n] \in G_n$. 若 $n = 1$, 有 $G_1 = G = \langle M \rangle$, 结论成立. 设 $n > 1$, 用对 n 的归纳法, 可假设

$$G_{n-1} = \langle [x_1, \cdots, x_{n-1}]^g \mid x_i \in M, g \in G \rangle.$$

令

$$H = \langle [x_1, \cdots, x_n]^g \mid x_i \in M, g \in G \rangle.$$

显然 $H \trianglelefteq G$. 又因为对任意的 $g \in G$, 也有 $G = \langle M^g \rangle$, 于是由

$$[[x_1, \cdots, x_{n-1}]^g, x_n^g] = [x_1, \cdots, x_n]^g \in H,$$

知 G_{n-1} 的任一生成元 $[x_1, \cdots, x_{n-1}]^g$ 与 G 的每个生成元的换位子都在 H 中, 于是 $G_n = [G_{n-1}, G] \leqslant H$. 而 $H \leqslant G_n$ 是明显的.

(2) 注意到

$$[x_1, \cdots, x_n]^g = [x_1, \cdots, x_n][x_1, \cdots, x_n, g],$$

由 (1) 立得 (2).

(3) 取 $M = \{a, b\}$, 注意到 $[b, a] = [a, b]^{-1}$, 由 (1) 得 (3).

(4) 因 $[a, b]^g = [a, b][a, b, g]$, 由 (3) 得 (4). □

习 题

5.1.1. 设 A, B, C 是群 G 的子群, 若 $B \leqslant N_G(A) \cap N_G(C)$, 则 $[AB, C] = [A, C][B, C]$.

5.1.2. 设 $A \trianglelefteq G$, $B \leqslant G$, $C \leqslant G$, 则 $[AB, AC] \leqslant A[B, C]$.

5.1.3. 称群 G 为亚交换群, 如果 $G'' = 1$, 或者等价地, G' 是交换群. 证明亚交换群 G 中有下列换位子公式: 设 $a, b, c \in G$.

(1) 若 $b \in G'$, 则

$$[ab, c] = [a, c][b, c],$$
$$[c, ab] = [c, a][c, b];$$

(2) 若 $c \in G'$, n 为正整数, 则

$$[c^{-1}, a] = [c, a]^{-1}, \quad [c^n, a] = [c, a]^n;$$

(3) $[a, b^{-1}, c]^b = [b, a, c]$;

(4) $[a, b, c][b, c, a][c, a, b] = 1$;

(5) 若 $c \in G'$, 则

$$[c, a, b] = [c, b, a].$$

5.2 幂 零 群

定义 5.2.1 称群列

$$G = K_1 \geqslant K_2 \geqslant \cdots \geqslant K_{s+1} = 1$$

为 G 的中心群列, 如果 $[K_i, G] \leqslant K_{i+1}$, $i = 1, 2, \cdots, s$. 这时称 s 为这个中心群列的长度. 由命题 5.1.4(5), 中心群列的任一项 $K_i \trianglelefteq G$, 且 $K_i/K_{i+1} \leqslant Z(G/K_{i+1})$.

存在中心群列的群叫做*幂零群*.

定义 5.2.2 设 G 是群, 称群列

$$1 = Z_0(G) \leqslant Z_1(G) \leqslant \cdots \leqslant Z_n(G) \leqslant \cdots$$

为 G 的*上中心群列*, 如果对任意的 n, Z_n/Z_{n-1} 是 G/Z_{n-1} 的中心.

引理 5.2.3 *设 G 是幂零群,*

$$G = K_1 \geqslant K_2 \geqslant \cdots \geqslant K_{s+1} = 1$$

是 G 的一个中心群列. 则

(1) $K_i \geqslant G_i$, $i = 1, 2, \cdots, s+1$;

(2) $K_{s+1-j} \leqslant Z_j(G)$, $j = 0, 1, \cdots, s$.

证明 (1) 用对 i 的归纳法. 当 $i = 1$ 时, $K_1 = G = G_1$, 结论成立. 下面设 $i > 1$, 且 $K_{i-1} \geqslant G_{i-1}$, 则有 $G_i = [G_{i-1}, G] \leqslant [K_{i-1}, G] \leqslant K_i$, 得证.

(2) 用对 j 的归纳法. 当 $j = 0$ 时, $K_{s+1} = 1 = Z_0(G)$, 结论成立. 下面设 $j > 0$, 且 $K_{s+1-(j-1)} \leqslant Z_{j-1}(G)$, 要证明 $K_{s+1-j} \leqslant Z_j(G)$. 而这等价于 $[K_{s+1-j}, G] \leqslant Z_{j-1}(G)$. 由 $[K_{s+1-j}, G] \leqslant K_{s+1-(j-1)}$ 即得所需结果. □

定理 5.2.4 设 G 是幂零群, 则 G 的下中心群列终止于 1, 上中心群列终止于 G, 且它们都是定义 5.2.1 意义下的中心群列, 并且二者的长度相同, 记作 $c=c(G)$, 叫做 G 的幂零类. G 中不存在长度小于 c 的中心群列.

证明 因为 G 幂零, 存在中心群列

$$G=K_1 \geqslant K_2 \geqslant \cdots \geqslant K_{s+1}=1.$$

由引理 5.2.3 有 $K_i \geqslant G_i$, $K_{s+1-j} \leqslant Z_j(G)$. 取 $i=s+1$, $j=s$ 就推出 $G_{s+1}=1$, $Z_s(G)=G$. 这说明下中心群列终止于 1, 上中心群列终止于 G, 并且二者的长度都 $\leqslant s$. 由 $[G_i,G]=G_{i+1}$, $i=1,2,\cdots$, 推知下中心群列是中心群列; 又由定义, 上中心群列显然也是中心群列.

最后由引理 5.2.3, 因为上、下中心群列都是 G 的最短的中心群列, 它们的长度必然相等. □

定理 5.2.5 (1) 若 G 是幂零群, $H \leqslant G$, $N \trianglelefteq G$, 则 H 和 $\overline{G}=G/N$ 亦幂零;

(2) 若 G_1, G_2 是幂零群, 则 $G_1 \times G_2$ 亦幂零.

证明 (1) 设

$$G=K_1 \geqslant K_2 \geqslant \cdots \geqslant K_{s+1}=1$$

是 G 的一个中心群列. 易验证

$$H=K_1 \cap H \geqslant K_2 \cap H \geqslant \cdots \geqslant K_{s+1} \cap H=1$$

和

$$\overline{G}=K_1N/N \geqslant K_2N/N \geqslant \cdots \geqslant K_{s+1}N/N=1$$

分别是 H 和 $\overline{G}$ 的中心群列, 故 H 和 $\overline{G}$ 亦幂零.

(2) 由 $Z(G_1\times G_2)=Z(G_1)\times Z(G_2)$ 及 G_1, G_2 的上中心群列分别终止于 G_1, G_2, 易推出 $G_1 \times G_2$ 的上中心群列终止于 $G_1 \times G_2$, 故得所需之结论. □

定理 5.2.6 有限 p-群是幂零群.

证明 由有限 p-群 G 的中心 $Z(G)>1$ 及 $|G|$ 有限, 推知上中心群列必终止于 G, 于是 G 幂零. □

定理 5.2.7 设 G 是有限群, 则下述事项等价:

(1) G 是幂零群;

(2) 若 $H<G$, 则 $H<N_G(H)$;

(3) G 的每个极大子群 $M \trianglelefteq G$(这时 $|G:M|$ 为素数);

(4) G 的每个 Sylow 子群都是正规的, 因而 G 是它的诸 Sylow 子群的直积.

证明 (1) $\Longrightarrow$ (2): 设 $H<G$, 则存在正整数 i 使 $H \geqslant G_{i+1}$, 但 $H \ngeqslant G_i$. 显然 $N_{G/G_{i+1}}(H/G_{i+1}) \geqslant G_i/G_{i+1}$, 于是 $N_G(H)/G_{i+1} \geqslant G_i/G_{i+1}$, $N_G(H) \geqslant G_i$. 这就推出必有 $N_G(H)>H$.

(2) $\Longrightarrow$ (3): 设 M 是 G 的极大子群, 由 (2), $M \trianglelefteq G$. 考虑 $\overline{G} = G/M$. 由 M 的极大性, $\overline{G}$ 没有非平凡子群, 故 $|\overline{G}| = |G:M|$ 是素数.

(3) $\Longrightarrow$ (4): 设 P 是 G 的 Sylow p-子群, $H = N_G(P)$, 若 $G \neq H$, 取 G 的极大子群 $M \geqslant H$. 由 (3) 得 $M \trianglelefteq G$, 但由命题 1.9.6, $N_G(M) = M$, 矛盾, 故必有 $G = N_G(P)$, 即 $P \trianglelefteq G$. 于是 G 是它的诸 Sylow 子群的直积.

(4) $\Longrightarrow$ (1): 由定理 5.2.6 和定理 5.2.5(2) 立得. □

定理 5.2.8　幂零群 G 必为可解群.

证明　容易用归纳法证明对任意正整数 i 有 $G_i \geqslant G^{(i-1)}$, 于是由 $G_{s+1} = 1$ 可得到 $G^{(s)} = 1$. 这样 G 是可解群. □

定理 5.2.9　设 G 幂零, $1 \neq N \trianglelefteq G$, 则 $[N, G] < N$, 且 $N \cap Z(G) > 1$. 特别地, G 的每个极小正规子群含于中心 $Z(G)$ 之中.

证明　令 $N_1 = N$, 并对 $i > 1$, 递归地定义 $N_i = [N_{i-1}, G]$. 显然有 $N_i \leqslant N$, 并且 $N_i \leqslant G_i$. 由 G 幂零, 存在整数 c 使 $G_{c+1} = 1$, 于是 $N_{c+1} = 1$. 这就推出 $N_2 = [N, G] < N$(若否, 将推出对任意的 i, $N_i = N$, 矛盾). 又, 设 t 满足 $N_t = 1$, 但 $N_{t-1} \neq 1$, 则由 $[N_{t-1}, G] = N_t = 1$ 知 $N_{t-1} \leqslant Z(G)$. 又有 $N_{t-1} \leqslant N$, 故 $N \cap Z(G) \geqslant N_{t-1} \neq 1$. □

定理 5.2.10 (Hall)

(1) 设

$$G = K_1 \geqslant K_2 \geqslant \cdots \geqslant K_{s+1} = 1 \tag{5.1}$$

是幂零群 G 的任一中心群列, 则对任意的 i, j 有 $[K_i, G_j] \leqslant K_{i+j}$.

(2) 对任意的 i, j 有 $[G_i, G_j] \leqslant G_{i+j}$, $[G_i, Z_j] \leqslant Z_{j-i}(G)$. 当 $j < i$ 时, 规定 $Z_{j-i}(G) = 1$. 特别地, 对任意的 i 都有 $[G_i, Z_i(G)] = 1$.

证明　(1) 用对 j 的归纳法. 当 $j = 1$ 时, 由 (5.1) 式是中心群列, 有 $[K_i, G_1] = [K_i, G] \leqslant K_{i+1}$, 结论成立. 下面设 $j > 1$. 因 $G_j = [G_{j-1}, G]$, 有

$$[K_i, G_j] = [G_j, K_i] = [G_{j-1}, G, K_i].$$

又由归纳假设,

$$[G, K_i, G_{j-1}] = [K_i, G, G_{j-1}] \leqslant [K_{i+1}, G_{j-1}] \leqslant K_{i+1+j-1} = K_{i+j},$$
$$[K_i, G_{j-1}, G] \leqslant [K_{i+j-1}, G] \leqslant K_{i+j},$$

于是由三子群引理 (命题 5.1.5), 有 $[G_{j-1}, G, K_i] \leqslant K_{i+j}$, 即 $[K_i, G_j] \leqslant K_{i+j}$.

(2) 分别以下中心群列和上中心群列代替 (1) 中的群列 (5.1), 即得结论. □

设 G 是可解群, 称满足 $G^{(r)} = 1$ 的最小的正整数 $r = r(G)$ 为 G 的**导列长**. 这时 G 的导群列为

$$G = G^{(0)} > G^{(1)} > \cdots > G^{(r)} = 1.$$

下面的定理揭示了幂零群的导列长和幂零类之间的联系.

定理 5.2.11 设 G 是幂零群, 则 $G^{(i)} \leqslant G_{2^i}$, $i = 0, 1, \cdots, r$. 由此有 $r(G) \leqslant \lceil \log_2(c+1) \rceil$, 其中 $\lceil a \rceil$ 表示不小于实数 a 的最小整数.

证明 对 i 用归纳法. 当 $i = 0$ 时, 结论显然成立. 设 $i > 0$, 因为

$$G^{(i)} = [G^{(i-1)}, G^{(i-1)}] \leqslant [G_{2^{i-1}}, G_{2^{i-1}}],$$

由定理 5.2.10(2), 即得 $G^{(i)} \leqslant G_{2^{i-1}+2^{i-1}} = G_{2^i}$.

定理的第二部分请读者自证. □

习 题

5.2.1. 设 $G = \langle a, b \rangle$ 是亚交换群, $n \geqslant 2$, 则 G_n / G_{n+1} 可由 $n-1$ 个元素生成.

5.2.2. 设 G 是二元生成群, 则 $G'' \leqslant G_5$.

5.2.3. 举例说明由 N 及 G/N 的幂零性不能得出 G 的幂零性.

5.2.4. 设 G/M 和 G/N 幂零, 则 $G/M \cap N$ 亦幂零.

5.2.5. 有限群 G 幂零的充要条件为 G 的任一子群为次正规子群.

5.2.6. 设 G 是有限群, 命 $O^p(G)$ 为 G 之所有 Sylow q-子群生成的子群, 其中 $q \mid |G|$, 且 $q \neq p$. 则

(1) $O^p(G) \trianglelefteq G$, $G = O^p(G)P$, 其中 $P \in \mathrm{Syl}_p(G)$;

(2) $G/O^p(G)$ 是 p-群;

(3) 若 $N \trianglelefteq G$, G/N 是 p-群, 则 $O^p(G) \leqslant N$;

(4) $O^p(G) = \bigcap \{N \mid N \trianglelefteq G$ 且G/N 为 p-群$\}$.

5.2.7. 设 G 是有限群, 令

$$G_\infty = \bigcap_{i=1}^{\infty} G_i,$$

并称之为 G 的幂零余. 证明 $G_\infty \mathrm{char}\, G$, 且

$$G_\infty = \cap \{N \mid N \trianglelefteq G \text{ 且} G/N \text{ 为幂零群}\}.$$

5.2.8. 设 G 是有限群, G_∞ 为 G 之幂零余, 则存在正整数 n 使得 $G_\infty = G_n$. 证明:

(1) G/G_∞ 幂零;

(2) 若 $N \trianglelefteq G$, G/N 幂零, 则 $G_\infty \leqslant N$;

(3) $G_\infty = \displaystyle\bigcap_{p \mid |G|} O^p(G)$;

(4) $G_\infty = \langle N \trianglelefteq G \mid [N, G] = N \rangle$.

5.2.9. 设 G 是有限群, 令

$$Z_\infty(G) = \bigcup_{i=0}^{\infty} Z_i(G),$$

并称之为 G 的超中心. 证明 $Z_\infty(G)\text{char}\, G$, 且存在正整数 n 使 $Z_\infty(G)=Z_n(G)$, 并且 G 幂零的充要条件为 $Z_\infty(G)=G$.

5.2.10. 设 G 是有限群, $Z_\infty(G)$ 为 G 之超中心, 则

$$Z_\infty(G)=\cap\{N \mid N\trianglelefteq G \text{ 且 } Z(G/N)=1\}.$$

5.2.11. 设 G 是有限群, $Z_\infty(G)$ 为 G 的超中心. 又设 A 是 G 的幂零子群, 则 $Z_\infty(G)A$ 亦幂零.

5.2.12. 设 G 是有限群, P 是 G 的一个正规 p-子群使得 $G/C_G(P)$ 是 p-群, 则 $P\leqslant Z_\infty(G)$.

5.2.13. 设 G 是群, i 是正整数. 若 $\exp(Z_i(G)/Z_{i-1}(G))$ 存在, 则

$$\exp(Z_{i+1}(G)/Z_i(G)) \mid \exp(Z_i(G)/Z_{i-1}(G)).$$

类似地, 若 $\exp(G_{i-1}/G_i)$ 存在, 则

$$\exp(G_i/G_{i+1}) \mid \exp(G_{i-1}/G_i).$$

5.2.14. 证明由 $G=G'$ 可推出 $Z_2(G)=Z_1(G)$. 并对任意给定正整数 n, 构造群 G 满足 $Z(G)=1$, 但

$$G=G_1>G_2>G_3>\cdots>G_n.$$

5.3 Frattini 子群

定义 5.3.1　设 G 是有限群. 若 $G\neq 1$, 令 $\Phi(G)$ 为 G 的所有极大子群的交; 而若 $G=1$, 令 $\Phi(G)=1$. 我们称 $\Phi(G)$ 为 G 的 Frattini 子群或 G 的 Φ 子群.

显然有 $\Phi(G)\text{char}\, G$.

为了研究 Frattini 子群进一步的性质, 我们引进下面的概念.

定义 5.3.2　称 $x\in G$ 为群 G 的*非生成元*, 如果由 $G=\langle S,x\rangle$ 可推出 $G=\langle S\rangle$, 这里 S 是 G 的一个子集.

例如, 1 是任意群的非生成元.

定理 5.3.3　*群 G 的 Frattini 子群恰由 G 的所有非生成元组成.*

证明　设 $x\in\Phi(G)$, 并且 $G=\langle S,x\rangle$. 假定有 $\langle S\rangle<G$, 我们可取 G 的极大子群 $M\geqslant\langle S\rangle$. 由 $\Phi(G)$ 的定义有 $M\geqslant\Phi(G)$. 又因 $x\in\Phi(G)$, 有 $M\geqslant\langle S,x\rangle$, 与 $G=\langle S,x\rangle$ 矛盾, 故 x 是 G 的非生成元.

反之, 设 x 是 G 的非生成元, M 是 G 的任一极大子群. 假定 $x\notin M$, 则 $\langle M,x\rangle=G$. 但 $\langle M\rangle=M\neq G$, 与 x 是 G 的非生成元相矛盾, 因此必有 $x\in M$. 由 M 的任意性, 有 $x\in\Phi(G)$. □

定理 5.3.4　*设 G 是有限群, $N\trianglelefteq G$, $H\leqslant G$. 若 $N\leqslant\Phi(H)$, 则 $N\leqslant\Phi(G)$.*

证明 若 $N \nleqslant \Phi(G)$, 则有 G 的极大子群 M 使 $N \nleqslant M$, 且由 M 的极大性, 有 $G = NM$. 这时 $H = H \cap NM = N(H \cap M)$. 因为 $N \leqslant \Phi(H)$, 由定理 5.3.3 有 $H = H \cap M$, 即 $H \leqslant M$, 当然也有 $N \leqslant M$, 矛盾. □

推论 5.3.5 设 G 是有限群, $K \trianglelefteq G$, 则 $\Phi(K) \leqslant \Phi(G)$.

证明 由 $K \trianglelefteq G$, $\Phi(K)\mathrm{char}\, K$, 有 $\Phi(K) \trianglelefteq G$, 在上定理中取 $N = \Phi(K)$, $H = K$, 即得所需之结论. □

注 5.3.6 若 G 是有限群, $K \leqslant G$, 一般不能推出 $\Phi(K) \leqslant \Phi(G)$, 请读者举例说明之.

定理 5.3.7 (Gaschütz) 设 G 是有限群, N, D 是 G 的正规子群, 且 $D \leqslant N$, $D \leqslant \Phi(G)$. 若 N/D 幂零, 则 N 本身亦幂零.

证明 设 P 是 N 的 Sylow p-子群, 则 PD/D 是 N/D 的 Sylow p-子群. 由 N/D 幂零, $PD/D\mathrm{char}\, N/D$. 于是 $PD/D \trianglelefteq G/D$, 这得到 $PD \trianglelefteq G$. 由 Frattini 论断有 $PDN_G(P) = G$. 又由 $D \leqslant \Phi(G)$, 据定理 5.3.3, 有 $G = PN_G(P) = N_G(P)$, 所以 $P \trianglelefteq G$, 自然也有 $P \trianglelefteq N$. 由 p 的任意性, N 的任一 Sylow 子群均系正规子群, 从而 N 幂零. □

推论 5.3.8 (Frattini 定理) 有限群 G 的 Frattini 子群 $\Phi(G)$ 必幂零.

证明 在定理 5.3.7 中令 $N = D = \Phi(G)$, 即得结论. □

推论 5.3.9 若 $G/\Phi(G)$ 幂零, 则 G 本身幂零.

证明 在定理 5.3.7 中令 $N = G$, $D = \Phi(G)$, 即得结论. □

定理 5.3.10 若素数 $p \mid |\Phi(G)|$, 则 $p \mid |G/\Phi(G)|$.

证明 假定 $p \nmid |G/\Phi(G)|$, 设 P 是 $\Phi(G)$ 的 Sylow p-子群, 则 P 也是 G 的 Sylow p-子群. 由推论 5.3.8, $\Phi(G)$ 幂零, 于是 $P\mathrm{char}\, \Phi(G)$, $P \trianglelefteq G$. 因 $(|G/P|, |P|) = 1$, 由 Schur-Zassenhaus 定理, P 在 G 中有补 H, 于是 $G = HP$. 又因 $P \leqslant \Phi(G)$, 得 $G = H$, 矛盾. □

定理 5.3.11 (Wielandt) 有限群 G 幂零当且仅当 $G' \leqslant \Phi(G)$.

证明 若 $G' \leqslant \Phi(G)$, 则 $G/\Phi(G)$ 交换, 因而也幂零. 由推论 5.3.9, G 幂零. 反之, 若 G 幂零, 则 G 的任一极大子群 M 的指数 $|G : M| = p$. 于是 G/M 交换, 所以 $G' \leqslant M$. 由 M 的任意性有 $G' \leqslant \Phi(G)$. □

习 题

5.3.1. 设 G 是无限群. 仍规定 $\Phi(G)$ 为 G 的所有极大子群的交; 而如果 G 不存在极大子群, 则规定 $\Phi(G) = G$. 证明定理 5.3.3 对无限群仍然成立.

5.3.2. 设 $N \trianglelefteq G$, 则 $\Phi(G)N/N \leqslant \Phi(G/N)$. 若又有 $N \leqslant \Phi(G)$, 则 $\Phi(G)/N = \Phi(G/N)$. 举例说明若 $N \nleqslant \Phi(G)$, 不一定有 $\Phi(G)N/N = \Phi(G/N)$.

5.3.3. 证明 $\Phi(G_1 \times G_2) = \Phi(G_1) \times \Phi(G_2)$.

5.4 内幂零群

在第 1 章 3.6 节, 我们对 $\mathcal{P}$ 临界群作了初步讨论, 本节我们来研究内幂零群. 首先我们有下面的

定理 5.4.1 (Schmidt)　*设 G 是内幂零群, 则 G 可解.*

证明　设 G 是一最小阶反例. 明显地, 由 G 的每个真子群幂零, 可推出 G 的每个同态像的真子群也幂零. 因此, 若有 $1 \neq N \lhd G$, 则由 N 幂零, G/N 可解, 可得 G 可解. 于是最小阶反例 G 只能是非交换单群.

设 M_1, M_2 是 G 的两个不同的极大子群, 使 $D = M_1 \cap M_2$ 的阶最大.

假定 $D \neq 1$, 则由 M_i 的幂零性, 有

$$1 < D < N_{M_i}(D) = H_i, \qquad i = 1, 2.$$

于是 $D \trianglelefteq H_i \leqslant M_i$, $i = 1, 2$, 又由 G 是单群, $N_G(D) < G$, 必存在 G 的极大子群 $M_3 \geqslant N_G(D)$. 这时由 $D < H_1 \leqslant M_1 \cap M_3$ 以及 D 的最大性得 $M_1 = M_3$. 同理可得 $M_2 = M_3$. 这样 $M_1 = M_2$, 矛盾.

因此 G 的任意两个极大子群之交必为 1. 设 M 是 G 的一个极大子群, 由 G 是单群, 有 $N_G(M) = M$. 于是 M 在 G 中恰有 $|G : M|$ 个共轭子群. 考虑 G 的所有极大子群, 设它们共有 s 个共轭类, 而 $M_1, \cdots, M_s$ 是在每个共轭类中取出的代表. 这时有

$$\begin{aligned}|G| &= 1 + \sum_{i=1}^{s} (|M_i| - 1)|G : M_i| \\ &= 1 + s|G| - \sum_{i=1}^{s} |G : M_i|.\end{aligned}$$

由 $|G : M_i| \leqslant \dfrac{|G|}{2}$, 推出

$$|G| \geqslant 1 + s|G| - \frac{s|G|}{2} = 1 + \frac{s|G|}{2},$$

因此必有 $s = 1$. 但这时又有

$$|G| = 1 + |G| - |G : M_1|,$$

推出 $G = M_1$, 矛盾. 于是 G 是可解的. □

定理 5.4.2　*设 G 是内幂零群, 则 G 有下列性质:*

(1) $|G| = p^a q^b$, $p \neq q$ 均为素数, 且适当选择符号便有 G 的 Sylow p-子群 $P \trianglelefteq G$, 而 Sylow q-子群 Q 循环, 故 $Q \ntrianglelefteq G$, 并有 $\Phi(Q) \leqslant Z(G)$;

(2) $\Phi(P) \leqslant Z(G)$. 特别地, $c(P) \leqslant 2$;

(3) 若 $p > 2$, 则 $\exp P = p$; 而若 $p = 2$, 则 $\exp P \leqslant 4$.

证明 (1) 由定理 5.4.1, G 是可解的. 设 $|G| = p_1^{\alpha_1} \cdots p_r^{\alpha_r}$. 因为 p-群是幂零的, 有 $r > 1$. 由 G 可解, 存在 G 的极大子群 $M \trianglelefteq G$, 且 $|G:M|$ 是素数, 譬如 $|G:M| = p_1$. 由 M 幂零, 对于任意的 i, M 的 Sylow p_i-子群 P_i 在 M 中正规. 而对 $i > 1$, M 的 Sylow p_i-子群 P_i 也是 G 的 Sylow p_i-子群, 于是 $P_i \trianglelefteq G$. 现在假定 $r \geqslant 3$, 设 P_1 是 G 的 Sylow p_1-子群. 由 $P_1P_i < G$, 有 P_1P_i 幂零. 这样, 对 $i > 1$, P_1 的元素和 P_i 的元素可交换, 于是亦有 $P_1 \trianglelefteq G$. 这推出 $G = P_1 \times P_2 \times \cdots \times P_r$, G 幂零, 矛盾. 因此有 $r = 2$.

设 $|G| = p^a q^b$. 前面已证 G 一定有正规 Sylow 子群, 不妨设 G 有正规 Sylow p-子群 P. 又设 Q 是 G 的一个 Sylow q-子群, M 是 Q 的极大子群, 则由 $PM < G$ 知 PM 幂零, 于是 P 中元素与 M 中元素可交换. 若 Q 又有另一极大子群 M_1, 同法可得 P 中元素与 M_1 中元素交换. 因 $\langle M, M_1 \rangle = Q$, 有 P 中元素与 Q 中元素交换, 从而 $Q \trianglelefteq G$, G 亦幂零, 矛盾. 所以 Q 只有唯一的极大子群, 这时 Q 是循环群, 它的唯一的极大子群是 $\Phi(Q)$, 并且有 $\Phi(Q) \leqslant Z(G)$.

(2) 首先证 Q 的正规闭包 $Q^G = G$. 若否, 有 $Q^G < G$, 则 Q^G 幂零. 因 Q 是 G 的而且也是 Q^G 的 Sylow q-子群, 所以有 $Q\text{char}\, Q^G$. 由 $Q^G \trianglelefteq G$, 得 $Q \trianglelefteq G$, 矛盾.

现在设 N 是任一真含于 P 的 G 的正规子群. 我们要证明 $N \leqslant Z(G)$. 由于 $QN < G$, 故 QN 幂零, 于是 $N \leqslant C_G(Q)$, 又对任意的 $g \in G$, 有 $N = N^g \leqslant C_G(Q^g)$. 而 $Q^G = \langle Q^g \mid g \in G \rangle$, 故 $N \leqslant C_G(Q^G) = C_G(G) = Z(G)$.

因 $\Phi(P)\text{char}\, P$, $P \trianglelefteq G$, 有 $\Phi(P) \trianglelefteq G$, 故 $\Phi(P)$ 是一真含于 P 的 G 正规子群, 于是有 $\Phi(P) \leqslant Z(G)$. 又由 P 幂零, 有

$$P' \leqslant \Phi(P) \leqslant P \cap Z(G) \leqslant Z(P),$$

这可得到 $c(P) \leqslant 2$.

(3) 首先, 由 $[P,Q] \trianglelefteq \langle P, Q \rangle = G$, 且 $[P,Q] \leqslant P$, 故 $[P,Q]$ 为含于 P 的 G 的正规子群. 若 $[P,Q] < P$, 由 (2) 的证明有 $[P,Q] \leqslant Z(G)$. 令 $\overline{G} = G/Z(G)$, 有 $[\overline{P}, \overline{Q}] = \bar{1}$, 于是 $\overline{G}$ 幂零, 从而 G 亦幂零, 矛盾. 故 $[P,Q] = P$, 即

$$P = \langle [x,y] = x^{-1}x^y \mid x \in P, y \in Q \rangle. \tag{5.2}$$

又因 $c(P) \leqslant 2$, 由第 1 章习题 1.10.4 (取 $n = p$) 有对任意的 $a, b \in P$,

$$[a,b]^p = [a^p, b], \quad (ab)^p = a^p b^p [b,a]^{\binom{p}{2}}. \tag{5.3}$$

由 $a^p \in \Phi(P) \leqslant Z(G)$, 有 $[a^p, b] = 1$, 故 $[a, b]^p = 1$. 若 $p \neq 2$, 则有

$$(ab)^p = a^p b^p, \qquad \forall\, a, b \in P. \tag{5.4}$$

现在对任意的 $x \in P, y \in Q$, 由 $x^p \in Z(G)$ 有 $[x^p, y] = 1$, 即 $x^{-p}y^{-1}x^p y = x^{-p}(x^y)^p = 1$. 由 (5.4) 式得 $(x^{-1}x^y)^p = 1$, 即 $[x, y]^p = 1$. 再由 (5.2) 式, P 可由若干 p 阶元素生成, 最后用 (5.4) 式, 即得到 $\exp P = p$.

对于 $p = 2$, 仍有

$$a^2 \in Z(G) \text{ 和 } [a, b]^2 = 1, \qquad \forall\, a, b \in P.$$

由习题 1.10.4(取 $n = 4$), 有

$$(x^{-1}x^y)^4 = x^{-4}(x^y)^4[x^y, x^{-1}]^6 = 1, \qquad \forall\, x \in P, y \in Q$$

和

$$(ab)^4 = a^4b^4[b, a]^6 = a^4b^4, \qquad \forall\, a, b \in P,$$

这就得到 $\exp P \leqslant 4$. □

应用内幂零群的构造, 我们可得到幂零群的下述充分条件.

定理 5.4.3 (Itô)　设 $|G|$ 是奇数.

(1) 若群 G 的每个极小子群都含于 $Z(G)$, 则 G 幂零;

(2) 若 G' 的每个极小子群都在 G 中正规, 则 G' 幂零, 而 G 可解.

证明　(1) 设 G 是最小阶反例. 首先, 定理的条件显然在取子群下是遗传的. 于是 G 的每个真子群幂零, 但 G 不幂零. 由定理 5.4.2, 有 $G = PQ$, 其中 $P \trianglelefteq G$, Q 循环, 且 $\exp P = p$. 再由定理条件, P 中每个元素都属于 $Z(G)$, 于是 $P \leqslant Z(G)$. 这样 $G = P \times Q$, G 幂零, 矛盾.

(2) 设 H 是 G' 的一个极小子群, 则 $|H| = p$ 是素数. 由 $H \trianglelefteq G$, 对 H 用 N/C 定理, 有 $G/C_G(H)$ 同构于 $\mathrm{Aut}(H)$ 的子群, 因而是交换群. 这样有 $C_G(H) \geqslant G'$, 于是 $H \leqslant Z(G')$, 由 (1) 得 G' 幂零, 又由 G/G' 交换, 得 G 可解. □

习　题

5.4.1. 有限群 G 幂零的充要条件为: 对任意的 $x, y \in G$, 只要 $(o(x), o(y)) = 1$ 就有 $[x, y] = 1$.

5.4.2. 有限群 G 幂零的充要条件为 G 的任一二元生成子群幂零.

5.4.3. 设 G 是有限群, 其中每个素数阶元素以及每个 4 阶元素属于 G 之中心, 则 G 必为幂零群. 但如果仅假定 G 的每个素数阶元素属于中心, 则不能推得 G 的幂零性. 试举例说明之.

5.4.4. 设 G 为有限极小非幂零群 (在第 1 章 3.6 的意义下), 则 $|G| = p^n q$, $p \neq q$ 为素数, 且 G 的 Sylow p-子群 P 为初等交换 p-群, 并且是 G 的唯一的极小正规子群.

5.4.5. 设 G 是有限内交换群, 但 G 不是 p-群, 则 G 必为内幂零群, 且其中的正规 Sylow 子群为初等交换群.

5.4.6. 设 G 是有限非交换群, 则 G 中必有一对共轭元素 x 和 x^g 使得 $x \neq x^g$, 但 $[x, x^g] = 1$.

5.5 p-群的初等结果

从本节起, 我们继续研究有限 p-群. 为了研究 p-群的 Frattini 子群. 我们规定

$$\mho_1(G) = \langle g^p \mid g \in G \rangle.$$

(这和定理 1.6.14 证明中对交换 p-群 A 规定 $\mho_1(A)$ 是一致的.) 显然 $\mho_1(G)\mathrm{char}\, G$, 且 $\exp(G/\mho_1(G)) = p$, 并有下面的

定理 5.5.1 设 G 是有限 p-群, 则 $\Phi(G) = G'\mho_1(G)$, 且 $G/\Phi(G)$ 是初等交换 p-群. 并且, 若 $N \trianglelefteq G$, G/N 是初等交换 p-群, 则 $\Phi(G) \leqslant N$.

证明 设 $g \in G$, M 是 G 的任一极大子群, 则 $M \trianglelefteq G$, 且 G/M 是 p 阶循环群, 于是有 $g^p \in M$. 由 M 的任意性有 $g^p \in \Phi(G)$, 这样 $\mho_1(G) \leqslant \Phi(G)$. 又由 G 幂零, 据定理 5.3.11 有 $G' \leqslant \Phi(G)$, 于是 $G'\mho_1(G) \leqslant \Phi(G)$.

下面设 $N \trianglelefteq G$, 且 G/N 是初等交换 p-群, 我们来证明 $\Phi(G) \leqslant N$. 设 $|G/N| = p^r$. 因为 G/N 作为初等交换 p-群可以看作域 $GF(p)$ 上的 r 维向量空间, 显然可以找到 r 个 $r-1$ 维子空间, 使它们的交是零空间. 这就推出存在 G 的 r 个极大子群, 其交为 N. 由 Frattini 子群的定义就有 $\Phi(G) \leqslant N$. 最后, 因为 $G/G'\mho_1(G)$ 是初等交换 p-群, 有 $\Phi(G) \leqslant G'\mho_1(G)$, 于是 $\Phi(G) = G'\mho_1(G)$. □

定理 5.5.2 (Burnside 基定理) 设 G 是有限 p-群, $|G/\Phi(G)| = p^d$, 则 G 的每个最小生成系恰含 d 个元素, 并且每个 $G \setminus \Phi(G)$ 中的元素 x 都至少属于一个最小生成系.

证明 由定理 5.3.3, $G = \langle x_i \mid i \in I \rangle$ 当且仅当 $G/\Phi(G) = \langle x_i\Phi(G) \mid i \in I \rangle$, 由于 $G/\Phi(G)$ 可看成 $GF(p)$ 上 d 维向量空间, 故其最小生成系恰含 d 个元素, 于是对 G 也有同样的结论.

设 $x \in G \setminus \Phi(G)$, 则 $x\Phi(G)$ 在线性空间 $G/\Phi(G)$ 中不是零向量, 于是可扩充成 $G/\Phi(G)$ 的一组基 $x\Phi(G) = x_1\Phi(G), \cdots, x_d\Phi(G)$. 这时 $\{x_1, \cdots, x_d\}$ 就是 G 的一组最小生成系. □

由这个定理, 我们还得到有限 p-群的一个重要的算术不变量 $d = d(G)$, 常称为 p-群 G 的生成元个数.

定理 5.5.3 (Hall) 设 $|G| = p^n$, 则

$$|\mathrm{Aut}(G)| \mid p^{d(n-d)}(p^d-1)(p^d-p)\cdots(p^d-p^{d-1}).$$

证明　首先对任一 $\alpha \in \mathrm{Aut}(G)$, 可如下得到 $G/\Phi(G)$ 的一个自同构 $\bar{\alpha}$:

$$(g\Phi(G))^{\bar{\alpha}} = g^{\alpha}\Phi(G), \quad \forall\, g \in G.$$

易验证 $f : \alpha \mapsto \bar{\alpha}$ 是 $\mathrm{Aut}(G)$ 到 $\mathrm{Aut}(G/\Phi(G))$ 上的同态, 于是 $|(\mathrm{Aut}(G))^f|$ 整除 $|\mathrm{Aut}(G/\Phi(G))|$. 把 $G/\Phi(G)$ 看作 $GF(p)$ 上 d 维向量空间, 则有

$$|\mathrm{Aut}(G/\Phi(G))| = |GL(d,p)| = (p^d-1)(p^d-p)\cdots(p^d-p^{d-1}).$$

再令 $K = \mathrm{Ker}\, f$, 为研究 K 的阶, 我们设 $\{x_1, \cdots, x_d\}$ 是 G 的任一最小生成系. 考察所有的有序 d 元子集 $\{x_1a_1, \cdots, x_da_d\}$ 组成的集合 Δ, 其中 $a_i \in \Phi(G)$. 显然 Δ 的每个元素都是 G 的最小生成系, 并且 $|\Delta| = |\Phi(G)|^d = p^{(n-d)d}$. 令 K 作用在 Δ 上, Δ 被分成若干个 K 的轨道 $T_1, \cdots, T_s$, 每个 T_i 的长度 $|T_i| = |K|/|K_i|$, 其中 K_i 是由把 T_i 中某个最小生成系保持不变的 G 的自同构所组成的. 但明显地, 这样的同构只能是 1, 于是 $K_i = 1$. 这样, $|T_i| = |K|$. 最后因 $|\mathrm{Aut}(G)| = |K||\mathrm{Aut}(G)^f|$, 即得所需之结论. □

在上述定理证明中出现的子群 $K = \mathrm{Ker}\, f$ 通常记作 $\mathrm{Aut}^{\Phi}(G)$, 它是由所有在 $G/\Phi(G)$ 上诱导出恒等自同构的 G 的自同构所组成. 上述定理的证明告诉我们, 对于任意的有限 p-群 G, $\mathrm{Aut}^{\Phi}(G)$ 也是 p-群.

定理 5.5.4　*有限 p-群 G 的每个合成因子和主因子皆为 p 阶循环群.*

证明　因为 G 是可解的, 故 G 的每个合成因子为 p 阶循环群. 又因 G 是幂零的, 由 G 的任一中心群列出发, 把它加细成主群列, 得到的主因子也必然都是 p 阶循环群 (这是因为含于中心的任一子群必为正规子群). 再由 Jordan-Hölder 定理即得任一主群列的主因子为 p 阶循环群. □

定理 5.5.5　*有限 p-群 G 的任一子群皆为次正规子群.*

证明　设 $H \leqslant G$, $|G:H| = p^s$. 我们对 s 作归纳法. 若 $s = 1$, 则 $H \trianglelefteq G$, 定理成立, 现在假定 $s > 1$, 并设定理对 $< s$ 的情形已经成立. 因为 $H < G$, 有 $H < N_G(H) = H_1$. 这时有 $H \trianglelefteq H_1$, $|G:H_1| < p^s$, 由归纳假设, $H_1 \lhd\lhd G$. 再由次正规性可传递, 有 $H \lhd\lhd G$. □

推论 5.5.6　*设 G 是有限 p-群, $H_1 \leqslant H_2$ 是 G 的子群 (正规子群), $|H_2:H_1| = p^s$, 则对任意的非负整数 $t \leqslant s$, 存在 G 的子群 (正规子群) H_3, 使 $H_1 \leqslant H_3 \leqslant H_2$, 且 $|H_3:H_1| = p^t$.*

证明　对于子群的情形, 因为 $H_1 \lhd\lhd H_2$, $H_2 \lhd\lhd G$, 故存在 G 的次正规群列以 H_1, H_2 为其中两项. 把此群列加细成 G 的合成群列, 则满足条件的子群 H_3 的存在性就是明显的. 对于正规子群的情形, 只要把群列 $1 \leqslant H_1 \leqslant H_2 \leqslant G$ 加细成 G 的主群列, 由定理 5.5.4, 也立即推出满足定理条件的正规子群 H_3 的存在性. □

下面的定理可以看作是定理 1.10.17 的推广.

定理 5.5.7 设 G 是有限 p-群. 若 $N \trianglelefteq G$, $|N| = p^i$, 则 $N \leqslant Z_i(G)$.

证明 当 $i = 0$ 时, 结论是显然的. 而对 $i = 1$, 即定理 1.10.17, 故可设 $i > 1$. 取 $N_1 \trianglelefteq G$, 满足 $N_1 < N$ 且 $|N_1| = p^{i-1}$, 则由归纳假设有 $N_1 \leqslant Z_{i-1}(G)$, 由

$$\overline{N} = NZ_{i-1}(G)/Z_{i-1}(G) \cong N/N \cap Z_{i-1}(G),$$

及 $N \cap Z_{i-1}(G) \geqslant N_1$, 得 $|\overline{N}| \leqslant p$. 由定理 1.10.17, 有 $\overline{N} \leqslant Z_i(G)/Z_{i-1}(G)$. 于是 $NZ_{i-1}(G) \leqslant Z_i(G)$, $N \leqslant Z_i(G)$. □

定理 5.5.8 设 G 是有限 p-群.

(1) 若 $N \leqslant Z(G)$, 且 G/N 循环, 则 G 交换;

(2) 若 G 不交换, 则 $d(G/Z(G)) \geqslant 2$. 特别地, $p^2 \mid |G/Z(G)|$;

(3) 若 G 不交换, 则 $d(G/G') \geqslant 2$. 特别地, $p^2 \mid |G/G'|$.

证明 (1) 设 $G/N = \langle xN \rangle$, 则 $G = \langle x, N \rangle$. 因 $N \leqslant Z(G)$, G 的生成元间彼此可交换, 于是 G 是交换群.

(2) 由 (1) 立得.

(3) 因为 $G' \leqslant \Phi(G)$, 若 $d(G/G') = 1$, 则 $d(G/\Phi(G)) = 1$, 于是 $d(G) = 1$, 与 G 不交换矛盾. □

引理 5.5.9 设 N 是有限 p-群 G 的非循环正规子群.

(1) 若 $p > 2$, 则存在 G 的 (p, p) 型交换正规子群 $A \leqslant N$;

(2) 若 $p = 2$, (1) 中结论一般不真. 但若有 $N \leqslant \Phi(G)$, 则 (1) 中结论成立.

证明 对 $|N|$ 用归纳法. 当 $|N| = p^2$, 则因 N 非循环, N 本身是 (p, p) 型交换群, 引理成立.

现在设 $|N| \geqslant p^3$. 取 G 的 p 阶正规子群 $P < N$. 考虑商群 G/P, 它具有正规子群 N/P.

(i) 若 N/P 循环, 则由定理 5.5.8(1), N 是交换群. 由 N 非循环, $\Omega_1(N) = \langle x \in N \mid x^p = 1 \rangle$ 必为 (p, p) 型交换群. 又由 $\Omega_1(N) \mathrm{char}\, N$, $N \trianglelefteq G$, 即得 $\Omega_1(N) \trianglelefteq G$, 引理成立.

(ii) 若 N/P 不循环, 则由归纳假设, N/P 中存在 G/P 的 (p, p) 型交换正规子群 M/P. 这时 M 是 G 的 p^3 阶非循环正规子群. 如果 M 交换, 则 $|\Omega_1(M)| \geqslant p^2$. 且 $\Omega_1(M) \trianglelefteq G$. 在 $\Omega_1(M)$ 中取出 G 的 p^2 阶正规子群即符合要求. 如果 M 不交换, 再分别 $p > 2$ 和 $p = 2$ 两种情形:

(1) $p > 2$. 这时 M 可能有两种类型, 即第 1 章定理 1.10.19 中 (I) 型和 (II$'$) 型. 对于 (I) 型群, $\Omega_1(M) = \langle a^p, b \rangle$ 是 (p, p) 型交换群, 并且有 $\Omega_1(M) \trianglelefteq G$. 而对于 (II$'$) 型群, 任取包含在 M 中的 G 的 p^2 阶正规子群, 都满足引理的要求.

(2) $p = 2$. 如果 $G = N = Q$, Q 是四元数群, 则显然引理不真. 但若补充假定 $N \leqslant \Phi(G)$, 则 $M \leqslant \Phi(G)$. 如果 M 中没有 G 的 (2,2) 型正规子群, 则必有 4 阶循

环子群 $\langle x\rangle \trianglelefteq G$. 对 $\langle x\rangle$ 用 N/C 定理有 $G/C_G(x)$ 同构于 $\mathrm{Aut}(Z_4)\cong Z_2$ 的一个子群. 于是 $|G/C_G(x)|\leqslant 2$. 这样 $C_G(x)\geqslant \Phi(G)\geqslant M$, 推出 M 是交换群, 矛盾. □

定理 5.5.10　*设 G 是有限 p-群, 且 G 的每个交换正规子群皆为循环群.*

(1) 若 $p>2$, 则 G 本身是循环群;

(2) 若 $p=2$, 则 G 中有循环极大子群.

证明　(1) 若 G 不循环, 在引理 5.5.9 中取 $N=G$, 则 G 存在 (p,p) 型交换正规子群, 与假设矛盾.

(2) 首先, 在引理 5.5.9(2) 中取 $N=\Phi(G)$, 得 $\Phi(G)$ 循环. 再取 G 的极大交换正规子群 $A\geqslant\Phi(G)$, 由条件有 A 循环, 并且因 $A\geqslant\Phi(G)$, 则 G/A 为初等交换 2-群. 若 $|G/A|=2$, 则 A 为 G 的循环极大子群, 定理得证. 故可设 $|G/A|>2$. 又由 A 的极大性, 必有 $C_G(A)=A$(若否, 取 $x\in C_G(A)\setminus A$, 命 $B=\langle x,A\rangle$, 则有 B 交换且 $B>A$. 由 G/A 交换, 有 $B\trianglelefteq G$, 与 A 的极大性矛盾). 对 A 用 N/C 定理, 有 $G/C_G(A)=G/A\lesssim\mathrm{Aut}(A)$. 我们假设 $A=\langle a\rangle$, $|A|=2^n$. 据定理 1.6.4, 仅当 $n\geqslant 3$ 时 $\mathrm{Aut}(A)$ 非循环, 且这时有 $\mathrm{Aut}(A)\cong Z_2\times Z_{2^{n-2}}$. 故可令 $n\geqslant 3$, 且 G/A 是 (2,2) 型交换群. 于是 $G/A\cong\Omega_1(\mathrm{Aut}(A))$, 因此 G 中元素依共轭作用可诱导出 A 的三个 2 阶自同构中的任何一个, 特别地, 必存在 $b\in G\setminus A$ 使得

$$a\mapsto b^{-1}ab=a^{1+2^{n-1}}.$$

因为 $b^2\in\langle a\rangle$, 可令 $b^2=a^r$. 若 r 为奇数, 则 $\langle b\rangle>\langle a\rangle$, $\langle b\rangle$ 亦为 G 之循环正规子群, 矛盾于 A 的选取, 故 r 必为偶数. 令 $r=2s$, 注意到 $n\geqslant 3$, 于是存在整数 i 使同余式

$$i(1+2^{n-2})+s\equiv 0\ (\mathrm{mod}\ 2^{n-1})$$

成立. 令 $b_1=ba^i$, 则

$$\begin{aligned}b_1^2=b^2(b^{-1}a^ib)a^i=b^2a^{i(1+2^{n-1})+i}&=a^ra^{2i(1+2^{n-2})}\\&=a^{2s+2i(1+2^{n-2})}=1.\end{aligned}$$

于是 b_1 是 2 阶元, G 的极大子群 $M=\langle b_1,a\rangle$ 有定义关系:

$$a^{2^n}=1,\ b_1^2=1,\ b_1^{-1}ab_1=a^{1+2^{n-1}}.$$

由计算知, M 中 $\leqslant 2$ 阶的元素组成子群 $\Omega_1(M)=\langle b_1,a^{2^{n-1}}\rangle$. 显然 $\Omega_1(M)\mathrm{char}\,M$, 又 $M\trianglelefteq G$, 得 $\Omega_1(M)\trianglelefteq G$, 与 G 没有非循环交换正规子群矛盾. □

定理 5.5.11　*设 G 是有限 p-群.*

(1) 若 $G'\cap Z_2(G)$ 循环, 则 G' 循环;

(2) 若 $Z(G')$ 循环, 则 G' 循环;

(3) 若 $Z(\Phi(G))$ 循环, 则 $\Phi(G)$ 循环.

证明　(1) 若 G' 不循环, 则由 $G' \leqslant \Phi(G)$, 据引理 5.5.9, 存在 G 的 (p,p) 型正规子群 $A \leqslant G'$. 由 $|A| = p^2$, 推知 $A \leqslant Z_2(G)$. 于是 $A \leqslant G' \cap Z_2(G)$, 与假设矛盾.

(2) 由定理 5.2.10(2), $[G', Z_2(G)] = 1$, 于是 $G' \cap Z_2(G) \leqslant Z(G')$. 由 $Z(G')$ 循环, 则 $G' \cap Z_2(G)$ 循环, 由 (1) 即得结论.

(3) 设 $Z(\Phi(G))$ 循环, 但 $\Phi(G)$ 不循环. 由引理 5.5.9, 存在 G 的 (p,p) 型正规子群 $A \leqslant \Phi(G)$. 对 A 用 N/C 定理, 有 $|G/C_G(A)|$ 是 $|\mathrm{Aut}(A)|$ 的因子. 但 $|\mathrm{Aut}(A)| = (p^2-1)(p^2-p)$, 这得到 $|G/C_G(A)| \leqslant p$, 于是 $\Phi(G) \leqslant C_G(A)$, 即 $A \leqslant Z(\Phi(G))$, 矛盾. □

注 5.5.12　Burnside 早在 20 世纪初就研究过这样的问题: 究竟什么样的群可以作为一个有限 p-群的导群? 定理 5.5.11(2) 就是他证明的结果. 它说明一个中心循环的非循环 p-群不能作为任何一个有限 p-群的导群. 另外一个与此类似的问题是: 什么样的群可以作为一个有限 p-群的 Φ 子群? 定理 5.5.11(3) 对这个问题给出和 Burnside 对上述问题相同的回答, 这是 Hobby 在 1960 年证明的 (近二十多年来, 对于这两个问题又有了很多研究). 另外 [18] 还证明了下述结果: 设 G 是有限 p-群, 若 $d(G') = 2$, G' 非交换, 则 G' 为类 2 亚循环群. 又若 $d(G) = d(G') = 2$, 则 G' 交换.

最后, 我们来确定具有循环极大子群的有限 p-群. 在证明定理 5.5.14 之前, 我们还需要下面的引理, 证明从略.

引理 5.5.13　设 p 是奇素数, n 是正整数. 假定 $U = U(p^n)$ 是由 $\mathbb{Z}/p^n\mathbb{Z}$ 的可逆元全体, 即模 p^n 的简化剩余系组成的乘法群

$$U = \{x \in \mathbb{Z}/p^n\mathbb{Z} \mid (x,p) = 1\}.$$

设 $S(U) \in \mathrm{Syl}_p(U)$, 则

$$S(U) = \{x \in U \mid x \equiv 1 (\mathrm{mod}\ p)\},$$

并且 $S(U)$ 是 p^{n-1} 阶循环的. $S(U)$ 的唯一的 p^i 阶子群 $S_i(U)$, $0 \leqslant i < n$ 是

$$S_i(U) = \{x \in U \mid x \equiv 1 (\mathrm{mod}\ p^{n-i})\}.$$

定理 5.5.14　设 $|G| = p^n$, G 有 p^{n-1} 阶循环子群 $\langle a \rangle$, 则 G 只有下述七种类型:

(I) p^n 阶循环群: $G = \langle a \rangle$, $a^{p^n} = 1$, $n \geqslant 1$.

(II) (p^{n-1}, p) 型交换群: $G = \langle a, b \rangle$ $a^{p^{n-1}} = b^p = 1$, $[a,b] = 1$, $n \geqslant 2$.

(III) 亚循环群: $p \neq 2$, $n \geqslant 3$, $G = \langle a, b \rangle$, 有定义关系

$$a^{p^{n-1}} = 1,\ b^p = 1,\ b^{-1}ab = a^{1+p^{n-2}}.$$

(IV) **二面体群**: $p=2,\ n\geqslant 3,\ G=\langle a,b\rangle$, **有定义关系**

$$a^{2^{n-1}}=1,\ b^2=1,\ b^{-1}ab=a^{-1}.$$

(V) **广义四元数群**: $p=2,\ n\geqslant 3,\ G=\langle a,b\rangle$, **有定义关系**

$$a^{2^{n-1}}=1,\ b^2=a^{2^{n-2}},\ b^{-1}ab=a^{-1}.$$

(VI) **通常亚循环群**: $p=2,\ n\geqslant 4,\ G=\langle a,b\rangle$, **有定义关系**

$$a^{2^{n-1}}=1,\ b^2=1,\ b^{-1}ab=a^{1+2^{n-2}}.$$

(VII) **半二面体群**: $p=2,\ n\geqslant 4,\ G=\langle a,b\rangle$, **有定义关系**

$$a^{2^{n-1}}=1,\ b^2=1,\ b^{-1}ab=a^{-1+2^{n-2}}.$$

证明　除去交换的情形, 有 $n\geqslant 3$. 我们先假定 $p>2$. 设 $\langle a\rangle$ 是 G 的循环极大子群, 当然有 $\langle a\rangle\trianglelefteq G$. 任取 $b_1\notin\langle a\rangle$, 有 $b_1^p\in\langle a\rangle$. 设 $b_1^{-1}ab_1=a^r$, 由 G 非交换, 有 $r\not\equiv 1 \pmod{p^{n-1}}$. 又由 $b_1^p\in\langle a\rangle$, 有 $b_1^{-p}ab_1^p=a^{r^p}=a$, 于是 $r^p\equiv 1 \pmod{p^{n-1}}$, 即 r 在模 p^{n-1} 的简化剩余系的乘法群中是 p 阶元素, 由引理 5.5.13 得, $r\equiv 1 \pmod{p^{n-2}}$. 于是可令 $r=1+kp^{n-2}$. 因 $r\not\equiv 1 \pmod{p^{n-1}}$, 有 $k\not\equiv 0 \pmod p$, 取整数 j 使 $jk\equiv 1 \pmod p$. 再令 $b_2=b_1^j$, 有

$$b_2^{-1}ab_2=b_1^{-j}ab_1^j=a^{r^j}=a^{(1+kp^{n-2})^j}=a^{1+p^{n-2}}.$$

又因 $b_2^p\in\langle a\rangle$, 而 $o(b_2)\leqslant p^{n-1}$, 可令 $b_2^p=a^{sp}$, s 是整数. 我们要证明 $(b_2a^{-s})^p=1$. 因为 $\langle a^{p^{n-2}}\rangle \operatorname{char}\langle a\rangle$, 得到 $\langle a^{p^{n-2}}\rangle\trianglelefteq G$, 于是 $\langle a^{p^{n-2}}\rangle\leqslant Z(G)$. 又 $[a,b_2]=a^{p^{n-2}}$, 所以 $[a,b_2]^g=a^{p^{n-2}}$, 对任意的 $g\in G$. 由定理 5.1.8(3) 有 $G'=\langle a^{p^{n-2}}\rangle$, 于是 $G'\leqslant Z(G)$, $c(G)=2$. 据习题 1.10.4, 有

$$(xy)^p=x^py^p[y,x]^{\binom{p}{2}}=x^py^p,\qquad \forall\, x,y\in G.$$

于是由 $b_2^p=a^{sp}$ 可得 $(b_2a^{-s})^p=b_2^pa^{-sp}=1$. 令 $b=b_2a^{-s}$, 即可得 G 有定义关系 (III).

下面设 $p=2$. 同样设 $\langle a\rangle$ 是 G 的循环极大子群, 而 $b\notin\langle a\rangle$, 则 $b^2\in\langle a\rangle$, 且 $b^{-1}ab=a^r$, 其中 $r\not\equiv 1 \pmod{2^{n-1}}$, 但 $r^2\equiv 1 \pmod{2^{n-1}}$. 由此推出 r 模 2^{n-1} 只有三种可能: $r=-1$, $r=1+2^{n-2}$ 和 $-1+2^{n-2}$. 又由 $b^2\in\langle a\rangle$, 可令 $b^2=a^s$. 因 $b^{-1}(b^2)b=b^2$, 即 $b^{-1}a^sb=a^s$, 有 $a^{sr}=a^s$, 即 $sr\equiv s \pmod{2^{n-1}}$. 若 $r=-1$, 则 $s\equiv -s \pmod{2^{n-1}}$, 推出 $a^s=1$ 或 $a^{2^{n-2}}$, 这分别给出二面体群 (IV) 和广义四元数群 (V). 当 $n=3$ 时, 定理 1.10.19 中已经确定了 2^3 阶非交

换群, 只有上述两种类型. 而对于 $n \geqslant 4$, 还要讨论 $r = \pm 1 + 2^{n-2}$ 的情况. 若 $r = 1 + 2^{n-2}$, 条件 $sr \equiv s \pmod{2^{n-1}}$ 等价于 s 是偶数. 令 $s = 2t$, 由同余式 $j(1+2^{n-3}) + t \equiv 0 \pmod{2^{n-2}}$ 能确定 j. 设 $b_1 = ba^j$, 则

$$b_1^2 = b^2(b^{-1}a^jb)a^j = b^2a^{j(2+2^{n-2})} = a^{2[j(1+2^{n-3})+t]} = 1,$$

而 $b_1^{-1}ab_1 = a^{1+2^{n-2}}$, 对 b_1 和 a 来说就满足定义关系 (VI). 若 $r = -1 + 2^{n-2}$, 条件 $sr \equiv s \pmod{2^{n-1}}$ 变成 $(-2+2^{n-2})s \equiv 0 \pmod{2^{n-1}}$, 即 $(-1+2^{n-3})s \equiv 0 \pmod{2^{n-2}}$, 于是得到 $s \equiv 0 \pmod{2^{n-2}}$, 这样 $b^2 = 1$ 或 $a^{2^{n-2}}$. 而若 $b^2 = a^{2^{n-2}}$, 令 $b_1 = ba$, 则

$$b_1^2 = (ba)^2 = b^2(b^{-1}ab)a = b^2a^{-1+2^{n-2}}a = a^{2^{n-2}}a^{2^{n-2}} = 1,$$

因此 a 和 b 或者 a 和 b_1 满足定义关系 (VII).

最后要说明上述七种类型的群彼此互不同构. 因为定理 1.10.19 中已经讨论过阶 $\leqslant p^3$ 的 p-群, 故这里可设 $n \geqslant 4$. 区别交换和不交换以及 $p > 2$ 和 $p = 2$ 的情形, 只需说明 (IV)~(VII) 之间互不同构即可. 由定义关系可看出, 对这四种情况都有 $G' = \langle [a,b] \rangle$. 计算 $[a,b]$ 得

$$[a,b] = a^{-1}b^{-1}ab = \begin{cases} a^{-2}, & \text{对于 (IV), (V)}, \\ a^{2^{n-2}}, & \text{对于 (VI)}, \\ a^{-2+2^{n-2}}, & \text{对于 (VII)}. \end{cases}$$

于是对于 (VI), 有 $|G'| = 2$, 而对其余情形, 有 $|G'| = 2^{n-2}$, 故 (VI) 不与其余三种情形同构. 再计算 $\langle a \rangle$ 外一般元素 ba^i 的平方, 得

$$(ba^i)^2 = b^2(b^{-1}a^ib)a^i = \begin{cases} 1, & \text{对于 (IV)}, \\ a^{2^{n-2}}, & \text{对于 (V)}, \\ a^{i2^{n-2}}, & \text{对于 (VII)}. \end{cases}$$

这首先说明 G 中 2^{n-1} 阶循环子群是唯一的. 其次, $\langle a \rangle$ 外的元素对于 (IV) 来说全是 2 阶的; 对于 (V), 全是 4 阶的; 而对于 (VII), 既有 2 阶元也有 4 阶元. 由此看出 (IV), (V), (VII) 之间互不同构. □

习　题

5.5.1. 设 G 是有限 2-群, 则 $\Phi(G) = \mho_1(G)$.

5.5.2. 设 G 是有限 p-群, $|G| = p^n$. 又设 A 是 G 的一个极大的交换正规子群, 且 $|A| = p^a$. 则

(1) $C_G(A) = A$;

(2) $2n \leqslant a(a+1)$;

(3) $G_a \leqslant A$, $G_{2a} = 1$;

(4) 再设 A_1, A_2 是 G 的两个极大的交换正规子群, 且 $\exp A_i = p^{e_i}$, $i = 1, 2$. 则 $e_2 \leqslant 2e_1$.

5.5.3. 举例说明上题 (2) 中的等号可能成立.

5.5.4. 设有限 p-群 G 有两个极大子群是交换的, 则 G 至少有 $p+1$ 个极大子群是交换的, 并且有 $c(G) \leqslant 2$.

5.5.5. 设 G 是有限 p-群, $p > 2$. 若 $Z_2(G)$ 循环, 则 G 本身必循环.

5.5.6. 设有限 p-群 G 有指数为 p^2 的交换子群, 则必有同指数的交换正规子群.

5.6　内交换 p-群、亚循环 p-群和极大类 p-群

在本节中, 我们研究几类重要的 p-群的最基本的知识. 它们对于有限群工作者来说都是十分必要的.

首先来研究内交换 p-群, 即每个真子群都交换的非交换群 (参看定义 3.6.2).

我们先来证明 [116] 的一个引理, 也见 [60].

引理 5.6.1　设 A 是非交换群 G 的交换正规子群, 且其商群 $G/A = \langle xA \rangle$ 是循环群, 则

(1) 映射 $a \mapsto [a, x]$, $a \in A$, 是 A 到 G' 上的满同态;

(2) $G' \cong A/A \cap Z(G)$.

特别地, 若有限 p-群 G 有交换极大子群, 则 $|G| = p|G'||Z(G)|$.

证明　(1) 先验证该映射确为同态. 再令 $x^i a, x^j b$ 为 G 中任意两个元素, 其中 $a, b \in A$. 设法用换位子公式把 $[x^i a, x^j b]$ 化成 $[c, x]$ 形状, 其中 c 为 A 的某一适当的元素. 细节从略.

(2) 用同态基本定理. □

下面的定理给出内交换 p-群的刻画.

定理 5.6.2　设 G 是有限 p-群, 则下列命题等价:

(1) G 是内交换群;

(2) $d(G) = 2$ 且 $|G'| = p$;

(3) $d(G) = 2$ 且 $Z(G) = \Phi(G)$.

证明　(1) ⇒ (2): 取元素 $a, b \in G$ 使 $[a, b] \neq 1$, 则 $H = \langle a, b \rangle$ 非交换, 因而 $H = G$. 因此 $d(G) = 2$. 取 G 的两个不同的极大子群 A 和 B. 由假设它们交换, 因此 $A \cap B = Z(G)$ 且 $|G : A \cap B| = p^2$. 由引理 5.6.1, $|G| = p|G'||Z(G)|$, 于是 $|G'| = p$, (2) 成立.

(2) ⇒ (3): 因为 $|G'|=p$, 有 $G'\leqslant Z(G)$. 由习题 1.10.4 得到 $[x^p,y]=[x,y]^p=1,\forall,x,y\in G$. 于是 $\mho_1(G)\leqslant Z(G)$. 因此又有 $\Phi(G)=\mho_1(G)G'\leqslant Z(G)$. 如果 $\Phi(G)<Z(G)$, 则由 $d(G)=2$, $|G/Z(G)|=p$, 于是 G 交换, 矛盾. 故 (3) 成立.

(3) ⇒ (1): 因为每个极大子群 $M\geqslant\Phi(G)=Z(G)$, 且 $d(G)=2$, 故 M 交换, 即 (1) 成立. □

下面是 Rédei 给出的内交换群的分类.

定理 5.6.3 设 G 是内交换 p-群, 则 G 是下列群之一:

(1) Q_8;

(2) $M_p(n,m):=\langle a,b\mid a^{p^n}=b^{p^m}=1,a^b=a^{1+p^{n-1}}\rangle$, $n\geqslant 2$, $m\geqslant 1$(亚循环情形);

(3) $M_p(n,m,1):=\langle a,b,c\mid a^{p^n}=b^{p^m}=c^p=1,[a,b]=c,[c,a]=[c,b]=1\rangle$, $m,n\geqslant 1$(非亚循环情形).

上述群的表现中, 不同参数给出的群互不同构, 但有一个例外, 即有参数 $p=2$, $m=1$, $n=2$ 的 (2) 型群和有参数 $p=2$, $m=n=1$ 的 (3) 型群同构, 它们都给出 8 阶二面体群 D_8.

这个定理的证明较长, 不在这里赘述. 有兴趣的读者可参看 [126] 中的相同定理 (定理 2.3.7) 的证明, 它大大简化了 [96] 的原始证明.

在 3.3.3 小节中, 我们研究了一般的亚循环群. 这里对亚循环 p-群做比较详细的介绍.

定理 5.6.4 (Blackburn) 有限 p-群 G 亚循环当且仅当 $G/\Phi(G')G_3$ 亚循环.

证明 只需证充分性. 可设 $\Phi(G')G_3\neq 1$. 取 $K\leqslant\Phi(G')G_3$ 满足 $|K|=p$, $K\trianglelefteq G$. 由归纳法可以假定 G/K 亚循环, 即存在 $L\trianglelefteq G$, $L\geqslant K$ 使得 G/L 和 L/K 是循环群. 如果 L 循环, 则 G 亚循环. 因此下面假设 L 不循环. 因为 $K\leqslant Z(G)$, L 交换. 设 $L=M\times K$, 其中 M 循环, 并且 $|M|=p^s$. 因为 $1<\Phi(G')G_3<G'<L$, $|L|\geqslant p^3$. 于是 $s\geqslant 2$. 又因 $\mho_1(M)=\mho_1(L)$ 以及 $L\trianglelefteq G$, $\mho_1(M)\trianglelefteq G$. 令 $N=\mho_1(M)K$, 则 $N\trianglelefteq G$ 且 $|L:N|=p$. 这推出 $L/N\leqslant Z(G/N)$. 因 G/L 循环, G/N 交换. 于是 $G'\leqslant N$. 因为

$$|G'/G'\cap\mho_1(M)|=|G'\mho_1(M)/\mho_1(M)|\leqslant|N/\mho_1(M)|=p,$$

有 $G'=G'\cap\mho_1(M)$ 或者 $|G':G'\cap\mho_1(M)|=p$. 假定前者发生, $K\leqslant G'\leqslant\mho_1(M)<M$, 矛盾. 于是有 $|G':G'\cap\mho_1(M)|=p$. 又因 $G'\cap\mho_1(M)\trianglelefteq G$, 设 $\overline{G}=G/G'\cap\mho_1(M)$, 有 $|\overline{G}'|=p$. 于是 $\Phi(\overline{G}')=\bar{1}$, $\overline{G}_3=\bar{1}$. 这得到 $\Phi(G')G_3\leqslant G'\cap\mho_1(M)$. 但因 $K\leqslant\Phi(G')G_3$, 得 $K\leqslant G'\cap\mho_1(M)<M$, 矛盾. □

推论 5.6.5 设 G 是二元生成有限非交换 p-群, 则 G 亚循环当且仅当 $\overline{G}=G/\Phi(G')G_3$ 是定理 5.6.3 中的 (1) 型或 (2) 型群. 又, G 非亚循环当且仅当 $\overline{G}$ 非亚

循环, 即 $\overline{G}$ 是定理 5.6.3 中的 (3) 型群, 但要除去 $M_2(1,1,1) \cong D_8$.

证明　由 G 非交换且二元生成, $|\overline{G}'| = p$. 于是 $\overline{G}$ 内交换, 立得结论. □

定理 5.6.6　二元生成 2-群 G 亚循环当且仅当对 G 的每个极大子群 M 有 $d(M) \leqslant 2$.

证明　在 G 和 $\overline{G} = G/\Phi(G')G_3$ 的极大子群之间有一自然的一一对应, 其互相对应的子群有相同的生成元个数. 检查定理 5.6.3 中的群, 由推论 5.6.5 即得结论. □

定理 5.6.6 对于 $p > 2$ 不再成立, 为什么?

为叙述下定理, 先定义 p-群的一个算术不变量 $\omega(G)$: 规定 $p^{\omega(G)} = |G/\mho_1(G)|$.

定理 5.6.7　对于 $p > 2$, 有限 p-群 G 亚循环当且仅当 $\omega(G) \leqslant 2$.

证明　$\Longrightarrow$: 因 G 亚循环, $G' \leqslant \mho_1(G)$, 即 $\mho_1(G) = \Phi(G)$. 于是

$$p^{\omega(G)} = |G/\mho_1(G)| = |G/\Phi(G)| \leqslant p^2,$$

即 $\omega(G) \leqslant 2$.

$\Longleftarrow$: 对任意的 $N \trianglelefteq G$, $(G/N)/\mho_1(G/N) = (G/N)/(\mho_1(G)N/N) \cong G/\mho_1(G)N$, 因此 $\omega(G/N) \leqslant \omega(G)$. 由定理 5.6.4, 可设 $\Phi(G')G_3 = 1$. 因此 G 内交换. 又因 $\omega(G) \leqslant 2$,

$$|G/\Phi(G)| \leqslant |G/\mho_1(G)| \leqslant p^2.$$

除掉 G 循环的情形, 有 $d(G) = 2$ 和 $\Phi(G) = \mho_1(G)$. 因此 $G' \leqslant \mho_1(G)$. 这时 G 是定理 5.6.3 中的 (2) 型群. 因此 G 亚循环. □

推论 5.6.8 (Huppert)　对于 $p > 2$, 若有限 p-群 G 可表为二循环子群的乘积: $G = \langle a\rangle\langle b\rangle$, 则 G 亚循环.

证明　由推论条件, 有 $|G\mho_1(G)/\mho_1(G)| = |\langle a\rangle\mho_1(G)/\mho_1(G)\cdot\langle b\rangle\mho_1(G)/\mho_1(G)| \leqslant p^2$, 即 $\omega(G) \leqslant 2$. 由定理 5.6.7 即得结论. □

下面介绍所谓的极大类 p-群的概念, 并给出它们的一些最基本的结果.

定义 5.6.9　令 G 为 p^n 阶群, $n \geqslant 2$. 我们称群 G 为极大类 p-群, 如果 G 的幂零类 $c(G) = n - 1$.

我们把 p^2 阶群也看作极大类群, 但有些作者假定极大类 p-群都是非交换的, 因此在上定义中假定 $n \geqslant 3$.

下面给出极大类 p-群的一些最基本的性质.

定理 5.6.10　设 G 为 p^n 阶极大类群, 则

(1) $|G/G'| = p^2$, $G' = \Phi(G)$ 且 $d(G) = 2$;

(2) $|G_i/G_{i+1}| = p$, $i = 2, 3, \cdots, n-1$;

(3) 对 $i \geqslant 2$, G_i 是 G 中唯一的 p^{n-i} 阶正规子群;

(4) 若 $N \trianglelefteq G$, $|G/N| \geqslant p^2$, 则 G/N 亦为极大类 p-群;

(5) 对于 $0 \leqslant i \leqslant n-1$ 有 $Z_i(G) = G_{n-i}$;

(6) 设 $p>2, n>3$, 则 G 中不存在 p^2 阶循环正规子群.

证明 由 G 非循环, 得 G/G' 亦非循环. 于是 $|G/G'| \geqslant p^2$. 又因 $c(G)=n-1$, 对 $i=2,3,\cdots,n-1$, 有 $|G_i/G_{i+1}| \geqslant p$. 于是必有 $|G/G'|=p^2, |G_i/G_{i+1}|=p$ 且 G/G' 为 p^2 阶初等交换群. 由此又得 $G'=\Phi(G)$ 且 $d(G)=2$. (1), (2) 均得证.

(3) 设 N 是 G 的一个 p^{n-i} 阶正规子群, 则 $c(G/N) \leqslant i-1$. 于是 $(G/N)_i = G_iN/N = \bar{1}$, 即 $G_i \leqslant N$. 又由于 $|G/G_i| = p^i$, 所以 $N = G_i$, 即 G_i 是 G 中唯一的 p^{n-i} 阶正规子群.

(4) 令 $|G/N| = p^i$. 由 (3), 对某 $i \geqslant 2$, 必有 $N = G_i$. 故 G/N 的幂零类为 $i-1$, 即 G/N 是极大类 p-群.

(5) 由 $c(G)=n-1$ 有 $Z_{n-1}(G)=G$. 考虑 G 的上中心群列

$$1 = Z_0(G) < Z_1(G) < \cdots < Z_{n-2}(G) < Z_{n-1}(G) = G.$$

因为 $G/Z_{n-3}(G)$ 非交换, $|G/Z_{n-3}(G)| \geqslant p^3$; 又因为 $|Z_{n-3}| \geqslant p^{n-3}$, 得 $|G/Z_{n-3}(G)| = p^3$. 从而 $|G/Z_{n-2}(G)| = p^2$, $G' = Z_{n-2}(G)$. 从而得 $|Z_i(G)| = p^i$, $i \leqslant n-2$. 由 (3) 即得 $Z_i(G) = G_{n-i}$.

(6) 因 G 非循环, 由引理 5.5.9(1), G 有 (p,p) 型正规子群. 由 (3), G 的 p^2 阶正规子群唯一, 即得结论. □

由此定理, p^n 阶极大类 p-群 G 除了有 $p+1$ 个极大子群是正规子群外, 对每个阶 p^i, $i<n-1$, 都只有一个正规子群. 也就是说, 极大类 p-群有最少可能的正规子群. 因此, 极大类 p-群在 p-群中的地位与单群在有限群中的地位很类似. 这也说明了研究极大类 p-群的重要性.

极大类 2-群是很容易决定的.

定理 5.6.11 设 G 为 2^n 阶极大类群, $n \geqslant 3$, 则 G 同构于下列三种群之一:

(1) 二面体群: $\langle a, b \mid a^{2^{n-1}} = b^2 = 1, a^b = a^{-1} \rangle, n \geqslant 3$;

(2) 广义四元数群: $\langle a, b \mid a^{2^{n-1}} = 1, b^2 = a^{2^{n-2}}, a^b = a^{-1} \rangle, n \geqslant 3$;

(3) 半二面体群:$\langle a, b \mid a^{2^{n-1}} = b^2 = 1, a^{b^{-1}} = a^{-1+2^{n-2}} \rangle, n \geqslant 4$.

证明 由定理 5.6.10, $d(G)=2$, G/G' 是 4 阶初等交换 2-群, 则 G/G_3 是 2^3 阶非交换群, 因而是亚循环群. 又因 $\Phi(G') \trianglelefteq G$ 有 $\Phi(G') \leqslant G_3$. 于是 $G/\Phi(G')G_3$ 也是 2^3 阶亚循环群. 由定理 5.6.4, G 亦亚循环. 于是存在循环正规子群 $L \leqslant G$ 使 G/L 循环. 因 $G' \leqslant L$, $G/G' \cong Z_2^2$, 有 $|G/L| = 2$, 即 L 是 G 的循环极大子群. 由定理 5.5.14, G 是该定理中的 (IV), (V) 或 (VII) 型群. 直接验证知它们都是极大类 2-群, 定理得证. □

定理 5.6.12 (Taussky) 设 G 为非交换 2-群. 若 $|G:G'| = 4$, 则 G 是极大类 2-群.

证明 只需证明 G 有循环极大子群. 若 G 没有, 则 $|G| > 2^3$. 设 R 是 $Z(G)\cap G'$ 中 G 的 2 阶正规子群. 用归纳法, 可设 G/R 有循环极大子群, 譬如 T/R. 则 $T = S\times R$ 是 $(2^n, 2)$ 型交换群, 其中 S 是 2^n 阶循环群, $n \geqslant 2$. 由引理 5.6.1,

$$|G| = 2|G'||Z(G)| = 2\cdot\frac{1}{4}|G||Z(G)| = \frac{1}{2}|G||Z(G)|,$$

于是 $|Z(G)| = 2$. 令 $K := \mho_{n-1}(T) = \langle g^{2^{n-1}} \mid g\in T\rangle \leqslant S$, 得 $|K| = 2$ 且 $K \trianglelefteq G$, 于是 $K \leqslant Z(G)$. 这样 $Z(G) \geqslant R\times K$, 矛盾. □

推论 5.6.13 *有限 2-群 G 是极大类的当且仅当 $|G:G'| = 4$.*

对于 $p > 2$, 确定极大类 p-群是十分困难的, 我们不能在这里进行讨论. 我们只证明下面的结果.

定理 5.6.14 *设 $p > 2$, G 是 p^n 阶非交换 p-群. 假定 G 有交换极大子群, 则 G 是极大类 p-群当且仅当 $|G:G'| = p^2$.*

证明 只需证明充分性. 用对 n 的归纳法. 当 $n = 3$ 时结论显然成立, 下设 $n \geqslant 4$. 因为 G 有交换极大子群, 由引理 5.6.1, 用与定理 5.6.12 证明中同样的推理可得 $|Z(G)| = p$. 因为 $G' \neq 1$, $Z(G)\cap G' \neq 1$. 于是有 $Z(G) \leqslant G'$. 用归纳假设得 $G/Z(G)$ 是极大类 p-群, 遂得结论. □

我们再证明 Suzuki 的一个有趣的结果.

定理 5.6.15 (Suzuki) *设 G 是一非交换 p-群. 若 G 中有一 p^2 阶子群 A 满足 $C_G(A) = A$, 则 G 是极大类群.*

证明 对 $|G|$ 用归纳法. 因 $C_G(A) = A, |A| = p^2$, 由 N/C 定理及 $N_G(A) > A$ 得 $|N_G(A)| = p^3$. 由 A 自中心化, $Z(G) < A$, 于是得 $|Z(G)| = p$. 令 $\overline{G} = G/Z(G)$, $\overline{A} = A/Z(G)$. 由 N/C 定理得 $N_{\overline{G}}(\overline{A}) = C_{\overline{G}}(\overline{A})$, 再由 $C_{\overline{G}}(\overline{N_G(A)}) \leqslant C_{\overline{G}}(\overline{A})$ 及 $N_{\overline{G}}(\overline{A}) = N_G(A)/Z(G) = \overline{N_G(A)}$ 得 $C_{\overline{G}}(\overline{N_G(A)}) = \overline{N_G(A)}$. 因 $|\overline{N_G(A)}| = p^2$, 由归纳法得 $\overline{G}$ 是极大类群, 因 $|Z(G)| = p$, 所以 G 也为极大类群. □

习 题

5.6.1. 设 G 是有限群, 满足 $G'' = 1$ 且 G/G' 循环, 则对每个满足 $G = \langle G', x\rangle$ 的元素 x 都有 $o(x) = |G/G'|$, 因此 $\langle x\rangle$ 是 G' 在 G 中的补群.

5.6.2. 给出例子说明二循环 2-群的乘积不一定是亚循环 2-群.

5.6.3. 设 G 是二元生成的有限 p-群, $H < G$. 求证: $H' < G'$.

5.6.4. 设 G 为有限 p-群, 它有两个不同的极大子群是交换的, 则 $|G'| \leqslant p$.

5.6.5. 设 G 为有限 p-群, M_1 和 M_2 为 G 的两个不同的极大子群, 求证:$|G'| \leqslant p|M_1'M_2'|$.

5.6.6. 设 G 是非交换极大类 p-群, $M \lessdot G$, 则有 $Z(M) \geqslant Z(G)$.

5.6.7. 设 G 是 2^6 阶群, 则 G' 是交换群.

5.7 p-群计数定理

所谓 p-群的计数定理是指关于有限 p-群各种类型的子群、元素或子集个数的结果. 反过来, 由 p-群子群个数的条件推出 p-群本身的性质或结构也是 p-群计数问题的课题. 本节介绍几个重要的经典结果, 它们都是在 20 世纪 30 年代以前得到的.

设 G 是有限 p-群, $|G|=p^n$. 对于 $k=0,1,\cdots,n$, 以 $s_k(G)$ 表示 G 中 p^k 阶子群的个数, 而以 $c_k(G)$ 表 G 中 p^k 阶循环子群的个数.

定理 5.7.1 设 $|G|=p^n$, 若 $s_1(G)=1$, 则

(1) 对 $p>2$, G 是循环群;

(2) 对 $p=2$, G 是循环群或广义四元数群.

证明 根据引理 5.5.9, 若 G 非循环, 对 $p>2$, G 中存在 (p,p) 型正规子群, 于是 $s_1(G)>1$, 与假设矛盾, 定理得证. 而对 $p=2$, 由定理 5.5.10(2) 以及 $s_1(G)=1$ 可推出 G 中存在循环极大子群. 再由定理 5.5.14, G 若不循环, 必为 (IV)~(VII) 型群. 计算 $(ba^i)^2$, 并考察 $(ba^i)^2=1$ 的解, 可知除 (V) 型群外, 其余三种在 $\langle a\rangle$ 外都有二阶元素, 于是 $s_1(G)>1$. 因此 G 只能为循环群或广义四元数群. □

定理 5.7.2 设 $|G|=p^n$, $1<m<n$. 若 $s_m(G)=1$, 则 G 循环.

证明 设 H 是 G 的唯一的 p^m 阶子群. 任取 G 的 p^{m+1} 阶子群 $H_1>H$, 由 H 是 H_1 的唯一的极大子群, 知 $H=\Phi(H_1)$. 又由 $|H_1/\Phi(H_1)|=p$ 知 H_1 循环. 于是 H 也是循环群. 这又推出只要 $i\leqslant m$, 都有 $s_i(G)=1$. 特别地, 有 $s_1(G)=1$. 据定理 5.7.1, 得 G 循环或为广义四元数群. 但对后者有 $s_2(G)>1$, 与 $s_2(G)=1$ 矛盾, 于是 G 不能为广义四元数群, 即 G 必为循环群. □

定理 5.7.3 设 $|G|=p^n$, $1<m\leqslant n$. 若 $s_m(G)=c_m(G)$, 即 G 的每个 p^m 阶子群皆为循环群, 则 G 循环, 或当 $p^m=4$ 时 G 可能为广义四元数群.

证明 因 $m\geqslant 2$, 所有 p^2 阶子群循环 (因每个 p^2 阶子群至少含于一个 p^m 阶子群), 于是必有 $s_1(G)=1$ (若否, 我们可找到两个不同的 p 阶子群 C_1, C_2, 并可设其中之一含于 $Z(G)$, 于是 $\langle C_1,C_2\rangle=C_1\times C_2$ 是 (p,p) 型群, 矛盾). 应用定理 5.7.1, G 为循环群或广义四元数群. 但对后者, 如果 $m\geqslant 3$, G 中存在非循环的 p^m 阶子群 $\langle a^{2^{n-m}},b\rangle$, 与假设矛盾. □

回忆一下，在命题 1.8.4 中，我们用 $\begin{bmatrix}n\\m\end{bmatrix}_p$ 表示 p^n 阶初等交换 p-群中 p^m $(m\geqslant 1)$ 阶子群的个数. 并证明了

$$\begin{bmatrix}n\\m\end{bmatrix}_p=\frac{(p^n-1)(p^{n-1}-1)\cdots(p^{n-m+1}-1)}{(p^m-1)(p^{m-1}-1)\cdots(p-1)}.$$

为了方便, 我们规定若 $m=0$, 则 $\begin{bmatrix}n\\0\end{bmatrix}_p=1$; 若 $n<m$, 则 $\begin{bmatrix}n\\m\end{bmatrix}_p=0$; 并且规定

$\begin{bmatrix}0\\0\end{bmatrix}_p = 0$. 于是对任意的非负整数 n, m, 都规定了一个非负整数 $\begin{bmatrix}n\\m\end{bmatrix}_p$. 又若在我们的问题只涉及一个素数 p, 我们常把 $\begin{bmatrix}n\\m\end{bmatrix}_p$ 的下标 p 省略, 而简记 $\begin{bmatrix}n\\m\end{bmatrix}$. 下面是关于数 $\begin{bmatrix}n\\m\end{bmatrix}_p$ 的一些主要性质.

引理 5.7.4 (1) 若 $n \geqslant m$, 则 $\begin{bmatrix}n\\m\end{bmatrix} = \begin{bmatrix}n\\n-m\end{bmatrix}$;

(2) 对任意的 n, m, $\begin{bmatrix}n+1\\m\end{bmatrix} = \begin{bmatrix}n\\m\end{bmatrix} + p^{n-m+1}\begin{bmatrix}n\\m-1\end{bmatrix}$;

(3) 若 $n \geqslant m$, 则 $\begin{bmatrix}n\\m\end{bmatrix} \equiv 1 \pmod p$;

(4) 若 $n > m > 0$, 则 $\begin{bmatrix}n\\m\end{bmatrix} \equiv 1 + p \pmod{p^2}$;

(5) $(x-1)(x-p)\cdots(x-p^{n-1}) = \sum\limits_{i=0}^{n}(-1)^i p^{\binom{i}{2}}\begin{bmatrix}n\\i\end{bmatrix}x^{n-i}$;

(6) $\sum\limits_{i=0}^{n}(-1)^i p^{\binom{i}{2}}\begin{bmatrix}n\\i\end{bmatrix} = 0$.

证明 (1), (2) 可直接用公式验证.

(3), (4): 利用 (2) 式可得

$$\begin{bmatrix}n\\m\end{bmatrix} \equiv \begin{bmatrix}n-1\\m\end{bmatrix} \equiv \cdots \equiv \begin{bmatrix}m\\m\end{bmatrix} = 1 \pmod p$$

和

$$\begin{bmatrix}n\\m\end{bmatrix} \equiv \begin{bmatrix}n-1\\m\end{bmatrix} \equiv \cdots \equiv \begin{bmatrix}m+1\\m\end{bmatrix} = \begin{bmatrix}m+1\\1\end{bmatrix} \equiv 1 + p \pmod{p^2}.$$

(5) 用对 n 的归纳法, 细节略.

(6) 在 (5) 中令 $x = 1$ 即得所需结果. □

设 G 是有限 p-群, $\Phi(G)$ 为 G 的 Frattini 子群. 称 G 的包含 $\Phi(G)$ 的子群为 G 的大子群(major subgroup). 对于 $i = 0, 1, \cdots, d = d(G)$, 令 $\mathcal{S}_i$ 表示 G 的指数为 p^i 的大子群的集合. 又令 $\mathfrak{S}$ 是一个由 G 的真子群组成的任意集合, 以 $s(M)$ 表示 $\mathfrak{S}$ 中含于 M 的子群个数. 则有下述重要结果:

定理 5.7.5 (P. Hall 计数原则)

$$s(G) - \sum_{M\in\mathcal{S}_1} s(M) + p\sum_{M\in\mathcal{S}_2} s(M) - \cdots + (-1)^d p^{\binom{d}{2}} s(\Phi(G)) = 0. \tag{5.5}$$

证明 设 H 是 $\mathfrak{S}$ 中任一子群. 考虑 G 的所有包含 H 的大子群的交 N, 当然 N 也是 G 的大子群. 设 $N \in \mathcal{S}_i$, 则必有 $i \geqslant 1$ (因 G 的真子群 H 至少属于 G 的一

个极大子群). 于是, 每个包含 N 的大子群都包含 H. 对于 $1 \leqslant j \leqslant i$, $\mathcal{S}_j$ 中包含 N 的大子群个数应为 $\begin{bmatrix} i \\ j \end{bmatrix}$, 于是 H 在 (5.5) 式左端出现的重数为

$$m(H) = 1 - \begin{bmatrix} i \\ 1 \end{bmatrix} + p \begin{bmatrix} i \\ 2 \end{bmatrix} - \cdots + (-1)^i p^{\binom{i}{2}} \begin{bmatrix} i \\ i \end{bmatrix}.$$

由引理 5.7.4(6), $m(H) = 0$. 当 H 取遍 $\mathfrak{S}$ 中所有子群, 并求和便得 (5.5) 式右端 $= \sum\limits_{H \in \mathfrak{S}} m(H) = 0$, 证毕. □

下面证明两个著名的计数定理.

定理 5.7.6 设 $|G| = p^n$, $0 \leqslant k \leqslant n$, 则 $s_k(G) \equiv 1 \pmod p$.

证明 当 $k = 0$ 和 n 时, 定理显然成立. 现在设 $0 < k < n$, 用对 n 的归纳法. 设 M 是 G 的任一极大子群, 由归纳假设, $s_k(M) \equiv 1 \pmod p$. 令 $\mathfrak{S}$ 为 G 的所有 p^k 阶子群的集合, 应用 P. Hall 计数原则, 得到

$$s_k(G) \equiv \sum_{M \in \mathcal{S}_1} s_k(M) \equiv \sum_{M \in \mathcal{S}_1} 1 = \begin{bmatrix} d \\ d-1 \end{bmatrix} \equiv 1 \pmod p.$$

□

定理 5.7.7 (Kulakoff) 设 $p > 2$, $|G| = p^n$, 且 G 非循环. 若 $1 \leqslant k \leqslant n-1$, 则 $s_k(G) \equiv 1 + p \pmod{p^2}$.

为证明此定理, 先证明

引理 5.7.8 设 $|G| = p^n$, $p > 2$, $n \geqslant 3$. 若 G 有循环极大子群, 但 G 非循环, 则 G 恰有 p 个循环极大子群和一个非循环极大子群.

证明 由引理条件, G 应为定理 5.5.14 中 (II) 或 (III) 型群. 由定义关系易看出 $d(G) = 2$, $c(G) \leqslant 2$. 据习题 1.10.4, G 中成立 $(xy)^p = x^p y^p$, 对任意的 $x, y \in G$. 这样, 对 $i = 0, 1, \cdots, p-1$, 有

$$(b^i a)^p = b^{ip} a^p = a^p,$$

即 $b^i a$ 是 p^{n-1} 阶元素, 这就找到了 p 个循环极大子群 $\langle b^i a \rangle$. 又, 易验证 $\langle a^p, b \rangle$ 是 G 的 (p^{n-2}, p) 型交换极大子群, 自然非循环. 再据 $d(G) = 2$, G 中恰有 $1 + p$ 个极大子群, 引理得证. □

定理 5.7.7 的证明 当 $n = 2$, G 是 (p, p) 型交换群. 有 $1 + p$ 个 p 阶子群, 定理显然成立. 下面设 $n > 2$. 用对 n 的归纳法. 首先, 当 $k = n-1$ 时, 因 $d = d(G) \geqslant 2$, 有

$$s_{n-1}(G) = \begin{bmatrix} d \\ d-1 \end{bmatrix} = \begin{bmatrix} d \\ 1 \end{bmatrix} \equiv 1 + p \pmod{p^2}.$$

而当 $k \leqslant n-2$ 时, 用 P. Hall 计数原则, 有

$$s_k(G) \equiv \sum_{M \in \mathcal{S}_1} s_k(M) - p \sum_{M \in \mathcal{S}_2} s_k(M) \pmod{p^2}.$$

对 $M \in \mathcal{S}_2$, 由定理 5.7.6, $s_k(M) \equiv 1 \pmod p$, 有

$$p \sum_{M \in \mathcal{S}_2} s_k(M) \equiv p \sum_{M \in \mathcal{S}_2} 1 = p \begin{bmatrix} d \\ d-2 \end{bmatrix} \equiv p \pmod{p^2}.$$

而对 $M \in \mathcal{S}_1$, 若每个 M 都非循环, 应用归纳假设, 有 $s_k(M) \equiv 1+p \pmod{p^2}$. 于是

$$\begin{aligned} s_k(G) &\equiv (1+p) \begin{bmatrix} d \\ d-1 \end{bmatrix} - p \equiv (1+p)^2 - p \\ &\equiv 1+p \pmod{p^2}. \end{aligned}$$

又, 若有循环子群 $M \in \mathcal{S}_1$, 则由上述引理, $\mathcal{S}_1$ 中恰含 p 个循环子群和一个非循环子群, 于是

$$s_k(G) \equiv p \cdot 1 + (1+p) - p \equiv 1+p \pmod{p^2}.$$

□

我国数学家华罗庚、段学复在 20 世纪 30 年代继续 Kulakoff 的工作研究 p-群中的子群个数模 p^3 的情况. 他们猜想, 如果 $|G| = p^n$, 对于 $0 \leqslant k \leqslant n$, $s_k(G)$ 模 p^3 必与 $1, 1+p, 1+p+p^2$ 或 $1+p+2p^2$ 同余. 他们得到了不少结果. 但不幸的是, 这个猜想一般来说是不对的. 由Magma的小群库 (SmallGroup Database) 中就可以找到 11 个 5^5 阶群, 它们有 $1+5+3 \cdot 5^2$ 个 5^3 阶子群. 有兴趣的读者可参看 [137],[138].

5.8 超特殊 p-群

本节介绍的特殊 p-群和超特殊 p-群的理论在单群的研究中起着一定的作用.

定义 5.8.1 *设 G 是有限 p-群. 称 G 为特殊 p-群, 如果 G 满足下列条件之一:*

(1) G 是初等交换 p-群;

(2) $\Phi(G) = G' = Z(G)$ 是初等交换 p-群.

定义 5.8.2 *设 G 是有限 p-群. 称 G 为超特殊 p-群, 如果 G 是非交换特殊 p-群, 且 $|Z(G)| = p$.*

尽管特殊 p-群是非常特殊的一类 p-群, 它们的幂零类为 2, 并且满足 G/G' 是初等交换群. 但给出它们的分类仍然是十分困难的. 目前我们还做不到这一点. 然

而, 对于超特殊 p-群我们能够给出它们的同构分类. 为此, 我们需要 n 个群的中心积的概念以及辛空间的概念.

在 3.3.2 小节中我们讲过两个群的中心积 $A *_K B$, $K = A\cap B$. 并且约定, 如果 $K = Z(A) = Z(B)$, 则简记 $G = A *_K B$ 为 $G = A * B$.

现有群 G 的 n 个子群 $A_1, A_2, \cdots, A_n$, 满足 $G = A_1A_2\cdots A_n$, 并且对 $1 \leqslant i < j \leqslant n$, 有 $[A_i, A_j] = 1$, $A_i\cap A_j = K$, 以及 $K = Z(A_i)$, 则我们称 G 是 $A_1, A_2, \cdots, A_n$ 的中心积, 记为 $G = A_1 * A_2 * \cdots * A_n$. (这是 n 个子群的中心积的特殊情况, 但在本节中我们不需要更一般的情况.)

在 4.5 节中我们讲过辛空间的概念, 这里不再重复. 我们将直接引用关于辛空间的结构定理 4.5.6.

下面来研究超特殊 p-群. 设 G 是一超特殊 p-群, 则 $\overline{G} = G/Z(G)$ 是初等交换 p-群. 于是可把 $\overline{G}$ 看成域 $GF(p)$ 上的有限维向量空间. 它的元素 (即向量) 的一般形状为 $xZ(G)$, 记做 $\bar{x}$. 设 $G' = \langle c\rangle$. 因为 $|G'| = p$, 任给 $x, y \in G$, 有 $[x, y] = c^{\alpha}$, 其中 $\alpha \in GF(p)$. 下面定义 $\overline{G}$ 的内积 f:

$$f(\bar{x}, \bar{y}) = \alpha, \text{ 如果 } [x, y] = c^{\alpha}.$$

容易看出, 这个内积 f 是良定义的, 且在内积 f 下, $\overline{G}$ 是域 $GF(p)$ 上的有限维非退化辛空间 (验证从略). 由定理 4.5.6, $\overline{G}$ 是 m 个双曲平面的正交和, 而 $\overline{G}$ 的维数是偶数 $2m$. 设第 i 个双曲平面是 $\langle \bar{x}_i, \bar{y}_i\rangle$, 则 $\bar{x}_i$ 和 $\bar{y}_i$ 的原像 x_i 和 y_i 满足 $[x_i, y_i] = c$, 于是 $G_i := \langle x_i, y_i\rangle$ 是 p^3 阶非交换群, 且对不同的 i, j, 有 $[G_i, G_j] = 1$. 于是我们得到

定理 5.8.3 设 G 是有限超特殊 p-群, 则对某个 m 有 $|G| = p^{2m+1}$, 且

$$G = G_1 * G_2 * \cdots * G_m,$$

其中 G_i 是 p^3 阶非交换群.

为了进一步研究超特殊 p-群, 我们区分 $p = 2$ 和 $p > 2$ 两种情形.

对于 $p = 2$, 我们已经证明 $Q_8 * Q_8 \cong D_8 * D_8$ (见引理 3.3.7). 我们又有

引理 5.8.4 $Q_8 * Q_8 \ncong Q_8 * D_8$.

证明 二群中的 2 阶元个数不同, 细节从略, 并作为习题. □

于是定理 5.8.3 和引理 3.3.7, 引理 5.8.4 推出下列结果.

定理 5.8.5 设 G 是有限超特殊 2-群, 且 $|G| = 2^{2m+1}$, 则 G 有两种不同构的类型, 即

$$G \cong \underbrace{Q_8 * \cdots * Q_8}_{m}$$

和

$$G \cong \underbrace{Q_8 * \cdots * Q_8}_{m-1} * D_8.$$

下面假设 $p > 2$. 我们用 M 和 N 分别表示方次数为 p^2 和 p 的 p^3 阶非交换群. 在引理 3.3.8 我们研究证明 $M * M \cong M * N$. 由此我们得到

定理 5.8.6 设 G 是有限超特殊 p-群, $p > 2$, 且 $|G| = p^{2m+1}$, 则 G 有两种不同构的类型, 即

$$G \cong \underbrace{N * \cdots * N}_{m}$$

和

$$G \cong \underbrace{N * \cdots * N}_{m-1} * M.$$

证明 区分 $\exp G = p$ 和 $\exp G = p^2$ 两种情况. 细节从略. □

5.9 正规秩为 2 的 p-群

设 G 为有限 p-群, 令

$$r(G) = \max\{\log_p |E| \mid E \leqslant G, E \text{ 初等交换}\},$$

称为 G 的秩. 又令

$$r_n(G) = \max\{\log_p |E| \mid E \leqslant G, E \trianglelefteq G, E \text{ 初等交换}\},$$

称为 G 的**正规秩**. 应用这个术语, 定理 5.7.1 告诉我们秩为 1 的有限 p-群就是循环群和广义四元数群. 下面的定理决定正规秩为 1 的群.

定理 5.9.1 设 G 有限 p-群, $|G| = p^n$. 假定 $r_n(G) = 1$, 则下列之一成立:

(1) G 是循环群.

(2) G 是非交换的极大类 2-群, 即 $n \geqslant 3$, G 是定理 5.6.11 中所列的群.

证明 若 $p > 2$, 由引理 5.5.9, G 循环.

设 $p = 2$, G 非交换. 由 $r_n(G) = 1$, G 没有 (p, p) 型正规子群. 令 A 是 G 的一个极大的交换正规子群, 则 A 循环, 并因 G 非交换, 有 $|A| \geqslant p^2$. 我们断言 A 必为 G 的极大子群. 若否, 取 A 的 p^2 阶子群 K, 对 K 用 N/C 定理, 得 $|G : C_G(K)| \leqslant p$, 于是 $C_G(K) > A$. 取 $M \trianglelefteq G$ 满足 $C_G(K) \geqslant M > A$ 且 $|M : A| = p$, 则 M 非交换, 且 A 是 M 的循环极大子群. 由 $K \leqslant Z(M)$, M 不是极大类 p-群. 由定理 5.5.14, M 只能是该定理中的通常亚循环群, 即 (VI) 型群. 但该群有 (p, p) 型特征子群 $\Omega_1(M)$, 于是 $\Omega_1(M) \trianglelefteq G$, 与 $r_n(G) = 1$ 矛盾. 这就证明了 A 必为 G 的极大

子群. 再用定理 5.5.14, G 只能是 (IV), (V), (VII) 型群, 即定理 5.6.11 中所列的极大类 2-群. □

下面我们给出 $r_n(G) = 2$ 的有限 p-群的分类. 这个分类是 Blackburn 在 [17] 的 Theorem 4.1 中给出的. 为了节省篇幅, 我们去掉了 $p = 3$ 的情形, 仅在 $p \geqslant 5$ 的条件下证明这个分类.

定理 5.9.2 设 G 有限 p-群, $p \geqslant 5$, 且 $|G| = p^n$, $n \geqslant 4$. 假定 $r_n(G) = 2$, 则下列之一成立:

(1) G 是亚循环群.

(2) $G = \langle a, x, y \mid a^{p^{n-2}} = 1, x^p = y^p = 1, [a, x] = y, [x, y] = a^{ip^{n-3}}, [y, a] = 1\rangle$, $i = 1$ 或 σ, 这里 σ 是一个固定的模 p 的非平方剩余.

(3) $G \cong M_p(1, 1, 1) * Z_{p^{n-2}}$.

为了证明这个定理, 我们先证明一个引理. 这个引理本身也有独立的意义. 它可以看作是引理 5.5.9(1) 的推广.

引理 5.9.3 设 N 是有限 p-群 G 的非亚循环正规子群, $p \geqslant 5$, 则存在 G 的正规子群 $L \leqslant N$ 满足 $|L| = p^3$ 且 $\exp(L) = p$.

证明 用对 $|N|$ 的归纳法. 若 $|N| = p^3$, 引理显然成立. 下设 $|N| > p^3$. 因 N 非亚循环, 由定理 5.6.4, $N/\Phi(N')N_3$ 非亚循环. 分两种情况讨论.

(1) $\Phi(N')N_3 = 1$. 这时 $c(N) = 2$, N 是正则群. 如果 $d(N) > 2$, 则 $|N/\mho_1(N)| \geqslant p^3$. 因为 $|N/\mho_1(N)| = |\Omega_1(N)|$, 所以 $|\Omega_1(N)| \geqslant p^3$. 在 $\Omega_1(N)$ 中取一 G 的 p^3 阶正规子群 L, 则 L 即为所求. 如果 $d(N) = 2$, 则 $|N'| = p$. 由定理 5.6.2, N 是内交换群. 因 N 非亚循环, 由定理 5.6.3(3), 容易验证 $\Omega_1(N)$ 即为所求.

(2) $\Phi(N')N_3 > 1$. 在 $\Phi(N')N_3$ 中取一 p 阶正规子群 K, 则由归纳假设, N/K 有子群 M/K 满足定理要求. 因为 $|M| = p^4$, 故 M 正则. 而因 $|M/\mho_1(M)| \geqslant p^3$, 故 $|\Omega_1(M)| \geqslant p^3$. 在 $\Omega_1(M)$ 中取一 G 的 p^3 阶正规子群 L, 则 L 即为所求. □

注 上述引理对 $p = 3$ 不成立. 从 3^5 阶极大类群中就可找到反例. 有兴趣的读者可参看 [126] 的例 8.3.4 中参数为 $p = 3$, $e = r = 2$ 的群.

定理 5.9.2 的证明 假定 G 非亚循环, 则由引理 5.9.3, G 有正规子群 $E \cong M_p(1, 1, 1)$.

令 $C = C_G(E)$. 因 $Z(E) = E'$, $C \cap E = E'$. 我们断言 $\mho_1(G) \leqslant C$. 取 $M \leqslant E$ 满足 $M \trianglelefteq G$, $|M| = p^2$. 对任意的 $a \in G$, $x \in E$, 有 $[a, x] \in M$. 令 $D := \langle a, M\rangle$, 则 $D' < M$, 因此 $|D'| \leqslant p$. 这推出 $c(D) \leqslant 2$, 因而 D 正则, 于是有

$$(a^p)^x = (a[a, x])^p = a^p,$$

$a^p \in C$. 因此 $\mho_1(G) \leqslant C$.

下面证明 G/E 循环. 若否, 则它有正规子群 K/E 同构于 Z_p^2. 因此

$$\mho_1(K) \leqslant \mho_1(G) \cap E \leqslant C \cap E = E'.$$

考虑 $C_K(M)$. 由 N/C 定理, $|K:C_K(M)| \leqslant p$. 取子群 $N \leqslant C_K(M)$ 满足 $N \geqslant M$, $|N| = p^4$. 因 $\mho_1(N) \leqslant \mho_1(K) \leqslant E'$, 注意到 $|K| = p^5$, K 正则, 并因此 N 正则, 有 $|\Omega_1(N)| \geqslant p^3$. 取 $L \leqslant \Omega_1(N)$ 满足 $L \geqslant M$, $L \trianglelefteq G$ 并且 $|L| = p^3$, 则 $L \cong Z_p^3$, 矛盾于我们的假设. 这样, 我们证明了 G/E 循环.

因为 $E' \leqslant G' < E$, 我们有两种情形: (a) $G' \neq E'$; (b) $G' = E'$.

如果 (a) 成立, $|G'| = p^2$. 选 $a \in G$, $x \in E$ 满足

$$G = \langle E, a\rangle, \qquad E = \langle G', x\rangle.$$

因 G 是二元生成的, $|G'| = p^2$, 并且 $\exp G' = p$, 有 $c(G) = 3$, $G_3 = E'$. 若令 $y = [a, x]$, $z = [x, y]$, 则有 $G' = \langle y, z\rangle$, $G_3 = E' = \langle z\rangle$. 又若 $[y, a] = z^{\alpha}$, 以 $ax^{-\alpha}$ 代替 a 可设 $[y, a] = 1$. 因 $|G| = p^n$, $a^{p^{n-3}} \in E \cap \mho_1(G) = E' \leqslant Z(G)$. 如果 $a^{p^{n-4}} = 1$, 则 $\Omega_1(G) \geqslant \langle E, a^{p^{n-3}}\rangle$ 将有 p^3 阶初等交换群, 与 $r_n(G) = 2$ 矛盾, 故必有 $a^{p^{n-3}} = z^{\beta}$, $p \nmid \beta$. 用 y 的适当方幂代替 y, 可设 $\beta = 1$ 或 σ, 这里 σ 是一个固定的模 p 的非平方剩余. 这样得到定理中的 (2) 型群, 并且对应于 $\beta = 1$ 和 σ 的两个群不同构.

再设 (b) 成立, $G' = E'$ 是 p 阶群. 首先我们证明 $|G : C| \leqslant p^2$. 假定 $E = \langle x, y, E'\rangle$, 则对任意的 $g \in G$, 有 $[x, g] \in E'$, $[y, g] \in E'$. 令 $E' = \langle z\rangle$, 并设

$$x^g = xz^s, \qquad y^g = yz^t,$$

则映射 $g \mapsto (s, t)$ 是 G 到加法群 $\mathbb{Z}_p \oplus \mathbb{Z}_p$ 中的同态, 且同态核是 C. 由此即得 $|G : C| \leqslant p^2$. 于是由 $C \cap E = E'$ 有 $G = CE$, 又有 $C/E' = C/C \cap E \cong G/E$. 因 G/E 循环, C/E' 和 G/E 是同阶的循环群. 于是可取 $a \in C$ 使得 $G = \langle a, E\rangle$. 注意, $a \in Z(G)$. 与情形 (a) 中相同的推理得到 $a^{p^{n-3}} \neq 1$. 这样, G 是 $E \cong M_p(1,1,1)$ 和 $\langle a\rangle \cong Z_{p^{n-2}}$ 的中心积, 即我们得到定理中的 (3) 型群. □

注 5.9.4 在定理 5.9.2 中, 假设 $p = 3$, 则群 G 除了可能是定理中列出的三类群外, 还可能是极大类 3 群见 [17].

本节中的结果被 Feit 和 Thompson 成功地应用在奇数阶群可解性的研究中.

习 题

5.9.1. 设 $p \geqslant 5$, G 是有限 p-群. 如果 $|\Omega_1(G)| = p^2$, 则 G 亚循环.

5.9.2. 设 $p \geqslant 5$, G 是有限 p-群. 如果 $Z_3(G)$ 亚循环, 则 G 亚循环.

5.10 阅读材料 —— 正则 p-群

1933 年, Hall 发表了著名论文 [48]. 这篇论文被称为是有限 p-群的奠基性论文, 但其中有大约一半篇幅是讲述他所创建的正则 p-群的理论的. 两年之后, 他又

在论文 [49] 中发展了这个理论. 因此可见正则 p-群理论的重要性. 经过半个多世纪的努力, 目前正则 p-群已经成为 p-群理论中的一个重要的、不可或缺的研究方向. 本节介绍正则 p-群的基本知识.

作为研究正则 p-群的一个工具, Hall 恒等式起着重要的作用. 下面不加证明地叙述这个公式. 这里叙述的形式是经过 Petrescu 改进了的, 即下面的

定理 5.10.1 设 G 是群, $x, y \in G$, $H = \langle x, y\rangle$. 再设 m 是任一给定的正整数, 则存在 $c_i \in H_i$, (这里 H_i 是 H 的下中心群列的第 i 项), $i = 2, 3, \cdots, m$, 使得

$$x^m y^m = (xy)^m c_2^{\binom{m}{2}} c_3^{\binom{m}{3}} \cdots c_m^{\binom{m}{m}}. \tag{5.6}$$

有兴趣了解证明的读者可参看 [126] 的 §3.1, 或 [60].

因为正则 p-群和 p-群的幂结构性质紧密相连, 我们还要定义 p-群的两个幂群列.

设 $\exp G = p^e$, 称 $e = e(G)$ 为群 G 的幂指数. 对于任意的 s, $0 \leqslant s \leqslant e$, 我们规定

$$\Omega_{\{s\}}(G) = \{a \in G \mid a^{p^s} = 1\}, \qquad \mho_{\{s\}}(G) = \{a^{p^s} \mid a \in G\}.$$

并且规定

$$\Omega_s(G) = \langle \Omega_{\{s\}}(G)\rangle, \qquad \mho_s(G) = \langle \mho_{\{s\}}(G)\rangle.$$

于是得到群列

$$1 = \Omega_0(G) \leqslant \Omega_1(G) \leqslant \cdots \leqslant \Omega_e(G) = G \tag{5.7}$$

和

$$G = \mho_0(G) \geqslant \mho_1(G) \geqslant \cdots \geqslant \mho_e(G) = 1, \tag{5.8}$$

分别称其为群 G 的上幂群列 (或 Ω 群列) 和下幂群列 (或 $\mho$ 群列).

在给出正则 p-群的定义之前, 我们先引进 p-交换群的概念, 并来研究它的一些初步性质.

定义 5.10.2 称有限 p-群 G 为p-交换群, 如果对任意的 $a, b \in G$, 恒有

$$(ab)^p = a^p b^p.$$

显然, 交换群和方次数为 p 的群都是 p-交换群, 但反过来不真. 例如, 对于 $p > 2$, p^3 阶的非交换亚循环群为 p-交换群.

下面的定理给出了 p-交换群的初步性质.

定理 5.10.3 设 G 是有限 p-交换 p-群. 有

(1) 映射 $\pi: a \mapsto a^p, a \in G$ 是 G 的自同态;

(2) $\mho_1(G) \leqslant Z(G)$;

(3) $\exp(G') \leqslant p$;

(4) $|\mho_1(G)||\Omega_1(G)| = |G|$.

证明 (1) 由定义显然.

(2) 对于任意的 $a, b \in G$, 有

$$b^{-1}a^p b = (b^{-1}ab)^p = b^{-p}a^p b^p,$$

于是 $b^{-(p-1)}a^p b^{p-1} = a^p$, 即 $b^{p-1} \in C_G(a^p)$. 设 $o(b) = p^i$. 因 $(p-1, p^i) = 1$, 存在整数 j 使

$$(p-1)j \equiv 1 (\bmod\ p^i).$$

于是 $b = (b^{p-1})^j \in C_G(a^p)$. 由 b 的任意性, 有 $a^p \in Z(G)$. 再由 a 的任意性即得 $\mho_1(G) \leqslant Z(G)$.

(3) 对任意的 $a, b \in G$, 由 (2) 有 $[a^p, b] = 1$, 即 $a^{-p}b^{-1}a^p b = a^{-p}(b^{-1}ab)^p = 1$. 由 p-交换性定义得 $[a, b]^p = 1$, 即 $[a, b] \in \Omega_1(G)$. 故 $G' \leqslant \Omega_1(G)$. 又, 由 p-交换性定义易见 G 中 p 阶元的乘积仍为 p 阶元, 故 $\exp G' \leqslant p$, 于是 $\mho_1(G') = 1$.

(4) 注意到自同态 π 的像集是 $\mho_1(G)$, 而核是 $\Omega_1(G)$, 由同态定理即得结论. □

下面定义正则 p-群, 它是比 p-交换群更宽的一个群类.

定义 5.10.4 称有限 p-群 G 为正则的, 如果对任意的 $a, b \in G$, 有

$$(ab)^p = a^p b^p d_1^p d_2^p \cdots d_s^p,$$

其中 $d_i \in \langle a, b\rangle', i = 1, 2, \cdots, s$, $\langle a, b\rangle'$ 是 $\langle a, b\rangle$ 的导群, 而 s 可依赖于 a, b.

显然, 正则 p-群的任一子群和商群仍为正则的.

p-交换群也是正则的, 但反过来不真. 我们有

定理 5.10.5 *正则 p-群 G 是 p-交换的当且仅当 $\mho_1(G') = 1$.*

证明 由定理 5.10.3(3) 只需证充分性. 设 G 是正则 p-群, $a, b \in G$, 则由定义 5.10.4 有

$$(ab)^p = a^p b^p d_1^p d_2^p \cdots d_s^p, \qquad d_i \in \langle a, b\rangle', \quad \forall i.$$

因 $\mho_1(G') = 1$, 有 $\mho_1(\langle a, b\rangle') = 1$, 于是 $d_i^p = 1$. 由此得 $(ab)^p = a^p b^p$, 即 G 是 p-交换群. □

下面的定理给出正则性的几个充分条件.

定理 5.10.6 *设 G 是有限 p-群.*

(1) 若 $c(G) < p$, 则 G 正则;

(2) 若 $|G| \leqslant p^p$, 则 G 正则;

(3) 若 $p > 2$ 且 G' 循环, 则 G 正则;

(4) 若 $\exp G = p$, 则 G 正则.

证明 (1) 设 $a,b\in G$. 令 $H=\langle a,b\rangle$. 由 Hall 恒等式有

$$a^pb^p=(ab)^pc_2^{\binom{p}{2}}c_3^{\binom{p}{3}}\cdots c_{p-1}^{\binom{p}{p-1}}c_p, \tag{5.9}$$

其中 $c_i\in H_i\leqslant H',i=2,3,\cdots,p-1$, 而 $c_p\in H_p$. 因 $c(G)<p$, 有 $G_p=1$, 自然也有 $H_p=1$, 于是 $c_p=1$. 又由 $p\mid\binom{p}{i}$, $i=2,3,\cdots,p-1$, 令 $d_i=c_i^{-\binom{p}{i}/p}$, 则有

$$(ab)^p=a^pb^pd_{p-1}^pd_{p-2}^p\cdots d_2^p,$$

遂得 G 的正则性.

(2) 由 $|G|\leqslant p^p$ 得 $c(G)<p$. 由 (1) 即得结论.

(3) 设 $a,b\in G$, 令 $H=\langle a,b\rangle$. 显然可设 H 非交换, 于是由 G' 循环得 $H'=\langle x\rangle$ 循环, 从而 $H_3\leqslant\langle x^p\rangle$. 由 $p>2$, 有 $H_p\leqslant\langle x^p\rangle$. 应用 (5.9), 对于 $i=2,3,\cdots,p-1$, 和 (1) 相同, 令 $d_i=c_i^{-\binom{p}{i}/p}$. 而因 $H_p\leqslant\langle x^p\rangle$, 可找到 H' 中元素 d_p 使 $d_p^p=c_p^{-1}$, 于是得到

$$(ab)^p=a^pb^pd_p^pd_{p-1}^p\cdots d_2^p,$$

故 G 正则.

(4) 这是 p-交换群为正则群的特款. □

我们再证明一个正则性的充分条件, 这也是 Hall 最早证明的. 但我们的证明已简化了许多.

定理 5.10.7 设 G 是有限 p-群. 若 $\omega(G)<p$, 则 G 正则.

为证明这个定理, 我们先证明两个引理.

引理 5.10.8 设 G 是有限非正则 p-群, 但它的每个真子群和真商群都是正则的 (这样的群在文献中称为极小非正则 p-群), 则有

(1) G 为二元生成;

(2) $\exp G'=p$;

(3) $\mho_1(G)\leqslant Z(G)$.

证明 (1) 若 $d(G)>2$, 则由正则性定义及 G 的极小性知 G 本身正则, 矛盾.

(2) 若 $\mho_1(G')\neq 1$, 则 $G/\mho_1(G')$ 正则. 据定理 5.10.5, $G/\mho_1(G')$ 又 p-交换, 故对任意 $a,b\in G$, 有

$$b^{-p}a^{-p}(ab)^p\in\mho_1(G').$$

于是存在 $d_1,d_2,\cdots,d_s\in G'$ 使

$$(ab)^p=a^pb^pd_1^p\cdots d_s^p.$$

若 $\langle a,b\rangle=G$, 则对 a,b 已成立正则性条件. 而若 $\langle a,b\rangle<G$, 则由 G 是极小非正则 p-群, $\langle a,b\rangle$ 已经正则, 故 G 是正则的, 矛盾.

(3) 由 (2) 及 G 的真子群正则得 G 的真子群亦 p-交换. 现设 $a,b\in G$, 因 $\langle a,b^{-1}ab\rangle$ 是 G 的真子群, 故 $\langle a,b^{-1}ab\rangle$ p-交换. 于是有

$$[a^p,b]=a^{-p}(b^{-1}ab)^p=(a^{-1}b^{-1}ab)^p=[a,b]^p.$$

又由 (2), $[a,b]^p=1$, 故 $[a^p,b]=1$. 最后由 a,b 的任意性, 得 $\mho_1(G)\leqslant Z(G)$. □

引理 5.10.9　*设 G 是有限 p-群, $\omega(G)<p$.*

(1) 若 $N\trianglelefteq G$, 则 $\omega(G/N)\leqslant\omega(G)$;

(2) 若 $H\leqslant G$, 则 $\omega(H)\leqslant\omega(G)$.

证明　(1) 由定义显然.

(2) 不失普遍性, 可设 H 是 G 的极大子群. 于是 $|G:H|=p$, $H\trianglelefteq G$, 由此又有 $\mho_1(H)\trianglelefteq G$. 现设 $\omega(H)>\omega(G)$, 则由

$$p^{\omega(G)}=|G/\mho_1(G)|<|H/\mho_1(H)|=\frac{1}{p}|G/\mho_1(G)||\mho_1(G)/\mho_1(H)|,$$

得 $|\mho_1(G)/\mho_1(H)|\geqslant p^2$. 取 $L\trianglelefteq G$ 满足 $\mho_1(H)\leqslant L<\mho_1(G)$ 且 $|\mho_1(G)/L|=p^2$. 令 $\overline{G}=G/L$, $\overline{H}=H/L$, 则仍有 $\omega(\overline{H})>\omega(\overline{G})$. 于是若令 G 是使结论不真的最小阶群, 有 $L=1$, $|\mho_1(G)|=p^2$, $|G|=p^{\omega(G)+2}\leqslant p^{p+1}$. 我们断言 G 必正则 (若否, 必有 $|G|=p^{p+1}$, 而 G 是极小非正则群, 由引理 5.10.8(3) 有 $\mho_1(G)\leqslant Z(G)$, 于是 $|G/Z(G)|\leqslant p^{p-1}$, $c(G/Z(G))\leqslant p-2$, 由此有 $c(G)\leqslant p-1$, G 正则, 矛盾). 因 $G'\leqslant H$, 有 $\mho_1(G')=1$, 于是 G 又 p-交换. 据定理 5.10.3(4) 有

$$p^{\omega(H)}=|H/\mho_1(H)|=|\Omega_1(H)|\leqslant|\Omega_1(G)|=|G/\mho_1(G)|=p^{\omega(G)},$$

得 $\omega(H)\leqslant\omega(G)$, 矛盾. □

定理 5.10.7 的证明　设定理不真, 且设 G 是最小阶反例. 由性质 $\omega(G)<p$ 在取子群和商群下均保持 (引理 5.10.9), G 是极小非正则群, 于是 $\mho_1(G)\leqslant Z(G)$(引理 5.10.8(3)). 因 $p^{\omega(G)}=|G/\mho_1(G)|<p^p$, 有 $c(G/\mho_1(G))<p-1$, 于是 $c(G/Z(G))<p-1$, $c(G)<p$, G 正则, 矛盾. □

关于正则性的必要条件知道得很少, 下面将要叙述的是其中最重要的一个. 但为了叙述这个定理, 首先我们需要亚交换 p-交换 p-群的一个刻画. 为此, 又先需要推导若干亚交换 p-群的换位子公式.

由习题 5.1.3(5), 如果 G 是亚交换 p-群, $c\in G'$, $a,b\in G$, 则有 $[c,a,b]=[c,b,a]$. 于是对 G 中任意一个简单换位子 $[a_1,a_2,\cdots,a_n]$, 从第三项往后的诸项间次序可以任意调换, 而其值不变. 特别地, 仅由 a,b 组成的权为 n 的换位子总可化成 $[a,b,a,\cdots,a,b,\cdots,b]$ 或 $[b,a,\cdots,a,b,\cdots,b]$ 的形状. 设在上述换位子中一共出

现了 i 个 a, j 个 b, 其中 i, j 是正整数. 则为简便计, 我们约定

$$[ia, jb] = [a, b, \underbrace{a, \dots, a}_{i-1}, \underbrace{b, \dots, b}_{j-1}].$$

于是有

命题 5.10.10 设 G 是亚交换群, 由 a, b 生成, 则对 $s \geqslant 2$,

$$G_s = \langle [ia, (s-i)b], G_{s+1} \mid i = 1, \cdots, s-1 \rangle.$$

于是, G_s/G_{s+1} 可由 $s-1$ 个元素生成.

下面是两个要用到的亚交换群中的换位子公式.

命题 5.10.11 设 G 是亚交换群, $a, b \in G$. 又设 m, n 为正整数, 则有

$$[a^m, b^n] = \prod_{i=1}^{m} \prod_{j=1}^{n} [ia, jb]^{\binom{m}{i}\binom{n}{j}}.$$

证明 对 $m+n$ 用归纳法. 若 $m+n=2$, 公式显然成立. 下面设 $m+n>2$, 这时 m, n 中至少有一个大于 1.

若 $n>1$, 则

$$[a^m, b^n] = [a^m, b][a^m, b^{n-1}]^b.$$

据归纳假设得

$$\begin{aligned}
[a^m, b^n] &= \prod_{i=1}^{m} [ia, b]^{\binom{m}{i}} \left(\prod_{i=1}^{m} \prod_{j=1}^{n-1} [ia, jb]^{\binom{m}{i}\binom{n-1}{j}} \right)^b \\
&= \prod_{i=1}^{m} [ia, b]^{\binom{m}{i}} \cdot \prod_{i=1}^{m} \prod_{j=1}^{n-1} ([ia, jb][ia, (j+1)b])^{\binom{m}{i}\binom{n-1}{j}} \\
&= \prod_{i=1}^{m} \Bigg([ia, b]^{\binom{m}{i}} [ia, b]^{\binom{m}{i}\binom{n-1}{1}} [ia, nb]^{\binom{m}{i}} \\
&\qquad \cdot \prod_{j=2}^{n-1} [ia, jb]^{\binom{m}{i}\binom{n-1}{j} + \binom{m}{i}\binom{n-1}{j-1}} \Bigg) \\
&= \prod_{i=1}^{m} \left([ia, b]^{\binom{m}{i}\binom{n}{1}} [ia, nb]^{\binom{m}{i}\binom{n}{n}} \prod_{j=2}^{n-1} [ia, jb]^{\binom{m}{i}\binom{n}{j}} \right) \\
&= \prod_{i=1}^{m} \prod_{j=1}^{n} [ia, jb]^{\binom{m}{i}\binom{n}{j}}.
\end{aligned}$$

而若 $n=1$, 则 $m>1$. 这时有

$$[a^m,b]=[a^{m-1},b]^a[a,b].$$

应用归纳假设得

$$\begin{aligned}[a^m,b]&=\left(\prod_{i=1}^{m-1}[ia,b]^{\binom{m-1}{i}}\right)^a[a,b]\\&=\prod_{i=1}^{m-1}[ia,b]^{\binom{m-1}{i}}\prod_{i=1}^{m-1}[(i+1)a,b]^{\binom{m-1}{i}}\cdot[a,b]\\&=[a,b][a,b]^{\binom{m-1}{1}}\prod_{i=2}^{m-1}[ia,b]^{\binom{m-1}{i}}\prod_{i=2}^{m}[ia,b]^{\binom{m-1}{i-1}}\\&=[a,b]^{\binom{m}{1}}\left(\prod_{i=2}^{m-1}[ia,b]^{\binom{m}{i}}\right)[ma,b]^{\binom{m}{m}}\\&=\prod_{i=1}^{m}[ia,b]^{\binom{m}{i}}.\end{aligned}$$

□

下面的公式在亚交换群中可替代 Hall 恒等式.

命题 5.10.12　设 G 是亚交换群, $a,b\in G$, $m\geqslant 2$, 则

$$(ab^{-1})^m=a^m\left(\prod_{i+j\leqslant m}[ia,jb]^{\binom{m}{i+j}}\right)b^{-m},$$

其中求积号中的 i,j 为正整数, 且满足 $i+j\leqslant m$.

证明　用对 m 的归纳法. 当 $m=2$ 时,

$$(ab^{-1})^2=ab^{-1}ab^{-1}=a^2b^{-1}[b^{-1},a]bb^{-2}=a^2[a,b]b^{-2},$$

结论成立. 现在设 $m>2$, 由归纳假设有

$$\begin{aligned}(ab^{-1})^m&=(ab^{-1})^{m-1}ab^{-1}\\&=a^{m-1}\prod_{i+j\leqslant m-1}[ia,jb]^{\binom{m-1}{i+j}}b^{-m+1}ab^{-1}\\&=a^{m-1}\prod_{i+j\leqslant m-1}[ia,jb]^{\binom{m-1}{i+j}}a[a,b^{m-1}]b^{-m}\\&=a^m\prod_{i+j\leqslant m-1}[ia,jb]^{\binom{m-1}{i+j}}\\&\quad\cdot\left(\prod_{i+j\leqslant m-1}[(i+1)a,jb]^{\binom{m-1}{i+j}}\right)[a,b^{m-1}]b^{-m}.\end{aligned}$$

应用命题 5.10.11,

$$[a,b^{m-1}]=\prod_{j=1}^{m-1}[a,jb]^{\binom{m-1}{j}},$$

代入上式得

$$\begin{aligned}(ab^{-1})^m=&a^m\prod_{j=1}^{m-2}[a,jb]^{\binom{m-1}{j+1}}\prod_{\substack{i+j\leqslant m-1\\ i>1}}[ia,jb]^{\binom{m-1}{i+j}}\\&\cdot\prod_{\substack{i+j\leqslant m\\ i>1}}[ia,jb]^{\binom{m-1}{i+j-1}}\prod_{j=1}^{m-1}[a,jb]^{\binom{m-1}{j}}b^{-m}\\=&a^m\prod_{j=1}^{m-2}[a,jb]^{\binom{m}{j+1}}[a,(m-1)b]\prod_{\substack{i+j\leqslant m-1\\ i>1}}[ia,jb]^{\binom{m}{i+j}}\\&\cdot\prod_{\substack{i+j=m\\ i>1}}[ia,jb]\cdot b^{-m}\\=&a^m\prod_{j=1}^{m-1}[a,jb]^{\binom{m}{j+1}}\prod_{\substack{i+j\leqslant m\\ i>1}}[ia,jb]^{\binom{m}{i+j}}b^{-m}\\=&a^m\prod_{i+j\leqslant m}[ia,jb]^{\binom{m}{i+j}}b^{-m}.\end{aligned}$$

□

现在我们可以给出二元生成有限亚交换 p-群是 p-交换群的一个充分必要条件.

定理 5.10.13 设 G 是二元生成有限亚交换 p-群, 则 G 是 p-交换群当且仅当 $\exp G'\leqslant p$ 并且 $c(G)<p$.

证明 $\Longleftarrow$: 对任意的 $a,b\in G$, 由命题 5.10.12,

$$(ab)^p=a^p\prod_{i+j\leqslant p}[ia,jb^{-1}]^{\binom{p}{i+j}}b^p.$$

因为 $c(G)<p$, 对任意 i 有 $[ia,(p-i)b^{-1}]=1$. 又因为 $\exp G'\leqslant p$, $[ia,jb^{-1}]^{\binom{p}{i+j}}=1$, 只要 $i+j<p$. 于是对任意的 $a,b\in G$ 有 $(ab)^p=a^pb^p$, 即 G 为 p-交换群.

$\Longrightarrow$: 设 G 是 p-交换群. 由定理 5.10.3(3), $\exp G'\leqslant p$, 因此 G' 是初等交换的. 下面我们用反证法证明 $c(G)<p$, 设结论不真, 并设 G 为最小阶反例, 则由 G 的最

小性有 $c(G)=p$. 因 G 二元生成, 可设 $G=\langle a,b\rangle$. 由命题 5.10.10,

$$G_p=\langle [ia,(p-i)b] \mid i=1,2,\cdots,p-1\rangle.$$

因 $c(G)=p$, 有 $G_p\leqslant Z(G)$. 由命题 5.10.12 及 $\exp G'\leqslant p$,

$$\begin{aligned}(ab^{-1})^p&=a^p\prod_{i+j\leqslant p}[ia,jb]^{\binom{p}{i+j}}b^{-p}\\&=a^p\prod_{i=1}^{p-1}[ia,(p-i)b]b^{-p}\\&=a^pb^{-p}\prod_{i=1}^{p-1}[ia,(p-i)b].\end{aligned}$$

据 p-交换性得

$$\prod_{i=1}^{p-1}[ia,(p-i)b]=1.$$

在上式中以 a^s 代 a, $s=1,2,\cdots,p-1$, 可得

$$\prod_{i=1}^{p-1}[ia,(p-i)b]^{s^i}=1,\qquad s=1,2,\cdots,p-1.$$

如果把它们写成加法形式, 可看成是域 $GF(p)$ 上的 $p-1$ 个关于未知数 $[ia,(p-i)b]$, $i=1,2,\cdots,p-1$, 的齐次线性方程组, 其系数行列式是 Vandermonde 行列式

$$\begin{aligned}\Delta=&\begin{vmatrix}1&1&\cdots&1\\2&2^2&\cdots&2^{p-1}\\\vdots&\vdots&&\vdots\\p-1&(p-1)^2&\cdots&(p-1)^{p-1}\end{vmatrix}\\=&1\cdot2\cdots(p-1)\prod_{1\leqslant i<j\leqslant p-1}(j-i)\neq0,\end{aligned}$$

因此只有零解, 即

$$[ia,(p-i)b]=1,\qquad i=1,2,\cdots,p-1.$$

由此得 $G_p=1$, $c(G)<p$, 与假设 $c(G)=p$ 矛盾. □

推论 5.10.14　设 G 是亚交换 p-群, 则 G 是 p-交换群当且仅当 $\mho_1(G')=1$, 并且对每个二元生成子群 K 有 $c(K)<p$.

下面给出有限 p-群正则的必要条件.

定理 5.10.15 设 G 是有限正则 p-群, 则对 G 的每个二元生成子群 K 有 $K_p \leqslant \Phi(K')$.

证明 设 $K = \langle a, b\rangle$, 其中 $a, b \in G$. 因 G 正则, K 亦正则. 记 $\overline{K} = K/\Phi(K')$, 则 $\overline{K}'$ 是初等交换群. 由定理 5.10.5, $\overline{K}$ 是 p-交换群, 再由定理 5.10.13, $c(\overline{K}) < p$, 推出 $\overline{K}_p = 1$. 这就证明了 $K_p \leqslant \Phi(K')$. □

下面的定理是一类特殊的有限 p-群正则的充分必要条件.

定理 5.10.16 设 G 是有限 p-群, 它的任意二元生成子群 K 满足 $\Phi(K') = \mho_1(K')$, 则 G 正则当且仅当对任意二元生成子群 K 有 $K_p \leqslant \Phi(K')$.

有限亚交换 p-群当然满足定理 5.10.16 的条件. 因此, 定理 5.10.16 给出了一个有限亚交换 p-群正则的充要条件:

定理 5.10.17 设 G 是有限亚交换 p-群, 则 G 正则当且仅当对任意二元生成子群 K 有 $K_p \leqslant \Phi(K')$.

上述定理首先被 Brisley 和 Macdonald 在 1969 年发表, 见 [21], 尽管笔者在 1964 年就证明了这个定理, 见 [124]. 后来, Mann 和作者又分别于 1976 和 1984 年给出了新证明, 见 [86], [125].

应用定理 5.10.15, 我们得到正则 2 群和正则 3 群的著名刻画.

定理 5.10.18 正则 2-群是交换群.

证明 设 G 是正则 2 群, $a, b \in G$. 记 $K = \langle a, b\rangle$. 由定理 5.10.15, $K_2 \leqslant \Phi(K')$. 这迫使 $K' = K_2 = 1$, 因此 $ab = ba$. 故 G 是交换群. □

定理 5.10.19 (1) 设 G 是二元生成正则 3-群, 则 G' 循环.

(2) 有限 3-群正则当且仅当它的每个二元生成子群具有循环导群.

证明 (1) 设 $G = \langle a, b\rangle$. 由定理 5.10.15, $G_3 \leqslant \Phi(G')$. 因为 $G' = \langle [a, b], G_3\rangle$, 有 $G' \leqslant \langle [a, b], \Phi(G')\rangle$. 由定理 5.3.3, $G' = \langle [a, b]\rangle$, 得证.

(2) 是 (1) 的直接推论. □

注 5.10.20 Alperin 在 [4] 中证明, 如果有限 p-群 G 的每个二元生成子群都有循环导群, 则 G 是亚交换群. 因此, 正则 3-群亚交换.

下面的定理给出正则 p-群幂结构的两个最重要的性质.

定理 5.10.21 设 G 是有限正则 p-群, s 是任一正整数, 则有

(1) 对任意的 $a, b \in G$, 存在 $c \in G$ 使得 $a^{p^s} b^{p^s} = c^{p^s}$. 于是有 $\mho_s(G) = \mho_{\{s\}}(G)$;

(2) 对任意的 $a, b \in G$, $a^{p^s} = b^{p^s}$ 当且仅当 $(a^{-1}b)^{p^s} = 1$. 特别地, 有 $\Omega_s(G) = \Omega_{\{s\}}(G)$.

证明 (1) 先设 $s = 1$, 用对 $|G|$ 的归纳法. 当 $|G| \leqslant p^2$ 时, G 是交换群, 结论显然成立. 现在设 $|G| > p^2$. 如果 $\langle a, b\rangle$ 是 G 的真子群, 由归纳假设, 结论成立. 故

可设 $G=\langle a,b\rangle$. 由正则性的定义有

$$a^p b^p=(ab)^p d_1^p\cdots d_s^p,\qquad d_i\in G'.$$

因等式右边属于 G 的真子群 $\langle ab,G'\rangle$, 故存在元素 $c\in\langle ab,G'\rangle$ 使

$$(ab)^p d_1^p\cdots d_s^p=c^p,$$

结论成立.

下面设 $s>1$. 用对 s 的归纳法. 由归纳假设我们有

$$a^{p^s}b^{p^s}=(a^p)^{p^{s-1}}(b^p)^{p^{s-1}}=t^{p^{s-1}},$$

其中 $t\in\langle a^p,b^p\rangle$. 但由结论对 $s=1$ 已经成立, 故存在 $c\in G$ 使 $t=c^p$, 于是 $a^{p^s}b^{p^s}=c^{p^s}$, 结论成立.

(2) 同样先设 $s=1$, 并用对 $|G|$ 的归纳法. 与前相同可设 $G=\langle a,b\rangle$. 若 $a^p=b^p$, 则 $[a^p,b]=1$, 即 $a^{-p}(b^{-1}ab)^p=1$. 因 $\langle a,b^{-1}ab\rangle=\langle a,[a,b]\rangle$ 是 G 的真子群, 由归纳假设即得 $(a^{-1}b^{-1}ab)^p=[a,b]^p=1$. 因 $G'=\langle [a,b]^g\mid g\in G\rangle$ 也是 G 的真子群, 再用归纳假设得 $\exp G'\leqslant p$. 于是由定理 5.10.5, G 是 p-交换的, 自然可得到 $(a^{-1}b)^p=1$. 反过来, 设 $(a^{-1}b)^p=1$. 我们有 $G=\langle a^{-1}b,a\rangle$. 与前相同, 由 $[(a^{-1}b)^p,a]=1$ 可推得 $\exp G'\leqslant p$, 于是 G 亦为 p-交换群, 故得 $a^{-p}b^p=1$, 即 $a^p=b^p$.

下面设 $s>1$. 用对 s 的归纳法. 由归纳假设, $a^{p^s}=b^{p^s}$ 等价于 $(a^{-p}b^p)^{p^{s-1}}=1$. 考虑 $\overline{G}=G/\Omega_{s-1}(G)$, 设 a,b 在自然同态下的像为 $\bar{a}$, $\bar{b}$, 则上式即 $\bar{a}^p=\bar{b}^p$(在 $\overline{G}$ 中), 由结论对 $s=1$ 成立, 这又等价于 $(\bar{a}^{-1}\bar{b})^p=\bar{1}$, 即 $(a^{-1}b)^p\in\Omega_{s-1}(G)$, 或 $(a^{-1}b)^{p^s}=1$. 结论成立. □

在研究正则 p-群的幂结构时, 定理 5.10.21(2) 中给出的性质是非常重要的, 为了便于研究这个性质, 我们给出下面的定义.

定义 5.10.22　设 s 是正整数. 有限 p-群 G 叫做 p^s 拟正则的, 若对任意的 a, $b\in G$,

$$a^{p^s}=b^{p^s}\iff(a^{-1}b)^{p^s}=1;$$

或者等价地,

$$(ab)^{p^s}=1\iff a^{p^s}b^{p^s}=1.$$

特别地, G 叫做拟正则的, 若对 $s=1$, G 是 p^s 拟正则的.

下面的定理揭示了拟正则性和正则性的关系.

定理 5.10.23　有限 p-群 G 正则的充要条件是 G 的每个截段拟正则.

证明 设 G 是使定理不真的最小阶反例, 则 G 是极小非正则 p-群. 由引理 5.10.8 知 G 为二元生成, 且 $\exp G' = p$, $\mho_1(G) \leqslant Z(G)$. 由定理 5.10.5 又得 G 的每个真截段不但是正则的而且是 p-交换的, 即 G 是极小非 p-交换群. 这时我们断言 $Z(G)$ 必为循环群. 若否, 取 $Z(G)$ 中两个不同的 p 阶子群 M 和 N, 由 G/M 和 G/N p-交换及 G 同构于 $(G/M) \times (G/N)$ 的子群得 G p-交换, 矛盾. 故 $Z(G)$ 循环, 于是 $\mho_1(G)$ 也循环.

现在任取 G 的一组生成元 a, b, 不妨设 $o(a) \geqslant o(b)$. 由 $a^p, b^p \in \mho_1(G)$, 存在正整数 m 使 $a^{mp} = b^p$. 由拟正则性得 $(ba^{-m})^p = 1$. 令 $b' = ba^{-m}$, 则 $G = \langle a, b' \rangle$. 因 $b' \in \Omega_1(G)$, 有 $G = \langle a, \Omega_1(G) \rangle$, 故 G 中任一元均可表成 $a^i x$ 的形状, 其中 $x \in \Omega_1(G)$. 任取 G 的二元素 $a^i x$, $a^j y$, 其中 $x, y \in \Omega_1(G)$. 我们有

$$
\begin{aligned}
(a^i x a^j y)^p &= (a^{i+j} x [x, a^j] y)^p = a^{(i+j)p} = a^{ip} a^{jp} \\
&= (a^i x)^p (a^j y)^p,
\end{aligned}
$$

于是 G 是 p-交换的, 与 G 为反例矛盾. □

这个定理可以作为正则 p-群的另一定义, 它纯粹是用 p-群的幂结构性质来刻划正则性的. 这个定理最早的证明见 [124], 最早发表这个定理的是徐明曜、杨燕昌[127].

第6章 可 解 群

阅读提示: 本章叙述有限可解群的基本理论, 其中 6.1 节~6.2 节, 6.4 节和 6.7.1 节更为基本. 6.1 节~6.2 节讲述可解群的 π-Hall 子群, 是 P. Hall 的经典工作. 6.3 节介绍关于 Hall 子群共轭的一些重要结果. 6.4 节讲述重要的 Fitting 子群, 它在整个有限群理论中都很重要. 6.5 节讲述 Carter 子群, 这是一类共轭的自正规化幂零子群, 而 6.6 节讲述的群系理论则给 Carter 子群一个更一般的看法, 把它看成是幂零群系的覆盖子群. 在最后一节 (6.7 节), 我们介绍了一些特殊类型的可解群, 如超可解群, 所有 Sylow 子群都循环的有限群等.

6.1 π-Hall 子 群

在 3.4 节中, 我们用 π 表示一个由素数组成的集合, 而以 π' 表示 π 在全体素数集合中的补集. 我们还定义了有限群的 π-元素, π-子群和 π-Hall 子群的概念. 对于 $\pi = \{p\}$, π-Hall 子群就是 Sylow p-子群. Sylow 定理告诉我们: (1) 对于任一素数 p, 有限群 G 的极大 p-子群都是 $\{p\}$-Hall 子群; (2) 任意两个 $\{p\}$-Hall 子群是共轭的; (3) 任一 p-子群都含于一个 $\{p\}$-Hall 子群之中. 但如果把 $\{p\}$ 换成任一素数集合 π, 则类似命题一般来说都不成立.

譬如设 $G = A_5$, $\pi = \{3, 5\}$, 则 G 中不存在 π-Hall 子群 (若存在 π-Hall 子群, 则它应为 15 阶. 但由定理 2.2.9 的证明知 G 中没有 15 阶子群). 又设 $\pi = \{2, 3\}$, 则 G 中 6 阶子群 $\langle(123), (12)(45)\rangle$ 是极大 π-子群, 但不是 π-Hall 子群 (参看例 2.4.23, 考虑 $G = A_5$ 在 $\Omega = \{1, 2, 3, 4, 5\}$ 的无序二元子集的集合 Σ 上的作用, 这个子群是二元子集 $\{1, 2\}$ 的稳定子群. 由于该作用是本原的, 故这个子群是 G 的极大子群). 最后设 $G = GL(3, 2)$, 把 G 看作 8 阶初等交换 2-群 A 的自同构群, 则 G 传递地变换 A 的 7 个 2 阶子群, 也传递地变换 A 的 7 个 4 阶子群. 于是 G 关于某个 2 阶子群和某个 4 阶子群的稳定子群是 G 的两个不共轭的 $\{2, 3\}$-Hall 子群. 参看 4.2 节.

但是, 对于可解群, 我们有

定理 6.1.1 设 G 是可解群, π 是任一素数集合, 则

(1) G 中存在 π-Hall 子群;

(2) G 的所有 π-Hall 子群共轭;

(3) G 的任一 π-子群都包含在某一 π-Hall 子群之中.

证明 (1) 取 G 的一个极小正规子群 M, 则由 G 的可解性, 对某个素数 p, M 是初等交换 p-群. 令 $\overline{G}=G/M$. 用归纳法, 可假定 $\overline{G}$ 存在 π-Hall 子群 H/M. 下面区分 $p\in\pi$ 和 $p\notin\pi$ 两种情形. 若 $p\in\pi$, 易见 H 就是 G 的 π-Hall 子群. 若 $p\notin\pi$, 则 p 与 $|H/M|$ 互素, 于是 M 是 H 的正规 π'-Hall 子群. 由 Schur-Zassenhaus 定理, H 中存在 π-Hall 子群 K, 比较阶知 K 就是 G 的 π-Hall 子群.

(2) 令 K_1,K_2 是 G 的两个 π-Hall 子群, 我们要证明它们在 G 中共轭. 和 (1) 相同, 令 $\overline{G}=G/M$. 用归纳法, $\overline{G}$ 的 π-Hall 子群共轭. 于是 K_1M/M 和 K_2M/M 在 $\overline{G}$ 中共轭. 若 $p\in\pi$, 则 $M\leqslant K_i$, $i=1,2$. 于是 K_1,K_2 在 G 中共轭. 若 $p\notin\pi$, 则存在 $g\in G$ 使得 $K_1^gM=K_2M$. 而 K_1^g 和 K_2 是 K_2M 的 π-Hall 子群. 据 Schur-Zassenhaus 定理, K_1^g 和 K_2 在 K_2M 中共轭, 于是 K_1 和 K_2 在 G 中共轭.

(3) M 和 $\overline{G}$ 同前. 设 L 是 G 的任一 π-子群. 用对 $|G|$ 的归纳法, 存在 G 的 π-Hall 子群 K 使得 $LM/M\leqslant KM/M$. 若 $p\in\pi$, 则 $LM\leqslant K$. 结论成立. 若 $p\notin\pi$, 得 $L\leqslant KM$. 如果 $KM<G$, 则由归纳假设, 结论成立. 如果 $KM=G$, 令 $L_1=LM\cap K$. 由 $G=MK=LMK$, 得

$$|G|=\frac{|LM||K|}{|LM\cap K|}=\frac{|L||M||K|}{|L_1|}=\frac{|L||G|}{|L_1|},$$

于是 $|L|=|L_1|$. 这说明 L 和 L_1 是 LM 的两个 π-Hall 子群. 应用 Schur-Zassenhaus 定理, 存在 $g\in M$ 满足 $L^g=L_1\leqslant K$, 因此, $L\leqslant K^{g^{-1}}$, 定理得证. □

下面的定理用 π-Hall 子群的存在性刻画了有限群的可解性.

定理 6.1.2 (Hall) 设 $|G|=p_1^{\alpha_1}\cdots p_s^{\alpha_s}$, 则 G 可解的充要条件为对于 $i=1,2,\cdots,s$, G 中存在 p_i'-Hall 子群.

证明 由定理 6.1.1 只需证明充分性. 我们用对 $|G|$ 的归纳法. 如果 $s=1$, 即 G 是 p-群, 当然可解. 如果 $s=2$, 由定理 1.10.9, 亦可推出 G 可解. 故可设 $s\geqslant 3$, 并分下面两步来证:

(1) 设 H_i 是 G 的 p_i'-Hall 子群, 先证明 H_i 可解, $i=1,2,\cdots,s$. 因为 $|G:H_i|=p_i^{\alpha_i}$, 故对 $i\neq j$ 有 $(|G:H_i|,|G:H_j|)=1$. 由命题 1.2.13(3), 有 $|G:H_i\cap H_j|=p_i^{\alpha_i}p_j^{\alpha_j}$, 因此有 $|H_i:H_i\cap H_j|=p_j^{\alpha_j}$. 这说明 $H_i\cap H_j$ 是 H_i 的 p_j'-Hall 子群, 由归纳假设, 即得 H_i 的可解性.

(2) 证明 G 可解: 考虑 G 的三个可解子群 H_1,H_2,H_3. 设对某个素数 p, 有 $M=O_p(H_1)\neq 1$. 因为 $(|G:H_2|,|G:H_3|)=1$, p 至少整除 $|H_2|$, $|H_3|$ 中的一个. 不妨设 $p\mid |H_2|$, 并设 $P\leqslant H_2$ 是 G 的一个 Sylow p-子群. 由 Sylow 定理, 存在 $g\in G$ 使 $M\leqslant P^g\leqslant H_2^g$. 再用命题 1.2.13(3), 有 $G=H_1H_2^g$. 故对任一元素 $x\in G$, 可设 $x=x_1x_2$, 其中 $x_1\in H_1$, $x_2\in H_2^g$. 由 $M\lhd H_1$, 且 $M\leqslant H_2^g$, 有

$$M^x = M^{x_1 x_2} = M^{x_2} \leqslant H_2^g.$$

于是若令 $N = \langle M^x \mid x \in G\rangle$, 有 $N \leqslant H_2^g$. 这样 $1 \neq N \lhd G$, 由 H_2^g 可解知 N 可解; 又因 H_iN/N 是 G/N 的 p_i'-Hall 子群, 由归纳假设得 G/N 的可解性. 最后便得到 G 的可解性. □

注 6.1.3 应用定理 6.1.2 的证明方法, 我们可以证明: 如果有限群 G 有三个指数两两互素的可解子群, 则 G 是可解的.

作为可解群的推广, 对于任一素数集合 π, 我们来定义 π-可分群和 π-可解群.

定义 6.1.4 称有限群 G 为*π-可分群*, 如果存在 G 的一个正规群列

$$G = N_0 \geqslant N_1 \geqslant N_2 \geqslant \cdots \geqslant N_r = 1, \tag{6.1}$$

使 N_i/N_{i+1} 为 π-群或 π'-群, $i = 0, 1, \cdots, r-1$.

而称 G 为 *π-可解群*, 如果 G 中存在正规群列 (6.1), 使 N_i/N_{i+1} 为 π'-群或 p-群, 其中 $p \in \pi$, $i = 0, 1, \cdots, r-1$.

明显地, G 是 π-可分群等价于 G 是 π'-可分群, 但对 π-可解群, 则没有这样的对称性.

对于任意的素数集合 π, 可解群一定是 π-可解群, 但反过来不对. 而如果 $2 \in \pi$, 又允许使用 Feit-Thompson 定理, 则 π-可解群也是可解群. (请读者自行证明.)

与可解群相同, π-可分群或 π-可解群的子群、商群也都是 π-可分群或 π-可解群.

下面我们引进一些符号, 它们在今后要用到.

我们在命题 1.9.4 中引进了符号 $O_p(G)$, 它是 G 的极大正规 p-子群. 对于素数集合 π, 由于两个正规 π-子群的乘积仍为正规 π-子群, 故存在极大正规 π-子群. 我们记它为 $O_\pi(G)$. 显然有 $O_\pi(G/O_\pi(G)) = 1$. 而且, 对于任意群 G, 我们以 $O_{\pi\pi'}(G)$ 表示 $O_{\pi'}(G/O_\pi(G))$ 在 G 中的原像. 同样地, 以 $O_{\pi\pi'\pi}(G)$ 表示 $O_\pi(G/O_{\pi\pi'}(G))$ 在 G 中的原像, 依此类推. 如果 G 是 π-可分群, 则群列

$$1 \leqslant O_\pi(G) \leqslant O_{\pi\pi'}(G) \leqslant O_{\pi\pi'\pi}(G) \leqslant \cdots$$

必终止于 G. 这样, 对 π-可分群还可得到一个因子群为 π-群或 π'-群的特征群列. 同样可以证明, 对于 π-可解群可得到一其因子群为 π'-群或 p-群, $p \in \pi$ 的特征群列.

习 题

6.1.1. 可解群必有一个极大子群是正规子群.

6.1.2. 设 M 是 π-可分群 G 的极大子群, 则 $|G:M|$ 的素因子全在 π 内或全在 π' 内.

6.1.3. 设 G 是有限群, $H\leqslant G$. 如果对任意的 $x\in H$, $x\neq 1$, 都有 $C_G(x)\leqslant H$, 我们称 H 为 G 的一个 CC 子群. 证明 CC 子群必为 Hall 子群.

6.1.4. 设 G 是 π-可分群, 则 G π-可解的充要条件为 G 的任一 π-Hall 子群是可解群.

6.1.5. 设 G 是 π-可分群, 若 $O_{\pi'}(G)=1$, 则 $C_G(O_\pi(G))\leqslant O_\pi(G)$.

6.1.6. 设 G 是 π-可分群, K 是 $O_{\pi'}(G)$ 在 $O_{\pi'\pi}(G)$ 中的补群, 则 $C_G(K)\leqslant O_{\pi'\pi}(G)$.

6.2 Sylow 系和 Sylow 补系

定义 6.2.1 设 G 是群, $|G|=p_1^{\alpha_1}\cdots p_s^{\alpha_s}$. 再设 $G_{p_i}\in \mathrm{Syl}_{p_i}(G)$, $i=1,2,\cdots,s$, 我们称 $\mathcal{S}=\{G_{p_1},\cdots,G_{p_s}\}$ 为 G 的一个Sylow 系 (在有些文献上称为Sylow 基), 如果对任意的 i,j 都满足 $G_{p_i}G_{p_j}=G_{p_j}G_{p_i}$. 又设 $G_{p_i'}$ 为 G 的任一个 p_i'-Hall 子群 (如果存在的话), 我们称 $\mathcal{K}=\{G_{p_1'},\cdots,G_{p_s'}\}$ 为 G 的一个Sylow 补系. 对于 Sylow 补系, 当然有 $G_{p_i'}G_{p_j'}=G_{p_j'}G_{p_i'}$, $i,j=1,2,\cdots,s$.

定理 6.1.2 表明: G 可解的充要条件为 G 中存在 Sylow 补系 $\mathcal{K}=\{G_{p_1'},\cdots,G_{p_s'}\}$. 下面我们证明

定理 6.2.2 (Hall) *G 可解的充要条件为 G 中存在 Sylow 系 $\mathcal{S}=\{G_{p_1},\cdots,G_{p_s}\}$.*

证明 $\Rightarrow$: 设 $|G|=p_1^{\alpha_1}\cdots p_s^{\alpha_s}$. 因 G 可解, G 中存在 Sylow 补系 $\mathcal{K}=\{G_{p_1'},\cdots,G_{p_s'}\}$. 我们将由 $\mathcal{K}$ 出发, 构造 G 的一个 Sylow 系. 首先, 我们注意到, 若 H 是 G 的任一 π-Hall 子群, $p_i\in\pi$, 则 $G_{p_i'}\cap H$ 是 G 的 $(\pi-\{p_i\})$-Hall 子群. 这是因为 $|G:H|$ 和 $|G:G_{p_i'}|$ 互素, 由命题 1.2.13(3), 即得 $|G:G_{p_i'}\cap H|=|G:H||G:G_{p_i'}|$ 于是 $G_{p_i'}\cap H$ 恰为 G 的一个 $(\pi-\{p_i\})$-Hall 子群. 由此我们便可得到 $\mathcal{K}$ 中任意多个子群的交都是 G 的 Hall-子群. 于是, 若令 $G_{p_i}=\bigcap\limits_{i\neq j}G_{p_j'}$, $i=1,2,\cdots,s$, 则 G_{p_i} 是 G 的一个 Sylow p_i-子群. 令 $\mathcal{S}=\{G_{p_1},\cdots,G_{p_s}\}$, 我们断言 $\mathcal{S}$ 即为 G 的一个 Sylow 系, 即对任意的 i,j, 都有 $G_{p_i}G_{p_j}=G_{p_j}G_{p_i}$. 这因为 $G_{p_i}G_{p_j}\subseteq\bigcap\limits_{k\neq i,j}G_{p_k'}$, 比较阶即得 $G_{p_i}G_{p_j}=\bigcap\limits_{k\neq i,j}G_{p_k'}$. 同理又有 $G_{p_j}G_{p_i}=\bigcap\limits_{k\neq i,j}G_{p_k'}$. 于是 $G_{p_i}G_{p_j}=G_{p_j}G_{p_i}$.

$\Leftarrow$: 设 $\mathcal{S}=\{G_{p_1},\cdots,G_{p_s}\}$ 是群 G 的一个 Sylow 系, 则由 $G_{p_i}G_{p_j}=G_{p_j}G_{p_i}$, 对任意的 i,j 成立, 知 $G_{p_1}\cdots G_{p_{i-1}}G_{p_{i+1}}\cdots G_{p_s}=G_{p_i'}$ 是 G 的一个 p_i'-Hall 子群. 于是 G 存在 Sylow 补系, 由定理 6.1.2, G 可解. □

定理 6.2.3 (Hall) *设 G 是可解群, $\mathcal{K}=\{G_{p_1'},\cdots,G_{p_s'}\}$ 和 $\mathcal{K}^*=\{G^*_{p_1'},\cdots,G^*_{p_s'}\}$ 是 G 的任二 Sylow 补系, 则 $\mathcal{K}$ 和 $\mathcal{K}^*$ 共轭, 即存在 $g\in G$ 使对任意的 i 有 $G_{p_i'}^g=G^*_{p_i'}$.*

证明 因为 G 可解, G 的任意两个 π-Hall 子群共轭. 于是对于 $i=1,2,\cdots,s$, G 的 p_i'-Hall 子群的个数应为 $k_i=|G:N_G(G_{p_i'})|$, 它是 p_i 的方幂. 而 G 中不同的

Sylow 补系的个数应为 $k=\prod_{i=1}^{s}k_i$. 因为 $k_1,\cdots,k_s$ 两两互素, 据命题 1.2.13(3),

$$k=\prod_{i=1}^{s}|G:N_G(G_{p_i'})|=\left|G:\bigcap_{i=1}^{s}N_G(G_{p_i'})\right|,$$

而后者恰为与 K 共轭的 Sylow 补系的个数, 由此推出 G 的任意两个 Sylow 补系共轭. □

推论 6.2.4 可解群 G 的任意两个 Sylow 系亦共轭.

证明 只要注意到 G 的任一 Sylow 系可由某一 Sylow 补系取交得到, 由定理 6.2.3 即得所需的结果. □

定理 6.2.5 (Hall) 设 G 是有限可解群, $\mathcal{S}=\{G_{p_1},\cdots,G_{p_s}\}$ 是 G 的一个 Sylow 系. 令 $N_G(\mathcal{S})=\bigcap_{i=1}^{s}N_G(G_{p_i})$, 称之为 Sylow 系 $\mathcal{S}$ 的系正规化子, 则 $N_G(\mathcal{S})$ 是幂零的, 并且 G 的任意两个系正规化子共轭.

证明 设 $N=N_G(\mathcal{S})$, 设 P_i 是 N 的 Sylow p_i-子群, 而 G_{p_i} 是 G 的 Sylow p_i-子群. 由 N 的定义, P_i 正规化 G_{p_i}, 因此 $P_iG_{p_i}$ 是 p_i-群. 这推出 $P_i\leqslant G_{p_i}$ 且 $P_i=N\cap G_{p_i}$. 但 N 正规化 G_{p_i}, 得 $P_i\trianglelefteq N$. 由 i 的任意性, 得 N 幂零.

系正规化子的共轭性由推论 6.2.4 立得. □

习 题

6.2.1. 设 G 是有限可解群, $H\leqslant G$. 则对于 H 的每个 Sylow 系 $\mathcal{S}_H=\{H_p\mid p$ 整除 $|H|\}$, 存在 G 的一个 Sylow 系 $\mathcal{S}_G=\{G_p\mid p$ 整除 $|G|\}$, 使 $H_p=G_p\cap H$ 对任意的 p 成立.

6.2.2. 设 G 是有限可解群, $N\trianglelefteq G$. 若 $\{G_p\mid p$ 整除 $|G|\}$ 是 G 的一个 Sylow 系, 则 $\{N\cap G_p\mid p$ 整除 $|N|\}$ 是 N 的一个 Sylow 系.

6.3 π-Hall 子群的共轭性问题

定理 6.1.1 告诉我们, 有限可解群的任意两个 π-Hall 子群都是共轭的. 但对一般有限群 (不一定是可解群) 来说, 这个结论不再成立. 近年来, 对 π-Hall 子群何时共轭的问题有很多工作, 本节只想介绍几个这方面的重要结果, 多数并不给出证明.

下面的定理给出一个最早的、也是最有名的结果之一, 见 [120].

定理 6.3.1 (Wielandt) 设 G 是有限群, π 是一个素数集合. 若 G 存在一个幂零 π-Hall 子群 H, 则 G 的任一 π-Hall 子群都与 H 共轭.

证明 设 N 是 G 的任一 π-子群, 我们用对 $|G|$ 和 $|N|$ 的双重归纳法证明 N 的某一共轭必包含于 G 的幂零 π-Hall 子群 H. 当 $|N|=1$ 时结论显然成立. 下面

设 $|N| = n > 1$, 并设 N 的每个阶小于 n 的 π-子群都有某个共轭包含于 H, 来证明 N 也有某个共轭包含于 H.

由归纳假设, N 的每个真子群都有共轭包含于 H. 因为 H 幂零, 故 N 的每个真子群幂零. 如果 N 不幂零, 则 N 是内幂零群. 由定理 5.4.2, 对于某个素数 p, N 存在正规 Sylow p-子群 $P > 1$. 如果 N 幂零, 由定理 5.2.7(4) 得 N 的每个 Sylow 子群都正规. 因此, 无论哪种情形发生, N 都有正规 Sylow p-子群 $P > 1$.

再看 H, 作为幂零群, 它的 Sylow p-子群 Q 在其中正规. 由 Sylow 定理, 有 P 的一个共轭子群包含于 Q. 因此, 不失普遍性可设 $P \leqslant Q$.

令 $K = N_G(P)$, $\pi_1 = \pi - \{p\}$. 因 H 幂零, $H = Q \times H_1$, 而 H_1 是 H 的 π_1-Hall 子群. 于是 N 和 H_1 都是 K 的子群. 因而 N/P 和 H_1P/P 是 K/P 的子群, 并且 H_1P/P 是 K/P 的 π_1-Hall 子群. 因为 $|K/P| < |G|$, 由归纳假设, 存在 $k \in K$ 使得 $(N/P)^k \leqslant H_1P/P$, 得到 $N^k \leqslant H_1P \leqslant H$. 证毕. □

下面的定理推广了定理 6.3.1, 见 [54]. 证明的方法使用了和上面定理类似的技巧. 还值得指出的是 Hall 的论文 [54] 实际上是有限群 π 性质研究的开山之作.

定理 6.3.2 (Hall) *设 G 是有限群, π 是一个素数集合. 若 G 存在一个超可解 π-Hall 子群 H, 则 G 的任一 π-Hall 子群都与 H 共轭.*

关于超可解群的定义见定义 6.7.1.

下面的定理见 [6].

定理 6.3.3 (Arad & Ward) *设 G 是有限群. 若 G 存在一个 $2'$-Hall 子群 H, 则 G 的任一 $2'$-Hall 子群都与 H 共轭.*

这方面较强的结果是 [39].

定理 6.3.4 (Gross) *设 G 是有限群, π 是一个奇素数集合. 若 G 存在一个 π-Hall 子群 H, 则 G 的任一 π-Hall 子群都与 H 共轭.*

在本节的最后, 我们再进一步讨论一下在 1.9 节中已经引进的反正规子群的性质, 它在后面的讨论中将要用到.

回忆一下, 有限群 G 的一个子群 H 叫做反正规的, 记作 $H \text{ ab } G$, 如果对任意的 $g \in G$ 有 $g \in \langle H, H^g \rangle$. 我们已知, 有限群的 Sylow 子群的正规化子是反正规的. 下面的命题是这个事实对 Hall 子群的推广.

命题 6.3.5 *设 G 是有限可解群, H 是 G 的一个 π-Hall 子群. 令 $N = N_G(H)$, 则 N 是 G 的反正规子群.*

证明 任取 $x \in G$. 令 $K = \langle N, N^x \rangle$. 由定理 6.1.1(2), 存在 $k \in K$ 使得 $H^{xk} = H$. 于是 $xk \in N_G(H) = N \leqslant K$, 推出 $x \in K$. □

下面的命题给出反正规子群的一个刻画.

命题 6.3.6 *设 G 是有限群, 则下面两条叙述等价:*

(1) H 是 G 的一个反正规子群;

(2) 如果 $K \leqslant G, x \in G$ 满足 $H \leqslant K \cap K^x$, 则必有 $x \in K$.

证明 (1) $\Longrightarrow$ (2): 因 H ab G, 有 $x^{-1} \in \langle H, H^{x^{-1}} \rangle \leqslant K$, 也有 $x \in K$.

(2) $\Longrightarrow$ (1): 令 $K = \langle H, H^x \rangle$, 则 $H \leqslant K \cap K^{x^{-1}}$. 由 (2), $x^{-1} \in K$, 也有 $x \in K$. □

下面的命题给出反正规子群的一个重要的性质.

命题 6.3.7 设 G 是有限群, H 是 G 的一个反正规子群, 则对任意的 K 满足 $H \leqslant K \leqslant G$, 有 $N_G(K) = K$.

证明 若 $x \in N_G(K)$, 则 $K = K^x \geqslant H$. 由命题 6.3.6(2), 有 $x \in K$. 得 $N_G(K) = K$. □

Taunt 在可解的条件下证明了命题 6.3.7 的逆, 见 [60] 中的 VI, Satz 11.17.

习 题

6.3.1. 设 G 是有限群, π 是一个素数集合. 如果 G 的每个主因子的阶至多可被 π 中一个素数整除, 则 G 有可解 π-Hall 子群, 并且所有 π-Hall 子群在 G 中共轭.

6.3.2. 设 π 是一个素数集合, G 是有限 π-可分群. 证明 G 中存在 π-Hall 子群和 π'-Hall 子群, 并且任意两个 π-Hall 子群 (π'-Hall 子群) 都在 G 中共轭. 并进而证明命题 6.3.5 对有限 π-可分群也成立.

6.4 Fitting 子 群

引理 6.4.1 设 G 是群, N_1, N_2 是 G 的幂零正规子群, 且 N_1 的幂零类 $c(N_1) = c_1$, N_2 的幂零类 $c(N_2) = c_2$, 则 N_1N_2 也是 G 的幂零正规子群, 而且 N_1N_2 的幂零类 $c(N_1N_2) \leqslant c_1 + c_2$.

证明 容易验证, 若 A, B, C 皆为 G 之正规子群, 易见

$$[AB, C] = [A, C][B, C],$$

$$[A, BC] = [A, B][A, C].$$

(亦可参看习题 5.1.1.) 于是

$$(N_1N_2)_s = [\underbrace{N_1N_2, N_1N_2, \cdots, N_1N_2}_{s\text{个}}]$$

可表成 2^s 个形如 $[X_1, \cdots, X_s]$ 的因子的乘积, 其中 $X_i = N_1$ 或 N_2. 如果 $s \geqslant c_1 + c_2 + 1$, 则在 $X_1, \cdots, X_s$ 中至少包含 $c_1 + 1$ 个 N_1 或者 $c_2 + 1$ 个 N_2. 注意到 $[M, N] \leqslant M \cap N$, 只要 $M, N \trianglelefteq G$, 于是由 $c(N_1) = c_1$ 和 $c(N_2) = c_2$ 即可得到 $[X_1, \cdots, X_s] = 1$, 于是 $(N_1N_2)_s = 1$. 这就得到 N_1N_2 幂零, 且 $c(N_1N_2) \leqslant c_1 + c_2$. □

定义 6.4.2 设 G 是有限群, 则由引理 6.4.1, G 的所有幂零正规子群的乘积 $F(G)$ 仍为 G 之幂零正规子群, 叫做 G 的Fitting 子群.

Fitting 子群的简单性质是

定理 6.4.3 设 G 是有限群, $F(G)$ 是 G 的 Fitting 子群, $\Phi(G)$ 是 G 的 Frattini 子群, 则

(1) $\Phi(G) \leqslant F(G)$, $F(G/\Phi(G)) = F(G)/\Phi(G)$;

(2) 若 G 可解, $G \neq 1$, 则有 $F(G) \neq 1$, 进一步还有 $\Phi(G) < F(G)$;

(3) $C_G(F(G))F(G)/F(G)$ 不包含 $\neq 1$ 的可解正规子群. 特别地, 若 G 可解, 则 $C_G(F(G)) \leqslant F(G)$;

(4) 设 N 是 G 的极小正规子群, 则 $F(G) \leqslant C_G(N)$. 特别地, 若 N 是交换的, 则有 $N \leqslant Z(F(G))$.

证明 (1) 由推论 5.3.8, $\Phi(G)$ 幂零. 又 $\Phi(G) \trianglelefteq G$, 于是 $\Phi(G) \leqslant F(G)$. 设 $F(G/\Phi(G)) = N/\Phi(G)$. 据定理 5.3.7, 由 $N/\Phi(G)$ 幂零可得 N 幂零, 于是 $N \leqslant F(G)$. 又由 $F(G)$ 幂零, 有 $F(G)/\Phi(G)$ 幂零, 故 $F(G)/\Phi(G) \leqslant N/\Phi(G)$, $F(G) \leqslant N$. 这样就得到 $N = F(G)$.

(2) 设 G 可解, $G \neq 1$. 取 G 的一个极小正规子群, 其必为初等交换 p-群 (对某个素数 p). 因此 $O_p(G) \neq 1$. 显然 $O_p(G) \leqslant F(G)$, 故 $F(G) \neq 1$.

令 $\overline{G} = G/\Phi(G)$, 亦有 $\overline{G}$ 可解且 $\overline{G} \neq 1$, 于是 $F(\overline{G}) \neq 1$. 由 (1), $F(G)/\Phi(G) \neq 1$, 即 $\Phi(G) < F(G)$.

(3) 令 $F = F(G)$, $C = C_G(F(G))$. 我们来证明 CF/F 没有 $\neq 1$ 的可解正规子群. 由 $CF/F \cong C/C \cap F = C/Z(F)$, 只需证 $C/Z(F)$ 没有 $\neq 1$ 的可解正规子群. 用反证法, 若有, 则对某个素数 p, 有 $O_p(C/Z(F)) \neq 1$. 令 $\overline{B} = B/Z(F) = Z(O_p(C/Z(F)))$, 则 $1 \neq \overline{B}$ 是交换群, 于是 $B' \leqslant Z(F)$. 又因 $B \leqslant C = C_G(F(G))$, 故 $[Z(F), B] \leqslant [Z(F), C] = 1$. 于是 $[B', B] = 1$, 这推出 B 幂零. 又由 B 的定义易证明 $B \trianglelefteq G$, 故 $B \leqslant F$. 但是 $B \leqslant C$, 故 $B \leqslant C \cap F = Z(F)$, 于是 $\overline{B} = B/Z(F) = 1$, 矛盾.

(4) 设 N 是 G 的极小正规子群, 则 $N \cap F(G) = 1$ 或 N. 若 $N \cap F(G) = 1$, 则 $[N, F(G)] \leqslant N \cap F(G) = 1$, 于是 $F(G) \leqslant C_G(N)$. 而若 $N \cap F(G) = N$, 即 $N \leqslant F(G)$, 则由 $F(G)$ 幂零必有 $[F(G), N] < N$, 再由 $[F(G), N] \trianglelefteq G$ 及 N 的极小性有 $[F(G), N] = 1$, 亦得到 $F(G) \leqslant C_G(N)$. □

下面的定理给出 Fitting 子群的一个刻画.

定理 6.4.4 设 G 是有限群, $|G| = p_1^{\alpha_1} \cdots p_s^{\alpha_s}$, 则

$$F(G) = O_{p_1}(G) \times \cdots \times O_{p_s}(G).$$

证明　显然 $O_{p_1}(G)\times\cdots\times O_{p_s}(G)$ 幂零正规, 于是 $O_{p_1}(G)\times\cdots\times O_{p_s}(G)\leqslant F(G)$. 又设 N 是 G 的任一幂零正规子群, 则 N 的 Sylow p_i-子群 $P_i\mathrm{char}\,N$, 于是 $P_i\trianglelefteq G$, 这就有 $P_i\leqslant O_{p_i}(G)$. 从而 $N\leqslant O_{p_1}(G)\times\cdots\times O_{p_s}(G)$. 取 $N=F(G)$ 即得 $F(G)\leqslant O_{p_1}(G)\times\cdots\times O_{p_s}(G)$. □

下面的定理给出有限群 Fitting 子群的一个刻画.

定理 6.4.5　设 G 是有限群, 则

$$F(G)=\bigcap_{H/K\text{是 }G\text{ 的主因子}} C_G(H/K).$$

证明　设 H/K 是 G 的主因子, 考虑 G/K. 因 $F(G/K)$ 是 G/K 的极大幂零正规子群, 有 $F(G/K)\geqslant F(G)K/K$. 由定理 6.4.3(4), 有 $F(G/K)\leqslant C_G(H/K)$, 得 $F(G)\leqslant C_G(H/K)$. 于是 $F(G)\leqslant \bigcap\limits_{H/K\text{是 }G\text{ 的主因子}} C_G(H/K)$. 为证相反的包含关系, 取 G 的一个主群列

$$G=G_0>G_1>\cdots>G_r=1.$$

令 I 是所有中心化子 $C_G(G_i/G_{i+1})$ $(i=0,1,\cdots,r-1)$ 的交, 则对所有的 i 有 $[G_i,I]\leqslant G_{i+1}$, 于是 $[G,\underbrace{I,\cdots,I}_{r}]=1$, 得到 $I_{r+1}=[\underbrace{I,\cdots,I}_{r+1}]=1$, 即 I 幂零; 又 I 显然正规, 得 $I\leqslant F(G)$. 证毕. □

回忆一下, 称有限群 G 的正规子群 N 为 G 的正规 p-补, 如果对任一 $P\in\mathrm{Syl}_p(G)$, 都成立 $N\cap P=1$, $NP=G$. 而称 G 为 p-幂零群, 如果 G 有正规 p-补. (见定义 2.3.3.)

明显地, G 的正规 p-幂零子群的乘积仍为 p-幂零的. 因此 G 有最大的正规 p-幂零子群.

定义 6.4.6　称有限群 G 的最大正规 p-幂零子群 $F_p(G)$ 为 G 的 p-Fitting 子群.

回忆一下, 我们称 H/K 为 G 的一个 p-主因子, 如果 $H,K\trianglelefteq G$, H/K 是 G/K 的极小正规子群, 并且素数 p 整除 $|H/K|$.

定理 6.4.7　设 G 是有限群, 则

(1) $F_p(G)=O_{p'p}(G)$;

(2) $F_p(G)=\bigcap\limits_{H/K} C_G(H/K)$, 其中 H/K 跑遍 G 的所有 p-主因子.

证明　(1) 显然 $O_{p'p}(G)$ 是 G 的正规 p-幂零子群. 要证 $O_{p'p}(G)$ 是最大的, 任取 G 的正规 p-幂零子群 M, 则 $O_{p'p}(M)=M$. 令 $P\in\mathrm{Syl}_p(M)$, 则 $O_{p'p}(M)=$

$O_{p'}(M) \rtimes P$. 而显然有 $O_{p'}(M) \leqslant O_{p'}(G)$. 又, $PO_{p'}(G)/O_{p'}(G) \leqslant O_p(G/O_{p'}(G))$, 即得 $M = O_{p'p}(M) \leqslant O_{p'p}(G)$.

(2) 先证 $F_p(G) \leqslant \bigcap\limits_{H/K} C_G(H/K)$, 即证 G 的任一正规 p-幂零子群 M 中心化 G 的任一 p-主因子 H/K. 首先假定 $K = 1$, 即 H 是 G 的极小正规子群. 如果 $[M,H] > 1$, 由 H 的极小性, $[M,H] = H \leqslant M$. 因 $p \mid |H|$, $H \nleqslant O_{p'}(M)$, 得 $H \cap O_{p'}(M) = 1$, 于是 H 是 p-群且 $O_{p'}(M)$ 中心化 H. 设 $P \in \mathrm{Syl}_p(M)$, 得到 $[M,H] = [O_{p'}(M)P, H] = [P, H]$. 而 HP 是 p-群, 有 $[P,H] < H$. 由 H 是极小正规子群, 得 $[P,H] = 1$, 最终得到 $[M,H] = [O_{p'}(M)P,H] = 1$, 矛盾. 因此有 M 中心化 H. 如果 $K \neq 1$, 令 $\overline{G} = G/K$. 用对 $|G|$ 的归纳法得 MK/K 中心化 H/K, 于是 $M \leqslant C_G(H/K)$.

再证 $C := \bigcap\limits_{H/K} C_G(H/K) \leqslant F_p(G)$, 即证 C 是 p-幂零子群. 任取 G 的极小正规子群 N, 则用归纳法可设 CN/N 是 p-幂零的. 因 $CN/N \cong C/C\cap N$, 若 $C \cap N = 1$, 则结论已成立. 若 $C \cap N \neq 1$, 则 $N \leqslant C$ 且 C/N 是 p-幂零群. 若 N 是 p'-群, 显然 C 是 p-幂零群. 若 $p \mid |N|$, 则 C 中心化 N, 即 $[N,C] = 1$, $N \leqslant Z(C)$, 这推出 N 是 p-群. 设 $R/N = O_{p'}(C/N)$, 则 C/R 是 p-群. 又, 因 $N \in \mathrm{Syl}_p(R)$, 且 N 含于 R 的中心, 应用 Burnside 定理 (定理 2.3.4), R 有正规 p-补 T, 即 R/T 是 p-群. 由 C/R 也是 p-群, 得 C/T 是 p-群, 即 C 是 p-幂零的. □

下面我们证明关于 p-幂零性的一个结果, 它在今后将要用到.

定理 6.4.8 设 G 是有限群, $\Phi(G) \leqslant N \trianglelefteq G$. 如果 $N/\Phi(G)$ 是 p-幂零群, 则 N 亦然.

证明 记 $M/\Phi(G) = O_{p'}(N/\Phi(G))$. 模掉 $O_{p'}(\Phi(G))$ 来考虑, 不妨假设 $\Phi(G)$ 是 p-群. 由定理 3.4.3, $\Phi(G)$ 在 M 中有补 H, 即 $H\Phi(G) = M$, 且 $H \cap \Phi(G) = 1$, 任取 $g \in G$, 则 H 和 H^g 是 M 的 p'-Hall 子群. 再用定理 3.4.3, 存在 $x \in M$ 使得 $H^g = H^x$. 于是 $H^{gx^{-1}} = H$, 即 $gx^{-1} \in N_G(H)$, $g \in N_G(H)M = N_G(H)\Phi(G)$. 由 g 的任意性得 $G = N_G(H)\Phi(G)$. 再由定理 5.3.3, $G = N_G(H)$, 即 $H \trianglelefteq G$. 由 N/H 显然是 p-群, 得 N 是 p-幂零群. □

由上述定理易得下列推论.

推论 6.4.9 设 G 是有限群, 则 $F_p(G/\Phi(G)) = F_p(G)/\Phi(G)$.

应用定理 6.4.4, 我们来证明 Fitting 子群的下述性质, 它在可解群理论中经常要用到.

定理 6.4.10 设 G 是有限群, 且 $\Phi(G) = 1$, 则

(1) $O_p(G)$ 是初等交换 p-群, 且

$$O_p(G) = \langle N \mid N \text{是 } G \text{ 的极小正规子群, 且 } N \text{ 是 } p\text{-群}\rangle.$$

(2) $F(G)$ 是交换群, 且

$$F(G) = \langle N \mid N\text{是 } G \text{ 的可解极小正规子群}\rangle.$$

证明　(1) 若 $O_p(G)=1$, 则结论显然成立, 故可设 $O_p(G)\neq 1$. 因 $O_p(G)\trianglelefteq G$, 由推论 5.3.5, 有 $\Phi(O_p(G))\leqslant \Phi(G)=1$. 再由定理 5.5.1, $O_p(G)$ 是初等交换 p-群.

设 N 是 G 的极小正规子群, 且 N 为 p-群, 则由 $O_p(G)$ 的定义有 $N\leqslant O_p(G)$. 于是若令

$$A = \langle N \mid N\text{是 } G \text{ 的极小正规子群, 且 } N \text{ 是 } p\text{-群}\rangle,$$

有 $A\leqslant O_p(G)$.

为证明 $A=O_p(G)$, 我们先来证明 A 在 G 中有补, 即存在 $B\leqslant G$, 使 $AB=G$, $A\cap B=1$. 考虑集合

$$\mathcal{M} = \{M\leqslant G \mid AM=G\}.$$

令 B 是 $\mathcal{M}$ 中一个极小元素. 我们证明 B 即为所求, 即成立 $A\cap B=1$. 若否, 有 $C=A\cap B\neq 1$. 因 $A\trianglelefteq G$, 由同构定理, $C\trianglelefteq B$. 又因 A 交换, 有 $C\trianglelefteq A$. 于是 $C\trianglelefteq AB=G$. 再由 $\Phi(G)=1$, 必存在 G 的极大子群 $S\ngeqslant C$, 于是 $SC=G$. 这时我们有

$$B = SC\cap B = C(S\cap B),$$

及

$$G = AB = AC(S\cap B) = A(S\cap B).$$

于是 $S\cap B\in\mathcal{M}$, 但 $S\cap B<B$, 与 B 的极小性矛盾. 这就证明了 A 在 G 中有补.

现在设 B 是 A 的一个补群. 令 $O_p(G)\cap B=D$, 则因 $O_p(G)$ 交换, 有 $D\trianglelefteq O_p(G)$. 又由同构定理, 有 $D\trianglelefteq B$, 于是 $D\trianglelefteq O_p(G)B=G$. 若 $D\neq 1$, 则在 D 中取 G 之极小正规子群 K, 有 $K\leqslant A$. 但 $K\leqslant B$, 故 $K\leqslant A\cap B=1$, 矛盾. 由此可知 $D=1$. 这时由 $G=O_p(G)B=AB$ 以及 $O_p(G)\cap B=A\cap B=1$, 比较阶得 $O_p(G)=A$.

(2) 因 G 的可解极小正规子群必为初等交换 p-群, 由 (1) 及定理 6.4.4 立得结论. □

推论 6.4.11　*设 G 为有限群, A 是 G 的交换正规子群. 再设 $A\cap\Phi(G)=1$, 则 A 在 G 中有补.*

证明　模仿上定理的证明 (1) 中 A 在 G 中有补的证明. □

下面的推论是显然的.

推论 6.4.12　*设 G 为有限群, 则 $F(G)/\Phi(G)$ 为交换群, 且为 $G/\Phi(G)$ 之所有可解极小正规子群之乘积.*

定义 6.4.13 设 G 是有限群. 称 G 的所有极小正规子群的乘积为 G 的基柱 (Socle), 记作 $\mathrm{Soc}(G)$.

由定理 6.4.10 和推论 6.4.12 立即可得

定理 6.4.14 设 G 是有限可解群, 则 $F(G)/\Phi(G) = \mathrm{Soc}(G/\Phi(G))$. 特别地, 若 $\Phi(G) = 1$, 则 $F(G) = \mathrm{Soc}(G)$, 且为 G 的极大交换正规子群.

证明 只需证 $F(G) = \mathrm{Soc}(G)$ 是 G 的极大交换正规子群. 若否, 将有 $C_G(F(G)) > F(G)$, 与定理 6.4.3(3) 矛盾. □

习 题

6.4.1. 设 G 是有限群, $F(G)$ 是 p-群, 则 $F(G/F(G))$ 是 p'-群.

6.4.2. 设 G 可解, $\Phi(G) = 1$, 且 G 中只有唯一的极小正规子群 N, 则 $F(G) = N$.

6.4.3. 设 G 是有限群, $\Phi(G) = 1$, 则 $F(G)$ 是 G 中唯一的极大交换正规子群.

6.4.4. 设 G 是有限群, 则 $F(G)$ 由 G 的所有幂零次正规子群生成.

6.5 Carter 子群

定义 6.5.1 设 G 是有限群, $C \leqslant G$. 称 C 为 G 的 Carter 子群, 如果 C 幂零, 且满足 $N_G(C) = C$.

定理 6.5.2 (Carter) 设 G 是有限可解群, 则 G 中存在 Carter 子群, 并且所有 Carter 子群都在 G 中共轭.

证明 用对 $|G|$ 的归纳法, 假定 $G > 1$. 取 G 的极小正规子群 M, 则对某个素数 p, M 是初等交换 p-群. 由归纳假设, G/M 有 Carter 子群 K/M. 由 K/M 幂零, K 有唯一的 Sylow p-子群 K_p. 设 $K_{p'}$ 是 K 的 p'-Hall 子群, 则 $K = K_pK_{p'}$. 令 $H = N_K(K_{p'})$, 我们将断言 H 是 G 的 Carter 子群.

令 $H_p = H \cap K_p$. 由 $K = K_pK_{p'}$ 及模律得 $H = H \cap K_pK_{p'} = (H \cap K_p)K_{p'} = H_pK_{p'}$. 因 $K_p \trianglelefteq K$, 有 $H_p \trianglelefteq H$. 又由定义 $K_{p'} \trianglelefteq H$, 得 $H = H_p \times K_{p'}$. 因 $K_{p'} \cong K/K_p$ 是 Carter 子群 K/M 的同态像, 故幂零, 而 H_p 是 p-群, 这就得到 H 是幂零群.

由命题 6.3.5, $H = N_K(K_{p'})$ 是 K 的反正规子群. 再由命题 6.3.7, 得 $N_K(HM) = HM$, 于是 $N_{K/M}(HM/M) = HM/M$. 因 K/M 是幂零的, 故由定理 5.2.7(2), $K/M = HM/M$, 得 $K = HM$. 因为 $N_G(H) \leqslant N_G(HM) = N_G(K) = K$ (最后的等号是由 Carter 子群定义有 $K/M = N_{G/M}(K/M)$ 而得), 得到 $N_G(H) = N_K(H)$. 又由 H ab K, 得 $N_K(H) = H$. 最后得到 H 是 G 的 Carter 子群.

下面证明 G 的任一 Carter 子群必反正规. 设 H 是 G 的 Carter 子群, $g \in G$. 令 $K = \langle H, H^g \rangle$, 来证明 $g \in K$. 若 $K = G$, 显然成立. 若 $K < G$, 因为 H 和 H^g 也

是 K 的 Carter 子群, 由归纳假设, 它们在 K 中共轭, 即存在 $k \in K$ 使得 $H^{gk} = H$. 于是 $gk \in N_G(H) = H \leqslant K$, 推出 $g \in K$. 这样, H ab G. 特别地, 对 G 的任意正规子群 N 有 $N_G(HN) = HN$, 于是 HN/N 也是 G/N 的 Carter 子群.

现在设 H_1 和 H_2 是 G 的两个 Carter 子群, 则 H_1M/M 和 H_2M/M 是 G/M 的两个 Carter 子群. 由归纳假设, H_1M/M 和 H_2M/M 在 G/M 中共轭, 于是 H_1M 和 H_2M 在 G 中共轭. 不失普遍性, 可设 $H_1M = H_2M$. 若 $H_1M < G$, 再用归纳法, 可得 H_1 和 H_2 在 G 中共轭. 因此, 又不失普遍性, 可设 $H_1M = G$. 如果 $H_1 = G$, 则 G 幂零. 由 $N_G(H_2) = H_2$ 推出 $H_2 = G$, 结论成立. 故可设 $H_1 \neq G \neq H_2$. 这时, $H_i \cap M$ 在 H_i 中正规, 也在 M 中正规 (后者因为 M 交换), 于是在 $H_iM = G$ 中正规. 由 M 是 G 的极小正规子群, $H_i \cap M = M$ 或 1. 但 $H_i \neq H_iM = G$, 故只能有 $H_i \cap M = 1$, 即 H_i 是 M 在 G 中的补.

令 $C_i = H_i \cap C_G(M)$. 假定 $C_1 \neq 1$. 因 $C_G(M) \trianglelefteq G$, 有 $C_1 \trianglelefteq H_1$. 但 $[M, C_1] = 1$, C_1 在 $H_1M = G$ 中正规. 由前面已证, H_1/C_1 和 H_2C_1/C_1 是 G/C_1 的 Carter 子群, 由归纳假设它们共轭, 故存在 $g \in G$ 使得 $H_1 = (H_2C_1)^g = H_2^gC_1$. 再由 H_1 幂零, 及 $N_G(H_2^g) = H_2^g$, 得 $H_1 = H_2^g$. 因此只能有 $C_1 = 1$. 同样的道理也可设 $C_2 = 1$. 这样 $C_G(M) \cap H_i = 1$, 得 $C_G(M) = M$. 由定理 3.4.11 即得到 H_1 和 H_2 的共轭性. □

6.6 群系理论初步

我们在如下意义下使用“群类”这个术语: 即群类是一类群, 其中同构的群被认为是同一的; 或者说, 若群 G 属于某个群类, 则与它同构的群都属于这个群类. 我们不使用“群的集合”或“群的同构类的集合”这样的说法, 是为了避免由“全体集合的集合”所带来的逻辑上的悖论.

定义 6.6.1 称有限群的一个群类 $\mathcal{F}$ 为*群系*, 如果成立

(1) 若 $G \in \mathcal{F}$, 则对每个 G 的正规子群 N, 有 $G/N \in \mathcal{F}$;

(2) 若 $G/M \in \mathcal{F}$, $G/N \in \mathcal{F}$, 则 $G/M \cap N \in \mathcal{F}$.

(我们允许群系是空的.)

例如, 全体有限群、全体有限可解群、全体有限幂零群、全体有限交换群所组成的群类都是群系. 但全体有限循环群组成的群类就不是群系.

在本节中, 我们恒以 $\mathcal{S}$, $\mathcal{N}$ 和 $\mathcal{A}$ 分别表示由全体可解群、全体幂零群和全体交换群组成的群系.

定义 6.6.2 称群系 $\mathcal{F}$ 为*饱和群系*, 如果只要 $G/\Phi(G) \in \mathcal{F}$ 就有 $G \in \mathcal{F}$.

上面列举的四个群系中的前三个都是饱和群系, 但第四个不是. (请读者自证.)

定义 6.6.3 对于每个素数 p, 令 $\mathcal{F}_p$ 是一个群系 (允许是空的). 令 $\mathcal{F}$ 为这样的有限群 G 组成的群类: 对于 G 的任一 p-主因子 H/K, 有 $G/C_G(H/K) \in \mathcal{F}_p$, 则

$\mathcal{F}$ 是群系, 叫做由 $\{\mathcal{F}_p\}$局部定义的群系.

为说明上定义中 $\mathcal{F}$ 确实是群系, 首先 $\mathcal{F}$ 在取商群下是封闭的. 又若 G/M 和 G/N 属于 $\mathcal{F}$, 则因 $G/M\cap N$ 的 p-主因子是 G/M 或 G/N 的 p-主因子, $G/M\cap N$ 也属于 $\mathcal{F}$. 因此 $\mathcal{F}$ 是群系.

命题 6.6.4 对于每个素数 p, 令 $\mathcal{F}_p$ 是一个群系 (允许是空的). 设 $\mathcal{F}$ 是由 $\{\mathcal{F}_p\}$ 局部定义的群系, 则 $\mathcal{F}$ 是饱和群系.

证明 设 G 是群, 满足 $G/\Phi(G)\in\mathcal{F}$, 我们要证 $G\in\mathcal{F}$. 以 $I/\Phi(G)$ 表示 $G/\Phi(G)$ 的所有 p-主因子的中心化子的交, 则由 $\mathcal{F}$ 的定义有 $G/I\in\mathcal{F}_p$. 于是由定理 6.4.7 和推论 6.4.9 有 $I/\Phi(G)=F_p(G/\Phi(G))=F_p(G)/\Phi(G)$. 这得到 $I=F_p(G)$. 再用定理 6.4.7, I 中心化 G 的每个 p-主因子. 现在设 H/K 是 G 的一个 p-主因子, 则 $C_G(H/K)\geqslant I$, 于是 $G/C_G(H/K)\in\mathcal{F}_p$. 这就推出 $G\in\mathcal{F}$, 证毕. □

注 6.6.5 Schmid 在 [101] 中证明了饱和群系也是局部定义的群系.

定理 6.6.6 设 $\mathcal{F}$ 是饱和群系. 再设 N 是有限群 G 的可解的极小正规子群, 使得 $G/N\in\mathcal{F}$, 但 $G\notin\mathcal{F}$, 则 N 在 G 中有补, 且所有补都共轭.

证明 若 $N\leqslant\Phi(G)$, 则由 $G/\Phi(G)\in\mathcal{F}$ 得 $G\in\mathcal{F}$, 矛盾于假设. 故必有 $N\nleqslant\Phi(G)$, 从而 $N\cap\Phi(G)=1$. 由推论 6.4.11 得 N 在 G 中有补.

为证共轭性, 设 M_1 和 M_2 是 N 在 G 中的两个补. 我们断言 M_i 是 G 的极大子群. 若有 K_i 满足 $M_i<K_i\leqslant G$, 则 $K_i=K_i\cap(M_iN)=M_i(K_i\cap N)>M_i$. 但 $K_i\cap N\trianglelefteq K_i$, 同时由 N 交换, $K_i\cap N\trianglelefteq N$, 于是 $K_i\cap N\trianglelefteq G$. 由 N 的极小性, 有 $K_i\cap N=N$, 推出 $K_i=G$, 即 M_i 为 G 的极大子群. 令 C 是 M_1 的核, 即 $C=\bigcap\limits_{g\in G}M_1^g$. 由 $C\cap N=1$ 有 $G/C\notin\mathcal{F}$. 我们又断言 $C\leqslant M_2$. 若否, $C\nleqslant M_2$, 则 $G=CM_2$ 且 $G/C\cong M_2/C\cap M_2\in\mathcal{F}$(因 $M_2\cong G/N\in\mathcal{F}$). 这个矛盾证明了 $C\leqslant M_2$. 这时, M_1/C 和 M_2/C 是 NC/C 在 G/C 中的补, 并且有 $G/NC\in\mathcal{F}$, $G/C\notin\mathcal{F}$. 又, $NC/C\cong N$ 是 G/C 的极小正规子群. 这样, 如果 $C\neq1$, 应用对 G 的阶的归纳法, M_1/C 和 M_2/C 在 G/C 中共轭, 当然 M_1 和 M_2 在 G 中也共轭. 而如果 $C=1$, 则 $C_{M_1}(N)=1$, 推出 $C_G(N)=N$. 由定理 3.4.12, 得 M_1 和 M_2 在 G 中共轭. □

下列定理可看作定理 6.6.6 的逆.

定理 6.6.7 设 $\mathcal{F}$ 是某些可解群组成的群系. 如果满足对任意的有限可解群 $G\notin\mathcal{F}$, 但 G 有极小正规子群 N 使 $G/N\in\mathcal{F}$, 就可推出 N 在 G 中有补, 则 $\mathcal{F}$ 是饱和群系.

证明 由饱和群系的定义, 假定有限可解群 G 满足 $G/\Phi(G)\in\mathcal{F}$, 我们要证 $G\in\mathcal{F}$. 设 G 为极小反例, $G\notin\mathcal{F}$, 这时有 $\Phi(G)\neq1$. 取 G 的极小正规子群 $N\leqslant\Phi(G)$. 由 $\Phi(G/N)=\Phi(G)/N$ 有 $(G/N)/\Phi(G/N)\cong G/\Phi(G)\in\mathcal{F}$. 由归纳假

设, $G/N\in\mathcal{F}$. 于是 N 在 G 中有补 H. 这样 $G=HN=H$, 矛盾. □

定义 6.6.8　设 $\mathcal{F}$ 是群系, G 为任一有限群. 以 $G^{\mathcal{F}}$ 表示所有满足使 $G/N\in\mathcal{F}$ 的 G 的正规子群 N 的交, 叫做 G 的$\mathcal{F}$ 剩余.

定义 6.6.9　设 $\mathcal{F}$ 是群系, G 为任一有限群. 称 G 的子群 H 为 G 的一个 $\mathcal{F}$ 覆盖子群, 如果 $H\in\mathcal{F}$, 且对任意的子群 $M\geqslant H$, 有 $M=M^{\mathcal{F}}H$.

引理 6.6.10　*设 G 是有限群, $H\leqslant G$, $N\trianglelefteq G$.*

(1) 若 H 是 G 的 $\mathcal{F}$ 覆盖子群, 则 HN/N 是 G/N 的 $\mathcal{F}$ 覆盖子群;

(2) 若 H_1/N 是 G/N 的 $\mathcal{F}$ 覆盖子群, H 是 H_1 的 $\mathcal{F}$ 覆盖子群, 则 H 是 G 的 $\mathcal{F}$ 覆盖子群.

证明　(1) 设 $HN/N\leqslant M/N\leqslant G/N$, 令 $R_1/N=(M/N)^{\mathcal{F}}$, 有 $M/R_1\in\mathcal{F}$. 令 $R=M^{\mathcal{F}}$, 有 $R\leqslant R_1$, 于是有 $RN/N\leqslant R_1/N$. 因此,

$$(HN/N)(R_1/N)\geqslant(HR)N/N=M/N,$$

推出 HN/N 是 G/N 的 $\mathcal{F}$ 覆盖子群.

(2) 首先, 因为 H 是 H_1 的 $\mathcal{F}$ 覆盖子群, 所以 $H_1=HH_1^{\mathcal{F}}$. 又因为 H_1/N 是 G/N 的 $\mathcal{F}$ 覆盖子群, 所以 $H_1/N\in\mathcal{F}$, 从而 $H_1^{\mathcal{F}}\leqslant N$, 于是 $H_1=HN$. 假定 $H\leqslant M\leqslant G$, 并令 $R=M^{\mathcal{F}}$. 显然, H_1/N 是 MN/N 的 $\mathcal{F}$ 覆盖子群, 并且 $MN/RN\in\mathcal{F}$. 因此, $MN=H_1RN=HRN$ 且 $M=M\cap(HRN)=(HR)(M\cap N)$. 又, $M\cap H_1=M\cap(HN)=H(M\cap N)$, 有 $(M\cap H_1)R=M$. 因此, $M\cap H_1/R\cap H_1\cong M/R\in\mathcal{F}$. 因为 H 是 $M\cap H_1$ 的 $\mathcal{F}$ 覆盖子群, 所以 $M\cap H_1=H(R\cap H_1)$, 从而 $M=(M\cap H_1)R=HR$, 证毕. □

容易验证, 如果我们只考虑有限可解群, 则 H 是 G 的 $\mathcal{F}$ 覆盖子群, 当且仅当对任意的 $N\trianglelefteq G$, HN/N 是 G/N 的极大 $\mathcal{F}$ 子群.

定理 6.6.11　*设 $\mathcal{F}$ 是群系.*

(1) 如果每个有限群都有 $\mathcal{F}$ 覆盖子群, 则 $\mathcal{F}$ 是饱和群系.

(2) 如果 $\mathcal{F}$ 是饱和群系, 则每个有限可解群 G 有一 $\mathcal{F}$ 覆盖子群, 并且任意两个覆盖子群在 G 中共轭.

证明　(1) 设 G 是有限群, 满足 $G/\Phi(G)\in\mathcal{F}$. 设 H 是 G 的 $\mathcal{F}$ 覆盖子群, 则 $G=H\Phi(G)$. 于是 $G=H$, 得 $G\in\mathcal{F}$. 故 $\mathcal{F}$ 是饱和群系.

(2) 用对 $|G|$ 的归纳法. 若 $G\in\mathcal{F}$, 则 G 是唯一的 $\mathcal{F}$ 覆盖子群. 故可设 $G\notin\mathcal{F}$. 取 G 的一个极小正规子群 N. 由归纳假设, G/N 有 $\mathcal{F}$ 覆盖子群 H_1/N.

先设 $G/N\notin\mathcal{F}$, 则 $H_1\neq G$. 由归纳假设 H_1 有 $\mathcal{F}$ 覆盖子群 H. 由引理 6.6.10(2), H 是 G 的 $\mathcal{F}$ 覆盖子群. 又, 若 H 和 K 是 G 的两个 $\mathcal{F}$ 覆盖子群, 则由引理 6.6.10(1), HN/N 和 KN/N 是 G/N 的两个 $\mathcal{F}$ 覆盖子群, 再用归纳假设, 它

们共轭, 即存在 $g\in G$ 使 $HN=K^gN$. 注意到 $G/N\notin\mathcal{F}$, 有 $HN\neq G$. 于是 H 和 K^g 作为 HN 的两个 $\mathcal{F}$ 覆盖子群是共轭的, 因此 H 和 K 共轭.

再设 $G/N\in\mathcal{F}$. 由定理 6.6.6, N 在 G 中有补 C. 由 N 的极小性, C 是 G 的极大子群. 因 $G/N\in\mathcal{F}$, 有 $G^{\mathcal{F}}=N$ 且 $G=CG^{\mathcal{F}}$. 因此 C 是 G 的 $\mathcal{F}$ 覆盖子群. 若 D 是另一个这样的子群, 则 $G=DN$ 且 $D\cap N=1$. 再次应用定理 6.6.6, 得 C 和 D 的共轭性. □

最后我们证明下述定理.

定理 6.6.12 *设 $\mathcal{N}$ 是所有有限幂零群组成的群系, 则有限可解群 G 的 $\mathcal{N}$ 覆盖子群 H 是 G 的 Carter 子群, 并且反过来也对.*

证明 (1) 我们只需证 H 是自正规化的. 假定 $H<N_G(H):=N$, 则有 N 的子群 K 满足 K/H 是素数阶群. 令 $R=K^{\mathcal{N}}$, 则 $K=HR$. 但因 K/H 是素数阶群, 得 $R\leqslant H$. 于是 $K=HR=H$, 矛盾. 这证明了 H 是 G 的 Carter 子群.

(2) 反过来, 设 H 是 G 的 Carter 子群. 假定 $H\leqslant M\leqslant G$, 记 $R=M^{\mathcal{N}}$, 并假定 $HR<M$, 则有 M 的极大子群 $L\geqslant HR$. 因 $M/R\in\mathcal{N}$, 有 $L\trianglelefteq M$. 应用对群阶的归纳法可设 H 是 L 的 $\mathcal{N}$ 覆盖子群. 若 $x\in M$, 则 H^x 也是 L 的 $\mathcal{N}$ 覆盖子群, 因此与 H 在 L 中共轭. 这推出 $M\leqslant N_G(H)L=HL=L$, 矛盾. 这证明了 H 是 G 的 $\mathcal{N}$ 覆盖子群. □

6.7 特殊可解群的构造

6.7.1 超可解群

定义 6.7.1 称有限群 G 是*超可解群*, 如果 G 的每个主因子都是素数阶循环群.

明显地, 由这个定义, 超可解群的子群和商群仍为超可解群, 超可解群的直积仍为超可解群. 这样, 全体超可解群组成的群类是群系, 我们以后以 $\mathcal{U}$ 表示这个群系.

由定理 3.1.8(2), 超可解群是可解群. 而由定理 5.5.4, 有限 p-群, 从而有限幂零群都是超可解群.

定义 6.7.2 设 G 是有限群, $|G|=p_1^{\alpha_1}\cdots p_s^{\alpha_s}$, 且 $p_1<\cdots<p_s$ 是素数. 若存在 G 的正规群列

$$G=G_0>G_1>\cdots>G_s=1, \tag{6.2}$$

使得 $|G_{i-1}/G_i|=p_i^{\alpha_i}$, $i=1,2,\cdots,s$, 则称群列 (6.2) 为 G 之一 *Sylow 塔*, 而称 G 为一*具有 Sylow 塔的群*.

命题 6.7.3 (1) *有限超可解群是具有 Sylow 塔的群.*

(2) 设 G 是有限超可解群, 则 G' 是幂零群.

证明　(1) 设 G 是有限超可解群, 任取 G 的主群列:

$$G = H_0 > H_1 > \cdots > H_t = 1. \tag{6.3}$$

如果存在 i 使得 $H_{i-1}/H_i \cong Z_p$, $H_i/H_{i+1} \cong Z_q$, 且 $p > q$, 则 H_{i-1}/H_{i+1} 是 pq 阶群. 由 $p > q$, 存在 G 的正规子群 K_i 满足 $H_{i-1} > K_i > H_{i+1}$, 并且 $H_{i-1}/K_i \cong Z_q$, $K_i/H_{i+1} \cong Z_p$. 应用这种办法, 更换主群列中的一项 (把 H_i 换为 K_i), 我们可以把阶为较大素数的主因子调到阶较小的主因子的右边. 这样, 经过有限次这样的调换, 我们可把阶为最大素数的主因子统统调到最右边, 然后再把阶次大的主因子调到除掉刚才已经调好的主因子外的最右边, 以此类推. 最终我们得到一个主群列, 它就是定义 6.7.2 中的主群列 (6.2) 的一个加细. 至此可看出 G 有 Sylow 塔.

(2) 由定理 6.4.5, G 的 Fitting 子群 $F(G) = \bigcap_{i=0}^{t-1} C_G(H_i/H_{i+1})$. 而因超可解群的主因子 H_i/H_{i+1} 都是素数阶循环群, 故 $G/C_G(H_i/H_{i+1})$ 是交换群. 因而 $C_G(H_i/H_{i+1}) \geqslant G'$, 得到 $F(G) \geqslant G'$. 因 $F(G)$ 幂零, 得 G' 幂零. □

命题 6.7.4　*设 G 是有限超可解群, M 是 G 的极大子群, 则 $|G:M|$ 是素数.*

证明　任取 G 的一个主群列 $G = H_0 > H_1 > \cdots > H_t = 1$, 则存在唯一的 i 使得 $H_i \leqslant M$ 但 $H_{i-1} \nleq M$, 于是 $MH_{i-1} = G$. 在商群 G/H_i 中, M/H_i 是极大子群, H_{i-1}/H_i 是极小正规子群, 因 G/H_i 超可解, 其阶为素数, 譬如是 p. 而 $(M/H_i)(H_{i-1}/H_i) = G/H_i$, 因此得到 $(G/H_i)/(M/H_i) = G/M$ 是 p 阶群. 得证. □

注 6.7.5　*因可解群的主因子都是初等交换 p 群 (对某素数 p), 用与上命题相同的证明方法可得: 有限可解群的极大子群的指数皆为素数方幂.*

注 6.7.5 的逆不对, 168 阶单群 $PSL(2,7)$ 可作为反例. 它有三个极大子群的共轭类, 其指数分别为 7, 7, 8. 但我们有下面的命题.

命题 6.7.6　*设 G 是有限群, 其极大子群的指数为素数或素数的平方, 则 G 是可解群.*

证明　设 N 是 G 的一个极小正规子群. 因 G/N 的极大子群的指数亦为素数或素数的平方, 用归纳法可设 G/N 可解, 故只需证 N 亦可解. 设 p 是 $|N|$ 的最大素因子, 令 $P \in \mathrm{Syl}_p(N)$, $H = N_G(P)$. 若 $H = G$, 则 $P \trianglelefteq G$. 由 N 的极小性, $P = N$, 得 N 可解. 故下面可设 $H < G$. 由 Frattini 论断 (定理 1.9.5), $G = HN$. 取 G 的极大子群 $M \geqslant H$, 也有 $G = MN$. 由题设条件, 对某素数 q 有 $|G:M| = q$ 或 q^2. 因 $G/N \cong M/M \cap N$, 得 $|G:M| = |N:M \cap N|$, 特别地, $q \mid |N|$, 由 p 的取法有 $q \leqslant p$.

由 Sylow 第三定理, $|G:H| \equiv 1 (\mathrm{mod}\ p)$. 同理, $|M:H| \equiv 1 (\mathrm{mod}\ p)$. 于是由初等数论得 $|G:M| \equiv 1 (\mathrm{mod}\ p)$. 这推出 $|G:M| = q^2 \equiv 1 (\mathrm{mod}\ p)$, $(q+1)(q-1) \equiv 0 (\mathrm{mod}\ p)$. 于是只可能有 $p = 3$, $q = 2$, $|N:M \cap N| = 4$. 这样, N 在 $M \cap N$ 的右陪

集集合上用右乘变换得到传递置换表示把 N 映到 S_4 的一个非平凡子群, 这推出 $N' < N$. 由 N 是 G 的极小正规子群, 得 $N' = 1$. 于是 N 交换, 自然可解. 证毕. □

比命题 6.7.6 更强, Huppert 给出了超可解群的下述刻画定理.

定理 6.7.7 *有限群 G 是超可解群当且仅当 G 的所有极大子群的指数是素数.*

我们先证明两个引理.

引理 6.7.8 *令 V 为域 $GF(p)$ 上 n 维向量空间, $n \geqslant 1$, G 是一个由 V 的一些线性变换作成的交换群, 方次数整除 $p-1$. 若 G 不可约地作用于 V, 则 $n=1$ 且 G 循环.*

证明 考虑 $GF(p)$ 上多项式 $f(x) = x^{p-1} - 1$ 并且令 g 是 G 的一个元素. 因 G 的方次数整除 $p-1$, 故 $f(g)$ 为零变换. 多项式 $x^{p-1}-1$ 在域 $GF(p)$ 上可分解为线性因子之积. 因此 g 在 $GF(p)$ 上有一非零特征值 $\lambda \neq 0$, 子空间 $W = \{v \mid \boldsymbol{v}g = \lambda \boldsymbol{v}\} \neq 0$. 令 $x \in G, \boldsymbol{v} \in W$, 则 $\boldsymbol{v}xg = \boldsymbol{v}gx = \lambda \boldsymbol{v}x$, 故得 $\boldsymbol{v}x \in W$. 这说明 W 为 G 的非零不变子空间. 由 G 的不可约性得 $W = V$. 于是 G 的元是 V 的纯量变换. 再次应用 G 的不可约性得 $n = 1$. 又因 G 与 $GF(p)$ 的乘法群的一个子群同构, 故 G 循环. □

引理 6.7.9 *设 N 是有限可解群 G 的极小正规子群, 又设 L 满足 $N \leqslant L \trianglelefteq G$. 假定 L/N 是 p-幂零群, 而 L 不是, 则 N 在 G 中有补.*

证明 先设 $N \leqslant \Phi(G)$, 则因 L/N p-幂零得 $L\Phi(G)/\Phi(G)$ 亦 p-幂零. 由定理 6.4.8 得 $L\Phi(G)$ p-幂零, 从而 L p-幂零, 矛盾. 故 $N \nleqslant \Phi(G)$. 于是存在 G 的极大子群 $M \ngeqslant N$. 这推出 $G = MN$, $N \cap M \trianglelefteq M$. 又由 N 的交换性得 $N \cap M \trianglelefteq N$, 于是 $N \cap M \trianglelefteq G$. 由 N 的极小性, 有 $N \cap M = 1$, 即 M 是 N 的补群. □

定理 6.7.7 的证明 由命题 6.7.6, G 是可解群. 为证超可解性, 用对 $|G|$ 的归纳法. 设 N 是 G 的一个极小正规子群, 则由 G 的可解性, 对某个素数 p, N 是 p^n 阶初等交换 p-群. 我们要证 $n = 1$.

令 $L/N = O_{p'p}(G/N)$, 则由定理 6.4.7(1), L/N 是 p-幂零的. 先假定 L 不 p-幂零, 由引理 6.7.9, N 在 G 中有补 M. 由 N 的极小性, 易验证 M 是 G 的极大子群. 于是 $|G:M|$ 是素数, 得 $|G:M| = p$, $n = 1$.

再设 L 是 p-幂零的. 对于 G 的每个满足 $N \leqslant K$ 的 p-主因子 H/K, 由 G/N 超可解, 有 $|H/K| = p$, 得到 $G/C_G(H/K)$ 是阶整除 $p-1$ 的交换群. 于是对任意的 $g \in G$, 有 g^{p-1} 中心化 G/N 的任一 p-主因子. 应用定理 6.4.7, 即得到 $g^{p-1} \in L$. 因 $G/C_G(H/K)$ 交换, 有 $G' \leqslant C_G(H/K)$, 由 H/K 取遍所有的 G/N 的 p-主因子, 有 $G' \leqslant L$. 因此 G/L 是方次数整除 $p-1$ 的交换群.

因为 $[N,L] \trianglelefteq G$, 有 $[N,L] = N$ 或 $[N,L] = 1$. 若前者发生, 因 L p-幂零, $L/O_{p'}(G)$ 幂零, 得到 $N \leqslant O_{p'}(G)$, 从而 $N = 1$, 矛盾. 故 $[N,L] = 1$, 即 $L \leqslant C_G(N)$. 因为 $G/C_G(N)$ 同构于 Aut(N) 的子群 (应用 N/C 定理), 且因 N 的极小

性, $G/C_G(N)$ 同构于 $\mathrm{Aut}(N)$ 的, 即 $GL(n,p)$ 的不可约子群. 因为 G/L 是方次数整除 $p-1$ 的交换群, $G/C_G(N)$ 亦然, 由引理 6.7.8, 得到 $n=1$, 定理证毕. □

注 6.7.10 由定理 6.7.7 易见, 如果 $G/\Phi(G)$ 是超可解群, 则 G 亦然. 这说明由超可解群组成的群系 $\mathcal{U}$ 是饱和群系.

6.7.2 所有 Sylow 子群皆循环的有限群

本节的目的是决定所有 Sylow 子群皆循环的有限群, 这种群也常被称作 Z-群. 首先证明一个引理.

引理 6.7.11 设 G 是群. 若 G'/G'' 和 G''/G''' 都是循环群, 则 $G''=G'''$.

证明 若假定 $G'''=1$ 能推出 $G''=1$ 即可完成证明. 这时 G'' 循环, 可令 $G''=\langle b\rangle$. 由 N/C 定理, $G/C_G(G'')$ 同构于 $\mathrm{Aut}(G'')=\mathrm{Aut}(\langle b\rangle)$ 的子群, 因而是交换群. 于是 $C_G(G'')\geqslant G'$, $G''\leqslant Z(G')$. 又因 G'/G'' 循环, 得 G' 交换, 于是 $G''=1$. □

定理 6.7.12 设有限群 G 的所有 Sylow 子群皆为循环群. 若 G 交换, 则 G 为循环群; 而若 G 非交换, 则 G 为由下列定义关系确定的亚循环群:

$$G=\langle a,b\rangle,\quad a^m=b^n=1,\quad b^{-1}ab=a^r,$$

$$((r-1)n,m)=1,\quad r^n\equiv 1\ (\mathrm{mod}\ m),\quad |G|=nm.$$

证明 由推论 2.3.6, G 是可解群.

下面除去 G 交换的简单情形来证明 G 有所给的定义关系. 因为 Sylow 子群皆循环的交换群是循环群, 故 G/G', G'/G'', $\cdots$ 都是循环群. 应用引理 6.7.11 有 $G''=G'''$. 又因为 G 可解, 必有 $G''=1$. 这样 G' 和 G/G' 都是循环群. 令 $G'=\langle a\rangle$ 是 m 阶循环群, $G/G'=\langle bG'\rangle$ 是 n 阶循环群, 则由 $G'\trianglelefteq G$, 有 $b^{-1}ab=a^r$, $r\not\equiv 1\ (\mathrm{mod}\ m)$. 但因 $b^n\in\langle a\rangle$ 及 $b^{-n}ab^n=a^{r^n}$, 又有 $r^n\equiv 1\ (\mathrm{mod}\ m)$. 再由 G' 循环, 得 $G'=\langle [a,b]\rangle=\langle a^{r-1}\rangle$. 而 $G'=\langle a\rangle$, 故 $(r-1,m)=1$. 现在令 $b^n=a^j$, 有 $b^{-1}a^jb=a^j$, 即 $a^{rj}=a^j$, $a^{(r-1)j}=1$. 由 $(r-1,m)=1$, 有 $a^j=1$, 即 $b^n=1$. 最后我们断言 $(n,m)=1$. 这因为若 $p\mid(n,m)$, 则 $\langle a^{m/p},b^{n/p}\rangle$ 是 p^2 阶初等交换 p-群, 与 G 的 Sylow p-子群循环相矛盾, 这就证明了 G 具有定理所给的定义关系.

最后, 若 G 有定理所给的定义关系, 则由循环扩张的理论知 $G=\mathrm{Ext}(\langle a\rangle;n,1,\sigma)$, 其中 σ 是 $\langle a\rangle$ 的自同构, 满足 $a^\sigma=a^r$. 显然这时 G 的 Sylow 子群皆为循环群. □

推论 6.7.13 若有限群 G 的阶不含平方因子, 则 G 可解, 并为上定理中描述的亚循环群.

证明 显然这时 G 的每个 Sylow 子群皆为循环群. 由定理 6.7.12 立得结论. □

6.7.3 Dedekind 群

交换群的每个子群都是正规的, 在 1.6.6 小节中我们看到, 8 阶四元数群的每个子群都是正规的, 但它不交换. 我们有下面的定义.

定义 6.7.14 称有限群为 Dedekind 群, 如果它的每个子群都是正规的. 非交换的 Dedekind 群叫做 Hamilton 群.

定理 6.7.15 *设 G 是有限 Dedekind 群, 则 G 的 Sylow 2-子群是四元数群 Q_8 和初等交换 2-群的直积, 而 G 是它的 Sylow 2-子群和奇数阶交换群的直积. 反之, 这样的群也是 Dedekind 群.*

我们先证明一个引理.

引理 6.7.16 *设 G 是有限 Dedekind p-群, 则*

(1) 若 $p>2$, 则 G 交换;

(2) 若 $p=2$, 则 G 交换或者 $G\cong Q_8\times Z_2^n$, 其中 n 是非负整数.

证明 (1) 设 $p>2$, G 是使定理不真的极小反例, 则 G 的每个真子群交换, 于是 G 是内交换群. 由定理 5.6.3, G 有非正规子群, 矛盾.

(2) 设 $p=2$ 且 G 非交换. 取 G 的一个内交换子群 H, 则 H 亦为 Dedekind 群. 由定理 5.6.3, $H\cong Q_8$. 令 $H=\langle a,b\rangle$, 则 $o(a)=o(b)=4$, $a^2=b^2$, 且 $[a,b]=a^2$. 令 $C=C_G(H)$, 则 $C=C_G(\langle a\rangle)\cap C_G(\langle b\rangle)$. 由 N/C 定理, $|G:C_G(\langle a\rangle)|=2$, $|G:C_G(\langle b\rangle)|=2$. 于是 $|G:C|\leqslant 4$. 又, $C\cap H=Z(H)=\langle a^2\rangle$, 故由定理 1.2.12 得 $HC=G$. 下面证 $\exp C=2$. 如若不然, 有 $c\in C$ 使得 $o(c)=4$. 因 G 中 2 阶子群皆正规, 故 2 阶元属于中心. 而因 $ac\notin Z(G)$, 推出 $o(ac)=4$. 又因 $[ac,b]=[a,b]=a^2$, $\langle ac\rangle\trianglelefteq G$, 有 $a^2\in\langle ac\rangle$. 于是得 $a^2=(ac)^2=a^2c^2$, $c^2=1$, 与 $o(c)=4$ 矛盾. 这样我们证明了 C 是初等交换 2-群. 取 $\langle a^2\rangle$ 在 C 中的补 D, 则 $G=H\times D$, 引理得证. □

定理 6.7.15 的证明 设 G 是有限 Dedekind 群, 则因 G 的极大子群皆正规, 得 G 是幂零群, 因此 G 是它的诸 Sylow 子群的直积. 由引理 6.7.16 即得 G 有定理所述之结构.

反过来, 设 G 有定理所给的结构来证明 G 是 Dedekind 群, 留给读者作为习题. □

6.7.4 可分解群、可置换子群

定义 6.7.17 称有限群 G 为可分解群, 如果 G 可表成它的两个子群 A 和 B 的乘积, 即 $G=AB$.

下面的定理是 [63] 关于可分解群的著名结果.

定理 6.7.18 *设有限群 G 可表示成二子群 A,B 的乘积, 即 $G=AB$. 若 A,B 皆交换, 则 G 为亚交换群, 即满足 $G''=1$.*

证明 因 $A' = B' = 1$, 有 $G' = [A, B]$. 对于任意的 $a, a' \in A$, $b, b' \in B$, 由 $AB = BA$, 可令 $b^{a'} = a''b^*$, $a^{b'} = b''a^*$, 其中 $a'', a^* \in A$, $b'', b^* \in B$. 我们断言 $[a,b]^{a'b'}$ 和 $[a,b]^{b'a'}$ 相等, 于是 $[a,b]$ 和 $[a',b']$ 可交换, 定理证毕. 直接计算, 有

$$[a,b]^{a'b'} = [a, b^{a'}]^{b'} = [a, a''b^*]^{b'} = [a, b^*]^{b'} = [a^{b'}, b^{*b'}] = [b''a^*, b^*] = [a^*, b^*],$$

而

$$[a,b]^{b'a'} = [b''a^*, b]^{a'} = [a^*, b]^{a'} = [a^*, a''b^*] = [a^*, b^*],$$

得证. □

在文献上关于可分解群的研究多集中于在什么条件下可分解群是可解的. 最著名的结果有下面的 Wielandt 定理.

定理 6.7.19 *设有限群 G 可表示成二子群 A, B 的乘积, 即 $G = AB$. 若 A, B 皆幂零, 则 G 可解.*

这个定理的证明虽然初等, 但颇为复杂, 这里就不给出了. 请读者参看 [60] 中的 V, 4.14.

定义 6.7.20 称有限群 G 的子群 H 为*可置换子群*, 记作 H per G, 如果对 G 的任意子群 K 都有 $HK = KH$. 可置换子群也叫做*拟正规子群*.

命题 6.7.21 *有限群的可置换子群是次正规的.*

证明 设 H 是 G 的一个极大的可置换子群. 如果 H 不正规, 则存在 $g \in G$ 使得 $H^g \neq H$. 因为 HH^g 也可置换, 由 H 的极大性, 有 $G = HH^g$. 故存在 $h_1, h_2 \in H$ 使得 $g = h_1 h_2^g$, 推出 $1 = h_1 g^{-1} h_2$, $g = h_2 h_1 \in H$, 矛盾. 这证明了 $H \trianglelefteq G$.

对于不是极大的可置换子群 H, 做一群列:

$$H = H_0 < H_1 < \cdots < H_n = G,$$

使得 H_i 是 H_{i+1} 的极大的可置换子群, 则有 $H_i \trianglelefteq H_{i+1}$, 推出 $H \lhd\lhd G$. □

由命题 6.7.21, 可以认为子群的可置换性是介于正规性和次正规性之间的性质. 下面的命题说明在某种意义上, 它更接近于正规性.

命题 6.7.22 *设 H 是有限 p-群 G 的可置换子群, 而 G 可由 p 阶元素生成, 则 $H \trianglelefteq G$.*

证明 我们只需证明 G 的任一 p 阶生成元都正规化 H, 从而 $H \trianglelefteq G$. 设 g 是 G 的一个生成元, $o(g) = p$. 若 $g \in H$, 当然有 g 正规化 H, 故设 $g \in G \setminus H$. 令 $K = H\langle g \rangle$. 由 H 的可置换性及 $o(g) = p$, 有 $|K : H| = p$, 即 H 在 K 中极大, 有 $H \trianglelefteq K$, 得到 g 正规化 H, 命题证毕. □

习 题

6.7.1. 设 G 是 p-可解群, 且 $O_{p'}(G)=1$. 令 $V=O_p(G)/\Phi(O_p(G))$. 对于任意的 $x\in G$, 规定 $\varphi(x)\in \mathrm{Aut}(V)$:

$$v^{\varphi(x)}=v^{\overline{x}},\qquad \forall v\in V$$

其中 $\overline{x}=x\Phi(O_p(G))$, 则 φ 是 G 到 $\mathrm{Aut}(V)$ 内的同态, 其核 $\mathrm{Ker}\,\varphi=O_p(G)$.

6.7.2. 设 G 是 p-可解群, 且 $O_{p'}(G)=1$. 令 $P\in \mathrm{Syl}_p(G)$, 则

(1) 若 P 交换, 则 $P=O_p(G)$;

(2) $Z(P)\leqslant Z(O_p(G))$;

(3) $Z(P)$ 的正规闭包 $Z(P)^G$ 是 G 的交换正规子群;

(4) 若 $O_p(G)$ 循环, 则 $G'\leqslant O_p(G)$;

(5) 又设 $p=2$, 若 P 循环或为阶 $\geqslant 16$ 的二面体群, 则 $P=G$; 若 P 是阶 $\leqslant 8$ 的二面体群, 则 G 同构于 S_4 的一个子群, 若 P 是 8 阶四元数群, 则 $G=O_{pp'}(G)$.

6.7.3. 试不用 Schur-Zassenhaus 定理证明可解群 G 中 p-补群的存在性.

6.7.4. 设 G 可解, H 是 G 的 π-Hall 子群, $K\geqslant N_G(H)$, 则 $N_G(K)=K$, 又若 $N\trianglelefteq G$, 则 $N_{G/H}(HN/N)=N_G(H)N/N$.

6.7.5. 设 G 是有限群, $12\mid |G|$, 且 $x^{12}=1$ 在 G 中恰有 12 个解, 则这些解组成 G 的正规子群.

6.7.6. 称有限群 G 为**可补群**, 如果 G 的每个子群 H 都在 G 中有补, 即存在子群 K 满足 $HK=G$, $H\cap K=1$. 证明

(1) G 是可解群;

(2) G 的每个子群、商群都是可补群. 如果 H 也是可补群, 则 $G\times H$ 也是可补群;

(3) 若 G 可补, 则 G 的所有主因子循环, 且 G 的所有 Sylow 子群皆为初等交换群.

6.8 阅读材料 ——Frobenius 的一个定理

本节稍稍离开可解群的一般理论, 来讲述一个较古老的结果, 即 Frobenius 定理关于群中方程的解数的定理.

定理 6.8.1 (Frobenius) 设 G 是群, $|G|=g$. C 是 G 的一个共轭元素类, $|C|=h$, 则当 c 跑遍 C 时, 方程 $x^n=c$ 在群 G 中解的个数是 (hn,g) 的倍数.

证明 对于 G 的任一子集 K, 令 $A(K,n)=\{x\in G\mid x^n\in K\}$, $a(K,n)=|A(K,n)|$. 本定理的结论即 (hn,g) 整除 $a(C,n)$. 我们用对 g 和 n 的双重归纳法来证明. 当 $g=1$ 或 $n=1$ 时结论显然. 现在设对 $|G_1|<g$ 或 $|G_1|=g$ 但 $n_1<n$ 的群 G_1 和 n_1 已经成立, 来考察对 G 和 n 的情况.

首先, 若 $c'=u^{-1}cu$, 则 $x^n=c\Longleftrightarrow (u^{-1}xu)^n=c'$. 于是在方程 $x^n=c$ 和 $x^n=c'$ 的解集合间有一个一一对应, 这推出 $a(C,n)=ha(c,n)$ 对任一 $c\in C$ 成

立. 又, 如果 $x^n = c$, 则显然 $x \in C_G(c)$. 现在假定 $h > 1$, 即 $|C_G(c)| = g/h < g$, 对 $C_G(c)$ 应用归纳假设, 有 $(n, g/h) \mid a(c,n)$, 于是 $h(n, g/h)$ 可整除 $ha(c,n) = a(C,n)$, 定理得证. 故下面可设 $h = 1$, 这时有 $C = \{c\}$.

假定 $n = n_1n_2$, $(n_1, n_2) = 1$, $n_1 > 1$, $n_2 > 1$. 令 $D = A(c, n_2)$, 则 $A(c,n) = A(D, n_1)$. 因为由 $x^{n_2} = c$ 可推出 $(a^{-1}xa)^{n_2} = a^{-1}ca = c$, $\forall a \in G$, 故 D 为 G 的若干共轭类之并. 根据归纳假设, 可推得 $(n_1, g) \mid a(c,n) = a(D, n_1)$. 同理, $(n_2, g) \mid a(c,n)$. 由 $(n_1, n_2) = 1$, 即得 $(n, g) \mid a(c,n)$.

下面可设 $n = p^e$ 是素数方幂. 再分两种情形予以讨论:

(i) $p \mid o(c)$: 这时对任意的 $x \in A(c,n)$, 有 $o(x) = no(c)$. 于是在 $\langle x \rangle$ 中恰有 n 个元素属于 $A(c,n)$, 即 x^i, 其中 i 满足 $i \equiv 1 \pmod{o(c)}$, 并且这 n 个元素生成同一循环子群 $\langle x \rangle$. 因此 $a(c,n)$ 是 n 的倍数, 定理成立.

(ii) $p \nmid o(c)$: 由 $h=1$, 有 $c \in Z(G)$. 因为 $Z(G)$ 是交换群, $Z(G)$ 中阶与 p 互素的元素组成子群 B, 且 $p \nmid |B|$. 若有 $c_1, c_2 \in B$, 则方程 $c_2 = c_1 y^n$ 在 B 中有唯一解 y. 于是若 $x \in G$, $x^n = c_1$, 则有 $(xy)^n = c_2$, 反之亦然. 这推出 $a(c,n)$ 对于所有的 $c \in B$ 有相同的值, 由 $G = \bigcup_C A(C,n)$, 其中 C 跑遍 G 的所有共轭类, 有

$$g = \sum_C a(C,n) = \sum_{C \not\subseteq B} a(C,n) + |B| a(c,n).$$

因为 (n, g) 可整除第一个和式中的每一项, 故亦可整除 $|B|a(c,n)$. 由 $(n, |B|) = 1$, 即得 $(n,g) \mid a(c,n)$. □

推论 6.8.2 *若 $n \mid |G|$, 则方程 $x^n = 1$ 在 G 中的解的个数是 n 的倍数.*

与此相关的有 Frobenius 的著名猜想: 若 $n \mid |G|$, 且 $x^n = 1$ 在 G 中恰有 n 个解, 则它们组成 G 的正规子群. 这个猜想今天已经得到证明, 可见 [61]. 他们的证明依赖于有限单群的分类定理. 但如果假定 G 是可解群, 则我们有下面的初等证明.

定理 6.8.3 *设 G 是 g 阶可解群, $n \mid g$, 且方程 $x^n = 1$ 在 G 中恰有 n 个解, 则它们组成 G 的正规子群.*

证明 对 g 用归纳法, 取 G 的极小正规子群 N, 令 $\overline{G} = G/N$, 因为 G 可解, N 是 p^i 阶初等交换 p-群, 分下面两种情形予以讨论:

(i) $p \mid n$: 这时 N 中元素皆满足方程 $x^n = 1$. 设 $n = p^j n_1$, $(p, n_1) = 1$; $g = p^s g_1$, $(p, g_1) = 1$, 有 $|\overline{G}| = p^{s-i} g_1$. 令

$$n' = \begin{cases} p^{j-i} n_1, & \text{当 } j \geqslant i \text{ 时}, \\ n_1, & \text{当 } j < i \text{ 时}. \end{cases}$$

则显然 $n' \mid |\overline{G}|$, 于是 $\overline{x}^{n'} = 1$ 在 $\overline{G}$ 中有 kn' 个解, 并且每个解 $\overline{x} = xN$(作为 N 的陪集) 中的任一元素 xa, 其中 $a \in N$, 满足 G 中方程 $(xa)^{n'p} = 1$, 因而 $(xa)^n = 1$.

这推出 G 中方程 $x^n = 1$ 至少有 $kn'p^i$ 个解. 若 $j < i$, $n'p^i > n$, 与 $x^n = 1$ 恰有 n 个解相矛盾, 故必有 $j \geqslant i$ 且 $k = 1$. 由此, 方程 $\overline{x}^{n'} = 1$ 在 $\overline{G}$ 中也恰有 n' 个解. 据归纳假设, 这些解组成 $\overline{G}$ 的 n' 阶正规子群 K/N, 于是 K 是 G 的 n 阶正规子群.

(ii) $p \nmid n$: 这时在 $\overline{G}$ 中 $\overline{x}^n = 1$ 有 kn 个解. 对于任一解 $\overline{x} = xN$, 考察 $H = \langle x, N\rangle$. 因为 $(|N|, |H : N|) = 1$, 在 xN 中存在一个元素 xa, $a \in N$, 使 $o(xa) = o(\overline{x}) = |H : N|$, 于是 $(xa)^n = 1$. 这样在 G 中, 方程 $x^n = 1$ 至少有 kn 个解. 由已知条件 $k = 1$, 即方程 $\overline{x}^n = 1$ 在 $\overline{G}$ 中也恰有 n 个解. 依归纳假设, 这 n 个解组成正规子群 K/N, 其中 $|K| = np^i$. 由 K 可解 (或用 Schur-Zassenhaus 定理), K 中存在 p'-Hall 子群 K_1, 有 $|K_1| = n$. 于是 K_1 恰由 G 中方程 $x^n = 1$ 的 n 个解所组成, 是 G 的 n 阶正规子群. □

第 7 章　有限群表示论初步

阅读提示： 群表示论是有限群的重要分支. 本章叙述有限群表示的基本理论及其应用. 其中 7.1 节～7.4 节讲述群表示的概念以及表示论所必需的群代数、群代数上的模、完全可约模和半单代数等的构造等预备知识. 7.5 节讲述群特征标的理论, 它是把表示论应用到有限群理论上的一个桥梁. 7.6 节介绍诱导特征标, 并给出若干求有限群的特征标表的例子. 7.7 节讲述代数数论的预备知识, 这是为最后一节讲表示论的两个重要的应用做准备的. 最后一节则用群特征标理论给出了著名的 Burnside p^aq^b 定理和 Frobenius 定理的证明, 从中可见群表示论和群特征标理论的应用.

群表示论是群论的一个重要分支, 它对群论本身以及对物理、化学等其他学科有着广泛的应用, 它是 19 世纪末由 Frobenius 所创立的, 当时 Burnside 等也作出了很大的贡献. 到了 20 世纪初, 所谓*常表示*(ordinary representation) 的理论可以认为已经完成. 那时, Burnside 和 Frobenius 证明了两个著名的定理, 使人们看到群表示, 特别是群特征标的理论对于有限群论来说是何等重要! 从 20 世纪 30 年代开始, Brauer 等又进而发展了所谓*模表示*(modular representation) 的理论, 它对于有限群论特别是有限单群的分类问题又提供了一个有力的工具.

在本章中, 我们在叙述了群表示的若干基本概念之后, 只局限于介绍常表示和常特征标的一些基本知识以及它们的若干应用.

本章中, 恒假定 $\mathbf{F}$ 是一个域, G 是一个有限群, 且 $|G| = g$.

7.1　群的表示

本节中假定 $V = V(n, \mathbf{F})$ 是 $\mathbf{F}$ 上的 n 维向量空间, 并以 $GL(V)$ 表示 V 的全体可逆线性变换组成的乘法群, 而以 $GL(n, \mathbf{F})$ 表示 $\mathbf{F}$ 上全体 $n \times n$ 可逆矩阵组成的乘法群. 当然二者是同构的.

定义 7.1.1　称群 G 到 $GL(V)$ 内的一个同态映射 X 为 G 的一个(线性) 表示, 并称 $\mathbf{F}$ 为表示的*基域*, V 叫表示空间, 而 $\dim V = n$ 叫做表示的*级*.

又称群 G 到 $GL(n, \mathbf{F})$ 内的一个同态映射 $\mathbf{X}$ 为 G 的一个 (矩阵) 表示. 同样, $\mathbf{F}$ 也叫做表示的基域, 而矩阵的阶 n 叫做表示的级.

设给定群 G 的一个线性表示 X. 在表示空间 V 内取一组基 $e_1, \cdots, e_n$. 对于任意的 $a \in G$, $X(a)$ 是 V 的一个线性变换. 令

$$e_i^{X(a)} = \sum_{j=1}^{n} a_{ij}(a) e_j. \tag{7.1}$$

于是得到对应于 $X(a)$ 的矩阵 $\boldsymbol{X}(a) = (a_{ij}(a))$, 并且 $a \mapsto \boldsymbol{X}(a)$ 是 G 的一个矩阵表示. 反过来, 由一个矩阵表示 $\boldsymbol{X}$ 出发, 取 V 为 $\mathbf{F}$ 上任一 n 维向量空间, $e_1, \cdots, e_n$ 是 V 的一组基, 则 (7.1) 式也确定了 G 的一个线性变换, 并且映射 $a \mapsto X(a)$ 是 G 到 $GL(V)$ 内的一个线性表示. 由此看来, 线性表示和矩阵表示本质上是一致的, 它们只有形式上的不同. 因此, 以后我们谈群的表示时, 就不再特别区分是矩阵表示还是线性表示, 而视所讨论的问题的需要, 哪种更方便就采用哪种形式. 在以下诸定义的叙述中, 我们基本上只对线性表示来进行, 而矩阵表示的相应定义请读者自行补足.

定义 7.1.2 设 $X: G \to GL(V)$ 是一个表示. 称同态核 $\operatorname{Ker} X$ 为表示 X 的核, 显然 $\operatorname{Ker} X \trianglelefteq G$. 如果 $\operatorname{Ker} X = G$, 则称 X 为 G 的平凡表示. 如果 $\operatorname{Ker} X = 1$, 则称 X 为 G 的一个忠实表示.

定义 7.1.3 设 $X_1: G \to GL(V_1)$ 和 $X_2: G \to GL(V_2)$ 是 G 的两个表示, 我们称表示 X_1 和 X_2 等价, 记作 $X_1 \sim X_2$, 如果存在向量空间的同构 $S: V_1 \to V_2$, 使

$$X_1(a)S = SX_2(a), \qquad \forall a \in G.$$

我们通常称这个事实为下面的图是交换的:

$$\begin{array}{ccc} V_1 & \xrightarrow{S} & V_2 \\ \downarrow{\scriptstyle X_1(a)} & & \downarrow{\scriptstyle X_2(a)} \\ V_1 & \xrightarrow{S} & V_2 \end{array}$$

显然, 等价表示的级必然相等.

读者容易看出, 矩阵表示 $\boldsymbol{X}_1$ 和 $\boldsymbol{X}_2$ 的等价 可定义为存在满秩矩阵 $\boldsymbol{S}$ 使

$$\boldsymbol{S}^{-1}\boldsymbol{X}_1(a)\boldsymbol{S} = \boldsymbol{X}_2(a), \qquad \forall a \in G.$$

因此, 等价的矩阵表示可以看作是同一个线性表示在不同的基之下的矩阵形式. 反过来, 等价的线性表示在适当选取的二表示空间的基之下可以有相同的矩阵形式. 由于这个理由, 在表示论中, 我们常把等价的表示看作是同样的.

定义 7.1.4 设 $X: G \to GL(V)$ 是群 G 的一个表示. 规定群 G 在 V 上的作用如下:

$$v^a = v^{X(a)}, \qquad \forall v \in V,\ a \in G.$$

它满足

$$v^{ab} = (v^a)^b, \qquad \forall a, b \in G,\ v \in V.$$

我们称这个规定了群 G 的作用的线性空间 V 为一个 G-空间.

显然, 给出一个表示 X 和给出一个 G-空间 V 是一回事. 因此, 对群 G 的表示的研究可以看成是对 G-空间的研究.

定义 7.1.5 设 V 是一个 G-空间, W 是 V(作为线性空间) 的一个子空间. 如果 W 在 G 的作用下封闭, 即满足

$$w^a \in W, \qquad \forall w \in W,\ a \in G,$$

则称 W 为 V 的一个 G-子空间.

明显地, $\{0\}$ 和 V 都是 V 的 G-子空间, 叫做 V 的平凡 G-子空间.

设 W 是 G-空间 V 的非平凡 G-子空间, 则把 $X(a)$ 限制在 W 上亦为 W 的一个线性变换 $X(a)|_W$, 并且映射

$$Y : a \mapsto X(a)|_W, \qquad \forall a \in G$$

也是 G 的表示, 叫做由 X 在 W 上的限制. 它的表示空间是 W.

我们再考虑商空间 V/W. 若规定

$$(v + W)^a = v^a + W, \qquad \forall v \in V, a \in G,$$

则可使商空间 V/W 亦成一 G-空间, 它所对应的表示设为 $Z : G \to GL(V/W)$.

如果在 V 中取一组基 $e_1, \cdots, e_m, \cdots, e_n$, 使 $e_1, \cdots, e_m$ 为 W 的基, 于是 $e_{m+1} + W, \cdots, e_n + W$ 就是 V/W 的一组基, 这时 $X(a)$ 在这组基之下所对应的矩阵 $\boldsymbol{X}(a)$ 应有下列形状:

$$\boldsymbol{X}(a) = \begin{pmatrix} \boldsymbol{Y}(a) & 0 \\ * & \boldsymbol{Z}(a) \end{pmatrix},$$

其中 $\boldsymbol{Y}, \boldsymbol{Z}$ 分别为表示 Y, Z 对应的矩阵, 而 0 是 m 行, $(n-m)$ 列的零矩阵.

定义 7.1.6 设 $X : G \to GL(V)$ 是群 G 的表示, V 是相应的 G-空间, 如果 V 中存在一个非平凡 G-子空间 W, 则称表示 X 以及 G-空间 V 为可约的, 否则称为不可约的. 而如果 V 可表成它的两个非平凡 G-子空间 W 和 W' 的直和: $V = W \oplus W'$, 则称表示 X 以及 G-空间 V 为可分解的, 否则称为不可分解的. 又, 如果 V 可表成若干个不可约 G-子空间 W_i 的直和:

$$V = W_1 \oplus W_2 \oplus \cdots \oplus W_k,$$

则称表示 X 以及 G-空间 V 为完全可约的.

假定 V 是可分解的, 设 $V = W \oplus W'$. 我们在 W 和 W' 中各取一组基, 并把它们合并成 V 的一组基, 则 $X(a)$ 在这组基下的矩阵 $\boldsymbol{X}(a)$ 有形状

$$\boldsymbol{X}(a) = \begin{pmatrix} \boldsymbol{Y}(a) & 0 \\ 0 & \boldsymbol{Z}(a) \end{pmatrix}.$$

在这种情况下, 我们也称表示 X 为前面规定的表示 Y 和 Z 的直和, 记作 $X = Y \oplus Z$.

把 G 的每个元素都映到数 1 (看作 $\mathbf{F}$ 上的一阶方阵) 的映射显然是 G 的一个表示, 叫做 G 的**1-表示**或**主表示**, 常常记作 1_G. 它是任何群都有的一个 1 级表示, 它当然是不可约的, 但通常不是忠实的.

下面我们举几个较复杂的群表示的例子.

例 7.1.7 设群 G 作用在集合 $\Omega = \{1, 2, \cdots, n\}$ 上. 对于任意的 $a \in G$, 令 $\mathbf{P}(a) = (a_{ij})_{n \times n}$, 其中

$$a_{ij} = \begin{cases} 1, & \text{若} i^a = j, \\ 0, & \text{其他情形}. \end{cases}$$

则映射 $\boldsymbol{P} : a \mapsto \boldsymbol{P}(a)$ 是 G 的一个 n 级矩阵表示, 叫做 G 在 Ω 上的一个**置换表示**. 这时, 每个 $\boldsymbol{P}(a)$ 都是所谓**置换矩阵**, 即每行每列都有一个 1, 而其余地方为 0 的矩阵. 置换表示 $\boldsymbol{P}$ 的核即群 G 在 Ω 上作用的核.

例 7.1.8 设 $G = \{1 = a_1, a_2, \cdots, a_g\}$. 对于每个 $a \in G$, 令 $\boldsymbol{R}(a) = (a_{ij})_{g \times g}$, 其中

$$a_{ij} = \begin{cases} 1, & \text{若} a_i a = a_j, \\ 0, & \text{其他情形}. \end{cases}$$

则映射 $\boldsymbol{R} : a \mapsto \boldsymbol{R}(a)$ 是 G 的一个表示, 叫做 G 的**(右) 正则表示**.

正则表示是例 7.1.7 中给出的置换表示的特例, 这时 G 所作用的集合就是 G 本身, 正则表示在群表示论中起着很重要的作用.

明显地, 正则表示一定是忠实表示.

例 7.1.9 设 $G \neq 1$ 是有限 p-可解群, 且 $O_{p'}(G) = 1$, 则这时必有 $O_p(G) \neq 1$. 令 $V = O_p(G)/\Phi(O_p(G))$, 则 V 可看成 $GF(p)$ 上的有限维向量空间. 对于任一元素 $a \in G$, 在共轭作用下它诱导出 $O_p(G)$ 的一个自同构, 从而也诱导出 V 的一个自同构, 即线性变换. 这样可把 V 看成 G-空间, 得到 G 的一个线性表示 $X : G \to GL(V)$. 由第 6 章习题 6.7.1 知, $\mathrm{Ker}\, X = O_p(G)$. 于是 X 可看成 $G/O_p(G)$ 的一个忠实表示.

这个例子在 Hall-Higman p-长理论中占有重要的地位.

命题 7.1.10 设 G 是 p-群, $X : G \to GL(V)$ 是 G 在特征 p 域 $\mathbf{F}$ 上的不可约表示, 则 X 必为平凡表示, 即 $\mathrm{Ker}\, X = G$ 且 $\dim_{\mathbf{F}} V = 1$.

证明 我们只需证明在 V 中存在非零向量 v 使 $v^{X(a)} = v, \forall a \in G$. 因为证明了这点, 所有满足上述性质的向量必组成 V 的一个非零 G-子空间. 由 V 的不可约性, 这个子空间必为 V 本身, 于是有 $\mathrm{Ker}\, X = G$. 再由 V 的不可约性, 必有 $\dim_{\mathbf{F}} V = 1$. 下面我们用对 $|G|$ 的归纳法证明 V 中存在在所有的 $X(a)$ 之下都不变的非零向量.

取 G 的任一极大子群 M, 因 G 是 p-群, 有 $M \lhd G$. 由归纳假设, 在 M 的作用之下保持不动的向量全体组成 V 的非零子空间, 设其为 W. 我们先来证明 W 也是 G-子空间, 即在 G 的作用之下不变. 为此, 设 $a \in G$, $w \in W$, 我们要证明的是 $w^{X(a)} \in W$, 即证明 $w^{X(a)X(m)} = w^{X(a)}, \forall m \in M$. 因为 $M \lhd G$, 存在 $m' \in M$ 使 $am = m'a$, 于是

$$
\begin{aligned}
w^{X(a)X(m)} &= w^{X(am)} = w^{X(m'a)} \\
&= w^{X(m')X(a)} = w^{X(a)},
\end{aligned}
$$

得证. 这样 W 是 V 的 G-子空间. 根据 V 的不可约性就推出 $W = V$, 即 M 在 V 上的作用是平凡的. 下面任取 $a \in G$ 但 $a \notin M$, 则有 $a^p \in M$. 于是 $X(a^p) = 1$, 即 $X(a)^p = 1$, 这里 1 是 V 的恒等变换. 因为 $\mathrm{char}\, \mathbf{F} = p$, 又推出 $(X(a) - 1)^p = 0$, 即 $X(a)$ 满足方程 $(x-1)^p = 0$. 于是得到 1 是 $X(a)$ 的一个 (也是仅有的) 特征根. 取 $v \neq 0$ 为 $X(a)$ 关于特征根 1 的特征向量, 这样 $v^{X(a)} = v$. 又因 v 在 M 下不变, 故 v 在 $\langle M, a\rangle = G$ 下不变. 命题得证. □

推论 7.1.11 设群 G 在特征为 p 的域 $\mathbf{F}$ 上有一不可约忠实表示, 则 $O_p(G) = 1$.

证明 设 W 为被 $O_p(G)$ 不变的向量全体组成的子空间, 由命题 7.1.10 知 $W \neq 0$. 因为 $O_p(G) \lhd G$, 和命题 7.1.10 的证明一样, 我们可推出 W 也是 V 的 G-子空间. 于是由 V 的不可约性必有 $W = V$, 即 $O_p(G)$ 在 V 上作用是平凡的. 又因 G 的作用是忠实的, 就得到 $O_p(G) = 1$. □

到现在为止, 我们讨论的表示的基域 $\mathbf{F}$ 都是任意的. 但在进一步研究群表示的时候, 我们将看到对基域 $\mathbf{F}$ 加上某些限制是方便的. 比如, 设 $a \in G$, $o(a) = n$. 于是在任一表示 X 之下, $X(a)$ 满足 $(X(a))^n = 1$, 这里 1 是恒等变换. 这说明, 作为线性变换, $X(a)$ 的特征根都是域 $\mathbf{F}$ 中的 n 次单位根. 如果假设域 $\mathbf{F}$ 包含 n 次单位根, 显然对问题的讨论将带来很大方便. 通常为了简单起见, 我们甚至假定域 $\mathbf{F}$ 是代数封闭的, 这将使问题大大简化. 实际上, 域 $\mathbf{F}$ 的性质对群的表示影响是很大的. 一个 $\mathbf{F}$ 上的不可约表示, 当基域扩大了, 就可能变为可约的. 于是, 我们引进下述概念:

定义 7.1.12 设 X 是群 G 在域 $\mathbf{F}$ 上的不可约表示, 如果无论基域 $\mathbf{F}$ 怎样扩大, X 都仍为不可约的, 则称 X 为群 G 在域 $\mathbf{F}$ 上的绝对不可约表示.

定义 7.1.13 如果群 G 在域 $\mathbf{F}$ 上的所有不可约表示为绝对不可约的, 则称 $\mathbf{F}$ 为 G 的分裂域.

关于分裂域的进一步讨论超出了本书的范围, 有兴趣的读者可参看群表示论的更详尽的教科书.

为了熟悉群表示的基本概念, 在本节的最后, 我们来研究有限交换群的表示, 尽管其中的主要结论都可由后面的群表示的一般理论推出. 首先证明两个较一般性的结果.

命题 7.1.14 设 G 是群, 不一定交换, 而 z 是 G 的中心 $Z(G)$ 中的任一元素; $|G| = g$, 且域 $\mathbf{F}$ 包含 g 次本原单位根. 又设 $X : G \to GL(V)$ 是 G 在 $\mathbf{F}$ 上一个不可约表示, 则 $X(z)$ 必为数乘变换, 即对某 $\lambda \in \mathbf{F}$ 有 $v^{X(z)} = \lambda v$, $\forall v \in V$.

证明 因为 $\mathbf{F}$ 包含 g 次本原单位根, 且 $(X(z))^g = 1$, $X(z)$ 在 $\mathbf{F}$ 中存在特征根. 设其中的一个为 λ, 且 W 是 $X(z)$ 属于 λ 的特征子空间. 我们要证明 W 必为 V(作为 G-空间) 的一个 G-子空间. 这只需证对任意的 $a \in G$, $w \in W$, 有 $w^{X(a)} \in W$. 因为

$$(w^{X(a)})^{X(z)} = w^{X(az)} = w^{X(za)} = (w^{X(z)})^{X(a)} = \lambda w^{X(a)},$$

所以 $w^{X(a)}$ 仍为 $X(z)$ 的属于 λ 的特征向量, 于是 $w^{X(a)} \in W$. 由 V 的不可约性以及 $W \neq \{0\}$ 推知 $W = V$, 即 $X(z)$ 是 V 的数乘变换. □

推论 7.1.15 在命题 7.1.14 中补充假定 X 是忠实表示, 则 $Z(G)$ 是循环群.

证明 由命题 7.1.14, 对任一 $z \in Z(G)$, 有 $X(z) = \lambda \cdot 1$, 其中 1 表 V 的恒等映射. 设 $|G| = g$, 必有 $z^g = 1$, 于是 $X(z)^g = \lambda^g \cdot 1 = 1$. 由此有 $\lambda^g = 1$, 特别地, $\lambda \neq 0$, 即 $\lambda \in \mathbf{F}^{\#}$. 容易验证把 z 映到 λ 的映射是 $Z(G)$ 到群 $(\mathbf{F}^{\#}, \cdot)$ 内的同态. 因为 $(\mathbf{F}^{\#}, \cdot)$ 的有限子群为循环群, 由 X 的忠实性即得到 $Z(G)$ 循环. □

下面开始分析交换群的表示.

定理 7.1.16 设 G 是有限交换群, $|G| = g$, 且域 $\mathbf{F}$ 包含 g 次本原单位根. 又设 $X : G \to GL(V)$ 是 G 的不可约表示, 则 $\dim_{\mathbf{F}} V = 1$, 即 X 为 1 级表示.

证明 由 G 交换, 有 $G = Z(G)$. 命题 7.1.14 说明, 对任意的 $0 \neq v \in V$ 有 $\langle v \rangle$ 是 V 的 G-子空间. 由 V 不可约及 $\langle v \rangle \neq \{0\}$, 即得 $V = \langle v \rangle$, 即 $\dim_{\mathbf{F}} V = 1$. □

下面研究交换群的 1 级表示. 根据交换群的分解定理, 每个有限交换群都可表成有限多个循环群的直积. 故我们先来研究循环群的表示.

定理 7.1.17 设 $G = \langle a \rangle$ 是 n 阶循环群, 域 $\mathbf{F}$ 包含 n 次本原单位根 ω, 且设 $\operatorname{char} \mathbf{F} = 0$ 或 p, $(p, n) = 1$, 则 G 恰有 n 个不可约表示 $X_1, \cdots, X_n$, 它们由下式确定:

$$X_i(a) = \omega^i, \qquad i = 1, 2, \cdots, n.$$

证明　设 X 是 G 的一个不可约表示. 由定理 7.1.16, X 必为 1 级的. 如果我们不区别一维空间 V 的数乘变换 $\lambda \cdot 1$ 和数 λ, 可令 $X(a) = \lambda$, 其中 $\lambda \in \mathbf{F}^{\#}$. 因 $a^n = 1$, 故 $X(a)^n = 1$, 即 $\lambda^n = 1$, 所以 λ 是 n 次单位根, 即 $\lambda = \omega^i$, 对某个 i 成立. 于是 $X = X_i$.

反过来, 显然 $X_i(a) = \omega^i$ 可确定 G 的一个不可约表示. □

定理 7.1.18　设

$$G = \langle a_1 \rangle \times \cdots \times \langle a_s \rangle$$

是有限交换群, 其中 $o(a_i) = n_i$, $i = 1, 2, \cdots, s$. 于是 $|G| = n = \prod_{i=1}^{s} n_i$. 又设域 $\mathbf{F}$ 包含 n 次本原单位根 ω, 且 $\operatorname{char} \mathbf{F} = 0$ 或 p, $(p, n) = 1$, 则 G 恰有 n 个不可约表示

$$X_{i_1 \cdots i_s}, \qquad i_1 = 1, 2, \cdots, n_1; \cdots; i_s = 1, 2, \cdots, n_s.$$

它们都是 1 级表示, 且可由下式确定:

$$X_{i_1 \cdots i_s}(a_j) = \omega_j^{i_j}, \qquad j = 1, 2, \cdots, s, \tag{7.2}$$

其中 ω_j 是任一 n_j 次本原单位根.

证明　由定理 7.1.16, G 的每个不可约表示都是 1 级的. 因此它们可由基元素 $a_1, \cdots, a_s$ 对应的值唯一确定. 又由定理 7.1.17, a_j 只能对应到 ω_j 的方幂, 故 G 的每个不可约表示均有 (7.2) 式之形状. 反过来, (7.2) 式显然可确定 G 的一组不可约表示, 并且它们互不相同. 由此得 G 恰有 n 个由 (7.2) 式确定之不可约表示. □

在定理 7.1.18 中, 如果假定 $\operatorname{char} \mathbf{F} = p$ 且 $p \mid n$, G 的不可约表示也很容易确定 (注意这时要假定域 $\mathbf{F}$ 包含 m 次本原单位根, 其中 m 是 n 的 p'-部分). 由 G 交换, $O_p(G)$ 是 G 的 Sylow p-子群. 而由命题 7.1.10, 对 G 的任一不可约表示 X 都有 $O_p(G) \leqslant \operatorname{Ker} X$. 于是 G 的不可约表示和 $\overline{G} = G/O_p(G)$ 的不可约表示是一样的. 而对后者有 $(p, |\overline{G}|) = 1$, 故可应用定理 7.1.18 确定之.

习　题

7.1.1. 设 X 是群 G 的一个表示. 则映射

$$\det X : a \mapsto \det X(a), \qquad a \in G,$$

其中 $\det X(a)$ 表线性变换 $X(a)$ 的行列式, 也是 G 的表示.

7.1.2. 设 $G = \langle a, b \rangle$ 是 $2n$ 阶二面体群, 有定义关系:

$$a^n = 1,\ b^2 = 1,\ b^{-1}ab = a^{-1}.$$

又设 ε 是复数域上的 n 次本原单位根. 则映射

$$\mathbf{X}: a^i b^j \mapsto A^i B^j, \qquad i=1,2,\cdots,n,\ j=1,2$$

是 G 的一个忠实不可约矩阵表示, 其中

$$A=\begin{pmatrix}\varepsilon & 0\\ 0 & \varepsilon^{-1}\end{pmatrix}, \quad B=\begin{pmatrix}0 & 1\\ 1 & 0\end{pmatrix}.$$

7.1.3. 证明例 7.1.7 中给出的群 G 的置换表示 $\boldsymbol{P}$ 是可约的, 只要 $n \geqslant 2$.

7.1.4. 设 $\boldsymbol{X}$ 是 G 在 $\mathbb{C}$ 上的任一非主不可约矩阵表示, 则 $\sum\limits_{a\in G}\boldsymbol{X}(a)=0$.

7.1.5. 设 $G=S_3$. 试把 G 的置换表示表成不可约表示的直和, 从而得到 S_3 的一个 2 级不可约复表示.

7.1.6. 设 G 是有限交换群, 以 G^* 记 G 的全部不可约复表示的集合. 规定 G^* 内的乘法如下: 对 $X_1, X_2 \in G^*$, 令

$$(X_1X_2)(a)=X_1(a)X_2(a), \qquad a\in G,$$

则 G^* 对此乘法成一群. 并证明:

(1) $G^* \cong G$;

(2) 对于 G 的任一子群 H, 规定

$$H^d=\{X\in G^* \mid H\leqslant \operatorname{Ker} X\}.$$

证明 $H^d \leqslant G^*$, 且映射 $H\mapsto H^d$ 是 G 的子群集合到 G^* 的子群集合间的一一对应, 满足

$$H_1\geqslant H_2 \iff H_1^d \leqslant H_2^d.$$

7.1.7. 设 G 是有限交换群, $n=\exp G$. 再设 $\mathbf{F}$ 是域, ω 是 $\mathbf{F}$ 上的 n 次本原单位根, 则 $\mathbf{F}(\omega)$ 是 G 的分裂域.

7.1.8. 设 $\mathbf{F}=GF(p)$ 是 p 个元素的域, $V=V(2,\mathbf{F})$ 是 $\mathbf{F}$ 上二维向量空间. 设 $P\leqslant GL(V)$, P 是非平凡 p-群, 则 $|P|=p$, 且 V 作为 P-空间是不可分解的, 但不是不可约的.

7.1.9. 设 G 是有限群, $\mathbf{F}$ 是任一域, 则存在 $\mathbf{F}$ 的有限代数扩张 $\mathbf{E}$ 为 G 的分裂域.

7.2 群代数和模

为了进一步研究群的表示, 我们需要代数和模的概念, 并且要引进代数的表示, 把群表示和代数的表示联系起来研究. 联系二者的桥梁是群代数的概念. 下面我们先来叙述这些基本概念, 其中的大部分在抽象代数课程中已经熟知.

定义 7.2.1 设 $\mathbf{F}$ 是域, A 是 $\mathbf{F}$ 上的有限维向量空间, 同时又是一个 (有单位元 1 的) 环. 假定对任意的 $\lambda\in\mathbf{F}$, $x,y\in A$, 恒有

$$(\lambda x)y=\lambda(xy)=x(\lambda y),$$

则称 A 为一个 **F**-代数, 或简称代数.

F-代数最典型的例子是

例 7.2.2 设 $V = V(n, \mathbf{F})$ 是 **F** 上 n 维向量空间, 则 V 到自身的全体线性变换的集合 $\mathrm{End}_{\mathbf{F}}(V)$ 在通常定义的加法、乘法和数乘之下成一 **F**-代数. 它的维数是 n^2, 并且与 **F** 上的全体 $n \times n$ 矩阵组成的 **F**-代数 $M_n(\mathbf{F})$ 同构, 后者的运算为矩阵的加法、乘法和数乘.

和环一样, 对于 **F**-代数来说也有诸如子代数、(左、右、双边) 理想、商代数、代数同态等概念, 并成立同态基本定理. 我们简单叙述如下:

设 A 是 **F**-代数, B 是 A 作为向量空间的子空间. 如果 B 同时也是 A 作为环的子环 (要求有 1) 或 (左、右、双边) 理想, 则称 B 为 **F**-代数 A 的子代数或 (左、右、双边) 理想. 再设 B 是 A 的 (双边) 理想, 则 A 作为环的商环 A/B 自然有一线性空间的结构 (或者 A 作为线性空间的商空间 A/B 自然有一环的结构), 这使 A/B 亦成一 **F**-代数, 叫做 A 关于理想 B 的商代数. 关于 **F**-代数的同态以及同态基本定理也和环十分相似, 这里不再仔细叙述. 我们只提醒读者注意一点: 因为 **F**-代数有单位元 1, 我们要求代数同态除保持运算外还把单位元映到单位元, 也要求子代数包含原代数的单位元 1.

下面的群代数的概念是非常重要的.

定义 7.2.3 设 **F** 是域, $G = \{1{=}a_1, a_2, \cdots, a_g\}$ 是一个有限群, 其中 $g = |G|$. 令

$$\mathbf{F}[G] = \left\{ \sum_{i=1}^{g} \lambda_i a_i \mid \lambda_i \in \mathbf{F} \right\}$$

是 G 中元素用 **F** 中元素 (以下叫做数) 作系数的所有形式的线性组合. 规定

$$\sum_i \lambda_i a_i = \sum_i \lambda'_i a_i \Leftrightarrow \lambda_i = \lambda'_i, \qquad \forall i.$$

并在 $\mathbf{F}[G]$ 中如下自然地规定加法和数乘

$$\sum_i \lambda_i a_i + \sum_i \lambda'_i a_i = \sum_i (\lambda_i + \lambda'_i) a_i,$$

$$\lambda \left(\sum_i \lambda_i a_i \right) = \sum_i (\lambda \lambda_i) a_i, \qquad \forall \lambda_i, \lambda'_i, \lambda \in \mathbf{F},$$

这使得 $\mathbf{F}[G]$ 成为 **F** 上 g 维向量空间. 再规定乘法为

$$\left(\sum_i \lambda_i a_i \right) \left(\sum_j \lambda'_j a_i \right) = \sum_{i,j} (\lambda_i \lambda'_j)(a_i a_j),$$

则易证 $\mathbf{F}[G]$ 成为一个 g 维 **F**-代数, 叫做群 G 在 **F** 上的群代数.

群代数的概念的意义在于通过它把群和代数, 因而也把群的表示和代数的表示联系了起来. 而代数作为环和向量空间有更丰富的结构性质, 因而也更便于对它进行研究.

下面定义代数的表示.

定义 7.2.4 设 A 是一个 $\mathbf{F}$-代数, V 是 $\mathbf{F}$ 上的 n 维向量空间. 我们称代数同态 $X : A \to \mathrm{End}_{\mathbf{F}}(V)$ 为 A 的一个*线性表示*, 而称 $X : A \to M_n(\mathbf{F})$ 为 A 的一个*矩阵表示*.

和群的表示一样, 我们称 V 为*表示空间*, $n = \dim_{\mathbf{F}} V$ 为*表示的级*. 表示的核 $\mathrm{Ker}\, X$ 是 A 的一个 (双边) 理想. 当然也有忠实表示、平凡表示、表示的等价等概念. 但须注意, 这里表示核 $\mathrm{Ker}\, X$ 是由 A 中映到 V 的零变换的全体所组成的, 而群表示的核则由 G 中映到 V 的恒等变换的元素组成, 二者从概念上是有区别的.

有了群代数的概念, 我们可以把群表示和它的群代数的表示联系起来. 若给了群 G 在 $\mathbf{F}$ 上的表示 X, 我们把它线性扩展到 $\mathbf{F}[G]$ 上就得到 $\mathbf{F}[G]$ 的一个表示; 反过来, 若给了 $\mathbf{F}[G]$ 的一个表示, 把它限制到 G 上, 即可得到群 G 的一个表示 (注意, 因为代数同态把单位元映到单位元, 所以群代数 $\mathbf{F}[G]$ 中的可逆元素, 特别地, G 的所有元素, 必映到 $\mathrm{End}_{\mathbf{F}}(V)$ 中的可逆元素, 即 V 的可逆线性变换). 因此, 研究群表示和它的群代数的表示就是一回事. 我们甚至从符号上也不加区别: 给了群的表示 X, 它对应的群代数 $\mathbf{F}[G]$ 的表示也用符号 X.

在研究群表示时, 我们引进了 G-空间的概念, 并把群表示的研究化为 G-空间的研究. 这里我们引进代数 A 上的模的概念, 把 A 的表示和 A-模建立对应关系, 以便能用模论的方法来研究表示论.

定义 7.2.5 设 A 是一个 $\mathbf{F}$-代数, V 是 $\mathbf{F}$ 上 n 维向量空间. 假如对每个 $v \in V$, $x \in A$, 有唯一确定的元素 $vx \in V$, 并且对所有的 $x, y \in A$, $v, w \in V, \lambda \in \mathbf{F}$ 成立

(1) $(v + w)x = vx + wx$,

(2) $v(x + y) = vx + vy$,

(3) $(vx)y = v(xy)$,

(4) $(\lambda v)x = \lambda(vx) = v(\lambda x)$,

(5) $v \cdot 1 = v$,

则称 V 为一个*(右)A-模*.

容易看出, 上述条件 (1) 和 (4) 的前半表明任意的 $x \in A$ 在 V 上作用都是 V 的一个线性变换, 我们用 $X(x)$ 表示. 而条件 (2), (3) 和 (4) 的后半表明对应 $x \mapsto X(x)$ 保持加法、乘法和数乘运算, 条件 (5) 又表明这个对应 X 把 A 的单位元 1 变到 $\mathrm{End}_{\mathbf{F}}(V)$ 的单位元, 于是 X 是 A 到 $\mathrm{End}_{\mathbf{F}}(V)$ 内的代数同态. 由此看来, 一个 A-模 V 可看成是一个向量空间 V 加上一个代数同态 $X : A \to \mathrm{End}_{\mathbf{F}}(V)$, 这个

同态 X 就给出了 A 的一个表示. 而且反过来, 由 A 的任一线性表示 X 出发, 规定

$$vx = v^{X(x)}, \qquad \forall x \in A, v \in V,$$

可使 V 成为一个 A-模. 这样, 对代数 A 的表示的研究和 A-模的研究就可以等同起来了. 这正和 G-空间与群 G 的表示可等同看待一样.

和 G-空间的情况一样, 我们可以定义 A-模的子模、子模的和与直和, 以及 A-模的可约、不可约、可分解、不可分解等概念. 还可定义与 A-模对应的 A 的表示的上述概念. 这里不一一叙述了, 请读者自行叙述这些概念的严格定义.

又, 若取 $A = \mathbf{F}[G]$, 则 A-模和 G-空间亦可等同看待. 这正和群 G 的表示与 $\mathbf{F}[G]$ 的表示可等同看待一样. 这样我们就把 G 的表示与 $\mathbf{F}[G]$ 的表示、G-空间、$\mathbf{F}[G]$-模都统一起来了. 把其中之一弄清楚了, 其他的也就清楚了. 在后面的两节中, 我们将集中精力于 $\mathbf{F}[G]$-模, 研究它的构造, 并从而推出群表示的若干基本结论.

例 7.2.6 设 A 是一个 $\mathbf{F}$-代数, 则 A 作为 $\mathbf{F}$ 上的向量空间可以自然地看成一个 A-模, 即规定 A 的元素在 A 上的作用为右乘变换. 这个 A-模叫做代数 A 的(右)正则 A-模. 我们也用符号 A 来表示.

群 G 的正则表示所对应的 $\mathbf{F}[G]$-模就是右正则 $\mathbf{F}[G]$-模. 它在群表示的研究中占据重要的地位.

还有一个重要概念是下面的

定义 7.2.7 设 V 是一个 A-模, 称

$$\mathrm{Ann}(V) = \{x \in A \mid vx = 0, \ \forall v \in V\}$$

为 V 的零化子.

容易验证, $\mathrm{Ann}(V)$ 是 A 的双边理想. 事实上, 如果用 X 表示对应于 A-模 V 的 A 的表示, 则 $\mathrm{Ann}(V) = \mathrm{Ker}\, X$, 且 $A/\mathrm{Ann}(V)$ 同构于 A 在 X 下的像 $X(A)$, 它是 $\mathrm{End}_{\mathbf{F}}(V)$ 的一个子代数, 并且 A-模 V 亦可看成是一个 $X(A)$-模.

还容易验证, 同构的 A-模有相同的零化子 (习题 7.2.1), 这个事实以后常常要用到.

最后提一下模同态的概念. 设 V, W 是两个 A-模, φ 是 V 到 W 作为线性空间的线性映射, 同时满足

$$(vx)^{\varphi} = (v^{\varphi})x, \qquad \forall v \in V, x \in A,$$

则称 φ 为 A-模 V 到 A-模 W 的一个A-模同态. V 到 W 的所有 A-模同态的集合记作 $\mathrm{Hom}_A(V, W)$, 它是 $\mathrm{Hom}_{\mathbf{F}}(V, W)$ 的子集. 而 A-模 V 到自身的 A-同态, 即 V

的 A-模自同态的全体记作 $\mathrm{End}_A(V)$, 它是 $\mathrm{End}_{\mathbf{F}}(V)$ 的子集. 自然, 还可定义 A-模同构和 A-模自同构的概念, 请读者自行叙述.

容易验证, $\mathrm{Hom}_A(V,W)$ 在如下定义的加法和数乘之下成为 $\mathbf{F}$ 上的一个向量空间: 对于 $\varphi,\psi\in\mathrm{Hom}_A(V,W)$, $\lambda\in\mathbf{F}$, $v\in V$, 规定

$$v^{\lambda\varphi}=\lambda v^{\varphi},\quad v^{(\varphi+\psi)}=v^{\varphi}+v^{\psi}.$$

而 $\mathrm{End}_A(V)$ 不仅是一个 $\mathbf{F}$-向量空间, 而且若以映射的合成作为乘法还组成一个 $\mathbf{F}$-代数, 读者试证明 $\mathrm{End}_A(V)$ 恰为 $X(A)$ 在 $\mathrm{End}_{\mathbf{F}}(V)$ 中的中心化子.

习　　题

7.2.1. 证明同构的 A-模有相同的零化子.

7.3 不可约模和完全可约模

群表示论的基本问题之一是决定群 G 在域 $\mathbf{F}$ 上的所有不等价的不可约表示, 而这等价于确定所有互不同构的不可约 $\mathbf{F}[G]$-模. 为了解决这个问题, 我们先来研究不可约模.

定义 7.3.1 设 A 是 $\mathbf{F}$-代数, V 是 A-模. 称 V 为不可约的, 如果 $V\neq 0$, 且除掉 $\{0\}$ 和 V 本身外, V 没有其他的 A-子模.

不可约模的基本性质是下面的

引理 7.3.2 (Schur) 设 V, W 是不可约 A-模, 则 $\mathrm{Hom}_A(V,W)$ 的每个非零元素在 $\mathrm{Hom}_A(W,V)$ 中有逆.

证明 设 $\varphi\in\mathrm{Hom}_A(V,W)$, 且 $\varphi\neq 0$, 则 $\mathrm{Ker}\,\varphi$ 是 V 的子模且 $\neq V$. 而 V^{φ} 是 W 的子模且 $\neq 0$, 由 V 和 W 的不可约性即得到 $\mathrm{Ker}\,\varphi=0$, $V^{\varphi}=W$. 于是 φ 是 V 到 W 的一一映射, 因而是 A-模同构. 于是 φ 存在逆映射 $\varphi^{-1}\in\mathrm{Hom}_A(W,V)$. □

由此立即得到

推论 7.3.3 设 V 是不可约 A-模, 则 $\mathrm{End}_A(V)$ 是 $\mathbf{F}$ 上可除代数.

定理 7.3.4 设 V 同推论 7.3.3, 又设 $\mathbf{F}$ 是代数封闭域, 则 $\mathrm{End}_A(V)\cong\mathbf{F}\cdot 1=\{\lambda\cdot 1\mid\lambda\in\mathbf{F}\}$, 这里 1 表 V 的恒等变换.

证明 显然 $\mathbf{F}\cdot 1\subseteq\mathrm{End}_A(V)$. 今设 $0\neq\varphi\in\mathrm{End}_A(V)$. 因为 φ 是有限维向量空间 V 的线性变换, 且 $\mathbf{F}$ 是代数封闭域, 则 φ 在 $\mathbf{F}$ 中有特征值 λ. 这时 $\varphi-\lambda\cdot 1$ 是降秩变换. 但由推论 7.3.3, $\mathrm{End}_A(V)$ 的每个非零元素都是满秩的, 故必有 $\varphi-\lambda\cdot 1=0$, 即 $\varphi=\lambda\cdot 1\in\mathbf{F}\cdot 1$. □

定义 7.3.5 设 A 是 $\mathbf{F}$-代数, V 是 A-模. 称 V 为完全可约的, 如果对 V 的任一子模 W, 都存在另一子模 U 使 $V = W \oplus U$, 这里 "$\oplus$" 表模的直和.

注意, 按照这个定义, 不可约模都是完全可约模; 并且容易验证完全可约模的子模也是完全可约模 (见习题 7.3.4).

下面的定理给出了完全可约模的两个充要条件.

定理 7.3.6 设 V 是 A-模, 则下列陈述等价:

(1) V 是完全可约模;

(2) V 是不可约模的和;

(3) V 是不可约模的直和.

证明 (1) $\Rightarrow$ (2): 用对 $n = \dim_{\mathbf{F}} V$ 的归纳法. 任取 V 的一个不可约子模 $W \neq 0$, 则由完全可约性有 V 的子模 U 使 $V = W \oplus U$, 这时有 $\dim_{\mathbf{F}} U < n$. 根据归纳假设, U 可表成不可约模的和, 于是 V 有同样的表示.

(2) $\Rightarrow$ (3): 设 $V = \sum\limits_i V_i$, V_i 是不可约的 A-模. 假设 W 是 V 的能表成某些 V_i 的直和的 (在包含关系之下) 极大的子模, 我们断言必有 $W = V$. 若否, 必有某个 $V_j \not\subseteq W$, 则由 V_j 的不可约性有 $V_j \cap W = 0$. 于是 $V_j + W$ 仍为直和, 与 W 的极大性相矛盾.

(3) $\Rightarrow$ (1) : 设 $V = \bigoplus_i V_i$ 是不可约 A-模 V_i 的直和. 又设 W 是 V 的任一子模. 取 U 为 V 的满足 $U \cap W = 0$ 的 (在包含关系之下) 极大的子模. 我们断言必有 $V = W + U$, 从而 $V = W \oplus U$. 若否, 必有某个 $V_j \not\subseteq W \oplus U$, 于是由 V_j 的不可约性有 $V_j \cap (W \oplus U) = 0$, 即 $V_j + (W \oplus U) = V_j \oplus W \oplus U$ 是直和. 这时将有 $W \cap (V_j \oplus U) = 0$, 与 U 的选择相矛盾. □

对于任意的 $\mathbf{F}$-代数 A 来说, 不一定每个 A-模都是完全可约的. 于是我们有

定义 7.3.7 称 $\mathbf{F}$-代数 A 为半单代数, 如果任一 A-模 V 都是完全可约的.

定理 7.3.8 设 A 为 $\mathbf{F}$-代数. 如果右正则模 A 是完全可约的, 则 A 为半单代数.

证明 由定义 7.3.7, 只需证任一 A-模 V 都是完全可约的. 又因为任一 A-模 V 都可表成若干个循环模 (即由一个元素生成的模) 的和, 根据定理 7.3.6(2), 又只需对 $V = vA$ 是循环模的情形来证明. 考虑映射 $\varphi : a \mapsto va$, $\forall a \in A$. 显然 φ 是正则模 A 到 V 的同态. 于是由同态基本定理有 $V \cong A/\mathrm{Ker}\,\varphi$, 这里 $\mathrm{Ker}\,\varphi$ 是正则模 A 的子模. 根据 A 的完全可约性, 有 A 的子模 U 使得 $A = \mathrm{Ker}\,\varphi \oplus U$. 于是有 $V \cong U$. 因为 U 作为完全可约模 A 的子模仍为完全可约的 (习题 7.3.4), 故 V 亦完全可约. □

下面的定理对于整个表示论来说是极其重要的.

定理 7.3.9 (Maschke) 设 G 是有限群, $\mathbf{F}$ 是域. 若 $\mathrm{char}\,\mathbf{F} = 0$ 或 $\mathrm{char}\,\mathbf{F} = p$,

但 $p\nmid|G|$, 则群代数 $\mathbf{F}[G]$ 是半单的.

证明 设 V 是任一 $\mathbf{F}[G]$-模, W 是它的子模. 首先, 我们可以找到 V 的子空间 U 使得 $V=W\oplus U$, 但这里 U 不一定是 $\mathbf{F}[G]$-子模. 考虑由这个分解得到的 V 到 W 上的射影 φ, 这时 φ 是 $\mathbf{F}$-同态但不一定是 $\mathbf{F}[G]$-同态. 现在如下规定 V 到 W 上的另一映射 ψ:

$$v^{\psi}=|G|^{-1}\sum_{a\in G}(va)^{\varphi}a^{-1},$$

其中 $|G|^{-1}$ 表 $\mathbf{F}$ 中元素 $|G|$ 的逆. 因为 $\operatorname{char}\mathbf{F}=0$ 或 p, $p\nmid|G|$, 则 $|G|^{-1}$ 总是存在的. 我们要证明 ψ 是 V 到 W 上的 $\mathbf{F}[G]$-同态.

首先, 显然有 ψ 是 V 到 W 的 $\mathbf{F}$-同态. 又, 对于任意的 $x\in G$, 有

$$\begin{aligned}(vx)^{\psi}&=|G|^{-1}\sum_{a\in G}(vxa)^{\varphi}a^{-1}\\&=|G|^{-1}\sum_{a\in G}(v(xa))^{\varphi}(xa)^{-1}x\\&=v^{\psi}x.\end{aligned}$$

这证明了 ψ 是 $\mathbf{F}[G]$-同态.

如果 $v\in W$. 由 $va\in W$, $\forall a\in G$, 有 $(va)^{\varphi}=va$, 于是

$$\begin{aligned}v^{\psi}&=|G|^{-1}\sum_{a\in G}(va)^{\varphi}a^{-1}\\&=|G|^{-1}\sum_{a\in G}vaa^{-1}\\&=|G|^{-1}\sum_{a\in G}v=|G|^{-1}|G|v=v.\end{aligned}$$

这说明 ψ 是 V 到 W 上的 $\mathbf{F}[G]$-同态. 令 $\operatorname{Ker}\psi=K$. 显然 K 也是 $\mathbf{F}[G]$-模. 我们要证明 $V=W\oplus K$. 首先, 对任意的 $v\in V$, 有 $v^{\psi}\in W$. 而由

$$(v-v^{\psi})^{\psi}=v^{\psi}-(v^{\psi})^{\psi}=v^{\psi}-v^{\psi}=0,$$

知 $v-v^{\psi}\in K$, 于是 $v=v^{\psi}+(v-v^{\psi})\in W+K$. 这说明 $V=W+K$. 再设 $k\in K\cap W$. 由 $k\in W$, 有 $k^{\psi}=k$; 而由 $k\in K$ 有 $k^{\psi}=0$, 于是 $k=0$. 这说明 $K\cap W=0$. 这样我们证明了 $V=W\oplus K$. □

Maschke 定理的逆也成立, 即我们有

定理 7.3.10 设 G 是有限群, $\mathbf{F}$ 是域. 如果 $\mathbf{F}[G]$ 是半单的, 则若 $\operatorname{char}\mathbf{F}\neq 0$, 必有 $\operatorname{char}\mathbf{F}\nmid|G|$.

证明 用反证法, 设 char $\mathbf{F}||G|$. 考虑正则模 $\mathbf{F}[G]$ 的一维子模 $\langle c\rangle$, 其中 $c=\sum\limits_{a\in G}a$. 由 $\mathbf{F}[G]$ 的半单性, $\mathbf{F}[G]$ 有 $g-1$ 维子模 W 使 $\mathbf{F}[G]=\langle c\rangle\oplus W$. 因为

$$c^2=\left(\sum_{a\in G}a\right)^2=|G|\sum_{a\in G}a=|G|c=0,$$

故 $c=1\cdot c\in\mathbf{F}[G]\cdot c=(\langle c\rangle\oplus W)c\subseteq W$, 与 $\langle c\rangle\cap W=0$ 相矛盾. □

Maschke 定理的意义在于揭示了有限群的表示和基域的特征之间的关系. 如果 char $\mathbf{F}=0$ 或 char $\mathbf{F}=p$ 但 $p\nmid|G|$, 则群 G 在域 $\mathbf{F}$ 上的每个表示都是完全可约的. 因此对群 G 的任意表示的研究就可化归为对于不可约表示的研究. 换句话说, 不可约表示研究清楚了, 群的所有表示也就清楚了. 但如果 char $\mathbf{F}||G|$, 情况就大不相同了. 它比前种情况要复杂的多. 我们称前种情况为有限群的常表示, 而称 char $\mathbf{F}\mid|G|$ 的情况为模表示. 在本章的以下部分, 我们只来研究有限群的常表示.

习 题

7.3.1. 试用矩阵表示的语言来证明 Maschke 定理.

7.3.2. 设 X 是 G 的任一复表示, V 是对应的 G-空间, 则可在 V 上规定一个 Hermite 内积, 使每个 $X(a), a\in G$, 在 V 上的作用都是 V 的 U-变换.

7.3.3. 试用 7.3.2 题证明 Maschke 定理 (对基域 $\mathbf{F}=\mathbb{C}$ 的情形).

7.3.4. 证明完全可约模的子模仍为完全可约的.

7.3.5. 设 A 是 $\mathbf{F}$-代数, V 是 A-模. 证明 V 是完全可约的当且仅当 V 的所有极大子模的交为 0.

7.4 半单代数的构造

前面说过, 由于有了 Maschke 定理, 研究有限群的常表示只需研究它的不可约表示. 而这又等价于研究不可约 $\mathbf{F}[G]$-模. 本节的目的即通过分析半单代数的构造来找出所有互不同构的不可约 $\mathbf{F}[G]$-模.

引理 7.4.1 设 A 是 $\mathbf{F}$-代数, V 是不可约 A-模, 则 V 同构于正则模 A 的一个商模. 而如果 A 是半单代数, 则 V 同构于正则模 A 的一个不可约子模.

证明 任取 $0\neq v\in V$, 则循环模 vA 是 V 的非零子模. 由 V 的不可约性有 $vA=V$. 考虑映射 $\varphi: a\to va$, $\forall a\in A$, 易验证 φ 是正则模 A 到 V 上的 A-模同态, 于是有 $V\cong A/\mathrm{Ker}\,\varphi$, 这证明了引理的前半.

再设 A 是半单代数, 则正则模 A 是完全可约的. 于是存在 A 的子模 U 使 $A=\mathrm{Ker}\,\varphi\oplus U$, 这推出 $V\cong U$. 再由 V 的不可约性得 U 的不可约性. 这证明了引

理的后半. □

这个引理告诉我们, 对于半单代数 A, 所有的不可约 A-模都同构于正则模 A 的子模, 因此, 为了找出所有互不同构的不可约 A-模, 只需在正则模 A 中去找.

根据第 3 章学过的 Krull-Schmidt 定理, 正则模 A 作为具有两个链条件的算子群, 它的分成不可分解子模 (因 A 半单, 即不可约子模) 的直和分解式从本质上来说是唯一的. 也就是说, 若不计同构以及直和因子的次序是唯一确定的. 设下面的 (7.3) 式是这样一种分解:

$$A = M_{11} \oplus \cdots \oplus M_{1k_1} \oplus M_{22} \oplus \cdots \oplus M_{2k_2} \oplus \cdots \oplus M_{s1} \oplus \cdots \oplus M_{sk_s}, \tag{7.3}$$

其中 $M_{ij} \cong M_{i1} = M_i$, $j = 1, 2, \cdots, k_i, i = 1, 2, \cdots, s$, 并且 $M_1, \cdots, M_s$ 彼此互不同构. 命

$$M_i(A) = M_{i1} \oplus \cdots \oplus M_{ik_i}, \qquad i = 1, 2, \cdots, s, \tag{7.4}$$

于是又有

$$A = M_1(A) \oplus M_2(A) \oplus \cdots \oplus M_s(A). \tag{7.5}$$

由 Krull-Schmidt 定理, 在上面诸分解式中出现的数 s 和 $k_1, \cdots, k_s$ 都是唯一确定的, 并且, 只可能有 s 个 (有限多个) 互不同构的不可约 A-模, $M_1, \cdots, M_s$ 就是一组完全代表系. 更进一步, 我们还有

引理 7.4.2 对于 $i = 1, 2, \cdots, s$,

(1) (7.5) 式中的 $M_i(A)$ 恰为 A 中所有与 M_i 同构的子模之和, 因而被 A 所唯一确定;

(2) 对于 $i \neq j$, $M_i(A) \cap M_j(A) = 0$;

(3) $M_i(A)$ 不仅是 A-模, 而且还可看成是 E-模, 这里 $E = \mathrm{End}_A(A)$.

证明 (1) 若有 A 的子模 $M \cong M_i$, 但 $M \not\subseteq M_i(A)$, 则 $M + M_i(A) = M \oplus M_i(A)$. 由 A 的完全可约性, 有 A 的子模 U 使 $A = M \oplus M_i(A) \oplus U$. 把它们都分解为不可约子模的直和, 则得到一个含有至少 $k_i + 1$ 个同构于 M_i 的不可约子模的直和分解式, 与 Krull-Schmidt 定理相矛盾. 这样 $M \subseteq M_i(A)$, 即 $M_i(A)$ 是 A 中所有同构于 M_i 的子模直和.

(2) 由 (7.5) 式是直和分解式，由直和定义即得.

(3) 对任意的 $\varphi \in E = \mathrm{End}_A(A)$, 我们证明 $M_i(A)^\varphi \subseteq M_i(A)$. 由 (1), $M_i(A)$ 为 A 中同构于 M_i 的子模之和. 设 M 是一个这样的子模, 我们只需证明 $M^\varphi \subseteq M_i(A)$. 若 $M^\varphi = 0$, 当然有上述结论; 而若 $M^\varphi \neq 0$, 由 Schur 引理, 必有 $M^\varphi \cong M_i$, 于是也有 $M^\varphi \subseteq M_i(A)$, 得证. □

定理 7.4.3 (Wedderburn) 设 A 是域 $\mathbf{F}$ 上半单代数, 则

(1) (7.5) 式中每个 $M_i(A)$ 是 A 作为代数的双边理想;

(2) 对于任意不可约 A-模 W, 如果 $W \cong M_i$, 则

$$\mathrm{Ann}(W) = M_1(A) \oplus \cdots \oplus M_{i-1}(A) \oplus M_{i+1}(A) \oplus \cdots \oplus M_s(A). \tag{7.6}$$

又设 X_i 是由 W 得到的 A 的表示, 则 $X_i(A) \cong M_i(A)$;

(3) 每个 $M_i(A)$ 是 A 的极小 (双边) 理想, 因此, $M_i(A)$ 是 $\mathbf{F}$ 上的单代数, 即没有非平凡双边理想的代数. 这样, 域 $\mathbf{F}$ 上任一半单代数都可分解为单代数的直和.

证明　(1) 正则模 A 的每个子模都是 A(作为代数) 的右理想, 因此 $M_i(A)$ 是 A 的右理想. 又对于任一 $x \in A$, A 的左乘变换 $\varphi_x : a \mapsto xa$, $a \in A$, 显然是正则模 A 的一个 A-同态, 即 $\varphi_x \in E = \mathrm{End}_A(A)$. 根据引理 7.4.2(3), $M_i(A)$ 也是 E-模, 于是 $M_i(A)\varphi_x \subseteq M_i(A)$. 这说明 $xM_i(A) \subseteq M_i(A)$, 即 $M_i(A)$ 也是 A 的左理想.

(2) 因为同构的 A-模有相同的零化子, 故可设 $W = M_i \subseteq M_i(A)$. 由 (1), $M_i(A)$ 是 A 的双边理想, 故对 $i \neq j$, 有

$$M_i(A)M_j(A) \subseteq M_i(A) \cap M_j(A) = 0.$$

于是

$$\mathrm{Ann}(W) \supseteq M_1(A) \oplus \cdots \oplus M_{i-1}(A) \oplus M_{i+1}(A) \oplus \cdots \oplus M_s(A).$$

又, 设 $0 \neq x \in M_i(A)$, 我们证明 $x \notin \mathrm{Ann}(W)$. 若否, 则由 $Wx = 0$ 推知对任一 $j = 1, 2, \cdots, k_i$, 有 $M_{ij}x = 0$, 于是有 $M_i(A)x = 0$. 又, 刚才已证对 $j \neq i$ 有 $M_j(A)x = 0$, 于是据 (7.5) 式有 $Ax = 0$. 但 $x = 1 \cdot x \in Ax = 0$, 这样得到 $x = 0$, 矛盾.

至此我们即可断言 (7.6) 式成立. 若否, 有

$$x \notin M_1(A) \oplus \cdots \oplus M_{i-1} \oplus M_{i+1} \oplus \cdots \oplus M_s(A).$$

但 $x \in \mathrm{Ann}(W)$, 则 x 的第 i 个分量 $x_i \neq 0$ 且 $x_i \in \mathrm{Ann}(W)$, 矛盾.

最后, 由 (7.6) 式即可得到

$$X_i(A) = A/\mathrm{Ann}(W) \cong M_i(A).$$

(3) 假定 $M_i(A)$ 非单, 即它有非平凡双边理想 I, 则由 (7.5) 式, I 也是 A 的双边理想. 取 $M_i(A)$ 的一个不可约 A-子模 $W \not\subseteq I$, 则由 W 的不可约性有 $W \cap I = 0$. 再由 I 是双边理想, 有 $WI \subseteq W \cap I = 0$, 于是 $I \subseteq \mathrm{Ann}(W)$, 与 (2) 矛盾. □

为了进一步弄清半单代数 A 的结构, 还要研究单代数 $M_i(A)$ 的构造. 由上面的定理 7.4.3 知, $M_i(A) \cong X_i(A)$, 这里 X_i 是由不可约 A-模 M_i 得到的 A 的表示. 因此我们只需研究 $X_i(A)$ 的构造. 我们有下面的

定理 7.4.4 (双中心化子定理) 设 A 是半单 $\mathbf{F}$-代数, M_i 是不可约 A-模. 令 $E_i = \mathrm{End}_A(M_i)$, 则 M_i 亦可看成 E_i-模, 并且有 $\mathrm{End}_{E_i}(M_i) = X_i(A)$.

证明 首先注意, 定理中并未假定 $M_i \subseteq A$. 但因把 M_i 换成与它同构的 A-模后并不影响结论的正确性, 因而不失普遍性可设 $M_i \subseteq A$, 并且就是前面规定的 M_i, 这时有 $M_i \subseteq M_i(A)$, 且 $M_i(A) \cong X_i(A)$.

把 M_i 看成 E_i-模, 由 $E_i = \mathrm{End}_A(M_i)$ 的定义有 $X_i(A) \subseteq \mathrm{End}_{E_i}(M_i)$. 为证相反方向的包含关系, 我们设 $\theta \in \mathrm{End}_{E_i}(M_i)$, 于是有

$$(v^\alpha)^\theta = (v^\theta)^\alpha, \qquad \forall \alpha \in E_i, v \in M_i.$$

给定一个 $v \in M_i$, 考虑 M_i 到 A 的映射 $\alpha_v : m \mapsto vm, m \in M_i$. 因为 M_i 是 A 的右理想, 有 $vm \in M_i$, 故 α_v 是 M_i 到 M_i 的映射. 明显地, α_v 是 M_i 的线性映射, 即 $\alpha_v \in \mathrm{End}_{\mathbf{F}}(M_i)$. 又因为对任意的 $a \in A$, 有

$$(ma)^{\alpha_v} = v(ma) = (vm)a = (m^{\alpha_v})a,$$

故 α_v 是 M_i 的 A-模自同态, 即 $\alpha_v \in \mathrm{End}_A(M_i) = E_i$. 于是对任意的 $v, w \in M_i$, 有

$$(vw)^\theta = (w^{\alpha_v})^\theta = (w^\theta)^{\alpha_v} = v(w^\theta). \tag{7.7}$$

现在固定一个 $w \in M_i$, $w \neq 0$, 有 $AwA \subseteq M_i(A)$, 又因 AwA 是 A 的双边理想, 且 $0 \neq w = 1 \cdot w \cdot 1 \in AwA$, 故 $AwA \neq 0$. 由 $M_i(A)$ 的极小性有 $AwA = M_i(A)$. 再设 e 是单代数 $M_i(A)$ 的单位元, 有 $e \in AwA$, 于是 $e = \sum\limits_j a_j w b_j$, 其中 $a_j, b_j \in A$. 这时我们有

$$v = ve = v\sum_j a_j w b_j = \sum (va_j)(wb_j),$$

其中 $va_j, wb_j \in M_i$. 在等式 (7.7) 中以 va_j 代替 v, wb_j 代替 w, 得到

$$((va_j)(wb_j))^\theta = va_j(wb_j)^\theta.$$

于是有

$$v^\theta = \left(\sum_j (va_j)(wb_j)\right)^\theta = \sum_j (va_j)(wb_j)^\theta = v\sum_j a_j(wb_j)^\theta,$$

这样 $\theta = X_i\left(\sum\limits_j a_j(wb_j)^\theta\right)$, 即 $\theta \in X_i(A)$. □

根据 Schur 引理, 上述定理中的 E_i 是 $\mathbf{F}$ 上的可除代数. 而若 $\mathbf{F}$ 是代数封闭域, 则更有 $E_i \cong \mathbf{F} \cdot 1$. 于是我们有

推论 7.4.5　设 $\mathbf{F}$ 是代数封闭域, A 是 $\mathbf{F}$ 上的半单代数, 则

(1) (7.5) 式中的 $M_i(A) \cong \mathrm{End}_{\mathbf{F}}(M_i) = X_i(A)$;

(2) $\dim_{\mathbf{F}}(M_i(A)) = (\dim_{\mathbf{F}} M_i)^2$;

(3) (7.3) 式中的 $k_i = \dim_{\mathbf{F}} M_i$;

(4) $\dim_{\mathbf{F}} A = \sum\limits_{i=1}^{s} (\dim_{\mathbf{F}} M_i)^2$;

(5) 设 A 的中心为 $Z(A)$, 则 $s = \dim_{\mathbf{F}} Z(A)$. 特别地, $Z(X_i(A))$ 的元素是 M_i 的数乘变换.

证明　由定理 7.3.4, $\mathrm{End}_A(M_i) \cong \mathbf{F} \cdot 1$, 再由定理 7.4.4, 即得 (1). 又由 $\dim_{\mathbf{F}}(\mathrm{End}_{\mathbf{F}}(M_i)) = (\dim_{\mathbf{F}} M_i)^2$, 即得 (2) 和 (3). 而由分解式 (7.5) 得到 (4).

为证明 (5), 设 $M_i(A)$ 的中心为 $Z(M_i(A))$. 显然, $Z(M_i(A)) \subseteq Z(A)$, 于是有

$$Z(M_1(A)) \oplus \cdots \oplus Z(M_s(A)) \subseteq Z(A).$$

又对任一 $z \in Z(A)$, 设 $z = z_1 + \cdots + z_s$, 其中 $z_i \in M_i(A)$, 则易验证 $z_i \in Z(M_i(A))$. 于是有

$$Z(M_1(A)) \oplus \cdots \oplus Z(M_s(A)) = Z(A).$$

最后, 因为 $M_i(A) \cong \mathrm{End}_{\mathbf{F}}(M_i)$, 而后者的中心仅由数乘变换组成, 故 $\dim_{\mathbf{F}}$ $(Z(M_i(A)) = 1$. 这就推出 $\dim_{\mathbf{F}}(Z(A)) = s$. □

应用到群的表示, 我们有

定理 7.4.6　设 G 是有限群, $|G| = g$, $\mathbf{F}$ 是代数封闭域, 且 $\mathrm{char}\, \mathbf{F} = 0$ 或 $\mathrm{char}\, \mathbf{F} = p$ 但 $p \nmid |G|$. 又设 G 的共轭类数为 s, 则 G 恰有 s 个不等价的不可约表示 $X_1 = 1_G, X_2, \cdots, X_s$. 假定 X_i 的级 $\deg X_i = n_i$, 则 $g = \sum\limits_{i=1}^{s} n_i^2$.

证明　由定理的条件, $\mathbf{F}[G]$ 为 $\mathbf{F}$ 上的半单代数. 根据推论 7.4.5, 只需证明 $\dim_{\mathbf{F}}(Z(\mathbf{F}[G]))$ 等于 G 的共轭类数 s 就可得到定理的全部结论. 首先, 对于 G 的任一共轭类 C_i, 令 $c_i = \sum\limits_{a \in C_i} a$, 则 $c_i \in Z(\mathbf{F}[G])$ (这是因为对任一 $x \in G$, 有 $x^{-1}c_i x = \sum\limits_{a \in C_i} x^{-1}ax = \sum\limits_{a \in C_i} a = c_i$). 因为 $c_1, \cdots, c_s$ 在 $\mathbf{F}[G]$ 中线性无关, 故 $\dim_{\mathbf{F}}(Z(\mathbf{F}[G])) \geqslant s$. 另一方面, 设 $z \in Z(\mathbf{F}[G])$, 并令 $z = \sum\limits_{i=1}^{g} \lambda_i a_i$, $\lambda_i \in \mathbf{F}$, 则对任一 $x \in G$, 有 $x^{-1}zx = z$, 即

$$\sum_{i=1}^{g} \lambda_i a_i = \sum_{i=1}^{g} \lambda_i x^{-1} a_i x.$$

这说明属于同一共轭类的元素 a_i 前面的系数 λ_i 必相等. 于是 z 可表成诸 c_i 的线性组合, 因此诸 c_i 组成 $Z(\mathbf{F}[G])$ 的一组基. 于是 $\dim(Z(\mathbf{F}[G])) = s$. □

习 题

7.4.1. 设 A 是 $\mathbf{F}$-代数. 任取一组互不同构的不可约 A-模的完全集 $\{M_1, \cdots, M_s\}$. 令

$$J(A) = \bigcap_{i=1}^{s} \mathrm{Ann}(M_i).$$

证明 $J(A)$ 是有意义的, 并且

(1) $J(A)$ 是 A 的双边理想;

(2) 对任一非零 A-模 V, 有 $VJ(A) \subsetneq V$;

(3) 对某正整数 n 有 $J(A)^n = 0$;

(4) 若 I 是 A 的幂零右理想, 即 $I^m = 0$ 对某正整数 m 成立, 则 $I \subseteq J(A)$.

我们称 $J(A)$ 为 A 的 Jacobson 根基.

7.4.2. 设 A 是 $\mathbf{F}$-代数, 证明下列陈述等价:

(1) $J(A) = 0$;

(2) A 中没有非零幂零右理想;

(3) A 中没有非零幂零双边理想;

(4) A 半单.

7.4.3. 设 A 是 $\mathbf{F}$-代数, 则 $A/J(A)$ 是半单的.

7.4.4. 设 V 是 A-模, 则 V 是完全可约的当且仅当 $VJ(A) = 0$.

7.5 特征标、类函数、正交关系

从本节起, 为了使叙述方便, 我们假定基域 $\mathbf{F}$ 是复数域 $\mathbb{C}$, 因为 $\mathbb{C}$ 是特征 0 的代数闭域, 每个 $\mathbb{C}$ 上的表示都是完全可约的, 并且上节的定理 7.4.6 也当然成立.

研究表示的好处在于线性变换或矩阵更便于计算. 但由于 n 级矩阵包含 n^2 个数, 这又使得群表示具有过多的 “数字信息”. 为了避免这种复杂性, 我们引进群特征标的概念.

定义 7.5.1 设 $\boldsymbol{X} : G \to GL(n, \mathbb{C})$ 是 G 的一个矩阵表示, 则以

$$\chi(a) = \mathrm{tr}\boldsymbol{X}(a), \qquad \forall a \in G$$

定义的映射 $\chi : G \to \mathbb{C}$ 称为*对应于表示 $\boldsymbol{X}$ 的特征标*.

因为相似矩阵的迹相同, 故等价的矩阵表示具有相同的特征标. 同时这也使我们能够定义线性表示 $X : G \to GL(V)$ 的特征标. 这只需在 V 中任取一组基, 得到与 X 对应的矩阵表示 $\boldsymbol{X}$, 再来计算 $\boldsymbol{X}$ 的特征标即可. 这样计算出来的特征标与基的选取无关, 并且等价的线性表示的特征标也相同.

和表示一样, 我们称定义 7.5.1 中的数 n 为特征标 χ 的级, 并依所对应的表示 $\boldsymbol{X}$(或 X) 为忠实的、平凡的、可约的、不可约的等, 而称特征标 χ 为忠实的、平凡的、可约的、不可约的. 还规定特征标 χ 的核 $\mathrm{Ker}\,\chi = \mathrm{Ker}\,\boldsymbol{X} = \mathrm{Ker}\,X$.

称 G 的 1 级特征标, 即 1 级表示的特征标为**线性特征标**. 特别地, 称 G 的 1-表示的特征标为 **1-特征标**或**主特征标**, 也记作 1_G(显然 $1_G(a) = 1, \forall a \in G$).

根据定理 7.1.18, 交换群的不可约特征标皆为线性特征标. 更一般地我们有

定理 7.5.2　*有限群 G 线性特征标的个数等于 $|G:G'|$.*

证明　设 χ 是 G 的任一线性特征标, 则 χ 也是 G 到 $(\mathbb{C}^{\#},\cdot)$ 内的同态. 因 $(\mathbb{C}^{\#},\cdot)$ 是交换群, 故 $G' \leqslant \mathrm{Ker}\,\chi$. 这说明 χ 也可看作是 G/G' 的线性特征标. 反之, 由 G/G' 的一个线性特征标自然也可规定一个 G 的线性特征标. 因为 G/G' 是交换群, 由定理 7.1.18, G/G' 恰有 $|G/G'|$ 个线性特征标, 故 G 亦有同样多的线性特征标. □

由 G 的置换表示和正则表示得到的特征标也很常用.

例 7.5.3　在例 7.1.7 中给出的群 G 的置换表示 $\boldsymbol{P}$ 的特征标记作 ρ. 明显地, 对于任意的 $a \in G$, $\boldsymbol{P}(a)$ 的主对角线上第 i 个元素为 1 的充要条件为 $i^a = i$, 即 i 为 a 的不动点. 因此我们有

$$\rho(a) = |\mathrm{fix}_\Omega(a)|,$$

其中 $\mathrm{fix}_\Omega(a)$ 表 a 在 Ω 上的不动点集合. 特别地, $\rho(1) = |\Omega| = n$.

例 7.5.4　例 7.1.8 中给出的群 G 的右正则表示 $\boldsymbol{R}$ 的特征标记作 r_G. 易看出对任意的 $a \in G$, 我们有

$$r_G(a) = \begin{cases} |G|, & \text{如果 } a = 1, \\ 0, & \text{如果 } a \neq 1. \end{cases}$$

正则特征标 r_G 在群特征标理论中起着重要的作用.

下面的定理给出特征标的简单性质.

定理 7.5.5　*设 X, Y 是 G 的两个表示, χ, ψ 分别是 X, Y 的特征标, 则*

(1) 若 X, Y 等价, 则 $\chi = \psi$;

(2) 若 a 和 a' 在 G 中共轭, 则 $\chi(a) = \chi(a')$, 从而特征标 χ 可看成是定义在 G 的共轭类上的函数;

(3) X 和 Y 的直和的特征标为 $\chi+\psi$(这里规定 $(\chi+\psi)(a) = \chi(a)+\psi(a), \forall a \in G$);

(4) 令 $\overline{\chi}(a) = \overline{\chi(a)}, \forall a \in G$, 此处 $\overline{\chi(a)}$ 表 $\chi(a)$ 的复共轭, 则 $\overline{\chi}$ 亦为 G 的特征标;

(5) 设 $\boldsymbol{X}$ 是 G 的任一矩阵表示, $a \in G$, 则 $\boldsymbol{X}(a)$ 相似于对角矩阵, 并由此推出 $\chi(a)$ 是若干个 $o(a)$ 次单位根的和;

(6) $\chi(a^{-1}) = \overline{\chi(a)}$, $\forall a \in G$;

(7) $\chi(a)$ 的模 $|\chi(a)| = \chi(1)$ 当且仅当 $\boldsymbol{X}(a)$ 为纯量矩阵 (或 $X(a)$ 为数乘变换); 而 $\chi(a) = \chi(1)$ 当且仅当 $\boldsymbol{X}(a) = \boldsymbol{I}$(或 $X(a) = 1$), 其中 $\boldsymbol{I}$ 表单位矩阵, 1 表单位变换.

证明 (1), (2) 由相似矩阵的迹相等立得.

(3) 显然.

(4) 设 $\boldsymbol{X}: G \to GL(n, \mathbb{C})$ 是具有特征标 χ 的矩阵表示, 则易验证映射 $a \mapsto \overline{\boldsymbol{X}(a)}$, $a \in G$, 仍为 G 的矩阵表示, 它所对应的指标为 $\overline{\chi}$. 上式中 $\overline{\boldsymbol{X}(a)}$ 表示矩阵 $\boldsymbol{X}(a)$ 的复共轭.

(5) 设 $o(a) = m$, 则有 $\boldsymbol{X}(a)^m = \boldsymbol{I}$, 即 $\boldsymbol{X}(a)$ 的极小多项式整除 $x^m - 1$, 因此无重根. 由线性代数知 $\boldsymbol{X}(a)$ 可用相似变换化为对角矩阵

$$\mathrm{diag}(\varepsilon_1, \varepsilon_2, \cdots, \varepsilon_n) = \begin{pmatrix} \varepsilon_1 & & & 0 \\ & \varepsilon_2 & & \\ & & \ddots & \\ 0 & & & \varepsilon_n \end{pmatrix}.$$

由于 $\boldsymbol{X}(a)^m = \boldsymbol{I}$, 有 $\varepsilon_i^m = 1$, $i = 1, 2, \cdots, n$, 即 ε_i 是 m 次单位根. 因此, $\chi(a) = \sum_{i=1}^{n} \varepsilon_i$ 是 n 个 m 次单位根的和.

(6) 由 (5), $\boldsymbol{X}(a)$ 相似于 $\mathrm{diag}(\varepsilon_1, \cdots, \varepsilon_n)$, 故 $\boldsymbol{X}(a^{-1})$ 相似于 $\mathrm{diag}(\varepsilon_1^{-1}, \cdots, \varepsilon_n^{-1})$. 因为 ε_i 是单位根, 有 $\varepsilon_i^{-1} = \overline{\varepsilon}_i$, 故

$$\chi(a^{-1}) = \sum_{i=1}^{n} \varepsilon_i^{-1} = \sum_{i=1}^{n} \overline{\varepsilon_i} = \overline{\chi(a)}.$$

(7) 由 (6), 可设 $\chi(a) = \sum\limits_{i=1}^{n} \varepsilon_i$, 其中 ε_i 是单位根. 又由复数加法的三角不等式, 有

$$|\chi(a)| = \left|\sum_i \varepsilon_i\right| \leqslant \sum_i |\varepsilon_i| = n = \chi(1),$$

且等号成立当且仅当诸 ε_i 的幅角相等. 因此, 若 $|\chi(a)| = \chi(1)$, 则诸 ε_i 相等, 譬如设其值为 ε. 于是 $\boldsymbol{X}(a)$ 相似于纯量阵 $\varepsilon\boldsymbol{I}$, 当然也有 $\boldsymbol{X}(a) = \varepsilon\boldsymbol{I}$. 而若 $\chi(a) = \chi(1)$, 则可推出诸 $\varepsilon_i = 1$, 于是 $\boldsymbol{X}(a) = \boldsymbol{I}$. 反之, 由 $\boldsymbol{X}(a)$ 是纯量阵 (或单位阵) 推出 $|\chi(a)| = \chi(1)$(或 $\chi(a) = \chi(1)$) 是明显的. □

为了研究群特征标的进一步性质, 我们先来研究不可约特征标之间的关系. 事实上, 由 Maschke 定理, 群 G 的任一表示是不可约表示的直和; 又据定理 7.5.5(3), 群 G 的任一特征标亦为不可约特征标的和. 因此, 只要把群 G 的不可约特征标搞清楚了, 群 G 的所有特征标也就清楚了.

首先我们注意到, 根据定理 7.5.5(2), 群 G 的每个特征标都是群的所谓类函数, 见下述定义.

定义 7.5.6　称映射 $\theta: G \to \mathbb{C}$ 为群 G 上的一个类函数, 如果

$$\theta(b^{-1}ab) = \theta(a), \qquad \forall a, b \in G.$$

G 上所有类函数的集合记作 $Cf(G)$.

定理 7.5.7　在 $Cf(G)$ 中如下规定类函数的加法和数乘, 可使 $Cf(G)$ 成一 $\mathbb{C}$-空间, 其维数等于 G 的共轭类数 s.

(1) 加法: 对于 $\theta, \varphi \in Cf(G)$, 令

$$(\theta + \varphi)(a) = \theta(a) + \varphi(a), \qquad \forall a \in G;$$

(2) 数乘: 对于 $\theta \in Cf(G)$, $\lambda \in \mathbb{C}$, 令

$$(\lambda\theta)(a) = \lambda\theta(a), \qquad \forall a \in G;$$

证明　可直接验证. □

根据定理 7.4.6, G 在 $\mathbb{C}$ 上恰有 s 个不等价的不可约表示 $X_1, \cdots, X_s$, 设它们对应的特征标为 $\chi_1, \cdots, \chi_s$. 我们要证明, 它们组成 $Cf(G)$ 的一组基, 特别地, 这些 χ_i 互不相同, 因而 G 也恰有 s 个不同的不可约特征标. 并用 $\mathrm{Irr}(G)$ 记它们组成的集合, 即 $\mathrm{Irr}(G) = \{\chi_1, \cdots, \chi_s\}$.

根据上节 (7.5) 式, 群代数 $\mathbb{C}[G]$ 有分解式

$$\mathbb{C}[G] = M_1(\mathbb{C}[G]) \oplus \cdots \oplus M_s(\mathbb{C}[G]). \tag{7.8}$$

令 $1 = \sum_{i=1}^{s} e_i$, 其中 $e_i \in M_i(\mathbb{C}[G])$, 则 e_i 是单代数 $M_i(\mathbb{C}[G])$ 的单位元. 考虑由 $\mathbb{C}[G]$-模 M_i 得到的 $\mathbb{C}[G]$ 的表示 X_i, 有

$$X_i(e_j) = \begin{cases} 0, & j \neq i, \\ 1, & j = i, \end{cases}$$

这里 0, 1 分别代表 M_i 的零变换和恒等变换, 于是特征标 χ_i (若把定义域扩展到整个 $\mathbb{C}[G]$ 上) 在 e_j 上取值为

$$\chi_i(e_j) = \begin{cases} 0, & j \neq i, \\ \chi_i(1), & j = i. \end{cases} \tag{7.9}$$

由 (7.9) 式易看出 χ_i, $i = 1, 2, \cdots, s$, 作为 $\mathbb{C}[G]$ 上的函数是线性无关的, 当然作为 G 上的函数也线性无关. 于是得到

定理 7.5.8 设群 G 有 s 个共轭元素类, 则 G 在复数域 $\mathbb{C}$ 上恰有 s 个不可约特征标 $\chi_1,\cdots,\chi_s$. 它们构成 $Cf(G)$ 的一组基, 并且有

$$\sum_{i=1}^{s}\chi_i(1)^2=g=|G|. \tag{7.10}$$

证明 定理中除 (7.10) 式外的其余结论前面都已证明, 而 (7.10) 式由定理 7.4.6 立得. □

命题 7.5.9 设 $\varphi\in Cf(G)$, 且 $\varphi=\sum\limits_{i=1}^{s}\lambda_i\chi_i$, $\lambda_i\in\mathbb{C}$, 则 φ 是特征标 $\Longleftrightarrow$ 每个 λ_i 都是非负整数.

证明 $\Longrightarrow$: 设 X 是特征标 φ 对应的表示, 由完全可约性, X 可分解为不可约表示 X_i 的直和, 于是特征标 φ 的分解式中诸 λ_i 皆为非负整数.

$\Longleftarrow$: 设 X_i 是有特征标 χ_i 的表示. 若令

$$X=\bigoplus_{i=1}^{s}\lambda_iX_i,$$

则 X 的特征标为 φ, 这说明 φ 是特征标. □

定理 7.5.10 设 X,Y 是 G 在 $\mathbb{C}$ 上的二表示, 对应的特征标为 χ 和 ψ, 则 X 与 Y 等价 $\Longleftrightarrow$ $\chi=\psi$.

证明 $\Longrightarrow$: 显然.

$\Longleftarrow$: 把 X,Y 分解为不可约表示的直和, 设

$$X\sim\bigoplus_{i=1}^{s}n_iX_i,\ Y\sim\bigoplus_{i=1}^{s}m_iX_i,$$

其中 n_i,m_i 是非负整数, 符号 "$\sim$" 表等价. 于是 X,Y 对应的特征标 χ,ψ 应满足

$$\chi=\sum_{i=1}^{s}n_i\chi_i,\ \psi=\sum_{i=1}^{s}m_i\chi_i.$$

由条件 $\chi=\psi$ 及 $\{\chi_i\}$ 为 $Cf(G)$ 的基, 即推得 $n_i=m_i$, $\forall i$, 故 $X\sim Y$. □

有限群的诸不可约特征标间最重要的关系是所谓的正交关系. 它的证明关键是计算在 $\mathbb{C}[G]$ 中元素 e_i 的表达式. 为了得到这个表达式, 我们先来看看正则特征标 r_G 的两个表达式, 其一已由例 7.5.4 中给出, 其二是下面的

引理 7.5.11 $r_G=\sum\limits_{i=1}^{s}\chi_i(1)\chi_i$.

证明 根据定理 7.4.4 和推论 7.4.5, 正则模 $\mathbb{C}[G]$ 有分解

$$\mathbb{C}[G]=\underbrace{M_1\oplus\cdots\oplus M_1}_{\dim_{\mathbb{C}}M_1\ \text{个}}\oplus\cdots\oplus\underbrace{M_s\oplus\cdots\oplus M_s}_{\dim_{\mathbb{C}}M_s\ \text{个}}.$$

故正则表示 R 也有分解

$$R = \underbrace{X_1 \oplus \cdots \oplus X_1}_{\dim_{\mathbb{C}} M_1\ \text{个}} \oplus \cdots \oplus \underbrace{X_s \oplus \cdots \oplus X_s}_{\dim_{\mathbb{C}} M_s\ \text{个}}.$$

因为 $\dim_{\mathbb{C}} M_i = \deg X_i = \chi_i(1)$, 故取上式对应的特征标即可得到

$$r_G = \sum_{r=1}^{s} \chi_i(1)\chi_i.$$

□

定理 7.5.12 $e_i = \dfrac{1}{|G|}\sum_{a\in G}\chi_i(1)\chi_i(a^{-1})a.$

证明 设 $e_i = \sum_{a\in G}\lambda_a a$, 我们要证明

$$\lambda_a = \frac{1}{|G|}\chi_i(1)\chi_i(a^{-1}). \tag{7.11}$$

固定一个 $a \in G$, 我们来计算 $r_G(e_i a^{-1})$. 由例 7.5.4 中 r_G 的表达式有

$$r_G(e_i a^{-1}) = \lambda_a |G|,$$

而由引理 7.5.11,

$$r_G(e_i a^{-1}) = \sum_{j=1}^{s} \chi_j(1)\chi_j(e_i a^{-1}).$$

于是

$$\lambda_a |G| = \sum_{j=1}^{s} \chi_j(1)\chi_j(e_i a^{-1}). \tag{7.12}$$

再考虑 G 的表示 X_j, 把它看成 $\mathbb{C}[G]$ 的表示, 有

$$X_j(e_i a^{-1}) = X_j(e_i)X_j(a^{-1}) = \begin{cases} 0, & i \neq j, \\ X_i(a^{-1}), & i = j. \end{cases}$$

因此对特征标也有

$$\chi_j(e_i a^{-1}) = \chi_i(a^{-1})\delta_{ij}.$$

代入 (7.12) 式得

$$\lambda_a |G| = \chi_i(1)\chi_i(a^{-1}),$$

(7.11) 式成立. □

定理 7.5.13(第一正交关系) 对任意的 $i, j = 1, 2, \cdots, s$, 有

$$\frac{1}{|G|}\sum_{a\in G}\chi_i(a)\chi_j(a^{-1}) = \delta_{ij}.$$

证明 考虑幂等元 $e_1, \cdots, e_s$ 有关系

$$1 = \sum_{i=1}^{s} e_i, \qquad e_i \in M_i(\mathbb{C}[G]),$$

于是

$$e_i e_j = \delta_{ij} e_i, \qquad \forall i, j.$$

把定理 7.5.12 中求得的 e_i 的表达式代入上式, 并比较两边在 $a = 1$ 时的系数. 右边是 $\frac{1}{|G|}\delta_{ij}\chi_i(1)^2$, 而左边是

$$\frac{1}{|G|^2}\chi_i(1)\chi_j(1)\sum_{a\in G}\chi_i(a)\chi_j(a^{-1}).$$

于是

$$\frac{\chi_j(1)}{|G|}\sum_{a\in G}\chi_i(a)\chi_j(a^{-1}) = \delta_{ij}\chi_i(1).$$

当 $i = j$ 时即得到 $\frac{1}{|G|}\sum_{a\in G}\chi_i(a)\chi_j(a^{-1}) = 1$. 而当 $i \neq j$ 时得到 $\frac{1}{|G|}\sum_{a\in G}\chi_i(a)$ $\chi_j(a^{-1}) = 0$. 统一起来即要证明的第一正交关系. □

由定理 7.5.5(6), $\chi_i(a^{-1}) = \overline{\chi_i(a)}$, 于是上定理可改写为

定理 7.5.13′(第一正交关系) 对任意的 $i, j = 1, 2, \cdots, s$, 有

$$\frac{1}{|G|}\sum_{a\in G}\chi_i(a)\overline{\chi_j(a)} = \delta_{ij}.$$

我们在 $Cf(G)$ 中如下规定内积: 设 $\varphi, \psi \in Cf(G)$, 则 φ, ψ 的内积 $\langle\varphi, \psi\rangle_G$ 为

$$\langle\varphi, \psi\rangle_G = \frac{1}{|G|}\sum_{a\in G}\varphi(a)\overline{\psi(a)}.$$

如果所考虑的问题只涉及一个群 G, 则 $\langle\varphi, \psi\rangle_G$ 常简记作 $\langle\varphi, \psi\rangle$. 容易验证.

定理 7.5.14 内积 $\langle\varphi, \psi\rangle$ 使 $Cf(G)$ 成为 $\mathbb{C}$ 上的 s 维 U-空间, 且 $\mathrm{Irr}(G)$ 是 $Cf(G)$ 的标准正交基.

证明 易证 $\langle\varphi,\psi\rangle$ 满足

(1) $\langle\varphi,\psi\rangle=\overline{\langle\psi,\varphi\rangle}$;

(2) $\langle\varphi,\varphi\rangle\geqslant 0$, 且等号仅当 $\varphi=0$ 时成立;

(3) $\langle\lambda_1\varphi_1+\lambda_2\varphi_2,\psi\rangle=\lambda_1\langle\varphi_1,\psi\rangle+\lambda_2\langle\varphi_2,\psi\rangle,\ \lambda_1,\lambda_2\in\mathbb{C}$.

于是 $Cf(G)$ 是 $\mathbb{C}$ 上的 U-空间. 又由定理 7.5.13′, $\mathrm{Irr}(G)$ 是 $Cf(G)$ 的标准正交基. □

应用类函数的内积概念及命题 7.5.9 可得

推论 7.5.15 设 $\varphi\in Cf(G)$, 则 φ 是特征标 $\Longleftrightarrow\langle\varphi,\chi_i\rangle$ 为非负整数, $i=1,2,\cdots,s$.

证明 设 $\varphi=\sum\limits_{i=1}^{s}\lambda_i\chi_i$, 与 χ_i 作内积即推得 $\lambda_i=\langle\varphi,\chi_i\rangle$. 再应用命题 7.5.9 即得所需结论. □

下面的推论也很重要, 其证明留给读者.

推论 7.5.16 (1) 若 χ,ψ 是 G 的特征标, 则 $\langle\chi,\psi\rangle$ 是非负整数;

(2) 特征标 χ 不可约 $\Longleftrightarrow\langle\chi,\chi\rangle=1$.

由第一正交关系可推出下面的

定理 7.5.17 (第二正交关系) 设 $a,b\in G$, 则

$$\sum_{\chi\in\mathrm{Irr}(G)}\chi(a)\overline{\chi(b)}=\begin{cases}0, & \text{如果 } a,b \text{ 不共轭},\\ |C_G(a)|, & \text{如果 } a,b \text{ 共轭}.\end{cases}$$

证明 设 $C_1,\cdots,C_s$ 是 G 的 s 个共轭元素类, 而 $a_1,\cdots,a_s$ 是它们的代表元. 令

$$\boldsymbol{M}=\begin{pmatrix}\chi_1(a_1) & \cdots & \chi_1(a_s)\\ \vdots & & \vdots\\ \chi_s(a_1) & \cdots & \chi_s(a_s)\end{pmatrix},$$

$$\boldsymbol{D}=\begin{pmatrix}|C_1| & & & 0\\ & \ddots & & \\ & & \ddots & \\ 0 & & & |C_s|\end{pmatrix},$$

由第一正交关系, 对于 $i,j=1,2,\cdots,s$, 有

$$\begin{aligned}|G|\delta_{ij}&=\sum_{a\in G}\chi_i(a)\overline{\chi_j(a)}\\ &=\sum_{k=1}^{s}|C_k|\chi_i(a_k)\overline{\chi_j(a_k)}.\end{aligned}$$

这 s^2 个式子可以统一为$\boldsymbol{M}\boldsymbol{D}\overline{\boldsymbol{M}}'=|G|\boldsymbol{I}$, 其中 $\overline{\boldsymbol{M}}'$ 表示 $\boldsymbol{M}$ 的转置再取共轭. 因此

$\boldsymbol{D}\overline{\boldsymbol{M}}'$ 是 $\frac{1}{|G|}\boldsymbol{M}$ 的逆矩阵. 这样我们也有 $\boldsymbol{D}\overline{\boldsymbol{M}}'\boldsymbol{M} = |G|\boldsymbol{I}$, 即

$$\sum_{k=1}^{s} |C_i|\overline{\chi_k(a_i)}\chi_k(a_j) = |G|\delta_{ij}.$$

因为 $|G|/|C_i| = |C_G(a_i)|$, 于是有

$$\sum_{k=1}^{s} \chi_k(a_j)\overline{\chi_k(a_i)} = |C_G(a_i)|\delta_{ij},$$

定理得证. □

在群论的实际应用中, 常常需要造出给定群的特征标表, 即给出上述矩阵 $\boldsymbol{M}$. 造特征标表没有一般的方法, 以下我们利用本节结果给出几个造特征标表的例子.

例 7.5.18 造对称群 S_3 的特征标表.

解 S_3 有三个共轭类, 其代表为 1, (12), (123), 因此它有三个不可约特征标. 又因 $|S_3/S_3'| = |S_3/A_3| = 2$, 故 S_3 有两个线性特征标, 而第三个特征标的级 $\chi_3(1)$ 由

$$\sum_{i=1}^{3} \chi_i(1)^2 = |S_3| = 6$$

来确定. 由计算知 $\chi_3(1) = 2$. 又线性特征标中有一个是主特征标, 另一个诱导出 S_3/A_3 的非平凡表示, 故必把偶置换映到 1, 奇置换映到 -1. 于是所求的特征标表为

	1	(12)	(123)
χ_1	1	1	1
χ_2	1	-1	1
χ_3	2	λ	μ

其中 λ, μ 待定. 在第二正交关系中令 $a = 1, b = (12)$, 于是得

$$\sum_{k=1}^{3} \chi_k(1)\overline{\chi_k((12))} = 0,$$

即 $1\cdot 1 + 1\cdot(-1) + 2\cdot\lambda = 0$, 从而推出 $\lambda = 0$. 再在第二正交关系中令 $a = 1, b = (123)$, 依同法可得 $\mu = -1$. 代入上表即完成了 S_3 的指标表. □

例 7.5.19 造交错群 A_4 的特征标表.

解 A_4 有 4 个共轭类, 其代表元为 1, (12)(34), (123), (132), 故 A_4 有四个不可约特征标. 又因 $A_4' = V_4 = \{1, (12)(34), (13)(24), (14)(23)\}$, $|A_4/V_4| = 3$, 故它有三

个线性特征标, 第四个特征标的级由 $\sum_{i=1}^{4}\chi_i(1)^2=|A_4|=12$ 可定出, 即 $\chi_4(1)=3$. A_4 的线性特征标对应于 3 阶循环群 A_4/V_4 的三个不可约表示, 故可得 A_4 的特征标表为

	1	(12)(34)	(123)	(132)
χ_1	1	1	1	1
χ_2	1	1	$e^{\frac{2\pi i}{3}}$	$e^{\frac{-2\pi i}{3}}$
χ_3	1	1	$e^{\frac{-2\pi i}{3}}$	$e^{\frac{2\pi i}{3}}$
χ_4	3	λ	μ	ν

其中 λ,μ,ν 待定. 应用正交关系可算出 $\lambda=-1$, $\mu=\nu=0$, 细节略. □

例 7.5.20 造 8 阶非交换群 G 的特征标表.

解 无论是 8 阶二面体群还是四元数群, 都有五个共轭类, 且都有 $|G/G'|=4$, 故 G 有四个线性特征标 $\chi_1,\cdots,\chi_4$ 和一个二级特征标 $\chi_5(\chi_5(1)=2$ 可由 $\sum_{k=1}^{5}\chi_k(1)=8$ 算出). 因为 G/G' 是 $(2,2)$ 型初等交换群, 故其线性特征标为 G/G' 的四个不可约特征标. 因此它的特征标表为

	a_1	a_2	a_3	a_4	a_5
χ_1	1	1	1	1	1
χ_2	1	−1	1	−1	1
χ_3	1	1	−1	−1	1
χ_4	1	−1	−1	1	1
χ_5	2	λ	μ	ν	θ

这里假定 $G'=\{a_1,a_5\}$, $a_1=1$. 最后由正交关系定出 $\theta=-2$, $\lambda=\mu=\nu=0$. □

这个例子说明不同构的群可以有相同的特征标表. 因此, 特征标表所提供的关于群结构的信息是不完全的. 但是, 它还是能说明很多问题的. 譬如可由特征标表找出群 G 的所有正规子群, 因而亦可判断 G 是否为单群.

因为正规子群是由群的若干共轭类的并所组成, 所谓找出一个正规子群就是指出所有含于这个子群的共轭类. 对于 G 的任一不可约特征标 χ_i, $N_i=\operatorname{Ker}\chi_i$ 是 G 正规子群, 而且共轭类 $C\subseteq N_i$ 的充要条件为对 C 中的代表元 a 有 $\chi_i(a)=\chi_i(1)$. 这样可由特征标表找出 s 个正规子群 $N_1,\cdots,N_s$, 它们是诸不可约表示的核. 下面我们证明, G 的任一正规子群都是若干个 N_i 的交, 这样就可找出 G 的所有正规子群了. 设 $N\trianglelefteq G$, 考虑 $\overline{G}=G/N$. $\overline{G}$ 的正则特征标 $r_{\overline{G}}$ 的核恰为 N. 但 $r_{\overline{G}}$ 作为 G

的特征标有表达式 $r_{\overline{G}} = \sum_{i=1}^{s} \lambda_i \chi_i$, 其中 λ_i 是非负整数, 易见

$$\mathrm{Ker}\ r_{\overline{G}} = \bigcap_{\lambda_i \neq 0} \mathrm{Ker}\ \chi_i,$$

这就证明了我们的断言.

习　题

7.5.1. 设 χ 是群 G 的特征标, σ 是复数域 $\mathbb{C}$ 的自同构. 定义

$$\chi^\sigma(a) = (\chi(a))^\sigma, \qquad \forall a \in G.$$

求证 χ^σ 也是 G 的特征标, 且 χ^σ 不可约当且仅当 χ 不可约, χ^σ 忠实当且仅当 χ 忠实.

7.5.2. 设 χ, ψ 是群 G 的特征标. 规定

$$(\chi\psi)(a) = \chi(a)\psi(a), \qquad \forall a \in G,$$

则 $\chi\psi$ 也是群 G 的特征标, 并且有

(1) 若 $\psi(1) = 1$, 则 $\chi\psi$ 不可约当且仅当 χ 不可约;

(2) 若 $\psi = \overline{\chi}$, 且 $\chi(1) > 1$, 则 $\chi\psi$ 可约.

7.5.3. 设 χ 是群 G 的忠实特征标, $H \leqslant G$. 求证 H 是交换的当且仅当 $\chi|_H$ 可表成 H 的线性特征标的和.

7.5.4. (1) 设 χ 是交换群 A 的特征标, 则

$$\sum_{a \in A} |\chi(a)|^2 \geqslant |A| \cdot \chi(1);$$

(2) 设 A 是群 G 的交换子群, χ 是 G 的不可约特征标, 则 $\chi(1) \leqslant |G : A|$.

7.5.5. 单群没有 2 级不可约特征标.

7.5.6. 若 G' 是非交换单群, 则 G 没有 2 级不可约特征标.

7.5.7. 设 $a \in G$. 证明 a 与 a^{-1} 在 G 中共轭的充要条件是对 G 的所有特征标 χ, 恒有 $\chi(a)$ 是实数.

7.5.8. 称满足上题条件的元素 a 为 G 的实元素, 证明 G 中存在非单位的实元素当且仅当 G 的阶为偶数.

7.5.9. 设 $H \leqslant G$, χ 是 G 的忠实不可约特征标, 且 $\chi|_H$ 是 H 的不可约特征标, 则 $C_G(H) = Z(G)$.

7.5.10. 设 χ 是群 G 的特征标, 满足

$$\chi(a) = 0, \qquad \forall a \neq 1,$$

则 $|G| \mid \chi(1)$.

7.5.11. 设 χ 是 G 的不可约特征标, $A \neq 1$ 是 G 的交换子群, 且 $\chi(1) = |G : A|$, 则

(1) $\chi(a) = 0,\ \forall a \in G - A$;

(2) A 中包含 G 的非平凡交换正规子群.

7.5.12. 设 $|G|$ 是奇数, $a \in G$, 且对任意的 $\chi \in \mathrm{Irr}(G)$, 恒有 $\chi(a)$ 为实数, 则必有 $a = 1$.

7.6 诱导特征标

设 G 是有限群, $H \leqslant G$. 又设 $X : G \to GL(V)$ 是一表示, 其中 $V = V(n, \mathbb{C})$, 而 χ 是它的特征标. 则如果把 X 限制在 H 上, 也将得到 H 的一个表示. 我们记它为 $X|_H$, 并以 $\chi|_H$ 表示 $X|_H$ 的特征标.

本节考虑的问题恰与上述过程相反, 即如何由 H 的一个给定的特征标通过某种方法构造出 G 的一个特征标. 我们称它为 H 的特征标在 G 上的**诱导特征标**.

首先定义**诱导类函数**.

定义 7.6.1 设 $H \leqslant G$, $|H| = h$, $\varphi \in Cf(H)$ 是 H 到 $\mathbb{C}$ 上的一个类函数. 对于 $a \in G$, 令

$$\varphi^G(a) = \frac{1}{h}\sum_{t\in G}\varphi^0(tat^{-1}), \tag{7.13}$$

其中

$$\varphi^0(y) = \begin{cases} \varphi(y), & \text{如果 } y \in H, \\ 0, & \text{如果 } y \notin H. \end{cases} \tag{7.14}$$

我们称 φ^G 为 φ 在 G 上的诱导类函数.

容易看出, 若 a 与 b 在 G 中共轭, 譬如 $b = xax^{-1}$, 则

$$\begin{aligned}\varphi^G(b) &= \frac{1}{h}\sum_{t\in G}\varphi^0(tbt^{-1}) \\ &= \frac{1}{h}\sum_{t\in G}\varphi^0(txa(tx)^{-1}) \\ &= \frac{1}{h}\sum_{t\in G}\varphi^0(tat^{-1}) = \varphi^G(a).\end{aligned}$$

这说明 φ^G 确为 G 之类函数. 又由计算可得

$$\varphi^G(1) = |G : H|\varphi(1).$$

且若

$$G = Ht_1 \cup Ht_2 \cup \cdots \cup Ht_k$$

是 G 关于 H 的右陪集分解式, 令 $T=\{t_1,\cdots,t_k\}$, 则有

$$\varphi^G(a)=\sum_{t\in T}\varphi^0(tat^{-1}). \tag{7.15}$$

例 7.6.2 设 r_H 是 H 的正则特征标, 则 $(r_H)^G=r_G$.

证明 因为

$$(r_H)^G(1)=|G:H|r_H(1)=|G:H||H|=|G|,$$

而若 $1\neq a\in G$, 由 (7.15) 式,

$$(r_H)^G(a)=\sum_{t\in T}r_H^0(tat^{-1})=0.$$

于是由例 7.5.4, 有 $(r_H)^G=r_G$. □

由直接验证可得

命题 7.6.3 设 $\varphi_1,\cdots,\varphi_r\in Cf(H)$, $\lambda_1,\cdots,\lambda_r\in\mathbb{C}$, 则

$$\left(\sum_{i=1}^r\lambda_i\varphi_i\right)^G=\sum_{i=1}^r\lambda_i\varphi_i^G.$$

定理 7.6.4 (Frobenius 互反律) 设 $H\leqslant G$, $|H|=h$, $|G|=g$, 又设 $\varphi\in Cf(H)$, $\psi\in Cf(G)$, 则

$$\langle\varphi^G,\psi\rangle_G=\langle\varphi,\psi|_H\rangle_H.$$

证明 因为

$$\begin{aligned}\langle\varphi^G,\psi\rangle_G&=\frac{1}{g}\sum_{a\in G}\varphi^G(a)\overline{\psi(a)}\\&=\frac{1}{g}\sum_{a\in G}\left(\frac{1}{h}\sum_{t\in G}\varphi^0(tat^{-1})\overline{\psi(a)}\right),\end{aligned}$$

其中 $g=|G|$, 而 $tat^{-1}\in H$ 当且仅当 $a\in t^{-1}Ht$, 故

$$\begin{aligned}\langle\varphi^G,\psi\rangle_G&=\frac{1}{g}\sum_{t\in G}\left(\frac{1}{h}\sum_{a\in t^{-1}Ht}\varphi^0(tat^{-1})\overline{\psi(tat^{-1})}\right)\\&=\frac{1}{g}\sum_{t\in G}\left(\frac{1}{h}\sum_{y\in H}\varphi(y)\overline{\psi(y)}\right)\\&=\frac{1}{g}\sum_{t\in G}\langle\varphi,\psi|_H\rangle_H=\langle\varphi,\psi|_H\rangle_H.\end{aligned}$$

□

推论 7.6.5 设 $H \leqslant G$, φ 是 H 的特征标, 则 φ^G 也是 G 的特征标.

证明 作为 G 的类函数, 可令

$$\varphi^G = \sum_{i=1}^{s} \lambda_i \chi_i,$$

其中 $\chi_1, \cdots, \chi_s$ 是 G 的全部不可约特征标. 为证 φ^G 是特征标, 只需证 λ_i 为非负整数且 φ^G 不是零函数. 由定理 7.6.4,

$$\lambda_i = \langle \varphi^G, \chi_i \rangle_G = \langle \varphi, \chi_i|_H \rangle_H.$$

因为 $\varphi, \chi_i|_H$ 皆为 H 的特征标, 故 $\langle \varphi, \chi_i|_H \rangle_H$ 为非负整数, 这样 λ_i 亦为非负整数. 最后, 因为

$$\varphi^G(1) = |G : H|\varphi(1) \neq 0,$$

故 φ^G 不是零函数. □

事实上, 诱导特征标所对应的表示也可由子群 H 的表示得到, 但要用到表示的张量积的概念, 这里就不叙述了. 有兴趣的读者可参 C.W. Curtis 和 I. Reiner 的 "Representation Theory of Finite Groups and Associative Algebras" 一书.

诱导特征标对于构造有限群的特征标表是一个有用的工具. 因为一个群纵然很复杂, 但它总有很多简单的子群, 这些子群的特征标表容易造出, 于是用诱导特征标的理论就可得到原来群的若干特征标. 下面我们看一个例子, 即造交错群 A_5 的特征标表. 为了便于计算诱导特征标, 我们先给出下面的计算公式.

命题 7.6.6 设 $H \leqslant G$, $\varphi \in Cf(H)$, $a \in G$. 以 $C(a)$ 表示 G 中包含 a 的共轭类, 则 $H \cap C(a)$ 由 H 的若干共轭类的并组成. 设 $x_1, \cdots, x_m$ 是这些共轭类的代表元, 则

$$\varphi^G(a) = |C_G(a)| \sum_{i=1}^{m} \frac{\varphi(x_i)}{|C_H(x_i)|}; \tag{7.16}$$

而若 $H \cap C(a) = \varnothing$, 则 $\varphi^G(a) = 0$.

证明 若 $H \cap C(a) = \varnothing$, 由 (7.13) 式显然 $\varphi^G(a) = 0$, 故下面设 $H \cap C(a) \neq \varnothing$. 因为对于某个 $t_0 a t_0^{-1} \in H$, 恰有 $C_G(a)$ 个 G 的元素 t 使 $tat^{-1} = t_0 a t_0^{-1}$, 于是据 (7.13) 式有

$$\begin{aligned}\varphi^G(a) &= \frac{1}{h} \sum_{t \in G} \varphi^0(tat^{-1}) \\ &= \frac{1}{h} |C_G(a)| \sum_{y \in H \cap C(a)} \varphi(y),\end{aligned}$$

其中 $h=|H|$. 又对 $x_i \in H\cap C(a)$, 恰有 $\dfrac{h}{|C_H(x_i)|}$ 个与 x_i 在 H 中共轭的元素属于 $H\cap C(a)$, 故上式变为

$$\begin{aligned}\varphi^G(a) &= \frac{1}{h}|C_G(a)|\sum_{i=1}^{m}\frac{h}{|C_H(x_i)|}\varphi(x_i)\\ &= |C_G(a)|\sum_{i=1}^{m}\frac{\varphi(x_i)}{|C_H(x_i)|}.\end{aligned}$$

□

例 7.6.7 造 A_5 的特征标表.

解 A_5 有 5 个共轭类, 阶为 1, 2, 3 的元素各有一类, 而 5 阶元素有两个共轭类. 为方便起见, 记这五类为 $C_1, C_2, C_3, C_5^{(1)}, C_5^{(2)}$. 各类的长度及代表元中心化子的阶列表如下:

类C	C_1	C_2	C_3	$C_5^{(1)}$	$C_5^{(2)}$
$\|C\|$	1	15	20	12	12
$\|C_G(a)\|, a\in C$	60	4	3	5	5

A_5 有 5 个不可约特征标 $\chi_1,\cdots,\chi_5$, 其中 χ_1 是主特征标, 在各共轭类上取值依次为

$$\chi_1: \quad 1 \quad 1 \quad 1 \quad 1 \quad 1$$

设 $H=A_4\leqslant A_5$, 用命题 7.6.6 可算出 (过程从略):

$$(1_H)^G: \quad 5 \quad 1 \quad 2 \quad 0 \quad 0$$

因为 $\langle (1_H)^G, 1_G\rangle_G = \langle 1_H, 1_H\rangle_H = 1$, 故 $(1_H)^G - 1_G = \chi_2$ 也是 G 的特征标:

$$\chi_2: \quad 4 \quad 0 \quad 1 \quad -1 \quad -1$$

直接计算得 $\langle \chi_2, \chi_2\rangle = 1$, 于是 χ_2 是一不可约特征标. 再由 A_4 的另一线性特征标 λ (即例 7.5.19 中的 χ_2) 出发, 计算 λ^G 得

$$\lambda^G: \quad 5 \quad 1 \quad -1 \quad 0 \quad 0$$

直接计算知 $\langle \lambda^G, \lambda^G\rangle = 1$, 于是 λ^G 亦为 G 之不可约特征标. 命 $\lambda^G=\chi_3$. (注意, 若由 A_4 的第二个线性特征标, 即例 7.5.19 中的 χ_3 来计算诱导特征标, 仍将得到 χ_3, 因此为得到新特征标还要想其他办法.)

再取 A_5 的一个 5 阶子群 $K=\langle x\rangle$. 易验证 x, x^{-1} 和 x^2, x^{-2} 分属 A_5 的两个不同的共轭类 $C_5^{(1)}$ 和 $C_5^{(2)}$. 令 μ 是 K 的线性特征标满足 $\mu(x)=\varepsilon=e^{2\pi i/5}$. 计算

μ^G 得

$$\mu^G: \quad 12 \quad 0 \quad 0 \quad \varepsilon+\varepsilon^4 \quad \varepsilon^2+\varepsilon^3$$

再由计算可得 $\langle \mu^G, \chi_2\rangle = 1$, $\langle \mu^G-\chi_2, \chi_3\rangle = 1$. 于是 $\mu^G-\chi_2-\chi_3=\chi_4$ 也是 G 的特征标:

$$\chi_4: \quad 3 \quad -1 \quad 0 \quad \varepsilon+\varepsilon^4+1 \quad \varepsilon^2+\varepsilon^3+1$$

且因 $\langle\chi_4,\chi_4\rangle=1$, 故 χ_4 是 G 的不可约特征标, 至此我们已找到 A_5 的 4 个不可约特征标. 第五个可用正交关系算出, 即

$$\chi_5: \quad 3 \quad -1 \quad 0 \quad \varepsilon^2+\varepsilon^3+1 \quad \varepsilon+\varepsilon^4+1$$

于是最终完成了 A_5 的特征标表如下:

类 C	C_1	C_2	C_3	$C_5^{(1)}$	$C_5^{(2)}$
χ_1	1	1	1	1	1
χ_2	4	0	1	-1	-1
χ_3	5	1	-1	0	0
χ_4	3	-1	0	$\varepsilon+\varepsilon^4+1$	$\varepsilon^2+\varepsilon^3+1$
χ_5	3	-1	0	$\varepsilon^2+\varepsilon^3+1$	$\varepsilon+\varepsilon^4+1$

习 题

7.6.1. 设 $H,K\leqslant G$, $HK=G$. 又设 φ 是 H 的一个类函数. 证明 $\varphi^G|_K=(\varphi|_{H\cap K})^K$.

7.6.2. 设 $H\leqslant G$, φ 是 H 的类函数, ψ 是 G 的类函数. 证明 $(\varphi\cdot\psi|_H)^G=\varphi^G\psi$. 两个类函数 φ_1,φ_2 的乘积如下定义: $\varphi_1\varphi_2(a)=\varphi_1(a)\varphi_2(a)$, $\forall a\in G$.)

7.6.3. 设 $b(G)=\max\{\chi(1)\mid\chi\in\mathrm{Irr}(G)\}$. 若 $H\leqslant G$, 则

$$b(H)\leqslant b(G)\leqslant |G:H|b(H).$$

7.6.4. 设 $H\trianglelefteq G$, $G=\bigcup_{i=1}^m Ht_i$ 是 G 对 H 的右陪集分解式. 又设 ψ 是 H 的特征标, 则对 $i=1,2,\cdots,m$, 由

$$\psi_i(h)=\psi(t_iht_i^{-1}), \qquad \forall h\in H$$

确定之 ψ_i 亦为 H 之特征标, 且

$$\psi^G|_H=\psi_1+\psi_2+\cdots+\psi_m.$$

7.6.5. 设 $H\trianglelefteq G$, χ 是 G 的不可约特征标. 证明存在 H 的不可约特征标 ψ 使 $\chi=\psi^G$ 的充要条件为 χ 在 $G-H$ 上取零值, 并且 $\chi|_H$ 是 H 的若干个彼此不同的不可约特征标的和.

7.6.6. 设 χ 是 G 的特征标, 它在 $G-\{1\}$ 上取常数值, 则 $\chi=a1_G+br_G$, 其中 a, b 是整数. 又若 $b>0$, 则 $\chi(1)\geqslant|G|-1$.

7.6.7. 设 $|G|$ 是奇数, χ 是 G 的非主不可约特征标, 则 $\chi \neq \overline{\chi}$.

7.6.8. 试造 21 阶非交换群的特征标表.

7.6.9. 试造 27 阶非交换群的特征标表.

7.7 有关代数整数的预备知识

为了进一步研究特征标的性质, 也为了满足下一节的需要, 本节将叙述代数数论方面的一些预备知识, 对于抽象代数知识较多的读者, 本节的大部分内容是熟知的.

定义 7.7.1 复数 a 称为代数整数, 如果它是某首项系数为 1 的整系数多项式的零点.

通常意义下的整数, 以后称为有理整数, 以强调它们与代数整数的区别.

自然, 有理整数都是代数整数, 我们还有:

定理 7.7.2 *如果有理数 a 是代数整数, 则它必是有理整数.*

证明 设 $a = \dfrac{b}{c}$, 其中 b, c 是有理整数, $c > 0$, $(b, c) = 1$. 并设 a 是多项式

$$x^n + a_1 x^{n-1} + \cdots + a_n$$

的零点, 其中 $a_1, \cdots, a_n$ 是有理整数. 于是

$$\frac{b^n}{c^n} + a_1 \frac{b^{n-1}}{c^{n-1}} + \cdots + a_n = 0,$$

即

$$b^n = -a_1 b^{n-1} c - \cdots - a_n c^n.$$

于是 $c | b^n$, 但 $(b, c) = 1$, 所以 $c = 1$, a 是有理整数. □

定理 7.7.3 *复数 a 是代数整数, 当且仅当存在复数域的子环 $R \supseteq \mathbb{Z}$, 使得 $a \in R$, 且 R 的加法群是有限生成的.*

证明 设 a 是代数整数, 则 a 是有理整系数多项式 $x^n + a_1 x^{n-1} + \cdots + a_n$ 的零点. 命

$$R = \left\{ \sum_{i=0}^{n-1} b_i a^i \,\middle|\, b_i \in \mathbb{Z},\ i = 0, 1, \cdots, n-1 \right\},$$

则 R 是 $\mathbb{C}$ 的子环, 包含 $\mathbb{Z}$, 且 R 的加法群由 $1, a, \cdots, a^{n-1}$ 生成.

反之, 设复数域的子环 $R \supseteq \mathbb{Z}$, 且 R 的加法群由 $e_1, \cdots, e_n$ 生成, $a \in R$. 那么存在整系数矩阵 $\boldsymbol{A}$ 满足

$$a \begin{pmatrix} e_1 \\ \vdots \\ e_n \end{pmatrix} = \boldsymbol{A} \begin{pmatrix} e_1 \\ \vdots \\ e_n \end{pmatrix},$$

即

$$(a\boldsymbol{I}-\boldsymbol{A})\begin{pmatrix}e_1\\ \vdots\\ e_n\end{pmatrix}=\begin{pmatrix}0\\ \vdots\\ 0\end{pmatrix}.$$

两边同乘 $a\boldsymbol{I}-\boldsymbol{A}$ 的伴随矩阵, 得

$$\begin{pmatrix}0\\ \vdots\\ 0\end{pmatrix}=|a\boldsymbol{I}-\boldsymbol{A}|\cdot\boldsymbol{I}\begin{pmatrix}e_1\\ \vdots\\ e_n\end{pmatrix}=\begin{pmatrix}|a\boldsymbol{I}-\boldsymbol{A}|\cdot e_1\\ \vdots\\ |a\boldsymbol{I}-\boldsymbol{A}|\cdot e_n\end{pmatrix}.$$

由 $e_1,\cdots,e_n$ 不全为 0 (因为 $R\neq 0$), 所以 $|a\boldsymbol{I}-\boldsymbol{A}|=0$, 即 a 是首项系数为 1 的整系数多项式 $|\lambda\boldsymbol{I}-\boldsymbol{A}|$ 的零点. □

设 a,b 是两个代数整数, 由定理 7.7.3 可设它们分别属于复数域的子环 R_1,R_2, 其中

$$R_1=\left\{\sum_{i=1}^{m}a_ie_i\,\middle|\,a_i\in\mathbb{Z}\right\},$$

$$R_2=\left\{\sum_{j=1}^{n}b_jf_j\,\middle|\,b_j\in\mathbb{Z}\right\},$$

并可设 $e_1=f_1=1$, 那么显然有

$$R=\left\{\sum_{i=1}^{m}\sum_{j=1}^{n}c_{ij}e_if_j\,\middle|\,c_{ij}\in\mathbb{Z}\right\}$$

也是 $\mathbb{C}$ 的子环, 且 $a+b,a-b,ab\in R$, 所以有

定理 7.7.4　代数整数的和差积仍是代数整数, 即 $\mathbb{C}$ 中全体代数整数组成一环.

根据这个定理和定理 7.5.5(5), 我们立即看出 $\chi(t)$ 恒是代数整数, 其中 χ 是 G 的特征标, $t\in G$.

下面我们举出另一个恒取代数整数值的类函数的例子.

设 C_i,C_j 为群 G 的任二共轭类, 命

$$C_iC_j=\{xy\mid x\in C_i,y\in C_j\}.$$

对于任意的 $xy\in C_iC_j$ 和 $t\in G$, 有

$$(xy)^t=x^ty^t\in C_iC_j,$$

这说明 C_iC_j 仍为 G 之若干共轭类之并. 假设又有 $x_1y_1 = xy$, 其中 $x_1 \in C_i, y_1 \in C_j$, 则 $x_1^t y_1^t = x^t y^t = (xy)^t$, 并且若 $x_1 \neq x$ 或 $y_1 \neq y$, 亦有 $x_1^t \neq x^t$ 或 $y_1^t \neq y^t$. 这说明对 C_iC_j 中的任二共轭元素 xy 和 $(xy)^t$, 在表示成一个 C_i 的元素和一个 C_j 的元素之乘积时, 表示方法也有同样多个. 利用这点我们可以证明

定理 7.7.5 设 χ 是 G 的不可约复特征标, 对于 $t \in G$ 规定

$$\omega(t) = \frac{|C|\chi(t)}{\chi(1)},$$

其中 C 为 t 所在的共轭元素类, 则 ω 是 G 类函数, 且取值为代数整数.

证明 设 $\boldsymbol{X}$ 是 χ 对应的不可约矩阵表示. 令

$$\boldsymbol{Z}(t) = \sum_{c \in C} \boldsymbol{X}(c).$$

易验证 $\boldsymbol{Z}(t)$ 与所有 $\boldsymbol{X}(a)$ 可交换, $a \in G$. 由推论 7.4.5(5), 存在复数 λ 使

$$\boldsymbol{Z}(t) = \lambda \boldsymbol{I}.$$

于是

$$\lambda\chi(1) = \operatorname{tr}(\boldsymbol{Z}(t)) = \sum_{c \in C} \operatorname{tr}(\boldsymbol{X}(c)) = \sum_{c \in C} \chi(c) = |C|\chi(t),$$

所以

$$\lambda = \frac{|C| \cdot \chi(t)}{\chi(1)} = \omega(t).$$

由本定理前面的讨论, 对任意的 $x, y \in G$, 有

$$\boldsymbol{Z}(x) \cdot \boldsymbol{Z}(y) = \sum_t a_t \boldsymbol{Z}(t),$$

其中 t 遍取 G 的共轭类代表, a_t 是非负整数, 但 $\boldsymbol{Z}(t)$ 都是纯量阵. 由此有

$$\omega(x) \cdot \omega(y) = \sum_t a_t \omega(t).$$

这样, $\left\{ \sum a_t \omega(t) \mid a_t \in \mathbb{Z} \right\}$ 是 $\mathbb{C}$ 的一个子环, 从而 $\omega(t)$ 为代数整数. □

推论 7.7.6 设 χ 是 G 的一个不可约特征标, 则 $\chi(1)|g$, 其中 $g = |G|$.

证明 设 $C_i, i = 1, 2, \cdots, s$, 是 G 的全部共轭类, $t_i \in C_i$, 则

$$\begin{aligned}\frac{g}{\chi(1)} &= \frac{g}{\chi(1)}\langle\chi,\chi\rangle \\ &= \frac{g}{\chi(1)}\cdot\frac{1}{g}\sum_{i=1}^{s}|C_i|\chi(t_i)\overline{\chi(t_i)} \\ &= \sum_{i=1}^{s}\frac{|C_i|\chi(t_i)}{\chi(1)}\overline{\chi(t_i)} \\ &= \sum_{i=1}^{s}\omega(t_i)\overline{\chi(t_i)},\end{aligned}$$

所以 $g/\chi(1)$ 是代数整数. 又因它是有理数, 故为有理整数, 即 $\chi(1)|g$. □

最后, 我们来讨论有理数域上的分圆多项式.

我们知道, 在复数域中, 只有 $\varphi(n)$ 个 n 次本原单位根, 其中 φ 是 Euler φ 函数. 以 $\zeta_1,\cdots,\zeta_{\varphi(n)}$ 记这 $\varphi(n)$ 个 n 次原根, 称多项式

$$f_n(x)=\prod_{i=1}^{\varphi(n)}(x-\zeta_i)$$

为 n *次分圆多项式*. 容易验证

$$x^n-1=\prod_{d|n}f_d(x),$$

上式右边是对 n 的所有正因子 d 取乘积, 这样 $f_n(x)$ 必是首 1 有理整系数多项式. 这是因为 $f_1(x)=x-1$ 是首 1 有理整系数的. 对 n 施行归纳法, 设 $f_d(x)$, $d<n$ 全是首 1 有理整系数的, 则

$$f_n(x)=\frac{x^n-1}{\prod\limits_{d|n,d<n}f_d(x)}=\frac{x^n-1}{g(x)}.$$

因为 $g(x)$ 是首 1 有理整系数的, 且 $g(x)|x^n-1$, 由带余除法可以看出 $f_n(x)$ 也是首 1 有理整系数多项式.

定理 7.7.7 *$f_n(x)$ 在有理数域 $\mathbb{Q}$ 上不可约.*

证明 设 $f_n(x)$ 在有理数域 $\mathbb{Q}$ 上有分解

$$f_n(x)=g(x)h(x),$$

其中 $g(x)$ 的次数 $\geqslant 1$. 由 Gauss 关于本原多项式的引理, 不失普遍性, 可设 $g(x)$, $h(x)$ 是有理整系数的, 因而是首 1 的. 设 ζ 是 $g(x)$ 的一个零点, 我们证明, 对每一满足 $p\nmid n$ 的素数 p, ζ^p 仍是 $g(x)$ 的零点, 于是 $g(x)$ 将以任一 n 次原根为其零点, 这推出 $g(x)=f_n(x)$, 即可完成定理的证明.

设其不然, 由于 ζ^p 仍是原根, 所以 ζ^p 是 $h(x)$ 的零点, 即 $g(x)$ 与 $h(x^p)$ 有一公共零点, 也即 $g(x)$ 与 $h(x^p)$ 不互素.

用 $\bar{f}(x)$ 表示把整系数多项式 $f(x)$ 的系数分别换成其模 p 的同余类而得到的 Galois 域 $GF(p)$ 上的多项式, 则显然有 $f(x)\mapsto\bar{f}(x)$ 是 $\mathbb{Z}[x]$ 到 $GF(p)[x]$ 上的同态. 于是 $\bar{g}(x)$ 与 $\bar{h}(x^p)$ 仍不互素, 从而 $\bar{g}(x)$ 与 $\bar{h}(x)$ 不互素. 但 $\bar{g}(x)\cdot\bar{h}(x)=\bar{f}_n(x)$ 是 x^n-1(看作 $GF(p)$ 上多项式) 的因子, 而 $p\nmid n$, 所以 x^n-1 无重零点, 此系矛盾. □

推论 7.7.8　设 ζ_1,ζ_2 都是 n 次本原单位根, 则有理数域 $\mathbb{Q}$ 的扩域 $\mathbb{Q}(\zeta_1)$ 有一自同构把 ζ_1 变到 ζ_2.

证明　由于 ζ_1 和 ζ_2 同是不可约多项式 $f_n(x)$ 的零点, 所以存在同构 $\sigma:\mathbb{Q}(\zeta_1)\to\mathbb{Q}(\zeta_2)$ 满足 $\zeta_1^\sigma=\zeta_2$, 但 $\mathbb{Q}(\zeta_1)=\mathbb{Q}(\zeta_2)$, 所以 σ 是自同构. □

7.8　p^aq^b-定理、Frobenius 定理

前面介绍的特征标理论, 在本节中获得出色的应用. 我们将在本节证明前面提到的 p^aq^b-定理以及 Frobenius 定理.

定理 7.8.1　设 χ 是 G 的一个不可约特征标, C 是 G 的一个共轭类, $x\in C$. 若 $(\chi(1),|C|)=1$, 则或者 $\chi(x)=0$, 或者 $|\chi(x)|=\chi(1)$.

证明　因为 $(\chi(1),|C|)=1$, 必有整数 u,v 使 $u\chi(1)+v|C|=1$, 于是

$$\begin{aligned}\frac{\chi(x)}{\chi(1)}&=\frac{(u\chi(1)+v|C|)\chi(x)}{\chi(1)}\\&=v\omega(x)+u\chi(x),\end{aligned}$$

其中 ω 如定理 7.7.5 中定义, 于是 $\chi(x)/\chi(1)$ 是代数整数.

令 $\chi(1)=k$, $o(x)=n$. 以 $\zeta_1,\cdots,\zeta_{\varphi(n)}$ 表 $\varphi(n)$ 个 n 次本原单位根, 令 $a_1=\chi(x)/\chi(1)$. 由定理 7.5.5(5), 可设

$$a_1=(\zeta_1^{i_1}+\cdots+\zeta_1^{i_k})/k,$$

其中 $i_1,\cdots,i_k$ 是非负整数. 令 $a_j=(\zeta_j^{i_1}+\cdots+\zeta_j^{i_k})/k$, $j=1,2,\cdots,\varphi(n)$. 由推论 7.7.8, 有 $\mathbb{Q}(\zeta_1)$ 的自同构把 a_1 变到 a_j, 所以 a_j 亦是代数整数. 因为

$$\prod_{j=1}^{\varphi(n)}a_j=b$$

是 $\zeta_1,\cdots,\zeta_{\varphi(n)}$ 的对称多项式, 因而可表成 $\zeta_1,\cdots,\zeta_{\varphi(n)}$ 的初等对称多项式即 $f_n(x)$ 的系数的有理函数, 这推出 b 是有理数, 但它又是代数整数, 所以它是有理整数.

如果 $|\chi(x)| < \chi(1)$, 则 $|a_1| < 1$. 我们又有 $|a_j| \leqslant 1$, $j = 2, \cdots, \varphi(n)$, 于是有

$$|b| = \left|\prod_{j=1}^{\varphi(n)} a_j\right| < 1.$$

由此只能成立 $b = 0$, 于是 $a_1 = \chi(x)/\chi(1) = 0$, 即 $\chi(x) = 0$. □

定理 7.8.2 *有限单群的共轭类的长度不能是素数的正方幂.*

证明 设 G 是有限单群, C 是 G 的一个共轭类. 又设 $|C| = p^a$, p 是素数, a 是正整数. 当然有 $p \mid |G|$, 且 G 是非交换的.

因为 $|G| = \sum_{i=1}^{s} \chi_i(1)^2$, 而 χ_1 是主特征标, 有 $\chi_1(1) = 1$, 所以至少有一个不可约特征标 χ 满足 $\chi \neq \chi_1$ 且 $p \nmid \chi(1)$. 不妨设 $p \nmid \chi_i(1)$, $i = 1, 2, \cdots, r$, 但 $p \mid \chi_j(1)$, $j = r+1, \cdots, s$, 其中 $2 \leqslant r \leqslant s$. 若对某一 χ_i, $2 \leqslant i \leqslant r$, 有 $|\chi_i(x)| = \chi_i(1)$, $x \in C$. 令 $\boldsymbol{X}_i$ 是 χ_i 之相应的表示, 由定理 7.5.5(7) $\boldsymbol{X}_i(x)$ 是纯量阵. 而因 G 是单群, 所以 χ_i 是忠实的, 于是 G 的中心 $Z(G)$ 包含 x, 但这与 G 是非交换单群矛盾. 因此必有

$$\chi_i(x) = 0, \ x \in C, \qquad i = 2, \cdots, r.$$

由第二正交关系, 我们有: 对 $x \in C$,

$$\begin{aligned} 0 &= \sum_{i=1}^{s} \chi_i(1)\chi_i(x) \\ &= 1 + \sum_{j=r+1}^{s} \chi_j(1)\chi_j(x), \end{aligned}$$

注意到对 $j = r+1, \cdots, s$, $p \mid \chi_j(1)$, 我们有

$$1/p = -\sum_{j=r+1}^{s} \frac{\chi_j(1)}{p}\chi_j(x)$$

是代数整数, 因而也是有理整数, 矛盾. □

定理 7.8.3 (Burnside) *$p^a q^b$ 阶群必可解, 其中 p, q 是不同素数, a, b 是正整数.*

证明 设 G 是使定理不成立的最小阶反例, 则 G 应为单群 (若否, G 有非平凡正规子群 N, 则由 G 的最小性, 有 N 及 G/N 均可解, 于是 G 亦可解). 令 $P \in \mathrm{Syl}_p(G)$, $1 \neq z \in Z(P)$, 则 z 所在的共轭类的长度必为 q 的方幂, 与定理 7.8.2 矛盾. □

下面, 我们讨论所谓 Frobenius 群, 并证明著名的 Frobenius 定理.

定义 7.8.4 设 G 是 $\Omega = \{1, 2, \cdots, n\}$ 上的传递置换群, 它对点 1 的稳定子群 $G_1 \neq 1$, 但只有单位元素才有两个以上不动点, 这时称 G 为 Frobenius 群. G 中变动每个点的元素称为正则元素.

设 G 是如上定义的 Frobenius 群, 由 G 之传递性, 稳定子群 $G_2,\cdots,G_n$ 亦非单位群, 并且对任意的 $i\neq j$ 恒有 $G_i\cap G_j=1$. 令 $H=G_1$, $|H|=h$, 则 $|G|=g=nh$. 因此 G 的正则元的个数为

$$\left|G-\bigcup_{i=1}^{n}G_i\right|=g-(h-1)n-1=n-1,$$

而非正则元个数为 $(h-1)n$. 又, 对任一 $i\neq 1$, H 对点 i 的稳定子群 $H_i=1$, 从而 H 的包含 i 的轨道 i^H 的长为 h. 因此, $h\mid n-1$. 特别地, $(n,h)=1$.

定理 7.8.5 Frobenius 群 G 中的正则元素和 1 一起组成 G 的一个特征子群.

证明 保持前面所用的记号, 由于 $g=nh$, 而 $(n,h)=1$, 所以如果能证明全体正则元和 1 组成 G 的正规子群, 则此子群当然是特征子群.

设 ρ 是 G 的置换特征标 (参看例 7.5.3), 则 $\rho(1)=n$, $\rho(x)=0$, $\rho(y)=1$, 其中 x 是任一正则元素, 而 y 是任一非正则元素. 计算可得 $\langle\rho,1_G\rangle=\dfrac{1}{g}(n+(h-1)n)=1$, 故若令 $\theta=\rho-1_G$, 则 θ 仍为 G 之特征标. 对 θ 有 $\theta(1)=n-1$, $\theta(x)=-1$, $\theta(y)=0$. 我们再令 $\mu=r_G-h\theta$, 其中 r_G 是 G 的正则特征标. 由计算可得, $\mu(1)=\mu(x)=h$, $\mu(y)=0$, 其中 x,y 如前所述. 如果我们能证明 μ 也是 G 的特征标, 由定理 7.5.5(7), $\operatorname{Ker}\mu$ 将由正则元和 1 组成. 因为 $\operatorname{Ker}\mu\trianglelefteq G$, 定理就证明完了.

为了证明 μ 是特征标, 我们设 $\psi_i, i=1,2,\cdots,t$ 是 H 的全部不可约特征标, 并设 $\psi_i(1)=m_i$, 于是有

$$r_H=\sum_{i=1}^{t}m_i\psi_i,\qquad \sum_{i=1}^{t}m_i^2=h.$$

又由例 7.6.2 有 $r_G=(r_H)^G$, 于是

$$\begin{aligned}\mu&=r_G-h\theta=(r_H)^G-h\theta\\&=\left(\sum_{i=1}^{t}m_i\psi_i\right)^G-\left(\sum_{i=1}^{t}m_i^2\right)\theta\\&=\sum_{i=1}^{t}m_i(\psi_i^G-m_i\theta).\end{aligned}$$

因此只需证明 $\pi_i=\psi_i^G-m_i\theta$ 是 G 的特征标. 由命题 7.6.6 易算出 $\psi_i^G(1)=nm_i$, $\psi_i^G(x)=0$, $\psi_i^G(y)=\psi_i(\bar{y})$, x,y 仍如前述, 而 $\bar{y}\in H$, 且与 y 在 G 中共轭. 又因 θ 的取值为 $\theta(1)=n-1$, $\theta(x)=-1$, $\theta(y)=0$, 由计算得

$$\pi_i(1)=m_i,\quad \pi_i(x)=m_i,\quad \pi_i(y)=\psi_i(\bar{y}),$$

并且

$$\begin{aligned}\langle\pi_i,\pi_i\rangle &= \frac{1}{g}\left(m_i^2+(n-1)m_i^2+n\sum_{\bar{y}\in H\setminus\{1\}}\psi_i(\bar{y})\overline{\psi_i(\bar{y})}\right)\\ &= \frac{n}{g}\sum_{\bar{y}\in H}\psi_i(\bar{y})\overline{\psi_i(\bar{y})}\quad(\text{用到}m_i=\psi_i(1))\\ &= \langle\psi_i,\psi_i\rangle=1.\end{aligned}$$

又因 $\pi_i=\psi_i^G-m_i\theta$ 可表成 G 的不可约特征标的整系数线性组合, 可令 $\pi_i=\sum_{i=1}^{s}\lambda_i\chi_i$, 其中 λ_i 是整数, 于是

$$\begin{aligned}\langle\pi_i,\pi_i\rangle &= \left\langle\sum_i\lambda_i\chi_i,\sum_i\lambda_i\chi_i\right\rangle\\ &= \sum_{i=1}^{s}\lambda_i^2\langle\chi_i,\chi_i\rangle\\ &= \sum_{i=1}^{s}\lambda_i^2,\end{aligned}$$

这推出 $\sum_{i=1}^{s}\lambda_i^2=1$. 因此只有某一个 $\lambda_j=\pm1$, 其余的 $\lambda_k=0$. 于是 $\pi_i=\pm\chi_i$. 最后, 因为 $\pi_i(1)=m_i>0$, 必有 $\pi_i=\chi_i$ 是 G 的不可约特征标. 定理证毕. □

习 题

7.8.1. 设 $A\leqslant G$, A 交换, 且 $|G:A|$ 是素数方幂. 求证 $G'<G$.

7.8.2. 设 χ 是 G 的忠实不可约特征标, 且 $\chi(1)=p^a$, p 是素数. 又设 $P\in\mathrm{Syl}_p(G)$, 且 $C_G(P)\nleqslant P$, 则 $G'<G$.

第 8 章　群在群上的作用、ZJ- 定理和 p-幂零群

阅读提示: 本章讲述群在群上的作用, 它是继第 2 章群在集合上的作用和第 7 章群在向量空间上的作用 (即群表示论) 之后的第三种主要的群作用, 也是 Thompson 创立的有限群的局部分析方法的基础. 8.1 节 ~ 8.3 节讲述群在群上的作用的一般理论, 特别是讲述互素作用, 即作用与被作用的群的阶是互素的情形. 8.4 节讲述关于 p-幂零的 Frobenius 定理, 但证明方法是较新的, 特别是使用了著名的 Alperin 黏合定理 (Alperin's Fusion Theorem). 8.5 节讲 Glauberman 的 ZJ 定理, 之后应用它讲了 Glauberman-Thompson 的 p-幂零准则 (8.6 节). 最后一节讲的是 Thompson 关于 Frobenius 群的 F-核是幂零群的猜想的证明. 后三节都可看作是群在群上作用的应用. 本章有较多的阅读材料.

我们在第 2 章中研究了群在集合上的作用和有限群的置换表示, 第 7 章又讲述了群表示论, 它研究的是群在向量空间上的作用. 应用这个理论可以得到十分丰富的结果. 本章我们将讨论群在群上的作用, 这时作用的对象是另一个群. 从某种意义上来说, 它似乎介于群在集合上的作用和群在向量空间上的作用两者之间. 因为群虽然比集合有更丰富的代数结构, 但又远不及向量空间, 后者是一个以域为算子集的交换群. 因此, 我们希望能从这种研究中得到某些新的概念、方法和结果. 它不像在集合上的作用那样空泛, 同时又能把表示论的某些结果和方法应用到更广泛的场合, 这种想法从逻辑上看是合理的, 而且实际上也已经取得了丰硕的成果. 事实上, 从 20 世纪 50 年代末开始创立的研究有限群的群论方法 (主要是局部分析方法) 正是以此为基础的.

我们知道, 群元素在集合上的作用相当于该集合的一个置换, 它在向量空间上的作用相当于该空间的满秩线性变换, 而它在群上的作用则相当于该群的一个自同构. 因而, 本章也可以看成是对自同构群的进一步研究. 由于这几种作用的对象迥然不同, 因此, 所考虑的中心问题以及得到的结果也很不一样. 但尽管如此, 它们都以一个统一的 "作用" 的观点为中心, 这个观点是十分重要的. 如果我们把视野再扩大一些, 允许群作用的集合有某种几何的或组合的结构, 比如它们是图、射影平面, 或区组设计等, 那么还会得到许多令人惊异的结果, 无论是对群还是对这些组合结构 (4.2 节~4.3 节就是两个简单的例子).

以上这些话我们希望能对读者学习和研究有限群提供某些方法性的启示.

8.1　群在群上的作用

定义 8.1.1　设 G 和 H 是给定的有限群. 若 φ 是 H 到 $\mathrm{Aut}(G)$ 内的一个同态映射. 我们就称 φ 为*H 在 G 上的一个作用*.

于是, 对于任意的 $h \in H$, 有 $\varphi(h) \in \mathrm{Aut}(G)$. 对于任意的 $g \in G$, 我们以 g^h 表 g 在 $\varphi(h)$ 之下的像, 即规定 $g^h = g^{\varphi(h)}$.

和第 2 章以及第 7 章的情形相同, 称 φ 为*忠实作用*, 如果 $\mathrm{Ker}\,\varphi = 1$; 而称 φ 为*平凡作用*, 如果 $\mathrm{Ker}\,\varphi = H$, 这时有 $\varphi(H) = 1$.

根据半直积的理论, 由群 G, H 和作用 φ 可唯一确定一个 G 和 H 的半直积 $S = G \rtimes_\varphi H$. 在 S 中, $h \in H$ 在 G 上的作用就相当于共轭变换, 亦即 $g^h = h^{-1}gh$, $\forall g \in G$. 显然, 半直积 S 是直积当且仅当 φ 是平凡作用.

例 8.1.2　设 S 是群, $H, G \leqslant S$, $H \cap G = 1$, 且 $H \leqslant N_S(G)$, 则 H 在 G 上的共轭作用是 H 在 G 上的一个作用.

这个作用虽然简单, 但非常重要. 它和上述作半直积的考虑恰好相反.

定义 8.1.3　设 φ 是群 H 在 G 上的一个作用, $A \leqslant G$, 称 A 为*H-不变的*, 如果 $A^h \subseteq A$, $\forall h \in H$.

事实上, 因为 h 在 A 上的作用相当于 A 的自同构, $A^h \subseteq A$ 等价于 $A^h = A$. 因而在上述定义中可用 $A^h = A$ 代替 $A^h \subseteq A$.

如果在半直积 $S = G \rtimes_\varphi H$ 中考虑, G 的子群 A 是 H-不变的就等价于 $H \leqslant N_S(A)$. 因而 “A 是 H-不变的” 也常称作 “*H 正规化 A*”.

定义 8.1.4　设 φ 为 H 在 G 上的一个作用. 如果 G 中存在非平凡的 H-不变子群, 则称作用 φ 为*可约的*, 否则称为*不可约的*.

又, 如果 G 可表成两个非平凡的 H-不变子群 A, B 的直积 $G = A \times B$, 则称作用 φ 为*可分解的*, 否则称为*不可分解的*.

命题 8.1.5　*设 φ 是群 H 在 G 上的作用.*

(1) *若 A 是 G 的 H-不变子群, 则 $C_G(A)$ 和 $N_G(A)$ 也是 G 的 H-不变子群.*

(2) *若 A 是 G 的 H-不变正规子群, 则 φ 诱导出 H 在 G/A 上的作用 $\bar{\varphi} : h \mapsto \bar{\varphi}(h)$, 这里 $\bar{\varphi}(h) : gA \mapsto g^hA$, $\forall g \in G$.*

证明　(1) 首先看一个一般性的结论. 设 A, G 是群 S 的子群, 且 $A \leqslant G$, α 是 S 的自同构, 则易验证

$$C_G(A)^\alpha = C_{G^\alpha}(A^\alpha), \quad N_G(A)^\alpha = N_{G^\alpha}(A^\alpha). \tag{8.1}$$

(例如验证后者: 由 $g \in N_G(A) \iff g \in G$ 且 $g^{-1}Ag = A \iff g^\alpha \in G^\alpha$ 且 $(g^\alpha)^{-1}A^\alpha g^\alpha = A^\alpha \iff g^\alpha \in N_{G^\alpha}(A^\alpha)$, 即可得到 $N_G(A)^\alpha = N_{G^\alpha}(A^\alpha)$.)

下面把 (8.1) 式应用到本命题: 设 S 为半直积 $G \rtimes_{\varphi} H$, $h \in H$. 命 α 为由 h 诱导出的 S 的内自同构, 注意到 $A^h = A$, $G^h = G$, 则可由 (8.1) 式得到

$$C_G(A)^h = C_{G^h}(A^h) = C_G(A),$$

$$N_G(A)^h = N_{G^h}(A^h) = N_G(A).$$

再由 h 的任意性, 即得 $C_G(A)$ 和 $N_G(A)$ 是 G 的 H-不变子群.

(2) 设 $g, g' \in G$, $gA = g'A$, $h \in H$. 由 $gA = g'A$, 得 $g^{-1}g' \in A$. 于是 $(g^{-1}g')^h \in A^h = A$, $(g^h)^{-1}g'^h \in A$, 即 $g^h A = g'^h A$, 故映射 $\bar{\varphi}(h)$ 是有意义的. 注意到上述过程可以逆推, 故 $\bar{\varphi}(h)$ 是 G/A 到自身的单射. 因当 g 跑遍 G 时 g^h 亦跑遍 G, 故 $\bar{\varphi}(h)$ 又是满射. 而 $\bar{\varphi}(h)$ 保持运算是明显的, 这样 $\bar{\varphi}(h) \in \mathrm{Aut}(G/A)$. 最后, 对于 $h, h' \in H$, 因为

$$(gA)^{\bar{\varphi}(hh')} = g^{hh'}A = (g^h A)^{\bar{\varphi}(h')} = (gA)^{\bar{\varphi}(h)\bar{\varphi}(h')},$$

故 $\bar{\varphi}(hh') = \bar{\varphi}(h)\bar{\varphi}(h')$. 于是 $\bar{\varphi}$ 是 H 到 $\mathrm{Aut}(G/A)$ 内的同态. □

下面我们推广已经熟悉的中心化子和换位子的概念.

定义 8.1.6 设群 H 作用在群 G 上.

(1) 规定 $C_G(H) = \{g \in G \mid g^h = g, \ \forall h \in H\}$, 即 $C_G(H)$ 为 H 在 G 中的不动点的集合. 显然, $C_G(H)$ 是 G 的 H-不变子群.

(2) 设 $g \in G$, $h \in H$, 规定

$$[g, h] = g^{-1}g^h.$$

同时规定

$$[G, h] = \langle [g, h] \mid g \in G \rangle,$$

$$[G, H] = \langle [g, h] \mid g \in G, h \in H \rangle.$$

事实上, 如果在半直积 $S = G \rtimes_{\varphi} H$ 中考虑, 上述概念即我们所熟知的中心化子和换位子的概念. 仿照换位子群, 以下我们还约定

$$[G, H, H] = [[G, H], H], \qquad [G, h, h] = [[G, h], h],$$

等等.

命题 8.1.7 *设群 H 作用在 G 上, 则 $[G, H]$ 是 G 的 H-不变正规子群, 且 H 在 $G/[G, H]$ 上作用平凡. 又若 N 是 G 的一个 H-不变正规子群, 使得 H 在 G/N 上作用平凡, 则 $[G, H] \leqslant N$.*

证明　对于任意的 $g, g_1 \in G$, $h, h_1 \in H$, 有

$$[g,h]^{h_1} = [g^{h_1}, h^{h_1}] \in [G,H],$$
$$[g,h]^{g_1} = [gg_1, h][g_1, h]^{-1} \in [G,H].$$

故 $[G,H]$ 是 G 的 H-不变正规子群. 又因

$$(g[G,H])^h = g^h[G,H] = g[g,h][G,H] = g[G,H],$$

故 H 在 $G/[G,H]$ 上作用平凡.

现在假定 N 是 G 的 H-不变正规子群, 且对任意的 $h \in H$, $g \in G$ 有

$$(gN)^h = g^h N = gN,$$

则 $g^{-1}g^h N = N$, 即 $[g,h] \in N$, 于是 $[G,H] \leqslant N$. □

命题 8.1.8　*设有限 p-群 H 作用在有限 p-群 $G \neq 1$ 上, 则有 $C_G(H) \neq 1$, 且 $[G,H] < G$.*

证明　这时半直积 $S = G \rtimes H$ 也是有限 p-群. 因为 $G \lhd S$, 有 $1 \neq Z(S) \cap G \leqslant C_G(H)$, 故 $C_G(H) \neq 1$. 又因 S 幂零, $[G,S] < G$, 当然更有 $[G,H] < G$. □

定理 8.1.9　*设 p-群 H 作用在群 G 上, 则存在 $P \in \mathrm{Syl}_p(G)$ 是 H-不变的.*

证明　令 $S = G \rtimes H$, 取 $R \in \mathrm{Syl}_p(S)$ 满足 $H \leqslant R$. 则若令 $P = R \cap G$, 有 $P \in \mathrm{Syl}_p(G)$. 最后因

$$P^H = (R \cap G)^H = R^H \cap G^H = R \cap G = P,$$

故 P 是 H-不变的. □

习　题

在本节习题中都假定群 H 作用在群 G 上.

8.1.1. 设 $K \leqslant G$. 如果 H 在 K 上的作用平凡, 则 H 在 $N_G(K)/C_G(K)$ 上作用也平凡.

8.1.2. 设 $A \trianglelefteq H$, 则 $C_G(A)$ 是 G 的 H-不变子群.

8.1.3. 设 K 是 G 的 H-不变子群, 则 $C_H(K) \trianglelefteq H$.

8.1.4. 设 H 在 $G - \{1\}$ 上作用是传递的, 则 G 为初等交换 p-群.

8.1.5. 设 H 和 G 都是 p-群, 则存在 G 的一个合成群列, 使它的每一项都是 H-不变的.

8.2　π'-群在交换 π-群上的作用

前面说过, 群的表示也可以看成是群在群上的作用, 只不过被作用的群是一个向量空间的加法群. 因此, 表示论的方法和结果对于一般地研究群在群上的作用应

该有它的应用. 在表示论中, 如果域的特征等于零或者不整除所讨论的群的阶, 其理论有它的简便之处. 这提示我们, 在研究群在群上的作用时也应该先加上类似的假设, 这就是假定作用的群和被作用的群的阶是互素的, 也就是研究 π'-群在 π-群上的作用, 这里 π 是一个素数集合. 另外, 交换群比非交换群更接近于向量空间, 因此我们先来研究 π'-群在交换 π-群上的作用.

这时, 在表示论中起重要作用的 Schur 引理和 Maschke 定理都有它们的推广形式.

定理 8.2.1 (Schur 引理) *设 φ 是群 H 在交换群 G 上的一个不可约作用, 又设 $E = \mathrm{End}(G)$ 是 G 的自同态环, 则 $C_E(\varphi(H))$ 是一个体.*

证明 不失普遍性, 可设 φ 是忠实作用, 即可设 $H \leqslant \mathrm{Aut}(G) \subseteq E$. 我们来证明 $C = C_E(H)$ 是一个体.

容易验证 C 是 E 的一个子环. 于是我们只需再证明 C 中每个非零元素 α 都是可逆的, 并且其逆 $\alpha^{-1} \in C$ 即可.

考虑 $\mathrm{Ker}\ \alpha$ 和 G^α. 我们来证明它们都是 G 的 H-不变子群. 设 $h \in H$, $k \in \mathrm{Ker}\ \alpha$, 有 $(k^h)^\alpha = (k^\alpha)^h = 1$, 故 $k^h \in \mathrm{Ker}\ \alpha$. 这得到 $\mathrm{Ker}\ \alpha$ 的 H-不变性. 再设 $g \in G$, 由 $(g^\alpha)^h = (g^h)^\alpha \in G^\alpha$, 又得到 G^α 的 H-不变性. 现在由 $\alpha \neq 0$ 以及 φ 是不可约作用, 必有 $\mathrm{Ker}\ \alpha = 1$ 和 $G^\alpha = G$. 于是 α 是可逆的, 而 $\alpha^{-1} \in C$ 是明显的. □

定理 8.2.2 (Maschke) *设 π'-群 H 作用在交换 π-群 G 上, A 是 G 的 H-不变子群, 并且是 G 的直因子, 即存在 $B \leqslant G$ 使 $G = A \times B$, 则必可找到 G 的某个 H-不变子群 K 使 $G = A \times K$.*

证明 令 ρ 是 G 到 A 上的射影. 如下规定 G 到 G 内的另一映射 ψ:

$$g^\psi = \prod_{h \in H} (g^n)^{h\rho h^{-1}},$$

其中 n 是满足 $n|H| \equiv 1 (\mathrm{mod}\ |G|)$ 的一个正整数, 这样的 n 存在是因为 $(|G|, |H|) = 1$. 我们有

(1) ψ 是 G 到 A 内的映射: 由 A 的 H-不变性.

(2) ψ 是 G 到 A 上的射影: 对 $a \in A$ 有

$$\begin{aligned} a^\psi &= \prod_{h \in H} (a^n)^{h\rho h^{-1}} = \prod_{h \in H} ((a^n)^h)^{\rho h^{-1}} \\ &= \prod_{h \in H} (a^n)^{hh^{-1}} = \prod_{h \in H} a^n \\ &= a^{n|H|} = a. \end{aligned}$$

(3) ψ 是 G 到 A 上的 H- 同态, 从而 $K = \mathrm{Ker}\,\psi$ 也是 G 的 H-不变子群: 对于任意的 $h' \in H$,

$$\begin{aligned} g^{\psi h'} &= \prod_{h\in H} (g^n)^{h\rho h^{-1}h'} \\ &= \prod_{h\in H} (g^n)^{h'(h'^{-1}h)\rho(h'^{-1}h)^{-1}} \\ &= \prod_{h\in H} ((g^{h'})^n)^{(h'^{-1}h)\rho(h'^{-1}h)^{-1}} \\ &= \prod_{h'^{-1}h\in H} ((g^{h'})^n)^{(h'^{-1}h)\rho(h'^{-1}h)^{-1}} \\ &= g^{h'\psi}, \end{aligned}$$

故 ψ 是 H-同态. 从而 K 也是 G 的 H-不变子群.

(4) $G = A \times K$: 因 ψ 是 G 到 A 上的射影, $A \cap K = 1$. 又对任意的 $g \in G$, 有 $g = g^\psi \cdot (g^\psi)^{-1}g$, 其中 $g^\psi \in A$, 而因 $((g^\psi)^{-1}g)^\psi = ((g^\psi)^\psi)^{-1}g^\psi = (g^\psi)^{-1}g^\psi = 1$, 故 $(g^\psi)^{-1}g \in K$. 定理得证. □

注 8.2.3 从上述证明可以看出, 在定理的条件中, "G 是 π-群" 可以减弱为 "G 有一个 H-不变直因子 A 是 π-群", 定理的结论仍能成立.

下面来研究 H 在 G 上作用的不可分解性. 我们来证明

定理 8.2.4 设 p'-群 H 作用在交换 p-群 G 上. 令 $\Omega = \Omega_1(G)$, 它作为 G 的特征子群当然是 H-不变的. 假定 Ω 是 H-可约的, 则 G 必为 H-可分解的.

证明 设 $\exp G = p^e$, 则 $1 \neq \mho = \mho_{e-1}(G)$. 因为 $\mho$ char G, 故 $\mho$ 是 H-不变的. 又因 Ω 是 H-可约的, 存在它的非平凡 H-不变子群 K. 我们可以选到 $K \leqslant \mho$. (这总是可以办到的. 因为若 $\mho < \Omega$, 则可取 $K = \mho$; 而若 $\mho = \Omega$, 则可任取 Ω 的非平凡 H-不变子群作为 K.) 令 $|K| = p^k$. 再令 T 是 G 的满足 $T \cap K = 1$ 的极大 H-不变子群, 当然有 $T \neq 1$ (因为据定理 8.2.2, 在 Ω 中就有非平凡 H-不变子群与 K 的交为 1).

考虑 $\overline{G} = G/T$. 由命题 8.1.5(2), H 也作用在 $\overline{G}$ 上, 并且子群 $\overline{K} = KT/T$ 也是 $\overline{G}$ 的 H-不变子群. 我们有

(1) $\exp \overline{G} = p^e$, $\overline{K} \leqslant \mho_{e-1}(\overline{G})$ 且 $|\overline{K}| = |K| = p^k$: 因为 $K \leqslant \mho$, 故对 K 的任一非单位元素 y, 可找到元素 $x \in G$ 满足 $y = x^{p^{e-1}}$, 则 x 在 $\overline{G}$ 中的像 $\bar{x}$ 必满足 $\bar{x}^{p^{e-1}} \neq \bar{1}$(若否, $\bar{x}^{p^{e-1}} = \bar{1}$, 即 $x^{p^{e-1}} \in T$. 但 $x^{p^{e-1}} \in K$, 故 $x^{p^{e-1}} \in K \cap T = 1$, 于是 $x^{p^{e-1}} = y = 1$, 矛盾). 于是有 $\exp \overline{G} \geqslant p^e$, 但 $\exp G = p^e$, 故 $\exp \overline{G} = p^e$.

又因 $K \leqslant \mho_{e-1}(G)$, 当然有 $\overline{K} \leqslant \mho_{e-1}(\overline{G})$, 而因

$$|\overline{K}| = |KT/T| = |K/K \cap T| = |K|,$$

故 $|\overline{K}| = p^k$.

(2) $\overline{G}$ 中不存在与 $\overline{K}$ 不相交的非平凡的 H-不变子群: 若有这样的子群 $\overline{T}_1 = T_1/T$, $\overline{T}_1 \cap \overline{K} = \bar{1}$, 则由 $T_1 \cap K = 1$ 及 $T_1 > T$, 与 T 的极大性相矛盾.

(3) $\overline{K} = \mho_{e-1}(\overline{G}) = \Omega_1(\overline{G})$: 若否, 则必有 $\overline{K} < \Omega_1(\overline{G})$. 于是由定理 8.2.2, 在 $\Omega_1(\overline{G})$ 中存在非平凡 H-不变子群 $\overline{T}_1$ 满足 $\overline{T}_1 \cap \overline{K} = \bar{1}$, 与 (2) 矛盾.

由 (3), $\overline{G}$ 必为 k 个 p^e 阶循环子群的直积. 我们设 $\overline{G} = \langle \bar{a}_1 \rangle \times \cdots \times \langle \bar{a}_k \rangle$, a_i 是 $\bar{a}_i$ 的原像, $i = 1, 2, \cdots, k$, 并令 $M = \langle a_1, \cdots, a_k \rangle$, 则显然有 $G = MT$. 因为 $o(\bar{a}_i) = p^e$, 必有 $o(a_i) = p^e$, 于是 $M = \langle a_1 \rangle \times \cdots \times \langle a_k \rangle$ 的阶为 $p^{ek} = |\overline{G}|$. 故

$$|M| = |G/T| = |MT/T| = |M/T \cap M|,$$

于是 $M \cap T = 1$. 这说明了 $G = M \times T$. 因为 T 是 H-不变的, 再用定理 8.2.2, 即得 G 存在 H-不变子群 M_1 满足 $G = M_1 \times T$, 于是 G 是 H-可分解的. □

推论 8.2.5 p'-群 H 不可分解地作用在交换 p-群 G 上, 则 G 必为齐次循环 p-群, 即它的型不变量为 $(p^e, p^e, \cdots, p^e)$, 其中 $p^e = \exp G$.

证明 若否, 则 $\mho_{e-1}(G) < \Omega_1(G)$. 于是 $\Omega_1(G)$ 是 H-可约的. 应用定理 8.2.4 即得到矛盾. □

注意, 在定理 8.2.4 和推论 8.2.5 中 H 是 p'-群的假设是不可少的. 下面的例子说明, 若去掉这个假设, 这两个结果都不成立.

例 8.2.6 设 $G = \langle a \rangle \times \langle b \rangle$, 其中 $o(a) = p^2$, $o(b) = p$. 映射 $h: a \mapsto ab, b \mapsto b$ 是 G 的一个 p 阶自同构. 令 $H = \langle h \rangle$, 则 H 在 G 上的作用是不可分解的, 但 H 在 $\Omega_1(G)$ 上的作用是可约的. (请读者自行验证.)

在下节里我们还要把推论 8.2.5 的结果推广到 π'-群在交换 π-群上的不可分解作用的情形, 参看定理 8.3.4. 下面我们证明 π'-群在交换 π-群上作用的另一个重要结果.

定理 8.2.7 设 π'-群 H 作用在交换 π-群 G 上, 则

$$G = C_G(H) \times [G, H].$$

证明 不失普遍性, 可假定 $H \leqslant \mathrm{Aut}(G)$.

首先, 容易验证: 如果任一交换群 G 有一幂等自同态 θ, 即满足 $\theta^2 = \theta$ 的自同态 θ, (或任一群 G 有一正规幂等自同态 θ, 即与 G 的每个内自同构可交换的幂等自同态 θ), 则必有

$$G = \mathrm{Ker}\ \theta \times G^\theta,$$

并且若 G 是交换群, 则还有

$$\mathrm{Ker}\ \theta = \{g^{-1}g^\theta \mid g \in G\}.$$

更进一步, 假定 θ 与 H 的每个元素可交换, 则 $\mathrm{Ker}\,\theta$ 和 G^θ 都是 G 的 H-不变子群.(验证从略.)

我们令 $\theta = |H|^{-1}\sum\limits_{h\in H} h$, 其中 $|H|^{-1}$ 是满足 $|H|^{-1}|H| \equiv 1 \pmod{|G|}$ 的整数, 则有

$$\theta h_1 = |H|^{-1}\sum_{h\in H} hh_1 = \theta = h_1\theta, \quad \forall h_1 \in H,$$

和

$$\theta^2 = \theta\left(|H|^{-1}\sum_{h\in H} h\right) = |H|^{-1}\sum_{h\in H}\theta h = |H|^{-1}|H|\theta = \theta.$$

于是 θ 是与 H 中每个元素皆可换的幂等自同态. 由前面所说的, 为完成证明还需证

$$G^\theta = C_G(H), \qquad \mathrm{Ker}\,\theta = [G,H].$$

设 $x \in C_G(H)$, 则 $x^h = x$, $\forall h \in H$. 于是

$$x^\theta = x^{|H|^{-1}\Sigma_{h\in H} h} = x^{|H|^{-1}|H|} = x,$$

故 $x \in G^\theta$. 而若 $x \in G^\theta$, 则存在 $y \in G$ 使 $x = y^\theta$. 于是

$$x^h = y^{\theta h} = y^\theta = x, \qquad \forall h \in H,$$

故 $x \in C_G(H)$. 这样, 有 $C_G(H) = G^\theta$. 又设 $[g,h] \in [G,H]$, 其中 $g \in G$, $h \in H$, 则

$$[g,h]^\theta = (g^{-1}g^h)^\theta = (g^\theta)^{-1}g^{h\theta} = (g^\theta)^{-1}g^\theta = 1,$$

故 $[g,h] \in \mathrm{Ker}\,\theta$. 由 g, h 的任意性得 $[G,H] \leqslant \mathrm{Ker}\,\theta$. 反过来, 对于 $\mathrm{Ker}\,\theta$ 中的任一元素 $g^{-1}g^\theta$, 其中 $g \in G$, 有

$$\begin{aligned} g^{-1}g^\theta &= g^{-1}g^{|H|^{-1}\Sigma_{h\in H} h} = \prod_{h\in H}(g^{-1}g^h)^{|H|^{-1}} \\ &= \prod_{h\in H}[g,h]^{|H|^{-1}} \in [G,H], \end{aligned}$$

故 $[G,H] = \mathrm{Ker}\,\theta$. □

有了这个定理, 我们可以证明

推论 8.2.8 设 H 是交换 p-群 G 的 p'-自同构群. 如果 H 在 $\Omega_1(G)$ 上作用是平凡的, 则 $H = 1$.

证明 设 $C = C_G(H)$, $D = [G,H]$, 则由定理 8.2.7, 有 $G = C \times D$. 于是 $\Omega_1(G) = \Omega_1(C) \times \Omega_1(D)$. 又由假设有 $\Omega_1(G) \leqslant C$, 于是 $\Omega_1(G) \leqslant \Omega_1(C)$, 这使得 $\Omega_1(D) = 1$, 于是 $D = 1$. 这样有 $G = C_G(H)$, 即 $H = 1$. □

在下节中我们还要把这个结果推广到非交换 p-群上去.

习　　题

8.2.1. 证明 Wedderburn 定理: 任一有限体 K 必交换, 因而是域.

8.3 π'-群在 π-群上的作用

本节研究 π'-群在一般的 (不一定交换的)π-群上的作用. 从内容上说它大体可分为三部分: 首先研究这种作用的可约性和可分解性问题; 然后证明几个一般性的结果; 最后讨论交换 π'-群 H 在 π-群 G 上的作用, 研究 H 的非单位元的不动点的性质.

在本节的讨论中, Schur-Zassenhaus 定理起着基本的作用.

引理 8.3.1 设 π'-群 H 作用在 π-群 G 上, G 和 H 中至少有一个可解, 素数 $p \mid |G|$, 则 G 中存在 H-不变的 Sylow p-子群, 并且 G 的任意两个 H-不变的 Sylow p-子群在 $C_G(H)$ 下共轭.

证明 令 $P \in \mathrm{Syl}_p(G)$. 考虑半直积 $S = G \rtimes H$. 由 Frattini 论断, 有 $S = GN_S(P)$. 于是

$$H \cong S/G = GN_S(P)/G \cong N_S(P)/N_G(P).$$

由 Schur-Zassenhaus 定理, $N_S(P)$ 中存在 $N_G(P)$ 的补 K, 并且它也是 G 在 S 中的补, 于是有 $H = K^g$, 对某个 $g \in G$ 成立. 因为 K 正规化 P, 故 H 正规化 P^g, 即 P^g 是 G 的 H-不变 Sylow p-子群.

现在设 P_1 和 P_2 是 G 的两个 H-不变的 Sylow p-子群, 则存在 $x \in G$ 使 $P_1^x = P_2$. 于是 $N_S(P_2)$ 包含 H^x 和 H. 由 Schur-Zassenhaus 定理, 存在 $y \in N_G(P_2)$ 使 $H^x = H^y$. 于是 $H^{xy^{-1}} = H$, 并且 $P_1^{xy^{-1}} = P_2$. 因为对任一 $h \in H$ 有 $[xy^{-1}, h] \in H \cap G = 1$, 于是 $xy^{-1} \in C_G(H)$, 引理证毕. □

注 8.3.2 在引理 8.3.1 中, 条件 "G 和 H 中至少有一个可解" 是多余的. 因为由 Feit-Thompson 定理, 奇数阶群是可解的, 而因 $(|G|, |H|) = 1$, G 和 H 中至少有一个是奇数阶的, 因而是可解的. 一个有趣的问题是在引理 8.3.1 中去掉 G 和 H 有一个可解的条件来寻求一个不依赖于 Feit-Thompson 定理的证明.

定理 8.3.3 设 π'-群 H 不可约地作用在 π-群 G 上, 则 G 是初等交换 p-群.

证明 首先, G 必为 p-群. 若否, 则由引理 8.3.1, 有 G 的 Sylow p-子群 P 是 H-不变的, 与不可约性相矛盾. 其次, 因为 $\Phi(G)$ char G, $\Phi(G)$ 必为 G 的 H-不变子群. 又因 $\Phi(G) < G$, 由 G 的不可约性必有 $\Phi(G) = 1$, 于是 G 为初等交换 p-群. □

回忆一下, 一个有限 p-群叫做齐次循环 p-群, 如果它是若干个同阶循环 p-群的直积.

定理 8.3.4　*设 π'-群 H 不可分解地作用在交换 π-群 G 上, 则 G 必为齐次循环 p-群.*

证明　首先, G 必为 p-群. 若否, 则由引理 8.3.1, 有 G 的 Sylow p-子群 P 是 H-不变的. 因为 G 是交换群, P 显然为直因子, 于是由定理 8.2.2, G 可分解为 P 与另一 H-不变子群的直积, 与 G 的不可分解性相矛盾. 至此, 再用推论 8.2.5, 即得所需之结果. □

下面我们转而讨论 π'-群在 π-群上作用的一般性质, 它们在以后的讨论中是非常重要的.

定义 8.3.5　设 G 是群, $H \leqslant \mathrm{Aut}(G)$. 我们称*$H$ 固定 G 的子群列*

$$G = G_0 \geqslant G_1 \geqslant \cdots \geqslant G_s = 1, \tag{8.2}$$

如果对 $i = 0, 1, \cdots, s-1$, 有 $[G_i, H] \leqslant G_{i+1}$.

这时, 因为对每个 $g \in G_i$, $h \in H$, 有 $[g, h] = g^{-1}g^h \in G_{i+1} \leqslant G_i$, 故 $g^h \in G_i$, 于是每个 G_i 都是 G 的 H-不变子群.

定理 8.3.6　*设 G 是 π-群, $H \leqslant \mathrm{Aut}(G)$. 如果 H 固定 G 的子群列 (8.2), 则 H 亦为 π 群.*

证明　我们只需证明 H 的任一 π'-元素 h 必等于 1. 用对子群列的长 s 的归纳法, 可设 $[G_1, h] = 1$. 现在假定 $o(h) = n$, 则由 h 是 π'-自同构, 有 $(n, |G|) = 1$. 对于任意的 $g \in G$, 我们有 $g_1 = [g, h] = g^{-1}g^h \in G_1$, 而 $g^h = gg_1$, 由此推出

$$g^{h^2} = (gg_1)^h = g^h g_1 = gg_1^2.$$

同理可推出 $g^{h^3} = gg_1^3, \cdots, g^{h^n} = gg_1^n$, 因为 $h^n = 1$, 故得 $g = gg_1^n$, 即 $g_1^n = 1$. 由 $(n, |G|) = 1$ 得 $(n, o(g_1)) = 1$, 于是得 $g_1 = 1$, 这样有 $g^h = g$, $\forall g \in G$, 即 $h = 1$. □

推论 8.3.7　*设 π'-群 H 作用在 π-群 G 上, 如果 H 固定 G 的子群列 (8.2), 则 H 在 G 上作用平凡.*

下面的引理对后面的讨论是十分重要的.

引理 8.3.8　*设群 H 作用在群 G 上. 若 G 有一个 H-不变子群 A 满足 $(|H|, |A|) = 1$, 且 $(Ag)^h = Ag$, $\forall h \in H$, 则存在 $x \in Ag$ 使 $x^h = x$, $\forall h \in H$.*

证明　考虑半直积 $S = A \rtimes H$. 对任意的 $a \in A$, $h \in H$, 因 $h^{-1}(ag)h \in Ag$, $h^{-1}a(ghg^{-1}) \in A$. 于是 $ghg^{-1} \in HA = S$, $gHg^{-1} \leqslant S$. 由 Schur-Zassenhaus 定理, H 和 gHg^{-1} 在 S 中共轭, 即存在 $a_1 \in A$ 使 $a_1^{-1}Ha_1 = gHg^{-1}$, 即 $(a_1g)H(a_1g)^{-1} = H$. 于是, 对任意的 $h \in H$, 有 $h^{-1}(a_1g)h(a_1g)^{-1} \in H$. 另一方面, 因 $h^{-1}(a_1g)h \in Ag$,

故 $h^{-1}(a_1g)h(a_1g)^{-1} \in A$. 由 $A \cap H = 1$, 得 $h^{-1}(a_1g)h(a_1g)^{-1} = 1$. 于是取 $x = a_1g$, 即得 $x^h = x$, $\forall h \in H$. □

定理 8.3.9 设 π'-群 H 作用在 π-群 G 上, N 是 G 的 H-不变的正规 π-子群, 则 $C_{G/N}(H) = C_G(H)N/N$.

证明 显然, $C_G(H)N/N \leqslant C_{G/N}(H)$. 反过来, 设 $Ng \in C_{G/N}(H)$, 由引理 8.3.8, 存在 $x \in C_G(H)$ 使 $Ng = Nx$, 于是 $Ng \in C_G(H)N/N$, 定理得证. □

定理 8.3.10 设 π'-群 H 作用在 π-群 G 上, 则

$$G = C_G(H)[G, H].$$

证明 因为 $[G, H]$ 是 G 的 H-不变正规子群, 且 H 在 $G/[G, H]$ 上作用平凡, 于是 $C_{G/[G,H]}(H) = G/[G, H]$. 由定理 8.3.9 有

$$C_G(H)[G, H]/[G, H] = C_{G/[G,H]}(H).$$

于是得 $G = C_G(H)[G, H]$. □

定理 8.3.11 设 π'-群 H 作用在 π-群 G 上, 则

$$[G, H, H] = [G, H].$$

特别地, 如果 $[G, H, H] = 1$, 则 $[G, H] = 1$, 即 H 在 G 上作用平凡.

证明 由定理 8.3.10, $G = C_G(H)[G, H]$. 令 $C = C_G(H)$, 则 $[G, H] = [C[G, H], H] = \langle [cg, h] \mid c \in C, g \in [G, H], h \in H \rangle$. 因 H 中心化 C, $[cg, h] = [c, h]^g[g, h] = [g, h] \in [[G, H], H]$. 于是 $[G, H] \leqslant [G, H, H]$, 得 $[G, H, H] = [G, H]$. □

下面的 Thompson 引理是十分重要的.

引理 8.3.12 (Thompson $A \times B$ 引理) 设 $H = A \times B$ 是 p-群 G 的一个自同构群, 其中 A 是 p'-群, 而 B 是 p-群. 如果 $C_G(A) \geqslant C_G(B)$, 则 $A = 1$.

证明 因为 $C_G(B)$ 在 A 和 B 之下都不变, 当然也在 $H = A \times B$ 下不变. 设 $Q \geqslant C_G(B)$ 是 G 的使 A 在其上作用平凡的极大阶 H-不变子群, 我们要证明 $Q = G$, 于是有 $A = 1$. 若否, $Q < G$, 则因 G 是 p-群,$N_G(Q) > Q$, 并且 $N_G(Q)$ 也是 G 的 H-不变子群.

在 $N_G(Q)$ 中取真包含 Q 的 G 的极小 H-不变子群 S. 令 $\overline{S} = S/Q$. 因为 $\Phi(\overline{S})$ char $\overline{S}$, $\Phi(\overline{S})$ 自然也是 $\overline{S}$ 的 H-不变子群. 由 S 的极小性必有 $\Phi(\overline{S}) = \overline{1}$, 于是 $\overline{S}$ 是初等交换 p-群. 因为 B 也是 p-群, B 在 $\overline{S}$ 上的作用必有不动点, 即 $C_{\overline{S}}(B) \neq \overline{1}$. 又因为 $[A, B] = 1$, 易验证 B-不变子群 $C_{\overline{S}}(B)$ 也是 A-不变的, 从而是 H-不变的. 再由 S 的极小性, 就有 $C_{\overline{S}}(B) = \overline{S}$, 即 $[S, B] \leqslant Q$. 因 $[Q, A] = 1$, 有

$$[S, B, A] = 1.$$

又因 $[B,A]=1$, 有

$$[B,A,S]=1.$$

根据三子群引理, 得

$$[A,S,B]=1,$$

即 $[S,A]\leqslant C_S(B)\leqslant C_G(B)\leqslant Q$. 于是 A 固定群列

$$S>Q\geqslant 1.$$

由推论 8.3.7, A 在 S 上作用平凡, 与 Q 的极大性矛盾. □

作为 Thompson 引理的应用, 我们证明关于 p-可解群的一个结果.

定理 8.3.13 设 B 是 p-可解群 G 的一个 p-子群. 令 $C=C_G(B)$, $N=N_G(B)$, 则

$$O_{p'}(N)\leqslant O_{p'}(G),\qquad O_{p'}(C)\leqslant O_{p'}(G).$$

证明 因为 $O_{p'}(C)$ char C, $C\lhd N$, 故 $O_{p'}(C)\lhd N$, 于是 $O_{p'}(C)\leqslant O_{p'}(N)$. 因此我们只需对 N 证明定理的结果.

先设 $O_{p'}(G)=1$. 令 $A=O_{p'}(N)$. 注意到 A, B 均在 N 中正规, 得 $[A,B]=1$. 令 $A\times B$ 依共轭变换作用在非平凡 p-子群 $P=O_p(G)$ 上. 因为 $C_P(B)\leqslant C_G(B)=C\leqslant N$, 而 $A\lhd N$, 则 $C_P(B)$ 正规化 A, 即 $[C_P(B),A]\leqslant A$. 又 $[C_P(B),A]\leqslant[P,A]\leqslant P$, 于是 $[C_P(B),A]\leqslant A\cap P=1$. 这推出 $C_P(A)\geqslant C_P(B)$. 据引理 8.3.12, 有 $A\leqslant C_G(P)$. 又因 G 是 p-可解群且 $O_{p'}(G)=1$, 由习题 6.1.6, 有 $C_G(P)\leqslant P$, 于是 $A\leqslant P$. 但 A 是 p'-群, P 是 p-群, 故必有 $A=1$, 即 $O_{p'}(N)\leqslant O_{p'}(G)=1$.

现在假定 $Q=O_{p'}(G)\neq 1$. 令 $\overline{G}=G/Q$, $\overline{B}=BQ/Q$, 于是 $O_{p'}(\overline{G})=\bar{1}$. 而前面已证 $O_{p'}(N_{\overline{G}}(\overline{B}))=\bar{1}$. 据命题 1.9.9, 有 $N_{\overline{G}}(\overline{B})=N_G(B)Q/Q$. 于是 $O_{p'}(NQ/Q)=\bar{1}$, 即 $O_{p'}(NQ)\leqslant Q$, 最终得到 $O_{p'}(N)\leqslant Q=O_{p'}(G)$. □

在本节的最后, 我们研究交换 π'-群在 π-群上的作用. 最重要的结果是下面的

定理 8.3.14 设交换 π'-群 H 作用在 π-群 G 上, 则

$$G=\langle C_G(A)\mid A\leqslant H,\ 且H/A\ 循环\rangle.$$

证明 不失普遍性, 可设 $H\leqslant \mathrm{Aut}(G)$. 设 G 是使定理不真的极小阶反例, 则有

(1) $G_1=\langle C_G(A)\mid A\leqslant H,\ 且H/A\ 循环\rangle<G$;

(2) 若 $U<G$, $U^H=U$, 则 $U\leqslant G_1$;

(3) 若 $1\neq N\trianglelefteq G$, $N^H=N$, 则 $N=G$.

其中 (1) 表明 G 是反例, (2) 由 $|G|$ 的极小性得到. 为证明 (3), 我们设 $N \neq G$. 由 (2) 有 $N \leqslant G_1$. 于是由 $|G/N| < |G|$ 及 $|G|$ 的极小性, 有

$$G/N = \langle C_{G/N}(A) \mid A \leqslant H, \text{ 且} H/A \text{ 循环} \rangle.$$

据定理 8.3.9, $C_{G/N}(A) = C_G(A)N/N$, 故

$$G/N = \langle C_G(A)N/N \mid A \leqslant H, \text{ 且} H/A \text{ 循环} \rangle = G_1/N.$$

于是 $G = G_1$, 矛盾.

现在设 $p \mid |G|$. 由引理 8.3.1, G 中存在 H-不变的 Sylow p-子群 P. 如果 G 不是 p-群, 则 $P < G$. 由 (2), $P \leqslant G_1$. 再由 p 的任意性, 有 G 的任一 Sylow 子群含于 G_1, 于是 $G = G_1$, 矛盾, 故 G 必为 p-群. 又因 $\Phi(G) \lhd G$, $\Phi(G)^H = \Phi(G)$, 由 (3) 有 $\Phi(G) = 1$, 即 G 是初等交换 p-群, 并且 H 在 G 上作用不可约. 据 Schur 引理 (定理 8.2.1), 有 $\mathbf{F} = C_{\mathrm{End}(G)}(H)$ 是一个体. 因为 $|G|$ 有限, $\mathbf{F}$ 是有限体, 因而是域 (Wedderburn 定理). 又由 H 是交换群有 $H \leqslant \mathbf{F}$. 但域的乘法群的有限子群皆为循环群, 这样 H 是循环群. 取 $A = 1$, 于是 $G_1 \geqslant C_G(1) = G$, 矛盾. □

推论 8.3.15 *设交换但非循环的 π'-群 H 作用在 π-群 G 上, 则*

$$G = \langle C_G(x) \mid x \in H - \{1\} \rangle.$$

证明 因为 H 非循环, 若 H/A 循环, 则必有 $A \neq 1$. 取 $x \in A - \{1\}$, 则 $C_G(x) \geqslant C_G(A)$. 于是可由定理 8.3.14 推出所需的结果. □

假定 π'-群 H 非平凡地作用在 π-群 G 上, 则总存在 G 的这样的 H-不变子群 G_1, 使得 H 在 G_1 上作用非平凡, 但在 G_1 的每个 H-不变真子群上作用平凡. 所谓 Hall-Higman 简化定理就是研究这样的临界群 G_1 的性质.

定理 8.3.16 (Hall-Higman) *设 π'-群 H 非平凡地作用在 π-群 G 上, 但平凡地作用在 G 的每个 H-不变的真子群上, 则 G 是 p-群, 并且有*

(1) H 不可约地作用在 G/G' 上, 且

$$[G, H] = G, \quad C_G(H) = G', \quad C_{G/G'}(H) = \bar{1};$$

(2) 若 G 交换, 则 G 为初等交换 p-群; 而若 G 非交换, 则 $G' = Z(G) = \Phi(G)$;

(3) $Z(G)$ 是初等交换 p-群;

(4) 若 $p \neq 2$, 则 $\exp G = p$.

证明 设 $p||G|$, 则由引理 8.3.1, 存在 G 的 H-不变的 Sylow p-子群 P. 如果 G 不是 p-群, 则由定理假设, H 在 P 上作用平凡. 因为对于 $|G|$ 的每个素因子, 都可找到一个这样的 Sylow 子群, 它们生成整个的群 G, 而这将推出 H 在 G 上作用平凡, 与假设矛盾, 故 G 必为 p-群.

(1) 由定理 8.3.10, $G=[G,H]C_G(H)$. 若 $[G,H]<G$, 则由假定 H 在 $[G,H]$ 上作用平凡. 又显然 H 在 $C_G(H)$ 上作用平凡, 这将推出 H 在 G 上作用平凡, 矛盾, 故必有 $[G,H]=G$.

令 $\overline{G}=G/G'$, 则由 $[G,H]=G$ 有 $[\overline{G},H]=\overline{G}$. 据定理 8.2.7, $\overline{G}=[\overline{G},H]\times C_{\overline{G}}(H)$, 于是 $C_{\overline{G}}(H)=\bar{1}$. 又由定理 8.3.9,

$$C_{\overline{G}}(H)=C_{G/G'}(H)=C_G(H)G'/G',$$

故 $C_G(H)\leqslant G'$. 再由 $\Phi(G)$ char G, $\Phi(G)$ 是 G 的 H-不变真子群, 于是 $\Phi(G)\leqslant C_G(H)$. 注意到 $G'\leqslant\Phi(G)$, 这就迫使 $C_G(H)=G'=\Phi(G)$.

最后, 对于 $\overline{G}$ 的 H-不变真子群 $\overline{N}$, 由定理条件有 H 在 $\overline{N}$ 上作用平凡, 即 $\overline{N}\leqslant C_{\overline{G}}(H)$. 但 $C_{\overline{G}}(H)=\bar{1}$, 故 $\overline{N}=\bar{1}$, 即 H 在 $\overline{G}$ 上作用是不可约的.

(2) 设 G 交换, 则由 (1), H 在 G 上作用是不可约的. 于是由定理 8.3.3, G 必为初等交换 p-群. 假定 G 不交换, 即 $G'\neq 1$. 前面已证 $G'=\Phi(G)$. 又因 $Z(G)$ char G, 故 $Z(G)$ 是 G 的 H-不变真子群, 于是 $Z(G)\leqslant C_G(H)=G'$. 为证明 $Z(G)=G'$, 我们用反证法. 假定 $Z(G)<G'$, 必有 $D=C_G(G')<G$. 因 D 是 H-不变的, 由定理假设, H 在 D 上作用平凡. 考虑 D 用共轭变换作用在 G 上. 而在半直积 $G\rtimes H$ 中, 又可认为 $D\times H$ 作用在 G 上. 这时有 $C_G(H)\geqslant C_G(D)$ (若否, 因为 $C_G(D)$ 是 H-不变的, 则由定理条件必有 $C_G(D)=G$, 即 $D\leqslant Z(G)$. 据定理 5.2.10(2), 有 $Z_2(G)\leqslant D$, 于是有 $Z_2(G)\leqslant Z(G)$, 这将迫使 G 交换, 矛盾). 应用引理 8.3.12, 得到 H 在 G 上作用平凡, 矛盾. 于是必有 $Z(G)=G'$.

(3) 若 G 交换, 当然有此结论. 若 G 不交换, 则有 $c(G)=2$. 于是对任意的 $a,b\in G$, 有 $a^p\in\Phi(G)=Z(G)$, 这推出 $[a^p,b]=[a,b]^p=1$. 再由 $G'=Z(G)$ 交换, 即得到 $\exp G'=p=\exp Z(G)$, 于是 $Z(G)$ 是初等交换 p-群.

(4) 由 $p\neq 2$, $c(G)\leqslant 2$ 和 $\exp G'\leqslant p$ 推知 G 为 p-交换群, 即 G 中满足

$$(ab)^p=a^pb^p,\qquad \forall a,b\in G.$$

又因 $a^p\in\Phi(G)$, 它被任一 $h\in H$ 中心化, 即 $[a^p,h]=1$. 于是有

$$\begin{aligned}[a,h]^p&=(a^{-1}a^h)^p=a^{-p}(a^h)^p\\&=a^{-p}(a^p)^h=[a^p,h]=1.\end{aligned}$$

因为 G 是 p-交换的, 由 $G=[G,H]=\langle [a,h]\mid a\in G,h\in H\rangle$ 的生成元均系 p 阶元, 故得 $\exp G=p$. □

在定理 8.3.16 中出现的 p-群, 即定义 5.8.1 中定义的特殊 p-群. 如果非交换的特殊 p-群 G 又满足 $|Z(G)|=p$, 即定义 5.8.2 中定义的超特殊 p-群. 它们在有限单群的研究中十分有用. 超特殊 p-群的构造在 5.8 节已经决定.

p-群 G 还有其他 "小的" 特征子群, 借助于它们可以判断一个 p'-群在 G 上的作用是否平凡. 例如, Thompson 证明了下述定理:

定理 8.3.17 任一 p-群 G 具有特征子群 C, 满足:

(1) $c(C) \leqslant 2$ 且 $C/Z(C)$ 是初等交换 p-群;

(2) $[G, C] \leqslant Z(C)$;

(3) $C_G(C) \leqslant C$;

(4) G 的任一 p'-自同构 $\alpha \neq 1$ 在 C 上的作用非平凡.

这个定理下面用不到, 我们就不证明了. 读者可参看 [35] 中的定理 5.3.10.

最后, 我们证明著名的 Blackburn 定理, 它推广了前面的推论 8.2.8.

定理 8.3.18 设 p'-群 H 作用在 p-群 G 上, 令

$$\Omega(G) = \begin{cases} \Omega_1(G), & p \neq 2, \\ \Omega_2(G), & p = 2. \end{cases}$$

若 H 在 $\Omega(G)$ 上作用是平凡的, 则它在 G 上的作用也是平凡的.

证明 设 G 是使定理不真的极小阶反例. 因为对 G 的任一子群 K 有 $\Omega(K) \leqslant \Omega(G)$, 故由 G 的极小性, H 在 G 的每个 H-不变的真子群上作用是平凡的, 但在 G 上作用非平凡, 由定理 8.3.16 给出的 G 的结构说明 $\Omega(G) = G$, 与定理的假设矛盾. □

对于这个定理, Laffey 在 [74] 中给出了一个不依赖于 Hall-Higman 简化定理的简短的新证明, 但用到了 p-群的较深刻的结果.

习 题

8.3.1. p-群 H 不可约地作用在任意群 G 上, 则 $G \cong Z_p$, 或 $G \cong Z_q^n$ 对某个素数 q 和某个正整数 n 成立.

8.3.2. 设 π'-群 H 作用在 π-群 G 上. 令 $C = C_G(H)$, 则

(1) $N_G(C) = C_G(C)C$;

(2) 若 G 幂零, 且 $C_G(C) \leqslant C$, 则 $C = G$.

8.3.3. 试如下给出 Thompson 引理 (引理 8.3.12) 的新证明: 令 $D = G \rtimes B$, $W = C_G(B) \rtimes B$. 先证明 $C_D(W) \leqslant W$. 然后对于 $a \in A$, 作映射 $\varphi(a)$: $xb \mapsto x^a b$, 其中 $x \in G, b \in B$. 证明 $\varphi(a)$ 是 D 的自同构, 这样 φ 使 A 作用在 D 上. 令 $U = C_D(A)$, 证明 $C_D(U) \leqslant U$, 再用习题 8.3.2(2), 即得 $U = D$, 于是 $G \leqslant U$.

8.3.4. (Glauberman) 设 π'-群 H 作用在 π-群 G 上, G 和 H 中至少有一个可解. 又设半直积 $S = G \rtimes H$ 作用在集合 Ω 上, 如果 G 在 Ω 上传递, 则 H 在 Ω 上必有不动点, 并且它的不动点集在 $C_G(H)$ 下是传递的.

8.3.5. 应用习题 8.3.4 给出引理 8.3.1 的一个新证明.

8.3.6. (1) 若 π'-群 H 作用在 π-群 G 上, 则在半直积 $S = G \rtimes H$ 中, 对任意的 $p \in \pi$, 成立 $\pi' \cup \{p\}$-Sylow 定理;
(2) 设 G 是 π-可分群, 则对任意的 $p \in \pi'$, G 中成立 $\pi \cup \{p\}$-Sylow 定理.

8.3.7. 设 G 是 π-群. $H \leqslant \mathrm{Aut}(G)$, 又设 $U \leqslant G$ 满足 $[G,H] \leqslant U$ 且 $[U,H] = 1$, 则 H 是 π-群. 并举例说明 H 不一定等于 1.

8.3.8. p'-群 H 作用在 p-群 G 上.
(1) 若 $[G,H] = G$, 则 $C_G(H) \leqslant \Phi(G)$;
(2) 若 $[G,H] \leqslant \Phi(G)$, 则 $C_G(H) = G$.

8.3.9. π'-群 H 作用在 π-群 G 上. 设 $K \leqslant C_G(H)$, $x \in G$ 满足 $K^x \leqslant C_G(H)$, 则存在 $y \in C_G(H)$ 使 $K^x = K^y$.

8.3.10. 幂零群 H 作用在可解群 G 上, 若 $C_G(H) = 1$, 则对 G 的任一 H-不变正规子群 N, 有 $C_{G/N}(H) = 1$.

8.3.11. 设 G 是 p-可解群, $P \in \mathrm{Syl}_p(G)$, A 是 P 的极大交换正规子群, 则 G 的每个 A-不变 p'-子群 K 必在 $O_{p'}(G)$ 内.

8.3.12. 设非循环交换 p'-群 H 作用在 p-群 G 上, 则

$$G = \prod_{x \in H - \{1\}} C_G(x).$$

8.3.13. 若特殊 p-群 P 忠实且不可约地作用在 p'-群 G 上, 则 P 必为 Z_p 或超特殊 p-群.

8.3.14. 设 P 是 64 阶群, 且 $Z(P) = P'$ 是 Klein 四元群, 如果 P 有一 5 阶自同构, 证明 P 是特殊 2-群, 并且若不计同构被唯一地确定.

8.3.15. 设 P 是 2-群, A 是 P 的一个奇阶自同构群. 假定 A 在 P 的每个交换特征子群上作用是平凡的, 且 $[P,A] = P$, 则 P 必为非交换特殊 2-群.

8.4　关于 p-幂零性的 Frobenius 定理

首先我们讲述著名的Alperin *黏合定理* (Alperin's Fusion Theorem), 见 [5]. 但我们讲述的是 Wehrfritz 改造了的形式. 为此, 我们首先给出下列概念.

定义 8.4.1　设 G 是有限群, P 是 G 的一个固定的 Sylow p-子群. 称 P 的一个子群 Q 为 P 的规范子群, 如果 $N_P(Q)$ 是 $N_G(Q)$ 的 Sylow p-子群.

又, 设 A 和 B 是 P 的两个子集. 称 A 通过元素 g 规范共轭于 B, 如果对于 $1 \leqslant i \leqslant r$, 存在 P 的规范子群 Q_i, 以及元素 $x_i \in N_G(Q_i)$ 使得 $A \subseteq Q_1$, $A^{x_1 x_2 \cdots x_i} \subseteq Q_{i+1}$, 且 $g = x_1 x_2 \cdots x_r$, $A^g = B$.

明显地, P 的正规子群都是规范子群. 下例说明 P 的子群 Q 是 P 的规范子群, 但可能是包含它的另一 Sylow p-子群 P_1 的非规范子群. 事实上, 令 $G = S_4$, $K = \{1, (12)(34), (13)(24), (14)(23)\}$ 是 Klein 4-群, 它在 G 中正规, 则 $P = \langle K, (12)\rangle$ 是 G 的 Sylow p-子群, $P_1 = \langle K, (13)\rangle$ 是 G 的另一 Sylow p-子群. 令 $Q = \langle (12)(34)\rangle$.

它在 P 中的正规化子是 P 本身, 而在 G 中的正规化子也是 P, 故 Q 为 P 的规范子群. 但 $Q=\langle(12)(34)\rangle$ 在 P_1 中的正规化子是 K, 不等于其在 G 中的正规化子 P, 故 Q 为 P_1 的非规范子群.

定理 8.4.2 *设 P 是有限群 G 的非平凡 Sylow p-子群, 且 A 和 B 是 P 的两个非平凡子集 (非平凡指非空且 $\neq\{1\}$). 再设 $g\in G$, 满足 $A^g=B$, 则 A 必通过元素 g 规范共轭于 B.*

证明 首先, 注意三个简单的事实, 其中前两个是明显的.

(1) 若 $A_0,A_1,\cdots,A_r$ 是 P 的子集, $g_0,g_1,\cdots,g_r$ 是 G 的元素满足 A_{i-1} 通过 g_i 规范共轭于 A_i $(i=1,2,\cdots,r)$, 则 A_0 通过 $g_0g_1\cdots g_r$ 规范共轭于 A_r.

(2) 设 A 和 B 是 P 的两个子集, 且 A 通过 $g\in G$ 规范共轭于 B. 若 $C\subseteq A$, 则 C 通过 $g\in G$ 规范共轭于 C^g.

(3) 设 R 是 P 的非平凡子群, 则存在 P 的规范子群 Q 使得 R 和 Q 在 G 中共轭.

(3) 的证明: 设 U 是 $N_G(R)$ 的 Sylow p-子群, V 是 G 的包含 U 的 Sylow p-子群, 则存在 $x\in G$ 使得 $V^x=P$. 令 $Q=R^x$, 则 $Q\leqslant P$. 又, $U^x\leqslant P\cap N_G(Q)$, 而 $N_G(Q)$ 同构于 $N_G(R)$, 因此 $N_G(Q)$ 的 Sylow p-子群的阶和 U 的阶相等. 于是 $U^x=N_P(Q)$ 是 $N_G(Q)$ 的 Sylow p-子群, 因此 Q 是 P 的规范子群. 但 R 与 Q 共轭. (3) 得证.

下面开始证明本定理. 因 $A^g=B$ 得 $\langle A\rangle^g=\langle B\rangle$. 由 (2) 只需对 $\langle A\rangle$ 和 $\langle B\rangle$ 证明定理即可. 显然, $\langle A\rangle$ 和 $\langle B\rangle$ 都是 P 的非平凡子群.

用对 $|P:A|=|P:B|$ 的归纳法. 若 $|P:A|=1$, 则 $A=B=P$, 定理显然成立.

下面设 $A<P$, 则 $A<N_P(A)$, $B<N_P(B)$. 由 (3) 有 P 的规范子群 Q 和 $h'\in G$ 满足 $Q=A^{gh'}=B^{h'}$, 则 $N_P(A)^{gh'}\leqslant N_G(A^{gh'})=N_G(Q)$. 因 Q 规范, 有 $N_P(Q)$ 是 $N_G(Q)$ 的 Sylow p-子群, 于是有某个 $h''\in N_G(Q)$ 使 $N_P(A)^{gh'h''}\leqslant N_P(Q)$. 令 $h=h'h''$, 则有 $A^{gh}=B^{h'h''}=Q^{h''}=Q$, 以及 $N_P(A)^{gh}\leqslant N_P(Q)$.

同样的, 我们也可找到 $k\in G$ 使得 $B^k=Q$ 并且 $N_P(B)^k\leqslant N_P(Q)$, 比如, 我们已有 $N_P(B)^{h'}\leqslant N_G(B^{h'})=N_G(Q)$, 因此由 Sylow 定理存在 $k''\in N_G(Q)$ 使得 $N_P(B)^{h'k''}\leqslant N_P(Q)$. 令 $k=h'k''$ 就有 $B^k=Q^{k''}=Q$ 并且 $N_P(B)^k\leqslant N_P(Q)$.

由归纳假设, $N_P(A)$ 通过 gh 规范共轭于 $N_P(A)^{gh}$, $N_P(B)^k$ 通过 k^{-1} 规范共轭于 $N_P(B)$. 这时用 (2) 就有子群 A 通过 gh 规范共轭于 $A^{gh}=Q$, 而 $Q=B^k$ 通过 k^{-1} 规范共轭于 B. 因 $Q^{h^{-1}k}=B^k=Q$, $h^{-1}k\in N_G(Q)$. 因此 Q 通过 $h^{-1}k$ 规范共轭于 Q. 最后由 (1) 就有 A 通过 $gh\cdot h^{-1}k\cdot k^{-1}=g$ 规范共轭于 B. □

定义 8.4.3　设 G 是有限群, P 是 G 的一个 Sylow p-子群. 称

$$P^* = \langle x^{-1}y \mid x, y \in P, \text{且 } x, y \text{ 在 } G \text{ 中共轭}\rangle$$

为 P 在 G 中的*焦点子群*.

命题 8.4.4　$P^* = P \cap G' \geqslant P'$.

证明　由 P^* 的定义, 设 $y = x^u = u^{-1}xu$, 则 $x^{-1}y = [x, u]$, 于是易见 $P' \leqslant P^* \leqslant P \cap G'$. 还只需证 $P^* \geqslant P \cap G'$.

设 $|G : P| = n$, $x_1, x_2, \cdots, x_n$ 是 P 在 G 中的一个右陪集代表系. 与 2.3 节相同, 考虑 G 到 P/P^* 的转移映射 $V = V_{G \to P/P^*}$, 因 P/P^* 是交换群, V 是 G 到 P/P^* 的同态. 设 $g \in P$. 根据 (2.1) 式, 并采用相应的记法, 便得

$$V(g) = \prod_i x_i g^{f_i} x_i^{-1} P^* = \prod_i g^{f_i}[g^{f_i}, x_i^{-1}]P^* = g^n P^*.$$

因 $(p, n) = 1$, 用与定理 2.3.4 证明相同的方法易证 V 是 G 到 P/P^* 的满射. 以 $\mathrm{Ker}\, V$ 表示同态 V 的核. 因 P/P^* 交换, $G' \leqslant \mathrm{Ker}\, V$, 于是 $P \cap G' \leqslant P \cap \mathrm{Ker}\, V$. 这时有

$$|P : P \cap G'| \geqslant |P/(P \cap \mathrm{Ker}\, V)| = |V(P)| = |P/P^*| = |P : P^*|,$$

得到 $P^* \leqslant P \cap G'$. 因此, $P^* = P \cap G'$. □

为了证明 Frobenius 定理, 我们还需要下述引理. 先给出一个概念: 设 G 是有限群, $p||G|$. 记 G 中所有 p'-元素生成的子群为 $O^p(G)$, 则 $O^p(G)$ 是 G 的特征子群, 且 $G/O^p(G)$ 为 p-群, 并且是 G 的最大 p-商群.

引理 8.4.5　*设 G 是有限群, P 是 G 的 Sylow p-子群. 再设 $R = O^p(G)G'$, P^* 是 G 的焦点子群, 则 $G = PR$, $P \cap R = P \cap G' = P^*$, 且*

$$G/R \cong P/P \cap G' \cong P/P^*.$$

证明　因 G/R 是 p-群, 得 $G = PR$. 显然有 $P \cap R \geqslant P \cap G'$. 因 R/G' 是交换群且可由 p'-元素生成, 故其为 p'-群. 这推出 $P \cap R \leqslant G'$, 并因此得 $P \cap R = P \cap G'$. 于是再用命题 8.4.4 得

$$G/R = PR/R \cong P/(P \cap R) = P/P \cap G' \cong P/P^*.$$

□

下面的定理是著名的 Frobenius 定理.

定理 8.4.6　*设 G 是有限群, 素数 $p \mid |G|$, 则下列叙述等价:*

(1) G 是 p-幂零群.

(2) 对 G 的任一非平凡 p-子群 Q 有 $N_G(Q)$ 是 p-幂零群.

(3) 对 G 的任一非平凡 p-子群 Q 有 $N_G(Q)/C_G(Q)$ 是 p-群.

证明 (1) $\Longrightarrow$ (2): 只需证 p-幂零群的任意子群 H 仍是 p-幂零群. 设 N 是 G 的正规 p-补, 则有 G/N 是 p-群. 于是 $H/N\cap H\cong HN/N$ 也是 p-群, 且 $N\cap H$ 是 H 的正规 p-补.

(2) $\Longrightarrow$ (3): 设 H 是 $N=N_G(Q)$ 的正规 p-补, 则 $[H,Q]\leqslant H\cap Q=1$, 得到 $H\leqslant C=C_G(Q)$. 因 N/H 是 p-群, 得 N/C 也是 p-群.

(3) $\Longrightarrow$ (1): 用对 $|G|$ 的归纳法. 若 $G=1$, 结论是平凡的, 下面设 $G>1$. 假定 Q 是 G 的某 Sylow p-子群 P 的规范子群, 则因 $N_G(Q)/C_G(Q)$ 是 p-群, 得 $N_G(Q)=C_G(Q)N_P(Q)$. 设 x,y 是 Q 的元素, 它们在 $N_G(Q)$ 中共轭, 譬如 $x^u=y$, 其中 $u\in N_G(Q)$, 则 $u=vw$, 其中 $v\in C_G(Q)$, $w\in N_P(Q)$. 于是有 $x^w=x^u=y$, 即 x 和 y 在 P 中共轭. 而 Alperin 定理 (定理 8.4.2) 告诉我们, 只要 P 中两个元素在 G 中共轭, 则它们在 P 中共轭. 因此

$$P^*=\langle x^{-1}y\mid x,y\in P,\text{且 }x,y\text{ 在 }G\text{ 中共轭}\rangle=\langle x^{-1}x^w=[x,w]\mid x,w\in P\rangle=P'.$$

因 $P>1$, 有 $P^*=P'<P$. 由引理 8.4.5, 有 G 的正规子群 R 满足 $G/R\cong P/P^*$ 是非平凡 p-群. 假定 Q 是 R 的非平凡 p-子群, 则

$$N_R(Q)/C_R(Q)=N_R(Q)/N_R(Q)\cap C_G(Q)\cong N_R(Q)C_G(Q)/C_G(Q)\leqslant N_G(Q)/C_G(Q)$$

是 p-群. 因此 R 满足 (3). 由归纳假设, R 是 p-幂零群. 设 H 是 R 的正规 p-补, 则 $|G:H|=|G:R||R:H|$ 是 p 的方幂. 因此 H 是 G 的 Hall p'-子群. 若 $g\in G$, 则 $H^g\leqslant R$, 因此 HH^g 也是 p'-群, 这推出 $H^g\leqslant H$, 得到 $H\trianglelefteq G$. 定理证毕. □

8.5 Glauberman ZJ-定理

ZJ-定理是有限群理论中的一个十分重要和著名的定理. 它可以看作是以上所讲的 p-幂零准则的一种推广. 这一定理有许多重要应用, 特别是利用这一定理可以证明 Glauberman-Thompson p-幂零准则 (见 8.6 节).

为了叙述和证明 ZJ-定理, 我们先给出如下定义.

定义 8.5.1 设 G 为一有限群.

(1) 我们说 G 是 *p-约束的*, 如果对于 $P\in \mathrm{Syl}_p(O_{p',p}(G))$, 成立 $C_G(P)\leqslant O_{p',p}(G)$;

(2) 我们说 G 是 *p-稳定的*, 若下列条件成立: 令 P 为 G 的 p-子群, 能使 $O_{p'}(G)P\trianglelefteq G$. A 为 $N_G(P)$ 的 p-子群, 能使 $[P,A,A]=1$, 则必然成立:

$$AC_G(P)/C_G(P)\leqslant O_p(N_G(P)/C_G(P)).$$

对于 p-稳定性, 我们不加证明地给出下面的定理.

定理 8.5.2　令 G 为有限群, p 是奇素数. 如果 G 中任一截段都不同构于 $SL(2,p)$, 则 G 是 p-稳定的.

(证明可见 D. Gorenstein 的书 “Finite Groups” 第 3 章 §8 和第 6 章 §5.)

因为对 $p \geqslant 5$, $SL(2,p)$ 不可解, 作为定理 8.5.2 的推论, 我们有

推论 8.5.3　设 G 是有限 p-可解群, $p \geqslant 5$ 或当 $p=3$ 时 G 中任一截段都不同构于 $SL(2,3)$, 则 G 是 p-稳定的.

定理 8.5.4　令 G 为有限群, 且 G 既是 p-约束又是 p-稳定的. 设 $P \in \mathrm{Syl}_p(G)$, A 为 P 的交换正规子群, 则 $A \leqslant O_{p',p}(G)$.

(为了理解这个定理, 考虑 $O_{p'}(G)=1$ 的情况. 定理的结论变为: 若 A 是任一 Sylow p-子群 P 的交换正规子群, 则 $A \leqslant O_p(G)$.)

证明　令 $Q = P \cap O_{p',p}(G)$, 则 $O_{p'}(G)Q = O_{p',p}(G) \trianglelefteq G$. 又由假定 $A \trianglelefteq P$, 有 $A \leqslant N_G(Q)$ 且 $[Q,A,A]=1$. 则由 G 是 p-稳定的便有

$$AC_G(Q)/C_G(Q) \leqslant O_p(N_G(Q)/C_G(Q)).$$

又因 G 为 p-约束的, 立得 $C_G(Q) \leqslant O_{p',p}(G) = O_{p'}(G)Q$. 由于 $Q \in \mathrm{Syl}_p(O_{p',p}(G))$, Frattini 论断给出 $G = O_{p'}(G)N_G(Q)$. 若令 $\overline{G} = G/O_{p'}(G) = O_{p'}(G)N_G(Q)/O_{p'}(G)$, 则 $N_G(Q)$ 映到 $\overline{G}$ 上, 由此便有 $\overline{AQ}/\overline{Q} \leqslant O_p(\overline{G}/\overline{Q})$. 但由 $\overline{Q} = O_p(\overline{G})$, $O_p(\overline{G}/\overline{Q})=1$, 便有 $\overline{AQ} \leqslant \overline{Q}$, 故 $\overline{A} \leqslant \overline{Q}$, 即 $A \leqslant O_{p',p}(G)$. □

上述定理在应用时, 往往采取下列较为一般的形式.

推论 8.5.5　令 G 为群, p 为奇素数, $P \in \mathrm{Syl}_p(G)$, Q 为 P 的非平凡子群. 假定 $N = N_G(Q)$ 为 p-约束且是 p-稳定的, 而 Q 为 $O_{p',p}(N)$ 的 Sylow p-子群. 则 Q 包含 P 的每一交换正规子群.

做为练习, 请读者自行给出推论 8.5.5 的证明.

下面, 我们再引入 p-群的 Thompson 子群的概念.

定义 8.5.6　令 P 为一 p-群, $A(P)$ 为 P 的具有极大阶的交换子群之集合. 我们定义

$$J(P) = \langle A \mid A \in A(P) \rangle,$$

$J(P)$ 叫做 P 的Thompson 子群. 显然 $J(P)$ char P. Thompson 子群具有下列简单性质. 这些性质在本节和后面的一些章节中都要用到. 其证明十分简单, 所以略去了.

引理 8.5.7　令 $P \in \mathrm{Syl}_p(G)$, 则有

(1) 若 R 为 P 的子群, 且其中包含 $A(P)$ 的一个元, 则 $A(R) \subseteq A(P)$, $J(R) \leqslant J(P)$;

(2) 若 $J(P) \leqslant Q \in \mathrm{Syl}_p(G)$, 则 $J(Q) = J(P)$;

(3) 若 $Q=P^x$, $x\in G$, 则 $J(Q)=J(P)^x$;

(4) 若有 $J(P)\leqslant R\leqslant G$, 且 R 为 p-群, 则有 $J(P)$ char R.

Glauberman 定理的证明还依赖于集合 $A(P)$ 的某些性质.

引理 8.5.8 令 $A\in A(P)$, $B\leqslant P$, 则

(1) $A=C_P(A)$, 特别地, $Z(P)\leqslant A$;

(2) B 正规化 $A \iff [B,A,A]=1$.

证明 (1) 令 $x\in C_P(A)$, 则因 A 交换, 故 $\langle x,A\rangle$ 也交换, 再由 A 极大, 便得 $x\in A$.

(2) 若 B 正规化 A, 则 $[B,A]\leqslant A$, 从而 $[B,A]$ 中心化 A. 反之, 若 $[B,A,A]=1$, 则 $[B,A]\leqslant C_G(A)$, 由 (1), 必有 $[B,A]\leqslant A$, 这表明 B 正规化 A. □

定理 8.5.9 (Thompson) 令 $A\in A(P)$, 并假定 $M=[x,A]$ 交换, $x\in P$, 则 $MC_A(M)\in A(P)$.

证明 令 $C=C_A(M)$. 显然 MC 交换, 因此仅需证明 $|MC|\geqslant|A|$, 便有 $MC\in A(P)$. 由于 $A=C_P(A)$ 且 M 交换, 故 $C\cap M=A\cap M=C_M(A)$. 从而有 $|MC|=|M||C|/|C\cap M|=|M||C|/|C_M(A)|$. 因此, 要证 $|A|\leqslant|MC|$, 仅需证 $|M/C_M(A)|\geqslant|A/C_A(M)|$, 而为此又仅需证明, 只要 $u,v\in A$ 分别属于 $C_A(M)$ 在 A 中的不同的陪集, 则 $[x,u]$ 和 $[x,v]$ 分别属于 $C_M(A)$ 的不同的陪集.

假定有 $u,v\in A$ 能使 $[x,u]C_M(A)=[x,v]C_M(A)$, 则 $y=[x,u]^{-1}[x,v]\in C_M(A)$. 易知 $y=(x^u)^{-1}x^v$, 故有 $y=y^{u^{-1}}=x^{-1}x^{vu^{-1}}=[x,vu^{-1}]$, 从而 $[x,vu^{-1},a]=[y,a]=1$, $\forall a\in A$. 又因 A 交换, $[vu^{-1},a,x]=1$. 由三子群引理及 $[x,A]$ 之交换性, 便可得 $[x,a,vu^{-1}]=1$, $\forall a\in A$, 即有 $[M,vu^{-1}]=1$, 从而 $vu^{-1}\in C_A(M)$. 这就证明了所需结论. □

定理 8.5.10 (Thompson 替换定理) 令 $A\in A(P)$, 并令 B 为 P 的交换子群. 假定 A 正规化 B, 但 B 不正规化 A, 则可找到 $A^*\in A(P)$ 具有如下性质:

(1) $A\cap B\lneqq A^*\cap B$;

(2) A^* 正规化 A.

证明 可知 AB 为群且 $B\trianglelefteq AB$. 令 $N=N_B(A)$. 因 A 正规化 B, 易验证 A 亦正规化 N. 又因 B 交换, 得 $N\trianglelefteq AB$. 因 B 不正规化 A, 故 $N<B$. 由于 $B/N\trianglelefteq AB/N$, 故 $B/N\cap Z(AB/N)\neq 1$, 则有 $x\in B\backslash N$, 其像包含在 $Z(AB/N)$ 之中. 故 $[x,A]\leqslant N\leqslant B$. 令 $M=[x,A]$, 则 M 交换. 由定理 8.5.9, $A^*=MC_A(M)\in A(P)$.

我们证明 A^* 即满足条件 (1), (2).

由于 $M\leqslant N_B(A)$, 又 $C_A(M)\leqslant A$, 故 A^* 正规化 A. 进而, 因 $A\cap B$ 既中心化 x 又中心化 A, 故 $A\cap B\leqslant A^*\cap B$. 另一方面, 因 $x\notin N$, 故 $M=[x,A]\nleqslant A$, 但 $M\leqslant N\leqslant B$, 故 $A^*\geqslant M(A\cap B)>A\cap B$, 又显然有 $B>A\cap B$, 得 $A\cap B\lneqq A^*\cap B$.

□

下面我们证明 Glauberman 替换定理. 为此先证一个引理, 这一引理的证明过程中极其巧妙地运用了换位子的技巧.

引理 8.5.11　令 B 为一奇数阶幂零群, $c(B)\leqslant 2$. 设 A 交换且作用在 B 上, 成立 $[B',A]=1$, 则对任意的 $x\in B$, 由 $[x,A,A,A]=1$ 便得 $[x,A]$ 交换.

证明　假定 $[x,A,A,A]=1$, 其中 $x\in B$, 今证明 $[x,a]$ 与 $[x,b]$ 交换, $\forall a,b\in A$.

由 Witt 公式, $[x,a,b]^{a^{-1}}[a^{-1},b^{-1},x]^b[b,x^{-1},a^{-1}]^x=1$. 因 A 交换, 故第二个换位子为 1. 又 $[x,A,A,A]=1$ 表明第一个换位子与 a 交换, 故有

$$[x,a,b]=([b,x^{-1},a^{-1}]^{-1})^x. \tag{8.3}$$

由命题 5.1.2(3) 有 $[b,x^{-1}]=[x,b]^{x^{-1}}=[x,b]y'$, 其中 $y'\in B'$. 于是 (8.3) 式变为

$$[x,a,b]=([[x,b]y',a]^{a^{-1}})^x=(([x,b,a]^{y'}[y',a])^{a^{-1}})^x.$$

注意到 $[B',A]=1$ 和 $c(B)=2$, 得

$$[x,a,b]=([x,b,a]^{a^{-1}})^x=([x,b,a][x,b,a,a^{-1}])^x=[x,b,a]^x.$$

通过归纳得

$$[x,b,a]^{x^n}=\begin{cases}[x,b,a], & n\text{为偶数},\\ [x,a,b], & n\text{为奇数}.\end{cases}$$

但 $o(x)\equiv 1(\bmod 2)$, 故 $[x,a,b]=[x,b,a]$.

因 A 交换, $ab=ba$, 得 $[x,ab]=[x,ba]$. 由命题 5.1.2(4), (5) 得 $[x,b][x,a][x,a,b]=[x,a][x,b][x,b,a]$, 于是有 $[x,a][x,b]=[x,b][x,a]$. □

定理 8.5.12 (Glauberman 替换定理)　令 p 为奇素数, P 为一 p-群, $B\leqslant P$, $c(B)\leqslant 2$ 且 $B'\leqslant Z(J(P))$. 令 $A\in\mathcal{A}(P)$, 且 A 正规化 B, 但 B 不正规化 A, 则有 $A^*\in\mathcal{A}(P)$, 能使

(1) $A\cap B\lneqq A^*\cap B$;

(2) A^* 正规化 A.

证明　因 B 不正规化 A, 则 $[B,A]\not\leqslant A=C_P(A)$, 从而 $[B,A,A]\neq 1$. 定义 $[B,A;1]=[B,A]$, 又归纳地定义 $[B,A;n]=[[B,A;n-1],A]$. 选择 $n\in\mathbb{Z}$, 使 $[B,A;n]=1$, 且 n 极小, 则 $n\geqslant 3$. 今令 $x\in[B,A;n-3]$ 且 $[x,A,A]\neq 1$, 则 $[x,A]\not\leqslant A$. 令 $M=[x,A]$, 则 $M\leqslant B$, 故 $M'\leqslant Z(J(P))$ 且 $[M',A]=1$, 又 $[M,A,A]=[x,A,A,A]=1$. 由引理 8.5.11, M 交换.

由定理 8.5.9, $A^*=MC_A(M)\in\mathcal{A}(P)$. 因 $[x,A,A,A]=1$, 则 $[A^*,A,A]=1$, 从而 A^* 正规化 A.

进而 $[A\cap B,A,B]=1=[B,A\cap B,A]$. 由三子群引理 $[A,B,A\cap B]=1$, 故 $A\cap B\leqslant C_A([A,B])\leqslant C_A(M)$. 但 $M\not\leqslant A\cap B$, 从而 $A\cap B\lneqq A^*\cap B$. 证完. □

推论 8.5.13 在定理 8.5.12 假定下, 再补充假定每个 $A \in \mathcal{A}(P)$ 都能正规化 B, 则存在 $A^* \in \mathcal{A}(P)$ 使 B 能正规化 A^*.

证明 应用定理 8.5.12, 仅需选择 $A^* \in \mathcal{A}(P)$, 使 $A^* \cap B$ 极大即可. □

定理 8.5.14 (Glauberman) 令 B 为 p-稳定群 G 的非平凡正规 p-子群, p 为奇素数. 若 $P \in \mathrm{Syl}_p(G)$, 则 $B \cap Z(J(P)) \trianglelefteq G$.

证明 假定对于 G 定理不成立, 且 B 为使定理不真的具有极小阶的 G 的正规子群.

令 $Z = Z(J(P))$, B_1 为 $Z \cap B$ 在 G 中的正规闭包. 因 $B \trianglelefteq G$, 则有 $B_1 \leqslant B$, 故 $Z \cap B_1 = Z \cap B$. 由 B 的极小选择, 必有 $B = B_1$.

因 $B' \lneqq B$, 故 $Z \cap B' \trianglelefteq G$. 又 $[Z \cap B, B] \leqslant Z \cap B'$, 故 $\forall x \in G$, 有 $[(Z \cap B)^x, B] = [Z \cap B, B]^x \leqslant (Z \cap B')^x \leqslant Z \cap B'$. 由于 B 由所有的 $(Z \cap B)^x$ 生成, 故 $B' \leqslant Z \cap B'$, 即 $B' \leqslant Z$. 特别地, $B \cap Z$ 中心化 B', 这表明, B 本身中心化 B', 即 $B' \leqslant Z(B)$, 故 $c(B) \leqslant 2$, 且 $B' \leqslant Z(J(P))$. 所以对 B 可用定理 8.5.12 和推论 8.5.13.

令 L 为 G 的能正规化 $Z \cap B$ 的极大正规子群, 则 $P \cap L \in \mathrm{Syl}_p(L)$. 因 $J(P \cap L)$ char $P \cap L$, 故 $G = LN$, 其中 $N = N_G(J(P \cap L))$. 若 $J(P) \leqslant P \cap L$, 则 $J(P) = J(P \cap L)$, 故 N 正规化 Z, 从而也正规化 $Z \cap B$. 这就得 $Z \cap B \trianglelefteq LN = G$, 矛盾. 故假定 $J(P) \nleqslant L \cap P$.

由推论 8.5.13 及 8.5.8(2), 有 $A \in \mathcal{A}(P)$, 能使 $[B, A, A] = 1$. 因 $B \trianglelefteq G$, 且 G 为 p-稳定, 则有 $AC/C \leqslant O_p(G/C)$, 其中 $C = C_G(B)$. 因 C 也中心化 $Z \cap B$, 故 $LC \trianglelefteq G$ 且 LC 正规化 $Z \cap B$. 由 L 的极大选择, 必有 $C \leqslant L$, 故 $AL/L \leqslant O_p(G/L)$. 实际上, $O_p(G/L) = 1$. 因若令 K 为 $O_p(G/L)$ 在 G 中的原像, 则 $P \cap K \in \mathrm{Syl}_p(K)$, 从而 $P \cap K$ 映到 $O_p(G/L)$ 上, 故 $K = L(P \cap K)$, 但 $P \cap K$ 正规化 $Z \cap B$, 从而就有 $P \cap K \leqslant L$, 故得 $K = L$, 即 $O_p(G/L) = 1$, 由此得 $A \leqslant L$, 而这表示 $J(P \cap L) \leqslant J(P)$. 由 $Z \leqslant A \leqslant J(P \cap L)$ 便得 $Z \cap B \leqslant Z(J(P \cap L))$. 令 $X = Z(J(P \cap L))$, 则有 $G = LN_G(X)$. 由于 L 正规化 $Z \cap B$, 故 $Z \cap B$ 在 G 中的正规闭包包含在 X 之中, 特别地, B 交换.

由于 $J(P) \nleqslant L \cap P$, 则有 $A_1 \in \mathcal{A}(P)$, 且 $A_1 \nleqslant L$. 我们断言 $[B, A_1, A_1] \neq 1$, 否则对 A_1 重复上述讨论便得 $A_1 \leqslant L$, 与 A_1 之选择相矛盾.

最后, 在所有的这样的 A_1 中选择一个, 使得 $|A_1 \cap B|$ 最大. 由 8.5.8(2), B 不正规化 A_1, 从而由 8.5.10, 存在 $A^* \in \mathcal{A}(P)$, 能使 $A_1 \cap B \lneqq A^* \cap B$ 且 A^* 正规化 A_1. 由 A_1 的极大选择, 必有 $A^* \leqslant P \cap L$. 从而有 $X = Z(J(P \cap L)) \leqslant A^*$. 但 $B \leqslant X$, 故有 $[B, A_1, A_1] \leqslant [X, A_1, A_1] \leqslant [A^*, A_1, A_1] = 1$, 矛盾. □

现在可以很容易地证明 GlaubermanZJ-定理.

定理 8.5.15 (Glauberman ZJ-定理) 令 G 是有限群, 其中 $O_p(G) \neq 1$. 设 G 为 p- 约束并且是 p-稳定的, p-为奇素数. 若 $P \in \mathrm{Syl}_p(G)$, 则 $G = O_{p'}(G)N_G(Z(J(P)))$.

特别地, 若 $O_{p'}(G)=1$, 则 $Z(J(P))\trianglelefteq G$.

证明 我们仅需对 $G/O_{p'}(G)$ 证明相应的结论. (这时需验证 $G/O_{p'}(G)$ 仍为 p-约束和 p-稳定的, 见习题 8.5.1.) 因此, 不失一般性, 可假定 $O_{p'}(G)=1$. 由定理 8.5.4, $Z(J(P))\leqslant O_p(G)$. 于定理 8.5.14 中令 $O_p(G)$ 为 B, 则 $Z(J(P))=Z(J(P))\cap B\trianglelefteq G$. □

习 题

8.5.1. 设有限群 G 为 p-约束和 p-稳定的, $O_{p'}(G)\neq 1$. 证明 $G/O_{p'}(G)$ 也是 p-约束和 p-稳定的.

8.6 Glauberman-Thompson p-幂零准则

本节中我们证明著名的 Glauberman-Thompson 正规 p-补定理. 这一定理在有限群理论中有着广泛的应用.

定理 8.6.1 (Glauberman-Thompson) *设 G 为有限群, p 为奇素数, $P\in \mathrm{Syl}_p(G)$. 若 $N_G(Z(J(P)))$ 有正规 p-补, 则 G 也有正规 p-补.*

证明 对 $|G|$ 施行归纳. 可设 G 的任意包含 P 的真子群都有正规 p-补. 假定定理不真, 则由 Frobenius 定理, 必有 G 的非平凡 p-子群 H 能使 $N_G(H)$ 没有正规 p-补. 在所有这样的子群中, 选择 H, 使 $N=N_G(H)$ 的 Sylow p-子群有最大的阶. 不失一般性可假定 $P\cap N\in \mathrm{Syl}_p(N)$.

先证明 $P\leqslant N$. 假定相反, 即 $P\nleqslant N$. 令 $R=P\cap N$, $M=N_G(Z(J(R)))$, $L=M\cap N$. 则因 $R<P$, 便有 $R<N_P(R)$. 由于 $Z(J(R))\ \mathrm{char}\ R$, 则 $N_P(R)\leqslant M$, 从而 $R<P\cap M$, 即 M 的 Sylow p-子群的阶大于 N 的 Sylow p-子群的阶. 由 H 之极大选择, M 有正规 p-补. 又因 $L\leqslant M$, L 也有正规 p-补. 另一方面, 因 $P\nleqslant N$, 故 $N<G$, 则由归纳假定, N 有正规 p-补, 与 H 的选择相矛盾. 这就证明了 $P\leqslant N$. 这表明 $N=G$. 否则, 由归纳假定, N 有正规 p-补.

由于我们的假设条件也适用于 $G/O_{p'}(G)$, 故若 $O_{p'}(G)\neq 1$, 则由归纳假定, $G/O_{p'}(G)$ 有正规 p-补, 从而 G 也有正规 p-补. 故 $O_{p'}(G)=1$. 因 $G=N_G(O_p(G))$, 故不失一般性可假定 $H=O_p(G)$. 若 $H=P$, 则 $Z(J(P))\ \mathrm{char}\ P\trianglelefteq G$, 从而 $G=N_G(Z(J(P)))$ 有正规 p-补, 故 $H<P$.

令 $\overline{G}=G/H$, $\overline{P}$ 表示 P 在 $\overline{G}$ 中的像, 显然 $\overline{P}\neq 1$. 令 $\overline{N}_1=N_{\overline{G}}(Z(J(\overline{P})))$, 并令 N_1, H_1 为 $\overline{N}_1$ 及 $Z(J(\overline{P}))$ 在 G 中的原像, 则 $N_1=N_G(H_1)$, 且 $H<H_1$, 从而有 $P<N_1<G$. 由归纳假定, N_1 从而 $\overline{N}_1$ 有正规 p-补. 又由归纳假定, 可知 $\overline{G}$ 有正规 p-补.

以上讨论表明, $G = O_{p,p',p}(G)$. 特别地, G 为 p-可解群.

由引理 8.3.1 可知, 若 q 为 $|\overline{G}|$ 的任意素因子, 则 $\overline{P}$ 正规化某个 $\overline{Q} \in \mathrm{Syl}_q(O_{p'}(\overline{G}))$. 显然 $\overline{P}$ 也正规化 $Z(\overline{Q})$. 令 G_1 为 $\overline{P}Z(\overline{Q})$ 在 G 中的原像, 则 $G_1 = PQ_1$, 此处 $Q_1 \cong Z(\overline{Q})$. 若 $G_1 < G$, 则由归纳假定, G_1 有正规 p-补, 即为 Q_1. 特别地, $Q_1 \trianglelefteq G_1$. 这样就有 $[H, Q_1] \leqslant H \cap Q_1 = 1$. 又由 G 的 p-可解性知, $Q_1 \leqslant C_G(H) \leqslant H$, 这意味着 $Q_1 = Q_1 \cap H = 1$. 由以上讨论, 便得 $G = G_1 = PQ_1$.

若 $p \geqslant 5$, 则显然 G 的任何子群的商群都不同构于 $SL_2(p)$. 若 $p = 3$, 则 $2 \in p'$, 且由上可知, G 的 p'-Hall 子群 Q_1 为可换群, 故 G 中任何子群的商群不同构于 $SL_2(3)$. 由推论 8.5.3, 可知 G 为 p-稳定的, 又显然 G 是 p-约束的. 于是由 $O_{p'}(G) = 1$, 根据 ZJ-定理, 便得 $Z(J(P)) \trianglelefteq G$, 而由假定 $G = N_G(Z(J(P)))$ 有正规 p-补, 矛盾. 这就证明了定理. □

注 关于有限群 G 的 p-幂零性的刻画, 一直是有限群论的重要课题. 我们最早学的 Burnside 定理 (定理 2.3.4) 是在 Sylow p-子群交换的条件下, 通过 $N_G(P)$ 的 p-幂零性得到 G 的 p-幂零性的. 我们称 G 的非平凡 p-子群的正规化子为 G 的一个 p-局部子群, 那么 Burnside 定理就是在 Sylow p-子群交换的条件下只应用一个 p-局部子群的 p-幂零性推得 G 的 p-幂零性. 对于一般的有限群 G (Sylow p-子群不一定交换), 著名的 Frobenius 定理 (定理 8.9.6) 则断言, 只要 G 的每个 p-局部子群都 p-幂零则群 G 也 p-幂零. 这两个定理都是在 20 世纪初得到的. 又过了半个多世纪, Thompson 证明了只需要两个 p-局部子群的 p-幂零性就足以得到 G 的 p-幂零性 [108], 即只要 $N_G(J(P))$ 和 $C_G(Z(P))$ 是 p-幂零的就能得到 G 是 p-幂零群 (在 $p > 2$ 的条件下), 这就是著名的 Thompson p-幂零准则. 几年以后, Glauberman 证明了 ZJ-定理, 又把 Thompson p-幂零准则改进为只需要一个 p-局部子群即可刻画群 G 的 p-幂零性 [33], 这就是本节讲的定理 8.6.1.

8.7 Frobenius 群

在本章的最后, 我们继续研究在 7.8 节中研究过的 Frobenius 群 (以下简称 F-群). 我们曾经证明它的 Frobenius 核 (以下简称 F-核) 是一个正规子群 (见定理 7.8.5). 在本节中我们将证明 F-群的 F-核是幂零群. 这曾经是一个长达半个多世纪的猜想, 并被著名群论学者 Thompson 在 1959 年证明. 首先我们用抽象群的办法再次给出 Frobenius 群的定义.

定义 8.7.1 设 G 是有限群, $1 < H < G$. 如果

$$H \cap H^g = 1, \qquad \forall g \in G - H, \tag{8.4}$$

(特别地, 我们有 $N_G(H) = H$), 则称 G 为关于子群 H 的 F-群, 并称 H 为 G 的

Frobenius 补 (以下简称 F-补). 而

$$N = G - \bigcup_{g \in G} (H^g - \{1\}) \tag{8.5}$$

叫做 G 的 F-核.

上述定义和定义 7.8.4 是等价的. 因为容易验证定义 7.8.4 中的置换群 G 关于稳定子群 $H = G_1$ 就满足上述定义中的条件; 并且反过来, 若有抽象群 G 和 H 满足上述定义, 则 G 在 H 的右陪集上作的传递置换表示是忠实的并满足定义 7.8.4 的条件. 又, (8.5) 式中所给出的 N 恰对应于置换表示中的全体正则元素和单位元素. 因此, 由定理 7.8.5, 在上述定义中的 N 也是 G 的正规子群.

下面设 G 是关于子群 H 的 F-群, $|H| = h$, $|G : H| = n$, 则 7.8 节告诉我们

定理 8.7.2　(1) $|N| = n$, $|G| = nh$, 且 $h \mid n - 1$. 因此, H 和 N 都是 G 的 Hall 子群.

(2) 设 $G = H \cup Hg_2 \cup \cdots \cup Hg_n$ 是 G 关于 H 的右陪集分解, 则

$$G = N \cup H \cup H^{g_2} \cup \cdots \cup H^{g_n}, \tag{8.6}$$

且其中任意两个子群的交均为 1. 我们称 (8.6) 式为 G 的 Frobenius 分解, 简称 F-分解.

为了进一步研究 F-群, 我们引进下述概念.

定义 8.7.3　设 G 是有限群.

(1) 称 $\alpha \in \mathrm{Aut}(G)$ 为 G 的无不动点自同构 (fixed-point-free automorphism), 简称 f.p.f. 自同构, 如果 $C_G(\alpha) = 1$.

(2) 设 $A \leqslant \mathrm{Aut}(G)$. 若 A 中每个非单位元素皆为 G 之无不动点自同构, 则称 A 为 G 的一个无不动点自同构群.

(3) 设群 H 作用在群 G 上. 若每个 $1 \neq h \in H$ 都诱导出 G 的无不动点自同构, 则称 H 在 G 上的作用是无不动点的.

显然, 若 H 无不动点地作用在 G 上, 则此作用必忠实.

命题 8.7.4　设 G 是 F-群, H 和 N 分别是 G 的 F-补和 F-核, 则 H 依共轭变换在 N 上的作用是无不动点的. 反之, 若非平凡群 H 无不动点地作用在非平凡群 N 上, 则半直积 $S = N \rtimes H$ 是 F-群, 其中 H 和 N 分别为 S 的 F-补和 F-核.

证明　$\Longrightarrow$: 设 G 是 F-群, 则对任意的 $1 \neq y \in H$ 和 $1 \neq x \in N$ 有 $x \notin N_G(H)$, 于是 $H^x \cap H = 1$. 这推出 $x \notin C_N(y)$, 由 x 的任意性得 $C_N(y) = 1$, 即 y 在 N 上的作用是无不动点的.

$\Longleftarrow$: 只需对任意的 $g\in G-H$, 证明 $H\cap H^g=1$. 设 $g=yx$, 其中 $y\in H$, $x\in N$. 由 $g\notin H$ 有 $x\neq 1$. 假定有 $1\neq y_1\in H\cap H^g=H\cap H^x$, 于是存在 $1\neq y_2\in H$ 使 $y_1=y_2^x=y_2[y_2,x]$. 因 $N\lhd G$, 有 $[y_2,x]\in N$, 于是 $y_2^{-1}y_1\in N$. 又 $y_2^{-1}y_1\in H$, 而 $H\cap N=1$, 故 $y_2^{-1}y_1=1$, 即 $y_2=y_1$. 由此还有 $y_1=y_1^x$, 即 $x\in C_N(y_1)$. 由 y_1 在 N 上作用无不动点以及 $x\neq 1$ 就得到 $y_1=1$, 矛盾. □

这个命题可以作为 F-群的又一定义.

为了进一步分析 H 和 N 的构造, 我们需要无不动点自同构的下述性质.

定理 8.7.5 设 G 是有限群, α 是 G 的无不动点自同构, $o(\alpha)=n$. 则

(1) 若 $(m,n)=1$, 则 α^m 也是 G 的无不动点自同构;

(2) 映射 $\mu: g\mapsto [g,\alpha]=g^{-1}g^{\alpha}, g\in G$ 是 G 到自身的一一映射;

(3) 若 g 和 g^{α} 在 G 中共轭, 则 $g=1$;

(4) $gg^{\alpha}\cdots g^{\alpha^{n-1}}=1$, $\forall g\in G$;

(5) 若 $n=p^s$ 是素数方幂, 则 G 是 p'-群.

证明 (1) 由 $(m,n)=1$, α 也是 α^m 的方幂. 故由 α 无不动点知 α^m 亦无不动点.

(2) 若 $[g,\alpha]=[g_1,\alpha]$, 即 $g^{-1}g^{\alpha}=g_1^{-1}g_1^{\alpha}$, 则 $gg_1^{-1}=(gg_1^{-1})^{\alpha}$. 于是 $gg_1^{-1}\in C_G(\alpha)=1$, $g=g_1$. 这说明 μ 是单射. 而由 G 的有限性, 当然 μ 也是满射.

(3) 设 $g^{\alpha}=g^{g_1}$, $g,g_1\in G$. 由 (2), 存在 $x\in G$ 使 $g_1=[x,\alpha]=x^{-1}x^{\alpha}$. 于是

$$g^{\alpha}=g^{x^{-1}x^{\alpha}}=x^{-\alpha}xgx^{-1}x^{\alpha}.$$

由此有 $(xgx^{-1})^{\alpha}=xgx^{-1}$. 由 $C_G(\alpha)=1$ 得 $xgx^{-1}=1$, 于是 $g=1$.

(4) 令 $h=gg^{\alpha}\cdots g^{\alpha^{n-1}}$. 因 $\alpha^n=1$, 有

$$h^{\alpha}=g^{\alpha}g^{\alpha^2}\cdots g^{\alpha^{n-1}}g=g^{-1}hg.$$

由 (3), 有 $h=1$.

(5) 设 G 不是 p'-群, 则由 $\langle\alpha\rangle$ 是 p-群和定理 8.1.9, 必存在 G 的 Sylow p-子群 P 是 α-不变的. 又由命题 8.1.8, $C_P(\alpha)\neq 1$, 与 $C_G(\alpha)=1$ 矛盾. □

定理 8.7.6 设 G 是有限群, α 是 G 的无不动点自同构. 如果 $N\lhd G$, $N^{\alpha}=N$, 则

(1) $\alpha|_N$ 是 N 的无不动点自同构;

(2) α 诱导出 $\overline{G}=G/N$ 的无不动点自同构 $\bar{\alpha}$.

证明 (1) 显然.

(2) 假定 $g^{\alpha}N=gN$, $g\in G$. 我们要证明 $g\in N$. 由 $g^{\alpha}N=gN$ 有 $g^{-1}g^{\alpha}\in N$. 由定理 8.7.5(2), $g^{-1}g^{\alpha}=n^{-1}n^{\alpha}$ 对某个 $n\in N$ 成立. 由此推得 $(gn^{-1})^{\alpha}=gn^{-1}$, 于是 $gn^{-1}=1$, $g=n\in N$. 这样 $\bar{\alpha}$ 是 $\overline{G}$ 的无不动点自同构. □

下面我们可以证明 Thompson 最著名的定理之一. 它解决了 Frobenius 关于 F-群的 F-核是幂零群的长达半个多世纪的著名猜想.

定理 8.7.7 (Thompson)　设 G 是有限群, p 是素数. 如果 G 有 p 阶无不动点自同构 α, 则 G 是幂零群.

证明　设 G 是使定理不真的最小阶反例. 令 $S = G \rtimes H$, 其中 $H = \langle\alpha\rangle$ 是 p 阶循环群, 则有

(1) 若 $1 < N \lhd G$, $N < G$, 且 $N^\alpha = N$, 则 N 和 G/N 幂零. 事实上, 由定理 8.7.6, $\alpha|_N$ 和 $\bar{\alpha}$ 分别为 N 和 G/N 的无不动点自同构. 由 $N > 1$ 和 $G/N > 1$, $\alpha|_N$ 和 $\bar{\alpha}$ 仍为 p 阶. 于是由 G 之极小性得 N 和 G/N 的幂零性.

(2) $Z(G) = 1$. 事实上, 若否, 可设 $1 < Z(G) < G$. 由 (1), $G/Z(G)$ 幂零, 于是 G 亦幂零, 矛盾.

(3) G 非可解, 则由 (1) G 为特征单群. 事实上, 假定 G 可解. 在半直积 S 中取一主因子 G/Q, 则 G/Q 是初等交换 r-群. 由定理 8.7.5(5), G 是 p'-群. 故 $r \neq p$. 我们设 $|G/Q| = r^t$.

由 G 非幂零, 有 $1 < Q < G$. 又因 $Q^\alpha = Q$, 由 (1) 有 Q 幂零. 令 $Q = Q_1 \times \cdots \times Q_k$, 其中 Q_i 是 Q 的 Sylow q_i-子群, 则由 Q_i char Q, 有 $1 < Q_i \lhd G$ 且 $Q_i^\alpha = Q_i$. 于是由 (1) 又有 G/Q_i 幂零. 如果 $k \geqslant 2$, 由 G/Q_1 和 G/Q_2 幂零可得 $G/(Q_1 \cap Q_2) \cong G$ 幂零, 矛盾, 故必有 $k = 1$, 即 Q 是 q-群, 对某素数 q. 因 G 是 p'-群, 有 $q \neq p$. 又因 G 非幂零, 有 $q \neq r$. 再因为 $\Phi(Q)$ char Q, 如果 $\Phi(Q) \neq 1$, 则由 (1) 又有 $G/\Phi(Q)$ 幂零. 而由推论 5.3.5, 因 $Q \lhd G$ 有 $\Phi(Q) \leqslant \Phi(G)$, 故 $G/\Phi(G)$ 幂零, 从而得到 G 幂零, 矛盾. 故必有 $\Phi(Q) = 1$, 即 Q 是初等交换 q-群.

因为 α 是 G 的无不动点自同构, 由定理 8.7.6(2), α 诱导出 $\overline{G} = G/Q$ 的无不动点自同构 $\bar{\alpha}$. 据命题 8.7.4, $\overline{S} = \overline{G} \rtimes \langle\bar{\alpha}\rangle$ 为 F-群. 命 $\overline{H} = \langle\bar{\alpha}\rangle$, $\overline{G} = \{\bar{1}, \bar{g}_2, \cdots, \bar{g}_{r^t}\}$, 则

$$\overline{S} = \overline{G} \cup \overline{H} \cup \overline{H}^{\bar{g}_2} \cup \cdots \cup \overline{H}^{\bar{g}_{r^t}} \tag{8.7}$$

是 $\overline{S}$ 的 F-分解.

考虑 $\overline{S}$ 依共轭变换在 Q 上的作用. 对任意的 $x \in Q$, 我们用两种方法来计算 $\prod\limits_{\bar{s}\in\overline{S}} x^{\bar{s}}$. 因为 $\overline{H}^{\bar{g}_i} = \langle \bar{g}_i^{-1}\bar{\alpha}\bar{g}_i\rangle$, 故

$$\begin{aligned}\prod_{\bar{h}\in\overline{H}^{\bar{g}_i}} x^{\bar{h}} &= \prod_{j=0}^{p-1} x^{\bar{g}_i\bar{\alpha}^j\bar{g}_i} \\ &= [(x^{g_i^{-1}})^{1+\alpha+\cdots+\alpha^{p-1}}]^{g_i} = 1,\end{aligned}$$

式中 g_i 表 $\bar{g}_i$ 在 G 中的原像. 应用 (8.7) 式得到

$$\prod_{\bar{s}\in\overline{S}} x^{\bar{s}} = \prod_{\bar{g}\in\overline{G}} x^{\bar{g}} \prod_{i=1}^{r^t}\left(\prod_{\bar{1}\neq\bar{h}\in\overline{H}^{g_i}} x^{\bar{h}}\right) = x^{-r^t}\prod_{\bar{g}\in\overline{G}} x^{\bar{g}}.$$

再由 $\overline{S}$ 的右陪集分解式 $\overline{S} = \bigcup_{j=0}^{p-1} \overline{G}\bar{\alpha}^j$ 得到

$$\prod_{\bar{s}\in\overline{S}} x^{\bar{s}} = \left(\prod_{\bar{g}\in\overline{G}} x^{\bar{g}}\right)^{1+\alpha+\cdots+\alpha^{p-1}} = 1.$$

综合前式即得到 $x^{r^t} = \prod_{\bar{g}\in\overline{G}} x^{\bar{g}}$. 注意到 $\prod_{\bar{g}\in\overline{G}} x^{\bar{g}} \in Z(G)$, 于是 $x^{r^t} \in Z(G)$. 由 $(r^t, q) = 1$, 得 $x \in Z(G)$. 而由 x 的任意性, 又得 $Q \leqslant Z(G)$, 与 (2) 矛盾, 故 G 非可解. 如果 G 有非平凡特征子群, 则由 (1) 推出 G 可解, 矛盾. 因此 G 是特征单群.

(4) 最终矛盾的导出. 事实上, 因为 G 非幂零, 故 G 不是 2-群. 取素数 $q \neq 2$, 且 $q \mid |G|$. 由引理 8.3.1, 存在 G 的 α-不变的 Sylow q-子群 Q. 于是 $N_G(Z(J(Q)))$ 也是 α-不变的. 由 (3), G 是非可解特征单群, 必为有限个同构的非交换单群的直积, 它没有正规 q-子群, 故 $N_G(Z(J(Q)))$ 是 G 的真子群. 于是 $N_G(Z(J(Q)))$ 幂零, 当然更是 q-幂零的. 由定理 8.6.1, G 也是 q-幂零的, 并且存在正规 q-补 K. 因为 K 是 G 的非平凡特征子群, 与 G 是特征单群相矛盾. □

由这个定理和命题 8.7.4 得

推论 8.7.8 *F-群 G 的 F-核是幂零群.*

关于 F-群的 F-补的构造, 我们有下面的

定理 8.7.9 (Burnside) *设 G 是 F-群, H 是它的 F-补, 则 H 的任一 Sylow 子群或循环, 或为广义四元数群.*

证明 设 $p \mid |H|$, $P \in \mathrm{Syl}_p(H)$. 又设 A 是 P 的任一交换子群. 考虑 A 依共轭变换在 G 的 F-核 N 上的作用. 因为 $C_N(a) = 1$, $\forall a \in A - \{1\}$, 故由推论 8.3.15 推知 A 必循环. 这说明 P 中没有 (p,p) 型子群. 如果 $p \neq 2$, 由定理 5.5.10(1) 即得到 P 循环. 而如果 $p = 2$, 则由定理 5.5.10(2) 及定理 5.5.14 推知 P 或循环, 或为广义四元数群. □

习 题

8.7.1. 设 α 是有限群 G 的无不动点自同构, 则对任意的 $p \mid |G|$, G 中存在唯一的 α-不变的 Sylow p-子群.

8.7.2. 设 H 是 F-群 G 的 F-补, 且 $|H|$ 是偶数, 则 $|Z(H)|$ 也是偶数.

8.7.3. 设 G 是有限群, p 是素数, $\alpha \in \mathrm{Aut}(G)$ 满足

$$gg^{\alpha} \cdots g^{\alpha^{p-1}} = 1, \qquad \forall g \in G,$$

则 G 是幂零群.

8.8 阅读材料——Grün 定理和 p-幂零群

设 G 为有限群, $P \in \mathrm{Syl}_p(G)$. 本节进一步研究转移映射 $V_{G\to P}$, 并证明 Grün 的两个重要定理.

我们先给出如下的

定义 8.8.1 设 G 为有限群, p 为素数. 我们定义

(1) $O^p(G) = \langle g \in G \mid p \nmid o(g) \rangle$;

(2) $G'(p) = O^p(G)G'$.

显然 $O^p(G)$ 和 $G'(p)$ 都是 G 的特征子群. 它们具有如下的性质:

命题 8.8.2 *(1) $G/O^p(G)$ 是 p-群, $G/G'(p)$ 是交换 p-群;*

(2) 设 $N \trianglelefteq G$. 若 G/N 是 p-群, 则 $O^p(G) \leqslant N$; 而若 G/N 为交换 p-群, 则 $G'(p) \leqslant N$;

(3) 设 $P \in \mathrm{Syl}_p(G)$, 则 $G = O^p(G)P = G'(p)P$. 于是有

$$G/O^p(G) \cong P/P \cap O^p(G), \qquad G/G'(p) \cong P/P \cap G'(p). \tag{8.8}$$

证明 (1) 对任一元 $x \in G$, 可找到 p 的适当方幂 p^i, 使 x^{p^i} 为一 p'-元, 故 $x^{p^i} \in O^p(G)$. 这说明商群 $G/O^p(G)$ 全由 p-元组成, 从而为 p-群. 因为 $O^p(G) \leqslant G'(p)$, $G/G'(p)$ 也是 p-群, 又因为 $G' \leqslant G'(p)$, 故 $G/G'(p)$ 是交换 p-群.

(2) 设 x 是 G 的任一个 p'-元, 则 x 在 p-群 $\overline{G} = G/N$ 中的像 $\bar{x} = \bar{1}$, 故 $x \in N$. 由此得到 $O^p(G) \leqslant N$. 若 $\overline{G} = G/N$ 为交换 p-群, 则还应有 $G' \leqslant N$, 于是 $G'(p) = O^p(G)G' \leqslant N$.

(3) 因为 $G/O^p(G)$ 是 p-群, 故 $|G|_{p'}$ 整除 $|O^p(G)|$. 从而 $|G| = |G|_{p'}|G|_p$ 整除 $|O^p(G)P|$, 故 $G = O^p(G)P$. 显然还成立 $G = G'(p)P$. 最后, 根据第二同构定理, 便得 (8.8) 式. □

在本节中的以下部分, 我们将集中研究 $G'(p)$ 的性质, 而对特征子群 $O^p(G)$, 我们将于以后各节加以讨论.

命题 8.8.3 设 G 为有限群, $P\in \mathrm{Syl}_p(G)$, 则

(1) $P\cap G'(p)=P\cap G'$;

(2) $V_{G\to P}(G)=V_{G\to P}(P)\cong P/P\cap G'\cong G/G'(p)$.

证明 (1) 显然 $P\cap G'\leqslant P\cap G'(p)$. 以下证相反的包含关系. 由

$$G'(p)/G'=O^p(G)G'/G'=O^p(G/G'),$$

成立 $G/G'=G'(p)/G'\times PG'/G'$. 由此立得 $P\cap G'(p)\leqslant PG'\cap G'(p)\leqslant G'$.

(2) 将 $V_{G\to P}$ 简记为 V. 因为 V 是同态, 而 $V(G)$ 是 p-群, 故 G 的每个 p'-元 $x\in \mathrm{Ker}\ V$. 于是 $O^p(G)\leqslant \mathrm{Ker}\ V$. 又因为 $V(G)$ 是交换群, 故有 $G'\leqslant \mathrm{Ker}\ V$. 这说明 $G'(p)\leqslant \mathrm{Ker}\ V$. 但 $G=G'(p)P$, 从而成立 $V(G)=V(G'(p)P)=V(P)$.

为完成证明, 还需证 $V(P)\cong P/P\cap G'$. 为此只需证 $\mathrm{Ker}\ V|_P=P\cap G'$. 记 $K=\mathrm{Ker}\ V|_P$, $P^*=P\cap G'$. 显然有 $P^*\leqslant K$. 设 $g\in P$, 则根据 2.3 节中的 (2.1) 式, 并采用相应的记法, 便得

$$V(g)=\prod_i x_i g^{f_i}x_i^{-1}P'=\prod_i g^{f_i}[g^{f_i},x_i^{-1}]P'=g^n cP',$$

其中 $n=|G:P|, c\in P^*$.

由于 $(n,p)=1$, 故若 $g\notin P^*$, 则 $g^n\notin P^*$ 从而有 $V(g)\notin P^*/P'$. 这表明 $|V(P)|\geqslant |P/P^*|$, 即 $|P/K|\geqslant |P/P^*|$, 由此即得 $K=P^*$. □

由命题 8.8.3 的证明可以直接得到以下结果 (即焦点子群 $P^*=P\cap G'$), 其证明留给读者.

命题 8.8.4 设 G 为有限群, $P\in \mathrm{Syl}_p(G)$, 则

$$P\cap G'=\langle [x,s]\in P \mid x\in P, s\in G\rangle.$$

定理 8.8.5 (Grün 第一定理) 设 G 是有限群, $P\in \mathrm{Syl}_p(G)$, 则

$$P\cap G'=\langle P\cap N_G(P)', P\cap P'^g \mid g\in G\rangle.$$

证明 令 $D=\langle P\cap N_G(P)', P\cap P'^g | g\in G\rangle$. 显然 $P'\leqslant D\leqslant P\cap G'$, 从而有 $D\trianglelefteq P$.

设 $D<P\cap G'$. 在 $(P\cap G')\setminus D$ 中取一最小阶元素 u, 我们来计算 $V_{G\to P}(u)$.

首先考虑 G 的双陪集分解 $G=\bigcup\limits_i Pg_iP$.

由于 $u\in P$, 则通过 u 右乘将把每个双陪集变到自身, 从而导出该双陪集中所含诸右陪集的一个置换, 下面我们仔细分析这些置换.

我们固定一个双陪集 PgP. 设由 u 右乘所得到的右陪集的置换为 $\tilde{u}$, 并且假设 $\tilde{u}$ 的轮换分解为

$$\tilde{u}=\prod_{i=1}^{r}\left(Pgx_i,\, Pgx_iu,\, \cdots,\, Pgx_iu^{p^{m_i}-1}\right),$$

其中 $x_1,\cdots,x_r\in P$. 显然 $\sum\limits_i p^{m_i}=|PgP:P|=p^s,\quad s\geqslant 0$. 我们还不妨设 $m_1\leqslant\cdots\leqslant m_r$, 并通过适当选择双陪集代表元 g 可令 $x_1=1$, 即在 (8.8) 式中把最短轮换放在最前面, 并且它包含右陪集 Pg. 这时我们有 $Pgx_iu^{p^{m_i}}=Pgx_i$, 于是有 $t_i=gx_iu^{p^{m_i}}x_i^{-1}g^{-1}\in P$, 特别地, 有 $gu^{p^{m_1}}g^{-1}\in P$. 为计算 $V_{G\to P}(u)$, 我们还需计算 $\prod\limits_i t_i$. 为此, 我们分别讨论下列两种情形.

情形 1 $s\geqslant 1$. 我们将证明 $\prod\limits_i t_i\in D$.

首先, 有 $d_i=gu^{-p^{m_i}}g^{-1}t_i=g[u^{p^{m_i}},x_i^{-1}]g^{-1}\in P'^{g^{-1}}$.

又由 $gu^{p^{m_1}}g^{-1}\in P$ 及 $m_i\geqslant m_1$ 有 $gu^{p^{m_i}}g^{-1}\in P$. 故 $d_i=gu^{-p^{m_i}}g^{-1}t_i=(gu^{p^{m_i}}g^{-1})^{-1}t_i\in P$, 从而 $d_i\in P\cap P'^{g^{-1}}\leqslant D$. 而因为 $t_i=gu^{p^{m_i}}g^{-1}d_i$, 故 $\prod\limits_i t_iD=\prod\limits_i(gu^{p^{m_i}}g^{-1})\prod\limits_i d_iD=gu^{p^s}g^{-1}D$. 由于 $gu^{p^{m_1}}g^{-1}\in P$, 故 $gu^{p^s}g^{-1}\in P$. 又由于 $u\in G'$, 有 $gu^{p^s}g^{-1}\in G'$. 于是 $gu^{p^s}g^{-1}\in P\cap G'$. 最后, 由于 $s\geqslant 1$, 故 $o(gu^{p^s}g^{-1})<o(u)$, 则由 u 的选择有 $gu^{p^s}g^{-1}\in D$. 从而有 $\prod\limits_i t_i\in D$.

情形 2 $s=0$.

这时 $PgP=Pg$ 只含一个右陪集. 因此 $g\in N_G(P)$, $\prod\limits_i t_i=t_1=gug^{-1}=u[u,g^{-1}]$, 其中 $[u,g^{-1}]\in P\cap N_G(P)'\leqslant D$.

根据以上讨论, 并由 $V_{G\to P}(u)$ 之定义, 即得 $V(u)=u^kdP'$, 其中 $k=|N_G(P):P|, d\in D$. 又因为 $u\in P\cap G'\leqslant \mathrm{Ker}\, V$, 故有 $V(u)=P'$, 从而成立 $u^kd\in P'\leqslant D$. 这推出 $u^k\in D$. 但这时 $(p,k)=1$, 又 u 为 p-元, 从而得 $u\in D$, 与 $u\notin D$ 相矛盾. □

为了叙述 Grün 第二定理, 我们还需以下

定义 8.8.6 设 G 是有限群, $P\in\mathrm{Syl}_p(G)$, 我们称 G 是 p-**正规的**, 如果对任意 $g\in G$ 有

$$Z(P)^g\leqslant P\Longrightarrow Z(P)^g=Z(P). \tag{8.9}$$

注意 p-正规的概念不依赖于 p-Sylow 子群的特殊选择. 设 G 为 p-正规, 且对于 $P\in\mathrm{Syl}_p(G)$, 定义 8.8.6 中条件 (8.9) 成立. 设 $P_1\in\mathrm{Syl}_p(G)$, 并假定 $Z(P_1)^g\leqslant P_1$, 以下证明 $Z(P_1)^g=Z(P_1)$. 由 Sylow 定理, 存在 $x\in G$, 使得 $P_1=P^x$, 于是有

$Z(P^x)^g \leqslant P^x$, 即 $Z(P)^{xgx^{-1}} \leqslant P$. 由于 G 为 p-正规, 则有 $Z(P) = Z(P)^{xgx^{-1}}$, 从而有 $Z(P^x)^g = Z(P)^x = Z(P^x)$, 即 $Z(P_1)^g = Z(P_1)$.

显然我们有

命题 8.8.7 设 G 是有限群, $P \in \mathrm{Syl}_p(G)$.

(1) 若 P 交换, 则 G 为 p-正规;

(2) 若 G 的任意两个 Sylow 子群的交为 1, 则 G 为 p-正规.

(证明从略.)

定理 8.8.8 (Grün 第二定理) 设 G 是 p-正规的有限群, $P \in \mathrm{Syl}_p(G)$, 且 $N = N_G(Z(P))$, 则成立 $G/G'(p) \cong N/N'(p)$.

证明 由于 $Z(P)$ char P, 故 $P \leqslant N$, 特别地, $P \in \mathrm{Syl}_p(N)$. 根据命题 8.8.3 有 $G/G'(p) \cong P/P \cap G'$, $N/N'(p) \cong P/P \cap N'$. 于是仅需证明 $P \cap G' = P \cap N'$.

显然 $P \cap N' \leqslant P \cap G'$, 为证明相反的包含关系, 我们应用定理 8.8.5, 即 $P \cap G' = \langle P \cap N_G(P)', P \cap P'^g | g \in G\rangle$.

设 $T = P \cap P'^g$, 我们证明 $T \leqslant P \cap N'$. 显然 $Z(P) \leqslant N_G(T)$. 又因 $Z(P)^g$ 是 P^g 的中心, 故 $Z(P)^g \leqslant N_G(T)$. 于是存在 $N_G(T)$ 的两个 Sylow p-子群 P_1, P_2 使 $Z(P) \leqslant P_1$, $Z(P)^g \leqslant P_2$. 根据 Sylow 定理, 存在 $s \in N_G(T)$, 使 $P_1 = P_2^s$. 再取 G 的 Sylow p-子群 $P^* \geqslant P_1$, 则有 $Z(P) \leqslant P_1 \leqslant P^*$, $Z(P)^{gs} \leqslant P_2^s = P_1 \leqslant P^*$.

由 G 的 p-正规性, 有 $Z(P) = Z(P)^{gs}$, 即 $gs \in N$. 又因 $s \in N_G(T)$, 故 $T = T^s = P^s \cap P'^{gs}$. 由于 $P \leqslant N$, 故 $P'^{gs} \leqslant N'^{gs} = N'$, 于是 $T \leqslant N'$. 又因 $T \leqslant P$, 故 $T \leqslant P \cap N'$,

又因 $Z(P)$ char P, 故 $N_G(P) \leqslant N$, 从而有 $P \cap N_G(P)' \leqslant P \cap N'$. 这样我们就证明了 $P \cap G' = P \cap N'$. □

回忆一下, 我们说有限群 G 是p-幂零的, 如果 $p \nmid |O^p(G)|$.

这时 $O^p(G)$ 就是 G 的正规 p-补. 对于任一 $P \in \mathrm{Syl}_p(G)$, 都有 $P \cap O^p(G) = 1$. 由定义 2.1 还可看出, 若 G 为 p-幂零, 则 $O^p(G)$ 恰由 G 中所有 p'-元组成.

命题 8.8.9 若 G 是 p-幂零群, 则 G 的每个子群和商群也都是 p-幂零群.

证明 (1) 设 $H \leqslant G$. 因为 $O^p(G)$ 恰包含 G 中所有 p'-元, 于是 H 的子群 $H \cap O^p(G)$ 也恰包含 H 中所有的 p'-元, 即 $H \cap O^p(G) = O^p(H)$. 因此 H 为 p-幂零群.

(2) $N \trianglelefteq G$, $\overline{G} = G/N$. 令 $\overline{K} = O^p(G)N/N$. 由 G 的 p-幂零性, $O^p(G)$ 全由 p'-元组成, 故 $\overline{K}$ 也全由 p'-元组成. 又因 $\overline{G}/\overline{K} \cong G/O^p(G)N$ 是 p-群, 故 $O^p(\overline{G}) = \overline{K}$, 即 $\overline{G}$ 也是 p-幂零群. □

下面给出 p-幂零群的一个刻画, 它对应于幂零群用中心群列的刻画. 为此先证明一个引理.

引理 8.8.10 *设 G 是 p-幂零群, N 是 G 的极小正规子群, 且 $p \mid |N|$, 则 $N \leqslant Z(G)$, 且 $|N| = p$.*

证明 由于 G 为 p-幂零群, $O^p(G)$ 是 p'-群, 于是 $O^p(G) \cap N$ 是 p'-群. 但由 $p \mid |N|$ 及 N 的极小性, 必有 $O^p(G) \cap N = 1$. 因此 $|N| = |N/O^p(G) \cap N| = |O^p(G)N/O^p(G)|$ 等于 p 的方幂, 故 N 是 p-群.

另外, 由 $O^p(G) \cap N = 1$, 推知 N 与 $O^p(G)$ 元素间可交换. 任取 $P \in \mathrm{Syl}_p(G)$, 显然有 $N \leqslant O_p(G) \leqslant P$. 我们断言必有 $N \leqslant Z(P)$. 若否, 则有 $1 \neq N_1 = N \cap Z(P) \trianglelefteq P$, 且 $N_1 \lneqq N$. 由 $N_1 \leqslant Z(P)$ 及 N_1 与 $O^p(G)$ 元素可交换, 故 $N_1 \leqslant Z(G)$, 特别地, $N_1 \trianglelefteq G$, 这与 N 的极小性相矛盾. 从而, $N \leqslant Z(G)$. 进一步, N 的任意 p 阶子群都是 G 的正规子群, 故由 N 的极小性可知 $|N| = p$. □

定理 8.8.11 *下列命题等价:*

(1) G 是 p-幂零群;

(2) 设

$$1 = G_0 < G_1 < \cdots < G_r = G \tag{8.10}$$

是 G 的任一主群列. 若 $p \mid |G_i/G_{i-1}|$, 则 $G_i/G_{i-1} \leqslant Z(G/G_{i-1})$;

(3) 存在 G 的主群列 (8.10), 使对任一 i, 或者 $p \nmid |G_i/G_{i-1}|$, 或者 $G_i/G_{i-1} \leqslant Z(G/G_{i-1})$.

证明 (1) ⇒ (2): 由命题 8.8.9 和引理 8.8.10 得到

(2) ⇒ (3): 显然.

(3) ⇒ (1): 用对 $|G|$ 的归纳法. 因为 G/G_1 亦满足条件 (3), 于是 G/G_1 是 p-幂零群. 设 K/G_1 是 G/G_1 的正规 p-补. 若 $p \nmid |G_1|$, 则 K 为 G 的正规 p-补, 于是 G 为 p-幂零. 而若 $p \mid |G_1|$, 则由 (3) 中条件有 $G_1 \leqslant Z(G)$, 因此必然有 $|G_1| = p$. 在 K 中应用 Schur-Zassenhaus 定理, 存在 G_1 的补群 K_1, 且有 $K = K_1 \times G_1$. 于是 $K_1 \operatorname{char} K \trianglelefteq G$, 从而 $K_1 \trianglelefteq G$, 且 $|K_1| = |K/G_1| = |G/G_1|_{p'} = |G|_{p'}$, 故 K_1 是 G 的正规 p-补. □

最后证明 p-幂零群的一个必要条件.

定理 8.8.12 *设有限群 G p-幂零, 则 G 必为 p-正规.*

证明 设 $K = O^p(G)$, $P \in \mathrm{Syl}_p(G)$. 因 $G/K \cong P$, 有 $Z(G/K) = Z(P)K/K$. 于是对任意的 $g \in G$, 有

$$Z(P)K = (Z(P)K)^g = Z(P)^g K.$$

若 $Z(P)^g \leqslant P$, 则 $Z(P)^g = Z(P)^g K \cap P = Z(P)K \cap P = Z(P)(K \cap P) = Z(P)$, 故 G 为 p-正规的. □

8.9 阅读材料 —— 内 p-幂零群和 Frobenius 定理的又一证明

为了进一步研究有限群的 p-幂零性, 我们来考察内 p-幂零群的性质. 首先证明 Burnside 的一个引理.

引理 8.9.1 设 P, P_1 是 G 的两个 Sylow p-子群, 且子群 $1 \neq M \trianglelefteq P$, $M < P_1$, 但 $M \ntrianglelefteq P_1$, 则存在 $x \in G$ 使 $o(x) = q^b$, 其中 q 为素数, $q \neq p$, 并满足

(1) $x \notin N_G(M)$,

(2) $J = \langle M, M^x, \cdots, M^{x^{q^b-1}} \rangle$ 是 p-群,

(3) $x \in N_G(J) \setminus C_G(J)$.

证明 在 G 的 Sylow p-子群中选择满足如下条件的一个群 (不妨仍叫做 P_1):

(i) $M < P_1$,

(ii) $M \ntrianglelefteq P_1$,

(iii) $|N_{P_1}(M)|$ 尽可能大.

令 $S = N_{P_1}(M)$, 当然有 $S < P_1$. 因为 P, $S \leqslant N_G(M)$, 必存在 $y \in N_G(M)$, 使 $P^y \geqslant S$. 若以 P^y 代替 P, 则不妨假设 $P \geqslant S$.

令 $T = N_P(S)$, $T_1 = N_{P_1}(S)$. 因 $|S| < |P_1|$, 故 $T > S$, $T_1 > S$, 从而 $M \ntrianglelefteq T_1$. 这时有 $S \trianglelefteq \langle T, T_1 \rangle = L$, 但 $M \ntrianglelefteq L$.

在 L 中取一包含 T 的 Sylow p-子群 R, 并设 $P_2 \geqslant R$, $P_2 \in \mathrm{Syl}_p(G)$. 因为 $N_{P_2}(M) \geqslant N_R(M) \geqslant T \gneqq S$, 故由 P_1 的选择, 必有 $M \trianglelefteq P_2$, 从而 $M \trianglelefteq R$. (以上诸子群间的关系请参看图 8.1.)

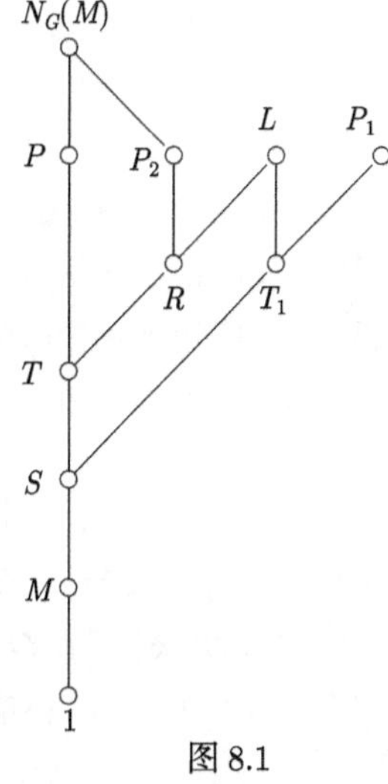

图 8.1

假如 L 中所有阶为异于 p 的素数方幂的元皆正规化 M, 则这些元素生成的子群, 即 $O^p(L)$, 必正规化 M. 但又有 R 正规化 M, 而 $L = O^p(L)R$, 故 $M \trianglelefteq L$, 矛盾. 因此必有一元素 $x \in L$, $o(x) = q^b$, $q \neq p$, 使得 $M^x \neq M$. 考虑子群 M^{x^i}, $i = 0, 1, \cdots, q^b - 1$. 因为 $M \triangleleft S \triangleleft L$, 有 $M^{x^i} \triangleleft S^{x^i} = S$. 于是 $J = \langle M, M^x, \cdots, M^{x^{q^b-1}} \rangle \leqslant S$, 因而 J 为 p-群. 显然 $J^x = J$. 但因 $M^x \neq M$, 故 $x \notin C_G(J)$, 因此 $x \in N_G(J) \setminus C_G(J)$. □

为了揭示内 p-幂零群之结构, 我们还需如下两个引理.

引理 8.9.2 设 $P \in \mathrm{Syl}_p(G)$, U char P, 且对某个 $g \in G$, 成立 $U^g \trianglelefteq P$, 则有 $U = U^g$.

证明 因为 U char P, $U^g \leq P$, 故 P 和 $P^{g^{-1}}$ 是 $N_G(U)$ 中两个 Sylow p-子群. 从而存在 $h \in N_G(U)$ 使得 $P^h = P^{g^{-1}}$, 于是 $hg \in N_G(P)$. 又由 U char P, 有 $N_G(P) \leqslant N_G(U)$. 于是 $hg \in N_G(U)$, $g \in N_G(U)$. 这就得到 $U = U^g$. □

引理 8.9.3 设有限群 G 非 p-正规, 则存在 G 的一个 p-子群 J 和元素 $x \in G$, 使得 $x \in N_G(J) \setminus C_G(J)$, 且 $o(x) = q^b$, 其中 $q \neq p$ 是素数.

证明 设 $P \in \mathrm{Syl}_p(G)$, 因为 G 非 p-正规, 则存在 $g \in G$ 使 $Z(P)^g \leqslant P$, 但 $Z(P)^g \neq Z(P)$. 于是由引理 8.9.2, 必有 $Z(P)^g \ntrianglelefteq P$. 取 $M = Z(P)$, $P_1 = P^{g^{-1}}$, 由引理 8.9.1 即得结论. □

以下定理揭示了内 p-幂零群之构造.

定理 8.9.4[62] 设有限群 G 的每个真子群均 p-幂零, 但 G 非 p-幂零, 则

(1) G 的每个真子群幂零;

(2) $|G| = p^a q^b$, 其中 q, p 为素数且 $q \neq p$, a, b 均为正整数;

(3) G 的 Sylow p-子群 $P \trianglelefteq G$, 且若 $p \neq 2$, 则 $\exp P = p$, 而对于 $p = 2$, 有 $\exp P \leqslant 4$;

(4) G 的 Sylow q-子群循环.

证明 设 $P \in \mathrm{Syl}_p(G)$. 首先证明 $P \trianglelefteq G$. 为此分下列两种情况进行讨论.

首先设 G 非 p-正规, 则由引理 8.9.3, 存在 G 的 p-子群 J 和元素 $x \in N_G(J) \setminus C_G(J)$, $o(x) = q^b$, $q \neq p$. 如果 $J\langle x \rangle < G$, 则由定理条件知 $J\langle x \rangle$ 为 p-幂零, 于是 $J\langle x \rangle = J \times \langle x \rangle$, 即 $x \in C_G(J)$, 矛盾. 故必有 $J\langle x \rangle = G$, 且 $P = J \trianglelefteq G$.

再设 G 为 p-正规, 若 $N = N_G(Z(P)) < G$, 则由定理假设, N 为 p-幂零, 于是有 $N/N'(p) \neq 1$. 根据 Grün 第二定理, $G/G'(p) \cong N/N'(p)$, 故得 $G'(p) < G$. 由定理假设, $G'(p)$ 是 p-幂零群. 因为 $G'(p) \geqslant O^p(G)$, 故 $O^p(G)$ 是 $G'(p)$ 的正规 p-补, 因而也是 G 的正规 p-补, 这便得到 G 的 p-幂零性, 与假设矛盾. 故必有 $N_G(Z(P)) = G$. 如果 $Z(P) = P$, 就得到 $P \trianglelefteq G$; 而如果 $Z(P) < P$, 考虑 $\overline{G} = G/Z(P)$. 假定 $\overline{G}$ 非 p-幂零, 应用归纳假定当有 $P/Z(P) \trianglelefteq \overline{G}$, 从而 $P \trianglelefteq G$. 而若 $\overline{G}$ p-幂零, 并设 $M/Z(P)$ 是 $\overline{G}$ 的正规 p-补, 则由 $p \mid |\overline{G}|$, 故 $M < G$, 于是 M p-幂零. 但 M 的正规 p-补即是 G 的正规 p-补, 故 G 亦 p-幂零, 矛盾. 由此矛盾即得 $P \trianglelefteq G$.

其次再来证明, G 的每个真子群为幂零群. 由 $P \trianglelefteq G$, 根据 Schur-Zassenhaus 定理, G 中存在 p-补群 Q. 由于 G 非 p-幂零, 故 $Q \nleq C_G(P)$. 因此可找到 $x \in Q \setminus C_G(P)$, $o(x) = q^b$, $q \neq p$. 这时 $P\langle x \rangle$ 必然也非 p-幂零, 故有 $G = P\langle x \rangle$, 特别地, 有 $|G| = p^a q^b$, G 是 q-幂零的. 若 $H < G$, 则 H 既为 p-幂零群又为 q-幂零群, 故 H 为幂零群. 至此已证得 (1), (2) 和 (4). 而 (3) 则可由定理 5.4.2 得到. □

推论 8.9.5 设 G 为有限群. 如果 G 的每个 p 阶元素 (当 $p > 2$), 或者每个阶 $\leqslant 4$ 的元素 (当 $p = 2$) 都含于 G 的中心, 则 G 是 p-幂零的.

证明 假定结论不真, 并设 G 为一个极小反例, 则由条件 G 是内 p-幂零群. 由定理 8.9.4(3), G 的 p 阶元素 (或阶 $\leqslant 4$ 的元素) 不含于 G 的中心, 矛盾. □

下面, 我们应用定理 8.9.4 给出著名的 Frobenius 定理又一证明.

定理 8.9.6 (Frobenius) 设 G 为有限群, 则下列陈述等价:

(1) G 是 p-幂零的;

(2) 对 G 的任一 p-子群 $U \neq 1$, $N_G(U)/C_G(U)$ 是 p-群;

(3) 对 G 的任一 p-子群 $U \neq 1$, $N_G(U)$ 为 p-幂零.

证明 (1)⇒(3): 由命题 8.8.9 立得;

(3)⇒(2): 设 K 是 $N = N_G(U)$ 的正规 p-补, 则由 $K \trianglelefteq N, U \trianglelefteq N$, 有 $KU = K \times U$. 于是 $K \leqslant C_G(U)$, 故 $N_G(U)/C_G(U)$ 是 p-群.

(2)⇒(1): 设 G 是使结论不真的最小反例. 对 G 的任一真子群 H, 设 U 是 H 的 p-子群, 则由 $N_H(U)/C_H(U) = N_G(U) \cap H/C_G(U) \cap H \cong (N_G(U) \cap H)C_G(U)/C_G(U) \leqslant N_G(U)/C_G(U)$ 知 $N_H(U)/C_H(U)$ 也是 p-群. 再由 G 的极小性知 H 为 p-幂零. 因 G 适合定理 8.9.4 之条件, 故由该定理可知 G 的 p-Sylow 子群 $P \trianglelefteq G$. 于是由 $N_G(P)/C_G(P) = G/C_G(P)$ 是 p-群, 有 $G = P \cdot C_G(P)$, 且 $O^p(G) \leqslant C_G(P)$. 若 $C_G(P) < G$, 则由定理假设, $C_G(P)$ 是 p-幂零的. 于是 $O^p(G)$ 是 $C_G(P)$ 的正规 p-补, 同时也是 G 的正规 p-补, 从而 G 为 p-幂零. 而若 $C_G(P) = G$, 则由 Schur-Zassenhaus 定理, P 在 G 中的补群 K 必满足 $P \times K = G$, 于是 $K \trianglelefteq G$, 这就证明了 G 为 p-幂零. □

推论 8.9.7 设 G 为有限群, $P \in \mathrm{Syl}_p(G)$. 假定 P 的每个子群都可由 d 个元素生成 (即 P 的截断秩 $\leqslant d$), 并且 $|G|$ 与 $(p^d-1)(p^{d-1}-1)\cdots(p-1)$ 互素, 则 G 是 p-幂零的.

证明 对任意的 $U \leqslant P$, 由 N/C- 定理及定理 5.5.3, 对某个正整数 m 有

$$|N_G(U)/C_G(U)| \mid |\mathrm{Aut}(U)| \mid p^m(p^d-1)(p^{d-1}-1)\cdots(p-1).$$

由本定理条件得 $|N_G(U)/C_G(U)|$ 是 p 的方幂, 即 $N_G(U)/C_G(U)$ 是 p-群. 应用定理 8.9.6 即得结果. □

由本推论直接得到下面的推论.

推论 8.9.8 设 G 为有限群, $P \in \mathrm{Syl}_p(G)$. 假定 P 是亚循环群. 如果 $|G|$ 与 p^2-1 互素, 则 G 是 p-幂零的.

而若 $p = 2$, P 是亚循环 2-群. 如果 $3 \nmid |G|$, 则 G 是 p-幂零的.

习　题

8.9.1. 证明有限群 G 幂零 $\iff$ 对任一素数 $p \mid |G|$, G 都是 p-幂零的.

8.9.2. 设 G 是有限群, p 是 $|G|$ 的最小素因子, $P \in \mathrm{Syl}_p(G)$. 假定 P 交换, 且它的型不变量两两不同, 则 G 是 p-幂零群.

8.9.3. 设 G 是有限群, $p > 2$. 若 G 的每个 p 阶元素皆属于中心 $Z(G)$, 则 G 是 p-幂零群. 又设 $p = 2$, 若 G 的每个 2 阶和 4 阶元素皆属于 $Z(G)$, 则 G 是 2-幂零群.

8.9.4. 举例说明只假定 G 的 2 阶元素属于 $Z(G)$ 不能推出 G 是 2-幂零的.

8.9.5. 设 G 的每个极小子群皆正规, 则 G 可解, 并且 G' 有正规 Sylow 2-子群 P 使得 G'/P 是幂零群.

8.9.6. 设 G 的每个 p-子群都可由 d 元生成, 且 $|G|$ 和 $(p^d-1)(p^{d-1}-1)\cdots(p-1)$ 互素, 则 G 是 p-幂零群.

8.9.7. 设 G 的 Sylow p-子群循环, 且 $|G|$ 与 p^2-1 互素, 则 G 是 p-幂零群.

8.9.8. 应用定理 8.9.4 证明定理 8.3.18.

8.10 阅读材料 ——Burnside p^aq^b- 定理的群论证明

作为 ZJ-定理和本章前几节所讲述的结果的应用, 我们将在本节中给出 Burnside p^aq^b- 定理的一个群论证明. 首先讲述一些预备性的结果.

定理 8.10.1 (Baer) 设 x 是有限群 G 的一个 p-元素, 则 $x \in O_p(G)$ 当且仅当对任意的 $g \in G$, 有 $\langle x, x^g\rangle$ 是 G 的 p-子群.

证明 $\Longrightarrow$: 设 $x \in O_p(G)$. 因 $O_p(G) \lhd G$, 故对任一 $g \in G$, 有 $x^g \in O_p(G)$. 于是 $\langle x, x^g\rangle \leqslant O_p(G)$, 当然是 G 的 p-子群.

$\Longleftarrow$: 设 K 是 G 中包含 x 的共轭类, 则对 K 中任二元素 x^a, x^b, $a, b \in G$, 有 $\langle x^a, x^b\rangle = \langle x, x^{ba^{-1}}\rangle^a$ 也是 G 的 p-子群.

现在假定 G 是使结论不真的最小阶反例, $P \in \mathrm{Syl}_p(G)$. 首先我们看到 $\langle K\rangle$ 不是 p-群. 若否, 则因 $\langle K\rangle \trianglelefteq G$, 必有 $\langle K\rangle \trianglelefteq O_p(G)$, 与 G 是反例矛盾. 因此我们有 $K \not\subseteq P$. 取 $y \in K \setminus P$, 并设 $Q \in \mathrm{Syl}_p(G)$, 且 $y \in Q$, 则自然有 $K \cap P \neq K \cap Q$.

在 G 的所有 Sylow p-子群中选出 P, Q 使得 $K \cap P \neq K \cap Q$, 且 $|K \cap P \cap Q|$ 最大. 由 Sylow 定理, 有 $g \in G$ 使 $P^g = Q$. 于是 $(K \cap P)^g = K^g \cap P^g = K \cap Q$. 特别地, $|K \cap P| = |K \cap Q|$. 这推出 $K \cap P \not\subseteq Q$, $K \cap Q \not\subseteq P$. (因若不然, 譬如有 $K \cap P \subseteq Q$, 则 $K \cap P \subseteq K \cap Q$. 比较阶即得 $K \cap P = K \cap Q$, 矛盾.)

令 $D = \langle K \cap P \cap Q\rangle$, 自然 $D \leqslant P \cap Q$ 是 p-群. 取群列

$$D = P_0 < P_1 < \cdots < P_n = P,$$

使得 $|P_{i+1} : P_i| = p$, $i = 0, 1, \cdots, n-1$. 因为 $K \cap P \not\subseteq Q$, 但 $D \leqslant Q$, 故 $K \cap P \not\subseteq D$. 于是 $K \cap P \supsetneqq K \cap D$. 我们选 i 为满足 $K \cap P_i \supsetneqq K \cap D$ 的最小正整数. 取 $u \in K \cap P_i$, 但 $u \notin K \cap D$. 因为 $P_{i-1} \lhd P_i$, 有 u 正规化 P_{i-1}, 因而也正规化

$\langle K\cap P_{i-1}\rangle=\langle K\cap D\rangle=D$. 这样, 我们选出的元素 $u\in(K\cap P)\setminus Q$, 又正规化 D. 由对称性, 也可选到元素 $v\in(K\cap Q)\setminus P$, 亦正规化 D.

现在令 $H=\langle u,v\rangle$. 由定理假设, H 是 p-群. 又由 u,v 的选择, $H\leqslant N_G(D)$, 于是 $HD=\langle u,v,D\rangle$ 也是 p-群. 设 $R\in \mathrm{Syl}_p(G)$, 且 $R\geqslant HD$, 则由 $\langle u,D\rangle\leqslant R\cap P$ 及 $|K\cap P\cap Q|$ 的极大性有 $K\cap R=K\cap P$. 同理, 由 $\langle v,D\rangle\leqslant R\cap Q$ 又得到 $K\cap R=K\cap Q$, 于是 $K\cap P=K\cap Q$, 矛盾. □

定理 8.10.2 设群 G 的对合 $x\notin O_2(G)$, 则存在 G 的奇数阶元素 $a\neq 1$ 使得 $a^x=a^{-1}$. 特别地, 若 G 是非交换单群, 对 G 的任意对合都有上述性质.

证明 因 $x\notin O_2(G)$, 由定理 8.10.1, 存在 $g\in G$ 使得 $H=\langle x,x^g\rangle$ 不是 2-群. 但因 H 由二对合生成, 故为二面体群. 于是若令 $d=x\cdot x^g$, 则 $d^x=d^{-1}$ 且 $o(d)$ 不是 2 的方幂. 取 d 的适当方幂 $a=d^i$, 可使 $o(a)$ 为大于 1 的奇数. 于是有

$$a^x=(d^i)^x=(d^x)^i=d^{-i}=(d^i)^{-1}=a^{-1}.$$ □

在命题 1.6.6 中证明了若有限群 G 的所有极大子群皆共轭, 则 G 必为循环 p-群. 下面的定理讨论了具有两个极大子群共轭类的有限群.

定理 8.10.3 设有限群 G 的极大子群恰有两个共轭类, 则 G 可解.

证明 设 L 和 K 是这两个极大子群共轭类的代表. 若 L 和 K 皆正规, 则由定理 5.2.7, G 是幂零群, 当然可解. 设 L 和 K 中有一个正规, 譬如 $L\trianglelefteq G$, 另一个 K 不正规. 取素数 $p\mid |G:K|$, $P\in\mathrm{Syl}_p(G)$, 则必有 $P\trianglelefteq G$ (若否, 则 $N=N_G(P)$ 是 G 的真子群, 于是 $N\leqslant L$. 由命题 1.9.6 有 $N_G(L)=L$, 与 $L\trianglelefteq G$ 矛盾). 令 $\overline{G}=G/P$. 易见 $\overline{G}$ 只有一个极大子群的共轭类. 由例 7.3 有 $\overline{G}$ 可解, 从而 G 可解. 故下面我们可设 L 和 K 均非 G 的正规子群.

令 $|G:L|=r$, $|G:K|=s$. 首先我们有 $(r,s)=1$ (若否, 取素数 $p|(r,s)$, $P\in\mathrm{Syl}_p(G)$, 则 P 不含于 L, 也不含于 K, 于是 G 必有第三个极大子群的共轭类, 矛盾). 于是, 对任意的 $x,y\in G$,

$$|G:L^x\cap K^y|=|G:L^x||G:K^y|=rs.$$

由此得出

$$|L^x\cap K^y|=|G|/rs=|L\cap K|,\qquad \forall x,y\in G. \tag{8.11}$$

不失普遍性, 可设 $r>s$. 于是有

$$|G|\geqslant|K^zK^w|=\frac{|K^z||K^w|}{|K^z\cap K^w|}=\frac{|G|^2}{s^2|K^z\cap K^w|},\qquad \forall z,w\in G.$$

这又推出

$$|K^z\cap K^w|\geqslant|G|/s^2>|G|/rs=|L\cap K|,\qquad \forall z,w\in G. \tag{8.12}$$

如果我们能证明对任意的素数 p, 都有

$$|K^z \cap K^w|_p \leqslant |L \cap K|_p, \qquad \forall z, w \in G, \tag{8.13}$$

这将推出 $|K^z \cap K^w| \leqslant |L \cap K|$, 矛盾于 (8.12) 式. 于是便完成了定理的证明. 下面我们来证明 (8.13) 式.

取 K 的两个共轭子群 $K^{z_0} \neq K^{w_0}$ 使 $|K^{z_0} \cap K^{w_0}|_p$ 达到最大. 不失普遍性可设 $z_0 = 1$ 且 $|K \cap K^{w_0}|_p > 1$. 取 $P \in \mathrm{Syl}_p(K \cap K^{w_0})$, $P_1 \in \mathrm{Syl}_p(K)$ 使 $P_1 \geqslant P$. 令 $N = N_G(P)$, 则有 $N \neq G$ (若否, 有 $P \trianglelefteq G$. 作商群 $\overline{G} = G/P$. 用对 $|G|$ 的归纳法可完成定理的证明). 设 M 是 G 的一个包含 N 的极大子群. 我们讨论下述三种情形:

(1) $P_1 > P$: 此时有 $M \cap K \geqslant N \cap K = N_K(P)$. 因 $P_1 > P$ 有 $|M \cap K|_p > |P|$. 同理有 $|M \cap K^{w_0}|_p > |P|$. 由 K^{w_0} 的选择, 知 M 不与 K 共轭. 这样 $M = L^x$ 对某个 $x \in G$ 成立. 由 (8.11) 式,

$$|L \cap K|_p = |M \cap K|_p > |P| = |K \cap K^{w_0}|_p,$$

(8.13) 式成立.

(2) $P_1 = P \notin \mathrm{Syl}_p(G)$: 此时有 $p \mid |G:K|$, 因此 $p \nmid |G:L|$. 这推出 $|L|_p = |G|_p > |P|$. 由 (8.11) 式有 $|L \cap K|_p = |P| = |K \cap K^{w_0}|_p$, (8.13) 式成立.

(3) $P_1 = P \in \mathrm{Syl}_p(G)$: 设 M 与 K 共轭. 不失普遍性, 可设 $M = K^{w_0}$. 因 $P \leqslant K^{w_0}$ 和 $P^{w_0} \leqslant K^{w_0}$, 存在 $k \in K^{w_0}$ 使 $P = P^{w_0 k}$. 于是 $w_0 k \in N_G(P) \leqslant K^{w_0}$. 这推出 $w_0 \in K^{w_0}$, $K = K^{w_0}$, 矛盾. 于是有 $M = L^x$ 对某个 $x \in G$ 成立. 这样 $|L|_p = |K|_p = |G|_p$, 由 (8.11) 式, 我们有 $|L \cap K|_p = |P| = |K \cap K^{w_0}|_p$, (8.13) 式成立. □

定理 8.10.4 (Burnside) 设 p, q 是二互异素数, a, b 是正整数, 则 $p^a q^b$ 阶群可解.

证明 设 G 是使定理不真的最小阶群, 则显然 G 是非交换单群, 并且 G 的每个真子群都是可解的. 我们将分析 G 的结构, 最终得出一个矛盾, 从而证明了定理.

用 $\mathcal{M}$ 表 G 的所有极大子群的集合, 则 $\mathcal{M}$ 的每个元素都是可解的. 为方便起见, 我们用 r 表示 p 或 q, 并对 G 的子群 H, 用 H_r 表 H 的 Sylow r-子群, 则有 $H = H_r H_{r'}$.

设 $M \in \mathcal{M}$, 则因 M 可解, 有 $F(M) \neq 1$. 若 M 有非平凡正规子群 N, 则因 M 是单群的极大子群, 有 $N_G(N) = M$ 且 $C_G(N) = C_M(N)$. 下面分步来证明定理.

(1) 设 $U \leqslant G_r$ 且 U 被 $G_{r'}$ 正规化, 即 $U^{G_{r'}} = U$, 则 $U = 1$. 事实上, $G = G_{r'} G_r$, 我们有

$$U^G = U^{G_{r'} G_r} = U^{G_r} \leqslant G_r < G.$$

又因 G 是单群, $U^G \lhd G$, 有 $U^G = 1$. 于是 $U = 1$.

(2) 设 $M \in \mathcal{M}$. 如果 $F(M)_p \neq 1 \neq F(M)_q$, 并令 $Z = Z(F(M))$, 则 M 是 G 的包含 Z 的唯一的极大子群. 事实上, 假定 $Z \leqslant L \in \mathcal{M}$. 因为 $Z \lhd M$, $Z = Z_r \times Z_{r'}$, 我们有 $1 \neq Z_r \lhd M$. 又因 $Z \leqslant L$, 我们有

$$Z_r \lhd M \cap L = N_G(Z_{r'}) \cap L = N_L(Z_{r'}), \tag{8.14}$$

即 $Z_r \leqslant O_r(N_L(Z_{r'}))$. 于是由定理 8.3.13 有 $Z_r \leqslant O_r(L)$. 同理有 $Z_{r'} \leqslant O_{r'}(L)$. 于是 $Z \leqslant F(L) = O_r(L) \times O_{r'}(L)$. 由此推出

$$O_r(L) \leqslant C_G(Z_{r'}) = C_M(Z_{r'}) \leqslant M.$$

同理 $O_{r'}(L) \leqslant M$. 这推出 $F(L) \leqslant M$. 因为 $Z \leqslant F(L)$, 有 $F(L)_p \neq 1 \neq F(L)_q$. 应用同样的推理于 L, 又得到 $F(M) \leqslant L$. 现在在 (8.14) 式中用 $F(M)_r$ 和 $F(M)_{r'}$ 代替 Z_r 和 $Z_{r'}$, 就得到 $F(M) \leqslant F(L)$. 由对称性又有 $F(L) \leqslant F(M)$, 于是 $F(M) = F(L)$. 因此有

$$M = N_G(F(M)) = N_G(F(L)) = L.$$

(3) 设 $M \in \mathcal{M}$, 则 $F(M)$ 是 p-群或 q-群. 用反证法. 假定 $F(M)$ 既不是 p-群也不是 q-群, 则前面已证 M 是 G 的包含 $Z = Z(F(M))$ 的唯一的极大子群. 设 $1 \neq z \in Z$, 我们有 $C_G(z) \geqslant Z$, 于是

$$C_G(z) \leqslant M, \qquad \forall z \in Z \setminus \{1\}. \tag{8.15}$$

取 M_r 和 G_r 使得 $M_r \leqslant G_r$. 因 M_r 正规化 $F(M)_{r'} \neq 1$, 但由 (1) G_r 不正规化 $F(M)_{r'}$, 有 $M_r < G_r$. 于是存在 r-元素 $g \in N_G(M_r) \setminus M$ 使得

$$M_r^g = M_r, \qquad M^{g^{-1}} \neq M. \tag{8.16}$$

现在我们断言 Z 必为循环群, 这只需证 Z_r 是循环群. 假定 Z_r 不循环, 因 $Z_r \leqslant M_r = M_r^g \leqslant M^g$, 考虑 Z_r 共轭作用在 $S = O_{r'}(M^g)$ 上, 由推论 8.3.15 有

$$S = \langle C_S(z) \bigm| z \in Z_r \setminus \{1\} \rangle.$$

于是由 (2) 有 $S \leqslant M$. 另一方面, 有

$$O_r(M^g) \leqslant M_r^g = M_r \leqslant M,$$

于是 $F(M^g) = O_r(M^g) \times S \leqslant M$. 用 g^{-1} 共轭作用又得 $F(M) \leqslant M^{g^{-1}}$. 但因 $F(M) \geqslant Z$, 由 (2) 有 $M^{g^{-1}} = M$, 与 (3) 矛盾, 于是 Z 是循环的.

现在我们设 $p<q$, 且 $g\in G$ 满足

$$M_q^g=M_q,\qquad M^{g^{-1}}\neq M. \tag{8.17}$$

因为循环群 $Z_p^g=Z(F(M^g)_p)$ 被 $Z_q\leqslant M_q\leqslant M^g$ 正规化, 所以 $Z_q/(C_G(Z_p^g)\cap Z_q)$ 同构于 $\mathrm{Aut}(Z_p^g)$ 的子群. 但因 $q\nmid|\mathrm{Aut}(Z_p^g)|=p^i(p-1)$, 有 $Z_q=C_G(Z_p^g)\cap Z_q$. 于是有 $Z_q\leqslant C_G(Z_p^g)$, 又有 $Z_p^g\leqslant C_G(Z_q)\leqslant M$. 另一方面, 由 $Z_q^g\leqslant M_q^g=M_q\leqslant M$ 有 $Z^g=Z_p^g\times Z_q^g\leqslant M$, 因此 $Z\leqslant M^{g^{-1}}$. 由 (2) 即可得到 $M^{g^{-1}}=M$, 矛盾于 (8.17) 式.

(4) 设 $M\in\mathcal{M}$. 如果存在 G 的 Sylow r-子群 G_r 使得 $Z(G_r)\cap M\neq 1$, 则 $F(M)$ 是 r-群. 事实上, 假定 $F(M)$ 不是 r-群, 则由 (3) 它必为 r'-群. 取 $G_{r'}\geqslant F(M)$. 由定理 6.4.3, 有

$$Z=Z(G_{r'})\leqslant C_G(F(M))\leqslant C_M(F(M))\leqslant F(M).$$

令 $Y=Z(G_r)\cap M$. 我们有

$$Z^Y=\langle Z^y\mid y\in Y\rangle\leqslant F(M)^M=F(M).$$

用 $\mathcal{X}$ 表示 G 的所有满足下列条件的子群

$$X=X_{r'}=X^Y=\langle Z^g\mid g\in G, Z^g\leqslant X\rangle$$

的集合, 则 $Z^Y\in\mathcal{X}$. 取 $\mathcal{X}$ 的一个极大元 X_0 和 G 的一个 Sylow r'-子群 $\overline{G}_{r'}\geqslant X_0$. 因为 $Y\lhd G_r$ 和 $G=G_r\overline{G}_{r'}$, 我们有

$$1\neq Y^G=Y^{G_r\overline{G}_{r'}}=Y^{\overline{G}_{r'}}\leqslant\langle Y,\overline{G}_{r'}\rangle.$$

由 G 的单性这推出 $\langle Y,\overline{G}_{r'}\rangle=G$. 我们断言 $X_0^{\overline{G}_{r'}}\neq X_0$ (若否, 因 $X_0^Y=X_0X_0^{\langle Y,\overline{G}_{r'}\rangle}=X_0^G=X_0$, 我们将有 $X_0^{\langle Y,\overline{G}_{r'}\rangle}=X_0^G=X_0$, 于是 $X_0\lhd G$, 矛盾于 G 的单性). 于是 $N_{\overline{G}_{r'}}(X_0)<\overline{G}_{r'}$, 并且存在元素 $u\in N_{\overline{G}_{r'}}(N_{\overline{G}_{r'}}(X_0))\setminus N_{\overline{G}_{r'}}(X_0)$ 使得

$$X_0\neq X_0^u\leqslant N_{\overline{G}_{r'}}(X_0)\leqslant N_G(X_0).$$

因 $X_0\leqslant N_G(X_0)$ 且 $X_0=\langle Z^g\mid Z^g\leqslant X_0\rangle$, 存在 $a\in G$ 使得 $Z^a\not\leqslant X_0$ 和 $Z^a\leqslant N_G(X_0)$.

令 $A=(Z^a)^Y$, 我们将证 $AX_0\in\mathcal{X}$. 因为

$$\begin{aligned}(AX_0)^Y=A^YX_0^Y=AX_0&=(Z^a)^Y\langle Z^g\mid Z^g\leqslant X_0\rangle\\&=\langle Z^g\mid Z^g\leqslant AX_0\rangle,\end{aligned}$$

只需证 AX_0 是 r'-群. 又因 $A \leqslant \langle Z^a, Y\rangle \leqslant N_G(X_0)$, 只需证 A 是 r'-群. 因为 $G = G_{r'}G_r$, 可令 $a = bc$, 其中 $b \in G_{r'}$, $c \in G_r$. 这时因 $Z = Z(G_{r'})$ 和 $Y \leqslant Z(G_{r'})$, 我们有

$$A = (Z^a)^Y = (Z^{bc})^Y = (Z^c)^Y = (Z^Y)^c.$$

因 Z^Y 是 r'-群得 A 是 r'-群. 这样我们有 $X_0 < AX_0 \in \mathcal{X}$, 矛盾于 X_0 的选择的极大性.

下面我们区分 $|G|$ 是偶数和奇数两种情况来找出最后的矛盾, 从而完成定理的证明. 首先设 $|G|$ 是偶数.

(5) 若 $|G|$ 是偶数, 可设 $p = 2 < q$. 设 P 是 G 的 Sylow 2-子群. 取一个对合 $t \in Z(P)$. 由定理 8.10.2, 存在 $1 \neq y \in G$ 使 $y^t = y^{-1}$ 且 y 的阶是 q 的方幂. 令 $Y = \langle y\rangle \leqslant Q \in \mathrm{Syl}_q(G)$. 取 $M \in \mathcal{M}$ 使 $M \geqslant N_G(Y)$. 由 $N_G(Y) \geqslant Z(Q)$, 我们有 $M \cap Z(Q) \neq 1$, 则由 (4), $F(M)$ 是 q-群. 但我们又有 $t \in N_G(Y) \cap Z(P) \leqslant M \cap Z(P) \neq 1$, 这推出 $F(M)$ 是 2-群, 矛盾. 这完成了在 $|G|$ 是偶数情况下的证明.

下面假定 $|G|$ 是奇数. 我们分以下三步来找出一个矛盾.

(6) 设 $M \in \mathcal{M}$, 且 $F(M) = F(M)_r$, 则 $M_r \in \mathrm{Syl}_r(G)$, 并且 M 是 G 的包含 M_r 的仅有的极大子群. 事实上, 因为 $O_{r'}(M) = 1$, 由 ZJ-定理, $Z = Z(J(M_r)) \trianglelefteq M$, 于是又有 $M = N_G(Z)$. 假定 $M_r < G_r \in \mathrm{Syl}_r(G)$, 则 $N_{G_r}(M_r) > M_r$. 因 $Z \text{ char } M_r$, 我们有 $N_{G_r}(Z) \geqslant N_{G_r}(M_r) > M_r$, 与 $M = N_G(Z)$ 相矛盾. M 的唯一性可由 $M = N_G(Z(J(M_r)))$ 得到.

(7) G 恰有两个极大子群的共轭类. 事实上, 我们只需证若 $F(M_1) = F(M_1)_r$ 且 $F(M_2) = F(M_2)_r$, 则 M_1 和 M_2 共轭. 设 $P_1 \in \mathrm{Syl}_r(M_1)$, $P_2 \in \mathrm{Syl}_r(M_2)$. 因 P_1 和 P_2 共轭, 存在 $x \in G$ 使 $P_1^x = P_2$. 于是有

$$M_1^x = N_G(Z(J(P_1)))^x = N_G(Z(J(P_1^x))) = N_G(Z(J(P_2))) = M_2,$$

得证.

(8) 最终的矛盾: 由定理 8.10.3 立得. □

8.11 阅读材料 —— 广义 Fitting 子群

在第 6 章我们学习了可解群的 Fitting 子群. 它的一个重要性质是 $C_G(F(G)) \leqslant F(G)$. 这样的性质在研究非可解群时也十分有用. 但因为它对非可解群不一定成立, 故我们设法定义一个子群 $F^*(G)$, 它有类似于 Fitting 子群的性质, 也满足 $C_G(F^*(G)) \leqslant F^*(G)$. 我们把它叫做 G 的广义 Fitting 子群. 为了定义这个子群, 我们先引进几个新概念. 这些概念对于理解单群分类也是十分重要的. 本节内容参看了 [38] 和 [73] 中的讲法.

定义 8.11.1 称有限群 G 为完备群, 如果 $G' = G$. 称有限群 G 为拟单群, 如果 G 是完备群, 并且 $G/Z(G)$ 是非交换单群. 又称有限个两两交换的拟单群的乘积为半单群.

称有限群 G 的次正规拟单子群为 G 的一个分量.

明显地, 对拟单群 G 的正规子群 N, 要么有 $N \leqslant Z(G)$, 要么有 $N = G$. 因此拟单群的商群也是拟单群.

命题 8.11.2 *设 G 是有限群, A 是 G 的交换正规子群. 如果 G/A 是完备群, 则 G' 也是完备群.*

证明 因 G/A 是完备群,

$$G/A = (G/A)' = G'A/A,$$

得到 $G = G'A$, 于是 $G'/A \cap G' \cong G/A$ 是完备群. 同样的推理用到 $G'/A \cap G'$ 上, 得到 $G' = G''(A \cap G')$. 这推出 $G = G''A$, 且 $G/G'' \cong A/A \cap G''$ 是交换群. 于是 $G' \leqslant G''$. 这使得 $G' = G''$, 即 G' 是完备群. □

命题 8.11.3 *设 G 是有限群, Z 和 H 是 G 的子群. 如果 $Z \leqslant Z(G)$, HZ/Z 是 G/Z 的分量, 则 H' 是 G 的分量.*

证明 因为 $Z \leqslant Z(G)$, 有 $H' = (HZ)'$. 又因 $HZ \lhd\lhd G$, $H' \lhd\lhd G$. 再由命题 8.11.2, H' 是完备群. 故只需再证 H' 是拟单群. 设 N 是 H' 的正规子群, 我们需要证明或者 $N = H'$, 或者 $N \leqslant Z(H)$.

令 $\overline{G} = G/Z$, 则或者 $\overline{N} = \overline{H} = \overline{H}'$, 或者 $\overline{N} \leqslant Z(\overline{H})$. 前者给出 $N \leqslant H' \leqslant NZ$, 于是 $N(Z \cap H') = H'$. 因 H' 完备得到 $N = H'$. 后者给出 $[H', N] \leqslant Z$, 于是 $[H', N, H'] = 1$, $[N, H', H'] = 1$. 由三子群引理 (命题 5.1.5), 得到 $[H', H', N] = 1$. 再由 H' 的完备性, 得 $[H', N] = 1$, 即 $N \leqslant Z(H)$, 最终得到 H' 是拟单群. □

下面的定理给出有限群的分量和次正规子群的关系.

定理 8.11.4 *设 K 是有限群 G 的分量, U 是 G 的次正规子群, 则或者 $K \leqslant U$, 或者 $[K, U] = 1$.*

证明 去掉 $U = G$ 和 $K = G$ 的简单情况, 我们可设存在 G 的真正规子群 M, N 满足

$$K \leqslant N < G, \qquad U \leqslant M < G.$$

特别地, 有 $U_1 := [U, K] \leqslant M \cap N$. 又因 $[U, K] \trianglelefteq \langle U, K\rangle$ (命题 5.1.4(2)), $K \leqslant N_N(U_1) := G_1$. 这样, K 是 G_1 的分量, 而 U_1 是 G_1 的次正规子群. 用对群阶的归纳法 (应用到 G_1), 得到 $[U_1, K] = 1$ 或者 $K \leqslant U_1$. 前者推出 $1 = [U, K, K] = [K, U, K]$, 用三子群引理得 $[K, K, U] = [K', U] = 1$. 但 K 是完备的, 即得 $[K, U] = 1$. 如果后者发生, 由于 $U_1 = [K, U] \leqslant M$, 得 $K \leqslant M$. 再用对群阶的归纳法 (这次应用到 M), 即得所需之结论. □

推论 8.11.5 设 K_1, K_2 是 G 的分量, 则或者 $K_1 = K_2$, 或者 $[K_1, K_2] = 1$.

证明 如果 $[K_1, K_2] \neq 1$, 由定理 8.11.4 得 $K_1 \leqslant K_2$. 由对称性得 $K_2 \leqslant K_1$, 得证. □

由这个推论, 分量的乘积是子群, 而且是诸因子 (分量) 的中心积.

定义 8.11.6 设 G 是有限群, 称 G 的所有分量的乘积为 G 的底 (layer), 记作 $E(G)$.

明显地, 有限群 G 的底是 G 的特征子群. Gorenstein, Lyons 和 Solomon 把底定义为有限群的极大正规半单子群. 请读者自行验证二者的一致性.

定义 8.11.7 设 G 是有限群, $F(G)$ 是 G 的 Fitting 子群. 令 $F^*(G) = E(G)F(G)$, 并称之为 G 的广义 Fitting 子群.

命题 8.11.8 有限群 G 的广义 Fitting 子群 $F^*(G)$ 有以下性质:

(1) $F^*(G)$ char G.

(2) $F^*(G)$ 包含 G 的每个极小正规子群, 即 $F^*(G) \geqslant \mathrm{Soc}(G)$. 特别地, 若 $G \neq 1$, 有 $F^*(G) \neq 1$.

(3) $[E(G), F(G)] = 1$.

(4) 若 $F(G) = 1$, 则 $E(G) = \mathrm{Soc}(G)$.

(5) 若 $N \trianglelefteq G$, 则 $F^*(N) \leqslant F^*(G)$.

证明 (1) 因 $E(G)$ 和 $F(G)$ 都是 G 的特征子群, 故得结论.

(2) 设 N 是 G 的一个极小正规子群. 若 N 交换, 则 $N \leqslant F(G)$. 若 N 不交换, 则 N 是非交换单群的直积 (推论 1.8.3), 故每个直因子是 G 的分量, 于是 $N \leqslant E(G)$. 任意情况之下都得到 $N \leqslant F^*(G)$.

(3) 由定理 8.11.4 立得.

(4) 由 $F(G) = 1$, G 没有交换正规子群. 假定有一分量 K 满足 $Z(K) \neq 1$, 则 K 的正规闭包 K^G 的中心 $Z(K^G) \neq 1$, 但 $Z(K^G) \trianglelefteq G$, 矛盾.

别证: 用习题 6.4.4, 若有一分量 K 满足 $Z(K) \neq 1$, 则 $Z(K) \lhd \lhd\, G$, 推出 $Z(K) \leqslant F(G) \neq 1$.

(5) 因 $F(N)$ 是 G 的幂零正规子群, 有 $F(N) \leqslant F(G)$. 又, N 的分量显然也是 G 的分量, 有 $E(N) \leqslant E(G)$. 从而得 $F^*(N) \leqslant F^*(G)$. □

下面的定理是广义 Fitting 子群的重要性质.

定理 8.11.9 $C_G(F^*(G)) \leqslant F^*(G)$.

证明 设 $C = C_G(F^*(G))$, $Z = C \cap F^*(G) = Z(F^*(G))$, 则 $Z \leqslant Z(C)$. 我们证明 $C = Z$, 从而完成定理的证明. 假定 $C > Z$. 由命题 8.11.8(5), 得 $F^*(C) \leqslant F^*(G)$, 于是 $F^*(C) \leqslant Z$. 但因 $Z \leqslant Z(C)$, 容易证明 $F^*(C/Z) = F^*(C)Z/Z = 1$. 与命题 8.11.8(2) 矛盾. □

8.12 阅读材料 ——Brauer-Fowler 定理

1955 年, Brauer 和 Fowler 研究了偶阶群, 证明了著名的 Brauer-Fowler 定理, 见 [19]. 这个定理开创了应用对合中心化子来分类单群的先河, 被称为是有限单群分类工作的真正起点.

定理 8.12.1 (Brauer-Fowler) 设 G 是偶阶群, 恰有 n 个对合. 又设 $|Z(G)|$ 是奇数. 令 $a=|G|/n$ (a 一般不一定是整数), 则 G 存在子群 H 满足 $|G:H|=2$ 或 $|G:H|<\dfrac{1}{2}a(a+1)$.

证明 设 $t_1,\cdots,t_n$ 为 G 中全部对合, 又设 G 中元素共有 k 个共轭类, $1=x_0,x_1,\cdots,x_{k-1}$ 是诸共轭类的代表元. 再设 c_i 是 G 中满足 $uv=x_i$ 的对合有序元偶 (u,v) 的个数, $i=0,1,\cdots,k-1$, 即 c_i 是非负整数, 则有

(1) $n^2=\sum\limits_{i=0}^{k-1}c_i|G:C_G(x_i)|$. 事实上, 因 G 有 n 个对合, n^2 是对合有序元偶的个数. 另一方面, 如果 $uv=x_i$, 则 $u^gv^g=x_i^g$. 因此乘积等于 x_i^g 的对合有序元偶也有 c_i 个. 共轭类 x_i^G 中共有 $|G:C_G(x_i)|$ 个元素, 故满足 $uv\in x_i^G$ 的有序对有 $c_i|G:C_G(x_i)|$ 个. 对所有 n 个共轭类求和, 又得到对合有序元偶的个数为 $\sum\limits_{i=0}^{k-1}c_i|G:C_G(x_i)|$. 于是 (1) 得证.

(2) 确定数 c_i.

(2a) 若 x_i 不是对合, $x_i\neq 1$, 则 c_i 是满足 $x_i^t=x_i^{-1}$ 的对合 t 的个数. 事实上, 若 $uv=x_i$, 则 $x_i^u=ux_iu=uuvu=vu=x_i^{-1}$. 反之, 若有对合 t 满足 $x_i^t=x_i^{-1}$, 则 $tx_itx_i=(tx_i)^2=1$, 即 tx_i 是对合, 且满足 $t(tx_i)=x_i$. 因此, c_i 是满足 $x_i^t=x_i^{-1}$ 的对合 t 的个数.

(2b) 若 x_i 是对合, 则 c_i+1 是 $C_G(x_i)$ 中的中的对合数. 事实上, 若 x_i 是对合, 又有 $uv=x_i$, 则 u,v 均与 x_i 交换 (譬如验证 u 与 x_i 交换: $x_i^u=ux_iu=uuvu=vu=x_i^{-1}=x_i$). 这样 $u,v\in C_G(x_i)$. 反之, 设 $t\neq x_i$ 是 $C_G(x_i)$ 中对合, 则 tx_i 也是对合, 于是有 $t(tx_i)=x_i$. 因此得 $C_G(x_i)$ 中 $\neq x_i$ 的对合有 c_i 个, 得证.

(2c) $c_0=n$: 显然.

(3) 设 $x\in G$, 命

$$C_G^*(x)=\{g\in G \mid x^g=x \text{ 或} x^{-1}\},$$

并称之为 x 在 G 中的广义中心化子. 则 $C_G^*(x)$ 是 G 的子群, 且若 $x^2=1$ 或 x 是 G 中非实元素(称 x 为 G 中的实元素, 如果 x 和 x^{-1} 共轭), 则 $C_G^*(x)=C_G(x)$; 而

若 $x^2 \neq 1$ 且 x 为实元素, 则 $|C_G^*(x) : C_G(x)| = 2$. 事实上, 前半段结论由定义立得, 只需考虑 x 是实元素的情况. 这时 x 非对合, 且有 $u \in G$ 使得 $u^{-1}xu = x^{-1}$. 于是如果有 $g \in G$ 满足 $g^{-1}xg = x$, 则 $(gu)^{-1}x(gu) = x^{-1}$. 因 x 非对合, $u \neq C_G(x)$, 得到 $gu \neq C_G(x)$. 于是 $C_G(x)$ 在 $C_G^*(x)$ 中有两个陪集, 即 $|C_G^*(x) : C_G(x)| = 2$. 因此, 对实元素 $x \in G$, 满足 $x^g = x^{-1}$ 的元素 $g \in G$ 的个数等于 $|C_G(x)|$.

现在把诸共轭类代表元 $x_0, x_1, \cdots, x_{k-1}$ 重写编号使得 $x_0 = 1, x_1, \cdots, x_s$ 是对合, $x_{s+1}, \cdots, x_{r-1}$ 是实元素但非对合, 而 $x_r, \cdots, x_{k-1}$ 是非实元素, 这时有 $0 < s \leqslant r-1 \leqslant k-1$.

综合 (2) 和 (3) 得到 $c_0 = n$; 对 $1 \leqslant i \leqslant s$ 有 $c_i \leqslant |C_G(x_i)|-2$; 对 $s+1 \leqslant i \leqslant r-1$ 有 $c_i \leqslant |C_G(x_i)|$; 对 $r \leqslant i \leqslant k-1$ 有 $c_i = 0$. 总之, 对任意的 i 都有 $c_i \leqslant |C_G(x_i)|$. 于是由 (1) 即得

$$n^2 \leqslant n + \sum_{i=1}^{s}(|C_G(x_i)| - 2)|G : C_G(x_i)| + \sum_{i=s+1}^{r-1} |C_G(x_i)||G : C_G(x_i)|. \tag{8.18}$$

因每个对合共轭于 $x_1, \cdots, x_s$ 中的一个, 故有

$$n = \sum_{i=1}^{s} |G : C_G(x_i)|. \tag{8.19}$$

由 (8.19) 式, (8.18) 式变为

$$n^2 \leqslant (r-1)|G| - n. \tag{8.20}$$

设 $j = \min\left\{|G : H| \mid H < G\right\}$. 若 $j = 2$, 定理结论成立, 故可设 $j > 2$. 因 $|Z(G)|$ 是奇数, 故 $Z(G)$ 中无对合, 于是对 $1 \leqslant i \leqslant s$, $C_G(x_i)$ 是 G 的真子群, 于是 $j \leqslant |G : C_G(x_i)|$. 由 (8.19) 式有

$$sj \leqslant n. \tag{8.21}$$

对 $i = s+1, \cdots, r-1$, 由 (3) 可得 $|C_G^*(x_i) : C_G(x_i)| = 2$. 因 $j > 2$, 有 $C_G^*(x_i) < G$. 于是 $j \leqslant |G : C_G^*(x_i)|$, 即

$$2j \leqslant |G : C_G(x_i)| = |x_i^G|. \tag{8.22}$$

因 $|x_i^G|$ 是包含 x_i 的共轭类的长度, 实元素总数大于 $2j(r-s-1)$, 故有

$$1 + n + 2j(r-s-1) \leqslant |G|. \tag{8.23}$$

由 (8.20) 式得

$$\begin{aligned} n^2 &\leqslant s|G|+(r-s-1)|G|-n \\ &\leqslant \frac{n|G|}{j}+\frac{(|G|-1-n)|G|}{2j}-n \quad (\text{用 (8.21) 式及 (8.23) 式}) \\ &\leqslant \frac{n|G|}{2j}+\frac{|G|^2}{2j}-\frac{|G|}{2j}-n<\frac{n|G|}{2j}+\frac{|G|^2}{2j}. \end{aligned}$$

因 $|G|/n=a$, 得

$$n^2 \leqslant \frac{n^2a+n^2a^2}{2j}.$$

由此即得 $j<\dfrac{1}{2}a(a+1)$. □

推论 8.12.2 设 G 是非交换单群, t 是 G 中任一对合. 令 $m=|C_G(t)|$, 则 $C_G(t)<G$ 且 $|G|\leqslant\left(\dfrac{1}{2}m(m+1)\right)!$.

证明 设 G 恰有 n 个对合, 则 $n\geqslant|G|/m$. 仍令 $a=|G|/n$, 则 $m\geqslant a$. 于是由定理 8.12.1, G 有子群 H 使得 $|G:H|\leqslant\dfrac{1}{2}a(a+1)$, 因此也有子群 K 满足 $|G:K|\leqslant\dfrac{1}{2}m(m+1)$. 在 K 的陪集上作传递置换表示, 得到 $G\lesssim S_{\frac{1}{2}m(m+1)}$. 因 G 是单群, 表示是忠实的, 这推出 $|G|\leqslant\left(\dfrac{1}{2}m(m+1)\right)!$. □

这个推论告诉我们, 具有给定阶的对合中心化子的有限单群只有有限多个.

这个定理和推论本质上是单群中存在阶较大的子群 (对合的中心化子), 从而这个子群的阶对单群本身的阶给出了一个上界. 类似的结果 Brauer 和 Fowler 还得到了一些. 下面介绍两个这样的结果.

定理 8.12.3 (Brauer) 设有限群 G 至少有两个对合的共轭类, 再设 t 是使 $|C_G(t)|$ 尽可能大的对合, 则 $|G|<|C_G(t)|^3$.

证明 如果 $|Z(G)|$ 是偶数, 则 $Z(G)$ 中对合的中心化子是整个的群 G, 定理当然成立. 故可设 $|Z(G)|$ 是奇数, 于是有 $C_G(t)<G$. 假定 $|C_G(t)|=m$, $|G:C_G(t)|=n$, 则 $mn=|G|$. 只要证明 $n<m^2$ 即可完成证明.

由假设, G 有对合 u 不和 t 共轭. 令 $U=C_G(u)$. 设 U 中的所有对合是

$$u=u_1,u_2,\cdots,u_l.$$

由 u 的选取, 对每个 $i=1,2,\cdots,l$, 有 $|C_G(u_i)|\leqslant m$. 特别地, 有

$$l<|C_G(u)|\leqslant m.$$

于是这 l 个对合中心化子的并集中的元素个数满足

$$\left|\bigcup_{i=1}^{l} C_G(u_i)\right| \leqslant \sum_{i=1}^{l} |C_G(u_i)| - 1 \leqslant lm - 1 < m^2.$$

设 $t = t_1, \cdots, t_n$ 为 G 中与 t 共轭的全部对合. 对于任意的 $j = 1, 2, \cdots, n$, t_j 不和 u 共轭. 由习题 1.6.27, 存在对合 w_j 与 u 和 t_j 都交换, 即 $t_i \in C_G(w_j) = C_G(u)$. t_j 是某个 u_i, 这推得 $n \leqslant l$. 于是得 $n < m^2$, 得证. □

上述定理对只含一个对合的共轭类的群不再成立. 例如取 $G = D_{2n}$, n 是奇数, 则 G 的所有对合皆共轭, 但对合中心化子都是 2 阶的.

只含一个对合共轭类的群是有很多的. 我们不加证明地叙述下列定理.

定理 8.12.4 *设有限群 G 的 Sylow 2-子群不正规, 并且任意两个 Sylow 2-子群之交为 1, 则 G 只有一个对合的共轭类, 见 [35].*

我们再不加证明地叙述定理 8.12.3 的推广.

定理 8.12.5 (Brauer-Fowler) *设 G 是阶大于 2 的偶阶群, 则 G 有子群 H 满足*

$$|G| < |H|^3.$$

进一步, 如果 $Z(G)$ 是奇数阶的, 则可取 H 为某个对合的中心化子, 见 [35].

8.13 阅读材料 —— 有限单群简介

所谓“有限单群分类工作”其实包含两个方面. 一是找出尽量多的有限单群, 二是证明任一有限单群都在已经找出的单群列表之中, 这样就找出了全部的有限单群. 前者群论界公认是 1976 年完成的. 当年 Janko 找到了最后一个零散单群 J_4. 于是我们就有了一个包含 18 个无限族和 26 个不在无限族中的“零散”单群的列表. 后者就笔者的认识而言至今尚未完成. 何以见得呢? 要说完成, 总得写出一个至少让有限群专家可以读的证明出来, 可惜这样的证明还没有写出来. 下面我们还要详述这个定理的写作情况. 目前的情形是, 大家都相信这个定理是对的, 而且都在用, 但是谁真正懂得它的证明呢? 不敢说没有, 有也只是前后参与写证明的那几个人. 看来数学也有“信仰”, 这也可说是自然科学上的一个奇观吧. 我这样说, 并不意味着我对它有怀疑, 认为它是否对还需要等待证明的写出. 恰恰相反, 我虽然也不懂, 但却相信它是对的, 而且也在不停地用这个定理. 甚至自嘲是“吃单群这碗饭的”. 如果这个定理真错了 (可能性极微弱), 无非就是又多出来几个单群, 笔者只要检查一下自己的论文, 看看用单群分类定理的地方是否漏掉了多出的单群, 如果漏掉, 再处理一下就可以了. 下面我们先介绍一下写定理证明的情况.

那是在 1981 年, “有限单群分类已经完成” 的新闻在有限群论界得到了公认, 轰动了整个数学界.《自然》杂志也撰文称单群分类的完成是 20 世纪科学 (不只是数学) 的伟大成果之一. 于是大家都想看到它的证明. 群论界人士介绍说, 这是百余名数学工作者共同努力的结果, 他们在从 20 世纪 50 年代至 80 年代发表的数百篇、共 10000 多页的论文中就给出了有限单群分类定理的证明. 这样, 即使是群论专家也无法看懂了. 好在分类工作的头号领军人物 ——Gorenstein 在 1982 年写了介绍单群分类的书 [36], 给数学界的专家和一般群论学者讲述了单群分类的概况, 并宣布要写一个大约 3000 页的可读的 (对专家而言) 证明. 这对想读单群分类证明的人来说真是一个福音. Gorenstein 说干就干, 1983 年他就出版了证明的第 1 卷, 见 [37]. 也在这一年, 他正式宣布有限单群分类定理已经完全获得证明, 即他在 1972 年提出的定理证明的 16 大步骤已经全部核对完毕. 然而, 就在他满怀信心按计划往下写时, 发现了两个问题: 一是证明的长度将比预想的 3000 页长得多, 二是所谓 “拟薄型” 单群分类证明发现有漏洞 (这是又过了两年的事, 不是当时发现的). 于是他放弃了继续写下去的计划, 准备重新打鼓另开张, 写所谓的 “第二代证明”. 其实, 第二代证明的写作是在 Gorenstein 于 1992 年去世以后才开始, 由他的合作者 Lyons 和 Solomon 写的 (但该书的第一作者仍署名 Gorenstein), 目前这个证明已经出版了 6 卷, 见 [38]. 他们写的最后一卷 (第 6 卷) 是 2005 年出版的, 至今已经过去了八年, 仍没看到第 7 卷出版. 据作者估计, 第二代证明写完大约要用 5000 页. 另一方面,“拟薄型” 单群的问题已经被 Aschbacher 和 S.D. Smith 解决, 见 [10], 他们的证明又是 1100 多页 (也应算在第二代证明中). 不仅如此, Aschbacher 感到, 第二代证明仍太长, 特别是最棘手的所谓特征 2 型单群的分类. 所谓特征 2 型是指每个 2- 局部子群 (即非平凡 2-子群的正规化子) 的广义 Fitting 子群 (见定义 8.11.7) 是 2- 群的单群. 他准备和 Stellmacher, Delgado 等联合写所谓的 “第三代证明”. 我不知道这是否意味着所谓第二代证明的写作又半途而废. Aschbacher 等的想法是, 寻找一些几何特征作为分类的依据, 使证明尽可能简化. (在单群分类的历史中, 引进的 BN- 对其实就是一种几何结构.) 而且国际最著名数学家之一 Atiyah 也提出了同样的建议, 他说也许能找到一些几何对象, 使单群作用在其上, 通过分类这些几何结构或许能简化单群分类的证明. 因此, 虽然 Gorenstein 在 1983 年就郑重宣布有限单群分类定理已经被证明, 但三十年过去的今天, 我们还不知道何时能看到一个完整的专家可读的证明. 路漫漫其修远兮, “彼” 将上下而求索, 但愿不要等太长的时间. 笔者二十出头有志于群论, 当时单群分类就很热, 重要的结果不断涌现, 现在五十年过去, 我已经变成七旬老翁. 好在 “七十而从心所欲, 不逾矩”, 这样我才从心所欲地发了点议论, 大概并没有逾矩吧.

值得乐观的是, 尽管写证明并不顺利, 但分类定理的结果并没有改变. 也就是说, 自从 1976 年我们就知道的那些单群并没有新增加或减少一个. 这对于只是应用单群分类的人们来说是个好事, 不必担心漏掉了单群会引起工作上的麻烦. 证明由你们慢慢写吧, 反正分类定理我照用不误.

下面我们依照时间顺序, 列一个单群发现和分类定理证明的大事简表.

1832: Galois, 发现了单群 $A_n(n \geqslant 5)$ 和 $PSL(2,p)$.

1861: Mathieu, 发现了最早的零散单群 M_{11} 和 M_{12}.

1873: Mathieu, 发现了零散单群 M_{22}, M_{23} 和 M_{24}.

1893: Cole, 对阶不大于 660 的所有单群进行了分类.

1901: Dickson, 对任意有限域上的典型单群进行了分类, 并引进了 G_2, E_6 型有限单群. 对 G_2 仅限域的特征为奇素数, 1905 年又补足了域的特征为 2 的情况.

1904: Burnside, 证明了非交换单群至少有 3 个不同的素因子 (即证明 p^aq^b 定理).

1911: Burnside, 猜测奇数阶群可解.

1935–1945: Brauer, 创立了模表示论, 并应用于单群的研究.

1955: Brauer-Fowler 定理, 说明对合中心化子在分类单群中的作用.

1955: Chevalley, 引进了 Chevalley 群, 特别是引进了 F_4, E_7, E_8 型有限单群.

1959: Steinberg, 引进了 Steinberg 群, 给出了新单群 ${}^3D_4(q)$ 和 ${}^2E_6(q)$, 后者也被 Tits 独立发现.

1959: Brauer-Suzuki, 研究了 Sylow 2-子群是广义四元数群的群, 证明了这样的群没有单群.

1960: Suzuki, 发现了 Suzuki 型单群 ${}^2B_2(q)$.

1961: Ree, 发现了 Ree 型单群 ${}^2G_2(q)$ 和 ${}^2F_4(q)$. 至此 Lie 型单群全部被发现.

1963: Feit-Thompson, 证明了奇数阶群可解.

1964: Tits, 对 Lie 型群引进了 BN-对, 创立了研究单群的内几何方法.

1965: Gorenstein-Walter, 对 Sylow 2-子群是二面体群的单群进行了分类.

1965: Janko, 在 Mathieu 群发现约 100 年之后发现了第 6 个零散单群 J_1.

1968: Higman-Sims, 发现了 Higman-Sims 群.

1968: Conway, 发现了三个 Conway 群.

1969: 多人, 发现了零散单群 Suz, J_2, J_3, McL, He.

1969: Walter, 对 Sylow 2-子群是交换群的单群进行了分类.

1970: Alperin-Brauer-Gorenstein, 完成了 2-秩为 2 的有限单群的分类.

1971: Fischer, 发现了三个 Fischer 群.

1972: Gorenstein, 提出了 16 步有限单群分类纲领.

1972: Lyons 和 Rudvalis, 发现了零散单群 Ly, Ru.

1973: Fischer 和 Griess, 发现了零散单群 Baby Monster 和 Monster, 又引起 Thompson 零散单群和 Harada-Norton 群的发现.

1968～1974: Thompson, 对单N-群, 即所有局部子群皆可解的单群进行了分类.

1974: Gorenstein-Harada, 对截段 2-秩至多为 4 的有限单群进行了分类, 于是剩下的单群只有成分型 (component type) 和特征 2 型 (characteristic 2 type) 两种类型.

1976: O'Nan, 引进了零散单群 O'Nan; Janko 引进了零散单群 J_4. 至此零散单群全部被发现.

1977～1983: Aschbacher, Timmesfeld, Griess, Gorenstein 和 Lyons 等数学家做了大量工作, 由于技术性太强, 不在这里一一介绍. 这些工作的促使 Gorenstein 于 1983 年郑重宣布了单群分类证明已经完成. (Gorenstein 在写 [36] 时曾认为单群分类证明于 1980 年 8 月已经完成, 在该书出版时改为 1981 年 2 月, 这是第三次宣布.)

1989: Aschbacher, 发现了 Mason 的 800 页关于"拟薄型"单群分类文章的漏洞.

2004: Aschbacher 和 Smith 弥补了上述漏洞, 完全解决了"拟薄型"单群的分类, 写出 1100 多页的书 [10].

2008: Harada 和 Solomon, 发现并弥补了单群分类中在以 M_{22} 的覆盖作为标准分量描述群时的一个小漏洞, 这个漏洞是在计算 M_{22} 的 Schur 乘子时偶尔出错而产生的.

现在我们可以叙述有限单群分类定理了.

有限单群分类定理 任何有限单群必然同构于下列四个群系中某个成员.

(1) 素数阶循环群;

(2) 交错群 $A_n(n \geqslant 5)$;

(3) 16 个 Lie 型单群系列;

(4) 26 个零散单群.

在第 4 章的 4.1 节和 4.5 节我们介绍了典型单群, 它们包含了半数的 Lie 型单群. 而在 4.4 节我们介绍了最早发现的两个零散单群.

下面的表 8.1 给出了所有的 Lie 型群系列和它们的阶.

表 8.1 Lie 型单群表

群名称	其他名称	阶
$A_n(q)$ $(n \geqslant 1)$	$PSL(n+1,q) = L_{n+1}(q)$	$\dfrac{1}{(n+1,q-1)} q^{n(n+1)/2} \prod_{i=1}^{n} (q^{i+1}-1)$

续表

群名称	其他名称	阶
$^2A_n(q)$ $(n \geqslant 2)$	$PSU(n+1,q)=U_{n+1}(q)$	$\frac{1}{(n+1,q+1)}q^{n(n+1)/2}\prod_{i=1}^{n}(q^{i+1}-(-1)^{i+1})$
$B_n(q)$ $(n \geqslant 2,\ q$ 为奇数$)$	$P\Omega(2n+1,q)=\Omega_{2n+1}(q)$	$\frac{1}{(2,q-1)}q^{n^2}\prod_{i=1}^{n}(q^{2i}-1)$
$^2B_2(q)$ $(q=2^{2m+1})$	$Sz(q)$	$q^2(q^2+1)(q-1)$
$C_n(q)$ $(n \geqslant 2)$	$PSp(2n,q)$	$\frac{1}{(2,q-1)}q^{n^2}\prod_{i=1}^{n}(q^{2i}-1)$
$D_n(q)$ $(n \geqslant 3)$	$P\Omega^+(2n,q)$	$\frac{1}{(4,q^n-1)}q^{n(n-1)}(q^n-1)\prod_{i=1}^{n-1}(q^{2i}-1)$
$^2D_n(q)$ $(n \geqslant 2)$	$P\Omega^-(2n,q)$	$\frac{1}{(4,q^n+1)}q^{n(n-1)}(q^n+1)\prod_{i=1}^{n-1}(q^{2i}-1)$
$^3D_4(q)$		$q^{12}(q^8+q^4+1)(q^6-1)(q^2-1)$
$G_2(q)$		$q^6(q^6-1)(q^2-1)$
$^2G_2(q)$ $(q=3^{2m+1})$	$R(q)$	$q^3(q^3+1)(q-1)$
$F_4(q)$		$q^{24}(q^{12}-1)(q^8-1)(q^6-1)(q^2-1)$
$^2F_4(2)'$ $^2F_4(q)$ $(q=2^{2m+1})$		$2^{11}\cdot 3^3\cdot 5^2\cdot 13$ $q^{12}(q^6+1)(q^4-1)(q^3+1)(q-1)$
$E_6(q)$	$E_6^+(q)$	$\frac{1}{(3,q-1)}q^{36}(q^{12}-1)(q^9-1)(q^8-1)(q^6-1)\cdot(q^5-1)(q^2-1)$
$^2E_6(q)$	$E_6^-(q)$	$\frac{1}{(3,q+1)}q^{36}(q^{12}-1)(q^9+1)(q^8-1)(q^6-1)\cdot(q^5+1)(q^2-1)$
$E_7(q)$		$\frac{1}{(2,q-1)}q^{63}(q^{18}-1)(q^{14}-1)(q^{12}-1)\cdot(q^{10}-1)(q^8-1)(q^6-1)(q^2-1)$
$E_8(q)$		$q^{120}(q^{30}-1)(q^{24}-1)(q^{20}-1)(q^{18}-1)\cdot(q^{14}-1)(q^{12}-1)(q^8-1)(q^2-1)$

注：表中的参数 m 均大于 0.

下面的表 8.2 给出了所有的零散群和它们的阶以及发现者.

表 8.2　零散单群表

群	阶	发现者
M_{11}	$2^4 \cdot 3^2 \cdot 5 \cdot 11$	Mathieu
M_{12}	$2^6 \cdot 3^3 \cdot 5 \cdot 11$	Mathieu
M_{22}	$2^7 \cdot 3^2 \cdot 5 \cdot 7 \cdot 11$	Mathieu
M_{23}	$2^7 \cdot 3^2 \cdot 5 \cdot 7 \cdot 11 \cdot 23$	Mathieu
M_{24}	$2^{10} \cdot 3^3 \cdot 5 \cdot 7 \cdot 11 \cdot 23$	Mathieu
J_1	$2^3 \cdot 3 \cdot 5 \cdot 7 \cdot 11 \cdot 19$	Janko
$J_2 = \mathrm{HJ}$	$2^7 \cdot 3^3 \cdot 5^2 \cdot 7$	M.Hall, Janko
$J_3 = \mathrm{HJM}$	$2^7 \cdot 3^5 \cdot 5 \cdot 17 \cdot 19$	Janko/G.Higman, McKay
J_4	$2^{21} \cdot 3^3 \cdot 5 \cdot 7 \cdot 11^3 \cdot 23 \cdot 29 \cdot 31$ $\cdot 37 \cdot 43$	Janko/Norton, Parker, Benson, Conway, Thackray
HS	$2^9 \cdot 3^2 \cdot 5^3 \cdot 7 \cdot 11$	D.Higman, Sims
McL=Mc	$2^7 \cdot 3^6 \cdot 5^3 \cdot 7 \cdot 11$	McLaughlin
Suz	$2^{13} \cdot 3^7 \cdot 5^2 \cdot 7 \cdot 11 \cdot 13$	Suzuki
Ly = LyS	$2^8 \cdot 3^7 \cdot 5^6 \cdot 7 \cdot 11 \cdot 31 \cdot 37 \cdot 67$	Lyons/Sims
He = HHM	$2^{10} \cdot 3^3 \cdot 5^2 \cdot 7^3 \cdot 17$	Held/G.Higman, McKay
Ru	$2^{14} \cdot 3^3 \cdot 5^3 \cdot 7 \cdot 13 \cdot 29$	Rudvalis/Conway, Wales
O'N = O'NS	$2^9 \cdot 3^4 \cdot 5 \cdot 7^3 \cdot 11 \cdot 19 \cdot 31$	O'Nan/Sims
Co_3 =.3	$2^{10} \cdot 3^7 \cdot 5^3 \cdot 7 \cdot 11 \cdot 23$	Conway
Co_2 =.2	$2^{18} \cdot 3^6 \cdot 5^3 \cdot 7 \cdot 11 \cdot 23$	Conway
Co_1 =.1	$2^{21} \cdot 3^9 \cdot 5^4 \cdot 7^2 \cdot 11 \cdot 13 \cdot 23$	Conway, Leech
Fi_{22} =M(22)	$2^{17} \cdot 3^9 \cdot 5^2 \cdot 7 \cdot 11 \cdot 13$	Fischer
Fi_{23} =M(23)	$2^{18} \cdot 3^{13} \cdot 5^2 \cdot 7 \cdot 11 \cdot 13 \cdot 17 \cdot 23$	Fischer
Fi'_{24} =M(24)′	$2^{21} \cdot 3^{16} \cdot 5^2 \cdot 7^3 \cdot 11 \cdot 13 \cdot 17$ $\cdot 23 \cdot 29$	Fischer
$Th = F_3$	$2^{15} \cdot 3^{10} \cdot 5^3 \cdot 7^2 \cdot 13 \cdot 19 \cdot 31$	Thompson/Smith
$HN = F_5$	$2^{14} \cdot 3^6 \cdot 5^6 \cdot 7 \cdot 11 \cdot 19$	Harada, Norton/Smith
$B = F_2$	$2^{41} \cdot 3^{13} \cdot 5^6 \cdot 7^2 \cdot 11 \cdot 13 \cdot 17$ $\cdot 19 \cdot 23 \cdot 31 \cdot 47$	Fischer/Sims, Leon (Baby Monster)
$M = F_1$	$2^{46} \cdot 3^{20} \cdot 5^9 \cdot 7^6 \cdot 11^2 \cdot 13^3 \cdot 17$ $\cdot 19 \cdot 23 \cdot 29 \cdot 31 \cdot 41 \cdot 47 \cdot 59 \cdot 71$	Fischer, Griess (Monster)

关于有限单群分类的历史可参看 [104].

附录　有限群常用结果集萃

本附录收集一些有限群论的常用结果, 它们在书中没有提及, 但对从事有限群研究的人来说又十分有用. 对于这些结果, 我们只指出出处, 不给出证明, 有时甚至不给出结果的叙述. 限于作者的知识结构和研究领域的局限性, 不能企望这个附录的完整性. 在附录的最后一节, 我们给出进一步阅读的书目.

另外, 我们说明以下两点:

1. 对于零散单群和小阶单群的信息如自同构群、Schur 乘子、极大子群、特征标表等请参看 [27], 本附录不再给出.

2. 对于小阶群 (阶 $\leqslant 2000$)、小阶 p-群 (阶 $\leqslant p^6$) 的信息如子群、正规子群、自同构群、特征标表等请使用Magma和 GAP 的小群库查找, 本附录不再给出.

1　和单群有关的结果

为了了解单群的知识, 除了 [27] (即 Atlas) 之外, 特别推荐 Wilson 的 [123].

关于有限单群的自同构群和 Schur 乘子, 由于单群的内自同构群和单群本身同构, 故只给出外自同构群或外自同构群的阶.

对于 Lie 型群 T 的外自同构, 我们做如下的说明: Lie 型群共有三种类型的外自同构, 一种是"对角型"外自同构, 即由 $GL(n,q)$ 中行列式不为 1 的对角矩阵在 $SL(n,q)$ 上的共轭作用诱导出来的自同构; 一种是"域自同构", 假定该 Lie 型群是定义在域 $GF(q)$ 上的, 而 $q=p^f$, 则 $\alpha: a\mapsto a^p$ 是域 $GF(q)$ 的 Frobenius 自同构, $o(\alpha)=f$, 则由矩阵 $(a_{ij})\mapsto(a_{ij}^{\alpha})$ 诱导出该 Lie 型群的外自同构叫做域自同构; 最后一种是"图自同构", 是由定义该群的 Dynkin 图的对称性得到的, 使用矩阵的术语, 二阶图自同构相当于矩阵的转置再取逆, 除去群 $D_4(q)=P\Omega_8^+(q)$ 之外, 图自同构最多是 2 阶的, 而 $D_4(q)$ 的图自同构群是对称群 S_3. 而外自同构群 $\mathrm{Out}(T)=DFG$, 其中 D 是对角型外自同构群, 它是 $\mathrm{Out}(T)$ 的交换正规子群, 而 F 表由域自同构诱导出的外自同构群, 它是 f 阶循环群, 作用在 D 上, 最后 G 是图自同构群, 它作用在 DF 上. 在下面的表格中我们用 gfd 表示外自同构群的阶, 而 g,f,d 分别表示 G,F,D 的阶. 关于以上的说明可见 [36] 中 303 页.

对于群的 Schur 乘子, 我们没有在书中讲述, 这里只对单群的情形给一简单的说明. 称群 H 为群 G 的中心扩张, 如果 $H/Z(H)\cong G$. 如果 G 是单群, H 是完备群 (perfect group), 即 $H'=H$, 则称 G 的中心扩张 H 为 G 的一个覆盖群 (covering group). Schur 在 [102] 中证明了, G 的所有覆盖群是有限群, 并且存在唯一的阶最大的覆盖群, 叫做 G 的**最大覆盖群** (full covering group). 设 U 是 G 的最大覆盖群, 记 $M(G) := Z(U)$, 叫做 G 的 Schur 乘子. 在一般群论书上, 有限群的 Schur 乘子往往是通过二次上同调群来定义的, 可参看 [97] 中 334 页.

关于交错群的自同构群和 Schur 乘子见下列定理.

定理 1.1 对于交错群 A_n, $n \geqslant 5$, 有

(1) $\mathrm{Aut}(A_n) \cong S_n$, $n \neq 6$; $\mathrm{Aut}(A_6)$ 同构于 S_6 的 2 次循环扩张. 关于 $\mathrm{Aut}(A_6)$ 的结构可参看 [30] 中 §8.2.

(2) $M(A_n) \cong Z_2$, $n \neq 6, 7$; $M(A_n) \cong Z_6$, $n = 6$ 或 7.

下面我们列出 Lie 型单群的外自同构群的阶的表, 见表 1, 里面的参数 d 和该群的 Schur 乘子也有关系, 见定理 1.2, 同时还列出了各类群的 Lie 秩. 一般来说, Lie 秩就是对应该群的 Lie 代数的 Dynkin 图的下标. 比如, $A_n(q)$ 的 Lie 秩为 n, $B_n(q)$ 的 Lie 秩为 n 等. 但扭的 Lie 型群的 Lie 秩通常是例外, 比如 Suzuki 群 ${}^2B_2(q) = Sz(q)$ 的 Lie 秩是 1, ${}^2A_n(q) = PSU(n+1, q)$ 的 Lie 秩是 $\left\lfloor \dfrac{n+1}{2} \right\rfloor$ 等.

表 1 Lie 型单群外自同构群的阶及 Lie 秩

群名称	Lie 秩	d	$\lvert \mathrm{Out}(T) \rvert$
$A_n(q) = PSL(n+1, q)$, $n \geqslant 1$	n	$(n+1, q-1)$	$2df, n \geqslant 2$; $df, n = 1$
${}^2A_n(q) = PSU(n+1, q)$, $n \geqslant 2$	$\left\lfloor \dfrac{n+1}{2} \right\rfloor$	$(n+1, q+1)$	$2df$
$B_n(q) = P\Omega(2n+1, q)$, q 奇素数	n	2	$2f$
${}^2B_2(q) = Sz(q)$, $q = 2^{2m+1}$	1	1	f
$C_n(q) = PSp(2n, q)$, $n \geqslant 2$	n	$(2, q-1)$	$df, n \geqslant 3$; $2f, n = 2$
$D_n(q) = P\Omega^+(2n, q)$, $n \geqslant 3$	n	$(4, q^n - 1)$	$2df, n \neq 4$; $6df, n = 4$
${}^2D_n(q) = P\Omega^-(2n, q)$, $n \geqslant 2$	$n-1$	$(4, q^n + 1)$	$2df$
${}^3D_4(q)$	2	1	$3f$
$G_2(q)$	2	1	$f, p \neq 3$; $2f, p = 3$
${}^2G_2(q) = R(q)$, $q = 3^{2n+1}$	1	1	f
$F_4(q)$	4	1	$(2, p)f$
${}^2F_4(2)'$	2	1	2
${}^2F_4(q)$, $q = 2^{2n+1}$	2	1	f
$E_6(q) = E_6^+(q)$	6	$(3, q-1)$	$2df$
${}^2E_6(q)$	4	$(3, q+1)$	$2df$
$E_7(q)$	7	$(2, q-1)$	df
$E_8(q)$	8	1	f

定理 1.2 对于 Lie 型群 T, 以 $M(T)$ 表示 T 的 Schur 乘子, 除少数例外 (见表 2) 有

$$M(T)=\begin{cases} Z_2\times Z_2 & \text{若 } T=P\Omega_{2n}^{+}(q),\ \text{且 } q \text{ 是奇数}, n \text{ 是偶数},\\ Z_d & \text{其他情形},\end{cases}$$

其中 d 在表 1 中列出.

表 2 Lie 型单群 Schur 乘子的例外情形

Lie 型群 T	$M(T)$
$PSL(2,4), PSL(3,2), PSL(4,2), PSU(4,2), PSp(6,2), G_2(4), F_4(2)$	Z_2
$G_2(3)$	Z_3
$PSL(2,9), PSp(4,2)', P\Omega(7,3)$	Z_6
$PSL(3,4)$	$Z_4\times Z_{12}$
$PSU(4,3)$	$Z_3\times Z_{12}$
$PSU(6,2), {}^2E_6(2)$	$Z_2\times Z_6$
$P\Omega_8^+(2), {}^2B_2(8)$	$Z_2\times Z_2$

零散单群的 Schur 乘子和自同构群的阶可见 [27].

单群的极大子群对于抽象有限群和置换群的研究十分有用. 因此我们经常需要知道单群的极大子群结构.

对于零散单群的极大子群, 可见 [27]. 对于交错群 A_n 的极大子群见 Liebeck, Praeger 和 Saxl 的文章 [78]. 而 Lie 型单群的极大子群十分复杂, 它的基本结构可见 [9]. 对于典型群的极大子群我们推荐 Kleidman 和 Liebeck 的书 [70], 以及他们写的综述文章 [71]. 对于例外 Lie 型群推荐 Liebeck 和 Seitz 的综述文章 [85] 以及该文中的参考文献. 另外, Wilson 的 [123] 也是很好的参看资料, 它给出有限单群极大子群的较为详细的介绍. 限于篇幅, 我们不在这里列出具体结果了.

但我们给出 $PSL(2,q)$ 的极大子群结构, 因为它非常简单, 而且也非常有用. 下面的定理是从 Dickson 的书 [29] 中抽出来的.

定理 1.3

(A) 设 $q=2^f\geqslant 4$, 则 $PSL(2,q)$ 的极大子群是

1) $Z_2^f\rtimes Z_{q-1}$, 即射影直线 $PG(1,q)$ 的点稳定子群;

2) $D_{2(q-1)}$;

3) $D_{2(q+1)}$;

4) $PGL(2,q_0)$, $q=q_0^r$, 其中 r 是素数且 $q_0\neq 2$.

(B) 设 $q=p^f\geqslant 5$, p 是奇素数, 则 $PSL(2,q)$ 的极大子群是

1) $Z_p^f\rtimes Z_{(q-1)/2}$, 即射影直线 $PG(1,q)$ 的点稳定子群;

2) D_{q-1}, $q\geqslant 13$;

3) D_{q+1}, $q\neq 7,9$;

4) $PGL(2,q_0)$, 其中 $q=q_0^2$ (2 个共轭类);

5) $PSL(2,q_0)$, $q=q_0^r$, 其中 r 是奇素数;

6) A_5, $q \equiv \pm 1 (\mathrm{mod}\ 10)$, 并且 $q = p$ 或者 $q = p^2$ 而 $p \not\equiv \pm 3 (\mathrm{mod}\ 10)$ (2 个共轭类);

7) A_4, $q = p \equiv \pm 3 (\mathrm{mod}\ 8)$ 且 $q \equiv \pm 1 (\mathrm{mod}\ 10)$;

8) S_4, $q = p \equiv \pm 1 (\mathrm{mod}\ 8)$ (2 个共轭类).

对于典型单群, 有时要用到它的传递置换表示的最小级数, 即该群的阶最大的子群的指数. 见表 3, 该表摘自 [70] 的 §5.3~§5.5.

表 3　典型单群 T 传递置换表示的最小级数 $P(T)$

典型单群 T	$P(T)$
$PSL(n,q)$ $(n,q) \neq (2,5),(2,7),(2,9),(2,11),(4,2)$	$(q^n-1)/(q-1)$
$PSL(2,5), PSL(2,7), PSL(2,9), PSL(2,11), PSL(4,2)$	$5,7,6,11,8$
$PSp(2n,q),\ n \geqslant 2,\ q>2,\ (n,q) \neq (2,3)$	$(q^{2n}-1)/(q-1)$
$Sp(2n,2),\ n \geqslant 3$	$2^{n-1}(2^n-1)$
$Sp(4,2)', PSp(4,3)$	$6,27$
$\Omega(2n+1,q), n \geqslant 3, q$ 是奇数, $q \geqslant 5$	$(q^{2n}-1)/(q-1)$
$\Omega(2n+1,3), n \geqslant 3$	$\frac{1}{2}3^n(3^n-1)$
$P\Omega^+(2n,q), n \geqslant 4,\ q \geqslant 3$	$(q^n-1)(q^{n-1}+1)/(q-1)$
$P\Omega^+(2n,2), n \geqslant 4,$	$2^{n-1}(2^n-1)$
$P\Omega^-(2n,q), n \geqslant 4$	$(q^n+1)(q^{n-1}-1)/(q-1)$
$PSU(3,q), q \neq 5$	q^3+1
$PSU(3,5)$	50
$PSU(4,q)$	$(q+1)(q^3+1)$
$PSU(n,q), n \geqslant 5, 6 \nmid n$ 或 $q \neq 2$	$\frac{(q^n-(-1)^n)(q^{n-1}-(-1)^{n-1})}{q^2-1}$
$PSU(n,2), 6 \mid n$	$2^{n-1}(2^n-1)/3$

由上表我们可以推出下面有用的结果.

推论 1.4　设 T 是 n 维典型单群, 则

(1) $P(T) \geqslant n+1$.

(2) 若 $n \geqslant 4$, 则除 $PSL(4,2)$, $Sp(4,2)'$, $P\Omega^-(4,2)$, $P\Omega^-(4,3)$, $P\Omega^-(4,4)$, $P\Omega(5,3)$, $P\Omega^{\pm}(6,2)$ 外, 有 $P(T) \geqslant n^2+3$.

关于单群表示的结果也是常常应用的. 特别是单群在某个域上的不可约忠实表示的最小级数是常常用到的. 在 [70] 的 §5.3–§5.5 中列举了大量这方面的结果, 也有多张表格, 限于篇幅, 不在这里引用了, 请读者直接参阅该书.

下面给出了若干特殊单群的分类定理.

定理 1.5　(1) 阶恰含 3 个素因子的单群只有: A_5, A_6, $PSL(2,7)$, $PSL(2,8)$, $PSL(2,17)$, $PSL(3,3)$, $PSU(3,3)$ 和 $PSU(4,2)$, 共 8 个[36]12.

(2) 阶恰含 4 个素因子的单群见 [103] 中的定理 2.

(3) 所有局部子群都可解的单群 (极小单群) 只有: $PSL(2,q)$ $(q>3)$, $Sz(q)$ $(q=2^{2n+1},\ n\geqslant 1)$, $PSL(3,3)$, $PSU(3,3)$, ${}^2F_4(2)'$, A_7, 和 M_{11}. (见 [36] 或 [109]~[114].)

Guralnick 的下列结果在群论研究的很多领域里都是非常有用的[42].

定理 1.6　设 T 是有限非交换单群, $H<T$, 且 $|T:H|=p^a$, 其中 p 是素数, 则下列情形之一成立:

(a) $T=A_n$, $H\cong A_{n-1}$, 其中 $n=p^a$.

(b) $T=PSL_n(q)$, H 是射影直线或超平面的稳定子群, 则 $|T:H|=(q^n-1)/(q-1)=p^a$. (注意 n 一定是素数.)

(c) $T=PSL_2(11)$, $H\cong A_5$.

(d) $T=M_{23}$, $H\cong M_{22}$.

(e) $T=M_{11}$, $H\cong M_{10}$.

(f) $T=PSU_4(2)\cong PSp_4(3)$, H 是指数为 27 的抛物子群.

并且, 除掉 $T=A_n$, $n=p^a>p$, 以及情形 (f) 外, H 都是 T 的 Hall p'-子群.

最后, 称 $G=AB$ 为 G 的一个极大分解, 如果 A 和 B 都是 G 的极大子群. Liebeck, Praeger 和 Saxl 对于几乎所有单群, 给出了它们的所有可能的极大分解, 但这个结果无法在本书中叙述, 需要应用这个结果的读者可见原始文献 [79].

2　和抽象群有关的结果

关于有限群的 p-幂零性.

定理 2.1 (Tate)　设 G 是有限群, $N\trianglelefteq G$. 再设 P 是 G 的一个 Sylow p-子群. 如果 $N\cap P\leqslant \Phi(P)$, 则 N 是 p-幂零群. (见 [60] 中的 IV, Satz 4.7, 或 [106].)

推论 2.2　设 G 是有限群, P 是 G 的一个 Sylow p-子群, 则下列二命题等价:

(1) G 是 p-幂零群.

(2) 如果 $x_1,x_2\in P$, 且存在 $g\in G$ 使得 $x_1^g=x_2$, 则有 $x\in P$ 使得 $x_1^x=x_2$. (见 [60] 中的 IV, Satz 4.9.)

下面的几个 p-幂零准则是由 p 阶元素 (对 $p=2$, 有时是阶 $\leqslant 4$ 的元素) 的性质刻画的.

定理 2.3

(1) 设 G 是有限群, $P\in \mathrm{Syl}_p(G)$. 假定 $\Omega_1(P)\leqslant Z(P)$. 如果 $N_G(P)$ 和 $C_G(Z(P))$ 是 p-幂零群, 则 G 是 p-幂零群, 见 [136].

(2) 设 G 是有限群, $P\in \mathrm{Syl}_p(G)$. 如果当 $p>2$ 时, $\Omega_1(P\cap G')\leqslant Z(N_G(P))$; 而当 $p=2$ 时, $\Omega_2(P\cap G')\leqslant Z(N_G(P))$, 则 G 是 p-幂零群, 见 [12].

(3) 设 G 是有限群, $P \in \mathrm{Syl}_p(G)$. 如果 $p=2$, 假定 P 与四元数群无关. 再令 $D(G)$ 是 G 的幂零剩余. 则 G 是 p-幂零群当且仅当 $\Omega_1(D(G)\cap P) \leqslant Z(N_G(P))$, 见 [8].

设 G 为 p-可解群. 定义 G 的上 p- 链如下:

$$1 = P_0(G) \trianglelefteq M_0(G) \trianglelefteq P_1(G) \trianglelefteq M_1(G) \trianglelefteq \cdots \trianglelefteq P_\ell(G) \trianglelefteq M_\ell(G) = G,$$

其中

$$M_i(G)/P_i(G) = O_{p'}(G/P_i(G)), \quad P_i(G)/M_{i-1}(G) = O_p(G/M_{i-1}(G)).$$

我们称数 ℓ 为 G 的 p-长, 记为 $\ell_p(G)$.

又, 以 P 表示 G 的 Sylow p-子群, $c(P)$ 为 P 的幂零类, $d(P)$ 为 P 的最小生成元个数, 再令 $p^{r_p(G)}$ 为 G 的 p-主因子的阶的最大值. 则有下列著名的 Hall-Higman 定理, 见 [55].

定理 2.4

(1) $\ell_p(G) \leqslant c(P)$;

(2) $\ell_p(G) \leqslant d(P)$;

(3) $\ell_p(G) \leqslant r_p(G)$.

p-长 $\ell_p(G) \leqslant 1$ 的群的结果常常是很有用的. 下面的定理可见 [60].

定理 2.5 设 G 为 p-可解群, P 为 G 的 Sylow p-子群, 而 Q 为 p-补. 若 $P'Q = QP'$, 则有 $l_p(G) \leqslant 1$.

关于 p-长 $\ell_p(G) \leqslant 1$ 的群的更多结果可见 [60].

称有限可解群 G 为 A-群, 如果 G 的每个 Sylow 子群为交换群. 下面的定理是 A-群的最重要的结果, 见 [107].

定理 2.6 (1) 设 P 是有限群 G 的交换 Sylow p-子群, 则 $G' \cap Z(G) \cap P = 1$.

(2) 若 G 是 A-群, 则 $G' \cap Z(G) = 1$.

关于 A-群的更多结果可见 [60].

3 和有限 p-群有关的结果

定理 3.1 设 G 是 2^4 阶群, 则 G 是下列群之一:

(A) 1)~5) 五个型不变量为 (2^4), $(2^3,2)$, $(2^2,2^2)$, $(2^2,2,2)$ 和 $(2,2,2,2)$ 的交换群.

(B) 三个内交换群: 幂零类为 2.

6) $G = M_2(3,1) = \langle a, b \mid a^8 = 1,\ b^2 = 1,\ b^{-1}ab = a^{1+4}\rangle$.(方次数为 8 的亚循环群.)

7) $G = M_2(2,2) = \langle a, b \mid a^4 = b^4 = 1, b^{-1}ab = a^{-1} \rangle$. (方次数为 4 的亚循环群.)

8) $G = M_2(2,1,1) = \langle a, b, c \mid a^4 = b^2 = c^2 = 1, [a,b] = c, [a,c] = [b,c] = 1 \rangle$, (方次数为 4 的非亚循环群.)

(C) 三个具有非交换极大子群的类 2 群:

9) $G \cong D_8 \times Z_2$.

10) $G \cong Q_8 \times Z_2$.

11) $G = \langle a, b, c \mid a^4 = b^2 = c^2 = 1, [b,c] = a^2, [a,b] = [a,c] = 1 \rangle, (\cong D_8 * Z_4 \cong Q_8 * Z_4)$, 即 8 阶非交换群和 Z_4 的中心积.

(D) 三个极大类群: 幂零类为 3.

12) 广义四元数群: $G = \langle a, b \mid a^8 = 1,\ b^2 = a^4,\ b^{-1}ab = a^{-1} \rangle$.

13) 二面体群: $G = \langle a, b \mid a^8 = 1,\ b^2 = 1,\ b^{-1}ab = a^{-1} \rangle$.

14) 半二面体群: $G = \langle a, b \mid a^8 = 1,\ b^2 = 1,\ b^{-1}ab = a^{-1+4} \rangle$.

定理 3.2 设 p 为奇素数, G 是 p^4 阶群, 则 G 同构于下列群之一:

(A) 1)~5) 五个型不变量为 $(p^4), (p^3, p), (p^2, p^2), (p^2, p, p)$ 和 (p, p, p, p) 的交换群.

(B) 三个内交换群: 幂零类为 2.

6) $G = M_p(3,1) = \langle a, b \mid a^{p^3} = 1,\ b^p = 1,\ b^{-1}ab = a^{1+p^2} \rangle$.(方次数为 p^3 的亚循环群.)

7) $G = M_p(2,2) = \langle a, b \mid a^{p^2} = b^{p^2} = 1, b^{-1}ab = a^{1+p} \rangle$.(方次数为 p^2 的亚循环群.)

8) $G = M_p(2,1,1) = \langle a, b, c \mid a^{p^2} = b^p = c^p = 1, [a,b] = c, [a,c] = [b,c] = 1 \rangle$.(方次数为 p^2 的非亚循环群.)

(C) 三个具有非交换极大子群的类 2 群:

9) $G \cong M \times Z_p$, 其中 $M = M_p(2,1)$ 是 p^3 阶非交换亚循环群.

10) $G \cong N \times Z_p$, 其中 $N = M_p(1,1,1)$ 是 p^3 阶非交换非亚循环群.

11) $G = \langle a, b, c \mid a^{p^2} = b^p = c^p = 1, [b,c] = a^p, [a,b] = [a,c] = 1 \rangle = N * Z_{p^2} \cong M * Z_{p^2}$, 即 p^3 阶非交换群和 Z_p^2 的中心积.

(D) 四个极大类群: 幂零类为 3.

12)~13) $G = \langle a, b \mid a^{p^2} = b^p = c^p = 1, [a,b] = c, [c,a] = 1, [c,b] = a^{ip} \rangle$, 其中 $i = 1$ 或 ν, ν 为某固定的模 p 平方非剩余.

14) $G = \langle a, b \mid a^{p^2} = b^p = c^p = 1, [a,b] = c, [c,a] = a^p, [c,b] = 1 \rangle$.

15) $p = 3$, $G = \langle a, b \mid a^9 = c^3 = 1, b^3 = a^3, [a,b] = c, [c,a] = 1, [c,b] = a^{-3} \rangle$, 或

15′) $p > 3$, $G = \langle a, b \mid a^p = b^p = c^p = d^p = 1, [a,b] = c, [c,a] = 1, [c,b] = d \rangle$.

定理 3.3 与有限 p-群研究有关的换位子公式:

(1) Hall-Petrescu 恒等式: 设 G 是群, $x, y \in G$, $H = \langle x, y\rangle$, 再设 m 是任一给定的正整数, 则存在 $c_i \in H_i$(这里 H_i 是 H 的下中心群列的第 i 项), $i = 2, 3, \cdots, m$, 使得

$$x^m y^m = (xy)^m c_2^{\binom{m}{2}} c_3^{\binom{m}{3}} \cdots c_m^{\binom{m}{m}}.$$

(见 [60] 中的 III, Satz 9.4.)

(2) Zassenhaus 恒等式: 设 G 是方次数为 p 的群, $x, y \in G$, 则

$$[y, \underbrace{x, \cdots, x}_{p-1}] \in G_{p+1}.$$

(见 [60] 中的 III, Satz 9.7.)

(3) 设群 G 满足 2 次 Engel 条件, 即对任意的 $g, h \in G$, 有 $[g, h, h] = 1$, 则 G 是幂零类至多为 3 的幂零群. 如果 G 中没有 3 阶元素, 则 $c(G) \leqslant 2$.(见 [75].)

定理 3.4 设 p 是奇素数, G 是亚循环 p-群, 则 G 有下列表现:

$$\langle a, b \mid a^{p^{r+s+u}} = 1, b^{p^{r+s+t}} = a^{p^{r+s}}, b^{-1}ab = a^{1+p^r}\rangle,$$

其中 r, s, t, u 为非负整数, 且满足 $r \geqslant 1, u \leqslant r$. 同时, 有 $|G| = p^{2r+2s+t+u}$, $\exp(G) = p^{r+s+t+u} = o(b)$, $G' = \langle a^{p^r}\rangle$ 和 $Z(G) = \langle a^{p^{s+u}}\rangle\langle b^{p^{s+u}}\rangle$, 并且参数 r, s, t, u 的不同取值对应于不同构的亚循环群, G 可裂的充分必要条件是 $stu = 0$.

(以上定理见 [128].)

亚循环 2-群的分类比较复杂, 就不在这里叙述了. 读者可参看文献 [69], [128].

内亚循环群的分类是 Blackburn 的经典结果 [17], 即下列定理:

定理 3.5 设 G 是内亚循环 p-群, 即 G 非亚循环, 但它的每个真子群皆亚循环, 则 G 是下列群之一:

(1) G 是 p^3 阶初等交换 p 群.

(2) 对 $p > 2$, G 是 p^3 阶方次数为 p 的非交换群.

(3) $p = 3$, G 是 3^4 阶的幂零类为 3 的下列群: $\langle a, b, c \mid b^9 = c^3 = 1, [c, b] = 1, a^3 = b^{-3}, [b, a] = c, [c, a] = b^{-3}\rangle$.

(4) $p = 2$, $G \cong Q_8 \times Z_2$ 或 $Q_8 * Z_4$. 这两个群的阶为 16, 后面的群有如下的表现: $\langle a, b, c \mid a^4 = 1, b^2 = a^2, c^2 = a^2, [a, b] = a^2, [c, a] = [c, b] = 1\rangle$.

(5) $p = 2$, G 的阶为 32, 且 G 有如下的表现: $\langle a, b, c \mid a^4 = b^4 = 1, c^2 = a^2b^2, [a, b] = b^2, [c, a] = a^2, [c, b] = 1\rangle$.

4 和置换群有关的结果

如果承认单群分类, 那么所有有限 2-重传递群就全部已知. 下面的经典定理给出了 2-重传递群的基柱的结构. (基柱的定义见第 6 章中定义 6.4.13.)

定理 4.1 设 G 是 Ω 上的 2-重传递群, 则 G 只有唯一的极小正规子群, 它就是该群的基柱 $\mathrm{Soc}(G)$. 如果 $\mathrm{Soc}(G)$ 可解, 则它是初等交换 p-群 (对某个素数 p); 如果 $\mathrm{Soc}(G)$ 不可解, 则它是非交换单群.

在 $\mathrm{Soc}(G)$ 是 p^d 阶初等交换 p-群时, 可把 $\mathrm{Soc}(G)$ 看成是 $GF(p)$ 上 n 维仿射几何, G 在 $\mathrm{Soc}(G)$ 上的作用相当于仿射变换群, 零向量的稳定子群 G_0 在 $\mathrm{Soc}(G)\setminus\{0\}$ 上是传递的. 这样的群 G 叫做仿射型的.

在 $\mathrm{Soc}(G)$ 是非交换单群 T 时, 由极小正规子群的唯一性, 有 $C_G(T)=1$, 应用 N/C 定理, 有 $G=N_G(T)/C_G(T)\lesssim \mathrm{Aut}(T)$. 不追求符号使用的严格性, 可记作 $T\leqslant G\leqslant \mathrm{Aut}(T)$. 这样的群 G 叫做几乎单群.

定理 4.2 设 G 是 Ω 上的 n 级 2-重传递群, 则 G 为下列群之一:

(A) G 是几乎单群: 此处列出 T 以及 G 的级数.

1) A_n, $n\geqslant 5$;

2) $PSL(d,q)$, $d\geqslant 2$; $n=(q^d-1)/q-1$, $(d,q)\neq(2,2),(2,3)$;

3) $PSU(3,q)$, $q>2$; $n=q^3+1$;

4) $Sz(q)$, $q=2^{2e+1}>2$; $n=q^2+1$;

5) ${}^2G_2(q)$, $q=3^{2e+1}$; $n=q^3+1$;

6) $S_{\mathrm{p}}(2d,2)$, $d\geqslant 3$; $n=2^{2d-1}\pm 2^{d-1}$;

7) $PSL(2,11)$; $n=11$;

8) M_n; $n=11,12,22,23,24$;

9) M_{11}; $n=12$;

10) A_7; $n=15$;

11) HS; $n=176$;

12) Co_3; $n=276$;

(B) G 是仿射型的: 设基柱是 p^d 阶初等交换 p-群. 把它看成 $GF(q)=GF(p^k)$ 上 $\ell=d/k$ 维仿射几何, 此时 G 可视为 $V=V(\ell,q)$ 上的仿射变换 $x\mapsto x^g+u$ 组成的群, 其中 $g\in G_0$, $u\in V$. 则下列情况之一成立:

1) $G\leqslant A\Gamma L(1,p^d)$; $n=q=p^d$; $\ell=1$.

2) $SL(m,q)\trianglelefteq G_0$; $n=q^m=p^d$; $\ell=m$.

3) $Sp(m,q)\trianglelefteq G_0$; $n=q^m=p^d$; $\ell=m$.

4) $G_2(q)'\trianglelefteq G_0$; $n=q^6=p^d$, q 为偶数; $\ell=6$.

5) $A_6\trianglelefteq G_0$ 或 $A_7\trianglelefteq G_0$; $n=2^4$; $\ell=4$.

6) $SL(2,3)\trianglelefteq G_0$ 或 $SL(2,5)\trianglelefteq G_0$; $n=p^2$, 其中 $p=5,7,11,19,23,29$ 或 59, $\ell=2$; 或 $n=3^4$; $\ell=4$.

7) G_0 有 2^5 阶超特殊的正规子群 E, G_0/E 同构于 S_5 的一个子群; $n=3^4$; $\ell=1$.

8) $G_0 = SL(2,13)$; $n = 3^6$; $\ell = 1$.

下面的定理给出 3-重传递群的分类, 是从逐一检查上述定理中的群哪些是 3-重传递的而得到的.

定理 4.3 设 G 是 Ω 上的 3-重传递群, 则 G 为下列群之一:

(A) G 是几乎单群: 此处列出 T 以及 G 的级数 n.

1) $A_n, n \geqslant 5$;

2) $PSL(2,q), n = q+1 > 4$, q 是偶数; 或者 q 是奇数, 但 $G \geqslant PGL(2,q)$;

3) $M_n, n = 11, 12, 22, 23, 24$; (Mathieu 群)

4) $M_{11}, n = 12$.

(B) G 是仿射型的: 基柱是阶为 $n = 2^d$ 的初等阿贝尔群, 把它看成 $GF(q) = GF(2^k)$ 上 $\ell = d/k$ 维仿射几何, 则 G 可视为 $V = V(\ell, q)$ 上的仿射变换 $x \mapsto x^g + u$ 组成的群, 其中 $g \in G_0$, $u \in V$. 则下列情况之一成立:

1) $G \cong AGL(1,8), A\Gamma L(1,8)$ 或 $A\Gamma L(1,32)$; $n = q = 2^3$, 2^3 或 2^5; $\ell = 1$.

2) $G_0 \cong SL(d,2), d \geqslant 2$; $n = q = 2^d$; $\ell = d$;

3) $G_0 \cong A_7$, $n = q = 2^4$; $\ell = 4$.

定理 4.4 设 G 是 Ω 上的 $\geqslant 4$-重传递群, 且 G 不是对称群或交错群, 则 G 为下列 4 个 Mathieu 群之一, 其中 M_{11} 和 M_{23} 是 4-传递群, M_{12} 和 M_{24} 是 5-传递群.

定义 4.5 设 G 是 Ω 上的置换群, $k \geqslant 2$ 是正整数. 称 G 为 k-齐次置换群, 如果对于 Ω 的任二 k 元子集 Σ_1, Σ_2, 存在 $g \in G$ 使得 $\Sigma_1^g = \Sigma_2$.

显然, k-重传递群一定是 k-齐次群, 但反过来不真. 我们有下面的定理.

定理 4.6 设 G 是集合 Ω 上的一个有限 k-齐次但不 k-传递的置换群, 且 $|\Omega| = n \geqslant 2k$. 则下列情况之一成立 (见 [66]):

(1) $k = 2$, 则 $G \leqslant A\Gamma L(1,q)$, 且 $v = q \equiv 3 \pmod 4$;

(2) $k = 3$, 则 $PSL(2,q) \leqslant G \leqslant P\Sigma L(2,q)$, 且 $v - 1 = q \equiv 3 \pmod 4$; (Kantor 的定理中是 $P\Gamma L(2,q)$.)

(3) $k = 3$, 则 $G \cong AGL(1,8), A\Gamma L(1,8)$ 或 $A\Gamma L(1,32)$;

(4) $k = 4$, 则 $G \cong PSL(2,8), P\Gamma L(2,8)$ 或 $P\Gamma L(2,32)$.

应用有限单群分类, 本原置换群的分类工作在 20 世纪 80 年代取得了很大的成绩. 最引人注目的结果是: 完成了秩为 3 的本原群的分类, 见 [68], [77], [83]; 完成了级数具有大素因子的本原群的分类, 见 [81]; 完成了级数为奇数非仿射型本原群的分类, 见 [67], [82]. 下面列出的两个表格都是从 [81] 中抽出来的.

表 4 kp 级本原群表($k<p$, p 是素数)

$T=\mathrm{Soc}(G)$	$k\cdot p$	作用	附注
A_p	$\frac{p-1}{2}\cdot p$	元偶	$p\geqslant 5$
A_{p+1}	$\frac{p+1}{2}\cdot p$	元偶	$p\geqslant 5$
$PSL(n,q), n\geqslant 4$	$\frac{(q^n-1)(q^{n-1}-1)}{(q-1)(q^2-1)}$	2-空间或 $(n-2)$-空间	$p=\frac{q^{n-1}-1}{q-1}$ 或 p 是 $\frac{q^n-1}{q-1}$ 中大素因子
$PSL(7,q)$	$\frac{(q^6-1)(q^5-1)}{(q^3-1)(q^2-1)}\cdot\frac{q^7-1}{q-1}$	3-空间或 4-空间	
$PSL(n,q), n\geqslant 3$	$\frac{(q^n-1)(q^{n-1}-1)}{(q-1)^2}$	点–超平面关联对	G 含图自同构且 p 是 $\frac{q^n-1}{q-1}$ 中大素因子
$PSL(n,q), n\geqslant 3$	$\frac{q^{n-1}(q^n-1)}{q-1}$	点 - 超平面非关联对	G 含图自同构且 p 是 $\frac{q^n-1}{q-1}$ 中大素因子
$PSp(2n,q), q=2^t>2$	$\frac{q^{2n}-1}{q-1}$	1-空间, 2-全迷向子空间 (当 $n=2$ 时)	p 是 q^n+1 中大素因子
$Sp(2n,q), q=2^r\geqslant 4$	$\frac{q^n}{2}\cdot(q^n+1)$	二次型的轨道	n 是 2 的方幂
$Sp(4,q), q$ 是偶数	$\frac{q^2}{2}\cdot(q^2+1)$	$SL(2,q)\wr S_2$ 的陪集	
$PSU(n,q), n>3$ 是素数	$\frac{(q^n+1)(q^{n-1}-1)}{q^2-1}$	1-迷向子空间	p 是 $\frac{q^n+1}{q+1}$ 中大素因子
$P\Omega^+(2n+1,q), n>3$ 是素数	$(q^{n-1}+1)\cdot\frac{(q^n-1)}{q-1}$	退化 1-空间	
$\Omega^+(2n,2), n>3$ 是素数	$2^{n-1}\cdot(2^n-1)$	非退化 1-空间	
$P\Omega^-(2n,q), n$ 是 2 的方幂	$\frac{(q^n+1)(q^{n-1}-1)}{q-1}$	退化 1-空间	p 是 q^n+1 中大素因子
$P\Omega^-(2n,q), n=2^f, q$ 是偶数	$q^{n-1}(q^n+1)$	非退化 1-空间	p 是 q^n+1 中大素因子
$P\Omega^-(2n,q), n=2^f, q$ 是奇数	$\frac{1}{2}q^{n-1}(q^n+1)$	非退化 1-空间	p 是 q^n+1 中大素因子
$P\Omega(2n+1,q), n$ 是 2 的方幂	$\frac{(q^{2n}-1)}{q-1}$	退化 1-空间	p 是 q^n+1 中大素因子
$PSL(2,q^2), q\geqslant 2$	$\frac{q(q^2+1)}{(2,q-1)}$	$PGL(2,q)$ 的陪集	p 是 q^2+1 中大素因子
$PSL(2,p), p\geqslant 13$	$\frac{p\pm 1}{2}\cdot p$	$D_{p\mp 1}$ 的陪集	
$G=PGL(2,p), p\geqslant 7$	$\frac{p\pm 1}{2}\cdot p$	$D_{2(p\mp 1)}$ 的陪集	

续表

$T=\mathrm{Soc}(G)$	$k\cdot p$	作用	附注
$PSL(2,q), q$ 是偶数	$\frac{q}{2}\cdot(q\pm 1)$	$D_{q\mp 1}$ 的陪集	
$PSL(2,p), p=19,31,41,$ $71,79,89,101,109$	$\frac{p^2-1}{120}\cdot p$	A_5 的陪集	
$PSL(2,p), p=17,31,41,47$	$\frac{p^2-1}{48}\cdot p$	S_4 的陪集	
$PSL(4,3)$	$117=9\cdot 13$	$PSp(4,3).2$ 的陪集	
M_{24}	$276=12\cdot 23$		
M_{23}	$506=22\cdot 23$		
M_{12}	$66=6\cdot 11$		
M_{11}	$66=6\cdot 11$		
J_1	$266=14\cdot 19$		

上表中 “p 是 N 中大素因子” 指的是 $p\mid N$ 且 $p>\sqrt{N}$.

表 5　pq 级本原群表($q<p$ 是素数)

$T=\mathrm{Soc}(G)$	q	p	作用	附注
A_p	$\frac{p-1}{2}$	p	元偶	$p\geqslant 5$
A_{p+1}	$\frac{p+1}{2}$	p	元偶	$p\geqslant 5$
A_7	5	7	三元组	
$PSL(n,q), n\geqslant 4$, 偶数	$\frac{q^n-1}{q^2-1}$	$\frac{q^{n-1}-1}{q-1}$	2-空间或 $(n-2)$-空间	
$PSL(n,q), n\geqslant 5$, 奇数	$\frac{q^{n-1}-1}{q^2-1}$	$\frac{q^n-1}{q-1}$	2-空间或 $(n-2)$-空间	
$PSp(4,2^{2^t}),\ t>0$	$2^{2^t}+1$	$2^{2^{t+1}}+1$	1-空间或 2-全迷向直空间	
$PSL(2,q^2), q$ 奇素数	q	$\frac{q^2+1}{2}$	$PGL(2,q)$ 的陪集	
$PSL(2,29)$	7	29	A_5 的陪集	
$PSL(2,59)$	29	59	A_5 的陪集	
$PSL(2,61)$	31	61	A_5 的陪集	
$G=PGL(2,11)$	5	11	S_4 的陪集	
$PSL(2,23)$	11	23	S_4 的陪集	
$PSL(2,p), p\geqslant 11$	$\frac{p\mp 1}{2}$	p	$D_{p\pm 1}$ 的陪集	
M_{23}	11	23		
M_{22}	7	11		
M_{11}	5	11		

还值得提出的是，应用计算机，Dixon 等确定了所有级数小于 1000 的本原群，见 [31] 或 [30] 中附录 B. 这些群的信息都已经收入MAGMA的小群库，后来又根据 [98] 扩充到级数小于 2500 的本原群.

在本原群分类中起重要作用的是著名的 O'Nan-Scott 定理，由于该定理的叙述繁杂，不在这里给出，读者可参看 [30] 或 [80].

Wielandt 剖分定理是传递置换群理论中较少有人知道，但对群在组合结构上作用的研究很有用的定理. 为了叙述这个定理，我们先给出下列定义.

定义 4.7 设 G 是 Ω 上的传递置换群，则 G 在 $\Omega\times\Omega$ 上有一自然作用，设这个作用的所有轨道是 $\Delta_0=\{(\alpha,\alpha)\mid\alpha\in\Omega\}$ (平凡轨道)，$\Delta_1,\cdots,\Delta_{r-1}$. 令 $G^{(2)}=\{g\in S_\Omega\mid\Delta_i^g=\Delta_i, i=0,\cdots,r-1.\}$，称群 $G^{(2)}$ 为 G 的 2-闭包. 如果 $G^{(2)}=G$，则称 G 为 2-闭的置换群.

定理 4.8(Wielandt 剖分定理) 设 G 是 Ω 上的传递置换群，$\Omega=\Gamma\cup\Delta$ 且 $\Delta\neq\varnothing,\Gamma\neq\varnothing,\Gamma\cap\Delta=\varnothing$. 假定 $\Gamma^G=\Gamma$, $\Delta^G=\Delta$. 如果对所有 $\gamma\in\Gamma$, G 和 G_γ 在 Δ 上有相同的轨道，则 $G^\Gamma\times G^\Delta\leqslant G^{(2)}$，见 [122].

最后叙述一个关于本原群的点稳定子群的既有趣又有用的结果，证明可见 [84].

定理 4.9 设 G 是 Ω 上的本原传递群，$\alpha\in\Omega$，则 $Z(G_\alpha)$ 是循环群.

5 进一步阅读的书目

一、和本书难易相当的教材

1. 王萼芳. 有限群论基础. 北京: 北京大学出版社, 1986.

2. 陈重穆. 有限群论基础. 重庆: 重庆出版社, 1983.

3. 张远达. 有限群构造 (上下册). 北京: 科学出版社, 1982.

4. 徐明曜. 有限群导引 (上册). 北京: 科学出版社, 1987.

5. 徐明曜等. 有限群导引 (上册). 第 2 版; 有限群导引 (下册). 北京: 科学出版社, 1999.

6. Rose John S. A Course on Group Theory. Cambridge: Cambridge University Press, 1978.

7. Hall M Jr. The Theory of Groups. New York: Macmillian, 1959.

8. Scott W R. Groups Theory. Prentice-Hall, 1965.

9. Humphreys J F. A Course in Group Theory. Oxford: Oxford University Press, 1996.

10. Wehrfritz B A F. Finite Groups, A Second Course on Group Theory. Singapore: World Scientific, 1999.

二、较深或较全的教材和参考书

1. Huppert B. Endliche Gruppen I. Berlin: Springer, 1967.

2. Huppert B, Blackburn N. Finite Groups II, III. Berlin: Springer, 1982.

3. Suzuki M. Group Theory I. Berlin: Springer, 1982.

4. Suzuki M. Group Theory II. Berlin: Springer, 1986.

5. Gorenstein D. Finite Groups. New York: Chelsea Publishing Company, 1968. 2nd Edition, 1980.

6. Rotman J J. An Introduction to the Theory of Groups. Berlin: Springer, 1984. 4th Edition, 1995.

7. Robinson D J S. A Course in the Theory of Groups. Berlin: Springer, 1982.

8. Aschbacher M. Finite Group Theory. Cambridge: Cambridge University Press, 1986.

9. Kurzweil H, Stellmacher B. Theorie der endlichen Gruppen, Einführung. Berlin: Springer, 1998. 英译本: The Theory of Finite Groups, An Introduction. Berlin: Springer, 2004. 中译本: 有限群引论. 施武杰等译. 北京: 科学出版社, 2009.

三、关于有限单群方面的参考书

1. Gorenstein D. Finite Simple Groups. New York: Plenum Press, 1982.

2. Gorenstein D. The Classification of Finite Simple Groups I. New York: Plenum Press, 1983.

3~8. Gorenstein D, Lyons R, Solomon R. The Classification of the Finite Simple Groups, 1~6, Mathematical Surveys and Monographs, Vol.40, 1~6. Providence: American Mathematical Society, 1994, 1994, 1998, 1999, 2002, 2005.

以上 1, 2 两本书是 Gorenstein 在世时写的, 3~8 共 6 本书是 Gorenstein 去世后由 Lyons 和 Solomon 写的. 这个系列的单群分类证明还在写作当中. 下面两本是关于拟薄型群的分类:

9~10. Aschbacher M, Smith S D. The Classification of Quasithin Groups, I, II. Mathematical Surveys and Monographs, 111, 112. American Mathematical Society: 2004.

如果感到阅读上述图书群论基础还不够, 建议先读关于奇数阶群可解的证明, 下面的图书已经是一个可读的证明了.

11. Bender H, Glauberman G. Local Analysis for the Odd Order Theorem. Cambridge: Cambridge University Press, 1994.

另外还有两本关于零散单群的有趣的书:

12. Aschbacher M. Sporadic Groups. Cambridge: Cambridge University Press, 1994.

13. Ivanov A A. The Fourth Janko Group. Oxford: Crarendon Press, 2004.

Lie 型单群还是要看:

14. Carter R W. Simple Groups of Lie Type. New York: Wiley, 1973.

15. Carter R W. Finite Groups of Lie Type: Conjugacy Classes and Complex Characters. New York: Wiley, 1985.

作为有限单群以及整个有限群的重要工具书:

16. Conway J H, Curtis R T, Norton S P, et al. Atlas of Finite Groups. Oxford: Oxford University Press, 1985.

四、关于置换群及其在图和组合结构上的作用方面的参考书

1. Wielandt H. Finite Permutation Groups. New York: Academic Press, 1964. 中译本: 有限置换群. 王萼芳译. 北京: 科学出版社, 1984.

2. Dixon J D, Mortimer B. Permutation Groups. Graduate Texts in Mathematics, 163. Berlin: Springer-Verlag, 1996.

3. Neumann P M. Finite permutation groups, edge-coloured graphs and matrices// Curran M P J. *Topics in Group Theory and Computation.* New York: Academic Press, 1977: 82–118.

4. Biggs N. Algebraic Graph Theory. Cambridge: Cambridge University Press, 1974.

5. Biggs N, White A T. Permutation Groups and Combinatorial Structures. Cambridge: Cambridge University Press, 1979.

6. Dembowski P. Finite Geometries. Berlin: Springer, 1968.

7. Hughes D R. Design Theory. Cambridge: Cambridge University Press, 1985.

8. Hughes D R, Piper F C. Projective Planes. Berlin: Springer, 1973.

9. Beth T, Jungnickel D, Lenz H. Design Theory I, II. Cambridge: Cambridge University Press, 1999.

10. 樊恽, 刘宏伟. 群与组合编码. 武汉: 武汉大学出版社, 2002.

关于置换群的经典著作仍然是参考书 1, 但有些陈旧. 参考书 2 是有限单群分类以后的置换群教材.

五、关于抽象有限群的构造, 特别是可解群和 p-群方面的参考书

1. Bray H G, Deskins W E, Johnson D, et al. Between Nilpotent and Solvable. Passaic: Polygonal Publishing House, 1982. 中译本: 幂零与可解之间 —— 可解群

研究. 张远达等译. 武汉: 武汉大学出版社, 1988.

2. 郭文彬. 群类论. 北京: 科学出版社, 1997.

3. 陈重穆. 内外 -Σ 群与极小非 Σ 群. 重庆: 西南师范大学出版社, 1988.

4. Doerk K, Hawkes T O. Finite Soluble Groups. Berlin: de Gruyter, 1992.

5. Gaschütz W. Lectures on Subgroups of Sylow Type in Finite Soluble Groups. Canberra: Australian National University Press, 1979.

6. Schmidt R. Subgroup Lattices of Groups. Berlin: de Gruyter, 1994.

7. 徐明曜, 曲海鹏. 有限 p 群. 北京: 北京大学出版社, 2010.

8. Berkovich Y, Janko Z. Groups of Prime Power Order, vol. I, II. Berlin and New York: Walter de Gruyter, 2008.

9. Berkovich Y, Janko Z. Groups of Prime Power Order, vol. III. Berlin and New York: Walter de Gruyter, 2011.

六、关于群表示论方面的参考书

1. Isaacs I M. Character Theory of Finite Groups. New York: Academic Press, 1976.

2. Curtis C W, Reiner I. Representation Theory of Finite Groups and Associative Algebras. New York: Wiley, 1962.

3. Feit W. Characters of Finite Groups. New York: Benjamin, 1967.

4. Feit W. Representation Theory of Finite Groups. Amsterdam: North-Holland, 1982.

5. Huppert B. Character Theory of Finite Groups. Berlin, New York: de Gruyter, 1998.

6. James G, Liebeck M. Representations and Characters of Groups. Cambridge: Cambridge University Press, 1993, 2001. (2001 年为第 2 版)

7. Berkovich Y, Žmud È M. Characters of Finite Groups: Part 1. Providence: American Mathematical Soc., 1997.

8. Berkovich Y, Žmud È M. Characters of Finite Groups: Part 2, Providence: American Mathematical Soc., 1999.

9. Manz O, Wolf T R. Representations of Solvable Groups. Cambridge: Cambridge University Press, 1993.

10. Collins M J. Representations and Characters of Finite Groups. Cambridge: Cambridge University Press, 1990.

从表示和特征标理论对群论的应用来说, 笔者认为最好的还是 Isaacs 的书 1. 但因为笔者的群表示论知识十分有限, 意见不一定正确.

七、关于典型群方面的参考书

1. Dieudonné J. Sur les Groupes Classiques. Paris: Hermann, 1948.

2. Dieudonné J. La Géométrie des Groupes Classiques. Berlin: Springer, 1955.

3. Kleidman P, Liebeck M. The subgroup Structure of the Finite Classical Groups. Cambridge: Cambridge University Press, 1990.

4. Taylor D E. The Geometry of the Classical Groups. Sigma Series in Pure Mathematics, Vol. 9. Berlin: Heldermann Verlag, 1992.

前两本经典, 后两本对于有限群论的应用来说最有用, 特别是对需要单群信息的研究者.

习 题 提 示

第 1 章 群论的基本概念

1.1 群的定义

1.1.1. 设 G 全体正整数的集合, 运算取加法, 则 G 满足结合律和两个消去律，但 G 对正整数加法不构成群.

再设有限非空集合 G 中定义了一个满足结合律和消去律的二元运算, 我们来证明 G 是一个群. 因为定义 1.1.1 和定义 1.1.2 等价, 我们只需证明由 G 的有限性和消去律能推出定义 1.1.2 中的公理 (4).

1.1.2. 为证 $o(ab)=o(ba)$, 只需注意到 ab 和 ba 是共轭元素，而共轭元素的阶相等.

1.1.3. 依定义证明 $o(g_1g_2)=n_1n_2$, 细节略. 考虑群 $S_3=\langle a,b \mid a^3=b^2=1, bab=a^2\rangle$, 其中 $o(a)=3$, $o(b)=2$, $(2,3)=1$, 但因 $ab\neq ba$, 没有 $o(ab)=6$.

1.1.4. 取 g_1, g_2 为 g 的适当方幂.

1.1.5. 考虑元素 $a_1, a_1a_2, a_1a_2a_3, \cdots, a_1a_2\cdots a_n$. 如果它们都不为 1, 则必有二元素相等.

1.2 子群和陪集

1.2.1. 由 $(n,m)=1$, 有整数 x,y 满足 $mx+ny=1$. 于是 $g=g^{mx}g^{ny}=(g^m)^x\in H$.

1.2.2. 设 G 是一除平凡子群外无其他子群的群. 任取一非单位元素 a, 则 $\langle a\rangle=G$. 如果 $|G|=o(a)$ 不是素数, 则 $\langle a\rangle$ 有非平凡真子群, 故 $|G|$ 必为素数.

1.2.3. 用反证法. 如果 $H\leqslant K$ 和 $K\leqslant H$ 都不成立, 取 $a\in H\setminus K$, $b\in K\setminus H$, 则 $ab\in H$ 或 $ab\in K$. 二者均可推出矛盾.

1.2.4. 由 $Ha=Kb$ 得 $H=Kba^{-1}$, 即 Kba^{-1} 是子群. 但它又是 K 的陪集，于是只能有 $Kba^{-1}=K$, 故 $H=K$.

1.2.5. 显然有 $AB\cap C\supseteq A(B\cap C)$, 故只需证 $AB\cap C\subseteq A(B\cap C)$. 设 $x=ab\in AB\cap C$, 其中 $a\in A$, $b\in B$, $ab\in C$. 因 $A\leqslant C$, 有 $a\in C$, 于是 $b\in C$, 即 $b\in B\cap C$, 这就得到 $x=ab\in A(B\cap C)$.

1.2.6. 利用习题 1.2.5, 有

$$A=A(A\cap C)=A(B\cap C)=B\cap AC=B\cap BC=B.$$

1.2.7. 证明如果 $x(C\cap B)$ 和 $y(C\cap B)$ 是 $C\cap B$ 在 $C\cap A$ 中的不同陪集, 则 xB 和 yB 是 B 在 A 中的不同陪集.

1.2.8. (1) 设 $hak = h'bk' \in HaK \cap HbK$, $h, h' \in H$, $k, k' \in K$, 则 $a = (h^{-1}h')b(k'k^{-1})$, 其中 $h^{-1}h' \in H$, $k'k^{-1} \in K$. 于是有

$$HaK = H(h^{-1}h')b(k'k^{-1})K = HbK.$$

(2) 我们只证明关于右陪集的结论.

假定 $g \in HaK$, 则 $Hg \subseteq H(HaK) = HaK$. 因此 HaK 由若干个 H 的右陪集的并组成. 设 HaK 包含 n 个 H 的右陪集, 则

$$n = |HaK|/|H|.$$

又显然有

$$|HaK| = |a^{-1}HaK| = |H^aK|.$$

由定理 1.2.12,

$$|H^aK| = \frac{|H^a||K|}{|H^a \cap K|} = \frac{|H||K|}{|H^a \cap K|},$$

于是

$$n = \frac{|H||K|}{|H^a \cap K||H|} = \frac{|K|}{|H^a \cap K|} = |K : H^a \cap K|.$$

1.3 共轭、正规子群和商群

1.3.1. a 的任一共轭元仍为 2 阶元, 故仍为 a. 因此 $a \in Z(G)$.

1.3.2. 因 $|G : H| = 2$, H 在 G 中只有两个陪集, 故 H 的左右陪集相同, 于是 $H \trianglelefteq G$.

1.3.3. 因 $B \cap C \leqslant C$, 故 $B \cap C$ 正规化 C; 又因 $B \cap C \leqslant B$ 及 $A \trianglelefteq B$, 故 $B \cap C$ 正规化 A, 于是 $B \cap C$ 正规化 $A \cap C$, 即 $A \cap C \trianglelefteq B \cap C$.

1.3.4. 因 $AC \leqslant C$, 故 C 正规化 AC. 因 $A \trianglelefteq B$, B 正规化 A; 又因 $C \trianglelefteq G$, B 正规化 C. 于是 B 正规化 AC, 得到 BC 正规化 AC, 即 $AC \trianglelefteq BC$.

如果没有条件 $C \trianglelefteq G$, 有可能 AC 或 BC 不是 G 的子群, 当然谈不到 $AC \trianglelefteq BC$. 即使 AC 和 BC 都是 G 的子群, 结论也不真. 例如, 设 $G = S_4$, A 是 Klein 四元群, $B = A_4$, $C = \langle(12)\rangle$, 则 $A \trianglelefteq B$, AC 是 G 的 Sylow 2-子群, $BC = G$, 有 $AC \ntrianglelefteq BC$.

1.3.5. 证明在商群 G/N 中, $\bar{g}$ 的阶为 1.

1.3.7. 令 π 是 $|H|$ (或 $|K|$) 的所有素因子的集合. 一个自然数叫做 π 数, 如果它的素因子都在 π 中. 证明如果 $N_H(K)$ 或 $N_K(H)$ 中有一个真包含 $H \cap K$, 譬如 $N_H(K)$, 则 $|N_H(K)|$ 仍是整除 $|G|$ 的 π 数, 这与 $(|H|, |G : H|) = 1$ 矛盾.

1.3.8. (1) 由习题 1.3.5，H 中任一元素的阶与 $|G : N|$ 互素，必含于 N.

(2) 考虑子群 HN 的阶，用习题 1.3.7 的思路证明 $|HN| = |H|$.

1.3.9. 先验证两个有限指数子群之交仍有有限指数, 于是有限多个有限指数子群之交也有有限指数. 设 $Ha_1, Ha_2, \cdots, Ha_n$ 是 H 在 G 中的全部右陪集. 令 $N = \bigcap_{i=1}^{n} a_i^{-1}Ha_i$, 则 N 是 G 的有限指数正规子群.

1.3.10. 设 $N = N_G(H)$, 则 $H \trianglelefteq N$ 且 $|N : H|$ 是 $|G : H| = n$ 的因子. 作商群 N/H, 有 $|N/H| \mid n$. 因为 $z \in Z(G)$, 自然有 $z \in N$, 于是 $z^n \in H$.

1.3.11. 由习题 1.3.2, 指数为 2 的子群是正规子群, 故 $N_G(H) \trianglelefteq G$, 且 $H \trianglelefteq N_G(H)$. 同理 $H^x \trianglelefteq N_G(H)$. 在 $N_G(H)$ 中考虑, 得到 $HH^x = H^xH$.

1.3.12. 取 G 的极小子群 H, 则由习题 1.2.2, H 是素数阶群. 如果 $|H| = p$, 则结论已经成立, 故可设 $|H| = q \neq p$. 作商群 G/H, 用归纳法可设 G/H 有 p 阶子群 K/H, 于是 K 是 pq 阶交换群. 用 Lagrange 定理证明 K 必有 p 阶子群.

1.3.13. 首先，由习题 1.3.12 知, 若 G 是交换群, 则 G 含有 p 阶子群. 下面去掉 G 交换的条件来证明 G 含有 p 阶子群. 用对 $|G|$ 的归纳法. 如果 $n = 1$, 结论显然成立. 故下面设 $n > 1$. 如果 G 有指数与 p 互素的真子群 H, 则归纳假设告诉我们 H 有 p 阶子群，结论成立. 如若不然, G 的每个真子群的阶都可与 p 互素。这推出 G 的每个非中心元所在的共轭类长度可被 p 整除. 由推出 $Z(G)$ 的阶可被 p 整除. 因 $Z(G)$ 是交换群，故 $Z(G)$ 含有 p 阶子群，得证.

最后证明 G 的 p 阶子群唯一. 反证，假定 G 有两个不同的 p 阶子群 S 和 T. 由定理 1.2.12, 集合 ST 含有 p^2 个元素, 与 $n < p$ 矛盾.

1.3.14. 用反证法. 设 G 不是单群, 则可取到 $1 \neq N \trianglelefteq G$. 任取 N 的一个非单位元素 x, 则 G 的共轭类 $x^G \leqslant N$, 不能生成 G, 矛盾.

1.3.15. 设 $C_1 = \{1\}, C_2, \cdots, C_k$ 是 G 的全部共轭类. 诸共轭类长度分别为 $1, l_2, \cdots, l_k$. 设 $|G| = n$, 则 $h_i = n/l_i$ 是正整数. 因为 $1 + l_2 + \cdots + l_k = n$, 得到

$$1 = \frac{1}{n} + \frac{1}{h_2} + \cdots + \frac{1}{h_k}.$$

不妨假设 $n \geqslant h_2 \geqslant \cdots \geqslant h_k$, 则 $h_k < k$. 用对 k 的归纳法证明对任意的正数 a, 方程

$$a = \frac{1}{n} + \frac{1}{h_2} + \cdots + \frac{1}{h_k}$$

只有有限多个正整数解, 即可完成本题结论的证明.

1.4 同态和同构

1.4.1. 证明群 G 的阶为 $|H|$ 的子群是唯一的.

1.4.2. 由 Aut(G)=1 得 Inn(G)=1. 据命题 1.7.1, $G = Z(G)$, 即 G 是交换群. 于是映射 $g \mapsto g^{-1}, \forall g \in G$ 是 G 的自同构. 由 Aut(G)=1 推知 $g = g^{-1}, \forall g \in G$, 即 $\exp G \leqslant 2$. 把 G 看成 $GF(2)$ 上的向量空间的加法群 (运算看作加法), 证明若该空间的维数 $\geqslant 2$, 则 G 有非恒等的自同构.

1.5 直积

1.5.1. 证明阶互素的二循环群的直积仍为循环群.

1.5.2. 直接验证.

1.5.3. 直接验证.

1.5.5. 考虑映射 $\alpha : xc^i \mapsto a^i$, $x \in A, i = 0, 1, 2$. 证明 α 是 G 的自同态, 但把 $Z(G) = B$ 映到它之外.

1.5.6. 直接验证.

1.6 一些重要的群例

1.6.1. 显然, a^m 是方程 $x^s=1$ 的解当且仅当 $n \mid ms$, 又当且仅当 $n/(s,n) \mid ms/(s,n)$. 而 $(n,s/(s,n))=1$, 这又等价于 $n/(s,n) \mid m$. 而在 0 和 $n-1$ 之间, 这样的 m 恰有 (s,n) 个.

1.6.2. 只需证反面. 设 M 是 G 的唯一的极大子群. 取 $a \in G \setminus M$, 令 $N=\langle a \rangle$. 因为 N 不属于任何的极大子群, 得 $N=G$. 于是 G 是循环群. 又若 $G=\langle a \rangle$ 不是素数幂阶循环群, 则 $|G|$ 至少有两个不同的素因子 p 和 q. 于是 $\langle a^p \rangle$ 和 $\langle a^q \rangle$ 将是 G 的两个不同的极大子群, 矛盾.

1.6.4. 因为 C 是循环群, 则 $U \operatorname{char} C$. 又, $C \trianglelefteq G$, 则 $U \trianglelefteq G$.

1.6.5. 应用定理 1.6.11 和定理 1.6.14.

1.6.6. 设 $p_1,\cdots,p_s$ 是 $|G|$ 的全部互不相同的素因子. 设 a_i 是 G 的最高阶 p_i-元素, 令 $a=a_1a_2\cdots a_s$. 证明 a 是 G 中阶为 $\exp G$ 的元素.

1.6.8. 应用习题 1.6.5.

1.6.10. 分 p^2 阶循环群和初等交换 p-群两种情形计算之: p^2 阶循环群个数为

$$\frac{p^4-p^2}{p^2-p}=p^2+p,$$

而 p^2 阶初等交换 p-子群只有一个, 故共有 p^2+p+1 个.

1.6.13. 假定 A_4 有 6 阶子群 H, 则因 A_4 中有 8 个 3 阶元, 3 个 2 阶元和 1 个单位元, 推出 H 中必有 3 阶元, 从而有 3 阶子群 K. 又据定理 1.2.12, H 中 3 阶子群必唯一, 于是 H 中恰有两个 3 阶元. 这样, A_4 中的 3 个 2 阶元必都属于 H. 但它们和单位元组成 4 阶子群, 而 Lagrange 定理即得到 $4 \mid 6$, 矛盾.

1.6.14. 证明

(1) S_n 由所有对换生成, 而 $(i,\ j)=(1\ i)(1\ j)(1\ i)$.

(2) 令 $a=(1\ 2\ 3\cdots\ n)(1\ 2)=(2\ 3\cdots\ n)$, 则对 $i=3,\cdots,n$, $a^{-(i-2)}(1\ 2)a^{i-2}=(1\ i)$. 再应用 (1).

(3) A_n 可由所有 3-轮换生成. 证明 3-轮换 $(i\ j\ k)$ 可表成 $(1\ 2\ 3),(1\ 2\ 4),\cdots,(1\ 2\ n)$ 的乘积.

1.6.16. 对任意的 $1 \leqslant x,y,z \leqslant n$, x,y,z 互不相同, 找 A_n 的一个元素 γ 满足 $a^\gamma=x$, $b^\gamma=y$, $c^\gamma=z$(因为 $n \geqslant 5$, 这是可以办到的), 则有 $(a\ b\ c)^\gamma=(x\ y\ z)$.

1.6.17. α 在 S_n 中的共轭类也是在 A_n 中的共轭类的充分必要条件为

$$\frac{|S_n|}{|C_{S_n}(\alpha)|}=\frac{|A_n|}{|C_{A_n}(\alpha)|}=\frac{|S_n|}{2|C_{S_n}(\alpha)\cap A_n|},$$

即 $|C_{S_n}(\alpha)|=2|C_{S_n}(\alpha)\cap A_n|$. 注意到 $|S_n:A_n|=2$, 上述条件等价于 $C_{S_n}(\alpha) \nsubseteq A_n$.

若 $C_{S_n}(\alpha) \subseteq A_n$, 由计算可得 α 在 A_n 中的共轭类长度为它在 S_n 中共轭类长度的一半, 故此时分裂为两个长度相等的共轭类.

最后, 若 α 的轮换分解式中诸轮换长度皆为奇数且互不相等, 譬如设

$$\alpha=(a_1^{(1)}\cdots a_{l_1}^{(1)})(a_1^{(2)}\cdots a_{l_2}^{(2)})\cdots(a_1^{(s)}\cdots a_{l_s}^{(s)}),$$

其中 $l_1,\cdots,l_s$ 为互不相等之奇数. 如果 $\beta\in C_{S_n}(\alpha)$, 即满足 $\beta^{-1}\alpha\beta=\alpha$, 则易推出

$$\beta=(a_1^{(1)}\cdots a_{l_1}^{(1)})^{i_1}(a_1^{(2)}\cdots a_{l_2}^{(2)})^{i_2}\cdots(a_1^{(s)}\cdots a_{l_s}^{(s)})^{i_s},$$

其中 $i_1,\cdots,i_s$ 为适当的整数. 因此 β 为偶置换, 即 $\beta\in A_n$. 反之, 若 α 的轮换分解式不是上述形状, 则存在奇置换 $\beta\in C_{S_n}(\alpha)$.

1.6.18. 用命题 1.6.19 及习题 1.6.17 的结论.

1.6.19. 算出 A_5, A_6 诸共轭类的长度, 并注意到正规子群是若干个共轭类的并.

1.6.20. 令 $\alpha=(12\cdots n)$, 则 $C_{S_n}(\alpha)=C_{S_n}(\langle\alpha\rangle)$. 若 $\beta\in C_{S_n}(\alpha)$, 即 $\beta^{-1}\alpha\beta=\alpha$, 于是有

$$(1^\beta 2^\beta\cdots n^\beta)=(12\cdots n).$$

这样, 对某正整数 $i, 1\leqslant i\leqslant n$, 有

$$\begin{aligned}\beta&=\begin{pmatrix}1 & 2 & \cdots & n-i+1 & n-i+2 & \cdots & n\\ i & i+1 & \cdots & n & 1 & \cdots & i-1\end{pmatrix}\\ &=(12\cdots n)^i\in\langle\alpha\rangle.\end{aligned}$$

1.6.22. 直接验证.

1.6.23. 验证

$$G=\left\{\begin{pmatrix}\eta^k & 0\\ 0 & \eta^{-k}\end{pmatrix},\begin{pmatrix}0 & \eta^k\\ \eta^{-k} & 0\end{pmatrix}\middle|\,\eta=e^{\frac{2k\pi}{n}},\ k=0,1,\cdots,n-1\right\}$$

对矩阵乘法成群, 并且 $G\cong D_{2n}$.

1.6.24. 设 $D_{2^{n+1}}=\langle a,b\rangle$, 有定义关系:

$$a^{2^n}=b^2=1,\quad b^{-1}ab=a^{-1}.$$

又设 $N\trianglelefteq D_{2^{n+1}}$, N 非循环, 则有 $ba^i\in N$, 对某个整数 i. 由 N 的正规性, $(ba^i)^a\in N$. 但

$$(ba^i)^a=a^{-1}ba^{i+1}=b(b^{-1}a^{-1}b)a^{i+1}=ba^{i+2},$$

于是 $a^2=(ba^i)^{-1}(ba^{i+2})\in N$. 这样 $N=\langle a^2,b\rangle$, 或者 $N=\langle a^2,ba\rangle$.

1.6.25. 设 $G=\langle x,y\rangle$, x,y 是两个 2 阶元. 令 $a=xy$, 于是 $\langle a\rangle\trianglelefteq G$, 且 $G=\langle a,x\rangle$ 有二面体群之定义关系.

1.6.26. 反证. 假定结论不真, 则有一极大子群 $M\geqslant C$. 于是 $\bigcup\limits_{g\in G}M^g=G$. 用习题 1.3.14 得出矛盾.

1.6.27. 可设 u,v 不交换. 令 $D=\langle u,v\rangle$, 则 D 是二面体群. 若 $|D|$ 为奇数, 则 D 只有一个对合的共轭类, 于是 u,v 共轭; 若 $|D|$ 为偶数, 则 D 有一个中心对合 w, 它与 u,v 都交换.

1.7 自同构

1.7.1. 可令 $D_8=\langle a,b\rangle$, 有定义关系:

$$a^4=b^2=1,\quad b^{-1}ab=a^{-1}.$$

若 $\alpha\in\mathrm{Aut}(D_8)$, 则 a^α,b^α 亦为 D_8 之生成元并满足同样的定义关系. 由此分析 a^α,b^α 的各种可能性.

1.7.2. 应用和习题 1.7.1 相同的方法.

1.7.3. 最简单的例子是 Z_3 和 Z_4. 它们不同构, 但有同构的自同构群 Z_2.

1.7.4. 考虑 $GF(3)$ 上的三阶对角阵

$$A=\begin{pmatrix}-1&&\\&1&\\&&1\end{pmatrix},B=\begin{pmatrix}1&&\\&-1&\\&&1\end{pmatrix},C=\begin{pmatrix}1&&\\&1&\\&&-1\end{pmatrix}.$$

令 $H=\langle A,B,C\rangle$, 则 H 是 $GL(3,3)$ 中的子群, 它同构于 8 阶初等交换 2-群.

再令

$$D=\begin{pmatrix}0&1&0\\0&0&1\\1&0&0\end{pmatrix}.$$

由计算可得 $D^{-1}AD=B,D^{-1}BD=C,D^{-1}CD=A$. 最后令 $G=\langle H,D\rangle$, 则有 $H\trianglelefteq G$. 这时 $|\mathrm{Aut}(H)|$=168, 而用和习题 1.7.1 相同的方法易证明 $|\mathrm{Aut}(G)|\leqslant 56$.

1.7.5. 取 $M=C_G(N)$.

1.7.7. 对任意的 $g\in G, gg^\alpha\in G_1, g(g^{-1})^\alpha\in G_2$. 再用条件 $(2,|G|)=1$.

1.7.8. 这时 G_1 仍为 G 之子群, 但 G_2 不一定. 对于任意的 $g\in G$, 有 $(g^{-1}g^\alpha)^i\in G_2$, 其中 i 为任意整数. 由 $(2,|G|)=1$, 存在正整数 k 使 $(g^{-1}g^\alpha)^{2k}=g^{-1}g^\alpha$. 令 $y=(g^{-1}g^\alpha)^k$, 易验证 $(gy)^\alpha=gy$, 即 $gy\in G_1$. 于是 $g=(gy)y^{-1}\in G_1G_2$.

1.7.9. 由条件, 对任意的 $g\in G$, 可设 $g^\alpha=h(g)\cdot g$, 其中 $h(g)\in H$. 我们要证 $h(g)\in H^x,\forall x\in G$. 因为 α 是自同构, 有 $(xg)^\alpha=x^\alpha g^\alpha$. 由此得

$$h(xg)xg=h(x)xh(g)g,$$

这推出 $xh(g)x^{-1}=(h(x))^{-1}h(xg)\in H$, 故 $h(g)\in H^x$.

1.7.10. 前一结论由直接验证可得. 为证后一结论, 我们设由 x 诱导出的 G 的内自同构 $\sigma(x)$ 是中心自同构, 则易证 x 满足

$$g^{-1}x^{-1}gx\in Z(G),\qquad \forall g\in G.$$

这说明 $xZ(G)\in Z(G/Z(G))$. 最后验证映射 $\sigma(x)\mapsto xZ(G)$ 即为中心内自同构群到 $Z(G/Z(G))$ 上的同构.

1.7.11. 由 $x^{-1}x^{\alpha}=y^{-1}y^{\alpha}$ 推出 $yx^{-1}=(yx^{-1})^{\alpha}$. 因 α 是无不动点自同构, 得 $yx^{-1}=1$, 即 $y=x$. 这说明映射 $x\mapsto x^{-1}x^{\alpha}$ 是 G 到自身的单射. 由 G 的有限性, 它也必为满射, 即 $G=\{x^{-1}x^{\alpha}\big|x\in G\}$.

1.7.12. 对任意的 $g\in G$, 有

$$(g^{-1}g^{\alpha})^{\alpha}=(g^{\alpha})^{-1}g=(g^{-1}g^{\alpha})^{-1}.$$

由习题 1.7.11, 即得对任意的 $x\in G$ 有 $x^{\alpha}=x^{-1}$. 再据习题 1.7.6, G 是交换群. 最后由 α 是无不动点的推出 $|G|$ 是奇数.

1.7.13. 用 N/C 定理, $G/C_G(N)\lesssim \mathrm{Aut}(N)$. 由 N 循环, 得 $\mathrm{Aut}(N)$ 交换, 故 $C_G(N)\geqslant G'$.

1.7.14. 直接验证.

1.9 Sylow 定理

1.9.1. 验证所有上三角矩阵的集合 P 在矩阵乘法和取逆矩阵之下封闭, 从而 P 是 $GL(n,p)$ 的子群. 计算 P 的阶, 并证明 P 是 Sylow p-子群.

1.9.3. 任取 $P\in \mathrm{Syl}_p(K)$, $g\in G$. 因 $K\trianglelefteq G$ 有 $P^g\leqslant K$. 于是 $\langle P,P^g\rangle\leqslant K$. 因 P^g 也是 K 的 Sylow 子群, 故 P 和 P^g 在 $\langle P,P^g\rangle$ 中共轭, 即 P 是 G 的类正规子群.

1.9.4. 反证, 设 H 不正规. 因 H 次正规, $N:=N_G(H)<G$. 取 $x\in N_G(N)\setminus N$, 则 $H^x\neq H$ 但 $H^x\leqslant N$, 与 H 是 G 的类正规子群矛盾.

1.10 换位子、可解群、p-群

1.10.2. 利用交换群分解定理, 任一非循环之交换群必含有 p^2 阶初等交换 p-群 (对某个素数 p). 再根据域中方程 $x^p=1$ 至多有 p 个解推出所需之结论.

1.10.4. 用对 n 的归纳法.

1.10.5. 非正规子群依共轭关系分成若干类, 每类中的子群个数是 p 的倍数.

1.10.6. 仿照定理 1.10.11 的证法.

1.10.7. 用 N/C 定理.

1.10.8. 用 N/C 定理.

1.10.9. 对 $|G|$ 作归纳法. 设结论对所有阶 $<|G|$ 的群已经成立. 取 G 的 Sylow p 子群 $P_1,\cdots,P_k$ 满足 $P_1\cap\cdots\cap P_k=1$, 但其中任意 $k-1$ 个的交均 >1. 令 $D=P_2\cap\cdots\cap P_k$, 有 $D>1$ 但 $P_1\cap D=1$. 显然可设 $k\geqslant 3$, 故 $D\notin \mathrm{Syl}_p(G)$. 再令 $M=C_G(D)$. 由 P_i 交换, 有 $M\geqslant\langle P_2,\cdots,P_k\rangle$. 考虑商群 M/D. 由 $(P_2/D)\cap\cdots\cap(P_k/D)=1$ 及归纳假设, 存在两个 Sylow p 子群 P_i,P_j 使 $P_i\cap P_j=D$. 令 $P_1\cap M=Q\leqslant P\in \mathrm{Syl}_p(M)$. 由 Sylow 子群的共轭性, 有 $\tilde{P}\in \mathrm{Syl}_p(M)$ 使 $P\cap\tilde{P}=D$. 这时有 $P_1\cap P\cap\tilde{P}=1$, 于是 $(P_1\cap P)\cap(P_1\cap\tilde{P})=1$. 因 $P_1\cap\tilde{P}\leqslant P_1\cap M=P$, 又显然 $P_1\cap\tilde{P}\leqslant P_1$, 故 $P_1\cap\tilde{P}\leqslant P_1\cap P$. 由此得 $P_1\cap\tilde{P}=1$.

1.11 自由群、生成元和关系

1.11.1. 应用例 1.11.6 的结论, 或模仿例 1.11.6 的方法.

1.11.2. 利用 $(ab)^3 = 1$ 推出 $bab = a^{-1}ba^{-1}, ba^{-1}b = aba$. 再由此二式推出 $a(ba^2b) = (ba^2b)a^{-1}$. 由这些关系可推出 G 的任一元素均可表成 a^i, a^iba^j, a^iba^2b 之形状, 其中 i, j=0, 1, 2, 3. 因此 $|G| \leqslant 4 + 4 \times 4 + 4 = 24$. 又, 在 S_4 中令 $a = (1234), b = (12)$, 则 $ab = (234)$, 有关系 $a^4 = b^2 = (ab)^3$=1. 于是 S_4 是 G 的同态像. 因 $|S_4| = 24$, 这使得 $G \cong S_4$.

1.11.3. 由定义关系组可推出以下诸式:

$$\begin{aligned}
&bab = a^{-1}ba^{-1}, \quad ba^{-1}b = aba,\\
&ba^2b = a^{-1}(ba^{-2}b)a^{-1}, \quad ba^{-2}b = a(ba^2b)a,\\
&ba^2ba^2b = a^{-1}(ba^2b)a^{-1}, \quad ba^{-2}ba^{-2}b = a(ba^{-2}b)a,\\
&ba^{-2}ba^2b = a(ba^2ba^{-2}b) = (ba^2ba^{-2}b)a^{-1}.
\end{aligned}$$

应用上面关系推出 G 中元素均可表成

$$a^i,\ a^iba^j,\ a^i(ba^2b)a^j,\ a^i(ba^2ba^{-2}b)$$

之形状, 其中 $i, j = 0, 1, 2, 3, 4$. 于是有 $|G| \leqslant 60$. 又在 A_5 中令 $a = (12345), b = (12)(34)$, 则 $ab = (245)$, 满足关系 $a^5 = b^2 = (ab)^3 = 1$, 于是 A_5 是 G 的同态像. 再由 $|A_5| = 60, |G| \leqslant 60$, 得 $G \cong A_5$.

1.11.4. 先证明 $|G| \leqslant n!$. 用对 n 的归纳法. 令 $H = \langle a_1, a_2, \cdots, a_{n-2}\rangle$. 由归纳假设, $|H| \leqslant (n-1)!$. 于是只需证 $|G:H| \leqslant n$. 考虑 H 的 n 个右陪集 $H, Ha_{n-1}, Ha_{n-1}a_{n-2}, \cdots, Ha_{n-1}a_{n-2}\cdots a_1$. 设法证明用任意的 a_j 右乘这些陪集得到它们的一个置换 (注意, 我们并不需要证明上述 n 个陪集两两不同.)

再在 S_n 中令 $\pi_i = (i\ i+1), i = 1, 2, \cdots, n-1$. 验证 $\pi_1, \pi_2, \cdots, \pi_{n-1}$ 满足与 $a_1, a_2, \cdots, a_{n-1}$ 同样的关系. 于是 S_n 是 G 的同态像. 由 $|S_n| = n!$ 得 $G \cong S_n$.

1.11.5. 设 $G = \langle a_1, \cdots, a_r\rangle$. 令 $b_1 = a_1, \cdots, b_r = a_r, b_{r+1} = {a_1}^{-1}, \cdots, b_{2r} = {a_r}^{-1}$. 则显然 G 中每个元素均可表成诸 b_i 的有限积. 再设 $|G:H| = n$, 且 $1 = x_1, x_2, \cdots, x_n$ 为 H 在 G 中 n 个右陪集的一个完全代表系. 对于任意的 i, j, 若 $x_ib_j \in Hx_k$, 则可令

$$x_ib_j = h_{ij}x_k, \qquad h_{ij} \in H, i = 1, 2\cdots, n; j = 1, 2\cdots, 2r.$$

最后证明 H 可由集合 $\{h_{ij}\}$ 生成.

1.11.6. 设 F 的自由生成系为 $\{x_1, \cdots, x_r\}$, 则 $x_i^{\alpha} \in G = \mathrm{Im}(\beta)$. 因此存在 $h_i \in H$ 使得 $h_i^{\beta} = x_i^{\alpha}$. 如下构造映射 $\gamma: F \to H$: 令 $x_i^{\gamma} = h_i$, 再把 γ 扩展到整个 F 上, 使得 γ 是一个同态 (由 F 是自由群, 这是可能的), 则 γ 即为所求.

第 2 章 群作用、置换表示、转移映射

2.1 群在集合上的作用

2.1.3. 设 Σ 是 N 的一个轨道. 由习题 2.1.2, 对任意的 $x \in G$, Σ^x 也是 $N^x = N$ 的轨道. 由 G 是传递作用, $\Omega = \bigcup\limits_{x\in G} \Sigma^x$. 于是 N 的每个轨道均与 Σ 等长.

2.1.4. 由 G 交换, $G_\alpha \trianglelefteq G$. 由习题 2.1.3, G_α 的所有轨道等长. 但 G_α 有一长为 1 的轨道, 即 $\{\alpha\}$, 故 G_α 的所有轨道长均为 1. 于是 G_α 在 Ω 上作用平凡. 又由作用的忠实性, 得 $G_\alpha = 1$.

2.1.5. 若 $C_G(A) > A$, 则存在交换子群 $B > A$. 由习题 2.1.4, 有 $|A| = |\Omega|, |B| = |\Omega|$. 于是得 $A = B$, 矛盾.

2.1.6. 对任意的 $\alpha \in \Omega$, 以 α 为不动点的群元素有 $|G_\alpha|$ 个. 设 $\Delta_1, \cdots, \Delta_t$ 是 G 在 Ω 上的全部轨道, 则有

$$\begin{aligned}\sum_{x\in G} f_x &= \sum_{i=1}^{t}\sum_{\alpha\in\Delta_i}|G_\alpha| = \sum_{i=1}^{t}|\Delta_i||G_\alpha| \\ &= \sum_{i=1}^{t}|G:G_\alpha||G_\alpha| = \sum_{i=1}^{t}|G| = t|G|.\end{aligned}$$

2.1.7. 首先, 由 $\alpha \in \Gamma$ 得 $\Gamma \neq \phi$. 对任意的 $\gamma \in \Gamma, n \in N_G(G_\alpha)$, 有

$$(\gamma^n)^{G_\alpha} = \gamma^{nG_\alpha n^{-1}n} = \gamma^{G_\alpha n} = \gamma^n,$$

即 $\gamma^n \in \Gamma$. 这说明 $N_G(G_\alpha)$ 把 Γ 变到 Γ, 因此可看成 Γ 上的作用. 最后证明 $N_G(G_\alpha)$ 在 Γ 上传递: 任取 $\alpha, \gamma \in \Gamma$, 由 G 传递, 可找到 $g \in G$ 使 $\alpha^g = \gamma$. 因为

$$\alpha^{gG_\alpha g^{-1}} = \gamma^{G_\alpha g^{-1}} = \gamma^{g^{-1}} = \alpha,$$

故 $gG_\alpha g^{-1} \leqslant G_\alpha$, 比较阶得 $gG_\alpha g^{-1} = G_\alpha$, 于是 $g \in N_G(G_\alpha)$.

2.2　传递置换表示及其应用

2.2.1. 考虑集合 $M = \{(Hg, y) \mid Hg \in \Omega, y \in C(x), Hgy = Hg\}$. $(Hg, y) \in M$ 表示点 Hg 是 $\varphi(y)$ 的不动点, 且 $y \in C(x)$, 亦即 y 属于点 Hg 的稳定子群 H^g 和 $C(x)$ 的交. 用两种方法计算 M 的势. 首先, 由共轭元 $\varphi(y), \varphi(x)$ 应有同样多的不动点, 得 $|M| = |\mathrm{fix}_\Omega(x)| \cdot |C(x)|$. 又, $C(x)$ 中稳定点 Hg 的元素个数应为 $|C(x) \cap H^g| = |(C(x) \cap H)^g| = |C(x) \cap H| = f(x)$, 而 $|\Omega| = |G : H|$, 故又得 $|M| = |G : H| f(x)$. 结合两个等式, 即得所需之结论.

2.2.2. 仿照定理 1.9.3 的证明方法, 但每个等价类的长度可被 p^d 整除.

2.2.3. 设 $P \in \mathrm{Syl}_p(G)$. 若 $P \trianglelefteq G$, 则显然 G 可解. 若 $P \ntrianglelefteq G$, 则必有 p=3 或 7. 考虑 G 在 P 上的置换表示, 证明 G/P_G 可解, 从而得到 G 可解.

2.2.4. 设

$$Q_8 = \langle a, b \mid a^4 = 1, b^2 = a^2, b^{-1}ab = a^{-1}\rangle.$$

容易看出, Q_8 的任一自同构都把 a, b 变为 $\{a, a^{-1}, b, b^{-1}, ab, (ab)^{-1}\}$ 中二不互逆的有序元素. 因此共有 24 种选择. 反之, 任一这样的选择都对应于 Q_8 的一个自同构. 这样 Q_8 有 24 个自同构. 考虑下面的自同构

$$\alpha : a \mapsto b,\ b \mapsto ab; \quad \beta : a \mapsto a^{-1}b,\ b \mapsto b.$$

它们满足关系: $\alpha^3 = \beta^4 = (\alpha\beta)^2 = 1$. 由习题 1.11.2, 满足上述关系的群同构于 S_4, 故 $\mathrm{Aut}(Q_8)$ 的子群 $H = \langle \alpha, \beta \rangle$ 是 S_4 的商群. 因为 H 中有 3 阶元和 4 阶元, 故 $12 \mid |H|$, 于是 H 只能是 S_4.

又解 由上提示已知 Q_8 有 24 个自同构, 即 $|\mathrm{Aut}(Q_8)|=24$. 给出 Q_8 的下述自同构:

$$\alpha: a\mapsto b,\quad b\mapsto a^{-1},$$
$$\beta: a\mapsto b,\quad b\mapsto a,$$
$$\gamma: a\mapsto b,\quad b\mapsto ab.$$

则 $\langle\alpha,\beta\rangle\cong D_8$ 是 $\mathrm{Aut}(Q_8)$ 的 Sylow 2-子群, 而 $\langle\gamma\rangle\cong Z_3$ 是 $\mathrm{Aut}(Q_8)$ 的 Sylow 3-子群. 设法证明上述两个子群都不是 $\mathrm{Aut}(Q_8)$ 的正规子群. 由例 2.2.13 即得结论.

2.3 转移和 Burnside 定理

2.3.1. 不妨设 $p>q$. 若 Sylow p-子群 $P\ntrianglelefteq G$, 则 $N_G(P)=C_G(P)=P$, 应用 Burnside 定理得 G 的 Sylow q-子群正规.

2.3.2. 设 $p<q, Q\in \mathrm{Syl}_q(G)$. 若 $Q\ntrianglelefteq G$, 则 $n_q(G)=p^2$, 并且 $q\mid p^2-1$. 由 $p<q$ 只能有 $p=2,q=3$. 再设 $P\in\mathrm{Syl}_2(G)$, 也假定 $P\ntrianglelefteq G$, 则 P 必非循环 (若否, G 有正规 2-补, 即 $Q\trianglelefteq G$), 且 Q 必为 3^3 阶非交换群 (若否, 用 Burnside 定理可得 $P\trianglelefteq G$). 于是 $|Z(Q)|=3$. 考虑 G 在 Q 上的置换表示, 得 $G/Q_G\lesssim S_4$, 于是 $G/Q_G\cong A_4$. 这推出 $|Q_G|=9$, 并有 $Z(Q)\leqslant Q_G$. (因 $Q_G\trianglelefteq Q$, $Z(Q)$ 是 Q 的唯一的 3 阶正规子群, 故必含于 Q_G). 对 $Z(Q)$ 用 N/C 定理, 得

$$N_G(Z(Q))/C_G(Z(Q))\lesssim Z_2.$$

而 $C_G(Z(Q))\geqslant Q$, 又注意到 G 中没有指数为 2 的子群 (若有这样的子群 K, 则由 $|K|$=54 有 Q char $K, K\trianglelefteq G$, 于是 $Q\trianglelefteq G$), 这使得 $N_G(Z(Q))=C_G(Z(Q))=G$ 或 Q. 若 $C_G(Z(Q))=G$, 则 $Z(Q)\leqslant Z(G)$. 考虑 $\overline{G}=G/Z(Q)$, 由 $|\overline{G}|=2^2\cdot 3^2$ 推知 $\overline{G}$ 有正规 Sylow 子群, 从而设法推出 G 也有正规 Sylow 子群. 故必有 $C_G(Z(Q))=Q=N_G(Z(Q))$. 这时 $Z(Q)$ 有 4 个共轭子群, 并都含于 Q_G. 于是 Q_G 为 9 阶初等交换 3-群. 考虑 P (作为初等交换 2-群) 在 Q_G 的 4 个 3 阶子群上的共轭作用, 它是传递的, 因而是正则的. 任取 $1\neq x\in P$, 有 $o(x)=2$. 再取 $1\neq a\in Q_G$, 令 $a^x=b$, 则 $\langle a\rangle\neq\langle b\rangle$. 但 $b^x=a^{x^2}=a$, 于是有 $(ab)^x=a^xb^x=ba=ab$. 由 $\langle a\rangle\neq\langle b\rangle$ 知 $ab\neq 1$, 故 $\langle ab\rangle^x=\langle ab\rangle$, 与 x 在 Q_G 的 3 阶子群上作用正则相矛盾.

假定 $p>q$, $S_4\times Z_3$ 可作为反例.

2.3.3. 除掉 $|G|=p^a,p^aq,p^2q^2,p^2q^3(p<q),pqr,\cdots$ 等已知可解的情形外, 尚需处理 $|G|=2\cdot3^2\cdot5, 2\cdot3^2\cdot7, 2\cdot3^2\cdot11, 2\cdot3\cdot5^2, 2^2\cdot3\cdot7, 2^2\cdot3\cdot11, 2^2\cdot3\cdot13, 2^2\cdot5\cdot7, 2^3\cdot3^2, 2^3\cdot5^2$ 等 10 种情形. 因 $3^2\cdot5, 3^2\cdot7, 3^2\cdot11, 3\cdot5^2$ 阶群可解, 用定理 1.10.11 的方法可得前 4 种情形的可解性. 应用 Sylow 定理, 对第 5, 8 种情形有 $n_7=1$; 对第 7 种情形有 $n_{13}=1$; 对第 10 种情形有 $n_5=1$. 于是仅剩下 $|G|=2^2\cdot3\cdot11$ 和 $2^3\cdot3^2$ 两种情形. 对前者, 若 $n_{11}=12$, 则由 Burnside 定理, G 有正规 11-补, 于是 G 可解; 而对后者, 若 $n_3\neq1$, 则 $n_3=4$, 考虑 G 在其 Sylow 3-子群的正规化子上的置换表示, 即可得 G 之可解性.

2.3.4. A_5 和 $GL(3,2)$ 分别为 60 阶和 168 阶单群 (后者可参看 4.2), 而 $A_5\times Z_2$ 和 $A_5\times Z_3$ 分别为 120 阶和 180 阶非可解群. 又, 例 2.3.13 中已证没有 180 阶单群, 故只需证没有 120 阶单群. 设 G 为 120 阶单群, 则 $n_5=6$. 在 5 阶群的正规化子上作置换表示, 得

$G \lesssim S_6$. 因 G 是单群, 其元素不能对应于奇置换, 故 $G \lesssim A_6$. 于是 A_6 有指数为 3 的子群, 这与 A_6 是单群矛盾.

2.3.5. 由 Sylow 定理, $n_7 = n_{13} = 1$, 于是 G 中有 91 阶循环正规子群 $\langle a\rangle$. 设 $\langle b\rangle$ 是 G 的 5 阶子群, 则 b 在 $\langle a\rangle$ 上的作用相当于 $\langle a\rangle$ 的一个自同构 β. 显然只能有 $o(\beta)$=1 或 5. 但因

$$\mathrm{Aut}(\langle a\rangle) \cong Z_{\varphi(7)} \times Z_{\varphi(13)} \cong Z_6 \times Z_{12},$$

其中无 5 阶元, 故 $\beta = 1$. 这推出 a, b 可交换, G 为循环群.

2.3.6. 若 $p \nmid |\mathrm{Aut}(G)|$, 自然更有 $p \nmid |\mathrm{Inn}(G)|$. 于是 G 之 Sylow p 子群 $P \leqslant Z(G)$. 由 Burnside 定理推出 G 必 p-幂零. 设 N 是 G 的正规 p-补, 有 $G = P \times N$. 于是 $\mathrm{Aut}(G) \cong \mathrm{Aut}(P) \times \mathrm{Aut}(N)$, 因 $|P| \geqslant p^2$, 故 $|\mathrm{Aut}(G)| \geqslant p$, 矛盾.

2.3.7. 设 G 为单群. 因 $1008 = 2^4 \cdot 3^2 \cdot 7$, 由 Sylow 定理, $n_7 = 8$ 或 36. 设 $P \in \mathrm{Syl}_7(G)$, 若 $n_7 = 8$, 则 $|N_G(P)| = 2 \cdot 3^2 \cdot 7$. 由 N/C 定理, $3 \mid |C_G(P)|$, 于是 G 中有 21 阶元. 考虑 G 在 $N_G(P)$ 上的置换表示, 得 $G \lesssim S_8$. 但 S_8 中无 21 阶元素, 矛盾. 而若 $n_7 = 36$, 则 $|N_G(P)| = 28$. 由 N/C 定理及 Burnside 定理, 可得 $|C_G(P)| = 14$. 在 $C_G(P)$ 中取一 14 阶元 x, 则 $x^2 \in P, o(x^2) = 7$. 再考虑 G 在 $N_G(P)$ 上的置换表示 φ, 由推论 2.2.15, 知 $\varphi(x^2)$ 为 5 个 7-轮换之积. 注意到 $\varphi(G)$ 中无奇置换, 推知 $\varphi(x)$ 为两个 14 轮换和一个 7 轮换的积. 于是 $\varphi(x^7)$ 有 8 个不动点. 由命题 2.2.16, 对于 $N_G(P) - C_G(P)$ 中的任意元素 $y, \varphi(y)$ 的不动点数 $\leqslant 6$, 这推出 x^7 与 y 不共轭. 又因 $C_G(P)$ 中只有一个 2 阶元 x^7, 故在 $N_G(P)$ 中, 与 x^7 共轭的元素仅为 x^7 自身, 应用习题 2.2.1, 有

$$|cl(x^7)| = \frac{|G : N_G(P)| f(x^7)}{|\mathrm{fix}_\Omega(x^7)|} = \frac{36 \cdot 1}{8} = \frac{9}{2},$$

因 $|cl(x)|$ 是整数, 矛盾.

2.3.8. 设 G 不可解, 证明 G 必为非交换单群. 再用定理 2.3.7, 推知 $|G| = 2^r \cdot 3 \cdot r$. 最后若 $r > 5$, 则 $n_r(G) = 1$, 与 G 是单群矛盾.

2.4 置换群的基本概念

2.4.1. 只证第一个结论. 设 $\varphi \in C_{S_G}(R(G))$, 则对任意的 $x \in G$ 有 $\varphi R(x) = R(x)\varphi$. 令 $1^\varphi = a$, 则 $1^{\varphi R(x)} = 1^{=R(x)\varphi}$, 即 $ax = x^\varphi$. 由 x 的任意性, 得 $\varphi = L(a^{-1})$.

2.4.2. 应用命题 2.4.11.

2.4.3. 考虑 G 在 H 的右陪集上的传递置换表示 φ, 则因 H 无核, 表示是忠实的, 即 $G \cong \varphi(G)$. 由 $AH = G$, $\varphi(A)$ 是正则的. 再应用命题 2.4.11. 自行举例说明, 去掉 H 无核的条件结论不再成立.

2.4.4. 仿照定理 1.10.11 的证明方法, 得 G 是 2-幂零的, 于是 G 有奇数阶正规子群 N. 用定理 2.4.18, N 传递, 得级数 n 为奇数.

2.4.5. 由 $|\Omega| = p^n$, 对任一 $\alpha \in \Omega$ 有 $G = G_\alpha P$, 应用 Frattini 论断.

第 3 章 群的构造理论初步

3.1 Jordan-Hölder 定理

3.1.6. 对 H 关于 G 的合成长度 $l_G(H)$ 作归纳法. 于是可设有 G 的子群 K 满足 $H \trianglelefteq K \trianglelefteq G$. 任取 $x \in G$, 则 $H^x \leqslant K$, 并且 $H^x \trianglelefteq K$. 于是 $\langle H, H^x \rangle = HH^x$. 计算 $|HH^x|$:

$$|HH^x| = \frac{|H||H^x|}{|H \cap H^x|} = \frac{|H|^2}{|H \cap H^x|}.$$

故 $|HH^x|$ 的素因子也都是 $|H|$ 的素因子. 由 H 是 Hall 子群, 即得 $|HH^x| = |H|$, 于是 $|H| = |H \cap H^x|$, 由此得 $H = H^x$. 由 x 的任意性得 $H \trianglelefteq G$.

3.1.7. 首先, 易看出若 $A \lhd \lhd\, G, A \leqslant H \leqslant G$, 则 $A \lhd \lhd\, H$. 于是不失普遍性, 可令 $G = \langle A, B \rangle$.

又, 若 A, B 中有一个是 G 的正规子群, 譬如 $A \trianglelefteq G$, 则 $G = AB$. 由 $(|A|, |B|) = 1$, 知 B 为 G 之次正规 Hall 子群, 由第 6 题, $B \trianglelefteq G$, 于是 $G = A \times B$, 结论成立.

对于一般的情形我们用对 $|G : A|$ 的归纳法. 并可假定 $A \ntrianglelefteq G$. 由 $A \lhd \lhd\, G$, 总可找到 G 的子群 H, K 使 $A \trianglelefteq H \trianglelefteq K$, 但 $A \ntrianglelefteq K$. 于是存在 $x \in K$ 使 $A^x \neq A$. 但 $A^x \trianglelefteq H$, 有 $\langle A, A^x \rangle = AA^x$, 并且 $|AA^x| > |A|$. 计算 $|AA^x|$, 由 $(|A|, |B|) = 1$ 可推得 $(|AA^x|, |B|) = 1$. 但 $|G : AA^x| < |G : A|$. 由归纳假设, $G = AA^x \times B$, 于是 $B \trianglelefteq G$, 结论成立. 证毕.

3.1.8. 注意, 由 A, B 无公共合成因子及 $A \cap B$ 亦次正规, 可得 $A \cap B = 1$.

不失普遍性, 亦可设 $G = \langle A, B \rangle$.

假定 $A \trianglelefteq G$. 若亦有 $B \trianglelefteq G$, 则 $G = A \times B$, 结论成立. 若 $B \ntrianglelefteq G$, 则存在子群 H, K 使 $B \trianglelefteq H \trianglelefteq K$, 但 $B \ntrianglelefteq K$. 取 $x \in K$ 使得 $B^x \neq B$, 则 $\langle B, B^x \rangle = BB^x$. 易验证 BB^x 只含有 B 中的合成因子, 于是 $BB^x \cap A = 1$. 这时由 $G = AB = A(BB^x)$ 推出 $|G| = |A||B| = |A||BB^x|, |B| = |BB^x|$, 与 $B \neq B^x$ 矛盾.

对于一般的情形, 仍用对 $|G : A|$ 的归纳法. 仿照习题 3.1.7 提示的方法完成证明.

3.1.10. 由条件, G 有正规子群 $N \cong A_5$, 且 $G/N \cong A_5$. 对 N 用 N/C 定理得

$$G/C_G(N) \lesssim \mathrm{Aut}(N) \cong S_5.$$

由此推得 $G/C_G(N) \cong A_5, C_G(N) \cong A_5$. 因 A_5 是单群, $C_G(N) \cap N = 1$, 故 $G = C_G(N) \times N \cong A_5 \times A_5$.

3.2 Krull-Schmidt 定理

3.2.4. 因 $Z(A \times B) = Z(A) \times Z(B)$, 由 p 群中心非平凡, 立得结论.

3.3 由“小群”构造“大群”

3.3.1. Z_2^3 和 D_8 两种类型.

3.3.2. 设 $G = N * Z_{p^2}$. 令 $N = \langle a, b, c \mid a^p = b^p = c^p = 1, [a, b] = c, [c, a] = [c, b] = 1 \rangle$, $Z_{p^2} = \langle x \rangle$, 则 $G = \langle a, b, x \rangle$. 令 $d = ax$, 则 $d^p = (ax)^p = x^p$, 故 $o(d) = p^2$. 又, $d^b = (ax)^b = acx = ax^{1+p} = d^{1+p}$. 故 $\langle d, b \rangle \cong M$. 于是, $G = \langle d, b \rangle * \langle x \rangle \cong M * Z_{p^2}$.

3.3.3. 由定理 3.3.10,

$$G=\langle a,b\rangle,\ a^{p^n}=1,b^2=1,b^{-1}ab=a^r,$$

其中参数 r 满足关系式 $r^2\equiv 1 \pmod{p^n}$. 因此 $r\equiv \pm 1 \pmod{p^n}$. r 的两个不同值对应于 $G\cong Z_{2p^n}$ 和 D_{2p^n} 两个群.

3.3.4. 定理 1.10.19 和例 3.3.11 已分别确定了 $p=2,3$ 的情况, 故可设 $p\geqslant 5$. 设 G 是一个 $4p$ 阶群, P 是它的正规 Sylow p-子群. 分三种情形: (1) G 交换: Z_{4p} 和 $Z_{2p}\times Z_2$ 两种互不同构的类型. (2) $|C_G(P)|=2p$: 这时 G 有 $2p$ 阶循环子群, 且 G 是 Z_{2p} 被 Z_2 的扩张. 有两种不同构的类型:

$$G=\langle a,b\mid a^{2p}=1,b^2=1,b^{-1}ab=a^{-1}\rangle$$

和

$$G=\langle a,b\mid a^{2p}=1,b^2=a^p,b^{-1}ab=a^{-1}\rangle,$$

(3) $|C_G(P)|=p$: 这时 G 是 Z_p 被 Z_4 的扩张. 此时必有 $p\equiv 1 (\mathrm{mod}\ 4)$, 一种类型, 细节略.

3.3.5. 除掉阶为 $p, p^2, p^3, pq, 4p$ (p,q 是素数) 外, 只有阶为 18 和 30 两种情形. 前者习题 3.3.3 已经处理, 故只剩下确定 30 阶群. 先证明它必存在 15 阶正规子群, 再证任意 15 阶群必循环, 最后确定 30 阶群的结构, 细节略.

3.3.6. 设 $\overline{G}=G/Z(G)$ 是广义四元数群, 则 $\overline{G}=\langle\bar a,\bar b\rangle$, 有关系 $\bar a^{2m}=\bar 1,\bar b^2=\bar a^m,\bar b^{-1}\bar a\bar b=\bar a^{-1}$. 再设 a,b 是 $\bar a,\bar b$ 的原像, 则 $G=\langle a,b,Z(G)\rangle$. 由关系式 $\bar b^2=\bar a^m$ 推出 $a^m=b^2z$, 其中 $z\in Z(G)$. 这推出 a^m 与 b 可交换, 即 $a^m\in Z(G)$. 于是 $\bar a^m=\bar 1$, 矛盾.

3.3.7. 计算正则圈积的阶.

3.3.8. 注意正则圈积和圈积的情况是完全不同的. 为证明正则圈积的情形, 首先应弄清 G 与 H 的正则圈积的构造和乘法规律. 令 $|H|=n$, 且 $H=\{1,h_2,\cdots,h_n\}$, 则

$$G\wr_r H=\{(g_1,\cdots,g_{h_n};h)|g_{h_i}\in G,h\in H\},$$

乘法如下进行:

$$(g_1,\cdots,g_{h_n};h)(g'_1,\cdots,g'_{h_n};h')=(g_1g'_{1^h},\cdots,g_{h_n}g'_{{h_n}^h};hh').$$

注意在上式中 H 的元素作为 G 的元素的脚标. 现在令 $|H_1|=m,|H:H_1|=k$, 并作陪集分解

$$H=\bigcup_{i=1}^{k}x_iH_1,\quad 其中x_1=1.$$

设 $H_1=\{1,h_2,\cdots,h_m\}$, 则 H 的元素可表成

$$H=\{1,h_2,\cdots,h_m,x_2,x_2h_2,\cdots,x_2h_m,\cdots,x_k,x_kh_2,\cdots,x_kh_m\}.$$

按照 H_1 和 H 的元素的上述次序写出 $G_1\wr_r H_1$ 和 $G\wr_r H$ 的元素的一般形状, 再设法找出所需之单同态.

3.3.9. 计算 $G\wr H$ 和 $G_p\wr H_p$ 的阶.

3.3.10. 生成元为 (1 2 3), (1 4 7)(2 5 8)(3 6 9) 和 (1 10 19)(2 11 20) (3 12 21)(4 13 22)(5 14 23)(6 15 24)(7 16 25) (8 17 26) (9 18 27).

3.3.12. 设 $X \in M_n(G)$, g_i 是 X 的第 i 行中的非 0 元素. 令 $D(X) = \mathrm{diag}(g_1, \cdots, g_n)$, 即对角元素依次为 $g_1, \cdots, g_n$ 的 n 级对角矩阵; 再令 $H(X)$ 为把 X 中所有非 0 元素均换成 1 得到的矩阵, 它是置换矩阵, 则有 $X = D(X) \cdot H(X)$. 令

$$H = \{H(X) \mid X \in M_n(G)\}, \ N = \{D(X) \mid X \in M_n(G)\}.$$

则 $H \cong S_n$, 而 $N \cong \underbrace{G \times \cdots \times G}_{n个}$. 最后验证 $H(X)$ 在 N 上的共轭作用相当于定义圈积时 $\alpha(h)$ 在 $G \times \cdots \times G$ 上的作用, 其中 h 为对应于置换矩阵 $H(X)$ 的置换.

3.4 Schur-Zassenhaus 定理

3.4.1. 因 $N \trianglelefteq G$, 有 $NK \leqslant G$. 由 $NK \cdot H = G$, 计算阶, 得

$$|G| = \frac{|N||K||H|}{|NK \cap H|},$$

由此推出 $|K| = |NK \cap H|$. 于是在 NK 中, K 和 $NK \cap H$ 是 N 的两个补. 由定理 3.4.3, 有 $n \in N$ 使 $n^{-1}Kn = NK \cap H$, 于是得 $n^{-1}Kn \leqslant H$.

3.4.2. 因 $M \leqslant O_\pi(G)$, 由 Schur-Zassenhaus 定理 (定理 3.4.3), G/M 的极大 π-子群共轭, 得 G 的极大 π-子群共轭. 而 N 的极大 π'-子群即 G 的 π'-子群.

3.4.3. 设 P 是 N 是 Sylow p-子群, 从而由 Frattini 论断, $N_G(P)N = G$. 从而 G 的每个极大 $\{p, q\}$-子群都在某个 Sylow p-子群的正规化子里. 而 $N_G(P)$ 的极大 $\{p, q\}$-子群对应于它的 Sylow q-子群.

3.4.4.

(1) $\mathcal{K}(G, A) = \{\langle a^2, b\rangle, \langle a^2, ab\rangle\}$.

(2) $\mathcal{K}(G, A) = \{\langle a^2, b\rangle, G\}$.

(3) $\mathcal{K}(G, A) = \{G\}$.

(4) $\mathcal{K}(G, A) = \{\langle a^2, b^2\rangle, \langle a^2, b^2, c\rangle, \langle a^2, b^2, cba\rangle\}$.

3.5 群的扩张理论

3.5.1. 参看本书上册第一版或第二版中第 III 章引理 4.4 的证明.

3.6 $\mathcal{P}$ 临界群

3.6.1. 区别 G 只有一个极大子群和 G 有多于一个极大子群两种情形. 对前者利用习题 1.6.2 及极大子群是单群的条件证明 G 是 p^2 阶循环群; 而对后者, 设 M, N 是 G 的任二不同的极大子群, 先证 $G = M \times N$, 再证 M, N 分别为素数阶循环群, 于是 G 是 pq 阶循环群或 p^2 阶初等交换 p-群.

3.6.2. 如果 $(n, \varphi(n)) \neq 1$, 则或者 n 有平方因子, 或者 n 无平方因子但有二素因子 p, q 满足 $q \mid p - 1$. 对前者, 譬如 $p^2 \mid n$, 令 $G = Z_p^2 \times Z_{n/p^2}$, 则 G 不是循环群; 对后者, 由定理 1.10.12, 存在 pq 阶非交换群 F. 令 $H = F \times Z_{n/pq}$, 则 H 不是循环群.

3.6.3. 因为本习题的条件在取子群下保持, 故极小反例 G 是内循环群. 但由定理 3.6.7, G 不满足本习题的条件, 矛盾.

3.6.4. (1) 由定理 3.6.5, G 是可解群. 取 G 的一个极大的正规子群 N. 因 G/N 是单群, $|G:N|=q$ 是素数. 假定 $|G|$ 可被至少三个不同的素因子整除, 譬如 $q, p_1, \cdots, p_s$, $s \geqslant 2$. 令 P_i 是 G 的 Sylow p_i-子群, Q 是 G 的 Sylow q-子群, 则因 P_1 char N, $N \trianglelefteq G$, 得到 $P_i \trianglelefteq G$. 于是 $\langle Q, P_i\rangle = QP_i$. 因为 $s \geqslant 2$, $QP_i < G$, 得到 Q 和 P_i 元素可交换. 由 N 交换得 G 交换, 矛盾.

(2) 继续 (1), 可设 $|G|$ 被 p 和 q 整除, 且 G 的 Sylow p-子群 $P \trianglelefteq G$, Sylow q-子群 Q 不正规. 我们要证 Q 循环. 假定 Q 不循环, 则 Q 中任一元素 a 不能生成 Q, 于是 $\langle a\rangle P < G$, 故 $a \in C_G(P)$. 由 a 的任意性, $Q \in C_G(P)$, 这推出 G 交换, 矛盾.

3.6.5. 从定理 3.6.7 中列出的内循环群中选出同时也是外循环群者.

第 5 章 幂零群和 p-群

5.1 换位子

5.1.1. 首先证 AB 是 G 的子群, 然后用命题 5.1.2(4).

5.1.3. (1)~(4): 用命题 5.1.2 及 G' 的交换性.

(5) 由 (4) 及 $c \in G'$, 有

$$[b,c,a][c,a,b]=1,$$

于是 $[c,a,b]=[b,c,a]^{-1}=[[b,c]^{-1},a]=[c,b,a]$.

5.2 幂零群

5.2.1. 用定理 5.1.8(2) 及习题 5.1.3(5).

5.2.2. 设 $G=\langle a,b\rangle$, 则 $G=\langle [a,b], G_3\rangle$. 令 $G_5=1$, 我们来证 $G''=1$. 计算 G' 中任意两个元素的换位子, 并注意到 $[G',G_3]=[G_2,G_3] \leqslant G_5=1$.

5.2.5. 有限群 G 幂零等价于定理 5.2.7 的条件 (2), 显然, 这个条件又等价于 G 的任一子群为次正规子群.

5.2.6. (4) 若 G/N_1 和 G/N_2 都是 p-群, 则因

$$G/N_1 \cap N_2 \lesssim (G/N_1) \times (G/N_2),$$

$G/N_1 \cap N_2$ 亦为 p-群.

5.2.7. 注意到 G 是有限群, 必有正整数 n 使得 $G_\infty = G_n$, 而 $G_n = G_{n+1} = G_{n+2} = \cdots$. 设 G/N 为幂零群, 则有正整数 c 使得 $(G/N)_{c+1}=1$, 得 $G_{c+1} \leqslant N$, 自然有 $G_n \leqslant N$. 反之, G/G_n 为幂零群. 这样,

$$G_n = G_\infty = \bigcap \{N \mid N \trianglelefteq G \text{ 且} G/N \text{ 为幂零群}\}.$$

5.2.8. (3) 因 $G/O^p(G)$ 幂零, 故 $G_\infty \leqslant O^p(G)$. 于是 $G_\infty \leqslant \bigcap\limits_{p \mid |G|} O^p(G)$. 为证另一包含关系, 我们令 $H = G_\infty$. 因 G/H 幂零, 故对任意的素数 $p \mid |G|$, G/H 有正规 p-补 C_p/H, 且显然有 $\bigcap\limits_{p \mid |G/H|} C_p/H = 1$, 于是 $\bigcap\limits_{p \mid |G/H|} C_p \leqslant H$. 因 $G/C_p \cong (G/H)/(C_p/H)$ 是 p 群, 故 $C_p \geqslant O^p(G)$. 于是 $\bigcap\limits_{p \mid |G/H|} O^p(G) \leqslant H$, 自然更有 $\bigcap\limits_{p \mid |G|} O^p(G) \leqslant H$.

(4) 由 $G_\infty = G_n = G_{n+1} = \cdots$, 有

$$G_\infty = G_{n+1} = [G_n, G] = [G_\infty, G],$$

故 $G_\infty \leqslant \langle N \trianglelefteq G \mid [N, G] = N \rangle$. 反过来, 设 $N \trianglelefteq G, [N, G] = G$, 则

$$N = [N, G] = [N, G, G] = \cdots = [N, \underbrace{G, \cdots, G}_{n个}] \leqslant G_\infty,$$

得另一包含关系.

5.2.9. 由 G 的有限性, 存在正整数 n 使 $Z_\infty(G) = Z_n(G)$ 其他结论直接验证.

5.2.10. 因 G 是有限群, 故存在正整数 n 使得

$$Z_\infty(G) = Z_n(G) = Z_{n+1}(G) = \cdots,$$

于是 $Z(G/Z_\infty(G)) = Z(G/Z_n(G)) = Z_{n+1}(G)/Z_n(G) = 1$. 故 $Z_\infty(G) \geqslant \bigcap\{N \mid N \trianglelefteq G$ 且 $Z(G/N) = 1\}$. 为证另一包含关系, 只需证由 $N \trianglelefteq G, Z(G/N) = 1$ 可推出 $Z_\infty \leqslant N$. 因 $Z(G/N) = 1$, 有 $Z_n(G/N) = 1$, 即 $Z_n(G)N/N = 1$, 于是 $Z_n(G) \leqslant N$. 但 $Z_n(G) = Z_\infty(G)$, 故 $Z_\infty(G) \leqslant N$.

5.2.11. 用对 $|G|$ 的归纳法. 若 $Z(G) = 1$, 当然也有 $Z_\infty(G) = 1$, 此时结论显然成立. 故可设 $Z(G) \neq 1$, 考虑商群 $\overline{G} = G/Z(G)$. 易验证 $Z_\infty(\overline{G}) = Z_\infty(G)/Z(G)$. 由归纳假设有 $Z_\infty(\overline{G})\overline{A}$ 幂零, 其中 $\overline{A} = AZ(G)/Z(G)$. 于是 $Z_\infty(G)A/Z(G)$ 幂零. 由此推得 $Z_\infty(G)A$ 亦幂零.

5.2.12. 任取 $S \in \mathrm{Syl}_p(G)$, 则 $P \leqslant S$. 由 $G/C_G(P)$ 是 p-群, 有 $G = C_G(P)S$. 令 $P_1 = [P, G]$, 有 $P_1 \trianglelefteq G$, 且 $P_1 \leqslant P$. 因 $G = C_G(P)S$, 有

$$P_1 = [P, G] = [P, C_G(P)S] = [P, S] < P,$$

并且 $C_G(P_1) \geqslant C_G(P)$, 于是 $G/C_G(P_1)$ 仍为 p-群. 再令 $P_2 = [P_1, G], P_3 = [P_2, G], \cdots$. 同法可证必存在正整数 k 使 $P_k = 1$, 即

$$[P, \underbrace{G, \cdots, G}_{k个}] = 1.$$

由此推得 $P \leqslant Z_k(G) \leqslant Z_\infty(G)$.

5.2.13. 设 $\exp(Z_i(G)/Z_{i-1}(G)) = n, a \in Z_{i+1}(G)$, 我们要证明 $a^n \in Z_i(G)$. 这只要证对任意的 $g \in G$, 有 $[a^n, g] \in Z_{i-1}(G)$. 因 $[a, g] \in Z_i(G)$, 故有 $[a, g]^n \in Z_{i-1}(G)$. 设法用换位子公式由此条件推出 $[a^n, g] \in Z_{i-1}(G)$.

本题第二部分证明方法与上面相同.

5.2.14. 设 $x \in Z_2(G)$, 则对任意的 $g, h \in G$ 有

$$[x, g^{-1}, h]^g = 1,\ [h, x^{-1}, g]^x = 1.$$

由 Witt 公式即得 $[g, h^{-1}, a]^h = 1$, 于是 $[a, [g, h^{-1}]] = 1$. 由 g, h 的任意性有 $a \in C_G(G')$. 但 $G' = G$, 故得 $a \in Z_1(G)$.

为造本题第二部分所要求的例子, 先任取一有限幂零群 N, 其幂零类 $c(N) = n$. 设 $|N| = m$, 令 V 为在域 $GF(2)$ 上以 N 的元素为基的 m 维向量空间的加法群. N 的右正则表示的像 $R(N)$ 可看作 V 的一个自同构群. 作 V 和 $R(N)$ 的半直积 G, 验证 G 即满足本题的要求.

5.3　Frattini 子群

5.3.2. 下面的群 G 可作为本题需要的例子:

$$G = \langle a, b\rangle : a^5 = 1, a^4 = 1, b^{-1}ab = a^2.$$

取 $N = \langle a\rangle$, 有 $\Phi(G/N) \cong Z_2$; 但 $\Phi(G) = 1, \Phi(G)N/N = 1$.

5.3.3. 因为 $G_i \trianglelefteq G_1 \times G_2, i = 1, 2$, 故由推论 5.3.5 有 $\Phi(G_i) \leqslant \Phi(G_1 \times G_2)$, 于是得 $\Phi(G_1) \times \Phi(G_2) \leqslant \Phi(G_1 \times G_2)$. 为证相反的包含关系, 只需考虑 $G_1 \times G_2$ 的形如 $M_1 \times G_2$ 和 $G_1 \times M_2$ 的极大子群, 其中 M_i 是 G_i 的极大子群, i=1,2. 证明所有这种类型的极大子群的交已经为 $\Phi(G_1) \times \Phi(G_2)$.

5.4　内幂零群

5.4.1. 证必要性时应用定理 5.4.1(4). 证充分性时分析使定理不真的极小反例 G, 因为定理条件是子群遗传的, 于是 G 是内幂零群. 最后由内幂零群的结构导出矛盾.

5.4.2. 应用习题 5.4.1.

5.4.3. 用定理 5.4.2 的结论和定理 5.4.3 的证明方法. 为造反例考虑四元数群 Q 和 9 阶循环群 $\langle a\rangle$ 的半直积 $Q \rtimes \langle a\rangle$, a 在 Q 上的作用相当于 Q 的下述自同构: 设 $Q = \langle x, y\rangle$, 满足关系 $x^4 = 1, y^2 = x^2, y^{-1}xy = x^{-1}$, 则 $x^a = y, y^a = xy$. 证明这个自同构是 3 阶的, 于是 $a^3 \in Z(G)$. 又, G 中仅有一个 2 阶元 $x^2 = y^2$, 它也在 G 的中心中. 再用 Sylow 定理证明 G 仅有一个 3 阶子群, 即 $\langle a^3\rangle$.

5.4.4. 在定理 5.4.2 给出的内幂零群的构造的基础上找出它同时为外幂零群应满足的条件.

5.4.5. 参看定理 5.4.2 给出的内幂零群的构造, 只需证若 $p = 2$, 也有 $\exp P = 2$. 因这时仍有

$$P = \langle [x, y] \mid x \in P, y \in Q\rangle \text{ 和 } [x^2, y] = 1,$$

又 P 是交换群, 故只需证 $[x, y]^2 = 1$. 但

$$[x, y]^2 = (x^{-1}x^y)^2 = x^{-2}(x^2)^y = [x^2, y] = 1.$$

5.4.6. 因 G 非交换, 可取到 G 的子群 H 为内交换群. 区分 H 为 p-群和非 p-群两种情形, 应用习题 5.4.5 和定理 5.6.2.

5.5 p-群的初等结果

5.5.1. 考虑商群 $G/\mho(G)$, 证明其交换, 于是 $G' \leqslant \mho(G)$.

5.5.2. (2) 对 A 用 N/C 定理, 由 (1) 得 $G/A \lesssim \mathrm{Aut}(A)$. 设 $d(A) = d$, 由定理 5.5.3 有

$$|\mathrm{Aut}(A)| \mid p^{d(a-d)}(p^d - 1)(p^d - p)\cdots(p^d - p^{d-1}).$$

于是 $|G/A| \leqslant p^{d(a-d)} \cdot p^{1+2+\cdots+(d-1)}$. 由此推出

$$n \leqslant d(a-d) + \frac{d(d-1)}{2} + a,$$

再设法证明上不等式右端 $\leqslant \dfrac{a(a+1)}{2}$.

(3) 由 $A \leqslant Z_a(G)$ 及 $[G_a, Z_a(G)] = 1$ 推出 $G_a \leqslant C_G(A) = A$.

(4) 令 $B = \langle A_1, A_2 \rangle$, 有 $A_1 \cap A_2 \leqslant Z(B)$. 设法证明 $B' \leqslant Z(B)$, 于是 $c(B) \leqslant 2$. 据习题 5.2.13, $\exp(B/Z(B))$ 整除 $\exp(Z(B))$, 于是有 $\exp B \leqslant (\exp(Z(B)))^2$. 由此得

$$\exp A_2 \leqslant \exp B \leqslant (\exp(Z(B)))^2 \leqslant (\exp A_1)^2,$$

即 $a_2 \leqslant 2a_1$.

5.5.3. 考虑 p^a 阶初等交换 p-群 A 的全形. 证明其中有 $p^{\frac{a(a+1)}{2}}$ 阶子群 $G = A \rtimes B$. 再证 $C_G(A) = A$, 于是 A 是 G 的极大交换正规子群.

5.5.4. 若 G 交换, 则结论显然不成立. 若 G 不交换, 则二交换极大子群的交是 $Z(G)$, 且 $G/Z(G)$ 是 (p,p) 型交换群. 设 $\overline{M}$ 是 $G/Z(G)$ 的任一 p 阶子群, 则 M 是 G 的交换极大子群.

5.5.5. 反证, 应用引理 5.5.9.

5.5.6. 设 A 是 G 的交换子群, 且 $A \ntrianglelefteq G, |G:A| = p^2$. 取 G 的极大子群 $B > A$. 若 B 交换, 则任取 B 的在 G 中正规的极大子群即为所求. 故可设 B 非交换. 因 $B \trianglelefteq G, A \ntrianglelefteq G$, 故存在 $x \in G$ 使 $A^x \neq A$, 这时必有 $B = \langle A^x, A \rangle, Z(B) = A^x \cap A$, 且 $B/Z(B)$ 为 (p,p) 型群. 在 B 中任取一在 G 中正规的极大子群即可满足本题的要求.

5.6 内交换 p-群、亚循环 p-群和极大类 p-群

5.6.1. 用引理 5.6.1(1), 映射 $a \mapsto [a,x], a \in G'$, 是 G' 到 G' 上的满同态. 再由 G 之有限性, 知该映射为 G' 之自同构. 设 $x^n \in G'$, 则上述映射把 x^n 映到 $[x^n, x] = 1$, 于是必有 $x^n = 1$.

5.6.2. $M_2(2,1,1)$ 可表成二 4 阶循环群的乘积.

5.6.3. 取 $N \trianglelefteq G$ 且 N 为 G' 之极大子群, 则 G/N 为内交换群, 从而 $H' \leqslant N < G'$.

5.6.4. 若 G 非交换, 证明 $G/Z(G) \cong Z_p^2$, 进而证明 $|G'| = p$.

5.6.5. 由于 M_i' $(i = 1,2)$ 是 M_i 的特征子群, 从而 $M_i \trianglelefteq G$. 令 $\overline{G} = G/M_1'M_2'$. 证明 $\overline{G}'$ 至多为 p 阶即可.

5.6.6. 因为 G 是非交换极大类 p-群, $|Z(G)|=p$. 故 $Z(G)$ 属于任一非平凡正规子群. 特别地, $Z(M)\geqslant Z(G)$.

5.6.7. 我们可设 $|G'|\geqslant 2^3$. 如果 $|G'|=2^4$, 则 $|G:G'|=4$, 由定理 5.6.12, G 是极大类 2 群, 得到 G' 循环. 再设 $|G'|=2^3$. 取 $N\leqslant G'$ 满足 $|N|=4$ 并且 $N\trianglelefteq G$, 则 $G/C_G(N)\lesssim \mathrm{Aut}(N)$, 并因此 $|G/C_G(N)|\leqslant 2$. 于是 $N\leqslant Z(G')$, 得到 G' 交换.

5.9　正规秩为 2 的 p-群

5.9.1. 由本题条件得 $n_r(G)=2$, 再利用定理 5.9.2.

5.9.2. 任取 G 的 p^3 阶正规子群 K, 则由定理 5.5.7, $K\leqslant Z_3(G)$. 因 $Z_3(G)$ 亚循环, 推知 $n_r(G)=2$, 并且 G 没有方次数为 p 的 p^3 阶正规子群. 再利用定理 5.9.2.

第 6 章　可　解　群

6.1　π-Hall 子群

6.1.1. 应用 Jordan-Hölder 定理.

6.1.2. 用归纳法. 取 G 的一个极小正规子群 N, 则 N 是 π-群或 π'-群. 区分 $N\leqslant M$ 和 $N\not\leqslant M$ 两种情形证明之. 前者考虑商群 G/N, 用归纳假设; 后者利用等式 $G=NM$.

6.1.3. 用反证法. 设 H 不是 G 的 Hall 子群, 则存在素数 $p\mid |H|$ 以及 $P_1\in \mathrm{Syl}_p(H), P\in \mathrm{Syl}_p(G)$ 使得 $1<P_1<P$. 取 $1\neq x\in Z(P)$, 证明 $x\in P_1$, 但 $C_G(x)\not\leqslant H$, 矛盾.

6.1.4. 设 G 为 π-可解, 则 G 的每个子群亦 π-可解. 特别地, G 的 π-Hall 子群 π- 可解, 于是它必可解. 反过来, 由 π-Hall 子群可解推出 G 必 π-可解用对 $|G|$ 的归纳法. 任取 G 的极小正规子群 N, 证明 N 或为 π'-群, 或为 p-群, 其中 $p\in\pi$. 然后用归纳假设.

6.1.5. 因 $N_G(A)\geqslant C_G(A), N_G(A)\geqslant P$, 若在 $N_G(A)$ 中考虑, A 是正规子群, 且 $C_{N_G(A)}(A)=C_{\mathrm{G}}(A)$. 故不失普遍性, 可令 $A\vartriangleleft G$. 再证明 $A\in \mathrm{Syl}_p(C_G(A))$. 最后用 Schur-Zassenhaus 定理证明 A 在 $C_{\mathrm{G}}(A)$ 中有补 $O_{p'}(C_G(A))$, 且 $C_G(A)=A\times O_{p'}(C_G(A))$.

6.1.6. 用反证法. 令 $C=C_G(O_\pi(G))$. 若 $C\not\leqslant O_\pi(G)$, 则 $CO_\pi(G)/O_\pi(G)>1$. 由 $CO_\pi(G)\trianglelefteq G$ 及 G 的 π-可分性, 存在 $1<M/O_\pi(G)<CO_\pi(G)/O_\pi(G)$, 使 $M/O_\pi(G)$ 是 G/O_π 的 π'-正规子群. 用 Schur-Zassenhaus 定理, $O_\pi(G)$ 在 M 中有补 N, 且 $M=N\times O_\pi(G)$, N 是 π'-群. 易证 $N\trianglelefteq G$, 于是 $N\leqslant O_{\pi'}(G)$, 与 $O_{\pi'}(G)=1$ 矛盾.

6.1.7. 应用习题 6.1.6.

6.2　Sylow 系和 Sylow 补系

6.2.1. 考虑 Sylow 系和 Sylow 补系的关系.

6.3　π-Hall 子群的共轭性问题

6.3.1. 设 G 是使结论不真的最小阶反例, N 是 G 的任一极小正规子群. 若 N 是 π'-群, 则结论对 G/N 成立. 再利用 Schur-Zassenhaus 定理即可得出矛盾. 若有 $p\in\pi, p\mid |N|$, 令 $P\in \mathrm{Syl}_p(N)$. 如果 $P=N$, 考虑商群 G/N 易推出结论对 G 成立, 矛盾. 如果 $P\neq N$,

则 $P \ntrianglelefteq G, N_G(P) < G$. 易验证 $N_G(P)$ 的主因子的阶仍至多含 π 中一个素因子, 于是结论对 $N_G(P)$ 成立. 但 $N_G(P)$ 的 π-Hall 子群 H 亦为 G 之 π-Hall 子群. 故 G 中存在可解 π-Hall 子群 H. 再设 H_1 是 G 的另一 π-Hall 子群. 令 $P_1 = H_1 \cap N$, 证明 $P_1 \trianglelefteq H_1$, 且 $P_1 \in \mathrm{Syl}_p(N)$. 由 Sylow 定理, 存在 $x \in N$ 使 ${P_1}^x = P$. 于是 $P \trianglelefteq {H_1}^x$, 即 ${H_1}^x \leqslant N_G(P)$. 由 G 之极小性得 H 和 ${H_1}^x$ 在 $N_G(P)$ 中共轭, 于是 H 和 H_1 在 G 中共轭, 矛盾.

6.3.2. 由 G π-可分, 或者 $O_\pi(G) \neq 1$, 或者 $O_{\pi'}(G) \neq 1$. 因为 π-可分性和 π'- 可分性等价, 故不失普遍性可令 $O_\pi(G) \neq 1$. 考虑 $\overline{G} = G/O_\pi(G)$. 用归纳法, 可假定 $\overline{G}$ 存在 π-Hall 子群 $H/O_\pi(G)$ 和 π'-Hall 子群 $U/O_\pi(G)$. 这时 H 即为 G 的 π-Hall 子群. 再应用 Schur-Zassenhaus 定理, U 中存在 π'-Hall 子群 K, 比较阶知 K 就是 G 的 π'-Hall 子群.

和存在性的证明一样, 为证 π-Hall 子群 (π'-Hall 子群) 的共轭性仍可设 $O_\pi(G) \neq 1$. 令 $\overline{G} = G/O_\pi(G)$. 由于 $\overline{G}$ 的 π-Hall 子群和 π'-Hall 子群同构于 G 的相应子群的同态像, 故定理的条件对 $\overline{G}$ 也成立. 于是用归纳法可假定 $\overline{G}$ 的所有 π-Hall 子群和 π'-Hall 子群彼此共轭. 这立即推出 G 的 π-Hall 子群彼此共轭. 而对 G 的任意的两个 π'-Hall 子群 K_1, K_2 有 $\overline{K}_1 = K_1O_\pi(G)/O_\pi(G)$ 和 $\overline{K}_2 = K_2O_\pi(G)/O_\pi(G)$ 是 $\overline{G}$ 的 π'-Hall 子群. 由 $\overline{K}_1$ 和 $\overline{K}_2$ 共轭, 存在 $g \in G$ 使 $K_1^gO_\pi(G) = K_2O_\pi(G) = M$. 因为 K_1^g, K_2 是 M 的 π'-Hall 子群, 据 Schur-Zassenhuas 定理得 K_1^g 和 K_2 在 M 中共轭, 于是 K_1 和 K_2 在 G 中共轭.

而命题 6.3.5 的证明可不加改变.

6.4 Fitting 子群

6.4.1. 由 $F(G)$ 是 p-群推知 $O_{p'}(G) = 1, F(G) = O_p(G)$. 于是 $O_p(G/F(G)) = 1$, 故 $F(G/F(G))$ 是 p'-群.

6.4.2. 用定理 6.4.10(2).

6.4.3. 用定理 6.4.10(2) 及 $F(G)$ 的定义.

6.4.4. 设 H 是 G 的一个幂零次正规子群. 如果 $H \trianglelefteq G$, 自然有 $H \leqslant F(G)$. 若 $H \ntrianglelefteq G$, 取 $N \trianglelefteq G$ 满足 $H \leqslant N < G$. 由归纳法有 $H \leqslant F(N)$. 但 $F(N)$ 是 G 的幂零正规子群, 故 $F(N) \leqslant F(G)$, 于是也得到 $H \leqslant F(G)$. 因为幂零正规子群也是幂零次正规子群, 因此 $F(G)$ 由 G 的所有幂零次正规子群生成.

6.7 特殊可解群的构造

6.7.1. 令 $\overline{G} = G/\Phi(O_p(G))$, 先证明 $O_{p'}(\overline{G}) = \overline{1}$, 再应用习题 6.1.6(取 $\pi = \{p\}$).

6.7.2. (1) 由 G 为 p-可解及 $O_{p'}(G) = 1$ 知 $O_p(G) \neq 1$. 再用习题 6.1.6.

(2) 由 $Z(P) \leqslant C_G(O_p(G)) \leqslant O_p(G)$ 立得.

(3) 由 (2) 及 $Z(O_p(G)) \trianglelefteq G$ 得 $Z(P)^G \leqslant Z(O_p(G))$.

(4) 用 N/C 定理于 $O_p(G)$.

(5) 首先, 应熟知下列事实: 1) 循环 2 群及 2^n 阶 ($n \geqslant 3$) 的二面体群的自同构群仍为 2 群; 2) 2^n 阶 $n \geqslant 3$ 的二面体群中的 2^{n-1} 阶循环子群是唯一的, 且它的每个子群都是正规子群; 但 2^n 阶二面体群只有两个非循环的正规子群, 它们是 2^{n-1} 阶的二面体群 (对不熟悉上述事实的读者请先证明这些结论).

现在设 P 循环或为阶≥16 的二面体群, 则 $O_p(G)$ 循环或为阶≥8 的二面体群. 因为 $p=2$, p-可解等价于可解. 于是 $F(G)=O_p(G)$. 由定理 6.4.3(3), $C_G(O_p(G))\leqslant O_p(G)$. 对 $O_p(G)$ 用 N/C 定理, 即得到 G 是 2 群, 从而 $G=P$.

再设 P 为 8 阶二面体群, 由 $O_p(G)$ 循环或 $O_p(G)=P$ 可推出 $G=P\lneqq S_4$; 而由 $O_p(G)$ 为 4 阶初等交换 2-群可推出 G 同构于 $O_p(G)$ 的全形的子群, 但 $O_p(G)$ 的全形同构于 S_4.

最后设 P 是四元数群, 若 $O_p(G)$ 循环仍可推出 $G=P$, 矛盾, 故必有 $O_p(G)=P$. 此时有 $G=O_{pp'}(G)$.

6.7.3. 设结论不真, 并设 G 是最小阶反例. 取 G 的极小正规子群 N, 则

(1) $N\in \mathrm{Syl}_p(G)$: 由 G 可解, N 必为素数幂阶群. 若 $|N|=q^n, q\neq p$, 则 G/N 有 p-补 K/N, K 即为 G 之 p-补; 若 $|N|=p^i, N\notin \mathrm{Syl}_p(G)$, 则同样 G/N 有 p-补 $K/N, K<G$. 由 G 的极小性, K 亦有 p-补 K_1, K_1 即为 G 之 p-补, 都与 G 无 p-补相矛盾.

(2) 令 $\overline{G}=G/N$, M/N 是 $\overline{G}$ 的极小正规子群, 则 M/N 是素数幂阶群. 譬如令 $|M/N|=q^s$, 有 $q\neq p$. 设 $Q\in \mathrm{Syl}_p(M)$, 则 $M=QN$. 用 Frattini 论断, 有 $G=N_G(Q)M=N_G(Q)N$. 因 $Q\ntrianglelefteq G$, 故 $N_G(Q)<G$. 取 $N_G(Q)$ 的 p-补 K, 则 K 为 G 之 p-补. 矛盾.

6.7.4. 仿照命题 1.9.6 和命题 1.9.9 的证明. 并适当推广 Frattini 论断 (定理 1.9.5).

6.7.5. 若 G 中有一 4 阶子群或 3 阶子群是正规的, 则 G 在存在 12 阶子群. 若否, 则 $x^4=1$ 在 G 中至少有 8 个解, $x^3=1$ 在 G 中至少有 6 个解. 与 $x^{12}=1$ 恰有 12 个解相矛盾.

6.7.6. (1) 对 $|G|$ 的任一素因子 p, 因 G 的 Sylow p-子群可补, 故 G 有 p'-Hall 子群. 由定理 6.1.2 得到 G 的可解性.

(2) 设 H 是 G 的任一子群, $A\leqslant H$. 因 A 在 G 中可补, 存在 G 的子群 B 满足 $AB=G$, $A\cap B=1$. 令 $K=B\cap H$, 则 $AK=A(B\cap H)=AB\cap H=G\cap H=H$. 又, 显然有 $A\cap K=1$, 故 A 在 H 中有补, 即 H 是可补群. 至于可补群的商群仍可补, 二可补群的直积可补都是显然的.

(3) 因为可补群的商群也可补, 故只需证明可补群 G 的极小正规子群是素数阶循环群即可. 设 N 是 G 的一个极小正规子群, 并设 $N=Z_p^n$, $n>1$. 取 N 的一个 p 阶子群 P, 则 P 有补 M. 令 $S=M\cap N$, 则 $1\neq S\trianglelefteq M$. 又因 N 交换, $S\trianglelefteq N$, 得 $S\trianglelefteq NM=G$. 与 N 是极小正规子群矛盾.

第 7 章　有限群表示论初步

7.1　群的表示

7.1.2. 直接验证.

7.1.3. 设 V 是对应置换表示 $\boldsymbol{P}$ 的 G 空间, 并设 $v_1,\cdots,v_n$ 是 V 的一组基. 证明 $\langle v_1+\cdots+v_n\rangle$ 是 V 的一维 G 子空间.

7.1.4. 令 X 是对应于 $\mathbf{X}$ 的线性表示, V 是表示空间. 把 V 看成 G-空间, 则 V 是不可约 G-空间. 我们只需证明 $S=\sum\limits_{a\in G}X(a)=0$. 易验证 $SX(t)=X(t)S, \forall t\in G$, 即 $v^{St}=v^{tS}$,

$\forall v \in V$. 于是 S 是 V 的 G-自同态. 取 S 的一个特征值 $\lambda \in \mathbb{C}$, 令 W 是对应于 λ 的特征子空间, 易验证 W 是 V 的 G-子空间. 由 V 的不可约性, $W = V$, 即 $S = \lambda \cdot 1$.

因为 X 不是主表示, 可取 $t \in G$ 使得 $X(t) \neq X(1)$. 由 S 与 $X(t)$ 乘法可换, 并且 $SX(t) = S$, $\forall t \in G$, 得 $S(X(t) - 1) = 0$, 即 $\lambda(X(t) - 1) = 0$. 这推出 $\lambda = 0$, 最终得到 $S = \lambda \cdot 1 = 0$.

7.1.5. 应用习题 7.1.3.

7.1.6. 直接验证.

7.1.8. 直接验证.

7.2 群代数和模

7.2.1. 由定义直接验证.

7.3 不可约模和完全可约模

7.3.1. 参看 M. Hall 的《群论》中定理 16.3.1 的第二个证明.

7.3.2. 任取 V 的一个 Hermite 内积 f_1, 令

$$f(v_1, v_2) = \sum_{a \in G} f_1(v_1 a, v_2 a), \qquad \forall v_1, v_2 \in V,$$

则 f 即满足要求.

7.3.3. 取习题 7.3.2 中的 Hermite 内积, 设 U 是 V 的 G-子空间, 则 $V = U \oplus U^{\perp}$, 而 $U^{\perp}$ 也是 G-子空间.

7.3.4. 由定义直接验证.

7.3.5. 这个问题对偶于定理 7.3.6(2). 证明时注意我们所谓的模都是有限维的.

7.4 半单代数的构造

7.4.1~7.4.3. 作为一组课外练习题, 必要时参看有关的表示论书籍.

7.4.4 应用习题 7.4.3.

7.5 特征标、类函数、正交关系

7.5.1. 设 $\boldsymbol{X}$ 是对应于特征标 χ 的 G 的矩阵表示. 对于任意复矩阵 $\boldsymbol{A} = (a_{ij})$, 规定 $\boldsymbol{A}^{\sigma} = ({a_{ij}}^{\sigma})$. 考虑映射

$$\boldsymbol{X}^{\sigma} : a \mapsto \boldsymbol{X}(a)^{\sigma}, \qquad a \in G.$$

证明 $\boldsymbol{X}^{\sigma}$ 是 G 的表示, 且它对应的特征标为 χ^{σ}.

7.5.2. 设

$$\boldsymbol{A} = \begin{pmatrix} a_{11} & \cdots & a_{1m} \\ \vdots & & \vdots \\ a_{m1} & \cdots & a_{mm} \end{pmatrix} \text{ 和 } \boldsymbol{B} = \begin{pmatrix} b_{11} & \cdots & b_{1n} \\ \vdots & & \vdots \\ b_{n1} & \cdots & b_{nn} \end{pmatrix}$$

是任意两个复矩阵. 规定

$$\boldsymbol{A}\otimes\boldsymbol{B}=\begin{pmatrix} a_{11}\mathbf{B} & \cdots & a_{1m}\mathbf{B} \\ \vdots & & \vdots \\ a_{m1}\mathbf{B} & \cdots & a_{mm}\mathbf{B} \end{pmatrix},$$

叫做 $\boldsymbol{A}$ 和 $\boldsymbol{B}$ 的 Kronecker 积. 现在设 $\boldsymbol{X},\boldsymbol{Y}$ 分别为对应于特征标 χ,ψ 的矩阵表示. 证明映射

$$\boldsymbol{X}\otimes\boldsymbol{Y}: a\mapsto \boldsymbol{X}(a)\otimes\boldsymbol{Y}(a),\qquad a\in G,$$

仍为 G 的表示, 并且有特征标 $\chi\psi$.

(2) 利用

$$\langle\chi\psi,1_G\rangle=\frac{1}{g}\sum_{a\in G}\chi(a)\psi(a)=\frac{1}{g}\sum_{a\in G}\chi(a)\overline{\chi(a)}=\langle\chi,\chi\rangle.$$

7.5.4. (1) 因 A 交换, χ 可分解为若干个线性特征标的和. 设

$$\chi=\sum_{i=1}^{m}n_i\lambda_i,$$

其中 n_i 为正整数, $\lambda_1,\cdots,\lambda_m$ 为两两不同的 H 的线性特征标, 则

$$\frac{1}{|A|}\sum_{a\in A}|\chi(a)|^2=\langle\chi,\chi\rangle=\left\langle\sum_{i=1}^{m}n_i\lambda_i,\sum_{i=1}^{m}n_i\lambda_i\right\rangle=\sum_{i=1}^{m}{n_i}^2.$$

因 $\displaystyle\sum_{i=1}^{m}{n_i}^2\geqslant\sum_{i=1}^{m}n_i=\chi(1)$, 故得所需之结论.

(2) 由

$$1=\langle\chi,\chi\rangle_G=\frac{1}{|G|}\sum_{a\in G}|\chi(a)|^2\geqslant\frac{|A|}{|G|}\frac{1}{|A|}\sum_{a\in A}|\chi(a)|^2\geqslant\frac{|A|}{|G|}\chi(1)$$

立得结论.

7.5.5. 设 G 是非交换单群, 有二级不可约特征标 χ, 则因 $\chi(1)\mid|G|$, 知 $|G|$ 为偶数. 于是 G 中有 2 阶元. 若 G 只有一个 2 阶元, 则它必属于中心 $Z(G)$, 与 G 是单群矛盾. 故 G 至少有两个 2 阶元 a,b. 假定 $\boldsymbol{X}$ 是对应于 χ 的矩阵表示, 则由 G 是单群, $\boldsymbol{X}$ 必为忠实表示, 即 $\boldsymbol{X}(a)\neq\boldsymbol{X}(b)$. 再考虑习题 7.1.1 中给出的线性表示 $\det\boldsymbol{X}$. 由 G 是单群, $\det\boldsymbol{X}=1_G$. 于是 $\det\boldsymbol{X}(a)=\det\boldsymbol{X}(b)=1$. 最后, 因 $\boldsymbol{X}(a),\boldsymbol{X}(b)$ 必相似于二级对角阵, 且对角元素为 ±1, 考虑到 $\det\boldsymbol{X}(a)=\det\boldsymbol{X}(b)=1$ 及 $\boldsymbol{X}$ 的忠实性, 有 $\boldsymbol{X}(a),\boldsymbol{X}(b)$ 相似于

$$\begin{pmatrix} -1 & \\ & -1 \end{pmatrix}=-\boldsymbol{I},$$

因而必有 $\boldsymbol{X}(a)=-\boldsymbol{I},\boldsymbol{X}(b)=-\boldsymbol{I}$, 与 $\boldsymbol{X}(a)\neq\boldsymbol{X}(b)$ 矛盾.

7.5.6. 设 G 有二级不可约特征标 χ. 证明 $\chi|_{G'}$ 是 G' 的不可约特征标, 应用习题 7.5.5 导出矛盾.

7.5.7. 若 a 和 a^{-1} 共轭, 则 $\chi(a)=\chi(a^{-1})=\overline{\chi(a)}$, 于是 $\chi(a)$ 是实数. 反之, 若对 G 之任一特征标 χ, 恒有 $\chi(a)$ 为实数, 即 $\chi(a)=\overline{\chi(a)}=\chi(a^{-1})$. 则由第二正交关系及

$$\sum_{\chi\in\mathrm{Irr}(G)}\chi(a^{-1})\overline{\chi(a)}=\sum_{\chi\in\mathrm{Irr}(G)}(\chi(a))^2>0,$$

推知 a 和 a^{-1} 必共轭.

7.5.8. 设 $a\neq 1$ 是 G 中的实元素, 且 $|G|$ 为奇数, 则 $a\neq a^{-1}$, 且存在 $b\in G$ 使 $b^{-1}ab=a^{-1}$. 由此推出 $b^{-2}ab^2=a$, 即 $b^2\in C_G(a)$. 但因 $|G|$ 是奇数, $o(b)$ 亦为奇数, 故得 $b\in C_G(a)$, 即 $b^{-1}ab=a$, 与 $a\neq a^{-1}$ 矛盾.

7.5.9. 设 $\boldsymbol{X}$ 是对应于 χ 的 G 的矩阵表示. 对于任意的 $t\in C_G(H)$, 有 $\boldsymbol{X}(t)\boldsymbol{X}(h)=\boldsymbol{X}(h)\boldsymbol{X}(t),\forall h\in H$. 因 $\chi|_H$ 是 H 的不可约特征标, 由推论 4.5.5(5) 有 $\boldsymbol{X}(t)=\lambda\boldsymbol{I},\lambda\in\mathbb{C}$. 于是 $\boldsymbol{X}(t)\in Z(\boldsymbol{X}(G))$. 由 $\boldsymbol{X}$ 是 G 的忠实表示, 得 $t\in Z(G)$.

7.5.10. 由题设条件, 可令 $\chi=\lambda r_G,\lambda\in\mathbb{C}$. 因 χ 是 G 的特征标. 有 $\langle\chi,1_G\rangle=\langle\lambda r_G,1_G\rangle=\lambda$ 是非负整数. 但显然 $\lambda\neq 0$, 于是 λ 是正整数. 因此由 $\chi(1)=\lambda|G|$, 得 $|G|\ \big|\ \chi(1)$.

7.5.11.(1) 由第一正交关系得

$$|G|=\sum_{a\in G}|\chi(a)|^2\geqslant\sum_{a\in A}|\chi(a)|^2=|A|\langle\chi,\chi\rangle_A\geqslant|A|\chi(1)=|A||G:A|=|G|,$$

于是上式中“$\geqslant$”号全应为等号. 特别地, $\chi(a)=0,\forall a\in G-A$.

(2) 选 $1\neq a\in A$ 使 $\chi(a)\neq 0$. 则对于 a 的任一共轭元 a^x, 亦有 $\chi(a^x)\neq 0$, 于是由 (1) 有 $a^x\in A$. 令 $N=\langle a^x\ \big|\ x\in G\rangle$, 则 N 即为所求.

7.5.12. 据习题 7.5.7, a 是实元素. 再用习题 7.5.8.

7.6 诱导特征标

7.6.3. 设 $\psi\in\mathrm{Irr}(H)$, 且 $\psi(1)=b(H)$. 任取 ψ^G 的一个不可约成分 χ, 则有 $\langle\chi,\psi^G\rangle_G>0$, 于是又有 $\langle\chi|_H,\psi\rangle_H>0$, 即 ψ 是 $\chi|_H$ 的不可约成分, 故 $\chi(1)\geqslant\psi(1)=b(H)$, 因此 $b(G)\geqslant b(H)$.

设 $\chi\in\mathrm{Irr}(G)$, 且 $\chi(1)=b(G)$. 任取 $\chi|_H$ 的一个不可约成分 ψ, 则有 $\langle\chi|_H,\psi\rangle_H>0$, 于是又有 $\langle\chi,\psi^H\rangle_G>0$, 即 χ 是 χ^H 的不可约成分. 故 $\chi(1)\leqslant\psi^H(1)=|G:H|\psi(1)\leqslant|G:H|b(H)$, 因此 $b(G)\leqslant|G:H|\cdot b(H)$.

7.6.5. $\Longrightarrow$: 由 $H\trianglelefteq G$, 验证对 H 的任一特征标 φ 均有 $\varphi^G(a)=0,\forall\in G-H$. 特别地有 χ 在 $G-H$ 上取零值. 现在设 ψ_i 是 $\chi|_H$ 的一个不可约成分, 并设 $\langle\chi|_H,\psi_i\rangle_H=r>1$. 于是 $\langle\chi,{\psi_i}^H\rangle_G=r>1$. 特别地, ${\psi_i}^H(1)=r\chi(1)>\chi(1)=|G:H|\psi(1)$, 于是 $\psi_i(1)>\psi(1)$. 但由习题 7.6.4$\psi_i(1)\leqslant\psi(1)$, 矛盾.

$\Longleftarrow$: 由 χ 在 $G-H$ 上取零值, 得

$$1=\langle\chi,\chi\rangle_G=\tfrac{1}{|G|}\sum_{a\in G}|\chi(a)|^2=\frac{1}{|G:H|}\cdot\frac{1}{|H|}\cdot\sum_{a\in H}|\chi(a)|^2=\frac{1}{|G:H|}\langle\chi|_H,\chi|_H\rangle_H,$$

即 $\langle\chi|_H,\chi|_H\rangle_H=|G:H|$. 再设

$$\chi|_H=\psi_1+\cdots+\psi_m,$$

其中 ψ_i 是 H 的不可约特征标, 且 $\psi_1(1) \leqslant \cdots \leqslant \psi_m(1)$. 因 $1 = \langle \chi|_H, \psi_1\rangle_H = \langle \chi, {\psi_1}^H\rangle_G$, 有 ${\psi_1}^H(1) \geqslant \chi(1)$, 即 $|G:H|\cdot\psi_1(1) \geqslant \chi(1)$. 又因 $\psi_1, \cdots, \psi_m$ 两两不同, 计算 $\langle \chi|_H, \chi|_H\rangle_H$ 可得 $m = |G:H|$, 故必有 $\psi_1(1) = \cdots = \psi_m(1) = \dfrac{1}{|G:H|}\chi(1)$. 由此推出 $\chi = {\psi_1}^H = \cdots = {\psi_m}^H$.

7.6.6. 可设 $\chi(1) = a + b, \chi(t) = a, \forall t \in G$, 其中 a, b 是适当的复常数. 由此有

$$\chi = a1_G + br_G = a1_G + b\sum_{\varphi\in \mathrm{Irr}(G)} \varphi(1)\varphi.$$

因为 χ 是 G 的特征标, 易证 a, b 是整数且 $b \geqslant 0, a + b \geqslant 0$. 若 $b > 0$, 则

$$\chi(1) \geqslant br_G(1) - b = b(|G| - 1) \geqslant |G| - 1.$$

7.6.7 因 $|G|$ 是奇数, 对任意的 $1 \neq a \in G$, 有 $a \neq a^{-1}$. 令

$$G = \{1, a_1, {a_1}^{-1}, a_2, {a_2}^{-1}, \cdots, a_m, {a_m}^{-1}\}.$$

则因

$$0 = \langle \chi, 1_G\rangle_G = \frac{1}{|G|}\left(\chi(1) + \sum_{i=1}^{m}(\chi(a_i) + \chi({a_i}^{-1}))\right),$$

若 $\chi = \overline{\chi}$, 有

$$\chi(1) = -\sum_{i=1}^{m}(\chi(a_i) + \overline{\chi}(a_i)) = -2\sum_{i=1}^{m}\chi(a_i).$$

于是 $2 \mid \chi(1)$. 但 $\chi(1) \bigm| |G|$, 矛盾.

7.8 p^aq^b-定理、Frobenius 定理

7.8.1. 设 G 是使结论不真之极小反例. 于是 $A > 1$. 取 $1 \neq a \in A$, 则 a 所在的共轭类长度为素数方幂, 由定理 7.8.2 推知 G 有非平凡正规子群 N. 考虑 G/N 的交换子群 AN/N. 由 G 的极小性知

$$(G/N)' = G'N/N < G/N,$$

于是 $G' < G$, 矛盾.

7.8.2. 因 $C_G(P) \not\leqslant P$, 可取到 p'-子群 $H \leqslant C_G(P), H \neq 1$. 取 $1 \neq h \in H$, 令 $C(h)$ 为 G 中包含 h 的共轭类, 则易证 $(|C(h)|, \chi(1))$=1. 由定理 7.8.1 推知 $\chi(h) = 0$ 或 $|\chi(h)| = \chi(1)$. 若对所有的 $1 \neq h \in H$, 都有 $\chi(h) = 0$, 则 $\chi|_H$ 是 r_H 的整数倍, 于是 $\chi(1)$ 是 $|H|$ 的倍数, 矛盾. 故存在 $1 \neq h \in H$ 使 $|\chi(h)| = \chi(1)$. 设 $\boldsymbol{X}$ 是 χ 对应的矩阵表示, 则 $\boldsymbol{X}(h) = \varepsilon \boldsymbol{I}$, ε 是 $|H|$ 次单位根. 因 χ 忠实, $h \neq 1$, 有 $\varepsilon \neq 1$. 考虑 G 的线性表示 $\det \boldsymbol{X}$, 有 $\det \boldsymbol{X}(h) = \varepsilon^{\chi(1)} \neq 1$, 即 $\det \boldsymbol{X} \neq 1_G$. 但若 $G = G'$, G 只有一个线性表示, 即主表示 1_G, 这将导出矛盾.

第 8 章 群在群上的作用、ZJ- 定理和 p-幂零群

8.1 群在群上的作用

8.1.4. 由 H 在 $G - \{1\}$ 上传递, $G - \{1\}$ 中元素的阶皆相同, 故必为素数. 进一步证明 G 必初等交换.

8.1.5. 考虑半直积 $S=G\rtimes H$, 取 S 的一个主群列以 G 为其中一项.

8.2 π'-群在交换 π-群上的作用

8.2.1. 采用 Brandis 的证法: 设 K 是使定理不真的极小阶反例. 令 Z 是 K 的中心, 并设 $|Z|=q$, 则 $|K|=q^n$. 再证明:

(1) K 的乘法群 G 不包含 (p,p) 型子群和四元数子群.

(2) G 的 Sylow 子群皆循环.

(3) 若 $G'=\langle a\rangle$, $G=\langle a\rangle\langle b\rangle$, $\langle a\rangle\cap\langle b\rangle=1$, 则对某个正整数 s, 有 $Z(G)=\langle b^s\rangle$ 是 Z 的乘法群.

(4) 存在正整数 m 和 t 使 $o(a)=\dfrac{q^m-1}{q-1}$, $o(b)=q^t-1$. 并由此推出 $n=1$, 于是 $Z=K$.

8.3 π'-群在 π-群上的作用

8.3.1. 若 $p\mid|G|$, 则由定理 8.1.9 及作用的不可约性得 G 是 p-群, 再用命题 8.1.8. 而若 $p\nmid|G|$, 用定理 8.3.3.

8.3.2. (1) 利用习题 8.1.1 得 H 在 $N_G(C)/C_G(C)$ 上作用是平凡的. 再用定理 8.3.10 可得.

8.3.4. 任取 $\alpha\in\Omega$. 令 $K=S_\alpha$, 则 $S=S_\alpha G$. 于是 $H\cong S/G\cong S_\alpha/S_\alpha\cap G$. 由 $(|H|,|G|)=1$ 得 $(|H|,|G\cap S_\alpha|)=1$. 用 Schur-Zassenhaus 定理得 $G\cap S_\alpha$ 在 S_α 中有补 $H_1\cong H$, 于是存在 $g\in G$ 使 $H_1^g=H$. 验证 $\alpha^g=\beta$ 即为 H 之不动点.

不动点的共轭性也用 Schur-Zassenhaus 定理.

8.3.5. 考虑半直积 $G\rtimes G$ 通过共轭变换作用在 $\mathrm{Syl}_p(G)$ 上.

8.3.7. 用定理 8.3.6. 例子可考虑 $D_8=G\rtimes H$.

8.3.8. 用定理 8.2.7 和定理 8.3.10.

8.3.9. 令 $S=G\rtimes H$, 则 $H,H^{x^{-1}}\leqslant C_S(K)$, 且易知它们为 $C_G(K)$ 在 $C_S(K)$ 中的补. 由 Schur-Zassenhaus 定理知存在 $a\in C_G(K)$ 使得 $H^{x^{-1}}=H^a$, 令 $y=ax$ 即可.

8.3.10. 设 G 为极小阶反例, 则有素数 $p\mid|G|$ 使 $O^p(G)$ 是 G 的极小正规子群, 且 $G/O_p(G)$ 是素数幂阶循环群, 并被 H 中心化.

8.3.11. 利用定理 8.3.10 把问题化成 $[A,K]=1$ 和 $[A,K]=K$ 两种情形, 对第一种情形用定理 8.3.13 和习题 6.1.5; 而对第二种情形则有 $O_{p'}(G)=1$, 并且

$$[K,A\cap O_p(G)]=1=[K,O_p(G)/O_p(G)\cap A].$$

再利用定理 8.3.6 和习题 6.1.6.

8.3.12. 考虑上中心群列 $1=Z_0(G)<Z_1(G)<\cdots<Z_c(G)=G$, 用归纳法证明

$$Z_c(G)/Z_k(G)=\prod_{x\in H-\{1\}}C_{Z_c(G)/Z_k(G)}(x).$$

8.3.13. 利用推论 8.3.15.

8.3.14. 容易证明 $|\Phi(P)|=4$, 即 P 为特殊 2-群.

8.5 Glauberman ZJ- 定理

8.5.1. 设 $P \in \mathrm{Syl}_p(O_{p'p}(G))$, $N = N_G(P)$. 由 Frattini 论断易知 $\overline{N} = \overline{G}$, 这里 $\overline{G} = G/O_{p'}(G)$. 于是可取 $C \leqslant N$ 使 $\overline{C} = C_{\overline{G}}(O_p(\overline{G}))$. 从而 $[C, P] \leqslant O_{p'}(G) \cap P = 1$, 推出 $C \leqslant C_G(P) \leqslant O_{p'p}(G)$. 这样 $\overline{C} \leqslant O_p(\overline{G})$, 即 $\overline{G}$ 是 p-约束的. 类似地验证 $\overline{G}$ 是 p-稳定的.

8.7 Frobenius 群

8.7.1. 唯一性用定理 8.7.5(2).

8.7.2. 只要证 H 中 2 阶元唯一即可.

8.7.3. 若 $p = 2$, 则 G 交换, 故可设 $p \neq 2$. 用极小反例法, 仿照定理 8.7.7 的证明. 原证明中步骤 (1) 和 (2) 仍能成立. 为证步骤 (3), 即证 G 非可解, 仍用反证法, 可得 α-不变正规子群 $Q \cong Z_q^m$, 并且有 $G/Q \cong Z_r^n$. 若 $r \neq p$, 则定理证明中方法成立. 若 $r = p$, 进一步讨论可得 $n = 1$, 先后应用引理 8.3.8 与推论 8.3.15, 即可完成证明. 最后证步骤 (4), 证明存在 α-不变的 Sylow p-子群, 用原方法推出矛盾.

8.9 阅读材料——内 p-幂零群和 Frobenius 定理的又一证明

8.9.2. 用 Grün 第二定理, 不妨设 $P \trianglelefteq G$. 令 H 为 P 在 G 中的补. 考虑 H^a, 其中 $a \in P$, $o(a) = \exp P = p^n$. 令 $P_1 = \Omega_{n-1}(P)$. 因 $|G : P_1H| = p$, 有 $P_1H \trianglelefteq G$, 从而 H^a 与 H 在 P_1H 中共轭, 于是存在 $b \in P_1$ 使 $H^{ab} = H$. 由 $o(ab) = o(a)$, 不妨用 a 替换 ab, 可设 $H^a = H$, 从而 $[a, H] \leqslant H \cap P = 1$. 设 $P = \langle a \rangle \times K$. 用类似的方法知存在 $a_1 \in K$, $o(a_1) = \exp K$, 并且 $[a_1, H] = 1$. 最终可证明 $[P, H] = 1$, $H \trianglelefteq G$, 因此 G 为 p-幂零.

8.9.3. 分析极小反例, 应用定理 8.9.4.

8.9.4. 例如 $Q_8 \rtimes Z_3$.

8.9.5. 应用习题 8.9.3 于 G'.

8.9.6. 用定理 8.9.6(2). 设 $1 \neq U$ 为 G 的任意 p-子群, 则 $H := N_G(U)/C_G(U) \lesssim \mathrm{Aut}(U)$. 对 H 中 p'-元 α, 考虑 α 在 $U/\Phi(U)$ 上作用. 由

$$|\mathrm{Aut}(U/\Phi(U))| \mid (p^d - 1)(p^{d-1} - 1) \cdots (p - 1),$$

知 α 在 $U/\Phi(U)$ 上作用平凡, 进而 α 在 U 上作用平凡, $\alpha = 1$.

8.9.8. 设 P 是最小阶反例. 并设 $\alpha \neq 1$ 是 P 的最小阶 p'-自同构使得 α 在 P 的每个 α-不变的子群上作用平凡. 考虑半直积 $S = P \rtimes \langle \alpha \rangle$. 证明 S 满足定理 8.9.4 的条件.

参 考 文 献

[1] Adjan S I. The Burnside Problem and Identities in Groups. Berlin: Springer-Verlag, 1975.

[2] Adney J E, Yen T. Automorphisms of p-groups Ill. J. Math., 1965, 9: 137–143.

[3] Alford W A, Havas G, Newman M F. Groups of exponent four. Notices Amer. Math. Soc., 1975, 22: 301.

[4] Alperin J L. On a special class of regular p-groups. Trans. Amer. Math. Soc., 1963, 106: 77–99.

[5] Alperin J. Sylow intersections and fusions. J. Algebra, 1967, 6: 222–241.

[6] Arad Z, Ward M B. New criteria for the solvability of finite groups. J. Algebra, 1982, 77: 234–246.

[7] Artin E. The orders of the linear groups. Comm. Pure Appl. Math., 1955, 8: 355–366.

[8] Asaad M. On p-nilpotence of finite groups. J. Algebra, 2004, 277: 157–164.

[9] Aschbacher M. On the maximal subgroups of the finite classical groups. Inv. Math., 1984, 76: 469-514.

[10] Aschbacher M, Smith S D. The Classification of Quasithin Groups I, II. Mathematical Surveys and Monographs 111, 112. American Mathematical Society, 2004.

[11] Bachmuth S, Heilbronn H A, Mochizuki H Y. Burnside metabelian groups. Proc. Roy. Soc. Ser. A, 1968, 307: 235–250.

[12] Ballester-Bolinches A, Guo X. Some results on p-nilpotence and solubility of finite groups. J. Algebra, 2000, 228: 491–496.

[13] Basmaji B G. On the isomorphisms of two metacyclic groups. Proc. Amer. Math. Soc., 1969, 22: 175–182.

[14] Bayes A J, Kautsky J, Wamsley J W. Computations in nilpotent groups (application)//Proc. of the second international conference on the theory of groups (Canberra 1973). Lecture Notes in Math., 372. Berlin: Springer, 1974: 82–89.

[15] Bender H, Glauberman G. Local Analysis for the Odd Order Theorem. Cambridge: Cambridge University Press, 1994.

[16] Bhattacharjee M, Macpherson D, Moller R G, et al. Notes on Infinite Permutation Groups//Lecture Notes in Mathematics, Vol. 1698. Berlin: Springer-Verlag, 1998.

[17] Blackburn N. Generalizations of certain elementary theorems on p-groups. Proc. London Math. Soc., 1961, (3)11: 1–22.

[18] Blackburn N. On prime-power groups in which the derived group has two generators. Proc. Cambr. Phil. Soc., 1957, 53: 19–27.

[19] Brauer R, Fowler K A. On groups of even order. Ann. of Math., 1955, 62: 565–583.

[20] Bray H G, Deskins W E, Johnson D, et al. Between Nilpotent and Solvable. Passaic: Polygonal Publishing House, 1982.

[21] Brisley W, Macdonald I D. Two classes of metabelian groups. Math. Z., 1969, 112: 5–12.

[22] Burnside W. On an unsettled question in the theory of discontinuous groups. Quart. J. Puer Appl. Math., 1902, 33: 230–238.

[23] Cameron P J. Finite permutation groups and finite simple groups. Bull. London Math. Soc., 1981, 13: 1–22.

[24] Cameron P J. Permutation groups. London Mathematical Society Student Texts 45. Cambridge: Cambridge University Press, 1999.

[25] 陈重穆. 内 Σ 群 I, II. 数学学报, 1980, 23: 239–243; 1981, 24: 331–335.

[26] 陈重穆. 内外超可解群与超可解群的充分条件. 数学学报, 1984, 27: 694–703.

[27] Conway J H, Curtis R T, Norton S P, et al. Atlas of Finite Groups: Maximal Subgroups and Ordinary Characters for Simple Groups. Oxford, England: Clarendon Press, 1985.

[28] Dark R S. A complete group of odd order. Math. Proc. Camb. Phil. Soc., 1975, 77: 21–28.

[29] Dickson L E. Linear Groups: With an Exposition of the Galois Field Theory. New York: Dover Publications Inc., 1958.

[30] Dixon J D, Mortimer B. Permutation Groups. Graduate Texts in Mathematics 163. Berlin: Springer-Verlag, 1996.

[31] Dixon J D, Mortimer B. The primitive permutation groups of degree less than 1000. Math. Proc. Cambr. Phil. Soc., 1988, 103: 213–238.

[32] Feit W, Thompson J G. Solvability of groups of odd order. Pacific J. Math., 1963, 13: 755–1029.

[33] Glauberman G. A characteristic subgroup of a p-stable group. Canad. J. Math., 1968, 20: 1101–1135.

[34] Golod E S. On nil-algebras and residually finite p-groups. Izv. Akad. Nauk SSSR Ser. Mat., 1964, 28: 273–276.

[35] Gorenstein D. Finite Groups. New York: Chelsea Publishing Company, 1968; 2nd Ed., 1980.

[36] Gorenstein D. Finite Simple Groups. New York: Plenum Press, 1982.

[37] Gorenstein D. The Classification of Finite Simple Groups I. New York: Plenum Press, 1983.

[38] Gorenstein D, Lyons R, Solomon R. The Classification of the Finite Simple Groups, 1∼6. Mathematical Surveys and Monographs, Vol. 40,1∼6. Providence: American Mathematical Society, 1994, 1994, 1998, 1999, 2002, 2005.

[39] Gross F. Conjugacy of odd order Hall subgroups. Bull. London Math. Soc., 1987, 19: 311–319.

[40] Grünewald F J, Havas G, Mennicke J L, et al. Groups of exponent eight. Lecture Notes in Mathematics, 806. Berlin: Springer, 1980: 49–188.

[41] Gupta N D, Newman M F, Tobin S J. On metabelian groups of prime-power exponent. Proc. Roy. Soc. London Ser. A, 1968, 302: 237–242.

[42] Guralnick R M. Subgroups of prime power index in a simple group. J. Algebra, 1983, 81: 304-311.

[43] Hadamard J. 立体几何补充材料第五章 欧拉定理、正多面体//阿达玛著几何 —— 立体部分. 朱德祥译. 上海: 上海科学技术出版社, 1980.

[44] Hall M. Solution of the Burnside problem for exponent six. Illinois J. Math., 1958, 2: 764–786.

[45] Hall M. The Theory of Groups. Macmillan, 1959. 中译本: 裘光明译. 群论. 北京: 科学出版社, 1978.

[46] Hall M, Sims C C. The Burnside group of exponent 5 with two generators//London Mathematical Society Lecture Note Series 71. Cambridge: Cambridge University Press, 1982: 207–220.

[47] Hall P. A note on soluble groups. J. London Math. Soc., 1928, 3: 98–105.

[48] Hall P. A contribution to the theory of groups of prime power order. Proc. London Math. Soc., 1933, 36: 29–95.

[49] Hall P. On a theoram of Frobenius. Proc. London Math. Soc., 1935/36, 40: 468–501.

[50] Hall P. A characteristic property of soluble groups. J. London Math. Soc., 1937, 12: 188–200.

[51] Hall P. On the Sylow system of a soluble group. Proc. London Math. Soc., 1937, 43: 316–323.

[52] Hall P. On the system normalizers of a soluble group. Proc. London Math. Soc., 1937, 43: 507–528.

[53] Hall P. Complemented groups. J. London Math. Soc., 1937, 12: 201–204.

[54] Hall P. Theorems like Sylow's. Proc. London Math. Soc., 1956, 6: 286–304.

[55] Hall P, Higman G. On the p-soluble groups and reduction theorems for Burnside's problem. Proc. London Math. Soc., 1956, (3) 6: 1–42.

[56] Havas G, Wall G E, Wamsley J W. The two generator restricted Burnside group of exponent five. Bull. Austral. Math. Soc., 1974, 10: 459–470.

[57] Higman G. On finite groups of exponent five. Proc. Cambridge Philos. Soc., 1956, 52: 381–390.

[58] Holt D F. Handbook of Computational Group Theory. London, New York and Washington, D.C.: Chapman & Hall/CRC Press, 2005.

[59] Hughes D R, Piper F C. Projective Planes. New York: Springer-Varlag, 1973.

[60] Huppert B. Endliche Gruppen I. Die Grundlehren der Mathematischen Wissenschaften 134. Berlin, Heidelberg, New York: Springer-Verlag, 1967.

[61] Iiyori N, Yamaki H. On a conjecture of Frobenius. Bull. Amer. Math. Soc., 1991, 25: 413–416.

[62] Ito N. Note on (LM)-groups of finite order. Kodai Math. Seminar Report, 1951: 1–6.

[63] Ito N. Über das Produkt von zwei abelschen Gruppen. Math. Z., 1955, 62: 400–401.

[64] Ivanov S V. On the Burnside problem on periodic groups. Bull. Amer. Math. Soc., 1992, 27: 257–260.

[65] Iwasawa K. Über die Einfachheit der speziellen projektiven Gruppen. Proc. Imp. Acad. Tokyo, 1951, 17: 57–59.

[66] Kantor W M. k-Homogeneous groups. Math. Z., 1972, 124: 261–265.

[67] Kantor W M. Primitive permutation groups of odd degree, and an application to finite projective planes. J. Algebra, 1987, 106: 15–45.

[68] Kantor W M, Liebler R A. The rank 3 permutationrepresentations of finite classical groups. Tran. Amer. Math. Soc., 1982, 71: 1–71.

[69] King B W. Presentations of metacyclic groups. Bull. Aus. Math. Soc., 1973, 8: 101–131.

[70] Kleidman P B, Liebeck M W. The Subgroup Structure of the Finite Classical Groups. Graduate Texts in Mathematics 129. London: Springer-Verlag, 1990.

[71] Kleidman P B, Liebeck M W. A survey of the maximal subgroups of the finite simple groups. Geom. Ded., 1988, 25: 375–389.

[72] Kostrikin A I. The Burnside problem (Russian). Izv. Akad. Nauk SSSR Ser. Mat., 1959, 23: 3–34.

[73] Kurzweil H, Stellmacher B. Theorie der endlichen Gruppen, Einführung. Berlin: Springer, 1998. 英译本: The Theory of Finite Groups, An Introduction. Berlin: Springer, 2004. 中译本: 有限群引论. 施武杰等译. 北京: 科学出版社, 2009.

[74] Laffey T J. A lemma on finite p-groups and some consequences. Proc. Cambr. Phil. Soc., 1974, 75: 133-137.

[75] Levi F W. Groups in which the commutator operations satisfy certain algebraic conditions. J. Indian Math. Soc., 1942, 6: 87–97.

[76] Levi F, van der Waerden B L. Über eine besondere Klasse von Gruppen. Abh. Math. Seminar Hamburg Univ., 1933, 9: 154–158.

[77] Liebeck M W. The affine permutation groups of rank three. Proc. Lond. Math. Soc., 1987, (3) 54: 477–516.

[78] Liebeck M W, Praeger C E, Saxl J. A classification of the maximal subgroups of the finite alternating and symmetric groups. J. Algebra, 1987, 111: 365–383.

[79] Liebeck M W, Praeger C E, Saxl J. The maximal factorizations of the finite simple groups and their automorphism groups. Memoirs Amer. Math. Soc., 1990, 86: 432, pp. 1–151.

[80] Liebeck M W, Praeger C E, Saxl J. On the O'Nan-Scott theorem for finite primitive permutation groups. J. Austral. Math. Soc., 1988, (A)44: 389–396.

[81] Liebeck M W, Saxl J. Primitive permutation groups containing an element of large

prime order. J. London Math. Soc., 1985, (2) 31: 237-249.

[82] Liebeck M W, Saxl J. The finite Primitive permutation groups of odd degree. J. London Math. Soc., 1985, (2) 31: 250–264.

[83] Liebeck M W, Saxl J. The finite Primitive permutation groups of rank three. Bull. London Math. Soc., 1986, 18: 165–172.

[84] Liebeck M W, Saxl J. On point stabilizers in primitive permutation permutation groups. Comm. Algebra, 1991, 19(10): 2777–2786.

[85] Liebeck M W, Seitz G. A survey of maximal subgroups of exceptional groups of Lie type//Ivanov A A, Liebeck M W, Saxl J. Groups, Combinatorics and Geometry: Durham, 2001. Singapore: World Scientific, 2003: 139–146.

[86] Mann A. Regular p-groups and groups of maximal class. J. Algebra, 1976, 42: 136–141.

[87] Mann A J. On the orders of groups of exponent four. J. London Math. Soc., 1982, 26: 64–76.

[88] Miller G A, Moreno H C. Non-abelian groups in which every subgroup is abelian. Trans. Amer. Math. Soc., 1903, 4: 398–404.

[89] Neumann P M. Finite permutation groups, edge-coloured graphs and matrices//Curran M P J. Topics in Group Theory and Computation (Proc. of a summer school at University College, Galway, 1973). New York: Academic Press, 1977: 82–118.

[90] Novikov P S. On periodic groups (Russian). Dokl. Akad. Nauk SSSR, 1959, 127: 749–752.

[91] Newman M F. Metabelian groups of prime-power exponent//Kim A C, Neumann B H. Groups–Korea 1983. Lecture Notes in Mathematics, vol. 1098: 87–98. Berlin, Heidelberg, New York: Springer-Verlag, 1984.

[92] Novikov P S, Adjan S I. Infinite periodic groups I. Izv. Acad. Nauk SSSR Ser. Mat., 1968, 32: 212–244.

[93] Novikov P S, Adjan S I. Infinite periodic groups II. Izv. Acad. Nauk SSSR Ser. Mat., 1968, 32: 251–524.

[94] Novikov P S, Adjan S I. Infinite periodic groups III. Izv. Acad. Nauk SSSR Ser. Mat., 1968, 32: 709–731.

[95] O'Brien E A, Vaughan-Lee M. The 2-generator restricted Burnside group of exponent 7. Internat. J. Algebra Comput., 2002, 12: 575–592.

[96] Rédei L. Das "schiefe Produkt" in der Gruppentheorie mit Anwendung auf die endlichen nichtkommutativen Gruppen mit lauter kommutativen echten Untergruppen und die Ordnungszahlen, zu denen nur kommutative Gruppen gehören. Comment. Math. Helvet., 1947, 20: 225–264.

[97] Robinson D J S. A Course in the Theory of Groups. Berlin: Springer, 1982.

[98] Roney-Dougal C M. The primitive permutation groups of degree less than 2500. J. Algebra, 2005, 292: 154–183.

[99] Rotman J J. An Introduction to the Theory of Groups, 4th ed., Gradute Texts in Mathematics 148. Berlin: Springer Varlag, 1995.

[100] Sanov I N. Solution of Burnside's problem for exponent 4 (Russion). Leningrad State Univ. Ann. Math. Ser., 1940, 10: 166–170.

[101] Schmid P. Every saturated formation is a local formation. J. Algebra, 1978, 51: 144–148.

[102] Schur I. Untersuchungen über die Darstellung der endliche Gruppen durch gebrochene lineare Substitutionen. J. Reine Angew. Math., 1907, 132:85–137.

[103] 施武杰. 关于单 K_4-群. 科学通报, 1991, 36(17): 1281–1283.

[104] Solomon R. A brief history of the classification of the finite simple groups. Bull. Amer. Math. Soc., 2001, 38(2): 315–352.

[105] Sylow L. Théorèmes sur les groupes de substitutions. Math. Ann., 1872, 5: 584–594.

[106] Tate J. Nilpotent quotient groups. Topology. 1964, 3: 109–111.

[107] Taunt D. On A-groups. Proc. Cambridge Phil. Soc., 1949, 45: 14–42.

[108] Thompson J G. Normal p-complements for finite groups. J. Algebra, 1964, 1: 43–46.

[109] Thompson J G. Nonsolvable finite groups all of whose local subgroups are solvable I. Bull. Amer. Math. Soc., 1968, 74: 383–437.

[110] Thompson J G. Nonsolvable finite groups all of whose local subgroups are solvable II. Pacific J. Amer., 1970, 33: 451–536.

[111] Thompson J G. Nonsolvable finite groups all of whose local subgroups are solvable III. Pacific J. Amer., 1971, 39: 483–534.

[112] Thompson J G. Nonsolvable finite groups all of whose local subgroups are solvable IV. Pacific J. Amer., 1973, 48: 511–592.

[113] Thompson J G. Nonsolvable finite groups all of whose local subgroups are solvable V. Pacific J. Amer., 1974, 50: 215–297.

[114] Thompson J G. Nonsolvable finite groups all of whose local subgroups are solvable VI. Pacific J. Amer., 1974, 51: 573–630.

[115] Tobin J J. On groups of exponent 4. Ph.D. Thesis, University of Manchester, 1954.

[116] Tuan H F. A theorem about p-groups with abelian subgroup of index p. Acad. Sinica Science Record, 1950, 3: 17–23.

[117] Vaughan-Lee M R, Zelmanov E I. Upper bounds in the restricted Burnside problem. J. Algebra, 1993, 162: 107–145.

[118] Vaughan-Lee M R, Zelmanov E I. Upper bounds in the restricted Burnside problem II. Int. J. Algebra Comput., 1996, 6: 735–744.

[119] Vaughan-Lee M R, Zelmanov E I. Bounds in the restricted Burnside problem. J. Austral. Math. Soc. Ser. A, 1999, 67: 261–271.

[120] Wielandt H. Zum Satz von Sylow, Math. Z., 1954, 60: 407–409.

[121] Wielandt H. Finite Permutation Groups. New York: Academic Press, 1964.

[122] Wielandt H. Permutation Groups Through Invariant Relations and Invariant Functions. Ohio State University, Columbus, 1969.

[123] Wilson R A. The Finite Simple Groups. Graduate Texts in Mathematics 251. London: Springer-Verlag, 2009.

[124] 徐明曜. 关于有限正则 p 群. 本科毕业论文. 北京大学, 1964.

[125] Xu M Y. A theorem on metabelian p-groups and some consequences. Chin. Ann. Math., 1984, 5B: 1–6.

[126] 徐明曜, 曲海鹏. 有限 p 群. 北京: 北京大学出版社, 2010.

[127] 徐明曜, 杨燕昌. 有限 p-群的半 p-交换性和正则性. 数学学报, 1976, 19: 281-285.

[128] Xu M Y, Zhang Q H. A Classification of Metacyclic 2-Groups. Alg. Colloq., 2006, 13: 25–34.

[129] 徐明曜, 赵春来. 抽象代数 II. 北京: 北京大学出版社, 2007.

[130] Zassenhaus H J. The Theory of Groups, 2nd ed. New York: Chelsea Publishing Company, 1958.

[131] 张远达. 运动群. 上海: 上海教育出版社, 1980.

[132] Zelmanov E I. On the restricted Burnside problem (Russian). Sibirsk. Mat. Zh., 1989, 30(6): 68–74; translation in Siberian Math. J., 1989, 30: 885–891.

[133] Zelmanov E I. Solution of the restricted Burnside problem for groups of odd exponent (Russian). Izv. Akad. Nauk SSSR Ser. Mat., 1990, 54: 42–59, 221; translation in Math. USSR-Izv., 1991, 36: 41–60.

[134] Zelmanov E I. Solution of the restricted Burnside problem for 2-groups (Russian). Mat. Sb., 1991, 182: 568–592; translation in Math. USSR-Sb., 1991, 72: 543–565.

[135] Zelmanov E I, Kostrikin A I. A theorem on sandwich algebras (Russian)//Galois theory, rings, algebraic groups and their applications (Russian). Trudy Mat. Inst. Steklov., 1990, 183: 106–111, 225. Translated in Proc. Steklov Inst. Math., 1991, 183: 121–126.

[136] Zhang G. On two theorems of Thompson. Proc. Amer. Math. Soc., 1986, 98(4): 579–582.

[137] Zhang Q H, Qu H P. On Hua-Tuan's conjecture. Sci. China, Math., 2009, 52(2): 389–393.

[138] Zhang Q H, Qu H P. On Hua-Tuan's conjecture II. Sci. China, Math., 2011, 54(1): 65–74.

[139] Zhang Q H, Li P J. Finite p-groups with a cyclic subgroup of index p^3. Comm. Algebra, submitted.

索　引

B

半单代数, 228
半正则群, 65
半直积, 96
本原群, 66
变换, 19
变换群, 19
标准正交基, 142
表示, 216
  ~ 的等价, 217
  ~ 的核, 217
  ~ 的基域, 216
  ~ 的级, 216
  不可分解 ~, 219
  不可约 ~, 219
  绝对不可约 ~, 220
  可分解 ~, 219
  可约 ~, 219
  平凡 ~, 217
  完全可约 ~, 219
  正则 ~, 219
  忠实 ~, 217
  主 ~, 219
补子群, 24
不变群列, 83
不动点, 65

C

常表示, 216
超可解群, 207
超中心, 156
传递成分, 65
传递扩张, 136
传递作用, 49
次正规子群, 86
次正规 Ω-群列, 82

D

大子群, 174
代数, 224
  ~ 的表示, 225
  ~ 上的模, 225
  ~ 同态, 224
代数整数, 251
单群, 9
单位元素, 1
导列长, 154
导群, 38
第二同构定理, 12
第二正交关系, 242
第一同构定理, 12
第一正交关系, 241
点型稳定子群, 64
定的二次型, 143
定义关系, 23
定义关系组, 46
对称群, 20
对换, 20

E

二面体群, 22

F

反正规子群, 37
非本原集, 66
非本原群, 66
非生成元, 156
分量, 302
分裂域, 221
分圆多项式, 254

G

共轭, 8
共轭变形, 8
共轭类, 8
关系, 45
广义结合律, 2
广义四元数群, 24
广义 Fitting 子群, 303
轨道, 49

H

合成长度, 87
合成群列, 81
合成因子, 81
合成 Ω-群列, 83
弧, 135
弧传递图, 135
换位子, 38
换位子群, 38, 149

J

基柱, 203
极大类 2- 群, 171
极大类 p-群, 170
极大条件, 85
极大子群, 17
极小非正则 p-群, 183
极小非 $\mathcal{P}$-群, 119
极小条件, 85
极小正规子群, 33
集型稳定子群, 64
简单换位子, 148
降链条件, 85
交错群, 20
交换律, 1
交换群, 1
交换 p-群, 19
　～的基底, 19
　～的型不变量, 19
截段, 118
结合律, 1
矩阵表示, 216

K

可补群, 213
可分解群, 211
可解群, 39
可裂扩张, 116
可置换子群, 212
块, 66
扩张, 111
　～的等价, 115
　～的 N- 同构, 115
　～函数, 111

L

类方程, 8
类函数, 238

类数, 8
类正规子群, 37
理想, 224
零化子, 226
轮换, 20

M

迷向向量, 140
幂零类, 153
幂零群, 152
幂零余, 155
模表示, 216

N

内交换群, 119
内幂零群, 158
内循环群, 121
内自同构, 12
内自同构群, 12
内 $\mathcal{P}$-群, 119
内 p-幂零群, 293
拟单群, 302
拟正规子群, 212
拟正则 p-群, 190
逆元素, 1

O

偶置换, 20

P

陪集, 5
陪集代表系, 5
平凡块, 66
平凡子群, 4
平凡作用, 49
平延, 126

Q

奇异向量, 143
奇置换, 20
圈积, 100
全不变子群, 13
全迷向子空间, 140
全奇异子空间, 143
全线性群, 21, 125
全形, 29
群, 1
　～的方次数, 6
　～的根基, 39
　～的阶, 3
　～的生成系, 5
　～的中心, 9
群代数, 225
群系, 204
　饱和 ～, 204
　局部定义 ～, 205
群在集合上的作用, 48
群在群上的作用, 260

S

三子群引理, 150
商代数, 224
商群, 10
商群遗传的, 118
上中心群列, 152
射影几何, 125
射影线性群, 22, 125
射影辛群, 141
升链条件, 85
双陪集, 7
双曲基, 141

双曲平面, 141
双曲元偶, 141
四元数群, 2
算子群, 82
算子同构, 82
算子同态, 82

T

特殊射影线性群, 22, 125
特殊射影酉群, 142
特殊射影正交群, 144
特殊线性群, 22, 125
特殊酉群, 142
特殊正交群, 144
特征标, 235
　线性 ~, 236
　正则 ~, 236
　主 ~, 236
　~ 的核, 236
　~ 的级, 236
　~ 的正交关系, 239
特征单群, 32
特征子群, 13
同构映射, 12
同态的核, 12
同态基本定理, 12
同态映射, 12
图, 132
　~ 的边, 132
　~ 的顶点, 132
　~ 的自同构, 133
　~ 的自同构群, 133

W

外自同构, 26
外自同构群, 26
外 $\mathcal{P}$-群, 119
完备群, 302
完全非本原系, 67
完全群, 29
稳定子群, 49
无不动点自同构, 284
无不动点自同构群, 284

X

下中心群列, 150
线性表示, 216
消去律, 4
辛群, 141
循环群, 5

Y

亚交换群, 152
亚循换群, 98
一般射影酉群, 143
一般射影正交群, 144
一般线性群, 125
一般酉群, 142
一般正交群, 144
有限群的底, 303
有限生成群, 5
右陪集, 5
右正则表示, 65
诱导类函数, 246
诱导特征标, 246

Z

正规闭包, 10
正规化子, 9
正规群列, 83

正规秩, 178
正规子群, 9
正规自同态, 89
正规 p-补, 60
正交基, 142
正则圈积, 103
正则群, 65
直积, 14
直积分解定理, 94
置换, 19
置换表示, 51, 219
　～ 等价, 52
置换矩阵, 219
置换群, 20
　～ 的次数, 65
　～ 的级, 65
　～ 的最小次数, 65
　～ 的最小级, 65
置换特征标, 236
置换同构, 51
秩, 178
中心化子, 9
中心积, 97
中心群列, 152
忠实作用, 49
周期群, 6
主群列, 81, 83
主因子, 83, 86
转移映射, 58
子代数, 224
子群, 4
　～ 的核, 50
　～ 的指数, 5
子群遗传的, 118
自同构, 12
自同构导子, 27
自同构群, 12
自同态, 12
自由群, 45
　～ 的秩, 45
自由生成系, 45
自中心化子群, 25
字, 44
左陪集, 5
左正则表示, 65

其　他

A-模, 225
　正则 ～, 226
　～ 同构, 227
　～ 同态, 227
　～ 自同构, 227
　～ 自同态, 226
G-空间, 218
G-子空间, 218
　平凡 ～, 218
Ω-群, 82
　不可约 ～, 82
Ω-合成因子, 85
Ω-自同态, 89
$\mathcal{P}$-临界群, 119
π-可分群, 194
π-可解群, 194
π'-群在 π-群上的作用, 267
k-传递群, 68
k-重传递群, 68
p-交换群, 181

p-幂零群, 60
p-群, 17
　～ 的生成元个数, 161
　超特殊 ～, 176
　初等交换 ～, 33
　内交换 ～, 168
　齐次循环 ～, 268
　正则 ～, 182
p-稳定, 277
p-元素, 17
p-约束, 277
p-正规, 290
p-主因子, 86
p'-元素, 17
p^s-拟正则 p-群, 190
s-传递图, 135
s-弧, 135
s-弧传递图, 135
GAP, 124
N/C 定理, 27
MAGMA, 124
Abel 群, 1
Alperin 黏合定理, 274
Blackburn 定理, 273
Burnside p^aq^b-定理, 256, 298
Burnside 定理, 60
Burnside 基定理, 161
Burnside 群, 145
Burnside 问题, 145
Carter 子群, 203
Cayley 定理, 20
Feit-Thompson 定理, 40
Fitting 定理, 90
Fitting 子群, 199
Frattini 定理, 157
Frattini 论断, 37, 50
Frattini 子群, 156
Frobenius 补, 284
Frobenius 定理, 213, 257
Frobenius 分解, 284
Frobenius 核, 284
Frobenius 互反律, 247
Frobenius 群, 257, 284
Gaschütz 定理, 108
Glauberman ZJ-定理, 282
Glauberman 替换定理, 280
Glauberman-Thompson p-幂零准则, 282
Grün 第二定理, 291
Grün 第一定理, 289
Hall 计数原则, 174
Hall-子群, 104
Hall-Higman 简化定理, 271
Hall-Petrescu 恒等式, 181
Itô 定理, 160, 294
Jordan-Hölder 定理, 81
Krull-Schmidt 定理, 94
Kulakoff 定理, 175
Lagrange 定理, 6
Maschke 定理, 229, 263
Mathieu 群, 136
Schreier 猜想, 26
Schur 引理, 90, 227, 263
Schur-Zassenhaus 定理, 105
Sylow p-子群, 18
Sylow 补系, 195
Sylow 第二定理, 36
Sylow 第三定理, 36
Sylow 第一定理, 35
Sylow 定理, 35
Sylow 基, 195

Sylow 塔群, 207
Sylow 系, 195
Thompson $A \times B$ 引理, 269
Thompson 替换定理, 279
Thompson 子群, 278
Wedderburn 定理, 232
Witt 公式, 148
Witt 指数, 143

《现代数学基础丛书》已出版书目

(按出版时间排序)

1 数理逻辑基础(上册) 1981.1 胡世华 陆钟万 著
2 紧黎曼曲面引论 1981.3 伍鸿熙 吕以辇 陈志华 著
3 组合论(上册) 1981.10 柯 召 魏万迪 著
4 数理统计引论 1981.11 陈希孺 著
5 多元统计分析引论 1982.6 张尧庭 方开泰 著
6 概率论基础 1982.8 严士健、王隽骧 刘秀芳 著
7 数理逻辑基础(下册) 1982. 8 胡世华 陆钟万 著
8 有限群构造(上册) 1982.11 张远达 著
9 有限群构造(下册) 1982.12 张远达 著
10 环与代数 1983.3 刘绍学 著
11 测度论基础 1983.9 朱成熹 著
12 分析概率论 1984.4 胡迪鹤 著
13 巴拿赫空间引论 1984.8 定光桂 著
14 微分方程定性理论 1985.5 张芷芬 丁同仁 黄文灶 董镇喜 著
15 傅里叶积分算子理论及其应用 1985.9 仇庆久等 编
16 辛几何引论 1986.3 J.柯歇尔 邹异明 著
17 概率论基础和随机过程 1986.6 王寿仁 著
18 算子代数 1986.6 李炳仁 著
19 线性偏微分算子引论(上册) 1986.8 齐民友 著
20 实用微分几何引论 1986.11 苏步青等 著
21 微分动力系统原理 1987.2 张筑生 著
22 线性代数群表示导论(上册) 1987.2 曹锡华等 著
23 模型论基础 1987.8 王世强 著
24 递归论 1987.11 莫绍揆 著
25 有限群导引(上册) 1987.12 徐明曜 著
26 组合论(下册) 1987.12 柯 召 魏万迪 著
27 拟共形映射及其在黎曼曲面论中的应用 1988.1 李 忠 著
28 代数体函数与常微分方程 1988.2 何育赞 著
29 同调代数 1988.2 周伯壎 著

30　近代调和分析方法及其应用　1988.6　韩永生　著
31　带有时滞的动力系统的稳定性　1989.10　秦元勋等　编著
32　代数拓扑与示性类　1989.11　马德森著　吴英青　段海鲍译
33　非线性发展方程　1989.12　李大潜　陈韵梅　著
34　反应扩散方程引论　1990.2　叶其孝等　著
35　仿微分算子引论　1990.2　陈恕行等　编
36　公理集合论导引　1991.1　张锦文　著
37　解析数论基础　1991.2　潘承洞等　著
38　拓扑群引论　1991.3　黎景辉　冯绪宁　著
39　二阶椭圆型方程与椭圆型方程组　1991.4　陈亚浙　吴兰成　著
40　黎曼曲面　1991.4　吕以辇　张学莲　著
41　线性偏微分算子引论（下册）　1992.1　齐民友　著
42　复变函数逼近论　1992.3　沈燮昌　著
43　Banach 代数　1992.11　李炳仁　著
44　随机点过程及其应用　1992.12　邓永录等　著
45　丢番图逼近引论　1993.4　朱尧辰等　著
46　线性微分方程的非线性扰动　1994.2　徐登洲　马如云　著
47　广义哈密顿系统理论及其应用　1994.12　李继彬　赵晓华　刘正荣　著
48　线性整数规划的数学基础　1995.2　马仲蕃　著
49　单复变函数论中的几个论题　1995.8　庄圻泰　著
50　复解析动力系统　1995.10　吕以辇　著
51　组合矩阵论　1996.3　柳柏濂　著
52　Banach 空间中的非线性逼近理论　1997.5　徐士英　李　冲　杨文善　著
53　有限典型群子空间轨道生成的格　1997.6　万哲先　霍元极　著
54　实分析导论　1998.2　丁传松等　著
55　对称性分岔理论基础　1998.3　唐　云　著
56　Gel'fond-Baker 方法在丢番图方程中的应用　1998.10　乐茂华　著
57　半群的 S-系理论　1999.2　刘仲奎　著
58　有限群导引（下册）　1999.5　徐明曜等　著
59　随机模型的密度演化方法　1999.6　史定华　著
60　非线性偏微分复方程　1999.6　闻国椿　著
61　复合算子理论　1999.8　徐宪民　著
62　离散鞅及其应用　1999.9　史及民　编著
63　调和分析及其在偏微分方程中的应用　1999.10　苗长兴　著

64 惯性流形与近似惯性流形 2000.1 戴正德 郭柏灵 著
65 数学规划导论 2000.6 徐增堃 著
66 拓扑空间中的反例 2000.6 汪 林 杨富春 编著
67 拓扑空间论 2000.7 高国士 著
68 非经典数理逻辑与近似推理 2000.9 王国俊 著
69 序半群引论 2001.1 谢祥云 著
70 动力系统的定性与分支理论 2001.2 罗定军 张 祥 董梅芳 编著
71 随机分析学基础(第二版) 2001.3 黄志远 著
72 非线性动力系统分析引论 2001.9 盛昭瀚 马军海 著
73 高斯过程的样本轨道性质 2001.11 林正炎 陆传荣 张立新 著
74 数组合地图论 2001.11 刘彦佩 著
75 光滑映射的奇点理论 2002.1 李养成 著
76 动力系统的周期解与分支理论 2002.4 韩茂安 著
77 神经动力学模型方法和应用 2002.4 阮炯 顾凡及 蔡志杰 编著
78 同调论—— 代数拓扑之一 2002.7 沈信耀 著
79 金兹堡-朗道方程 2002.8 郭柏灵等 著
80 排队论基础 2002.10 孙荣恒 李建平 著
81 算子代数上线性映射引论 2002.12 侯晋川 崔建莲 著
82 微分方法中的变分方法 2003.2 陆文端 著
83 周期小波及其应用 2003.3 彭思龙 李登峰 谌秋辉 著
84 集值分析 2003.8 李 雷 吴从炘 著
85 数理逻辑引论与归结原理 2003.8 王国俊 著
86 强偏差定理与分析方法 2003.8 刘 文 著
87 椭圆与抛物型方程引论 2003.9 伍卓群 尹景学 王春朋 著
88 有限典型群子空间轨道生成的格(第二版) 2003.10 万哲先 霍元极 著
89 调和分析及其在偏微分方程中的应用(第二版) 2004.3 苗长兴 著
90 稳定性和单纯性理论 2004.6 史念东 著
91 发展方程数值计算方法 2004.6 黄明游 编著
92 传染病动力学的数学建模与研究 2004.8 马知恩 周义仓 王稳地 靳 祯 著
93 模李超代数 2004.9 张永正 刘文德 著
94 巴拿赫空间中算子广义逆理论及其应用 2005.1 王玉文 著
95 巴拿赫空间结构和算子理想 2005.3 钟怀杰 著
96 脉冲微分系统引论 2005.3 傅希林 闫宝强 刘衍胜 著
97 代数学中的 Frobenius 结构 2005.7 汪明义 著

98　生存数据统计分析　2005.12　王启华　著
99　数理逻辑引论与归结原理(第二版)　2006.3　王国俊　著
100　数据包络分析　2006.3　魏权龄　著
101　代数群引论　2006.9　黎景辉　陈志杰　赵春来　著
102　矩阵结合方案　2006.9　王仰贤　霍元极　麻常利　著
103　椭圆曲线公钥密码导引　2006.10　祝跃飞　张亚娟　著
104　椭圆与超椭圆曲线公钥密码的理论与实现　2006.12　王学理　裴定一　著
105　散乱数据拟合的模型方法和理论　2007.1　吴宗敏　著
106　非线性演化方程的稳定性与分歧　2007.4　马　天　汪宁宏　著
107　正规族理论及其应用　2007.4　顾永兴　庞学诚　方明亮　著
108　组合网络理论　2007.5　徐俊明　著
109　矩阵的半张量积:理论与应用　2007.5　程代展　齐洪胜　著
110　鞅与 Banach 空间几何学　2007.5　刘培德　著
111　非线性常微分方程边值问题　2007.6　葛渭高　著
112　戴维-斯特瓦尔松方程　2007.5　戴正德　蒋慕蓉　李栋龙　著
113　广义哈密顿系统理论及其应用　2007.7　李继彬　赵晓华　刘正荣　著
114　Adams 谱序列和球面稳定同伦群　2007.7　林金坤　著
115　矩阵理论及其应用　2007.8　陈公宁　著
116　集值随机过程引论　2007.8　张文修　李寿梅　汪振鹏　高　勇　著
117　偏微分方程的调和分析方法　2008.1　苗长兴　张　波　著
118　拓扑动力系统概论　2008.1　叶向东　黄　文　邵　松　著
119　线性微分方程的非线性扰动(第二版)　2008.3　徐登洲　马如云　著
120　数组合地图论(第二版)　2008.3　刘彦佩　著
121　半群的 S-系理论(第二版)　2008.3　刘仲奎　乔虎生　著
122　巴拿赫空间引论(第二版)　2008.4　定光桂　著
123　拓扑空间论(第二版)　2008.4　高国士　著
124　非经典数理逻辑与近似推理(第二版)　2008.5　王国俊　著
125　非参数蒙特卡罗检验及其应用　2008.8　朱力行　许王莉　著
126　Camassa-Holm 方程　2008.8　郭柏灵　田立新　杨灵娥　殷朝阳　著
127　环与代数(第二版)　2009.1　刘绍学　郭晋云　朱　彬　韩　阳　著
128　泛函微分方程的相空间理论及应用　2009.4　王　克　范　猛　著
129　概率论基础(第二版)　2009.8　严士健　王隽骧　刘秀芳　著
130　自相似集的结构　2010.1　周作领　瞿成勤　朱智伟　著
131　现代统计研究基础　2010.3　王启华　史宁中　耿　直　主编

132 图的可嵌入性理论(第二版) 2010.3 刘彦佩 著
133 非线性波动方程的现代方法(第二版) 2010.4 苗长兴 著
134 算子代数与非交换 L_p 空间引论 2010.5 许全华、吐尔德别克、陈泽乾 著
135 非线性椭圆型方程 2010.7 王明新 著
136 流形拓扑学 2010.8 马 天 著
137 局部域上的调和分析与分形分析及其应用 2011.6 苏维宜 著
138 Zakharov 方程及其孤立波解 2011.6 郭柏灵 甘在会 张景军 著
139 反应扩散方程引论(第二版) 2011.9 叶其孝 李正元 王明新 吴雅萍 著
140 代数模型论引论 2011.10 史念东 著
141 拓扑动力系统——从拓扑方法到遍历理论方法 2011.12 周作领 尹建东 许绍元 著
142 Littlewood-Paley 理论及其在流体动力学方程中的应用 2012.3 苗长兴 吴家宏 章志飞 著
143 有约束条件的统计推断及其应用 2012.3 王金德 著
144 混沌、Mel'nikov 方法及新发展 2012.6 李继彬 陈凤娟 著
145 现代统计模型 2012.6 薛留根 著
146 金融数学引论 2012.7 严加安 著
147 零过多数据的统计分析及其应用 2013.1 解锋昌 韦博成 林金官 编著
148 分形分析引论 2013.6 胡家信 著
149 索伯列夫空间导论 2013.8 陈国旺 编著
150 广义估计方程估计方程 2013.8 周 勇 著
151 统计质量控制图理论与方法 2013.8 王兆军 邹长亮 李忠华 著
152 有限群初步 2014.1 徐明曜 著